普通高等教育"十二五"规划教材
全国高等农林院校规划教材

基础生物化学

杨海灵 蒋湘宁 主编

中国林业出版社

内容简介

本书为普通高等教育"十二五"规划教材。教材编写过程中，在注重基础知识的同时注意引入近年来生物化学的新进展，特别是有关组学的一些新的基本知识及主要研究技术。全书共分12章，包括：绪论，氨基酸、多肽和蛋白质，酶，核酸，糖代谢，生物能量转化，脂类及其代谢，氨基酸和核苷酸代谢，核酸的生物合成，蛋白质的生物合成，物质代谢的联系及其调控，组学基础。为加强和拓展专业学习，每章还有知识窗与思考题，可方便学生学习。

本书可作为高等农林院校生物、农学、林学、园艺、草业科学等专业本科教材，也可供相关教师和科研人员使用参考。

图书在版编目(CIP)数据

基础生物化学／杨海灵，蒋湘宁主编．—北京：中国林业出版社，2014.11(2024.1重印)
普通高等教育"十二五"规划教材　全国高等农林院校规划教材
ISBN 978-7-5038-7810-7

Ⅰ.①基⋯　Ⅱ.①杨⋯　②蒋⋯　Ⅲ.①生物化学－高等学校－教材　Ⅳ.①Q5

中国版本图书馆CIP数据核字(2015)第000738号

中国林业出版社·教育出版分社

责任编辑：肖基浒
电　话：(010)83143555　　传　真：(010)83143516

出版发行　中国林业出版社(100009　北京市西城区德内大街刘海胡同7号)
　　　　　E-mail: jiaocaipublic@163.com　电话：(010)83143500
　　　　　http://www.forestry.gov.cn/lycb.html
经　销　新华书店
印　刷　北京中科印刷有限公司
版　次　2015年1月第1版
印　次　2024年1月第2次印刷
开　本　850mm×1168mm　1/16
印　张　30
字　数　711千字
定　价　69.00元

未经许可，不得以任何方式复制或抄袭本书之部分或全部内容。

版权所有　侵权必究

《基础生物化学》编写人员

主　　编： 杨海灵　蒋湘宁

副 主 编： (以姓氏笔画为序)

　　　　　　王　平　王宏伟　何开跃　汪晓峰

　　　　　　张汝民　郑炳松　赵　赣

编写人员： (以姓氏笔画为序)

　　　　　　王　平(中南林业科技大学)

　　　　　　王宏伟(东北林业大学)

　　　　　　孙吉康(中南林业科技大学)

　　　　　　杨海灵(北京林业大学)

　　　　　　李晓岩(东北林业大学)

　　　　　　何开跃(南京林业大学)

　　　　　　汪晓峰(北京林业大学)

　　　　　　张汝民(浙江农林大学)

　　　　　　陈玉珍(北京林业大学)

　　　　　　郑炳松(浙江农林大学)

　　　　　　赵　赣(华南农业大学)

　　　　　　蒋湘宁(北京林业大学)

前　言

生物化学课程在生物学院的教学中历久而弥新，任重而道远。在各学校专业调整，要求学生知识结构发生变化的前提下，对教材的编写和修改，需要不断充实新内容与新观念。生物化学的理论和技术已广泛渗透到生命科学各领域，工业、农业、医药、食品、能源、环境科学等越来越多的研究领域都以生物化学理论为依据，以其实验技术为手段。基础生物化学是高等农林院校的生物科学、林学、农学、草业科学等各专业普遍开设的重要专业基础课程。打好坚实的生物化学基础，是学生对相关专业知识的学习和研究工作的共同需要。

本教材在利于教学和学生自学的前提下，将相关内容重新做了编排。对基础理论知识，坚持"适度、够用、实用"的原则，舍弃一些繁杂的推导和深奥的原理，力求"简单、易懂、可用"。氨基酸与核苷酸的代谢从"生物大分子蛋白质与核酸的合成与分解"章节中剥离出来单独构成第8章，使得基础知识有循序渐进、重点突出的效果。鉴于农林院校的生物化学课程在教学计划中是与细胞生物学、分子生物学分不开的，所以遗传信息传递表达及调控方面的内容做了缩减，单以第8～10章简述了核酸与蛋白质的分解与合成代谢。教材的编写过程中，在加强基础知识的同时注意引入近年来生物化学的新进展。人类基因组计划（HGP）正式启动于1990年，与此同时，小家鼠、果蝇、线虫、拟南芥、水稻、啤酒酵母，以及多种真菌、细菌的基因组研究相继开展。生物信息学迅速发展，将基因的结构、蛋白质功能以及物种的进化在基因信息的基础上统一起来。这一学科的发展，对基因组和后基因组学研究及对人类健康和农业发展将产生深远的影响。本教材第12章组学基础即基因组学、转录组学、蛋白质组学、代谢组学以及降解组学等后基因组学的基本知识及主要研究技术简介等方面的内容。在体例设计上，采用每章设有多个知识窗增加基础理论知识的趣味性、科学性与应用性。每章后有"本章小结"和"习题"，便于学生复习、消化课堂知识和及时检查学习效果。在编写过程中，我们尽量实现教材内容的科学性、准确性、系统性和实用性。本教材可作为高等农业院校农业、生物科学各专业生物化学课程的教材或参考书，也可供其他院校有关专业或农业专科学校的师生参考。

本教材由12章组成。第1章为绪论，使学生掌握生物化学学科的简明发展史、基本内容及其在农林和国民经济中的作用。第2~4章分别详述了蛋白质和生物催化剂——酶以及核酸等生物大分子的结构和功能。第5~7章阐述了体内糖、脂类等生物能量大分子物质分解代谢过程中能量产生的方式和过程。第8~10章简述了核酸与蛋白质的分解与合成代谢。第11章描述了物质代谢的联系与调控。本教材加强基础、突出重点，较系统而深入地介绍了生物化学学科领域的基本理论、基本知识和基本技能。全书内容较完整和系统，各章节衔接协调、消除了与其他学科的重复内容或脱节现象。教材的文字和图表简明扼要、通俗易懂、条理清楚、重点突出，便于教和学。因为篇幅所限，有些内容没有编入本教材，如光合作用、脂类化学、生物膜的结构与功能、转基因植物、生物质能源等。

本教材由北京林业大学、东北林业大学、南京林业大学、中南林业科技大学、华南农业大学、浙江农林大学等多所高校从事该领域研究的教师在多年的教学科研基础上整理而成的，由杨海灵、蒋湘宁担任主编。参与编写的教师有：杨海灵、蒋湘宁(第1、12章)，王平、孙吉康(第2、3章)，王宏伟(第4章)，张汝民(第5章)，何开跃(第6章)，赵赣(第7章)，汪晓峰(第8章)，李晓岩(第9章)，郑炳松(第10章)，陈玉珍(第11章)。参与校对的人员有：刘海静、钱婷婷、任琳玲、王鑫、赵丽、王炜、赵伟，他们在图稿校对和书稿审核中付出了大量心血，谨致谢意。承蒙中国林业出版社的大力支持和关注，使这部教材得以较快速度编纂和付梓，在此，谨向他们表示诚挚的谢意。

本教材由12位编者集体拟定编写大纲、分头执笔，主编审阅修改而成。自组织编写至脱稿付印，时间仓促，加上基础生物化学涉及的内容广泛，限于编者水平，书中疏漏和不妥之处，敬请同行专家和使用本教材的读者指正，以便再版时能臻于完善。

编 者
2014年4月

目 录

前 言

第1章 绪 论 (1)
1.1 生物化学研究的基本内容 (1)
1.2 生物化学的发展简史 (2)
1.3 细胞及生物分子 (5)
1.4 生物化学在农林及国民经济中的作用 (7)
1.5 生物化学与其他学科的辩证关系 (8)
本章小结 (9)
习 题 (10)
参考文献 (10)

第2章 氨基酸、多肽和蛋白质 (11)
2.1 蛋白质的分类 (11)
2.1.1 根据分子组成分类 (11)
2.1.2 根据功能分类 (13)
2.1.3 根据分子形状分类 (14)
2.2 氨基酸 (15)
2.2.1 氨基酸的结构 (15)
2.2.2 氨基酸的分类 (16)
2.2.3 氨基酸的基本性质 (20)
2.3 多肽和蛋白质 (26)
2.3.1 肽的概念和理化性质 (26)
2.3.2 蛋白质的初级结构 (33)
2.3.3 蛋白质的空间结构 (36)
2.3.4 蛋白质的结构与功能的关系 (47)
2.4 蛋白质的理化性质 (51)
2.4.1 蛋白质的相对分子质量 (52)
2.4.2 蛋白质的两性电离和等电点 (54)

2.4.3　蛋白质的胶体性质 …………………………………………………………… (55)
　　2.4.4　蛋白质的紫外吸收特征 ……………………………………………………… (55)
　　2.4.5　蛋白质的变性、复性与沉淀 ………………………………………………… (56)
2.5　蛋白质的分离与纯化 …………………………………………………………………… (57)
　　2.5.1　蛋白质的抽提原理及方法 …………………………………………………… (57)
　　2.5.2　蛋白质分离纯化的方法 ……………………………………………………… (59)
　　2.5.3　蛋白质的定量方法 …………………………………………………………… (66)
本章小结 ………………………………………………………………………………………… (67)
习　　题 ………………………………………………………………………………………… (68)
参考文献 ………………………………………………………………………………………… (69)

第3章　酶 ………………………………………………………………………………… (70)

3.1　酶的基本概念和作用特点 ……………………………………………………………… (70)
　　3.1.1　酶的概念 ……………………………………………………………………… (70)
　　3.1.2　酶的作用特点 ………………………………………………………………… (71)
3.2　酶的国际分类和命名 …………………………………………………………………… (73)
　　3.2.1　酶的命名 ……………………………………………………………………… (73)
　　3.2.2　酶的分类 ……………………………………………………………………… (74)
3.3　酶的作用机制 …………………………………………………………………………… (78)
　　3.3.1　酶的活性中心 ………………………………………………………………… (78)
　　3.3.2　酶的高效性机制 ……………………………………………………………… (80)
　　3.3.3　酶的专一性 …………………………………………………………………… (87)
3.4　影响酶促反应速率的主要因素 ………………………………………………………… (89)
　　3.4.1　温度的影响 …………………………………………………………………… (89)
　　3.4.2　pH 值的影响 ………………………………………………………………… (90)
　　3.4.3　米氏方程及底物浓度影响 …………………………………………………… (91)
　　3.4.4　激活剂 ………………………………………………………………………… (93)
　　3.4.5　抑制剂 ………………………………………………………………………… (94)
3.5　别构酶和共价修饰酶 …………………………………………………………………… (97)
　　3.5.1　别构酶 ………………………………………………………………………… (97)
　　3.5.2　共价修饰酶 …………………………………………………………………… (100)
3.6　同工酶 …………………………………………………………………………………… (101)
3.7　维生素与辅酶 …………………………………………………………………………… (103)
　　3.7.1　水溶性维生素 ………………………………………………………………… (104)
　　3.7.2　辅酶 …………………………………………………………………………… (105)
3.8　酶的分离与纯化 ………………………………………………………………………… (107)
　　3.8.1　酶制剂的制备过程 …………………………………………………………… (107)
　　3.8.2　酶的提取与分离 ……………………………………………………………… (108)

3.8.3　酶的纯化与精制 …………………………………………………………… (109)
　　　3.8.4　酶活力的测定 …………………………………………………………… (111)
　本章小结 ……………………………………………………………………………… (113)
　习　题 ………………………………………………………………………………… (114)
　参考文献 ……………………………………………………………………………… (114)

第4章　核　酸 …………………………………………………………………………… (115)
　4.1　核酸的种类和组成单位 ………………………………………………………… (116)
　　　4.1.1　核酸的种类 ………………………………………………………………… (116)
　　　4.1.2　核酸的组成单位 …………………………………………………………… (118)
　4.2　核酸的分子结构 ………………………………………………………………… (126)
　　　4.2.1　DNA的分子结构 ………………………………………………………… (126)
　　　4.2.2　RNA的分子结构 ………………………………………………………… (142)
　　　4.2.3　其他功能小分子RNA的作用 …………………………………………… (145)
　4.3　核酸的理化性质 ………………………………………………………………… (147)
　　　4.3.1　核酸的一般性质 …………………………………………………………… (147)
　　　4.3.2　核酸的紫外吸收特征 ……………………………………………………… (149)
　　　4.3.3　核酸的变性及复性 ………………………………………………………… (150)
　　　4.3.4　核酸的分离纯化 …………………………………………………………… (155)
　本章小结 ……………………………………………………………………………… (160)
　习　题 ………………………………………………………………………………… (161)
　参考文献 ……………………………………………………………………………… (161)

第5章　糖代谢 …………………………………………………………………………… (163)
　5.1　糖的种类与功能 ………………………………………………………………… (163)
　　　5.1.1　糖的命名和分类 …………………………………………………………… (163)
　　　5.1.2　糖的分布与功能 …………………………………………………………… (169)
　5.2　糖的分解 ………………………………………………………………………… (169)
　　　5.2.1　糖酵解 ……………………………………………………………………… (170)
　　　5.2.2　三羧酸循环 ………………………………………………………………… (176)
　　　5.2.3　磷酸戊糖途径 ……………………………………………………………… (185)
　5.3　糖的生物合成 …………………………………………………………………… (189)
　　　5.3.1　糖异生 ……………………………………………………………………… (189)
　　　5.3.2　糖的生物合成 ……………………………………………………………… (193)
　5.4　光合作用与糖合成 ……………………………………………………………… (196)
　　　5.4.1　光合作用概述 ……………………………………………………………… (196)
　　　5.4.2　光合作用的光反应 ………………………………………………………… (196)
　　　5.4.3　光合作用的暗反应 ………………………………………………………… (198)

本章小结 ………………………………………………………………………… (201)
习　题 …………………………………………………………………………… (202)
参考文献 ………………………………………………………………………… (202)

第6章　生物能量转化 ………………………………………………………… (203)

6.1　生物能量学和热力学 ……………………………………………………… (203)
　　6.1.1　热力学的基本概念 ……………………………………………… (203)
　　6.1.2　生物能量学 ……………………………………………………… (206)
6.2　高能化合物和ATP ………………………………………………………… (207)
　　6.2.1　生物体内的高能化合物 ………………………………………… (207)
　　6.2.2　ATP的结构与作用 ……………………………………………… (209)
6.3　生物氧化-还原反应 ……………………………………………………… (214)
　　6.3.1　生物氧化的特点 ………………………………………………… (214)
　　6.3.2　生物氧化-还原反应 …………………………………………… (215)
　　6.3.3　氧化还原电势 …………………………………………………… (215)
6.4　电子传递链与氧化磷酸化 ………………………………………………… (217)
　　6.4.1　线粒体中的电子传递反应 ……………………………………… (217)
　　6.4.2　电子传递 ………………………………………………………… (221)
　　6.4.3　电子传递的抑制剂与抗氰呼吸 ………………………………… (227)
　　6.4.4　氧化磷酸化 ……………………………………………………… (228)
6.5　光合作用的能量转化与光合磷酸化 ……………………………………… (236)
　　6.5.1　光合作用的能量吸收和转化 …………………………………… (236)
　　6.5.2　光驱动的电子传递 ……………………………………………… (239)
　　6.5.3　光合磷酸化 ……………………………………………………… (242)
本章小结 ………………………………………………………………………… (244)
习　题 …………………………………………………………………………… (245)
参考文献 ………………………………………………………………………… (246)

第7章　脂类及其代谢 …………………………………………………………… (247)

7.1　脂质的种类与功能 ………………………………………………………… (247)
　　7.1.1　脂质的分类 ……………………………………………………… (247)
　　7.1.2　脂类种类 ………………………………………………………… (248)
7.2　脂肪的分解代谢 …………………………………………………………… (254)
　　7.2.1　脂肪的酶促水解 ………………………………………………… (254)
　　7.2.2　甘油的降解与转化 ……………………………………………… (256)
　　7.2.3　脂肪酸的分解代谢 ……………………………………………… (256)
7.3　脂肪的生物合成 …………………………………………………………… (267)
　　7.3.1　甘油的合成 ……………………………………………………… (267)

7.3.2　脂肪酸的生物合成 …………………………………………………………… (268)
7.4　磷脂的代谢 ……………………………………………………………………………… (279)
　　7.4.1　甘油磷脂的代谢 …………………………………………………………… (279)
　　7.4.2　鞘磷脂和鞘糖脂的代谢 …………………………………………………… (281)
7.5　胆固醇的生物合成与转化 ……………………………………………………………… (281)
　　7.5.1　胆固醇的生物合成 ………………………………………………………… (281)
　　7.5.2　胆固醇的转化 ……………………………………………………………… (282)
7.6　植物体内的乙醛酸循环 ………………………………………………………………… (283)
　　7.6.1　乙醛酸循环的反应历程 …………………………………………………… (283)
　　7.6.2　乙醛酸循环的生物学意义 ………………………………………………… (283)
7.7　生物膜的结构与功能 …………………………………………………………………… (285)
　　7.7.1　生物膜的化学组成 ………………………………………………………… (285)
　　7.7.2　生物膜的结构——流动镶嵌模型 ………………………………………… (289)
　　7.7.3　生物膜的功能 ……………………………………………………………… (292)
本章小结 ………………………………………………………………………………………… (298)
习　题 …………………………………………………………………………………………… (299)
参考文献 ………………………………………………………………………………………… (299)

第8章　氨基酸和核苷酸代谢 …………………………………………………………… (300)

8.1　氨基酸的分解和转化 …………………………………………………………………… (300)
　　8.1.1　脱氨基作用 ………………………………………………………………… (300)
　　8.1.2　脱羧基作用 ………………………………………………………………… (305)
　　8.1.3　氨基酸分解产物的去向 …………………………………………………… (305)
8.2　氨同化和氨基酸的生物合成 …………………………………………………………… (309)
　　8.2.1　氨的来源 …………………………………………………………………… (309)
　　8.2.2　氨同化 ……………………………………………………………………… (309)
8.3　核苷酸的分解代谢 ……………………………………………………………………… (315)
　　8.3.1　核苷酸和核苷的分解 ……………………………………………………… (315)
　　8.3.2　嘌呤的分解 ………………………………………………………………… (315)
　　8.3.3　嘧啶的分解 ………………………………………………………………… (317)
8.4　核苷酸的合成代谢 ……………………………………………………………………… (318)
　　8.4.1　核糖核苷酸的合成 ………………………………………………………… (318)
　　8.4.2　嘌呤核苷酸的生物合成 …………………………………………………… (318)
　　8.4.3　嘧啶核苷酸的生物合成 …………………………………………………… (321)
　　8.4.4　脱氧核糖核苷酸的合成 …………………………………………………… (323)
　　8.4.5　核苷酸磷酸化成核苷三磷酸 ……………………………………………… (325)
　　8.4.6　核苷酸合成的抑制剂 ……………………………………………………… (325)
　　8.4.7　氨基酸类似物 ……………………………………………………………… (326)

8.4.8　叶酸类似物 …………………………………………………………… (326)
本章小结 …………………………………………………………………………… (327)
习　题 ……………………………………………………………………………… (328)
参考文献 …………………………………………………………………………… (328)

第9章　核酸的生物合成 …………………………………………………………… (329)

9.1　中心法则 ……………………………………………………………………… (329)
　　9.1.1　中心法则的提出 ……………………………………………………… (329)
　　9.1.2　中心法则的主要内容 ………………………………………………… (329)
　　9.1.3　中心法则的意义 ……………………………………………………… (330)
9.2　DNA 的生物合成 …………………………………………………………… (330)
　　9.2.1　原核生物 DNA 的复制 ……………………………………………… (330)
　　9.2.2　原核与真核生物 DNA 复制的差异 ………………………………… (340)
　　9.2.3　逆转录 ………………………………………………………………… (341)
　　9.2.4　DNA 的损伤与修复 ………………………………………………… (344)
　　9.2.5　DNA 一级结构分析与 PCR 技术 …………………………………… (349)
9.3　RNA 的生物合成 …………………………………………………………… (352)
　　9.3.1　RNA 的转录与加工 ………………………………………………… (352)
　　9.3.2　RNA 的复制 ………………………………………………………… (364)
　　9.3.3　RNA 的转录调控 …………………………………………………… (364)
本章小结 …………………………………………………………………………… (369)
习　题 ……………………………………………………………………………… (370)
参考文献 …………………………………………………………………………… (370)

第10章　蛋白质的生物合成 ……………………………………………………… (371)

10.1　遗传密码 …………………………………………………………………… (371)
　　10.1.1　遗传密码的破译 …………………………………………………… (371)
　　10.1.2　遗传密码的特点 …………………………………………………… (373)
10.2　多肽链的合成体系 ………………………………………………………… (375)
　　10.2.1　RNA 在蛋白质生物合成中的作用 ………………………………… (376)
　　10.2.2　参与蛋白质生物合成的酶类及蛋白因子 ………………………… (377)
10.3　原核生物多肽链生物合成的过程 ………………………………………… (378)
　　10.3.1　肽链合成的起始 …………………………………………………… (378)
　　10.3.2　肽链的延长 ………………………………………………………… (379)
　　10.3.3　肽链合成的终止 …………………………………………………… (381)
　　10.3.4　多核糖体 …………………………………………………………… (382)
10.4　原核与真核生物多肽链合成的差异 ……………………………………… (384)
　　10.4.1　蛋白因子的差异 …………………………………………………… (384)

10.4.2　氨基酸活化的差异 ……………………………………………………………………（385）
　　10.4.3　肽链合成起始的差异 …………………………………………………………………（386）
　　10.4.4　肽链合成延伸的差异 …………………………………………………………………（388）
　　10.4.5　肽链合成终止的差异 …………………………………………………………………（388）
　　10.4.6　翻译后加工的差异 ……………………………………………………………………（389）
10.5　肽链合成后的折叠、修饰加工 ……………………………………………………………（389）
　　10.5.1　新生肽链的折叠 ………………………………………………………………………（390）
　　10.5.2　多肽链一级结构的加工修饰 …………………………………………………………（390）
　　10.5.3　多肽链高级结构的加工修饰 …………………………………………………………（392）
10.6　蛋白质的定向运送 …………………………………………………………………………（392）
　　10.6.1　信号肽介导的跨膜转运 ………………………………………………………………（393）
　　10.6.2　细胞器蛋白的翻译后跨膜转运 ………………………………………………………（394）
本章小结 ………………………………………………………………………………………………（396）
习　题 …………………………………………………………………………………………………（397）
参考文献 ………………………………………………………………………………………………（397）

第11章　物质代谢的联系及其调控 …………………………………………………………（398）

11.1　物质代谢的相互联系 ………………………………………………………………………（398）
　　11.1.1　糖代谢与脂代谢的关系 ………………………………………………………………（399）
　　11.1.2　糖代谢与蛋白质代谢的关系 …………………………………………………………（400）
　　11.1.3　脂类代谢与蛋白质代谢的关系 ………………………………………………………（400）
　　11.1.4　核苷酸代谢与糖类、脂肪及蛋白质代谢的相互关系 ………………………………（401）
11.2　代谢调节 ……………………………………………………………………………………（402）
　　11.2.1　生物在三个水平上进行代谢调节 ……………………………………………………（402）
　　11.2.2　酶水平的调节 …………………………………………………………………………（403）
　　11.2.3　细胞水平的代谢水平 …………………………………………………………………（410）
　　11.2.4　激素对代谢的调节 ……………………………………………………………………（411）
　　11.2.5　神经系统对代谢的调节 ………………………………………………………………（412）
11.3　基因表达的调控 ……………………………………………………………………………（412）
　　11.3.1　原核生物基因表达的调节 ……………………………………………………………（413）
　　11.3.2　真核生物基因表达的调节 ……………………………………………………………（418）
本章小结 ………………………………………………………………………………………………（423）
习　题 …………………………………………………………………………………………………（423）
参考文献 ………………………………………………………………………………………………（424）

第12章　组学基础 ………………………………………………………………………………（425）

12.1　基因组学 ……………………………………………………………………………………（426）
　　12.1.1　结构基因组学 …………………………………………………………………………（427）

12.2 转录组学

- 12.1.2 比较基因组学 … (431)
- 12.1.3 功能基因组学 … (432)

12.2 转录组学 … (435)
- 12.2.1 转录组研究的技术支持 … (435)
- 12.2.2 完整的转录目录与基因的发现 … (437)
- 12.2.3 转录多样性 … (438)
- 12.2.4 动态转录剖析 … (439)
- 12.2.5 转录调控网络 … (439)
- 12.2.6 展望 … (441)

12.3 蛋白质组学 … (442)
- 12.3.1 蛋白质组学的研究内容 … (442)
- 12.3.2 蛋白质组学的研究技术 … (443)
- 12.3.3 蛋白质组学的研究进展 … (446)
- 12.3.4 蛋白质组学的研究展望 … (447)

12.4 代谢组学 … (447)
- 12.4.1 代谢组学研究的技术支持 … (448)
- 12.4.2 靶向代谢组学 … (449)
- 12.4.3 非靶向代谢组学 … (450)
- 12.4.4 代谢组学展望 … (455)

12.5 蛋白降解组学 … (455)
- 12.5.1 降解组学和降解的概念 … (456)
- 12.5.2 降解组学的研究方法 … (458)
- 12.5.3 蛋白降解组学的发展与应用 … (461)

本章小结 … (462)
习　题 … (463)
参考文献 … (464)

附录　后基因组时代高通量数据的生物信息学分析数据库 … (465)

第1章 绪 论

生物化学(biochemistry)或生物的化学(biological chemistry)即生命的化学,是一门研究生物体的化学组成、体内发生的反应和过程的学科。当代生物化学的研究除采用化学的原理和方法外,还运用物理学的技术方法以揭示组成生物体的物质,特别是生物大分子(biomacromolecules)的结构规律。生物化学与细胞生物学、分子遗传学等学科密切联系,共同研究和阐明生长、分化、遗传、变异、衰老和死亡等基本生命活动的规律。

1.1 生物化学研究的基本内容

生物化学是研究生命的化学,即研究生物体内化学分子与化学反应,从分子水平探讨生命现象本质的科学。生物化学研究的内容可概括如下:

(1) 生物体的物质组成

生物体是由无机物、小分子有机物和生物大分子等组成。无机物包括水和无机盐;小分子有机物包括多种有机酸、有机胺、维生素、单糖、氨基酸、核苷酸等;生物大分子包括蛋白质、核酸、多糖及脂复合物等。例如,人体含水55%~67%、蛋白质15%~18%、无机盐3%~4%、核酸2%、糖类1%~2%等。对生物体的物质组成和结构的研究,称为叙述生物化学。

(2) 物质代谢及其调节

生命活动的基本特征是新陈代谢。生物体与周围环境之间进行物质交换和能量交换以实现自我更新的过程,称为新陈代谢。它包括物质代谢和能量代谢,物质代谢包括合成代谢与分解代谢;能量代谢是指伴随物质代谢中能量的释放、转移和利用。在新陈代谢中,机体通过物质的合成代谢维持其生长、发育、更新和修复,通过分解代谢产生能量和清除废物。要维持体内错综复杂的代谢途径有序地进行,需要有严格的调节机制,否则代谢的紊乱会影响正常的生命活动,从而导致疾病。因此,研究物质代谢、能量代谢及代谢调节规律是医学院校生物化学课程的主要内容,也称为动态生物化学。

(3) 遗传信息的传递与表达

生物体不同于非生物体的特征之一,即生物体具有繁殖能力和遗传特性。生物体在繁衍后代的同时,能将其性状从亲代传给子代,且代代相传,保持其性状的稳定,这就是生物体遗传信息传递和表达的过程。核酸是遗传的物质基础,分为 DNA 和 RNA 两大类。DNA 是储存遗传信息的物质,通过复制(replication),即 DNA 的合成,可形成结构完全相同的两个拷贝,将亲代的遗传信息真实地传给子代。DNA 分子中的遗传信息又如何表达的呢?现知基因表达的第一步是将遗传信息转录(transcription)成 RNA,即 RNA 的合成,后者作为蛋白质合成的模板，并决定蛋白质的一级结构，即将遗传信息翻译(translation)成能执行各种各样生理功能的蛋白质。对上述过程涉及生物的生长、分化、遗传、变异、衰老及死亡等生命过程，体内存在着一整套严密的调控机制，包括一些生物大分子的相互作用，如蛋白质与蛋白质、蛋白质与核酸、核酸与核酸间的作用。本书将对上述过程作较全面的介绍，为进一步学习分子生物学打好基础。

当前生物化学研究的重点为生物大分子的结构与功能，特别是蛋白质和核酸，二者是生命的基础物质，对生命活动起着关键性的作用。天然氨基酸虽然只有20种，但可构成数量繁多的蛋白质，由于不同的蛋白质具有特殊的一级结构(氨基酸残基的线性序列)和空间结构，因而具有不同的生理功能，从而能体现瑰丽多彩的生命现象，现在已从单一蛋白质的研究深入至细胞或组织中所含有全部蛋白质，即蛋白质组(proteome)的研究。将研究蛋白质组的学科称为蛋白质组学(proteomics)。蛋白质的一级结构是由核酸决定的，人类基因组(genome)即人的全部遗传信息，是由23对染色体组成的，约含2.9×10^9个碱基对，测定基因组中全部DNA的序列，将为揭开生命的奥秘迈开一步。将研究基因组的结构与功能的学科称为基因组学(genomics)，经过包括我国在内的许多科学家十多年的努力，2003年已完成人类基因组计划(human genome project)中全部DNA序列的测定，接着面临更艰巨的任务，就是要研究目前所知3万~4万个基因的功能及其与生命活动的关系。这就是后基因组计划(post-genome groject)。

生物大分子需要进一步组装成更大的复合体，然后装配成亚细胞结构、细胞、组织、器官、系统，最后成为能体现生命活动的机体，这些都是尚待研究和阐明的问题。

1.2 生物化学的发展简史

在远古时代，我国劳动人民就已开始在生产、医疗和营养方面的实践中应用了生物化学知识，如用粮食、大豆等原料酿酒、制酱、制醋等；又如，在医药方面用海藻(含碘)治疗"瘿病"(即甲状腺肿)，用富含维生素B的草药治"脚气病"，用维生素A含量丰富的猪肝治疗"夜盲症"，等等。

近代生物化学的发展有以下三个阶段：①叙述生物化学阶段，从18世纪中叶至20世纪初，是生物化学发展的初期，这个时期以研究生物体的化学组成为主。在此期间，对脂类、糖类和氨基酸性质进行了系统的研究，发现了核酸和酶等。②动态生物化学阶段，从20世纪初至20世纪中叶，发现了必需氨基酸、必需脂肪酸、维生素和激素等，基本确定了物质代谢途径，确定了DNA是遗传的物质基础。③功能生物化学阶段。从20世纪后半叶以来，生物化学进入了新的阶段即分子生物学时代。20世纪50年代提出了DNA双螺旋结构模型，阐明了核酸的结构与功能的关系；60年代初步确定了遗传信息传递的中心法则，找到了破解生命之谜的钥匙；70年代建立了重组DNA的技术，使人们主动改造生物体成为可能；80年代发现了核酶，深化了对酶的认识，其中聚合酶链反应技术的发明和应用，极大地推进了分子生物学技术的发展。20世纪末开始实施的人类基因组计划，其研究成果使人们对生命本质有了更深的认识，为基因诊断、基因治疗及基因工程药物的研发开创了良好的基础，极大地推动了现代医学的发展。

人类对生物大分子的研究经历了近两个世纪的漫长历史(图1-1)。由于生物大分子的结构复杂,又易受温度、酸、碱的影响而变性,给研究工作带来很大的困难。在20世纪末之前,主要研究工作是生物大分子物质的提取、性质、化学组成和初步的结构分析等。19世纪30年代以来,当细胞学说建立的时候,有人已经研究蛋白质了。蛋白质命名始于1836年,当时著名的瑞典化学家柏尔采留斯(J. Berzelius)和正在研究鸡蛋蛋白类化合物的荷兰化学家穆尔德(G. J. Mulder)就提出用"蛋白质"命名这类化合物,并且把它列为生命系统中最重要的物质。到20世纪初,组成蛋白质的20种氨基酸已被发现了12种,1940年陆续发现

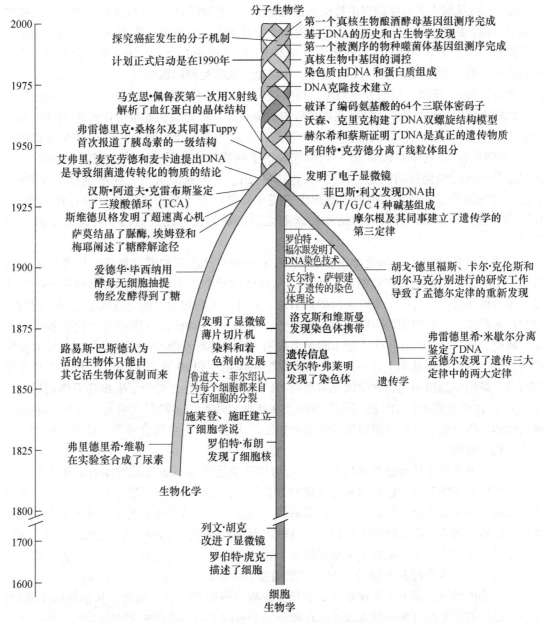

图1-1 生物化学、细胞生物化学与分子生物学的历史

了其余的氨基酸。20世纪末，有机化学家们就开始探讨蛋白质的结构。德国有机化学家费舍尔(E. Fischer)与别人合作提出了氨基酸之间的肽键相连接而形成蛋白质的论点，1907年费舍尔又合成了一个由15个甘氨酸和3个亮氨酸组成的十八肽的长链。同时，英国晶体分析学派中的贝尔纳(J. D. Bernal)和阿斯特伯理(W. T. Astbury)等曾用X射线衍射分析方法分析羊毛、头发等蛋白的结构，证明它们是折叠卷曲的纤维状物质。随着研究的逐步深入，科学家们搞清了蛋白质是肌肉、血液、毛发等的主要成分，具有多方面的功能。

核酸的发现要比蛋白质晚得多。1868年在德国工作的24岁的瑞士化学家米歇尔(F. Miescher)从病人伤口脓细胞中提取出当时称为"核质"的物质。这就是后来被公认的核酸的最早发现。后来科赛尔(A. Kssel)及他的两个学生琼斯(W. Jones)和列文(P. A. Levene)弄清了核酸的基本化学结构，证实核酸是由许多核苷酸组成的大分子。核苷酸是由碱基、核糖和磷酸构成的。其中碱基有4种(腺嘌呤、鸟嘌呤、胞嘧啶和胸腺嘧啶)，核糖有2种(即核糖与脱氧核糖)。据此，核酸分成两类：核糖核酸(RNA)和脱氧核糖核酸(DNA)。他们根据当时比较粗糙的分析认为，4种碱基在核酸中的量相等，从而错误地推导出核酸的基本结构是由4个含不同碱基的核苷酸连接成四核苷酸，以此为基础聚合成核酸，这就是较著名的"四核苷酸假说"。这个假说从20年代后起统治了核酸结构的研究大约20多年的时间，对认识复杂的核酸结构和功能起了相当大的阻碍作用。当时核酸虽然是在细胞核中发现的，但由于它的结构过于简单，也就很难想象它能在异常复杂多变的遗传现象中起什么作用。甚至当时有些科学家在蛋白质的结构被阐明之后，认为很可能是蛋白质在遗传中起主要作用。

酶的阐明是1897年德国化学家布希纳(E. Buchner)从磨碎的酵母细胞中提取出了能使酒精发酵的酿酶开始的。布希纳研究表明，从活体内提取出来的酶能同在活体内一样起作用。布希纳研究不但打击了当时流行的活力论，而且使生物化学的研究进入了解细胞内的化学变化的阶段。后来英国的生物化学家哈登(A. Harden)等对酒精发酵的具体化学步骤作了许多研究。到20世纪20年代大量实验结果表明，酵母使糖发酵产生酒精与肌肉收缩时使糖变为乳酸这两个过程基本上是一致的，又称糖酵解作用。到20世纪30年代，经许多科学家的研究，最后由德国的生物化学家克雷布斯(H. A. Krebs)综合，提出了生物呼吸作用最后产生CO_2和H_2O及能量(ATP)的三羧酸循环。在此期间还有许多科学家研究了脂肪和氨基酸等的代谢，以及糖、脂肪及蛋白质在代谢中相互转化和它们的生物合成等。这些过程均是在酶的催化下完成的。

生物大分子正是从辩证的角度反映了结构与功能的关系，如在动物体内某些生化过程中，蛋白质分子的某些肽链必须先按特定的方式断裂，然后才呈现生物活性，这是蛋白质分子的结构与功能高度统一性的表现。在酶的调节控制中，比较早就发现了许多酶都有一个无活性的前体，经专一的水解酶作用切去一肽段，而转变成有活力的物质。例如，胰蛋白酶的前体在肠激酶的作用下，从氨基末端切掉6个氨基酸残基，才变成具有活性的胰蛋白酶。另外，生物大分子在执行其生物功能时，其结构是在不断地发生变化的。如酶在作用于底物时，受底物的诱导，酶的构象就要发生变化，使酶变得适宜与底物结合，从而作用于底物，这也是结构与功能高度统一的表现。但在酶分子中有同工酶，这些酶能够催化同一种化学反应，而酶蛋白本身的分子结构、组成都有所不同。例如，乳酸脱氢酶同工酶，它们的分子结构各不相同，但都能进行催化反应，这是异构同功现象。在机体内，一般的酶所催化的反应都是可逆的，既可催化正反应的进行，也可催化逆反应的进行，说明酶的功能不是一种，具有同构异功作用。这充分说明结构与功能不是单值决定的。从上述可以看出，结构与功能本来就是相通的，结构通过系统包含了功能，功能也通过系统包含了结构。在一定条件下，结构变化之因含导致功能变化之果，同样，功能变化之因亦必导致结构变化之果。

1.3 细胞及生物分子

氨基酸、脂肪酸等都叫作生物单分子，是与生命有着密切关系的物质，它们是构成生物大分子的基本物质。生物大分子是构成生命的基础物质，包括蛋白质、核酸、碳氢化合物等。生物大分子指的是作为生物体内主要活性成分的各种相对分子质量达到上万或更多的有机分子。常见的生物大分子包括蛋白质、核酸、脂质、糖类。这个定义只是概念性的，与生物大分子对立的是小分子物质(二氧化碳、甲烷等)和无机物质，实际上生物大分子的特点在于其表现出的各种生物活性和在生物新陈代谢中的作用。比如，某些多肽和某些脂类物质的相对分子质量并未达到惊人的地步，但其在生命过程中同样表现出了重要的生理活性，与一般的生物大分子并无二致。生物大分子是生物体的重要组成成分，不但有生物功能，而且相对分子质量较大，其结构也比较复杂。在生物大分子中除主要的蛋白质与核酸外，另外还有糖、脂类和它们相互结合的产物，如糖蛋白、脂蛋白、核蛋白等。它们的相对分子质量往往比一般的无机盐类大百倍或千倍以上。蛋白质的相对分子质量在一万至数万左右，核酸的相对分子质量有的竟达上百万。这些生物大分子的复杂结构决定了它们的特殊性质，它们在体内的运动和变化体现着重要的生命功能，如进行新陈代谢供给维持生命需要的能量与物质、传递遗传信息、控制胚胎分化、促进生长发育、产生免疫功能，等等。

由生物小分子到生物大分子，分子增大，出现新的性质。其中最主要的特点是：生物大分子有独特的立体结构、空间构型和分子整体形状。蛋白质的三级结构是指整条肽链盘绕折叠形成一定的空间结构形状，如纤维蛋白和球状蛋白。蛋白质的四级结构是指各条肽链之间的位置和结构。所以，四级结构只存在于由两条肽链以上组成的蛋白质中。维持生物大分子高级结构的重要因素——非共价键、氢键、盐键。非共价键的键强度很小，所以需要多个非共价键才足以维持高级结构的稳定，且高级结构不很稳定。生物大分子变性就是因为高级结构被破坏，大分子性质改变，生物活性丧失。但是，生物大分子的一级结构尚未被破坏。

物质结构与性能的关系问题，是辩证思维的重要命题之一。而分子生物学正是研究生物大分子的各种结构——化学结构、几何空间结构及分子内部各基因相互作用的本质与其宏观的化学性质、物理性质及生物学活性间相互联系的科学。经典的化学结构理论指出物质的内部结构完全决定了它的典型化学反应性能，同时也决定了许多其他方面的性能。反过来，通过这些典型化学性能的研究，原则上也能判定出化学结构，甚至主体结构的一些轮廓。

蛋白质分子是由20种氨基酸构成的，但氨基酸和蛋白质的性能有很大的差别，蛋白质分子具有运输、保护、运动、催化等生命物质的功能。比如，血红蛋白是机体血液中运输氧气的蛋白；组成皮肤的胶原蛋白具有保护作用；肌肉的运动是靠肌球蛋白和肌动蛋白的滑动来实现的；肌体中成千上万种的生理、生化反应是靠一种特殊的蛋白质——酶来催化的。而氨基酸分子则没有这些功能，这说明当分子与分子以某种形式结合时，就会表现出原有的分子不曾有的崭新性质和功能，绝不是它的组成成分简单的加和。再如，核酸是由4种核苷酸构成的，核苷酸是小分子物质，并不表现出任何生命物质的特征，一旦这些小分子结合成核酸分子，其性质就出现了从无生命物质向生命物质的飞跃。氨基酸和蛋白质、核苷酸和核酸的结构与功能的不同，是由组成大分子的小分子的数量、连接方式及小分子间的相互作用引起的。蛋白质分子中，由于个别氨基酸的改变或排列顺序的差异，就可影响其肽链的折叠，从而影响其生物功能。DNA分子中，若有一个核苷酸发生改变，或增、减一个核苷酸，就可引起基因突变，使生物的某些特性或性状发生改变。例如，镰刀型贫血病，是由于病人血红素分子β-链的第六位谷氨酸被缬氨酸代替所引起的，这种氨基酸的改变归根到底是由于编码这种蛋白质的基因突变引起的，结果使患者的红细胞在氧气缺乏时呈镰刀状，易胀破发生溶血，运氧机能降低，引起头昏、胸闷等贫血症状。

生物大分子的结构有平面结构和立体结构，如蛋白质在完成其生物功能时一般是以立体构象存在的，若加上某些变性因子，使其立体结构变成线形的平面结构，则生物功能就完全丧失。例如，蛋白质在溶液中若温度上升到60℃以上，生物活性便逐渐丧失，直至完全丧失。在蛋白质分子构象研究中发现，具备三级结构的蛋白质分子都具有近似球形或椭球状的物理外形，常称它们为球蛋白。球蛋白的分子结构有一些规律：①球蛋白结构组织具有严密的层次体系：一级结构，二级结构，超二级结构，三级结构，四级结构。②结构具有明显的择优性，这表现在每个层次上。最低层次的择优性表现在L-氨基酸占绝对优势；二级结构的螺旋全是右手的，β-折叠大部分是反平行的；四级结构具有明显的对称组合优势。蛋白质分子结构具有择优性这样一个重要特点，与生命现象作为物质高级运动形式趋于有序化密切相关。③所有球蛋白结构都有一个疏水内核，并且紧密堆积成致密的球状结构。这种结构对蛋白质折叠的力学研究和结构预测具有重要意义。④高度的专一性与高度灵活性的协调统一。现已测出来的结构都显示出，同类蛋白质分子具有基本相同的三级结构特征；不同种类的蛋白质分子，具有完全不同的三级结构特征。但另一方面，对同一蛋白质的不同状态的结构研究表明，在正常生理过程中，这种高度专一的三级结构并不是一成不变的，而是发生一些构象变化。例如，血红蛋白在与氧的结合过程中，其分子的三、四级结构都要发生改变，在第一个氧与血红蛋白结合后，使分子的构象发生改变，有利于第二个氧与血红蛋白结合，同样在第二个氧与之结合后，分子结合第三、四个氧的能力就增加，这是蛋白质分子高度专一性与高度灵活性协调统一的表现。

综上可以看出，任何物质系统的结构都是空间结构随时间而变化，是空间结构和时间结构的统一、稳定结构和可变结构的统一。物质系统的结构是系统具有整体性和层次性的基础和前提。物质系统的结构往往总是与其功能紧密联系的。功能是物质系统所具有的、在内部与外部关系中表现出来的行为特性、作用、能力和功效等。结构与功能的关系为：结构是功能的基础；功能是结构的表现。但结构与功能又是相互对立、相互作用的，即不是单值对应，而有同构异功、异构同功等情形。

1.4 生物化学在农林及国民经济中的作用

生物化学的根本目标是揭示生命的奥秘。若将组成生物体的物质逐一分离研究，均为非生命物质，并遵守物理和化学的规律，然而由这些物质组成的生物体何以能呈现及维持各种生命现象，这是生物化学要探讨和阐明的问题。当然，更深一层的目标是了解生命的起源。可见，研究生物化学的目的是了解和掌握生命的规律，适应自然规律，使人类生活更美好。生物化学与分子生物学是边缘性学科，发展又十分迅速，形成了许多新理论、新概念，如基因组学、蛋白质组学、RNA 组学等；同时发展了许多新技术，如重组 DNA 技术、基因工程、基因芯片、克隆技术、转基因动物等。生物化学与分子生物学的理论和方法已广泛地被其他基础医学学科应用，并已形成了许多新的学科分支，如分子免疫学、分子遗传学、分子细胞生物学、分子病理学、分子药理学、分子病毒学等。反过来，这些基础学科也促进生物化学的发展。例如，免疫学的方法被广泛应用于蛋白质及受体的研究，遗传学的方法被应用于基因分子生物学的研究，病理学的癌症促进癌基因的研究，基因表达调控的规律是在细菌研究的基础上深入至真核生物的研究。总之，当前生命科学中各相关的学科互相渗透，互相促进，不断形成新的学科，如生物信息学，今后还将会出现更多新的学科。

健康科学(health science)涉及两大关键问题，其一是为了解和维持人体的健康生活。正常的生化反应和过程是健康的基础，人体必须不断地与外环境进行物质交换，摄入必需的营养成分，适应外环境的变化，以维持体内环境的稳定。其二是为有效防治疾病。代谢的紊乱可导致疾病，所以了解紊乱的环节并纠正之，是有效治疗疾病的依据。通过生化的检查，可帮助疾病的诊断。例如，糖代谢障碍可导致糖尿病，充分了解糖代谢及其调节的规律能为治疗糖尿病制订有效的方案，也为疾病的诊断和预防提供依据。可见，临床医学无论在预防和治疗工作中都会应用生物化学的知识。反过来临床实践也为生物化学的研究提供丰富的源泉。例如，恶性肿瘤使生物化学和分子生物学深入到癌基因的研究，通过对后者的深入研究，又揭开了对正常细胞生长、分化的规律和信号转导途径的研究和了解。又如，对动脉粥样硬化症的研究，促进对胆固醇、脂蛋白、受体乃至相关基因等的生物化学研究。可以说当前医学已进入分子水平时代，即分子医学(molecular medicine)，其主要的任务是在分子水平研究人体生命的规律，阐明人体生长、发育、分化、结构和功能；观察人与病原体以及人与自然环境之间的关系；分析疾病的发病机制及各种疾病主要病变的分子基础和开发新的有效的预防、诊断和治疗疾病的手段。

从生物化学观点来认识机体的健康。健康是指人体内代谢的各种化学反应与体内正常生理活动相适应的状态。现代医学已认识到，生物、心理、社会和环境因素都可以影响机体内某个或多个关键化学反应或分子功能。例如，当机体受到创伤、感染、悲哀、恐惧、噪音等因素刺激时，机体内物质分解代谢加快，血糖升高，能耗增加，水盐代谢紊乱等一系列异常变化，这些变化与健康息息相关。生物化学的理论与技术已渗透到基础医学与临床医学的各个领域，由此产生了如分子免疫学、分子遗传学、分子药理学和分子病理学等新的交叉学科。生物化学知识对认识疾病和维持健康提供了理论基础。随着生物化学的发展，其作用在临床医学中应用越来越深入。生物化学可以在分子水平上讨论病因、作出诊断、寻求防治方法，如对疾病相关基因克隆、基因诊断、基因治疗；又如，阐明肿瘤、心血管疾病、遗传性疾病、神经系统疾病、免疫性疾病等重大疾病的发生、发展、转归，以及早期诊断和有效防治，这些都有赖于生物化学理论和技术的新发展。目前，已能利用基因工程生产有药用价值的胰岛素、蛋白质、生长素、干扰素、乙肝疫苗等生物制品。另外，临床生物化学的检验检查，也有助于许多疾病的诊断。

知识窗

生物化学与司法鉴定

1. 受伤与死亡现象中的生化

死亡时间的推测：在凶杀的刑事案件中，可根据尸体中一些生化物质的变化来推测尸体的死亡时间，如死亡7h内肝中DNA的含量随死亡时间的延伸而下降；脾中DNA的含量则上升；肾、心肌和骨骼肌在7h内不变。以肝和脾中DNA含量变化的比值与死亡时间作图，可得一直线，用此直线来推测死亡时间其误差在16min之内。如果能在人体上也达到同样的精确度，在当今生活节奏快速的社会里也能相当正确地判断了。

2. 暴力死亡中的生化

暴力死亡中的生化：①经过搏斗后机械性死亡的心肌中丁二酸脱氢酶和细胞色素氧化酶的活性及糖原的含量会明显升高，经过20h之后才会明显下降。②机械性窒息（吊死和扼死）会引起死亡者的血液中成纤维蛋白水解酶的含量高于正常死亡的值，因此血液不凝固。急死者的血液也不凝固，所以判断时要结合其他方法。③溺死者的肺中过氧化物酶活性变化明显。由于进入的水深入肺部呼吸系统，器官受水的刺激后分泌出一些物质，使在口鼻之间形成葦狀泡沫，短时间内并不会消失，此为何物尚无报道。

3. 性犯罪引起的死亡中的生化

鉴定时可在受害者身体及其衣服等犯罪现场中找到精子，或是污渍中有酸性磷酸酯酶活力，即使在进行了绝育手术的罪犯中也能发现这种酶活力。

1.5 生物化学与其他学科的辩证关系

当今生物化学已从阐明生物化学的结构性质进入探讨生物分子间的相互作用和功能；生物分子间为何能在温和的条件下以惊人的速度在生物体内进行一系列严格有序和特定方向的化学反应；反应前后能量如何变化；有哪些因素影响着这些生物分子间的反应；酶促反应的机理和生物分子的结构功能关系如何等，这就使得物理化学越来越显示出它在生物化学中的重要地位。物理化学主要从理论上探讨物质结构与其性能间的关系，化学反应的可能性、反应速度和反应限度，反应机理以及反应过程中的能量变化关系等，是整个化学学科的理论基础。目前的研究表明，生物分子间的相互作用也是遵循各种物理化学规律的，也即这一套基本化学定律也支配着各种类型的生物分子的性质、机能和相互作用。总之，物理化学的各分支的理论可以阐明生物化学中许多问题，物理化学的研究方法在生物化学中具有十分重要应用。生物分子的反应服从于非生命界的化学定律，物理化学与生物化学间联系密切，可以预见，物理化学中的各种理论、研究方法在生物化学中将日益受到广泛应用，而生物化学的发展也必将进一步丰富物理化学的内容。

Watson 和 Crick 于 1953 提出了 DNA 分子的双螺旋结构模型，在此基础上形成了遗传信息传递的"中心法则"，由此奠定了现代分子生物学(molecular biology)的基础。分子生物学主要的研究内容为探讨不同生物体所含基因的结构、复制和表达，以及基因产物——蛋白质或 RNA 的结构、互相作用以及生理功能，以此了解不同生命形式特殊规律的化学和物理的基础。可见，当今生物化学与分子生物学不能截然分割，后者是前者深入发展的结果。总之，生物化学与分子生物学是在分子水平上研究生命奥秘的学科，代表当前生命科学的主流和发展的趋势。

生物化学同有关学科的关系如下：①生物化学是生物学深层次问题的研究和探索，已深入到生命科学的各个分支学科。②生物化学是对化学领域最复杂研究对象的研究和探索，引起化学工作者广泛的关注。③生物化学为农学、医学和食品科学提供理论依据和研究手段，推动了这些学科的长足发展。④物理学、信息科学和数学为生物化学提供研究手段，是生命科学的重要基础。同时，生物化学可以促进这些学科的理论和技术进步。

本章小结

生物化学是研究生命的化学，即研究生物体内化学分子与化学反应，从分子水平探讨生命现象本质的科学。生物化学研究的内容可概括如下：①生物体的物质组成。②物质代谢及其调节。③遗传信息的传递与表达。当前生物化学研究的重点为生物大分子的结构与功能，特别是蛋白质和核酸，二者是生命的基础物质。

近代生物化学的发展有以下三个阶段：①叙述生物化学阶段；②动态生物化学阶段；③功能生物化学阶段。在 20 世纪末之前，主要研究工作是生物大分子物质的提取、性质、化学组成和初步的结构分析等。蛋白质命名始于 1836 年，而 1986 年德国科学家发现了核酸。酶的阐明是 1897 年德国化学家布希纳(E. Buchner)从磨碎的酵母细胞中提取出了能使酒精发酵的酿酶开始的。

生物大分子是构成生命的基础物质，包括蛋白质、核酸、碳氢化合物等。由生物小分子到生物大分子，分子增大，出现新的性质。其中最主要的特点是：生物大分子有独特的立体结构、空间构型和分子整体形状。生物大分子的结构有平面结构和立体结构，物质结构与性能的关系问题，是辩证思维的重要命题之一。蛋白质分子是由 20 种氨基酸构成的，但氨基酸和蛋白质的性能有很大的差别，蛋白质分子具有运输、保护、运动、催化等生命物质的功能。可以看出，任何物质系统的结构，都是空间结构随时间而变化，是空间结构和时间结构的统一，稳定结构和可变结构的统一。

研究生物化学的目的是了解和掌握生命的规律，适应自然规律，使人类生活更美好。生物化学与分子生物学的理论和方法已广泛被基础医学学科应用，并已形成了许多新的学科分支。临床医学无论在预防和治疗工作中都会应用生物化学的知识。反过来临床实践也为生物化学的研究提供丰富的资料。

当今生物化学已从阐明生物化学的结构性质进入探讨生物分子间的相互作用和功能。分子生物学主要的研究内容为探讨不同生物体所含基因的结构、复制和表达，以及基因产物——蛋白质或 RNA 的结构，互相作用以及生理功能，以此了解不同生命形式特殊规律的化学和物理的基础。生物化学与分子生物学不能截然分割，后者是前者深入发展的结果。

习　题

1. 生物化学的发展与研究内容可以简单地划分为几个阶段？各有什么特点？
2. 试举例简单地论述生物大分子结构与功能的关系。
3. 简要地说明生物化学与其他学科的辩证关系。
4. 举例阐述生物化学知识在生产生活中的应用。
5. 谈谈生物体内生物大分子与生物小分子的功能与作用。

参考文献

[1] 宋方洲. 基因组学[M]. 北京：军事医学科学出版社，2011.
[2] [美]哈维，等. 图解生物化学[M]. 林德馨译. 北京：科学出版社，2011.
[3] 王镜岩，朱圣庚，等. 生物化学[M]. 3版. 北京：高等教育出版社，2007.
[4] [美]纳尔逊(Nelson D L)，[美]柯克斯(Cox M M). Lehninger生物化学原理(中文版)[M]. 3版. 周海梦，等译. 北京：高等教育出版社，2005.

（撰写人：蒋湘宁、杨海灵）

第2章　氨基酸、多肽和蛋白质

蛋白质(protein)是生物体的基本组成成分之一，也是含量最丰富的高分子物质，约占人体固体成分的45%，分布广泛，几乎所有的器官组织都含有蛋白质。生物体结构越复杂，其蛋白质种类和功能也越繁多。一个真核细胞可有数千种蛋白质，各自有特殊的结构和功能。例如，酶、抗体、大部分凝血因子、多肽激素、转运蛋白、收缩蛋白等都是蛋白质，但其结构与功能截然不同。在物质代谢、机体防御、血液凝固、肌肉收缩、细胞信息传递、个体生长发育、组织修复等方面，蛋白质发挥着不可替代的重要作用。由此可见，蛋白质是生命活动的物质基础，没有蛋白质就没有生命。

2.1　蛋白质的分类

组成蛋白质分子的元素主要有碳(50%~55%)、氢(6%~7%)、氧(19%~24%)、氮(13%~19%)和硫(0~4%)。有些蛋白质还含有少量磷或金属元素铁、铜、锌、锰、钴、铝等，个别蛋白质还含有碘。各种蛋白质的含氮量很接近，平均为16%。由于蛋白质是体内的主要含氮物，因此测定生物样品的含氮量就可按下式推算出蛋白质的大致含量。

$$每克样品含氮量(g) \times 6.25 \times 100 = 100g 样品中蛋白质含量(g)$$

蛋白质是生物体内种类最多、结构最复杂、功能多样化的大分子，研究者可以从分子形状、化学组成和功能等不同的角度对蛋白质进行分类。

2.1.1　根据分子组成分类

根据分子组成可将蛋白质分为两类。

(1) 简单蛋白质

仅由肽链组成，不包含其他辅助成分的蛋白质称作简单蛋白质(simple protein)。按照溶解度的差别，可将简单蛋白质分为7类，其主要特征见表2-1。

表2-1　简单蛋白质的分类

简单蛋白质	存在	举例	溶解度
清蛋白	所有生物	血清清蛋白、卵清蛋白、麦清蛋白	溶于水和稀盐溶液，可用饱和硫酸铵沉淀，加热即凝固
球蛋白		血清球蛋白、大豆球蛋白、免疫球蛋白	不溶于水，溶于稀盐溶液，可用半饱和硫酸铵沉淀

(续)

简单蛋白质	存在	举例	溶解度
醇溶蛋白	各类植物种子	小麦胶体蛋白、玉米蛋白	不溶于水,溶于稀酸和稀碱溶液,可溶于70%~80%乙醇
谷蛋白		米谷蛋白、麦谷蛋白	不溶于水,溶于稀酸和稀碱溶液,受热不凝固
精蛋白	与核酸结合成核蛋白存在于动物体中	鱼精蛋白	溶于水和稀盐,受热不凝固,分子较小,结构较简单的碱性蛋白质
组蛋白		胸腺组蛋白	溶于水和稀酸,不溶于稀氨溶液中,受热不凝固
硬蛋白	存在于毛、发、角筋、骨等	角蛋白、胶原蛋白、弹性蛋白	不溶于水、盐溶液及稀酸和稀碱溶液中

(2) 结合蛋白质

结合蛋白质(conjugated protein)又称缀合蛋白质,由简单蛋白质和辅助成分组成,其辅助成分通常称为辅基。根据辅基的不同,结合蛋白质可分为5类。

①核蛋白 核蛋白(nuclearprotein)由蛋白质与核酸组成,存在于所有细胞中。细胞核中的核蛋白由 DNA 与组蛋白结合而成,存在于细胞质中的核糖体是 RNA 与蛋白质组成的核蛋白。现在已知的病毒,也都是核蛋白。

②糖蛋白与蛋白聚糖 糖蛋白(glucoprotein)与蛋白聚糖(proteoglycan)均由蛋白质和糖以共价键相连而成。若糖的半缩醛羟基(即 C1 上的—OH)和蛋白质中含羟基的氨基酸残基(如丝氨酸、苏氨酸、羟基赖氨酸等)以糖苷形式结合,称为 O 连接;若糖的半缩醛羟基和天冬酰胺的酰胺基连接,称为 N 连接。糖蛋白中的多肽链常与许多短的寡糖链以共价键连接,寡糖中不含有二糖重复单位。糖蛋白有很多种类,各自有不同的功能。动物血浆中绝大多数蛋白质是糖蛋白;具有催化作用的也有不少是糖蛋白;还有不少糖蛋白具有运载功能;其他如抗体、激素、血型物质,作为结构原料或起着保护作用的蛋白质等都是糖蛋白。特别要指出的是生物膜上糖蛋白的寡聚糖链,可直接影响膜的功能,甚至整个细胞的功能。

蛋白聚糖中的糖基由二糖重复单位组成,称糖胺聚糖。多糖链以共价键与多肽链连接,蛋白聚糖广泛存在于动、植物组织中,是结缔组织和细胞间质的特有成分,也是组织细胞间的天然黏合剂。近年来研究发现,存在于细胞表面的蛋白聚糖很可能参与细胞和细胞或者细胞和基质之间的相互作用。

③脂蛋白 脂蛋白(lipoprotein)由蛋白质和脂质通过非共价键相连而成,存在于生物膜和动物血浆中。脂蛋白的蛋白质部分称脱辅基蛋白,又称载脂蛋白。大多数生物膜约含蛋白质60%、脂质40%,但生物功能不同的膜差异是很大的,如线粒体内膜含脂质20%~25%,神经细胞的髓鞘膜所含的脂质可以高达75%。膜中脂类以甘油磷脂为主(如磷脂酰胆碱、磷脂酰乙醇胺等),还有少量的鞘脂类。细胞中所有这些极性脂类都集中在膜上。生物膜上的蛋白不止脂蛋白一种,其中主要的是糖蛋白。存在于血浆中的脂蛋白主要功能是经过血液循环在各器官之间运输不溶于水的脂质。通常脂质能溶于乙醚不溶于水,而脂蛋白则不溶于乙醚却能溶于水,因此血液中的脂蛋白成为脂质的运输方式。血液中游离脂肪酸绝大部

分与清蛋白结合，输送至全身，供各组织细胞摄取利用，而三酰甘油、胆固醇、磷脂等则以不同比例与球蛋白结合成不同的脂蛋白复合物，在血液中运输。所以血浆脂蛋白是由蛋白质、磷脂、胆固醇和三酰甘油所组成的复合物。复合物中含三酰甘油多者密度低，少者密度高。按密度大小可将血浆脂蛋白分为乳糜微粒、极低密度脂蛋白、低密度脂蛋白、高密度脂蛋白 4 类。

④色蛋白　色蛋白(chromoprotein)由蛋白质和色素组成，种类很多，其中以含卟啉类的色蛋白最为重要。血红蛋白就是由珠蛋白和血红素组成的，血红素是由原卟啉与一个二价铁离子构成的化合物。过氧化氢酶、细胞色素 C 都是由蛋白质和铁卟啉组成的。

⑤磷蛋白　磷蛋白(phosphoprotein)由蛋白质和磷酸组成。磷酸往往与丝氨酸或苏氨酸侧链的羟基结合，如胃蛋白酶、乳中的酪蛋白都含有许多丝氨酸磷酸残基。蛋白质的磷酸化和脱磷酸，是对其机能进行调控的重要途径。

2.1.2　根据功能分类

近年来，蛋白质结构与功能关系的研究，主要通过蛋白质 - 蛋白质，以及蛋白质 - 核酸等生物大分子相互关系进行研究，因此提出按蛋白质的生物功能进行分类的办法。按功能将蛋白质分为 10 类。

①酶　酶是具催化活性的蛋白质，是蛋白质中种类最多的类群，生物体内新陈代谢的每一步反应都是由特定的酶催化完成的。

②调节蛋白　许多蛋白质具有调控功能，这些蛋白质称为调节蛋白。其中一类为激素，如调节动物体内血糖浓度的胰岛素，刺激甲状腺的促甲状腺素，促进生长的生长素等。另一类可参与基因表达的调控，它们能激活或抑制基因的转录或翻译。

③贮存蛋白　有些蛋白质的生物功能是贮存必要的养分，称为贮存蛋白。例如，卵清蛋白为鸟类胚胎发育提供氮源。许多高等植物的种子含高达 60% 的贮存蛋白，为种子的发芽准备足够的氮素。铁蛋白内能贮存铁原子，用于含铁蛋白如血红蛋白的合成。

④转运蛋白　转运蛋白主要有两类：一类存在于体液中，如血液中的血红蛋白将氧气从肺转运到其他组织，血清蛋白将脂肪酸从脂肪组织转运到各器官；另一类为膜转运蛋白，它们在膜的一侧结合代谢物跨越膜，然后在膜的另一侧将其释放，这类蛋白质能将养分如葡萄糖和氨基酸转运到细胞内。天然膜的转运蛋白都能在膜内形成通道，被转运的物质经它进出细胞。

⑤运动蛋白　生物的运动也离不开蛋白质，如高等动物肌肉的主要成分是蛋白质，肌肉收缩是由肌球蛋白和肌动蛋白的相对滑动来实现的。细胞内的细胞器移动，也是通过细胞骨架的某些蛋白质实现的。

⑥防御蛋白和毒蛋白　有些蛋白质具有防御和保护功能，如抗体能够与相应的抗原结合而排除外来物质对生物体的干扰。凝血酶作用于血纤蛋白原使血液凝固，防止血液的流失。南极和北极的鱼含有的抗冻蛋白能防止低温下血液冷冻，病毒外壳蛋白可保护其核酸免遭破坏。毒蛋白包括动物毒蛋白，如蛇毒和蜂毒的溶血蛋白和神经毒蛋白；植物毒蛋白，如蓖麻毒蛋白；细菌毒素蛋白，如白喉毒素和霍乱毒素。

⑦受体蛋白质　受体蛋白质是接受和传递信息的蛋白质，如不少激素是通过细胞膜上或

⑧支架蛋白　支架蛋白能通过蛋白-蛋白相互作用识别并结合其他蛋白中的某些结构元件，可以将多种不同的蛋白质装配成一个复合体，参与对激素和其他信号分子胞内应答的协调和通信。例如，sH2 组件(即肉瘤病毒基因表达产物 src 蛋白及其家族成员中的 sH2 结构域)能与含有磷酸化酪氨酸残基的蛋白质结合，sH3 组件能与富含脯氨酸残基的蛋白质结合。

⑨结构蛋白　用于建造和维持生物体结构的蛋白质称为结构蛋白，这类蛋白质多数是不溶性纤维状蛋白质，如构成毛发、角、甲的 α-角蛋白，存在于骨、结缔组织、腱、软骨组织和皮中的胶原蛋白。

⑩异常功能蛋白　某些蛋白质具有特殊的功能，如应乐果甜蛋白有着极高的甜度，可作为人工增甜剂。昆虫翅膀的结合部存在一种具有特殊弹性的蛋白质，称节肢弹性蛋白。某些海洋生物如贝类分泌一类胶质蛋白，能将贝壳牢固地黏附在岩石或其他硬表面上。

2.1.3　根据分子形状分类

根据蛋白质分子的外形，可以将其分为3类：

①球状蛋白质　球状蛋白质分子形状接近球形，水溶性较好，种类很多，可行使多种多样的生物学功能。

②纤维状蛋白质　纤维状蛋白质分子外形呈棒状或纤维状，大多数不溶于水，是生物体重要的结构成分或对生物体起保护作用，如胶原蛋白和角蛋白。有些可溶于水，可在一定的条件下聚集成固态，如血纤维蛋白原。还有一些与运动机能有关，如肌球蛋白。有些纤维状蛋白质是由球蛋白聚集形成的，一般归类于球蛋白，如微管蛋白和肌动蛋白。

③膜蛋白质　膜蛋白质一般折叠呈近球形，插入生物膜，也有一些通过非共价键或共价键结合在生物膜的表面。生物膜的多数功能是通过膜蛋白实现的。

知识窗

在 pK 和 pI 的定义

水溶液中，pH = $-\lg[H^+]$。例如，在中性 pH 下，$[H^+] = [OH^-] = 10^{-7}$ mol/L，pH = 7。细胞或体液内的 pH 称为生理的 pH，是会变的，典型的是稍高于中性 pH，常在 pH = 7.6 左右。

在生理 pH 下，侧链不带电荷的氨基酸(例如丙氨酸)的溶液中，羧基和氨基都会电离，如下式所示：

$$CH_3-CH-COO^-$$
$$| \quad\quad$$
$$NH_3^+$$

若加入氢离子(H^+)使 pH 降低，则羧基不电离：

$$-COO^- + H^+ \longrightarrow -COOH$$

若加入羟离子(OH^-)使 pH 升高，则氨基不电离：

$$OH^- + -NH_3^+ \longrightarrow H_2O + -NH_2$$

因此，氨基酸既是酸又是碱，是两性电解质，在中性 pH 下，氨基和羧基都电离，分子是偶极的，或称为兼性离子。

特定化学基团的 pK 是该基团有一半电离时的 pH，一半羧基电离时的 pH 是 pK_1（例如，丙氨酸的 pK_1 值为 2.3），一半氨基电离时的 pH 是 pK_2（丙氨酸的 pK_2 为 9.69）。

氨基酸溶液的 pH 可根据 Henderson-Hasselbalch 方程进行计算：

$$pH = pK + \lg[(\text{质子受体})/(\text{质子供体})]$$

对于 pK_1，质子受体为 —COO$^-$，质子供体为 —COOH，对于 pK_2，它们分别是 —NH$_2$ 和 —NH$_3^+$。

在一特定的 pH 之下分子的净电荷为零，也就是说，假若把分子上的所有电荷加在一起，其和为零，这一 pH 就是等电点 pI (isoelectric point)。丙氨酸的 pI 约为 6.0。蛋白质的 pI 可用于以等电聚焦法分离极为相近的蛋白质。虽然蛋白质都是既有酸性基团、又有碱性基团的，若 pI 大于 7，则该蛋白质是碱性的；若 pI 小于 7，则该蛋白质是酸性的。

2.2 氨基酸

氨基酸 (amino acid) 是组成蛋白质的基本单位。蛋白质受酸、碱或蛋白酶作用而水解产生游离氨基酸。例如，用 6mol/L HCl 回流 20h，蛋白质水解完全，不引起氨基酸消旋，但色氨酸被破坏，羟基氨基酸部分水解，酰胺键水解。蛋白质与 5mol/L NaOH 溶液共煮 10~20h，也可完全水解，会引起氨基酸消旋，但色氨酸不被破坏。用蛋白酶进行水解不引起消旋，色氨酸不被破坏，但水解不完全。

2.2.1 氨基酸的结构

存在于自然界中的氨基酸有 300 余种，但组成人体蛋白质的氨基酸仅有 20 种，其结构中心是四面体的 α-碳原子（α-C），它共价连接 1 个氨基、1 个羧基、1 个氢原子和 1 个可变的 R 基团，由于 R 基团的变化形成了不同的氨基酸。每个氨基酸分子中与羧基相邻的 α-碳原子上都结合了一个氨基，故称为 α-氨基酸。α-氨基酸除了 R 基团不同外，其分子中均含有氨基和羧基，且氨基和羧基都连在同一个 α 碳原子上。这 20 种氨基酸也被称为常见氨基酸或者编码氨基酸。除脯氨酸外，其余的 19 种氨基酸的结构通式可表示为：

从结构通式看，除甘氨酸（R 为氢原子）外，其他的所有氨基酸分子中碳原子均为不对称碳原子。因此，从理论上来说，氨基酸有 D-型和 L-型两种异构体（图 2-1）。但组成蛋白质的氨基酸一般都为 L-α-型。不过，某些抗生素中存在 D 型氨基酸。人们花了很大的精力研究蛋白质氨基酸采用 L-型的原因，但至今没有令人满意的解释。尽管选择 L-型看上去有些主观，但是在进化早期一旦选定就固定下来，导致今天的蛋白质氨基酸组分仍然是 L-型。

氨基酸结构通式

除甘氨酸外的所有 α-氨基酸均有旋光性，能使偏振光平面左旋（-）或右旋（+）。需要强调的是，构型与旋光方向没有直接对应关系，L-α-氨基酸有的为左旋，有的为右旋，即使同一种 L-α-氨基酸，在不同溶剂中也会有不同的旋光度或不同的旋光方向。

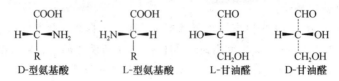

图 2-1　D-和 L-型氨基酸、D-和 L-型甘油醛

2.2.2　氨基酸的分类

20 种氨基酸的侧链 R 各不相同，其差异表现在侧链的大小、形状、电荷、氢键形成能力、疏水性和化学反应性。根据 R 基团的化学结构，可将氨基酸分为脂肪族氨基酸、芳香族氨基酸、杂环氨基酸和杂环亚氨基酸 4 类，在研究氨基酸的代谢途径时，采用这种分类方式较好。在研究氨基酸的分离方法，考虑其在形成蛋白质分子空间结构中的作用时，较好的分类方式是按照 R 基团的极性和在中性条件下带电荷的情况进行分类，可将其分为 4 类。

2.2.2.1　根据 R 基团的化学结构分类

根据侧链 R 基团的化学结构可以将 20 种氨基酸分为脂肪族氨基酸、芳香族氨基酸、杂环氨基酸和杂环亚氨基酸。

(1) 脂肪族氨基酸

① 含一氨基一羧基的中性氨基酸　包括甘氨酸、丙氨酸、缬氨酸、亮氨酸和异亮氨酸。其中甘氨酸的 R 基团为氢原子，是这 20 种氨基酸中结构最为简单的，也是唯一不含手性碳原子的氨基酸，不具有旋光性。

② 含硫的氨基酸　包括半胱氨酸和甲硫氨酸。半胱氨酸在蛋白质中常以氧化型的胱氨酸存在。胱氨酸是由两个半胱氨酸通过—SH 氧化成二硫键连接而成的。

③ 含羟基的氨基酸　包括丝氨酸和苏氨酸。

④ 含酰胺基的氨基酸　包括天冬酰胺和谷氨酰胺。天冬酰胺和谷氨酰胺分别是天冬氨酸和谷氨酸的酰胺化产物。

⑤ 含一氨基二羧基的酸性氨基酸　包括天冬氨酸和谷氨酸。

⑥ 含二氨基一羧基的碱性氨基酸　包括精氨酸和赖氨酸。

(2) 芳香族氨基酸

芳香族氨基酸包括苯丙氨酸、酪氨酸和色氨酸。

(3) 杂环氨基酸

杂环氨基酸——组氨酸。

(4) 杂环亚氨基酸

杂环亚氨基酸——脯氨酸。脯氨酸不同于其他 19 种氨基酸，没有自由的 α-氨基，只含有一个亚氨基。

2.2.2.2　根据 R 基团的极性性质分类

根据 R 基团的极性性质，可以将 20 种氨基酸分为：非极性 R 基团的氨基酸、极性不带电荷 R 基团氨基酸、极性带正电荷 R 基团氨基酸和极性带负电荷 R 基团氨基酸。

①非极性 R 基团氨基酸 这一类包括 8 种氨基酸：4 种带有脂肪烃侧链的氨基酸（丙氨酸、缬氨酸、亮氨酸、异亮氨酸），脯氨酸（带有独特的环状结构），甲硫氨酸（两种含硫氨基酸之一）和 2 种芳香族氨基酸（苯丙氨酸和色氨酸）。这类氨基酸的侧链都是高度疏水的，其中以丙氨酸的 R 基团疏水性为最小。这 8 种氨基酸在水中的溶解度比极性 R 基团氨基酸小。

②极性不带电荷 R 基团氨基酸 这一类包括 7 种氨基酸：甘氨酸、含羟基的丝氨酸和苏氨酸、含酰胺基的天冬酰胺和谷氨酰胺、酪氨酸和含硫的半胱氨酸。甘氨酸的 R 基团只有一个氢原子，所以除甘氨酸外，这一组氨基酸的 R 基团都能与水形成氢键。这一类氨基酸比非极性氨基酸更易溶于水。

③极性带正电荷的 R 基团氨基酸 这一类包括 3 种氨基酸：组氨酸基、精氨酸和赖氨酸。它们的侧链都带有亲水性的含氮碱基基团，在 pH＝7 时侧链基团带有净正电荷。精氨酸是 20 个氨基酸中碱性最强的氨基酸，它的侧链带有一个带正电荷的胍基。

④极性带负电荷的 R 基团氨基酸 这一类包括 2 种氨基酸：天冬氨酸和谷氨酸。天冬氨酸和谷氨酸都含有 2 个羧基，且侧链的羧基在 pH＝7 左右也完全解离，因此在蛋白质中是带负电荷的。

表 2-2 中列出了蛋白质存在的 20 种常见 L-α-氨基酸的结构式与性质参数。

表 2-2　蛋白质中存在的 20 种 L-α-氨基酸

	名　称	缩写符号	结构式	pK_1 (α-COOH)	pK_2 (α-NH$_3^+$)	pK_3
脂肪族氨基酸	甘氨酸	Gly[G]	H—CH—COO$^-$　NH$_3^+$	2.4	9.8	
	丙氨酸	Ala[A]	CH$_3$—CH—COO$^-$　NH$_3^+$	2.4	9.9	
	缬氨酸	Vla[V]	H$_3$C\\CH—CH—COO$^-$ /H$_3$C　NH$_3^+$	2.2	9.7	
	亮氨酸	Leu[L]	H$_3$C\\CH—CH$_2$—CH—COO$^-$ /H$_3$C　NH$_3^+$	2.3	9.7	
	异亮氨酸	Ile[I]	CH$_3$—CH$_2$—CH—CH—COO$^-$　　　CH$_3$　NH$_3^+$	2.3	9.8	
羟基氨基酸	丝氨酸	Ser[S]	CH$_2$—CH—COO$^-$　OH　NH$_3^+$	2.2	9.2	约 13
	苏氨酸	Thr[T]	CH$_3$—CH—CH—COO$^-$　　OH　NH$_3^+$	2.3	9.1	约 13
	酪氨酸	(见下页)	(见下页)	(见下页)	(见下页)	(见下页)

(续)

名　称		缩写符号	结构式	pK_1 (α-COOH)	pK_2 (α-NH$_3^+$)	pK_3
巯基氨基酸	半胱氨酸	Cys [C]	CH$_2$—CH—COO$^-$ |　　| SH　　NH$_3^+$	1.9	10.8	8.3
	甲硫氨酸	Met [M]	CH$_2$—CH$_2$—CH—COO$^-$ |　　　　| S—CH$_3$　　NH$_3^+$	2.1	9.3	
酰胺氨基酸	天冬氨酸	Asp [D]	$^-$OOC—CH$_2$—CH—COO$^-$ | NH$_3^+$	2.0	9.9	3.9
	天冬酰胺	Asn [N]	H$_2$N—C—CH$_2$—CH—COO$^-$ ‖　　　　| O　　　　NH$_3^+$	2.1	9.8	
	谷氨酸	Glu [E]	$^-$OOC—CH$_2$—CH$_2$—CH—COO$^-$ | NH$_3^+$	2.1	9.5	4.1
	谷氨酰胺	Gln [Q]	H$_2$N—C—CH$_2$—CH$_2$—CH—COO$^-$ ‖　　　　　| O　　　　　NH$_3^+$	2.2	9.1	
碱性氨基酸	精氨酸	Arg [R]	H—N—CH$_2$—CH$_2$—CH$_2$—CH—COO$^-$ |　　　　　　| C=NH$_2^+$　　　　NH$_3^+$ | NH$_2$	1.8	9.0	12.5
	赖氨酸	Lys [K]	CH$_2$—CH$_2$—CH$_2$—CH$_2$—CH—COO$^-$ |　　　　　　| NH$_2^+$　　　　　NH$_3^+$	2.2	9.2	10.8
	组氨酸	His [H]	CH$_2$—CH—COO$^-$ | NH$_3^+$ (咪唑环)	1.8	9.3	6.0
芳香族氨基酸	组氨酸	His [H]	(见上)	(见上)	(见上)	(见上)
	苯丙氨酸	Phe [F]	C$_6$H$_5$—CH$_2$—CH—COO$^-$ | NH$_3^+$	2.2	9.2	
	酪氨酸	Tyr [Y]	HO—C$_6$H$_4$—CH$_2$—CH—COO$^-$ | NH$_3^+$	2.2	9.1	10.1
	色氨酸	Trp [W]	(吲哚环)—CH$_2$—CH—COO$^-$ | NH$_3^+$	2.4	9.4	
亚氨基酸	脯氨酸	Pro [P]	(吡咯环)—COO$^-$ | $^+$NH$_2$	2.0	10.6	

　　20 种氨基酸中有 7 种氨基酸的侧链能发生解离，它们接受质子或者释放质子。这种性质能够促进反应进行或有利于形成离子键。图 2-2 列出了酪氨酸、半胱氨酸、精氨酸、赖氨

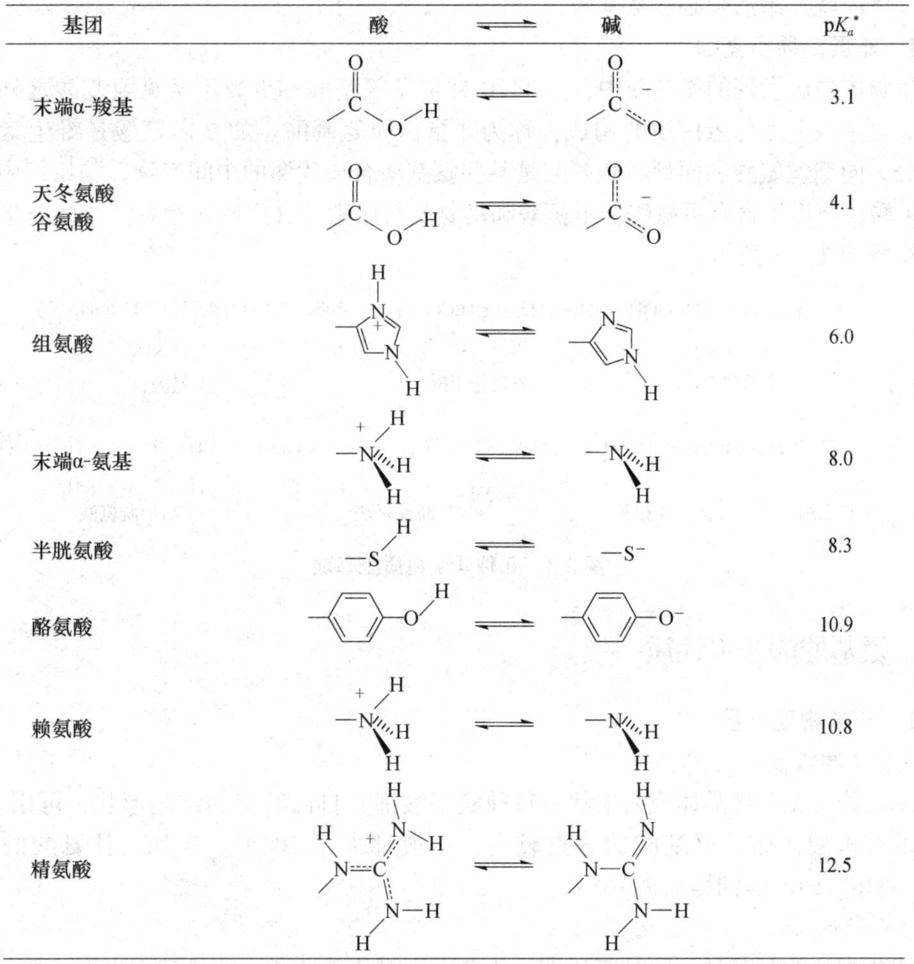

基团	酸	⇌	碱	pK_a^*
末端α-羧基	—COOH	⇌	—COO⁻	3.1
天冬氨酸 谷氨酸	—COOH	⇌	—COO⁻	4.1
组氨酸	咪唑鎓	⇌	咪唑	6.0
末端α-氨基	—NH₃⁺	⇌	—NH₂	8.0
半胱氨酸	—SH	⇌	—S⁻	8.3
酪氨酸	—C₆H₄—OH	⇌	—C₆H₄—O⁻	10.9
赖氨酸	—NH₃⁺	⇌	—NH₂	10.8
精氨酸	胍基(质子化)	⇌	胍基	12.5

图 2-2 几种氨基酸侧链基团的解离方程式及 $pK_α$ 值

酸、组氨酸、天冬氨酸和谷氨酸侧链基团的解离方程式及 $pK_α$ 值。

氨基酸既可以用三个字母表示也可以用一个字母表示(表 2-2)。除了天冬酰胺(Asn)、谷氨酰胺(Gln)、异亮氨酸(Ile)和色氨酸(Trp)外,用三个字母表示氨基酸的就是用这个氨基酸的英文名称的前三个字母。用一个字母表示氨基酸的时候,多数氨基酸就是用这个氨基酸英文名称的第一个字母表示(如 G 表示甘氨酸,L 表示亮氨酸);另一些氨基酸是根据协定命名的。这些缩写和符号属于生化工作者的语言词汇。

2.2.2.3 根据人体内能否自身合成分类

在人体内不能合成或合成量不能满足机体需要,必须从食物中获得的氨基酸称为必需氨基酸。一般认为必需氨基酸有 8 种,包括色氨酸、甲硫氨酸、赖氨酸、苯丙氨酸、亮氨酸、异亮氨酸、缬氨酸和苏氨酸。半胱氨酸和酪氨酸在体内可分别由甲硫氨酸和苯丙氨酸转变而成,称为条件必需氨基酸,或半必需氨基酸。

20 种氨基酸中除去必需氨基酸后,其余的便是非必需氨基酸,在人体内可以自身合成以满足机体的需要。非必需氨基酸大多可以由必需氨基酸转变而来,当人体内非必需氨基酸

2.2.2.4 非蛋白质氨基酸

在生物体内已发现的氨基酸中，除了 20 种常见氨基酸和少数不常见氨基酸之外，绝大多数种类氨基酸不参与蛋白质的构成，称为非蛋白质氨基酸。如 β-丙氨酸是维生素泛酸的组成成分。同型丝氨酸和同型半胱氨酸是某些氨基酸合成代谢的中间产物。脑组织中存在有 γ-氨基丁酸，西瓜中含有瓜氨酸，瓜氨酸和鸟氨酸与尿素的合成密切相关。一些非蛋白质氨基酸的结构如图 2-3 所示。

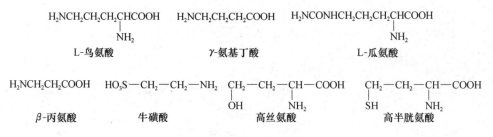

图 2-3 几种非蛋白质氨基酸

2.2.3 氨基酸的基本性质

2.2.3.1 一般物理性质

(1) 晶体和熔点

氨基酸均为无色结晶体或粉末状，每种氨基酸都有自己特有的结晶形状，可用于鉴定。与相应的有机酸比较，氨基酸的熔点较高，一般都大于 200℃。例如，甘氨酸的熔点为 232℃，而相应的乙酸的熔点为 165℃。

(2) 旋光性

组成蛋白质的氨基酸，除甘氨酸外，均含有不对称碳原子，故具有旋光性。在一定的温度和溶剂系统中，不同的氨基酸都有各自的比旋光值，可用于定性鉴定。

(3) 氨基酸的味感

世界上凡是可食的东西，都有自己特有的味道，氨基酸也不例外。许多山珍海味，给人以美味的感觉享受，莫不与氨基酸的存在有关。大米的香味是由于胱氨酸的存在；啤酒的苦味，其原因之一是由于 3 个支链氨基酸的存在。

(4) 溶解度

除胱氨酸、半胱氨酸、酪氨酸外，氨基酸一般溶于水，但在稀酸、稀碱中溶解最好。除脯氨酸溶于乙醇、乙醚外，绝大多数氨基酸都不溶于有机溶剂，故可用有机溶剂沉淀法生产氨基酸。脯氨酸极易溶解于水中，故易潮解而不易制成结晶。

(5) 紫外吸收性质

在可见光区，氨基酸均无吸收。在近紫外区(220～300nm)，苯丙氨酸、酪氨酸和色氨酸都有吸收，由于三者结构上的差异，其最大吸收不同。酪氨酸的最大吸收波长(λ_{max})为 275～278nm，苯丙氨酸的为 257～259nm，色氨酸的为 279～280nm。

2.2.3.2 两性电离与等电点

(1) 两性电离

氨基酸分子中既含有羧基，又含有氨基，故它是两性电解质。根据氨基酸的某些物理性质，如熔点高，易溶于极性溶剂等可以判定晶体状态或水溶液中的氨基酸应以两性离子形式存在。两性离子，又称为兼性离子、偶极离子，即在同一个氨基酸分子上带有能放出质子的—NH_3^+ 正离子，和能接受质子的—COO^- 负离子。

$$\begin{array}{cc} \underset{\text{中性分子形式}}{\underset{R}{\underset{|}{H-C-COOH}}\atop{\overset{NH_2}{|}}} & \underset{\text{两性离子形式}}{\underset{R}{\underset{|}{H-C-COO^-}}\atop{\overset{NH_3^+}{|}}} \end{array}$$

雷曼证明，有机酸的羧基在 $1730cm^{-1}$ 有吸收光带，有机胺的氨基在 $3300cm^{-1}$ 有吸收光带，而氨基酸虽含有氨基和羧基，但在这两处均无吸收光带，说明晶体或水溶液中的氨基酸不是以中性分子形式存在的。

氨基酸是两性电解质，它在溶液中的带电情况，随溶液 pH 的变化而变化。改变溶液的 pH，可以使氨基酸带正电，或带负电。以甘氨酸为例，它完全质子化时，可以看作一个多元的酸，其解离情况如下：

$$\underset{\text{负离子}}{^+H_3N-\underset{H}{\overset{H}{|}}{C}-COOH} \underset{K_1}{\rightleftharpoons} \underset{\text{偶极离子}}{^+H_3N-\underset{H}{\overset{H}{|}}{C}-COO^-} \underset{K_2}{\rightleftharpoons} \underset{\text{正离子}}{H_2N-\underset{H}{\overset{H}{|}}{C}-COO^-}$$

(2) 等电点

在不同 pH 的水溶液中氨基酸可解离为正离子、偶极离子或负离子。对氨基酸进行电泳时，在强酸性溶液中氨基酸正离子移向阴极，在强碱性溶液中氨基酸负离子移向阳极。调节氨基酸溶液的 pH，使氨基酸分子上的—NH_3^+ 和—COO^- 解离度完全相等，即氨基酸所带净电荷为零，主要以两性离子存在时，在电场中，不向任何一极移动，此时溶液的 pH 叫作氨基酸的等电点(pI)。

不同氨基酸由于分子中所含的可解离基团不同，解离程度不同，所以等电点不同。在水溶液中氨基和羧基的解离程度是不同的，所以氨基酸水溶液一般不呈中性。一般来讲，所谓中性氨基酸，酸性比碱性稍微强一点，也就是正离子的浓度小于负离子的浓度，要调节到等电点，就需要向溶液中加酸，降低 pH，抑制羧基的解离。中性氨基酸的等电点一般在 5.0 ~ 6.3，酸性氨基酸的等电点在 2.8 ~ 3.2，碱性氨基酸的等电点在 7.6 ~ 10.9。由于氨基酸的两性电解质性质，氨基酸可以作为缓冲试剂使用。

在等电点时，氨基酸的偶极离子浓度最大，溶解度最小。因此，可以根据等电点分离氨基酸的混合物。常用的方法有两种，一是利用在等电点时的溶解度最小，可以将某氨基酸从混合溶液中沉淀出来；二是利用在同一 pH 下不同的氨基酸所带电荷的不同而进行分离。例如，在 pH≈6 时，甘氨酸、丙氨酸等主要以两性离子形式存在，而天冬氨酸、谷氨酸等则主要是以负离子形式存在。用阴离子交换树脂柱层析分离时，甘氨酸和丙氨酸等中性氨基可因 R 基极性不同先后被洗脱出来，而天冬氨酸和谷氨酸和树脂的阴离子交换而留在柱中，需根据它们的 pI 值，选用较低 pH 值的缓冲溶液才能洗脱出来。

氨基酸的等电点可由实验测定，也可根据氨基酸分子中所带的可解离基团的 pK 值来计算。氨基酸的等电点可由其分子上解离基团的解离常数来确定，各种氨基酸的解离常数 pK 和 pI 的近似值列于表 2-2。

氨基酸的 pI 除用酸碱滴定测量外，还可按可解离基团的 pK 值来计算。先写出氨基酸的解离方程，然后取两性离子两边的 pK 值的算术平均值，即为等电点。

以谷氨酸为例，其解离方程式为：

$$\underset{Glu^+}{\overset{COOH}{\underset{NH_3^+}{\overset{(CH_2)_2}{|}}\overset{}{\underset{}{|}}CH-COOH}} \underset{H^+}{\overset{OH^-}{\rightleftharpoons}} \underset{Glu^\pm}{\overset{COOH}{\underset{NH_3^+}{\overset{(CH_2)_2}{|}}\overset{}{\underset{}{|}}CH-COO^-}} \underset{H^+}{\overset{OH^-}{\rightleftharpoons}} \underset{Glu^-}{\overset{COO^-}{\underset{NH_3^+}{\overset{(CH_2)_2}{|}}\overset{}{\underset{}{|}}CH-COO^-}} \underset{H^+}{\overset{OH^-}{\rightleftharpoons}} \underset{Glu^{2-}}{\overset{COO^-}{\underset{NH_2}{\overset{(CH_2)_2}{|}}\overset{}{\underset{}{|}}CH-COO^-}}$$

用方括号表示浓度，根据质量作用定律可得：

$$K_1 = \frac{[Glu^\pm][H^+]}{[Glu^+]}, \quad [Glu^+] = \frac{[Glu^\pm][H^+]}{K_1}$$

$$K_2 = \frac{[Glu^-][H^+]}{[Glu^\pm]}, \quad [Glu^-] = \frac{[Glu^\pm]K_2}{[H^+]}$$

根据 pI 的定义，当溶液的 pH 等于氨基酸的 pI 时，氨基酸大多以两性离子的形式存在，少量的正离子和负离子数量相等。

$$\frac{[Glu^\pm][H^+]}{K_1} = \frac{[Glu^\pm]K_2}{[H^+]}, \quad 即 \ K_1 K_2 = [H^+]^2$$

方程式两边取负对数可得

$$pK_1 + pK_2 = 2pH$$

由于此种状态下的 pH 等于 pI，可得：

$$pI = \frac{pK_1 + pK_2}{2}$$

按照解离方程式步骤，公式中 pK_{a1} 代入谷氨酸 α-COOH 的解离常数，pK_{a2} 代入 γ-COOH 的解离常数，引用表 2-2 的数据，则 pI = (2.19 + 4.25)/2 = 3.22。

根据 Henderson-Hasselbalch 方程可以算出，pH 为 3.22 时谷氨酸的存在形式如下：

$$[Glu^+]/[Glu^\pm] = [Glu^-]/[Glu^\pm] = 0.093, \quad [Glu^{2-}]/[Glu^-] = 3.5 \times 10^{-7}$$

可见氨基酸在等电点时主要以偶极离子存在，氨基酸阳离子和阴离子的数量相等，浓度很低。带有两个负电荷的 [Glu^{2-}] 极低，在计算等电点时完全可以忽略不计。氨基酸在 pH 大于等电点的溶液中主要以阴离子存在，在 pH 小于等电点的溶液中主要以阳离子存在。

从上述结论知，等电溶液的 pH 与离子浓度无关，其值取决于两性离子两侧的可解离基团的 pK 值。

2.2.3.3 氨基酸的化学性质

(1) 与茚三酮反应

在 pH=5~7 和 80~100℃条件下，大多数氨基酸和茚三酮乙醇溶液反应形成蓝紫色的化合物，并放出氨和二氧化碳。这是 α-氨基酸特有的反应；氨和胺类也与茚三酮反应，但不放出二氧化碳。氨基酸与茚三酮反应产生的蓝紫色化合物在 570nm 有最大吸收，可用于定量测定，但不能作为定量测定的依据，其中有氨等化合物的干扰，要定量测定，可测定放出的二氧化碳量，因为只有氨基和羧基连在同一个 α 碳原子上的化合物与茚三酮反应才放出二氧化碳。谷氨酰胺和天冬酰胺与茚三酮反应产生棕色化合物，而脯氨酸与茚三酮反应形成黄色的产物，在 440nm 有最大吸收，可定量测定。

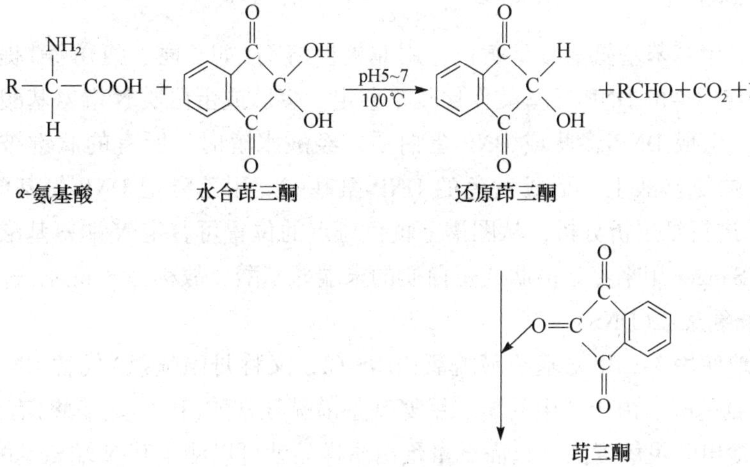

$$\alpha\text{-氨基酸} + \text{水合茚三酮} \xrightarrow[100℃]{pH5\sim7} \text{还原茚三酮} + RCHO + CO_2 + NH_3$$

↓ + 茚三酮

蓝紫色物（铵盐） + $2H_2O$

(2) 与甲醛的反应

氨基酸既是酸又是碱，但不能直接用酸碱滴定法来测定其含量，因为它的酸碱滴定的等电点 pH 过高或过低，没有适当的指示剂可用。如氨基酸的 α-氨基的 pK 值为 9.7 左右，完全解离时，pH 可达 11 或更高。在室温和 pH 中性条件下，甲醛与氨基酸的 α-氨基结合，生成羟甲基衍生物（H^+ 一次放出），从而降低了氨基的碱性。可选择酚酞指示剂（变色范围 8.2~10.0）。用氢氧化钠滴定放出的 H^+，因为每放出一个 H^+，就相当于有一个氨基氮，从氨基氮量可算出氨基酸的量。

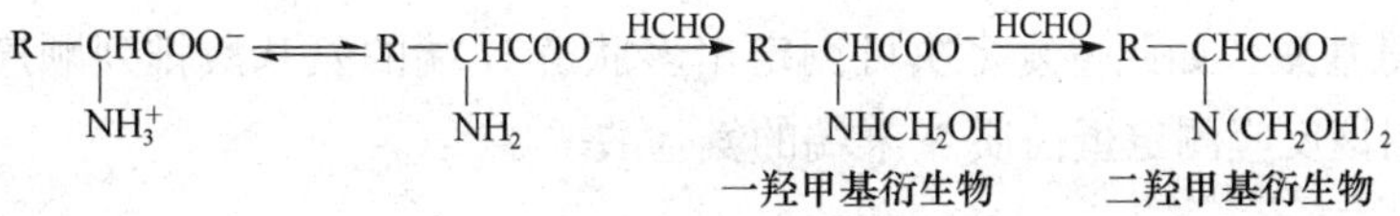

$$R\text{-}\underset{NH_3^+}{CHCOO^-} \rightleftharpoons R\text{-}\underset{NH_2}{CHCOO^-} \xrightarrow{HCHO} R\text{-}\underset{NHCH_2OH}{CHCOO^-} \xrightarrow{HCHO} R\text{-}\underset{N(CH_2OH)_2}{CHCOO^-}$$

一羟甲基衍生物　　二羟甲基衍生物

(3) 与 2,4-二硝基氟苯的反应（Sanger 反应）

在弱碱性(pH = 8~9)、暗处、室温或 40℃条件下，氨基酸和 2,4-二硝基氟苯（DNFB）反应产生黄色的二硝基苯氨基酸。该反应由 F. Sanger 首先发现，并用于鉴定多肽或蛋白质的 N 端氨基酸。除 α-氨基酸外，酚羟基、ε-氨基、咪唑基也有反应，但反应的产物在酸性条件下，不溶于乙醚、乙酸乙酯，而留在水相中。

$$\underset{\text{氨基酸}}{\underset{|}{\overset{R}{\underset{COOH}{H-C-NH_2}}}} + \underset{\text{2,4-二硝基氟苯}}{F-\underset{NO_2}{\bigcirc}-NO_2} \xrightarrow[pH=8\sim9]{\text{室温}} \underset{\text{DNP-氨基酸}}{\underset{|}{\overset{R}{\underset{COOH}{H-C-NH-\underset{NO_2}{\bigcirc}-NO_2}}}} + HF$$

生成的 2,4-二硝基苯基氨基酸呈黄色，用非极性溶剂（如乙醚、氯仿等）提取后，再用层析法（纸层析）与标准的 DNP-氨基酸作比较来鉴定。多肽或蛋白质 N 端氨基酸的 α-氨基也能与 DNFB 反应，生成 DNP-多肽或 DNP-蛋白质。经酸水解时，所有的肽键被切开，只有 DNP 基仍连在 N 端氨基酸上，形成黄色的 DNP-氨基酸。用乙醚把 DNP-氨基酸抽提出来，所得 DNP-氨基酸进行纸层析分析，从图谱上黄色斑点的位置可鉴定 N 端氨基酸的种类和数目。这一方法被 Sanger 用来鉴定多肽或蛋白质的末端氨基酸，故称为 Sanger 法。

(4) 与丹磺酰氯反应（DNS）

近年来更多地使用 5-二甲氨基萘磺酰氯（DNS-Cl，又称丹磺酰氯）代替 DNFB 试剂来测定蛋白质的 N 端氨基酸。由于产生的 5-二甲氨基萘磺酰氨基酸（DNS-氨基酸）有强烈的荧光，可用荧光光度计检出，灵敏度高，只需微量蛋白质样品就可以测定其 N 端氨基酸。

$$\underset{\text{DNS-Cl}}{\text{naphthalene-SO}_3Cl,\ N(CH_3)_2} + H_2N-\underset{R}{\overset{|}{C}}H-COOH \longrightarrow \underset{\text{DNS-氨基酸}}{\text{naphthalene-SO}_2NH-CH(R)COOH,\ N(CH_3)_2} + HCl$$

(5) 与异硫氰酸苯酯反应（Edman 反应）

在弱碱性条件下，氨基酸与异硫氰酸苯酯反应生成苯氨基硫甲酰氨基酸（PTC-氨基酸）。在酸性条件下，生成的 PTC-氨基酸环化而转变为苯乙内酰硫脲氨基酸，简称 PTH-氨基酸。多肽链 N 端氨基酸的 α-氨基也可与 PTC 反应，生成 PTC-蛋白质，在酸性溶液中，释放出末端的 PTH-氨基酸和比原来少一个氨基酸残基的多肽链。所得的 PTH-氨基酸经乙酸乙酯抽提后，用层析法进行鉴定，确定肽链的 N 端氨基酸种类。剩余的肽链可以重复应用这种方法测定其 N 端的氨基酸，如此重复多次可测定出多肽链 N 端的氨基酸排列顺序。瑞典科学家 Edman 首先使用该反应测定蛋白质 N 末端的氨基酸。

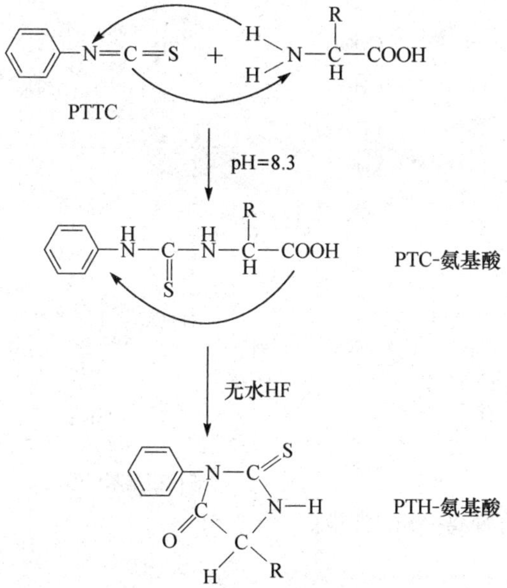

$$\text{PTTC} + \text{H-N(H)-C(R)(H)-COOH} \xrightarrow{pH=8.3}$$

PTTC

PTC-氨基酸

↓ 无水HF

PTH-氨基酸

(6) 与亚硝酸反应

伯胺在室温下与亚硝酸反应放出氮气，同样，除脯氨酸以外的氨基酸在室温下与亚硝酸反应也生成氮气。反应所生成的氮气的一个原子来源于氨基酸，另一个原子来源于亚硝酸。在标准条件下测定生成氮气的体积，即可计算氨基酸的量，此法称为范斯莱克(van Slyke)法。此反应较易进行，α-氨基酸在常温下 3~4min 即可完成，氨基不在 α 位置上的氨基酸则反应较慢。

$$\underset{\underset{NH_2}{|}}{R-CH-COOH} + HNO_2 \longrightarrow \underset{\underset{OH}{|}}{R-CH-COOH} + N_2\uparrow + H_2O$$

(7) 与荧光胺反应

在室温下，氨基酸可与荧光胺反应产生具有荧光的产物。用激发波长 390nm，发射波长 475nm 测定产物的荧光强度，可测定氨基酸的含量。此反应的灵敏度很高，可检测纳克(ng)水平的氨基酸。

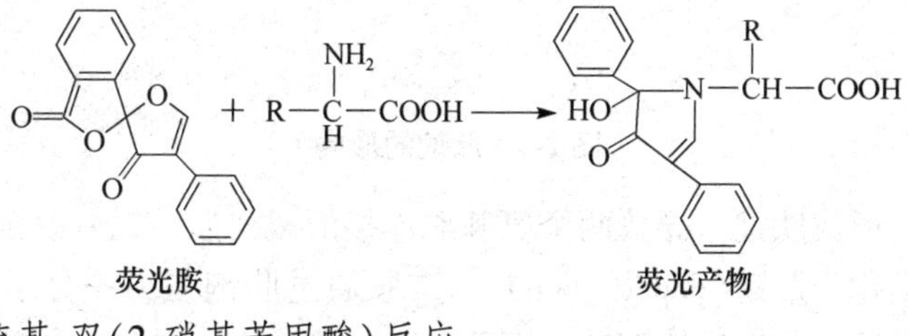

荧光胺   荧光产物

(8) 与 5,5-双硫基-双(2-硝基苯甲酸)反应

半胱氨酸 R 侧链上的—SH，可在 pH=8.0 和室温的条件下与 5,5-二硫代-双(2-硝基苯甲酸)试剂(Ellman 试剂)反应，产生含有—SH 的硝基苯甲酸，产物在波长 412nm 处有最大吸收峰，可通过测定光吸收值来确定半胱氨酸含量。此反应的灵敏度很高，在 pH=8.0 的条件下，$\lambda=412$nm 的摩尔消光系数(或称摩尔吸收系数)ε 高达 13 600 L/(mol·cm)，这一

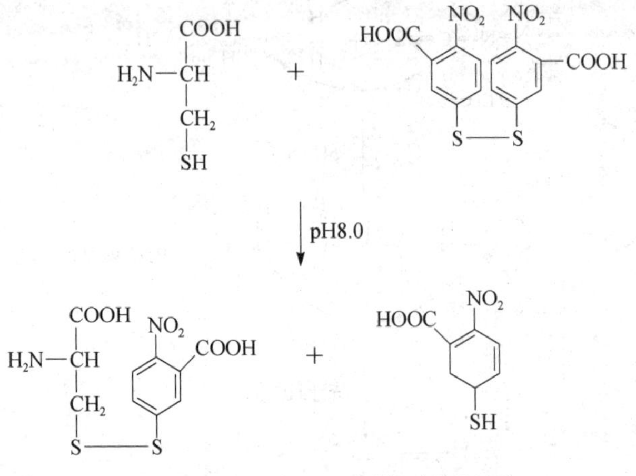

反应可用于测定样品中的游离—SH 含量。

2.3 多肽和蛋白质

2.3.1 肽的概念和理化性质

2.3.1.1 肽的概念

德国化学家 Emil Fischer 早已证明蛋白质中的氨基酸相互结合成多肽链(polypeptide chain)。例如，1 分子甘氨酸和 1 分子甘氨酸脱去 1 分子水缩合成为甘氨酰甘氨酸(图 2-4)，这是最简单的肽，即二肽。在大多数条件下这个反应的平衡偏向肽键水解。肽键形成需要输入自由能。但是肽键水解的速度很慢，没有催化剂时在水中水解肽键需要 1000 年。

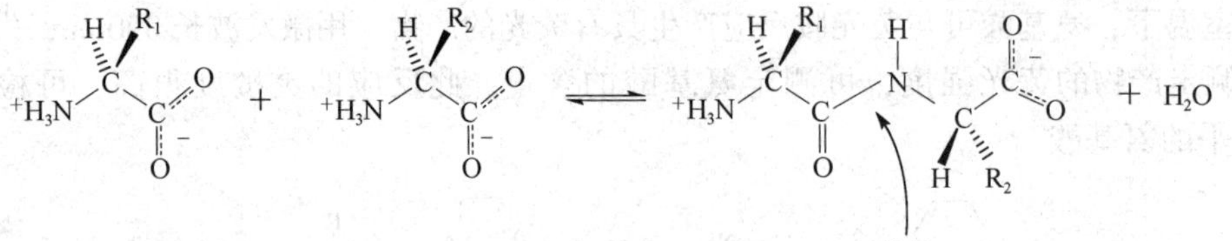

图 2-4 肽键的形成

失去一分子水后形成肽键，导致两个氨基酸连接形成二肽。在甘氨酰甘氨酸分子中连接两个氨基酸的酰胺键称为肽键(peptide bond)。二肽通过肽键与另一分子氨基酸缩合生成三肽。此反应可继续进行，依次生成四肽、五肽……一般来说，由 10 个以内氨基酸相连而成的肽称为寡肽(oligopeptide)，更多的氨基酸相连而成的肽称为多肽(polypeptide)。多肽链中的每个氨基酸分子因脱水缩合而基团不全，被称为氨基酸残基。蛋白质就是由许多氨基酸残基组成的多肽链。蛋白质和多肽在相对分子质量上很难划出明确界限。在实际应用中，常把由 30 个氨基酸残基组成的促肾上腺皮质激素称为多肽，而把含有 51 个氨基酸残基、相对分子质量为 5 733 的胰岛素称为蛋白质。这是习惯上的多肽与蛋白质的分界线。

多肽链有极性,一端是 α-氨基,另一端是 α-羧基。通常将氨基端作为多肽链的起始,羧基端作为多肽链终止。命名时从 N 端开始,连续读出氨基酸残基的名称,除 C 端氨基酸外,其他氨基酸残基的名称均将"酸"改为"酰",例如,丝氨酰甘氨酰酪氨酰丙氨酰亮氨酸(serylglycyltyrosylalanylleucine)。更加通用的书写方式,是用连字符将氨基酸的三字符号从 N 端到 C 端连接起来,如 Ser-Gly-Tyr-Ala-Leu。多肽链也常用这一方式书写,但近年来由于蛋白质中氨基酸序列的信息已形成庞大的数据库。为了书写方便和减少数据库的容量,更常用的方法是,从 N 端到 C 端,连续写出氨基酸的单字符号。若只知道氨基酸的组成而不清楚氨基酸序列时,可将氨基酸组成写在括号中,并以逗号隔开,如(Ala, Cys2, Gly),但氨基酸序列不清楚。例如,五肽链 Tyr-Gly-Gly-Phe-Leu(YGGFL)中酪氨酸残基在 N 端,亮氨酸残基在 C 端(图 2-5)。Leu-Phe-Gly-Gly-Tyr(LFGGY)就是另一个五肽,其化学性质与前一个五肽根本不同。

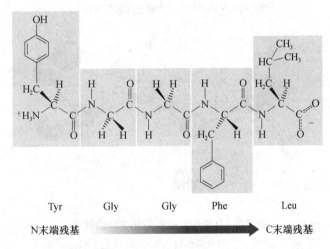

图 2-5 五肽链 Tyr-Gly-Gly-Phe-Leu(YGGFL)分子结构

肽键基本上是平面结构(图 2-6)。由于 C—N 键有部分双键的性质,不能旋转,使相关的 6 个原子处于同一个平面,称作肽平面(planar unit of peptide)或酰胺平面。因此用肽键连接的一对氨基酸中有 6 个原子处于同一平面。N 端氨基酸的 α-碳原子和 CO 基团,C 端氨基酸的 NH 原子和 α-碳原子。肽键的本质解释了肽键的平面特性。肽键有双键性质,阻止了原子围绕双键的转动从而限制了肽骨架的构型。

肽键的双键性质也从键的长度反映出来。肽键的 C—N 长度是 1.32Å,处于 C—N 单键长度 1.49Å 和 C=N 双键长度 1.27Å 之间(图 2-7)。最后,肽键不带电荷,使肽链能够紧密压缩成球状结构。

平面肽键可以采用两种构型。在反式构型中,两个 α-碳原子处于肽键两边,在顺式结构中,两个 α-碳原子处于肽键的同一边。蛋白质分子中几乎所有肽键是反式结构。原因在于顺式结构的 α-碳原子所连接的侧链基团有空间障碍,而反式结构就不存在这种空间障碍(图 2-8)。至今最常见的顺式肽键是 X-Pro 之间的肽键,由于脯氨酸的 N 原子与两个四面体碳原子结合,使反式结构和顺式结构的肽键之间差异不明显(图 2-9)。

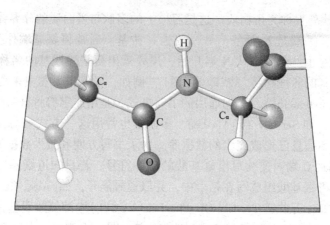

图 2-6 肽键是平面结构

[一对用肽键连接的氨基酸中，6 个原子（C_α，C，O，N，H，C_α）处于同一平面，氨基酸侧链用浅灰色球标出]

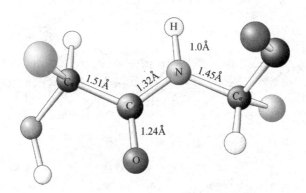

图 2-7 肽键单位的各种化学键的长度

（此处肽键构型是反式结构）

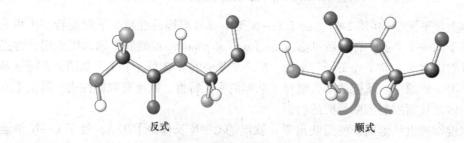

图 2-8 反式和顺式肽键

（顺式结构存在立体碰撞，反式结构是一种优势结构）

  与肽键不同，氨基与 α-碳原子之间的化学键以及 α-碳原子和羰基之间的化学键就是纯粹的单键。两个相邻的肽单位可以围绕这些化学键旋转，产生不同的方向。围绕着两个化学键旋转的自由度使蛋白质有不同的折叠方式。围绕这些化学键旋转的结果可以用扭转角衡量（图 2-10）。围绕 N、α-C 原子之间化学键旋转的角度叫 phi(φ)。围绕 α-C 原子和羰基碳原

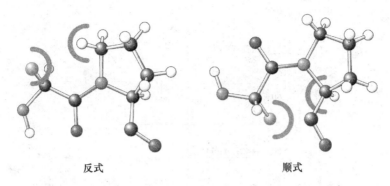

反式　　　　　　　顺式

图 2-9　X-Pro 肽键的反式和顺式结构
(因为立体碰撞的情况相似，所以两种结构的能量水平相似)

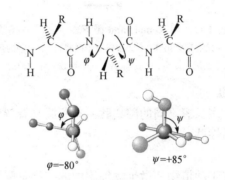

图 2-10　多肽链中围绕化学键的旋转

子之间的化学键旋转的角度叫 psi(ψ)。从 N 原子向 α-C 原子观察，或者从羰基碳原子向 α-C 原子观察，顺时针旋转的角度是正值。φ 和 ψ 的角度决定了肽链走向。

φ 和 ψ 角度的各种可能组合都存在吗？Gopalasamudram Ramachandran 发现，由于原子之间存在立体障碍，很多 φ 和 ψ 角度组合是不容许的。允许的 φ 和 ψ 角度数值用二维 Ramachandran 作图表示(图 2-11)。因局部立体碰撞，3/4 的 φ 和 ψ 角度组合不存在。立体排斥指两个原子在同一时间不能同时出现于同一位置，这是一个有效的排布原则。

生物大分子的折叠受热力学控制，没有折叠的聚合物是随机盘绕的，各个分子盘绕样式都不相同，产生了很多可能构型。折叠成一致结构就会降低原有的多构型混合物的熵。从热力学角度看，可能构型数量巨大、高度可变的聚合物没有折叠成单一结构的趋势。肽单位的刚性和有限的 φ 和 ψ 允许角度改变可能导致蛋白质折叠。

2.3.1.2　肽键的理化性质

现在许多短肽都已得到晶体。而晶体的熔点都很高，这说明短肽晶体是离子晶体，在水溶液中以偶极离子存在。肽键中存在游离末端的 α-氨基、游离末端的 α-羧基以及侧链 R 基上的可解离功能团，所以在 pH＝0～14 范围内，肽链中酰胺氢不解离，肽是聚合电解质。

肽链中游离 α-氨基和游离 α-羧基的间隔一般比氨基酸中的大，因此它们之间的静电引力较弱。蛋白质部分水解后得到的各种肽只要在水解过程中不对称 C 原子不发生消旋就具有旋光性，一般短肽的旋光度等于组成该肽中各氨基酸的旋光度的总和。

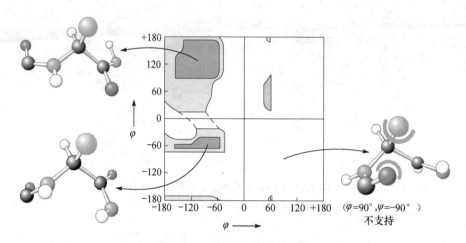

图 2-11　用 Ramachand 图谱表示 φ 和 ψ 角度

[不是所有的 φ 和 ψ 角度都会出现(不会造成原子碰撞)，最有利的角度用深灰色表示，
边界区域用浅灰色标出，右边标出了一个导致立体碰撞的不利构型]

2.3.1.3　天然存在的活性肽

生物体中广泛存在着许多长短不同的游离肽，有些肽具有特殊的生理功能，常称为活性肽。下面介绍几种重要的活性肽。

(1) 还原型谷胱甘肽

还原型谷胱甘肽是存在于动植物和微生物细胞中的一种重要的三肽，由于它含有游离的巯基，所以常用 GSH 来表示。它是由谷氨酸、半胱氨酸和甘氨酸组成的，结构如下：

还原型谷胱甘肽分子中有一个特殊的 γ-肽键，是由谷氨酸的 γ-羧基与半胱氨酸的 α-氨基酸缩合而成的，显然这与蛋白质分子中的肽键不同。另外，由于谷胱甘肽中含有一个活泼的巯基，所以很容易被氧化，两分子还原型谷胱甘肽脱氢以二硫键相连形成氧化型的谷胱甘肽。还原型谷胱甘肽是一种抗氧化剂，参与细胞内酶的氧化还原作用，在红细胞中含量丰富，具有保护细胞膜结构及使细胞内酶蛋白处于还原、活性状态的功能。此外，GSH 的巯基还具有嗜核特性，能与外源的嗜电子物质如致癌剂或药物等结合，从而阻断这些化合物与 DNA、RNA 或蛋白质结合，保护机体免遭损害。

(2) 脑啡肽

脑啡肽是近年来很引人注意的一类小的活性肽。它们是在中枢神经系统中形成的，是体内自己产生的一类鸦片剂，比吗啡的镇痛作用还要强。所以，如果能合成出来，必然是一类既有镇痛作用而又不会像吗啡那样使人上瘾的药物。其结构简式为：

Tyr-Gly-Gly-Phe-Met（Met-脑啡肽）　　　Tyr-Gly-Gly-Phe-Leu（Leu-脑啡肽）

(3) 激素类多肽

激素类多肽是激素的重要组成部分，如牛加压素、催产素、舒缓激素等都是具有激素作用的多肽。它们由不同的腺体和组织分泌产生，对于生物的生长发育和代谢具有重要的调控作用。例如，胰岛 α 细胞可分泌胰高血糖素，它是由 29 个氨基酸构成的多肽；胰高血糖素可促进肝糖原降解产生葡萄糖，以维持血糖水平，还能引起血管舒张，抑制肠的蠕动及分泌。

催产素和加压素都是下丘脑的神经细胞合成的多肽激素，合成后与神经垂体运载蛋白结合，经轴突运输到垂体，再释放到血液。它们都是九肽，分子中都有环状结构。催产素的结构简式如下：

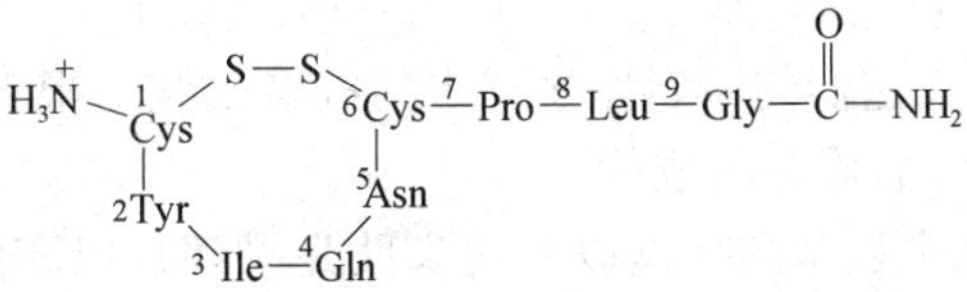

催产素

加压素的结构与催产素十分相近，仅第 3 和第 8 位的两个氨基酸不同，它的简式如下：

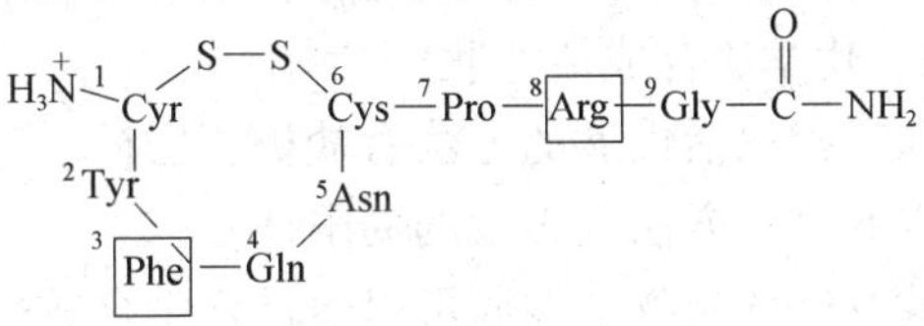

加压素

催产素和加压素的结构虽然相似，但由于两个氨基酸的不同，所以两者在生理功能上截然不同。前者使子宫和乳腺平滑肌收缩，具有催产及使乳腺排乳的作用，而后者则促进血管平滑肌收缩，从而升高血压，并有减少排尿的作用，所以也称抗利尿激素。有资料指出加压素还参与记忆过程，并且已知加压素分子的环状部分参与学习记忆的巩固过程，其分子的直线部分则参与记忆的恢复过程。催产素的作用正好相反，是促进遗忘的。

促肾上腺皮质激素（ACTH）是腺垂体分泌的一种由 39 个氨基酸组成的激素，其一级结构如下：

^+H_3N—Ser^1—Tyr—Ser—Met—Glu^5—His—Phe—Arg—Trp—Gly^{10}—Lys—Pro—Val—Gly—Lys^{15}—Lys—Arg—Arg—Pro—Val^{20}—Lys—Val—Tyr—Pro—Asn^{25}—Gly—Ala—Glu—Asp—Glu^{30}—Ser—Ala—Glu—Ala—Phe^{35}—Pho—Leu—Glu—Phe—COO$^-$

它的活性部位是 4～10 位的七肽片段：Met-Glu-His-Phe-Arg-Trp-Gly。促肾上腺皮质激素能刺激肾上腺皮质的生长和肾上腺皮质激素的合成和分泌。除腺垂体分泌的 ACTH 外，尚有大脑、下丘脑等，各自分泌的 ACTH 执行不同的功能。例如，大脑分泌的 ACTH 参与意识行为的调控，腺垂体分泌的 ACTH 主要作用于肾上腺皮质。通过化学方法合成的 ACTH，临床上用于柯兴氏综合征的诊断，风湿性关节炎、皮肤和眼睛炎症的治疗。

(4) 抗生素类多肽

抗生素类多肽是由细菌分泌产生的，如短杆菌肽 S 和短杆菌酪肽 A，它们都具有抗菌素的作用。有些含有 D-氨基酸和一些不常见氨基酸。还有一些肽链不是开链结构，而是环状结构的，所以没有自由的氨基端，环状结构的肽在微生物中较为常见。

2.3.1.4 活性肽的来源

(1) 体内途径

体内的活性肽多数是从非活性的蛋白质前体经特殊的酶系加工而形成的，加工修饰包括多肽链裂解、酰化、乙酰化和硫酯化等。活性肽生物合成的主要途径是，新生肽链 N 末端约 20 个氨基酸残基的信号肽将正在合成的肽链引导到内质网腔，信号肽被内质网的信号肽酶除去。形成的激素原前体，转移到高尔基体进行选择性酶促加工，酶切位点往往为成对的碱性氨基酸残基。尤其以 Lys-Arg 为主，尚有 Arg-Lys、Lys-Lys、Arg-Arg。相当数量的多肽激素的 N 端为焦谷氨酸，在它们的激素原序列中为谷氨酰胺，很多活性肽的羧基端为酰胺，这些特殊氨基酸是通过翻译后修饰生成的。

一些寡肽，特别是 15 个氨基酸残基以下的寡肽几乎都是以多酶体系方式合成的，不需要 mRNA 为模板，也不需要核糖体。

(2) 体外途径

目前生物活性肽的生产方法有：一是分离纯化存在于生物体中的各类天然活性肽，二是利用重组 DNA 技术、酶法、化学法合成活性肽。

① 分离纯化天然活性肽　提取活性肽的方法有盐析、层析、选择性沉淀等。由于天然活性肽的数量及种类有限，因此这一方法有很大的局限性。

② 化学合成制备活性肽　一些生物活性肽可以通过化学合成来制备，已经合成了许多用于临床诊断、治疗、预防某些严重疾病的活性肽，还有一些化学合成的活性肽已进入临床试验阶段。例如，生长抑制素类物质奥曲肽和兰瑞肽分别用于神经内分泌病和胃肠功能失调的诊断和治疗，伐普肽用于治疗囊体瘤、胃泌素瘤和某些腺瘤。胸腺素 32 肽、28 肽、5 肽用于免疫调节。

③ 生物合成制备活性肽　利用生物合成制备活性肽一般采用基因工程的方法，一旦整个合成系统建立好，即可批量生产所需要的活性肽。目前主要存在的问题是此法只能合成大分子肽类和蛋白质，不能生产酰胺肽，也不适合制备具有营养价值的小肽。另外，基因表达与产品回收技术有待提高。近年来欧美等国的消费者普遍反对通过基因工程生产的食品，也限制了此法的应用。

④ 酶法水解制取活性肽　利用酶水解蛋白质获得活性肽，其反应条件温和，催化反应专一，生产过程中的废弃物少，有利于环境保护，符合可持续发展的要求，而且所获得的活性肽在结构和性质上具有原来蛋白不可比拟的优越性，使它们可以被应用到许多领域。

2.3.1.5 活性肽的应用

近几年的研究发现许多食物蛋白中含有生物活性肽，它们在消化过程中被酶降解、释放，可与消化腔内的特殊受体结合而被吸收，这些生物活性肽的发现，对传统营养学和生理学理论提出了挑战。

由于生物活性肽具有种类多、功能全、吸收快、效率高、应用范围广、无毒副作用等优点。将其添加到各类食品中，开发功能性食品，如促钙吸收食品、降血压食品、醒酒食品、运动食品、婴儿食品等一系列产品。乳源蛋白的酶解产物产生的大量小肽对新生儿的生长发育和成年人的某些生理机能有一定影响，因此，可以应用于运动营养。在运动前和运动中添加肽可以减缓肌蛋白的降解，维持体内正常的蛋白合成，减轻或延缓由运动引起的生理改变，达到抗疲劳的效果。类阿片肽可用于治疗腹泻和调节饮食；免疫促进肽可以增强机体的免疫功能；酪蛋白磷酸肽（caseinphosphopeptides，CPP）可促进人体对钙的吸收；降血压肽可用于预防和治疗高血压等，开发具有保健和治疗作用的生物活性肽产品，具有很大的开发潜力。

在饲料行业中，利用DNA重组技术生产的动物重组生长激素产品，与动物天然生长激素具有同样的作用，对动物健康无不良影响。生长激素能促进动物生长，降低胴体脂肪含量，增加瘦肉产量和提高饲料利用率，由于生长激素的作用是由胰岛素样生长因子-1（IGF-1）介导的，已有报道使用IGF-1来促进动物生产性能和改善胴体品质。一些生物活性小肽可以直接作用于胃肠道的受体或直接被转运进入循环中发挥生理活性作用。因此，一些生物活性小肽在动物营养与饲料添加剂生产中会有更好的应用前景。

我国在活性肽研究方面起步较晚，但发展迅速。随着现代蛋白质工程和生物酶工程技术迅速发展，大量具有特殊功能的活性肽被开发出来，并应用于功能性食品、药品、化妆品、无公害饲料添加剂等领域。

2.3.2 蛋白质的初级结构

人体内具有生理功能的蛋白质都是有序结构的，每种蛋白质都有其一定的氨基酸百分组成及氨基酸排列顺序，以及肽链空间的特定排布位置。因此，由氨基酸排列顺序及肽键的空间排布等所构成的蛋白质分子结构，才真正体现蛋白质的个性，是每种蛋白质具有独特生理功能的结构基础。

2.3.2.1 氨基酸序列

蛋白质的初级结构（primary structure）指多肽链中的氨基酸序列，又称为一级结构。氨基酸序列的多样性决定了蛋白质空间结构和功能的多样性。例如，由20种氨基酸形成的二十肽，若每种氨基酸在肽链中只出现1次，可以形成的异构体数为：$20! = 2 \times 10^{18}$。又如，由283个氨基酸残基组成的蛋白质，含12种氨基酸，假定在肽链的任一位置，12种氨基酸出现的概率相等，则可以形成的异构体数目为：$12^{283} = 10^{305}$。可见，肽链中的氨基酸序列可以蕴含极其丰富的结构信息。不过，自然界存在的不同种类的蛋白质，是通过生物进化和自然选择保留下来的，其种类数并不像通过排列组合推算出来的这么多。根据现有的研究资料估算，人体内能编码蛋白质的基因不超过3万个，一个基因可通过不同的表达方式生成多种蛋白质，人体的蛋白质种类数可能在10万左右。

1953年Frederick Sanger确定了胰岛素的氨基酸序列（图2-12），首次证明蛋白质：①有特定的氨基酸序列；②氨基酸组分是L-型；③氨基酸之间的连接是肽键。胰岛素是动物胰脏中胰岛β细胞分泌的一种相对分子质量较小的蛋白质激素，主要功能是降低体内血糖含量，当胰岛素分泌不足时，血糖浓度升高，并从尿中排出，形成糖尿病，因此在临床上可用胰岛素治疗糖尿病。胰岛素的相对分子质量为5 734，由A、B两条肽链组成。A链由21个氨基酸组成，B链由30个氨基酸组成。A链和B链之间通过两对二硫键相连，另外A链内部6位和11位上的两个半胱氨酸通过二硫键相连形成链内小环，图2-12为牛胰岛素的一级结构。该工作的完成促进了其他科学家测定更多蛋白质的氨基酸序列。

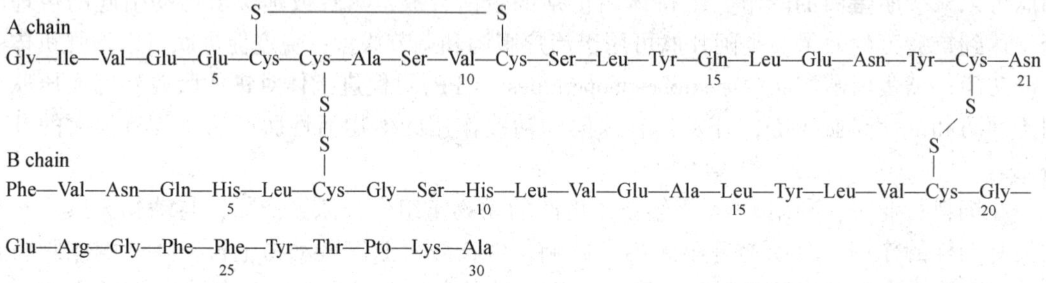

```
A chain            S————————S
Gly—Ile—Val—Glu—Glu—Cys—Cys—Ala—Ser—Val—Cys—Ser—Leu—Tyr—Gln—Leu—Glu—Asn—Tyr—Cys—Asn
                  5              10                  15                      S  21
                      S                                                       |
                      S                                                       S
B chain               |                                                       |
Phe—Val—Asn—Gln—His—Leu—Cys—Gly—Ser—His—Leu—Val—Glu—Ala—Leu—Tyr—Leu—Val—Cys—Gly—
                    5              10                  15                  20
Glu—Arg—Gly—Phe—Phe—Tyr—Thr—Pto—Lys—Ala
              25                  30
```

图2-12 牛胰岛素的氨基酸序列

氨基酸序列很重要。①蛋白质氨基酸序列信息是阐明该蛋白质作用（如酶的催化作用）机理所必需的。事实上，已知蛋白质氨基酸序列的变化能产生新的蛋白质特性。②蛋白质的氨基酸序列决定了蛋白质的三维结构。氨基酸序列是DNA遗传信息与执行特定生物学功能的蛋白质三维结构之间的联系。分析蛋白质氨基酸序列与蛋白质三维结构之间的关系能揭示控制多肽链折叠的规则。③序列测定是分子病理学的一个组成部分，而分子病理学是一个发展迅速的医学领域。氨基酸序列改变产生蛋白质异常功能和疾病。蛋白质内单一氨基酸变异会引起严重的、有时甚至致命的疾病，如镰刀细胞贫血病（195）和囊性纤维病变。④蛋白质氨基酸序列能揭示蛋白质的进化史。如果蛋白质来自同一祖先，蛋白质之间就很相似。因此，进化史上的分子事件可以根据氨基酸序列追踪。分子古生物学（paleontology）是一个研究热点。

2.3.2.2 一级结构的测定

每一种蛋白质的氨基酸都有一定的排列顺序，而不是随机的、杂乱无章的。一般来说，氨基酸的排列顺序是不能轻易改变的，有的蛋白质只要有一个氨基酸发生改变，就有可能导致整个蛋白质分子的功能发生改变。蛋白质一级结构的测定就是测定蛋白质多肽链中氨基酸的排列顺序，这是揭示生命本质、阐明结构与功能的关系、研究酶的活性中心和酶蛋白高级结构的基础，也是基因表达、克隆和核酸顺序分析的重要内容。

(1) 测定蛋白质的相对分子质量和氨基酸组成

获取一定量的纯的蛋白质样品，测定其相对分子质量。将一部分样品用酸水解和碱水解至完全水解。水解产物用氨基酸自动分析仪分离并确定其氨基酸的种类、数目和每种氨基酸的含量。

(2) 蛋白质亚基数目及其拆分

有些蛋白质结构简单，仅仅由一条多肽链组成，而有些蛋白质相对分子质量较大，结构复杂，由两条或两条以上的多肽链组成。在测定一级结构之前要先确定组成该蛋白质的多肽链的数目。在已知蛋白质相对分子质量的情况下，测定蛋白质N端和C端氨基酸残基的物质的量，就可以推算出蛋白质分子中多肽链的数目。

对于一条多肽链组成的蛋白质，直接测定其氨基酸序列。而对于由多条多肽链组成的蛋白质，必须先拆分这些肽链，进行分离纯化，然后再对每条肽链进行测序。肽链间的结合多数依靠非共价键，结合较为松弛。拆开多肽链的常用方法为加酸或加碱改变溶液的 pH 值，加蛋白变性剂。

(3) 末端氨基酸的分析

应用肽链两端氨基酸的自由—COOH 和—NH$_2$ 的化学反应可对其进行标记、裂解和分离鉴定。

① N 末端分析　常用的化学方法有二硝基氟苯法、丹磺酰氯法和异硫氰酸苯酯法。氨肽酶能从肽链的末端逐个往里切，随着酶的水解依次检测出释放的氨基酸，便可以确定肽链的氨基酸序列。

② C 末端分析　常用的方法有肼解法、还原法和羧肽酶法。

a. 肼解法：多肽与无水肼加热发生肼解，末端氨基酸以自由形式释放，而其他氨基酸则生成相应的氨基酸酰肼化合物。

b. 还原法：肽链的末端氨基酸用硼氢化锂还原成相应的 α-氨基醇，肽链完全水解后，鉴别 α-氨基醇。

c. 羧肽酶法：羧肽酶是能特异地水解 C 末端氨基酸的外切酶，常用的羧肽酶 A 和羧肽酶 B，是 C 末端分析最常用和最有效的方法。

(4) 多肽链的局部断裂和肽段的分离

将每条多肽链用两种不同的方法进行部分水解，这是一级结构测定中的关键步骤。目前用于顺序分析的方法一次能测定的顺序都不太长，然而天然的蛋白质分子大多在 100 个残基以上，因此必须设法将多肽断裂成较小的肽段，以便测定每个肽段的氨基酸序列。水解肽链的方法可采用酶法或化学法，通常选择专一性很强的蛋白酶来水解。除了酶法外，还可以用化学方法部分水解肽链。例如，用溴化氰处理多肽时，只有甲硫氨酸的羧基参与形成的肽键发生断裂。根据肽链中的甲硫氨酸残基的数目就可以估计多肽链水解后可能产生的肽段的数目。常用的多肽特异性裂解方法如图 2-13 所示。

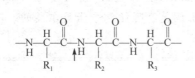

① 胰蛋白酶：R_1=Lys 或 Arg，AECys 水解速率慢
② 糜蛋白酶：R_1=Phe、Trp 或 Tyr
　　　　　　Leu、Met、His 水解速率慢
③ 梭菌蛋白酶：R_1=Arg
④ 葡萄球菌蛋白酶：R_1=Arg 或 Glu
⑤ 溴化氰 (CNBr)：R_1=Met
⑥ 羟胺：R_1=Asp，R_2=Gly

图 2-13　常用的多肽特异性裂解方法

(5) 各个肽段氨基酸顺序的测定

多肽链部分水解后分离得到的各个肽段需进行氨基酸序列的测定，测定的方法有 Edman 降解法、酶解法等，最常用的是 Edman 降解法。

(6) 氨基酸完整序列的拼接

用重叠顺序法将两种或两种以上的水解方法得到的肽段氨基酸顺序进行分析比较，根据交叉重叠部分的顺序推导出完整肽链的氨基酸顺序。

(7) 二硫键位置的确定

若肽链中有多个半胱氨酸残基，则需确定二硫键的位置。要找到含二硫键的肽段，常用的方法是对角线电泳。其要点是在不断裂二硫键的情况下，将蛋白质水解成小肽段，在一块方形滤纸上先对水解产物进行一次电泳，用过甲酸处理滤纸断裂二硫键后，将滤纸旋转90°，再用与第一次电泳完全相同的条件下进行第二次电泳。在过甲酸处理时未发生变化的肽段，在两次电泳中的迁移率相同，将位于滤纸的对角线上。将偏离对角线的肽段洗脱下来，分别测定其序列，通过与完整肽链对比，即可找出二硫键的位置。

知识窗

中国科学家的人工合成胰岛素研究

人工合成胰岛素是与两弹一星并列的震动世界的科学成就。在 1966 年 4 月举行的华沙欧洲生化学会联合会议上，中国成功人工合成胰岛素的新闻，成了参加会议的科学家们的中心话题。不久后，诺贝尔奖评审委员会化学组主席蒂斯尤里斯教授来到中国参观了中国科学院生物化学研究所，对在场的中国科学家说："你们第一次人工合成胰岛素十分令人振奋，向你们祝贺。美国、瑞士等在多肽合成方面有经验的科学家未能合成它，但你们在没有这方面专长人员和没有丰富经验的情况下第一次合成了它，使我很惊讶。"但这一成就最终未能获奖。杨建邺说："中国的小组比别人精密一些，但是比外国迟两年发表。这当然会影响评定。"

1959 年，中国科学家在人工合成胰岛素研究过程中，邹承鲁教授领导的实验组曾取得了一个重要的阶段性成就——把天然胰岛素拆成 A、B 链，再重新复合，得到了活性恢复到原活性 5%～10% 的产物。这证明胰岛素的结构信息存在于其一级结构中。1961 年，美国科学家安芬森发表了一项理论意义类似的、相对简单的工作——氧化被还原的核糖核酸酶肽链，复性、结晶。他用尿素变性天然核酸酶 A，并能复性。这一成就获得了 1972 年的诺贝尔化学奖。人工合成胰岛素史专家熊为民说："如果在安芬森提出'蛋白质的一级结构决定高级结构'之前，或者差不多的时候，我们发表成果倒是有可能竞争诺贝尔奖的。可我们的结果发表得比他晚了不少时候。"

2.3.3 蛋白质的空间结构

蛋白质的空间结构通常称作蛋白质的构象，或高级结构，是指蛋白质分子中所有原子在三维空间的分布和肽链的走向。研究蛋白质构象的主要方法是将蛋白质纯化后制成结晶，用 X 射线衍射法测定原子间的距离，得出肽链走向的数据。溶液中蛋白质的构象，可以用核磁共振法研究。其优点是不必制备蛋白质结晶，就可以研究蛋白结构的动态变化，缺点是分别率比 X 射线衍射法低。此外，圆二色性、紫外差分光谱、荧光和荧光偏振等方法也可获得蛋白质构象的一些数据。

蛋白质的高级结构可以从二级结构、超二级结构、结构域、三级结构和四级结构等几个结构层次进行描述。

(1) 稳定蛋白质空间结构的作用力

维持蛋白质空间构象的作用力主要是次级键，即氢键和盐键等非共价键，以及疏水作用（疏水键）和范德华力等（图2-14）。氢键是一个电负性原子上共价连接的氢，与另一个电负性原子之间的静电作用力。氢键比共价键弱，但生物大分子中众多的氢键可以形成很强的作用力，氢键在稳定蛋白质结构中起着极其重要的作用。盐键也称离子作用，既包括不同电荷间的静电引力，也包括相同电荷间的静电斥力。氨基酸的侧链可携带正电荷，如赖氨酸、精氨酸和组氨酸；也可携带负电荷，如天冬氨酸和谷氨酸。此外，蛋白质或多肽链的末端通常也会以离子状态存在，分别携带正、负电荷。带电残基位于蛋白质的表面，与溶剂中的水相互作用。

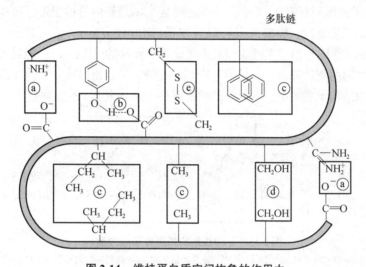

图2-14 维持蛋白质空间构象的作用力
ⓐ盐键 ⓑ氢键 ⓒ疏水作用 ⓓ范德华力 ⓔ二硫键

疏水作用是由于氨基酸疏水侧链相互聚集形成的作用力。在水溶液中，氨基酸疏水侧链相互聚集减少了非极性残基与水的相互作用，使水分子的混乱度（即熵）增加，在能量上有利于蛋白质形成特有的空间结构。从这个意义上讲，疏水作用应该被称作水疏作用。位于蛋白质结构内部或核心的氨基酸的侧链几乎全为疏水的，少量极性氨基酸则通过形成氢键或盐键降低了其极性。蛋白质表面可能由极性和非极性氨基酸共同组成，极性氨基酸可与环境中的水相互作用。范德华引力主要是由瞬间偶极诱导的静电相互作用形成的，它是由于邻近的共价结合原子电子分布的波动引起的。虽然范德华力是很弱的（约比化学键能1.1~2数量级），但许多这样的相互作用发生在同一个蛋白质中，通过力的加和，对蛋白质结构的稳定具有不容忽视的作用。

(2) 多肽链的二级结构

多肽链能折叠成有规则的重复结构吗？1951年，Linus Pauling 和 Robert Corey 提出了两种周期性出现的结构，即α-螺旋和β-片层。随后鉴定了其他结构如β-拐角和Ω-环。虽然β-拐角和Ω-环在蛋白分子内不是周期性出现，但是β-拐角和Ω-环普遍存在于蛋白质分子中，并且与α-螺旋和β-片层一道形成蛋白质的高级结构。α-螺旋、β-片层和拐角的形成有赖于线形序列（一级结构）邻近氨基酸的 N—H 和 C=O 之间形成的氢键。这类折叠段叫蛋白质的二级结构。

①α-螺旋　α-螺旋是一种多肽链内部氢键稳定的纽绕结构。在评价潜在结构时，Pauling 和 Corey 考虑哪种构型是立体上允许的、哪种完全利用链内骨架的 N—H 和 C=O 形成氢键。他们提出的第一种结构是棒状结构的 α-螺旋。α-螺旋内部是棒状结构，氨基酸侧链朝外伸展。α-螺旋的稳定力量来自骨架主链的 N—H 和 C=O 之间形成的氢键。一个残基的 C=O 与第 4 个残基的 N—H 形成氢键（图 2-15）。因此，除了 α-螺旋末端的氨基酸外，螺旋内每个残基的 N—H 和 C=O 都参与了氢键。每个残基相对于下一个残基而言是旋转了 100°，沿螺旋轴上升了 1.5Å（1Å = 1×10^{-10}m）。因此，α-螺旋一周需要 3.6 个氨基酸，螺距是 5.4Å（图 2-16）。因此，氨基酸序列相隔 3~4 个氨基酸的残基在 α-螺旋内靠得很近，而相隔两个氨基酸的处于螺旋对立面无法靠近。螺旋方向可以是左手（顺时针方向），也可以是右手（逆时针方向）。Ramachandram 作图指出左手螺旋和右手螺旋都是允许的（图 2-17）。但是实际上右手螺旋造成侧链和骨架之间的立体障碍小，是能量有利的优势结构。蛋白质分子的 α-螺旋基本上都是右手螺旋。在蛋白结构示意图中，用缠绕的丝带或棒表示 α-螺旋（图 2-18）。

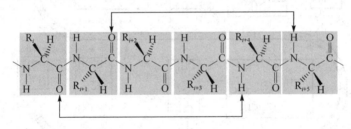

图 2-15　α-螺旋结构的氢键形成方案

（在 α-螺旋结构中氨基酸残基 i 的 C=O 基团与该多肽链的第 $i+4$ 位氨基酸残基的 N—H 基团形成氢键）

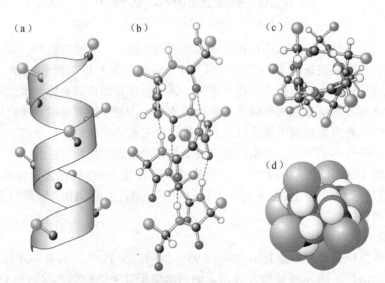

图 2-16　α-螺旋结构

（a）标出了 α-碳原子和侧链的绸带结构式　（b）N—H 和 C=O 之间氢键用虚线标出 α-螺旋的球—棒结构侧视图　（c）从末端向螺旋骨架内部观测的结构图，其中侧链向螺旋外凸出　（d）图（c）的空间填充模型，表明螺旋内部核堆积紧密

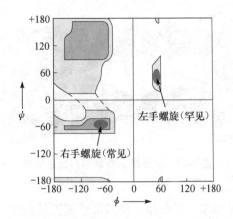

图 2-17　螺旋的 Ramachandran 图谱

(右手和左手 α-螺旋结构在 Ramachandram 图谱中都是允许的，
但是在蛋白质分子中实际上只有右手 α-螺旋结构)

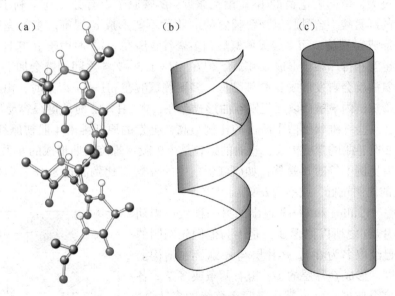

图 2-18　α-螺旋结构草图

(a)球-棒结构模型　(b)绸带结构式　(c)圆柱结构式

Pauling 和 Corey 预测出蛋白质 α-螺旋六年后才在肌红蛋白的 X 射线重构的蛋白质结构中观察到这种结构。蛋白质 α-螺旋结构的阐明是生物化学领域的里程碑，因为这件事证明如果知道多肽链各组分的全部性质，就能够预测多肽链的构型。

不同蛋白质的 α-螺旋结构含量是不同的。有的蛋白质根本就没有 α-螺旋结构，有的蛋白质全都是 α-螺旋结构。储存铁的铁蛋白 75% 的氨基酸残基是 α-螺旋结构(图 2-19)。实际上 25% 的可溶性蛋白质含有用拐角和环连接的 α-螺旋结构。单个 α-螺旋结构的长度通常不超过 45Å。很多跨膜蛋白也含有 α-螺旋结构。

在典型的 α-螺旋中，螺旋的头 4 个酰胺 H 和最后 4 个羰基 O 不参与螺旋中氢键的形成，如由 12(或 n)个氨基酸残基形成的 α-螺旋含 8(或 $n-4$)个氢键。因此，α-螺旋的两端可以

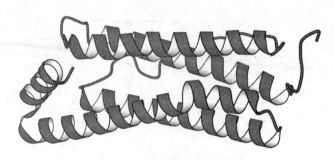

图 2-19　主要是 α-螺旋结构的蛋白质
（铁储存蛋白 ferritin 有一捆 α-螺旋结构）

与蛋白质其他部分的氢键配偶体相互作用，使其形成氢键的能力得到补偿，这一现象称作螺旋的帽化。

不同氨基酸的 R 基对 α-螺旋的形成有明显的影响，一般来说，R 基太小（如甘氨酸）使键角自由度过大，带同种电荷的 R 基相互靠近，β-碳原子上有分支均不利于形成 α-螺旋。出于肽链中的脯氨酸不含酰胺氢，含脯氨酸的肽段不能形成 α-螺旋。多聚亮氨酸和多聚丙氨酸很容易形成 α-螺旋，而多聚天冬氨酸和多聚谷氨酸在 pH 7 时由于 R 基具有负电荷，它与邻近的肽链互相排斥很难形成 α-螺旋，但在 pH = 1.5~2.5 之间侧链会加上一质子，不带电后多聚谷氨酸就会自发形成 α-螺旋结构。多聚赖氨酸在 pH = 11 以下时，由于正电荷静电排斥，不能形成链内氢键而以无规则卷曲形式存在，在 pH = 12 时肽键很容易形成 α-螺旋。

α-螺旋在一些纤维状蛋白中所占的比例很高，毛发的原纤维由 4 股初原纤维聚集而成，初原纤维由 2 股卷曲的螺旋构成，卷曲的螺旋是由 2 股 α-螺旋卷曲形成的左手超螺旋。不少球蛋白中含有比例不等的 α-螺旋，如肌红蛋白中的 α-螺旋比例高达 80%，但也有一些球蛋白中 α-螺旋的比例较低，或不含 α-螺旋。

② β-折叠　Pauling 和 Corey 提出的另一种蛋白周期性结构是 β-片层（之所以称为 β-，是因为他们先阐明的蛋白质结构已经取名为 α-）。β-片层与 α-螺旋在结构上有明显的不同。形成 β-片层的多肽链有两条或多条。各个 β-链几乎完全伸展，而 α-螺旋是紧密缠绕的多肽链。一定程度的伸展结构在立体化学上是允许的（图 2-20）。

沿 β-链相邻氨基酸的距离是 3.5Å，而 α-螺旋相邻氨基酸的距离是 1.5Å。相邻氨基酸残基侧链处于相反的方向（图 2-21）。片层结构是两条或多条 β-链毗邻排列，依靠链间氢键连在一起。β-片层相邻的两条多肽链可以是同向排列（平行 β-链），也可以是反向排列（反平行 β-链）。在 β-链反平行排列的 β-片层中，每个氨基酸残基的 C═O 和 N—H 都会与配对多肽链相应的 N—H 和 C═O 形成氢键（图2-22）。在 β-链平行排列的 β-片层中，氢键的形成方案就复杂些。一条链氨基酸残基 x 的 N—H 基团与配对链氨基酸残基 y 的 C═O 形成氢键，但是 x 的 C═O 基团却与该残基下游第 2 个氨基酸残基

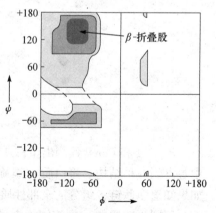

图 2-20　β-链的 Ramachandran 图
（深灰色区域是立体化学允许 β-伸展链结构）

的 N—H 形成氢键。β-片层可以将很多 β-链(通常是 4~5 条,但最多可以达到 10 条以上)结合在一起。这种 β-片层结构可以是纯粹的反平行排列(图 2-22),也可以是纯粹的平行排列(图 2-23),也可以是平行和反平行均存在的混合排列(图 2-24)。

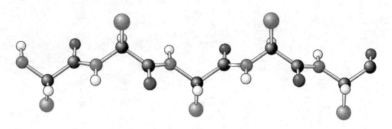

图 2-21　β-链结构

(侧链在 β-链平面上下交替出现)

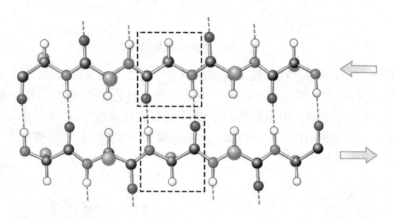

图 2-22　反平行排列的 β-片层

(相邻的 β-链排列方向相反,一条链某一氨基酸残基的 C═O 和 N—H 基团与配对链单个相邻氨基酸的 N—H 和 C═O 基团分别形成氢键,稳定 β-片层结构)

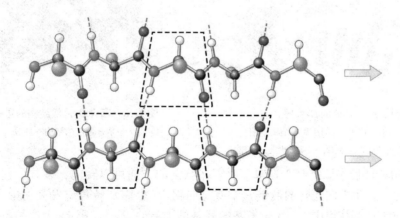

图 2-23　平行排列的 β-片层

(相邻 β-链方向相同。一条链某一氨基酸残基的 C═O 和 N—H 基团分别与配对链一个氨基酸的 N—H 和该氨基酸下游第二位氨基酸残基的 C═O 基团形成氢键,稳定 β-片层结构)

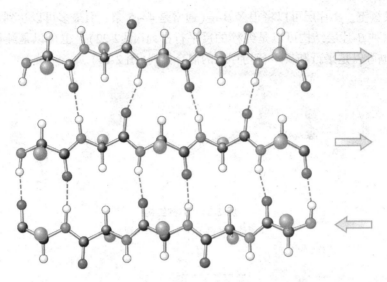

图 2-24　混合 β-片层结构

在示意草图中，β-链常常被划成带有箭头的条带。表示 β-链 C 端的箭头显示 β-片层排列模式(是同向平行排列、反向平行排列，还是混合排列)。β-片层结构比 α-螺旋结构的式样多。β-片层几乎是平坦的，但多数情况下 β-片层有点扭曲(图 2-25)。在很多蛋白质分子中，β-片层是一种重要的结构元件。例如，对脂肪代谢非常重要的脂肪酸结合蛋白几乎全部是 β-片层结构(图 2-26)。

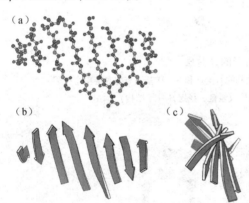

图 2-25　扭曲的 β-片层

(a)球–棒结构模型　(b)β-片层结构草图
(c)图(b)旋转 90°的视觉图，表明 β-片层有扭曲

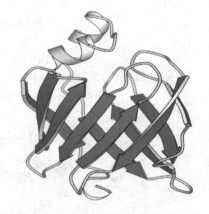

图 2-26　富含 β-片层结构的蛋白质

(脂肪酸结合蛋白的结构，1FTP.pdb)

③ β-转角和环使多肽链改变方向　由于多肽链的方向可以转向，多数蛋白质呈压缩紧密的球状结构。发生方向逆转的肽链常常有反向拐弯(也称 β-转角或发夹拐弯)，如图 2-27 所示。很多逆向拐弯结构中，第 i 位氨基酸残基的 C═O 基团与第 $i+3$ 位的氨基酸残基的 N—H 基团形成氢键。这种相互作用能稳定多肽链方向急拐的结构。在另一些情况下，肽链转向采用环来完成，有时称这种环为 Ω 环。与 α-螺旋和 β-片层不同，环没有规则的周期性结构，但是环的结构坚固、有明确的结构。拐角和环处于蛋白质表面，常常参与蛋白质与其

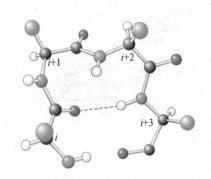

图 2-27　反向拐弯的结构
(第 i 位氨基酸残基的 C═O 基团与第 $i+3$ 位
氨基酸残基的 N—H 基团形成氢键稳定肽链拐弯)

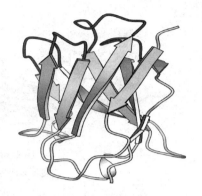

图 2-28　蛋白质表面的环
(抗体蛋白表面有环状结构的区域,用深黑色
显示与其他分子相互作用的环状结构)

他分子的相互作用(图 2-28)。

④无规卷曲　无规卷曲(random coil)指没有一定规律的松散肽链结构,但对一定的球蛋白而言,特定的区域有特定的卷曲方式,因此,将其归入二级结构。酶的功能部位常常处于这种构象区域里,所以受到人们的重视。

对 500 多种蛋白质的 X 射线晶体衍射分析发现,有些蛋白质几乎全是由 α-螺旋结构组成的,有些蛋白质几乎全是由 β-折叠结构组成的,而有些蛋白质分子中 α-螺旋和 β-折叠结构都存在。天然蛋白质的完整结构实际上可以看作这些二级结构单位的组合体。

(3) 超二级结构和结构域

①超二级结构　超二级结构(super-secondary structure)的概念是 Rossman 于 1973 年提出来的,指若干相邻的二级结构中的构象单元彼此相互作用,形成有规则的,在空间上能辨认的二级结构组合体。很多蛋白质具有相同的二级结构组合,这些二级结构组合常常有相似的生物功能。这种二级结构组合为模体(motif),或超二级结构。如用拐弯连接两个 α-螺旋构成的模体,即螺旋-拐弯-螺旋,存在于很多 DNA 结合蛋白质(图 2-29)。超二级结构可以作为蛋白质的结构单元,组装成结构域或三级结构,也可作为蛋白质结构中有某种特定功能的区域。

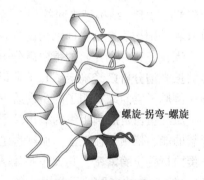

图 2-29　螺旋-拐弯-螺旋模体
是一种超二级结构元件
(螺旋-拐弯-螺旋模体常见于 DNA 结合蛋白)

②结构域　有些多肽链能折叠成两个或多个紧密区域,而这些紧密区域之间用一个柔软的肽段连接,看上去像一根绳子串起的珠子。每个紧密的区域叫结构域(domain),结构域在空间上彼此分隔,各自有部分生物学功能。结构域的大小范围不同,从 30 个氨基酸残基到 400 个氨基酸残基不等。例如,一些免疫细胞表面蛋白 CD4 的胞外部分(能与 HIV 结合)有 4 个长度约为 100 个氨基酸残基的相似的结构域(图 2-30)。有些蛋白质即使三维结构互不相同,但可能有相同的结构域。

根据结构域所含的二级结构的种类和组合方式,结构域大体可分为 4 类:反平行 α-螺

图 2-30　蛋白质的结构域

（细胞表面蛋白 CD4 有四个相似的域）

旋结构域(全 α-结构域)、反平行 β-折叠结构域(全 β-结构域)、混合型折叠结构域(α，β-结构域)和富含金属或二硫键结构域(不规则小蛋白结构)。

超二级结构和结构域是作为蛋白质二级结构层次至三级结构层次的一种过渡态构象层次。

(4) 三级结构

球状蛋白的多肽链在二级结构、超二级结构和结构域等结构层次的基础上，组装而成的完整的结构单元称三级结构(tertiary structure)。换句话说，三级结构指多肽链上包括主链和侧链在内的所有原子在三维空间内的分布。

某些较小的蛋白质分子只有一个结构域，则结构域和三级结构是一个意思。一条长的多肽链首先折叠成几个相对独立的结构域，再缔合成三级结构，从动力学上看是合理的途径。很多具有多个结构域的酶分子，活性部位往往分布在结构域之间的一段连接肽链(通常称为"铰链区")上，结构域之间的相对运动，有利于活性部位结合底物，引起底物的结构变化，也有利于别构酶充分发挥别构调节效应。

现在考察一个完整的蛋白质分子中氨基酸如何聚集在一起的。X 射线晶体衍射技术和核磁共振光谱分析已经确定了几千种蛋白质的三维结构。现在看看肌红蛋白的三维结构，它是第一例原子空间结构明了的蛋白质。

肌红蛋白是肌肉组织的氧运输蛋白质，其多肽链由 153 个氨基酸残基组成。肌红蛋白结合氧的能力依赖于血红素。血红素是由原卟啉 IX 和中心铁原子构成的非肽链辅助基团。肌红蛋白折叠压缩紧密，其大小是 $45\text{Å} \times 35\text{Å} \times 25\text{Å}$，比完全伸展的肽链小一个数量级(图 2-31)。约 70% 的多肽链折叠成 8 个 α-螺旋，其余的肽链是螺旋间的拐弯和环状结构。

肌红蛋白主链的折叠与大多数其他蛋白质的折叠一样，复杂且没有对称性。多肽链总的折叠模式就是蛋白的三级结构。在三级结构中，氨基酸残基侧链的分布有共同的方式。蛋白质内部的氨基酸残基侧链几乎都是非极性基团，如亮氨酸、缬氨酸、甲硫氨酸和苯丙氨酸(图 2-32)。肌红蛋白内部没有带电氨基酸残基，如天冬氨酸、谷氨酸、赖氨酸和精氨酸。蛋白质内部唯一的极性氨基酸是两个组氨酸。这两个组氨酸对肌红蛋白结合血红素和铁元素极其重要。另外肌红蛋白表面既有极性氨基酸残基，也有非极性氨基酸残基。空间填充模型显示整个蛋白质内部没有什么空余的地方。

极性氨基酸和非极性氨基酸分布的反差反映了构建蛋白质空间结构的重要原则。在水溶液环境中，疏水性氨基酸受水分子排斥的倾向强烈，驱使蛋白质进行折叠。当疏水侧链聚集

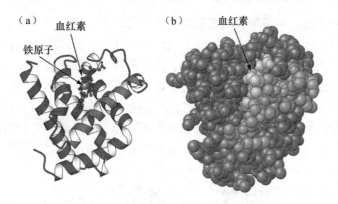

图 2-31 肌红蛋白的三维结构

(a)绸带图显示多肽链主要是 α-螺旋结构 (b)与图(a)相同方向的空间填充模型显示折叠多肽紧密压缩。注意血红素辅基置于血红蛋白的裂缝中,只有一个边缘暴露

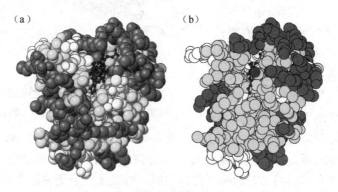

图 2-32 血红蛋白的氨基酸分布

(a)空间填充模型,注意蛋白质分子表面有很多带电氨基酸和很多疏水氨基酸 (b)空间填充模型截面图。注意蛋白质分子内部大多数残基是疏水氨基酸,而带电氨基酸只在分子表面

(而不是伸展到水环境中),蛋白质热力学稳定。因此,蛋白质分子折叠使疏水侧链包埋到蛋白质内部、极性带电氨基酸暴露于分子表面。很多 α-螺旋和 β-片层是两性的,即有疏水面和亲水面,疏水面朝向分子内部,亲水面指向溶液。多肽主链的命运受疏水侧链的影响。没有形成氢键的主链 N—H 和 C=O 基团更倾向于水环境,而不倾向于疏水环境。将疏水侧链包埋于分子内部的秘密就在于主链所有的 N—H 和 C=O 都能配对形成氢键。因此 α-螺旋和 β-片层的主链均有主链 N—H 和 C=O 配对形成氢键。紧密压紧的疏水侧链形成范德华力,这种结合力对稳定蛋白质结构有贡献。现在我们就能够理解为什么 20 种氨基酸侧链有不同的大小和形状。氨基酸大小和形状的差异可以提供各种选择,只有那些大小和形状完全匹配的氨基酸残基才被蛋白质选中,此时侧链基团能密切靠近,范德华力作用最大。

(5)四级结构

蛋白质的四级结构是指由两个或两个以上具有三级结构的亚基按一定方式聚合而成的特定构象,其中每一条肽链称为亚基,一个亚基可以有一条肽链,也可以有多条肽链。例如,α-胰凝乳蛋白酶由 3 条肽链组成,肽链间通过二硫键共价连接,胰岛素的 A 链与 B 链,通过二硫键连接共同组成三级结构单位,同一个三级结构单位中的不同肽链不能称为亚基。亚基单独存在无生物活性，只有聚合成四级结构才具有完整的生物活性，亚基与亚基之间不能共价连接。有的蛋白质无四级结构，如肌红蛋白等单体蛋白。血红蛋白由四个亚基组成，彼此之间无共价键，而是通过次级键联结成聚合体，所以它有四级结构。

蛋白质形成四级结构可以增强其结构的稳定性，可以在亚基之间的结合区域形成新的功能部位，可以使某些蛋白质具有协同效应。此外病毒的外壳通常由数百乃至数千个相同的蛋白质亚基聚集而成，如果要用一条肽链构成病毒的外壳，则需要一个特大的基因，可见，形成蛋白质亚基的多聚体，可以提高遗传物质的利用效率。总而言之，蛋白质形成四级结构有重要的生物学意义。

四级结构就是蛋白质亚基的空间排列，即亚基之间的相互作用。有最简单四级结构的蛋白质是含有两个相同亚基的二聚体。1-噬菌体的 Cro 蛋白是 DNA 结合蛋白，有两个相同的二聚体（图 2-33）。常见的蛋白质有更复杂的四级结构，有的蛋白质亚基不止一种类型，有的蛋白质亚基数量有差异。例如，人血液的血红蛋白，含有 2 个 α-亚基和 2 个 β-亚基，用 $\alpha_2\beta_2$ 来

图 2-33　四级结构
(1-噬菌体 Cro 蛋白质是完全相同亚基构成的二聚体)

表示。血红蛋白的相对分子质量为 65 000，亚基组成为 $\alpha_2\beta_2$，α-链由 141 个氨基酸组成，β-链由 146 个氨基酸组成，每一个亚基含有一个血红素辅基。α-链和 β-链的一级结构差别较大，但三级结构却大致相同，并和肌红蛋白相似。血红蛋白分子中的 4 条链各自折叠卷曲形成三级结构，再通过分子表面的疏水作用力、盐键和氢键而联系在一起，互相凹凸镶嵌排列。形成一个四聚体的功能单位（图 2-34）。血红蛋白分子亚基排列的细微变化使该蛋白质能有效地将肺部氧气运输到身体各组织。

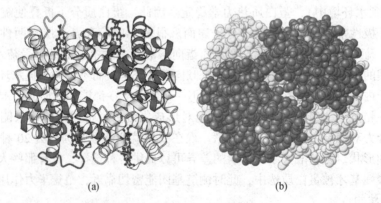

图 2-34　人血红蛋白 $\alpha_2\beta_2$ 四聚体

(a) 绸带结构显示四个亚基结构类似，主要是 α-螺旋结构　(b) 空间填充模型显示血红素辅基占据蛋白质的裂缝
[$\alpha_2\beta_2$ 四聚体中两个 α 亚基(黑色)是完全相同的，两个 β 亚基(灰色)也完全相同。α 亚基的结构与 β 亚基的结构相似但有差异。一个血红蛋白分子有四个血红素(浅黑)，每个血红素辅基有一个铁原子。]

病毒是遗传信息有限的生物。它们重复使用同一亚基，对称性排列构建病毒外壳。引起普通感冒的鼻病毒(rhinovirus)外壳蛋白有 4 个亚基，每个亚基有 60 个拷贝(图 2-35)。这些亚基聚集在一起形成病毒的球形外壳，将病毒基因组包裹在外壳内。

2.3.4 蛋白质的结构与功能的关系

2.3.4.1 蛋白质的一级结构与功能的关系

蛋白质一级结构是空间结构的基础，特定的空间构象主要是由蛋白质分子中肽链和侧链 R 基团形成的次级键来维持，在生物体内，蛋白质的多肽链一旦被合成后，即可根据一级结构的特点自然折叠和盘曲，形成一定的空间构象。

图 2-35 复杂的四级结构

[人鼻病毒(导致普通流感的病毒)的外壳有 4 个亚基(用不同颜色表示)，每个亚基有 60 个拷贝]

Anfinsen 以一条肽链的蛋白质核糖核酸酶为对象，研究二硫键的还原和氧化问题，发现该酶的 124 个氨基酸残基构成的多肽链中存在 4 对二硫键，在大量 β-巯基乙醇和适量尿素作用下，4 对二硫键全部被还原为巯基，酶活力也全部丧失，但是如将尿素和 β-巯基乙醇除去，并在有氧条件下使巯基缓慢氧化成二硫键，此时酶的活力水平可接近于天然的酶。Anfinsen 在此基础上认为蛋白质的一级结构决定了它的二级、三级结构，即由一级结构可以自动地发展到二、三级结构。

一级结构相似的蛋白质，其基本构象及功能也相似。例如，不同种属的生物体分离出来的同一功能的蛋白质，其一级结构只有极少的差别，而且在系统发生上进化位置相距愈近的差异愈小。

(1) 同源蛋白质

同源蛋白质是在不同机体中实现同一功能的蛋白质，它们往往具有相似的一级结构，目前研究最多的是胰岛素和细胞色素 c。

(2) 胰岛素

不同种属的胰岛素的相同点：①作用相同，降低血糖；②分泌部位相同，胰脏的兰氏小岛细胞；③相对分子质量几乎完全一样；④结构都由 A、B 两链组成，A 链 21 个氨基酸残基，B 链 30 个氨基酸残基。有 22 个氨基酸残基始终相同，特别是 6 个 Cys 的位置始终不变，故 A、B 两链的连接方式相同。它们的不同点：主要差别在 A 链的 8、9、10 位和 B 链的 30 位氨基酸残基(表 2-3)，说明这些氨基酸对胰岛素的生物活性无决定作用。

表 2-3 不同哺乳动物的胰岛素分子中的氨基酸差异

生物名称	胰岛素分子中氨基酸的差异			
	A_8	A_9	A_{10}	B_{30}
人	Thr	Ser	Ile	Thr
猪	Thr	Ser	Ile	Ala

(续)

生物名称	胰岛素分子中氨基酸的差异			
	A_8	A_9	A_{10}	B_{30}
牛	Ala	Ser	Val	Ala
狗	Thr	Ser	Ile	Ala
山羊	Ala	Ser	Val	Ala
马	Ala	Gly	Val	Ala
象	Thr	Gly	Val	Thr
抹香鲸	Thr	Ser	Ile	Ala
兔	Thr	Ser	Ile	Ser

(3) 细胞色素 c

不同种属的细胞色素 c 的相同点：①作用相同，细胞色素 c 是真核细胞线粒体内膜上一种含 Fe 的蛋白质，在生物氧化中起传递电子的作用。②结构由 104 个氨基酸残基组成，相对分子质量为 13 000 左右，与细胞色素 c 功能密切相关的 35 个氨基酸顺序却有共同之处，即保守顺序不变(表2-4)。

表2-4 细胞色素 c 分子中氨基酸残基的差异数目及分歧时间

不同种属	氨基酸残基的差异数目	分歧时间(百万年)
人 – 猴	1	50 ~ 60
人 – 马	12	70 ~ 75
人 – 狗	10	70 ~ 75
猪 – 牛 – 羊	0	
马 – 牛	3	60 ~ 65
哺乳类 – 鸡	10 ~ 15	280
哺乳类 – 猢	17 ~ 21	400
脊椎动物 – 酵母	43 ~ 48	1100

(4) 分子病

分子病是指蛋白质分子中由于氨基酸排列顺序与正常蛋白质不同而发生的一种遗传病(基因突变造成的)。例如，镰刀状细胞贫血病。病人的病状为：病人体内血红蛋白的含量和红细胞的数量都为常人的 1/2。红细胞在氧气缺乏时为新月形，即镰刀状，此种细胞壁薄，而且脆性大，极易涨破而发生溶血；发生镰变的细胞黏滞加大，易栓塞血管；由于流速较慢，输氧机能降低，使心脏器官供血出现障碍，从而引起头昏、胸闷而导致死亡。患者寿命大大缩短，纯合体在童年死亡，杂合体尚能繁衍后代。而引起此病的病因是血红蛋白的 574 个氨基酸中只有两个不同，如下所示。

β-链N端氨基酸排列顺序　　　　　1 2 3 4 5 6 7 8

Hb-A(正常人)　　　　　Val-His-Leu-Thr-Pro-Glu-Glu-Lys…

Hb-S(患　者)　　　　　Val-His-Leu-Thr-Pro-Val-Glu-Lys…

谷氨酸在生理 pH 值下为带负电荷 R 基氨基酸，而缬氨酸却是一种非极性 R 基氨基酸，就使得 Hb-S 分子表面的荷电性发生改变，引起等电点改变，溶解度降低，使之不正常地聚集成纤维状血红蛋白，致使红细胞变形成镰刀状，输氧功能下降，细胞脆弱易溶血。

2.3.4.2 蛋白质的空间结构与功能的关系

各种蛋白质都有其特定的空间结构，这对于其生物功能的表现是十分重要的。当蛋白质空间结构发生改变或遭到破坏时，它的生物学功能也随之发生改变甚至丧失。蛋白质的构象并不是固定不变的，当有些蛋白质由于受某些因素的影响，其一级结构不变而空间结构发生变化，导致其生物功能的改变，称为蛋白质的别构现象或变构现象。变构现象是蛋白质表现其生物功能的一种相当普遍而又十分重要的现象，也是调节蛋白质生物功能极为有效的方式。

肌红蛋白和血红蛋白是阐述蛋白质空间结构和功能关系的典型例子。

(1) 肌红蛋白与血红蛋白都是含有血红素辅基的蛋白质

血红素是铁卟啉化合物，它由 4 个吡咯环通过 4 个甲炔基相连成为一个环形，Fe^{2+} 居于环中。Fe^{2+} 有 6 个配位键，其中 4 个与吡咯环的 N 配位结合，1 个配位键和肌红蛋白的 93 位(F8)组氨酸残基结合，氧则与 Fe^{2+} 形成第 6 个配位键，接近第 64 位(E7)组氨酸。

从 X 射线衍射法分析获得的肌红蛋白(myoglubin, Mb)的三维结构(图 2-31)中，可见它是一个只有三级结构的单链蛋白质，有 8 段 α-螺旋结构，分别称为 A、B、C、D、E、F、G 及 H 肽段。整条多肽链折叠成紧密球状分子，氨基酸残基上的疏水侧链大都在分子内部，富极性及电荷的则在分子表面，因此其水溶性较好。Mb 分子内部有一个袋形空穴，血红素居于其中。血红素分子中的两个丙酸侧链以离子键形式与肽链中的两个碱性氨基酸侧链上的正电荷相连，加之肽链中的四组氨酸残基还与 Fe^{2+} 形成配位结合，所以血红素辅基与蛋白质部分稳定结合。

血红蛋白(hemoglubin, Hb)具有 4 个亚基组成的四级结构(图 2-36)，每个亚基可结合 1 个血红素并携带 1 分子氧，共结合 4 分子氧。成年人红细胞中的血红蛋白主要由 2 条 α-肽链和 2 条 β-肽链($\alpha_2\beta_2$)组成，α-链含 141 个氨基酸残基，β-链含 146 个氨基酸残基。胎儿期主要为 α、γ，胚胎期为 α、ε。Hb 各亚基的三级结构与 Mb 极为相似。Hb 亚基之间通过 8 对盐键，使 4 个亚基紧密结合而形成亲水的球状蛋白。

(2) 血红蛋白的空间构象变化与结合氧

血红蛋白是由 $\alpha_2\beta_2$ 组成的四聚体。当第一个 O_2 与 Hb 结合成氧合血红蛋白(HbO_2)后，发生构象改变，犹如松开了整个 Hb 分子构象的"扳机"，导致第二、第三和第四个 O_2 很快地结合。这种带 O_2 的 Hb 亚基协助不带 O_2 亚基结合氧的现象，称为协同效应。O_2 与 Hb 结合后引起 Hb 构象变化，进而引起蛋白质分子功能改变的现象，称为别构效应。小分子的 O_2 称为别构剂或协同效应剂，Hb 则称为别构蛋白。

血红蛋白是一个别构蛋白质，经过深入研究，现在已能用它的构象变化来阐明别构效应的机制。它的别构效应表现在：①氧结合的正协同性，氧饱和度与氧分压的关系曲线呈 S 形曲线(图 2-37)，表明在第 1 个亚基与 O_2 结合后，其他亚基与 O_2 的相继结合越来越容易，第 4 个亚基的氧结合常数可比第 1 个的大数百倍。这是因为第 1 个亚基结合 O_2 后引起血红蛋白分子的构象变化，促使其他亚基与 O_2 结合。O_2 的释放过程也如此，第 1 个 O_2 释放使留下

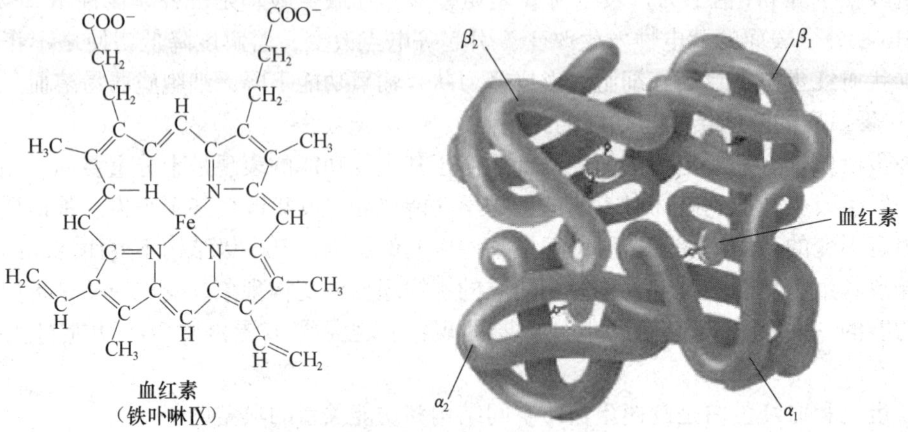

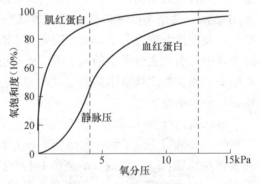

图 2-36　血红素结构及血红蛋白四级结构

的 O_2 更易释放。②H^+ 浓度升高（pH 降低）使血红蛋白与 O_2 的亲和力变小（玻尔效应），促进 O_2 的释放。③在恒定 pH 下，CO_2 能降低血红蛋白与 O_2 的亲和力。④人红细胞中含有的 2,3-二磷酸甘油酸（DPG），也能降低 O_2 的亲和力。⑤血红蛋白与 O_2 的结合也能抑制其与 H^+、CO_2 和 DPG 的结合。

利用别构理论可以解释血红蛋白的一系列特殊的性质。例如，波尔效应的分子机制是当 H^+ 浓度增高时，主要使 β-亚基 C 末端的 β146 His 侧链咪唑基（占波尔效应的 40%），α-亚基 N 末端氨基（占 25%），和 α-122 His（占 10%）以及其他组氨酸或赖氨酸的质子化，这样加强了盐桥稳定了 T 态，O_2 不易结合。由于在 Hb 中 β-146His 受邻近的 β-94ASP 负电荷的影响更易质子化，而在 Hb-O_2 中该 His 远离 β-94ASP，质子化倾向降低。所以 H^+ 与 Hb 的亲和力要比与 Hb-O_2 的亲和力更强。

图 2-37　血红蛋白和肌红蛋白的氧饱和度与氧分压的关系

(3) 血红蛋白具有运氧功能

血红蛋白分子是由 2 个 α-亚基和 2 个 β-亚基构成的四聚体（$α_2β_2$）。血红素位于每个亚基的空穴中，血红素中央的 Fe^{2+} 是氧结合部位，可以结合 1 个氧分子。每个血红蛋白分子能与 4 个 O_2 进行可逆结合。

血红蛋白和肌红蛋白与氧结合时表现出不同的结合模式。血红蛋白的氧结合曲线是 S 形曲线（sigmoidal curve）；而肌红蛋白的氧结合曲线是双曲线（图 2-37）。S 曲线说明在血红蛋白分子与氧结合的过程中，其亚基之间存在相互作用。血红蛋白四聚体在开始与氧结合时，其氧亲和力很低，即与氧结合的能力很小。一旦其中一个亚基与氧结合，亚基的三级结构发生变化，并逐步引起其余亚基三级结构的改变，从而提高其余亚基与氧的亲和力；同样道理，当一个氧与血红蛋白亚基分离后，能降低其余亚基与氧的亲和力，有助于氧的释放。经实验测定，第四个亚基与氧的亲和力比第一个亚基大 200~300 倍。

血红蛋白与氧结合并发生构象的改变是别构效应。所谓别构效应是指在寡聚蛋白分子中，一个亚基由于与其他分子结合而发生构象变化，并引起相邻其他亚基的构象和功能的改变。别构效应也存在于其他寡聚蛋白(如变构酶)分子中，是机体调节蛋白质或酶生物活性的一种方式。当某个小分子(称变构剂)与蛋白质结合时，可调节蛋白质的生物活性，这类蛋白称变构蛋白。变构蛋白除了具有发挥功能的活性位点外，还有用于调节的结合位点。变构剂可增加或降低变构蛋白的活性，这种变构调节能引起蛋白天然构象的变化。变构抑制剂能使蛋白迅速从活性状态(称 R 态)变为非活性状态(称 T 态)；变构激活剂则相反。血红蛋白的脱氧构象是 T 态，可阻止氧的结合。T 态与 O_2 的亲和力低，R 态与 O_2 的亲和力高。X 射线衍射分析证明了脱氧血红蛋白 Hb 和氧合血红蛋白 Hb-O_2 在构象上的差异。Hb 4 个亚基($\alpha_2\beta_2$)之间至少有 8 对盐桥相联系，紧张态(T 态)时 O_2 的结合受到障碍，而在氧结合时这些盐桥被逐步破坏，生成的 Hb-O_2 结构松散，属于 R 态，易与 O_2 结合。

血红蛋白氧合时构象变化的要点如下：血红素中的铁与 O_2 结合时随即进入卟啉环平面内，将邻近的原来倾斜的组氨酸 F8 拉直，并带动附近肽链的运动，结果导致 $\alpha\beta$ 亚基相对于另一对 $\alpha\beta$ 亚基转动 15°角。如果将 4 个亚基标记为 α_1，α_2，β_1 和 β_2，则 $\alpha^1\beta^1$ 之间和 $\alpha^2\beta^2$ 之间两个接触面较牢固，没有改变，变动最大的是 $\alpha^1\beta^2$(或 $\alpha^2\beta^1$)之间的接触面，$\alpha^1\beta^2$($\alpha^2\beta^1$)界面的变动是 T 态向 R 态转变的开关，反之亦然(图 2-38)。

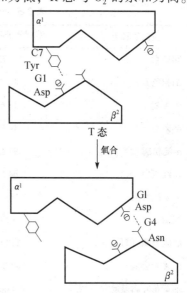

图 2-38 血红蛋白 $\alpha^1\beta^1$ 界面的结构示意和 $\alpha^1\beta^1$ 界面由 T 态转变到 R 态的开关示意

在 T 态向 R 态转变时，盐桥破坏，当 O_2 释放时，又通过该界面的滑动，盐桥重新恢复，R 态又能转变成 T 态。$\alpha^1\beta^2$($\alpha^2\beta^1$)界面的氨基酸序列是相当保守的，如在这一序列范围内发生突变则对别构效应有较大影响。

血红蛋白与氧结合的 S 形曲线具有重要的生理意义。在肺部由于氧分压高，脱氧血红蛋白与氧的结合接近饱和；在肌肉中氧分压低，氧合血红蛋白与肌红蛋白相比能释放更多的氧，以满足肌肉运动和代谢对氧的需求。可见，血红蛋白比肌红蛋白更适合运输氧。由于肌红蛋白与氧的亲和力总是高于血红蛋白，它可接受氧合血红蛋白中的氧，贮存在肌肉中供利用。血红蛋白还可结合组织产生的二氧化碳，并在肺部通过气体交换将其排出体外。另外，血红蛋白与 CO 有很高的亲和力，结合后无法运输氧而导致人或动物中毒。

2.4 蛋白质的理化性质

蛋白质既然由氨基酸组成，其理化性质必然与氨基酸相同或相关，例如，两性电离及等电点、紫外吸收性质、呈色反应等。但蛋白质又是生物大分子化合物，还具有胶体性质、沉淀、变性和凝固等特点。细胞和体液中蛋白质都是数以百万计相混合,要分析单个蛋白质的结构和功能势必先要分离、纯化蛋白质。蛋白质分离通常就利用其特殊理化性能,采取盐析、透析、电泳、层析及超速离心等不损伤蛋白质空间构象的物理方法,以满足研究蛋白质结构与功能的需要。

2.4.1 蛋白质的相对分子质量

蛋白质的相对分子质量很大,一般在 1 万到 1 百万之间,甚至更大。表 2-5 中列出了一些蛋白质及其亚基的相对分子质量。

表 2-5 一些蛋白质及其亚基的相对分子质量

蛋白质种类	相对分子质量(M_r)	亚基数目	亚基相对分子质量
胰岛素	5 734	1	5 734
细胞色素 c	12 398	1	12 398
R. A 酶	13 683	1	13 683
溶菌酶	14 300	1	14 300
α-淀粉酶	97 600	2	48 800
血红蛋白(人)	64 500	4	16 000
天冬酰胺酶	255 000	2	139 000
脲酶	483 000	6	83 000
醇脱氢酶(酵母)	150 000	4	37 000
R. A 聚合酶	88 0000	2	44 0000
烟草花叶病毒蛋白	40 000 000	2 130	17 500

蛋白质溶液不稳定,容易受到外界因素的影响而发生变性。蛋白质的相对分子质量很大,用一般测定相对分子质量的方法来测定蛋白质的相对分子质量是不准确的。同时,在蛋白质制品中经常会夹杂微量的盐类,这也会影响蛋白质相对分子质量的测定。经研究,比较适用于测定蛋白质的相对分子质量的方法主要有以下几种。

(1) 超离心沉降速度法

蛋白质溶液是一种胶体溶液,其胶体粒子在溶液中的不规则扩散即为布朗运动。在重力作用下,胶体粒子的下沉又称为沉降。扩散与沉降是两个相反的作用,当两者速度相等时,就会达到沉降平衡。胶体粒子的大小与沉降速度成反比,胶体粒子越小,达到平衡时就需要更长的时间,同时,为了达到沉降平衡,则需要施加远远超过重力加速度的离心力。超离心沉降速度法就是根据这种原理来测定蛋白质的相对分子质量的。

(2) 渗透压法

当溶液与纯溶剂用理想的半透膜隔开时,为了使纯溶剂不渗入溶液,必须在溶液面上加压力,该压力称为该溶液的渗透压。蛋白质的相对分子质量很大,并不能通过半透膜,而小分子物质如水、离子等则可以通过。把蛋白质溶液装在半透膜袋中,使袋外溶剂向袋内移动,袋内液柱会逐渐升高,直至液柱压与蛋白质的渗透压相等,溶剂分子进出半透膜的扩散速度达到动态平衡的静水压,其袋内外液柱差即为蛋白质的渗透压。

(3) 凝胶过滤法测定相对分子质量

当含有各种组分的样品流经凝胶层析柱时,大分子物质由于分子直径大,不易进入凝胶颗粒的微孔,沿凝胶颗粒的间隙以较快的速度流过凝胶柱。而小分子物质能够进入凝胶颗粒的微孔中,向下移动的速度较慢,从而使样品中各组分按相对分子质量从大到小的顺序先后流出层析柱,而达到分离的目的。

若以组分的洗脱体积(V_e)对组分相对分子质量的对数($\lg M_r$)作图,可得一曲线(图2-39),其中主要部分成直线关系。以此为标准曲线,可以通过测定某一未知组分的洗脱体积,而从标准曲线中查得其相对分子质量。在实际应用中多以相对洗脱体积K_{av}($K_{av} = V_e/V_t$)对$\lg M_r$作曲线,称为选择曲线。曲线的斜率说明凝胶的特性。每一类型的化合物,如球蛋白类、右旋糖酐类、酶与清蛋白类等都有各自特定的选择曲线。测定时,未知相对分子质量的组分应位于直线部分为宜。若不在直线部分,可选用另一种孔径的凝胶重新试验。

(4) 凝胶电泳法

即为SDS-凝胶电泳法,它是用聚丙烯酰胺凝胶电泳,在十二烷基磺酸钠(SDS)参与下进行测定,也可以用来分离提纯蛋白质。其中,SDS是一种阴离子去污剂,在一定条件下可与蛋白质分子结合而形成带阴离子的SDS-蛋白质复合物。在电场的作用下其会向阳极移动,移动的距离及速率与蛋白质分子大小有关。这样,可以根据已知的蛋白质的相对分子质量的对数对其在SDS-凝胶电泳中的泳动率作图,得到一个直线关系,即为标准曲线。在同样条件下,测定未知蛋白质的泳动率,即可从标准曲线中对照求出蛋白质的相对分子质量(图2-40)。

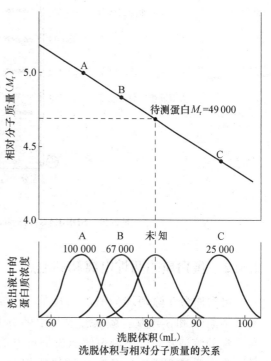

图2-39 洗脱体积(V_e)与蛋白质相对分子质量(M_r)的关系

(5) 蛋白质最低相对分子质量的计算

如果蛋白质分子中所含的某一元素的量已知,可根据下式计算其最低相对分子质量:

$$蛋白质最低相对分子质量 = \frac{元素的原子量 \times 100\%}{元素的百分含量}$$

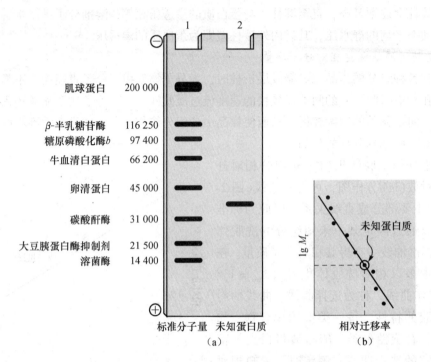

图 2-40　SDS-PAGE 法测定蛋白质的相对分子质量(M_r)

2.4.2　蛋白质的两性电离和等电点

蛋白质分子除两端的氨基和羧基可解离外，侧链中某些基团，如谷氨酸、天冬氨酸残基中的 γ-和 β-羧基，赖氨酸残基中的 ε-氨基，精氨酸残基的胍基和组氨酸的咪唑基，在一定的溶液水条件下都可解离成带负电荷或正电荷的基团。当蛋白质溶液处于某一 pH 时，蛋白质解离成正、负离子的趋势相等，即成为兼性离子，净电荷为零，此时溶液的 pH 称为蛋白质的等电点。蛋白质溶液的 pH 大于等电点时，该蛋白质颗粒带负电荷，反之则带正电荷。

体内各种蛋白质的等电点不同，但大多数接近于 pH = 5.0，所以在人体体液 pH = 7.4 的环境下，大多数蛋白质解离成阴离子。少数蛋白质含碱性氨基酸较多，其等电点偏于碱性，被称为碱性蛋白质，如鱼精蛋白、组蛋白等。也有少量蛋白质含酸性氨基酸较多，其等电点偏于酸性，被称为酸性蛋白质，如胃蛋白酶和丝蛋白等。

当蛋白质溶液处于等电点时，其溶解度、黏度、渗透压、膨胀性及导电能力均降到最低，使胶体溶液呈最不稳定状态。由于不同蛋白质的组成不同，故其等电点也不同，在同一 pH 溶液中，各蛋白质所带电荷的性质和数量不同，在同一电场中移动的方向和速度也不同，蛋白质的电泳分析法就是利用这一性质进行的。图 2-41 显示了溶液中蛋白质的电离平衡。表 2-6 列出了某些蛋白质的等电点。

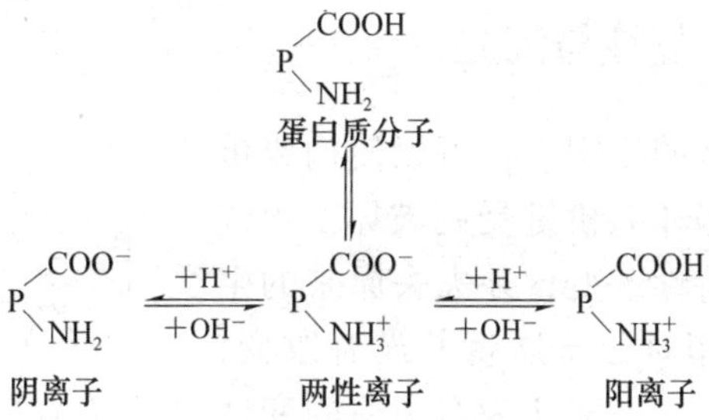

$$P\begin{cases}COOH\\NH_2\end{cases}$$
蛋白质分子
↕

$P\begin{cases}COO^-\\NH_2\end{cases}$ $\underset{+OH^-}{\overset{+H^+}{\rightleftharpoons}}$ $P\begin{cases}COO^-\\NH_3^+\end{cases}$ $\underset{+OH^-}{\overset{+H^+}{\rightleftharpoons}}$ $P\begin{cases}COOH\\NH_3^+\end{cases}$

阴离子　　　　　　两性离子　　　　　　阳离子

图 2-41　溶液中蛋白质的电离平衡

表 2-6　某些蛋白质的等电点

蛋白质种类	等电点	蛋白质种类	等电点
鱼精蛋白	12.00~12.40	胰岛素(牛)	5.30~5.35
胸腺组蛋白	10.8	明胶	4.7~5.0
溶菌酶	11.0~11.2	血清清蛋白(人)	4.64
细胞色素 c	9.8~10.3	鸡蛋清蛋白	4.55~4.90
血红蛋白	7.07	胰蛋白酶(人)	5.0~8.0
血清 γ_1-球蛋白(人)	5.8~6.6	胃蛋白酶	1.0~2.5

2.4.3　蛋白质的胶体性质

蛋白质是高分子物质，相对分子质量一般从 1 万到百万 $kDa\left(1kDa=\dfrac{1}{6.022\times10^{23}}g\right)$。蛋白质在溶液中形成的颗粒直径大约 1~100nm，属于胶体颗粒的范围，所以蛋白质是胶体物质，溶液是亲水胶体溶液。与普通胶体溶液一样具有布朗运动、丁达尔现象、电泳，但蛋白质分子不易透过半透膜。蛋白质的水溶液能形成稳定的亲水胶体的原因如下：

①蛋白质分子表面有许多亲水基团，结合水后分子表面形成一层水化层，水化层阻止蛋白质颗粒聚集以保证蛋白质溶液的稳定。

②蛋白质是两性电解质，在非等电状态时，相同蛋白质颗粒带有同性电荷，与周围的反离子构成稳定的双电层，使蛋白质颗粒之间相互排斥，保持一定距离，不致互相凝聚而沉淀。

正是由于具有水化层与双电层两方面的稳定因素，所以蛋白质溶液作为胶体系统是相对稳定的。

2.4.4　蛋白质的紫外吸收特征

蛋白质分子中含有共轭双键的酪氨酸和色氨酸，因此蛋白质在远紫外光区(200~230nm)有较大的吸收，在 280nm 有一特征吸收峰。在此波长范围内，蛋白质的光密度(OD)值与其浓度呈正比关系，因此，可以做蛋白质的定量测定(图 2-42)。

2.4.5 蛋白质的变性、复性与沉淀

在某些物理或化学因素的作用下，可以使构成蛋白质的空间结构中的氢键等非共价键受到破坏，导致蛋白的理化性质、生物学特性改变，并失去原来的生理活性，而其分子组成及相对分子质量并没有改变，这种现象称为蛋白质的变性。一般认为蛋白质的变性主要发生二硫键和非共价键的破坏，不涉及一级结构的改变。蛋白质变性后其溶解度降低，生物活性丧失，而蛋白质溶液的黏度增加，容易被酶消化。

引起蛋白质变性的因素有很多，如高温、高压、紫外线、超声波、强烈的搅拌振荡及各种放射线（如X射线、γ射线、电磁波、快中子等）等物理因素；重金属盐、强酸、强碱及浓乙醇、酚、醛、酮、醚和脲等化学溶剂和十二烷基硫酸钠（SDS）等化学因素。

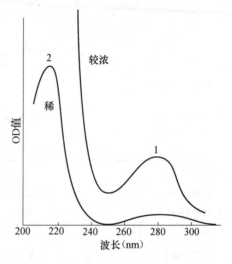

图 2-42 蛋白质的 OD 值与浓度的关系

大多数蛋白质变性时其空间结构破坏严重，不能恢复，称为不可逆变性。但有些蛋白质在变性后，除去变性因素仍可恢复其活性，称为可逆变性。若蛋白质变性程度较低，除去变性因素后，有些蛋白质仍然可以恢复或部分恢复其原有的空间构象，使生物学活性恢复，这个过程称为蛋白质的复性。

蛋白质在溶液中靠水膜和电荷保持其稳定性，水膜和电荷一旦除去，疏水侧链暴露在外，肽链就会相互缠绕聚集，因此容易从溶液中析出，这种蛋白质从溶液中以固体状态析出的现象称为蛋白质的沉淀。蛋白质的沉淀有可逆和不可逆两种类型。下面介绍几种主要的沉淀方法。

(1) 盐析（salting out）

在蛋白质溶液中加入大量的中性盐以破坏蛋白质的胶体稳定性而使其析出，这种方法称为盐析。常用的中性盐有硫酸铵、硫酸钠、氯化钠等。各种蛋白质盐析时所需的盐浓度及pH值不同，故可用于对混合蛋白质组分的分离。例如，用半饱和的硫酸铵来沉淀出血清中的球蛋白，饱和硫酸铵可以使血清中的白蛋白、球蛋白都沉淀出来，盐析沉淀的蛋白质，经透析除盐，仍可保证蛋白质的活性。调节蛋白质溶液的pH值至等电点后，再用盐析法则蛋白质沉淀的效果更好。

(2) 重金属盐沉淀蛋白质

蛋白质可以与重金属离子如汞、铅、铜、银等结合成盐沉淀，沉淀的条件以pH值稍大于等电点为宜。因为此时蛋白质分子有较多的负离子易与重金属离子结合成盐。重金属沉淀的蛋白质常是变性的，但若在低温条件下，并控制重金属离子浓度，也可用于分离制备不变性的蛋白质。临床上利用蛋白质能与重金属盐结合的这种性质，抢救误服重金属盐中毒的病人，给病人口服大量蛋白质，然后用催吐剂将结合的重金属盐呕吐出来解毒。

(3) 生物碱试剂以及某些酸类沉淀蛋白质

蛋白质又可与生物碱试剂（如苦味酸、钨酸、鞣酸）以及某些酸（如三氯醋酸、过氯酸、

硝酸)结合成不溶性的盐沉淀，沉淀的条件应当是 pH 值小于等电点，这样蛋白质带正电荷易于与酸根负离子结合成盐。临床血液化学分析时常利用此原理除去血液中的蛋白质，此类沉淀反应也可用于检验尿中蛋白质。

(4) 有机溶剂沉淀蛋白质

可与水混合的有机溶剂，如乙醇、甲醇、丙酮等，对水的亲和力很大，能破坏蛋白质颗粒的水化膜，在等电点时使蛋白质沉淀。在常温下，有机溶剂沉淀蛋白质往往引起变性。例如酒精消毒灭菌就是如此，但若在低温条件下，则变性进行较缓慢，可用于分离制备各种血浆蛋白质。

(5) 加热凝固

将接近于等电点附近的蛋白质溶液加热，可使蛋白质发生凝固(coagulation)而沉淀。加热首先是加热使蛋白质变性，有规则的肽链结构被打开呈松散状不规则的结构，分子的不对称性增加，疏水基团暴露，进而凝聚成凝胶状的蛋白块，如煮熟的鸡蛋、蛋黄和蛋清都凝固。

蛋白质的变性、沉淀，凝固相互之间有很密切的关系。但蛋白质变性后并不一定沉淀，变性蛋白质只在等电点附近才沉淀，沉淀的变性蛋白质也不一定凝固。例如，蛋白质被强酸、强碱变性后由于蛋白质颗粒带着大量电荷，故仍溶于强酸或强碱之中。但若将强碱和强酸溶液的 pH 值调节到等电点，则变性蛋白质凝集成絮状沉淀物，若将此絮状物加热，则分子间相互盘缠而变成较为坚固的凝块。

2.5 蛋白质的分离与纯化

现今，在医药和生物技术等领域中，蛋白质的分离和纯化技术被广泛应用。蛋白质在组织或细胞中常以复杂混合物的形式存在，要研究某种蛋白质的结构或性质时就需要进行分离和纯化。根据蛋白质的分子结构和理化性质，蛋白质有很多种分离、纯化方法。本节将介绍几种纯化蛋白质的方法。

2.5.1 蛋白质的抽提原理及方法

大部分蛋白质均可溶于水、稀盐、稀酸或稀碱溶液中，少数与脂类结合的蛋白质溶于乙醇、丙酮及丁醇等有机溶剂中。因此，可采用不同溶剂提取、分离及纯化蛋白质和酶。

蛋白质与酶在不同溶剂中溶解度的差异，主要取决于蛋白分子中非极性疏水基团与极性亲水基团的比例，其次取决于这些基团的排列和偶极矩。故分子结构性质是不同蛋白质溶解差异的内因，温度、pH、离子强度等是影响蛋白质溶解度的外界条件。提取蛋白质时常根据这些内、外因素综合加以利用，将细胞内蛋白质提取出来，并与其他不需要的物质分开。但动物材料中的蛋白质有些以可溶性的形式存在于体液(如血浆、消化液等)中，可以不必经过提取直接进行分离。蛋白质中的角蛋白、胶原及丝蛋白等不溶性蛋白质，只需要适当的溶剂洗去可溶性的伴随物，如脂类、糖类以及其他可溶性蛋白质，最后剩下的就是不溶性蛋白质。这些蛋白质经细胞破碎后，用水、稀盐酸及缓冲液等适当溶剂，将蛋白质溶解出来，再用离心法除去不溶物，即得粗提取液。水适用于白蛋白类蛋白质的抽提。如果抽提物的

pH 值用适当缓冲液控制时,共稳定性及溶解度均能增加。例如,球蛋白类能溶于稀盐溶液中,脂蛋白可用稀的去垢剂溶液如十二烷基硫酸钠、洋地黄皂苷(digitonin)溶液或有机溶剂来抽提。其他不溶于水的蛋白质通常用稀碱溶液抽提。

一些蛋白质及其溶解性质列于表 2-7 中。

表 2-7 蛋白质及其溶解性质

蛋白质类别	溶解性质
白蛋白和球蛋白	溶于水及稀盐、稀酸、稀碱溶液,可被 50% 的硫酸铵析出
真球蛋白	一般在等电点时不溶于水,但加入少量的盐、酸、碱则可溶解
拟球蛋白	溶于水,可被 50% 的硫酸铵析出
醇溶蛋白	溶于 70%～80% 乙醇中,不溶于水及无水乙醇
壳蛋白	在等电点不溶于水,也不溶于稀盐溶液,易溶于稀酸、稀碱溶液
精蛋白	溶于水和稀酸,易在稀氨水中沉淀
组蛋白	溶于水和稀酸,易在稀氨水中沉淀
硬蛋白质	不溶于水、盐、稀酸及稀碱

复合蛋白包括磷蛋白、黏蛋白、糖蛋白、核蛋白、脂蛋白、血红蛋白、金属蛋白、黄素蛋白和氮苯蛋白等,此类蛋白质溶解性质随蛋白质与非蛋白质结合部分的不同而异,除脂蛋白外,一般可溶于稀酸、稀碱及盐溶液中。脂蛋白如脂肪部分露于外,则脂溶性占优势;如脂肪部分被包围于分子之中,则水溶性占优势。

蛋白质的抽提是指破碎过程中,将生物材料在水、缓冲液或稀盐溶液等适当溶剂中浸泡,使胞内的蛋白质等内容物释放到溶剂中。血浆、消化液和分泌液等体液中可溶性蛋白质,可不经抽提,直接进行分离。细胞内一般蛋白质的抽提,应先将细胞膜或细胞壁破碎,然后用适当溶剂将蛋白质溶出,再用离心法除去不溶物,得到抽提液。

通常破碎细胞或组织的方法有:

①机械破碎法 利用机械力的搅切作用,使细胞破碎。常用的器械有玻璃匀浆器,高速搅切器。

②超声波法 利用超声波(10～15kHz)的机械搅动而使细胞破碎。由于超声波发生时的空化作用,将使液体形成局部减压引起液体内部发生流动,漩涡形成与消失时,产生很大的压力使细胞破碎。注意事项:a. 防止处理液温度的升高,及时采取降温措施如在冷库中进行或加冰块。b. 空化作用是细胞破坏的直接原因,同时会产生活性氧,所以要加一些巯基保护剂。

③酶消化法 将蛋白酶、溶菌酶或细胞壁分解酶在一定条件下利用于生物材料,而使细胞膜或细胞壁破碎,释放胞内蛋白质。此法有一定局限性,不适宜大量的蛋白质提取,给进一步纯化带来困难。其优点是作用条件较为温和,细胞膜或细胞壁破坏程度可以控制。

膜蛋白的抽提比较复杂。膜蛋白按其所在位置分为外周蛋白和固有蛋白。外周蛋白通过次级键和膜外侧脂质的极性头部螯合在一起,应选择适当离子强度及 pH 值的缓冲液,其中要含有 EDTA,将其抽出。固有蛋白嵌合在膜脂质双层中,通过疏水键于膜内侧脂质层的疏水性尾部结合。在抽提固有蛋白时,要减弱其与膜脂的疏水性结合,又要使其保持部分疏水基暴露在外的天然状态，这一过程叫增溶作用。较为理想的增溶剂是去垢剂。目前用的去垢剂分为阴离子型、阳离子型、两性离子型和非离子型。增溶后的膜蛋白抽提剂有较好的均一性，便于进一步纯化。纯化后的膜蛋白，可通过透析法去除去垢剂，进行膜蛋白重组。抽提蛋白质的理想条件是尽可能促进蛋白质在溶剂中溶解，而减弱蛋白水解酶活力，以减少细胞的自溶过程。主要是通过选择适当pH值、温度或溶剂，以及添加适当蛋白水解酶抑制剂。

通常抽提法有水溶液提取法和有机溶剂提取法。

(1) 水溶液提取法

稀盐和缓冲系统的水溶液对蛋白质稳定性好、溶解度大，是提取蛋白质最常用的溶剂，通常用量是原材料体积的1~5倍，提取时需要均匀的搅拌，以利于蛋白质的溶解。提取的温度要视有效成分性质而定。一方面，多数蛋白质的溶解度随着温度的升高而增大，因此，温度高利于溶解，缩短提取时间；另一方面，温度升高会使蛋白质变性失活，因此，基于这一点考虑提取蛋白质和酶时一般采用低温(5℃以下)操作。为了避免蛋白质提取过程中的降解，可加入蛋白水解酶抑制剂(如二异丙基氟磷酸、碘乙酸等)。

下面着重讨论提取液的pH值和盐浓度的选择。

①pH值　蛋白质，酶是具有等电点的两性电解质，提取液的pH值应选择在偏离等电点两侧的pH范围内。用稀酸或稀碱提取时，应防止过酸或过碱而引起蛋白质可解离基团发生变化，从而导致蛋白质构象的不可逆变化。一般来说，碱性蛋白质用偏酸性的提取液提取，而酸性蛋白质用偏碱性的提取液。

②盐浓度　稀盐可促进蛋白质的溶解，称为盐溶作用。同时稀盐溶液因盐离子与蛋白质部分结合，具有保护蛋白质不易变性的优点，因此在提取液中加入少量NaCl等中性盐，一般以0.15mol低浓度为宜。缓冲液常采用0.02~0.05mol/L磷酸盐和碳酸盐等稀盐溶液。

(2) 有机溶剂提取法

一些和脂质结合比较牢固或分子中非极性侧链较多的蛋白质和酶，不溶于水、稀盐溶液、稀酸或稀碱中，可用乙醇、丙酮和丁醇等有机溶剂，它们具有一定的亲水性，还有较强的亲脂性，是理想的脂蛋白的提取液，但必须在低温下操作。丁醇提取法对提取一些与脂质结合紧密的蛋白质和酶特别优越，一是因为丁醇亲脂性强，特别是溶解磷脂的能力强；二是丁醇兼具亲水性，在溶解度范围内(40℃为6.6%)不会引起酶的变性失活。另外，丁醇提取法的pH及温度选择范围较广，也适用于动植物及微生物材料。

2.5.2　蛋白质分离纯化的方法

蛋白质的分离纯化方法很多，主要有以下方法。

2.5.2.1　根据蛋白质溶解度不同的分离方法

(1) 蛋白质的盐析

中性盐对蛋白质的溶解度有显著影响，一般在低盐浓度下随着盐浓度升高，蛋白质的溶解度增加，此称盐溶；当盐浓度继续升高时，蛋白质的溶解度不同程度下降并先后析出，这种现象称盐析，将大量盐加到蛋白质溶液中，高浓度的盐离子(如硫酸铵的SO_4^{2-}和NH_4^+)有很强的水化力，可夺取蛋白质分子的水化层，使之"失水"，于是蛋白质胶粒凝结并沉淀析出。盐析时若溶液pH值在蛋白质等电点则效果更好。由于各种蛋白质分子颗粒大小、亲水程度不同，故盐析所需的盐浓度也不一样，因此调节混合蛋白质溶液中的中性盐浓度可使各种蛋白质分段沉淀。

影响盐析的因素有：

①温度　除对温度敏感的蛋白质在低温(4℃)操作外，一般可在室温中进行。一般温度低蛋白质溶解度降低，但有的蛋白质(如血红蛋白、肌红蛋白、清蛋白)在较高的温度(25℃)比0℃时溶解度低，更容易盐析。

②pH 值　大多数蛋白质在等电点时，在浓盐溶液中的溶解度最低。

③蛋白质浓度　蛋白质浓度高时，欲分离的蛋白质常常夹杂着其他蛋白质一起沉淀出来(共沉现象)。因此，在盐析前要加等量生理盐水稀释，使蛋白质含量在 2.5% ~ 3.0%。

蛋白质盐析常用的中性盐，主要有硫酸铵、硫酸镁、硫酸钠、氯化钠、磷酸钠等。其中应用最多的硫酸铵，它的优点是温度系数小而溶解度大(25℃时饱和溶液为 4.1mol/L，即 767g/L；0℃时饱和溶解度为 3.9mol/L，即 676g/L)，在这一溶解度范围内，许多蛋白质和酶都可以盐析出来；另外硫酸铵分段盐析效果也比其他盐好，不易引起蛋白质变性。硫酸铵溶液的 pH 值常在 4.5 ~ 5.5 之间，当用其他 pH 值进行盐析时，需用硫酸或氨水调节。

蛋白质在用盐析沉淀分离后，需要将蛋白质中的盐除去，常用的办法是透析，即把蛋白质溶液装入透析袋内(常用的是玻璃纸)，用缓冲液进行透析，并不断地更换缓冲液，因透析所需时间较长，所以最好在低温中进行。此外，也可用葡萄糖凝胶 G-25 或 G-50 过柱的办法除盐，所用的时间就比较短。

(2) 等电点沉淀法

蛋白质在等电状态时颗粒之间的静电斥力最小，因而溶解度也最小，各种蛋白质的等电点有差别，可利用调节溶液的 pH 值达到某一蛋白质的等电点使之沉淀，但此法很少单独使用，可与盐析法结合用。

(3) 低温有机溶剂沉淀法

用与水可混溶的有机溶剂，如甲醇、乙醇或丙酮，可使多数蛋白质溶解度降低并析出，此法分辨力比盐析高，但蛋白质较易变性，应在低温下进行。

2.5.2.2　根据蛋白质分子大小以及带电荷等性质差别的分离方法

根据蛋白质分子大小以及带电荷等性质差别的分离方法主要是透析与超滤。透析法是利用半透膜将分子大小不同的蛋白质分开。超滤法是利用高压力或离心力，强使水和其他小的溶质分子通过半透膜，而蛋白质留在膜上，可选择不同孔径的滤膜截留不同相对分子质量的蛋白质。

除了透析与超滤以外，常用的分离纯化方法还包括离心法、电泳法与层析法。

(1) 离心法

离心是借助于离心机旋转所产生的离心力，使不同大小、不同密度的物质分离的技术。在采用离心法进行分离时，要根据欲分离物质以及杂质的颗粒大小、密度和特性的不同，选择适当的离心机、离心方法和离心条件。

离心条件的确定如下：

①相对离心力(RCF)　对于离心条件的确定要考虑的就是 RCF。在低速离心的时候，一般不用 RCF 来表示，但是在高速离心和超速离心时，一般只用相对离心力(RCF)。RCF 指颗粒所受到的离心力与地心引力之比。

$$RCF = \frac{F_C}{F_g} = 1.12 \times 10^{-5} n^2 r$$

式中，n^2 是转速的平方；r 是旋转半径。由此，可知道，在转速一定的条件下，颗粒距离轴心越远，离心力就越大。

②离心时间　离心时间的概念，依据离心方法的不同而有所差别。对于常速离心、高速离心和差速离心来说，离心时间是指颗粒从离心管中样品液的液面完全沉降到离心管底的时间，称为沉降时间或澄清时间；对于密度梯度离心而言，离心时间是指形成界限分明的区带的时间，称为区带形成时间；对于等密梯度离心来说，离心时间是指颗粒完全达到等密度点的平衡时间，称为平衡时间。沉降时间决定于颗粒的沉降速度和沉降距离。操作时，采用较高的转速离心较短的时间，或采用较低的转速离心较长的时间，可以得到相同的离心效果。

③离心温度和pH值　在离心的过程中，为了防止欲分离物质的凝集、变性和失活，除了在离心介质的选择方面加以注意以外，还必须控制好温度和pH值。离心温度一般控制在4℃左右，对于某些耐热性较好的酶，也可以在室温条件下进行离心分离。但是在超速离心和高速离心时，必须采用冷冻系统，这是为了避免由于转子在高速旋转时发热而引起温度过高。离心介质的pH值必须是处于酶稳定的pH值范围内。过高或过低的pH值可能会引起酶的变性失活，还可能引起转子和离心机其他部件的腐蚀。

(2) 电泳法

各种蛋白质在同一pH值条件下，因相对分子质量和电荷数量不同而在电场中的迁移率不同而得以分开。电泳常用设备有电泳仪：常压电泳仪(600V)、高压电泳仪(3 000V)、超高压电泳仪(30 000~50 000V)；电泳槽：自由界面电泳槽、板状电泳槽。

按使用的支持体的不同，电泳可以分为纸电泳、薄层电泳、薄膜电泳、凝胶电泳和等电聚焦电泳。

①纸电泳　以滤纸为支持体。

②薄层电泳　将支持体(淀粉)与缓冲液调制成适当厚度的薄层而进行电泳的技术，广泛应用于蛋白质、核酸、酶等的分离。

③薄膜电泳　以醋酸纤维等高分子物质制成的薄膜为支持体，广泛用于各种酶的分离。

④等电点聚焦电泳　在电泳系统中，加进两性电解质载体。当接通直流电时，两性电解质载体即形成一个由阳极到阴极连续增高的pH值梯度。当酶或其他两性电解质进入这个体系时，不同的两性电解质即移动到(聚焦于)与其等电点相当的pH值位置上，从而使不同等电点的物质得以分离。广泛使用于酶的等电点测定和酶的分离中。

⑤凝胶电泳　以各种具有网状结构的凝胶(聚丙烯酰胺和琼脂糖)作为支持体，具有很高的分辨力。聚丙烯酰胺凝胶是以丙烯酰胺为单体，以N,N-亚甲基双丙烯酰胺为交联剂，在催化剂的作用下聚合而成。

聚丙烯酰胺凝胶电泳的分类方法很多，这里重点介绍聚丙烯酰胺凝胶电泳按凝胶组成系统的不同，可以分为连续凝胶电泳、不连续凝胶电泳、浓度梯度凝胶电泳和SDS凝胶电泳等4种。

连续凝胶电泳：只用一层凝胶，采用相同的pH值和相同的缓冲液。此法配置凝胶时较为简便，但是分离效果稍差，适用于组分较少的样品的分离。

不连续凝胶电泳：采用2层或3层性质不同的凝胶(样品胶、浓缩胶和分离胶)重叠起来使用，采用两种不同的 pH 值和不同的缓冲液，能使浓度较低的各种组分在电泳过程中浓缩成层，从而提高分辨率。其特征主要有 3 点：上、下两层凝胶孔径不同，上层为大孔径的浓缩胶，下层为小孔径的分离胶；缓冲液不同，电极缓冲液为 pH = 8.3 的 Tris-甘氨酸，浓缩胶为 pH = 6.7 的 Tris-HCl，分离胶为 pH = 8.9 的 Tris-HCl；存在 3 种效应，样品的浓缩效应、凝胶的分子筛效应和电荷效应。

梯度凝胶电泳：由上而下浓度逐渐升高、孔径逐渐减小的梯度凝胶进行电泳。梯度凝胶用梯度混合装置制成，主要用于测定球蛋白类组分的相对分子质量。

SDS-凝胶电泳：主要用于蛋白质相对分子质量的测定。蛋白质组分的电泳迁移率主要取决于相对分子质量，而与其形状及所带电荷无关。

聚丙烯酰胺凝胶的催化系统所用催化剂主要有两种：化学聚合催化剂和光聚合催化剂。用过硫酸铵和四甲基乙二胺（TEMED）为化学聚合催化剂，在 TEMED 的催化下，过硫酸铵形成氧的自由基，氧的自由基引发单体与交联剂的聚合作用；用核黄素作为光聚合催化剂，光聚合可以用日光、日光灯、电灯等作为光源，在痕量的氧存在的条件下，核黄素经光解作用形成无色基，无色基再氧化生成自由基，从而引发聚合反应。

聚丙烯酰胺凝胶浓度参考：改变单体丙烯酰胺的浓度可使凝胶网状结构中网眼孔径改变，因此可以根据被分离物质的相对分子质量选择适当浓度的单体。

知识窗

层析法的产生与发展

层析法，又称色层分析法或色谱法（chromatography），它是在 1903—1906 年由俄国植物学家 M. Tswett 首先系统提出来的。他将叶绿素的石油醚溶液通过 $CaCO_3$ 管柱，并继续以石油醚淋洗，由于 $CaCO_3$ 对叶绿素中各种色素的吸附能力不同，色素被逐渐分离，在管柱中出现了不同颜色的谱带，或称色谱图（chromatogram）。

当时这种方法并没引起人们的足够注意，直到 1931 年将该方法应用到分离复杂的有机混合物，人们才发现了它的广泛用途。

随着科学技术的发展以及生产实践的需要，层析技术也得到了迅速地发展。为此作出重要贡献的当推英国生物学家 Martin 和 Synge。首先，他们提出了色谱塔板理论。这是在色谱柱操作参数基础上模拟蒸馏理论，以理论塔板来表示分离效率，定量地描述、评价层析分离过程。其次，他们根据液-液逆流萃取的原理，发明了液-液分配色谱。特别是他们提出了远见卓识的预言：①流动相可用气体代替液体，与液体相比，物质间的作用力减小了，这对分离更有好处；②使用非常细的颗粒填料并在柱两端施加较大的压差，应能得到最小的理论塔板高（即增加了理论塔板数），这将会大大提高分离效率。前者预见了气相色谱的产生，并在 1952 年诞生了气相色谱仪，它给挥发性的化合物的分离测定带来了划时代的变革；后者预见了高效液相色谱（HPLC）的产生，在 20 世纪 60 年代末也为人们所实现，现在 HPLC 已成为生物化学与分子生物学、化学等领域不可缺少的分析、分离工具之一。因此，Martin 和 Synge 于 1952 年被授予诺贝尔化学奖。如今的色层分析法经常用于分离无色的物质，已没有颜色这个特殊的含义。但色谱法或色层分析法这个名称仍保留下来沿用。

(3) 层析分离法

层析分离蛋白质是最为常见且高效的蛋白质分离纯化方法。层析法也称色谱法，是 1903 年俄国植物学家 Michael Tswett 发现并命名的。将植物色素溶液通过装有 $CaCO_3$ 吸附剂的柱子，然后用石油醚淋洗，各种色素以不同的速度流动后形成不同的色带而被分开。层析法是利用混合液中各组分的物理、化学性质(分子的大小和形状、分子极性、吸附力、分子亲和力、分配系数等)的不同，使各组分在流动相和固定相中的分布程度不同，并以不同的速度移动而达到分离的目的。层析分离设备简单、操作方便，在实验室和工业化生产中均有广泛应用。

按层析机理分为：吸附层析、分配层析、离子交换层析、凝胶层析和亲和层析。按操作形式分为：柱层析、纸层析和薄层层析。

① 离子交换层析

a. 离子交换层析原理：利用离子交换剂上的活性基团对各种离子的亲和力不同而达到分离目的。按活性基团的性质不同，离子交换剂可以分为阴离子交换剂和阳离子交换剂(阴离子交换剂，可解离出 OH^-，吸附带负电的蛋白质；阳离子交换剂，可解离出 H^+，吸附带正电的蛋白质)。例如，在纤维素与葡聚糖分子上结合有一定的离子基团，当结合阳离子基团时，可换出阴离子，则称为阴离子交换剂，如二乙氨乙基(dicthylaminoethyl, DEAE)纤维素。在纤维素上结合了 DEAE，含有带正电荷的阳离子(纤维素—O—$C_6H_{14}NH^+$，它的反离子为阴离子(如 Cl^- 等)，可与带负电荷的蛋白质阴离子进行交换。当结合阴离子基团时，可置换阳离子，称为阳离子交换剂，如羧甲基(carboxymethy, CM)纤维素。纤维素分子上带有负电荷的阴离子(纤维素—O—CH_2—COO^-)，其反离子为阳离子(如 Na^+ 等)，可与带正电荷蛋白质阳离子进行交换。

溶液的 pH 值与蛋白质等电点相同时，静电荷为 0，当溶液 pH 值大于蛋白质等电点时，则羧基游离，蛋白质带负电荷；反之，溶液的 pH 值小于蛋白质等电点时，则氨基电离，蛋白质带正电荷。溶液的 pH 值距蛋白质等电点越远，蛋白质的电荷越多；反之则越少。血清蛋白质均带负电荷，但各种蛋白质带负电荷的程度有所差异，以白蛋白为最多，依次为 α 球蛋白、β 球蛋白和 γ 球蛋白。

在适当的盐浓度下，溶液的 pH 值高于等电点时，蛋白质被阴离子交换剂所吸附；当溶液的 pH 值低于等电点时，蛋白质被阳离子交换剂所吸附。由于各种蛋白质所带的电荷不同。它们与交换剂的结合程度也不同，只要溶液 pH 值发生改变，就会直接影响到蛋白质与交换剂的吸附，从而可能把不同的蛋白质逐个分离开来。

交换剂对胶体离子(如蛋白质)和无机盐离子(如 NaCl)都具有交换吸附的能力，当两者同时存在于一个层析过程中，则产生竞争性的交换吸附。当 Cl^- 的浓度大时，蛋白质不容易被吸附，吸附后也易于被洗脱，当 Cl^- 浓度小时，蛋白质易被吸附，吸附后也不容易被洗脱。因此，在离子交换层析中，一般采用两种方法达到分离蛋白质的目的。一种是增加洗脱液的离子强度，一种是改变洗脱液的 pH 值。pH 值增高时，抑制蛋白质阳离子化，随之对阳离子交换剂的吸附力减弱。pH 值降低时，抑制蛋白质阴离子化，随之降低了蛋白质对阴离子交换剂的吸附。当使用阴离子交换剂时，增加盐离子，则降低 pH 值。当使用阳离子交换剂时，增加盐离子浓度，则升高溶液 pH 值。

b. 离子交换剂的选择：对于离子交换层析来说，离子交换剂的选择至关重要。选择离子交换剂时应考虑下列主要因素：离子交换剂和组分离子的物理化学性质；组分离子所带的电荷种类；溶液中组分离子的浓度高低；组分离子的质量大小；组分离子与离子交换剂的亲和力大小等。

常用离子交换剂的种类与特性如下：

离子交换纤维素：离子交换纤维素的种类很多，其种类与特性见表2-8。

表2-8 常用交联葡聚糖的类型与特性

交换剂	名　称(纤维素)	作用基团	特　　点
阴离子交换剂	二乙氨基乙基	$DEAE^+\!-\!O\!-\!C_2H_4N^+(C_2H_5)_2H$	最常用在 pH = 8.6 以下
	三乙氨基乙基	$DEAE^+\!-\!O\!-\!C_2H_4N^+(C_2H_5)_2H$	
	氨乙基	$AE^+\!-\!O\!-\!C_2H_4\!-\!NH_2$	
	胍乙基		强碱性、极高 pH 仍有效
阳离子交换剂	羧甲基	$CM\!-\!O\!-\!CH_2\!-\!COO^-$	最常用在 pH = 4 以上
	磷酸	$P^-\!-\!O\!-\!PO_2\!-$	用于低 pH
	磺甲基	$SM^-\!-\!O\!-\!CH_2\!-\!SO_3^-$	
	磺乙基	$SE^-\!-\!O\!-\!C_2H_4\!-\!SO_3^-$	强酸性用于极低 pH

在交换纤维素中，最常用的是 DEAE 纤维素和 CM 纤维素。

离子交换交联葡聚糖：离子交换交联葡聚糖也是广泛使用的离子交换剂，它与离子交换纤维素不同点是载体不同。常用交联葡聚糖的类型与特性见表2-9。

表2-9 常用交联葡聚糖的类型与特性

类　型	性　能	离子基团	反离子	总交换容量(mg/g)
DEAE-sephadex A-25	弱碱性、阴离子交换剂	$DEAE^+$	Cl^-	3.5 ± 0.5
DEAE-sephadex A-50				
QAE-sephadex A-25	弱碱性、阴离子交换剂	QAE^+ 季胺基团 $(-\!N(CH_3)_3)$	Cl^-	3.0 ± 0.4
QAE-sephadex A-50				
CM-sephadex C-25	弱碱性、阳离子交换剂	CM^-	Na^+	4.5 ± 0.5
CM-sephadex C-50				
SP-sephadex C-25	强碱性、阳离子交换剂	SP^-	Na^+	2.3 ± 0.3
SP-sephadex C-50				

离子交换交联葡聚糖有如下优点：不会引起被分离物质的变性或失活；非特异性吸附少；交换容量大。离子交换葡聚糖的选用，一般根据蛋白质的相对分子质量而定。中等相对分子质量(30 000 ~ 20 0000)一般选 A50 和 C50，而低相对分子质量(<30 000 和高相对分子质量 >200 000)均宜选用 A25 和 C25。

c. 离子交换剂的处理：离子交换剂在使用之前，一般要先进行处理，处理程序为：干燥离子交换剂用水浸泡 2 h 以上，充分溶胀；用无离子水洗至澄清后倾去水；用 4 倍体积的 2mol/L HCl 搅拌浸泡 4 h，弃酸液，用无离子水洗至中性；用 4 倍体积的 2mol/L NaOH 搅拌浸泡 4 h，弃碱液，用无离子水洗至中性备用。

d. 操作过程：装柱、上柱、洗脱、收集和再生。装柱：填充离子交换柱的过程。上柱：将欲分离的混合溶液加入到平衡好后的离子交换柱中的过程。洗脱和收集：常用的洗脱方法为梯度洗脱法。再生：离子交换剂转型处理的过程。

②凝胶过滤层析　凝胶过滤层析有多种名称，又称凝胶排阻层析、分子筛层析法、凝胶层析法等，是根据溶质分子的大小进行分离的方法。它具有一系列的优点：操作方便，不会使物质变性，层析介质不需再生，可反复使用等。因而在蛋白质特别是酶纯化中占有重要位置。由于凝胶层析剂的容量比较低，所以在生物大分子物质的分离纯化中，一般不作为第一步的分离方法，而往往在最后的处理中被使用。它的应用主要包括脱盐，生物大分子按分子大小分级分离以及相对分子质量测定等。

凝胶过滤层析是利用各组分的相对分子质量不同而达到分离的一种层析技术。在显微镜下，可观察到凝胶过滤层析介质具有海绵状结构。将凝胶装于层析柱中，加入混合液，内含不同相对分子质量的物质，小分子溶质能在凝胶海绵状网格内，即凝胶内部空间全都能为小分子溶质所达到，凝胶内外小分子溶质浓度一致。在向下移动的过程中，它从一个凝胶颗粒内部扩散到胶粒孔隙后再进入另一凝胶颗粒，如此不断地进入与流出，使流程增长，移动速率慢故最后流出层析柱。而中等大小的分子，它们也能在凝胶颗粒内外分布，部分送入凝胶颗粒，从而在大分子与小分子物质之间被洗脱。大分子溶质不能透入凝胶内，而只能沿着凝胶颗粒间隙流运动，因此流程短，下移速度较小分子溶质快而首先流出层析柱。因而样品通过定距离的层析柱后，不同大小的分子将按先后顺序依次流出，彼此分开。凝胶过滤层析的原理如图 2-43 所示。

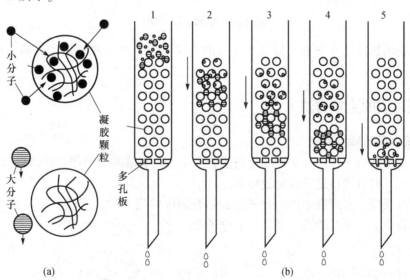

图 2-43　凝胶过滤层析的原理

(a) 小分子由于扩散作用进入凝胶内部被截留；大分子被排阻在颗粒外，在颗粒间迅速通过　(b) 1. 蛋白质混合物上柱；2. 洗脱开始，小分子扩散进入凝胶颗粒内大分子被排阻在颗粒外；3. 小分子被截留，大分子向下移动，大小分子分开；4. 大小分子完全分开；5. 大分子行程较短，已洗脱出层析柱，小分子尚在行进中

③亲和层析　亲和层析是利用生物分子与配基之间所具有的专一而又可逆的亲和力使酶等生物分子分离纯化的技术，如抗原和抗体、酶和底物、激素和受体、RNA 和其互补的 DNA。

制备好亲和层析剂（将待纯化物质的特异配体通过适当化学反应共价连接到载体上），装进层析柱，当酶液流经亲和层析剂时，酶分子与其配基分子结合留在柱内，而其他杂质不与配基结合，可洗涤流出，然后用适当的洗脱液进行洗脱，达到酶的分离、纯化。亲和层析原理如图 2-44 所示。

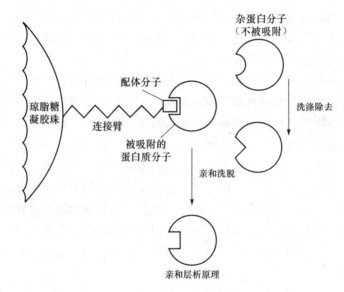

图 2-44　亲和层析原理

亲和层析的选择性非常好，但亲和介质的价格昂贵，故一般只用于实验室研究的纯化后期。

2.5.3　蛋白质的定量方法

2.5.3.1　蛋白质的颜色反应

在蛋白质的分析工作中，常利用蛋白质分子中某些氨基酸或某些特殊结构与某些试剂产生的颜色反应，对其进行定性或定量检测。

①双缩脲反应　双缩脲是由两分子尿素缩合而成的化合物。将尿素加热到 180℃，则 2 分子尿素缩合成 1 分子双缩脲，并放出 1 分子氨。

$$H_2N-\overset{O}{\underset{\|}{C}}-NH_2 + H_2N-\overset{O}{\underset{\|}{C}}-NH_2 \xrightarrow{加热} NH_3 + H_2N-\overset{O}{\underset{\|}{C}}-NH-\overset{O}{\underset{\|}{C}}-NH_2$$

双缩脲在碱性溶液中能与硫酸铜反应产生紫红色络合物，此反应称双缩脲反应。

蛋白质分子中含有许多和双缩脲结构相似的肽键，因此也能发生双缩脲反应，形成红紫色络合物。通常可用此反应来定性鉴定蛋白质，也可根据反应产生的颜色在 540nm 处比色，定量测定蛋白质。

②酚试剂(福林试剂)反应　蛋白质分子一般都含有酪氨酸,而酪氨酸中的酚基能将福林试剂中的磷钼酸及磷钨酸还原成蓝色化合物(即铂蓝和钨蓝的混合物)。这一反应常用来定量测定蛋白质含量,灵敏度比双缩脲法高。

③乙醛酸反应　在蛋白质溶液中加入乙醛酸,并沿试管壁慢慢注入浓硫酸,在两层之间就会出现紫色环,凡含有吲哚基的化合物都有这一反应。色氨酸以及含有色氨酸的蛋白质有此反应,不含色氨酸的明胶就无此反应。

④坂口反应　精氨酸分子中含有胍基,能与次氯酸钠(或次溴酸钠)及 α-萘酚在氢氧化钠溶液中产生红色产物。此反应可以用来鉴定含有精氨酸的蛋白质,也可用来定量测定精氨酸含量。

⑤米伦反应　米伦试剂为硝酸汞、亚硝酸汞、硝酸和亚硝酸的混合液,蛋白质溶液加入米伦试剂后即产生白色沉淀,加热后沉淀变成红色。酚类化合物有此反应,酪氨酸含有酚基,故酪氨酸及含有酪氨酸的蛋白质都有此反应。

2.5.3.2　蛋白质的定量测定

蛋白质的定量在相关研究工作中具有非常重要的意义。根据蛋白质的理化性质,其测定方法有很多,如凯氏定氮法、双缩脲法、紫外吸收法、考马斯亮蓝法(Bradford 法)、福林 - 酚法(Lowry 法)等。

凯氏定氮法的基本原理是蛋白质的平均含氮量为 16%,如果所有的氮都以蛋白质的形式存在,测得样品中的含氮量为 1g,则蛋白质含量为 6.25g。但此法得到的测定值可能偏高。

蛋白质分子中的色氨酸、酪氨酸、苯丙氨酸在 280mm 附近有强烈的光吸收,利用这一性质测定溶液中蛋白质的含量称为紫外吸收法。利用公式:

$$蛋白质浓度(mg/mL) = 1.45A_{280nm} - 0.74A_{260nm}$$

即可计算,此法准确度不高但简单方便。

考马斯亮蓝法是根据蛋白质与染料相结合的原理设计的。考马斯亮蓝 G-250 染料,在酸性溶液中与蛋白质结合,溶液的颜色也由棕黑色变为蓝色。经研究认为,染料主要是与蛋白质中的碱性氨基酸(特别是精氨酸)和芳香族氨基酸残基相结合。在 595nm 下测定的吸光度值 A_{595},与蛋白质浓度成正比。这种蛋白质测定法具有超过其他几种方法的突出优点,因而正在得到广泛地应用。这一方法是目前灵敏度最高的蛋白质测定法。

本章小结

蛋白质是生命的物质基础,它不仅在生物体内含量丰富,而且具有多种多样的生物学功能。组成蛋白质的主要元素有碳、氢、氧、氮、硫等,各种蛋白质的平均含氮量为 16% 左右,这是蛋白质元素组成的重要特点,也是蛋白定量测定的依据。

蛋白质的基本组成单位是氨基酸。构成人体的氨基酸有 20 多种,且基本上为 L-α-氨基酸。氨基酸在同一分子上有碱性的氨基和酸性的羧基,故能与酸类或碱类物质结合成盐。在酸性环境中,氨基酸与酸结合而游离成阳离子;在碱性环境中,氨基酸与碱结合而游离成阴离子,所以它是一种两性电解质。改变溶液的 pH 值,可使氨基酸呈电中性,即带相等的正、负电荷数,此时溶液的 pH 值即为该氨基酸的等电点,通常以 pI 表示。在等电点 pH 环境中,氨基酸既不游离成阳离子也不游离成阴离子,而是游离成兼性离子。α-氨基酸可与茚三酮反应生成蓝紫色化合物,此反应可用于氨基酸定量测定。芳香族氨基酸在 280nm 紫外光谱处有最大吸收,可测定溶液中的蛋白质含量。

蛋白质分子结构非常复杂,可概括为一级、二级、三级及四级结构。一级结构即氨基酸通过肽键连接成肽链的结构,是指肽链中氨基酸的排列顺序。二级结构是指多肽链中主链原子在各局部空间的排列分布状况,而不涉及各 R 侧链的空间排布。构成蛋白质二级结构的基本单位是肽键平面或称酰胺平面。二级结构包括 α-螺旋、β-折叠、β-转角和无规卷曲,主要靠氢键维持。三级结构包括蛋白质主链和侧链在内的空间排列。四级结构是指和蛋白质的亚基之间的缔合。三、四级结构主要靠次级键维系。

蛋白质的结构与功能关系密切。蛋白质的一级结构决定其空间结构。空间结构相似就有相似的生物学功能。一级结构是生物学功能的基础,不同种属来源的同种蛋白质的一级结构会有某些差异,只是进化的结果;但与生理功能密切相关的氨基酸不会改变。由一级结构改变,蛋白质的功能障碍引起的疾病称为分子病。蛋白质的功能的多样性与其空间结构的复杂性密切相关。

蛋白质由氨基酸构成,因此一部分性质与氨基酸相同,如有两性电离和等电点,某些成色反应等;但蛋白质是由氨基酸通过肽键构成的高分子化合物,又有不同于氨基酸的性质,如胶体性质,易沉降,不易透过半透膜,变性、沉降、凝固等。根据蛋白质的两性电离特性和在等电点易沉淀的性质,可以用电泳法、等电点法、离子交换层析法、盐析法等分离和纯化蛋白质。在某些物理和化学因素影响下,蛋白质分子可以发生变性或沉淀,变性并未破坏一级结构,因此在一定条件上仍有可复性。

习 题

1. 蛋白质的基本结构与高级结构之间存在的关系如何?
2. 何谓蛋白质等电点?等电点时蛋白质的存在特点是什么?
3. 哪些因素可引起蛋白质变性?变性后蛋白质的性质有哪些改变?
4. 蛋白质分离分析技术常用的有哪几种?简述凝胶过滤、电泳基本原理。
5. 高浓度的硫酸铵(pH = 5 时)可使麦清蛋白沉淀析出,并用于初步分离该种蛋白的早期步骤,简要说明其原理。
6. 当一种四肽与 FDNB 反应后,用 5.7mol/L HCl 水解得到 DNP – Val 及其他 3 种氨基酸;当这四肽用胰蛋白酶水解时发现两种碎片段;其中一片用 LiBH$_4$ 还原后再进行酸水解,水解液内有氨基乙醇和一种在浓硫酸条件下能与乙醛酸反应产生紫(红)色产物的氨基酸。试问这四肽的一级结构是由哪几种氨基酸组成的?
7. 测得一种蛋白质分子中 Trp 残基占相对分子质量的 0.29%,计算该蛋白质的最低相对分子质量(注:Trp 的相对分子质量为 204)。
8. 由下列信息求八肽的序列。
   (1)酸水解得 Ala、Arg、Leu、Met、Phe、Thr、2Val。
   (2)Sanger 试剂处理得 DNP-Ala。
   (3)胰蛋白酶处理得 Ala、Arg、Thr 和 Leu、Met、Phe、2Val。当以 Sanger 试剂处理时分别得到 DNP-Ala 和 DNP-Val。
   (4)溴化氰处理得 Ala、Arg,高丝氨酸内酯、Thr、2Val 和 Leu、Phe,当用 Sanger 试剂处理时,分别得 DNP-Ala 和 DNP-Leu。

9. 某种氨基酸 α-COOH pK = 2.4，α-NH$_3^+$ pK = 9.6，ω-NH$_3^+$ pK = 10.6，计算该种氨基酸的等电点(pI)。

10. 用阳离子交换柱层析一氨基酸混合液(洗脱剂：pH = 3.25，0.2mol/L 柠檬酸钠)，其结果如下：

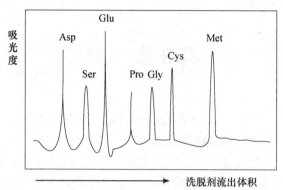

①各洗脱峰的面积大小或高度有何含义？②Asp 比 Glu 先洗脱出来的原因？

参考文献

[1] 王镜岩，等．生物化学[M].3 版．北京：高等教育出版社，2002.

[2] 张丽萍．生物化学简明教程[M].4 版．北京：高等教育出版社，2009.

[3] Koolman. Color Atlas of Biochemistry[M]. 2nd ed. New York：Thieme Medical Publishers，2005.

[4] Nelson D. L. Lehninger Principles of Biochemistry [M]. 5nd ed. New York：W. H. Freeman & Co Ltd，2007.

(撰写人：王平、孙吉康)

第3章 酶

随着对酵母细胞的深入研究，19世纪欧洲掀起了研究发酵机制的热潮。1850年，L. Pasteur经试验断定发酵是活酵母细胞的生理活动，离不开活的生理细胞，并把能发酵的酵母称为酵素(ferment)。虽然L. Pasteur的"活力论"遭到了Liebig等著名科学家的反对，但由于L. Pasteur在科学界的巨大声望，它的活力论依然得到普遍承认，直到1897年，德国科学家E. Buchner成功地用无酵母细胞的酵母提取液实现了发酵，才彻底结束了这场争论。E. Buchner的发现是很偶然的。他制造酵母汁的最初目的是用于治疗某种疾病。为了保存新鲜的酵母汁，他按照当时厨房化学的方法，向酵母汁中加入蔗糖。他惊奇地发现，蔗糖很快转化为酒精。他于1897年发表了论文"没有酵母细胞的发酵"。这一发现打开了通向现代酶学和现代生物化学的门。由于E. Buchner的历史性贡献，他于1907年获得了诺贝尔化学奖。

3.1 酶的基本概念和作用特点

3.1.1 酶的概念

新陈代谢是生命活动的基础，而构成新陈代谢的物质代谢和能量代谢都是在酶的催化下进行的。可以说，生命活动离不开酶。

酶是生物体内活细胞产生的具有催化活性的生物分子，是生物催化剂。1833年，从麦芽的水抽提取物中分离得到一种能将淀粉水解成可溶性糖的物质，被称为淀粉酶制剂。1878年，这类生物催化剂被统称为酶。1926年，Sumner第一次从刀豆中提取出了脲酶结晶，并第一次证明酶有蛋白质性质。20世纪30年代，Northrop又分离出了结晶的胃蛋白酶、胰蛋白酶及胰凝乳蛋白酶，并进行了动力学探讨，确立了酶的蛋白质本质。现已有数千种酶被研究证明是蛋白质。酶的化学本质是蛋白质的依据是：

①酶水解后的最终产物是氨基酸，酶可以被蛋白酶水解。
②酶是两性电解质，酶在水溶液中，可以进行两性解离。
③酶的相对分子质量很大，其水溶液具有亲水胶体的性质，不能透过半透膜。
④酶分子具有特定的空间结构。
⑤酶也有蛋白质所具有的化学呈色反应。

知识窗

第一个证明酶是蛋白质的人

第一个证明酶是蛋白质的人是美国生物化学家 L. B. Sumner。L. B. Sumner 17 岁时因玩枪不慎失去了左臂。他不顾家人反对,坚持学习化学。博士毕业后,他成为康奈尔大学的助理教授。他以顽强的毅力和勇气,坚持他为自己确定的宏伟目标:纯化脲酶。尽管遭到权威教授的反对,他还是经过十余年的不懈努力,于 1926 年终于从南美热带植物刀豆中纯化出脲酶结晶。纯化液的酶活性比原液高 700 倍。脲酶结晶具有蛋白质的所有性质。3 年后,J. H. Northrop 证实了 L. B. Sumner 的发现,并结晶出许多酶。后来 W. M. Stanley 则利用他们的方法,将病毒结晶出来。由于当时检测技术的限制,无法确认他们得到的结晶的纯度。直到电泳和超离心发明以后,他们的成果才被承认。于是 20 年后,L. B. Sumner 与 J. H. Northrop、W. M. Stanley 共同获得 1946 年的诺贝尔化学奖。

酶是生物体内加速各种化学反应的生物催化剂。酶参加生物体内所有的新陈代谢化学反应,同时酶参与生物体的调节监管机制,酶通过调节生命体新陈代谢来适应外界环境。多年来人们一直认为酶都是蛋白质,然而,近年来有实验表明:核酸分子也是高活性的酶。在生物化学中,常把由酶催化的反应称为酶促反应。在酶的催化下,发生化学变化的物质称为底物,反应后生成的物质称为产物。

3.1.2 酶的作用特点

酶和一般催化剂有许多共有的特点:它们都能显著地改变化学反应的速率,使反应加快达到平衡,但是不能改变反应的平衡常数;用量小,本身在反应前后也不发生变化;可降低反应的活化能。但是与一般的催化剂相比,酶又表现出下列一些特点。

(1) 酶的高效性

相比于非生物催化剂,酶的催化作用具有高效性。高效性指酶具有很高的催化效率。研究发现酶催化反应的反应速率比非催化反应高 $10^5 \sim 10^{17}$ 倍。以胰凝乳蛋白酶为例,该酶催化蛋白质中特定肽键的水解反应,在常温下非催化反应的速率是 $1 \times 10^{-10} \text{s}^{-1}$,而酶催化反应的速率是 $1 \times 10^2 \text{s}^{-1}$,酶催化反应速率是非催化反应速率的 10^{12} 倍。生物体内的绝大多数反应,在没有酶的情况下几乎都不能进行,而酶的存在则使这些反应在很短的时间内就能发生。几种有代表性的酶的催化效率见表 3-1。酶的催化效率可以用转换数(turnover number,TN)来表示,它的定义是在一定条件下,每个酶分子单位时间内(通常为 1s)转换底物的分子数。不同酶具有不同大小的转换数,高的可到 4 000 万(如过氧化氢酶),低的不足 1(如溶菌酶)。

(2) 酶催化反应条件温和

与非酶催化反应相比,酶催化反应条件要温和得多。非酶催化反应大多数都是在高温、高压下进行的,而酶所催化的反应往往都是在比较温和的常温、常压下进行的。例如,生物固氮作用是在植物体中的固氮酶的催化下完成的,通常在 27℃ 和中性 pH 条件下进行,而工

表 3-1　几种有代表性的酶的催化效率

反应类型	酶	非催化反应速率 $v_u(s^{-1})$	酶催化反应速率 $v_e(s^{-1})$	v_e/v_u
乳清酸核苷单磷酸的脱羧基反应	乳清酸核苷单磷酸脱羧酶(orotidine monophosphste decarboxylase)	2.8×10^{-16}	39	1.4×10^{17}
核酸的水解反应	葡萄球菌核酸酶(staphylococcal nuclease)	1.7×10^{-13}	95	5.6×10^{14}
蛋白质的水解反应	胰凝乳蛋白酶(chymotrypsin)	1×10^{-10}	1×10^{2}	1×10^{12}
3-磷酸甘油醛与二羟丙酮磷酸之间的异构反应	磷酸丙糖异构酶(triose phosphate isomerase)	4.3×10^{-6}	4 300	1×10^{9}
乙醇的脱氢反应	乙醇脱氢酶(alcohol dehydrogenase)	$<6\times10^{-12}$	2.7×10^{-3}	$>4.5\times10^{8}$
肌酸的磷酸化反应	肌酸激酶(creatine kinase)	$<3\times10^{-9}$	4×10^{-5}	$>1.33\times10^{4}$

业合成氨需要在500℃、几百个大气压下才能完成。

(3) 酶催化反应具有专一性

酶催化反应具有高度专一性。这不仅表现在反应特异性(reaction specificity)上，而且涉及底物特异性(substrate specificity)。如图 3-1 所示，以裂解酶为例，可以直观地看出不同的酶具有不同程度的特异性。图 3-1 中以直线或者曲线表示不同的化学键，两端的图形表示该键两侧的化学基团。从图中可以看出 A 酶只能催化一种键的裂解，且对该键两侧的基团也

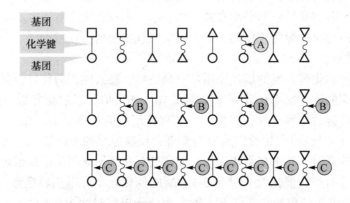

图 3-1　酶催化反应具有专一性

有要求；B 酶催化同一种化学键的裂解，但 B 酶对该键两侧基团要求低；而 C 酶的反应特异性和底物特异性都较低，当然这种酶是很少的。

3.2 酶的国际分类和命名

3.2.1 酶的命名

目前已知的酶有 4000 多种。其实存在于生物体内的酶远远不止这些，随着生命科学的发展，越来越多的新酶将被发现。为了方便研究、使用这些酶，需要对酶进行分类和命名。1961 年前，酶的命名是混乱的，大多是沿用下来的，常会出现一酶数名或一名数酶的情况，酶的名称缺乏系统性和科学性。1961 年，国际生物化学学会酶学委员会(Enzyme Commission, EC)推荐了一套新的命名方案及分类方法，已被国际生物化学学会接受。

(1) 习惯命名法

1961 年以前，人们使用酶的习惯命名法，一般按以下几种情况对酶进行命名。

①根据底物命名，如淀粉酶、蛋白酶等。

②以酶催化的底物加反应的类型来命名，如乳酸脱氢酶、磷酸己糖异构酶等。

③有时在底物前再加上酶的来源，如胰淀粉酶、胃蛋白酶等。

习惯命名法简单，使用方便，但有时出现一酶数名或一名数酶的弊病。

(2) 酶的国际命名法

为规范酶的名称，1961 年国际生物化学学会酶学委员会提出了酶的系统命名法。系统命名法规定各种酶的名称需要明确标示酶的底物与酶促反应的类型。如果一种酶催化两个底物发生反应，应在酶的系统名称中同时写入两种底物的名称，用"："号把它们分开。如果底物之一是水，则水可省略不写。自系统命名法规定以后，每一种酶有两个名称，一个是习惯名称；另一个是系统名称。例如，乙醇脱氢酶的系统名称是乙醇：NAD^+氧化还原酶，脂肪酶的系统名称是脂肪(：水)水解酶(在此水略去不写)。系统命名法的优点是严格规范、系统性强，缺点是名称过于冗长，使用不便。在日常工作中，人们仍然多使用习惯命名法，但在正式发表的文章中，需要指出所研究的酶的系统名称及其分类编号。

在酶的英文名称中，习惯名称与系统名称所使用的后缀均为"-ase"。

酶的分类系统已经开发出来，结合它们的反应特异性和底物特异性，制定了一套酶的命名方案，即每种酶都被赋予一个酶学委员会编号(EC 编号)，EC 编号由四位数字组成，第一位数字表示酶所属大类(根据酶催化反应类型把酶分为六大类)；第二位数字表示某大类中的某个亚类，根据底物中被作用的基团或键的特异性可将大类分成若干亚类，亚类又可分若干亚亚类；第三位数字，第四位数字，依此类推。乳酸脱氢酶国际命名是 EC 1.1.1.27，1 表明乳酸脱氢酶属于氧化还原酶类，1.1 表明该酶催化反应中是以 CH—OH 基团作为电子供体，1.1.1 表明催化反应中是以 $NAD(P)^+$ 作为电子受体。从酶的编号可了解到该酶的类型和反应性质。

3.2.2 酶的分类

(1) 根据酶催化反应类型把酶分为六大类

①氧化还原酶类(oxidoreductases)　氧化还原酶是能催化两分子间发生氧化还原作用的酶的总称，其成员包括氧化酶(oxidases)和脱氢酶(dehydrogenase)等。其中氧化酶催化底物上的 H 与 O_2 结合生成 H_2O 或生成 H_2O_2。例如，葡萄糖氧化酶催化葡萄糖与 O_2 反应生成葡萄糖酸，并产生 H_2O_2。脱氢酶催化直接从底物上脱氢的反应及其逆反应，其特点是需要辅酶Ⅰ(NAD^+)或者辅酶Ⅱ($NADP^+$)作为氢受体或氢供体参与反应。例如，乙醇脱氢酶以 NAD^+ 为辅酶使乙醇被氧化成乙醛，同时 NAD^+ 被还原为 NADH。数量最多的是脱氢酶，它催化直接从底物上脱氢的反应。

氧化酶催化反应的通式为：

$$A \cdot 2H + O_2 \longrightarrow A + H_2O_2$$

$$或 2(A \cdot 2H) + O_2 \longrightarrow 2A + 2H_2O$$

脱氢酶催化反应的通式为：

$$A \cdot 2H + NAD(P)^+ \longrightarrow A + NAD(P)H + H^+$$

②转移酶类(transferases)　转移酶是能催化各种化学基团从一个底物转移到另外一个底物的酶类。在催化转移过程中一般需要辅酶，因此不少的转移酶是结合蛋白质，被转移的基团首先与辅酶结合，然后再转移给另一个受体。转移不同基团的反应由不同的转移酶催化，如转移氨基的反应由氨基转移酶催化，转移甲基的反应由甲基转移酶催化。丙氨酸氨基转移酶可催化丙氨酸与 α-酮戊二酸之间氨基转移的反应，反应生成谷氨酸与丙酮酸，该反应的逆反应同样被该酶催化。激酶也是一类极具代表性的转移酶，可催化特定分子与 ATP 之间磷酸基团的转移反应，如己糖激酶催化葡萄糖与 ATP 的反应，反应生成 6-磷酸葡萄糖与 ADP。

转移酶催化反应的通式为：

$$A \cdot X + B \longrightarrow A + B \cdot X$$

③水解酶类(hydrolases)　水解酶是催化底物发生水解反应的酶。例如，淀粉酶催化淀粉分子中 α-(1,4)-糖苷键的水解反应，蛋白酶催化蛋白质肽链中特定肽键的水解反应。该催化反应中也涉及基团的转移，但受体都是水分子。水解酶在生物体内分布最广，数量也多，常见的有淀粉酶、麦芽糖酶、蛋白酶、肽酶、脂酶及磷酸酯酶等。水解酶是生物体内一类有重要生理意义的酶，在食物的消化、酶原的激活、外来病原体的破坏等生理活动中起关键作用。水解酶所催化的反应多数是不可逆的。

水解酶催化反应的通式为：

$$A - B + HOH \longrightarrow AOH + BH$$

④裂合酶类(lyases)　裂合酶是催化一种化合物裂解为几种化合物，或由几种化合物缩合为一种化合物的酶称为裂合酶。裂合酶所催化反应的特点是这些反应涉及从一个化合物移去一个基团形成双键的反应或其逆反应。裂解反应通常涉及双键的形成，而缩合反应则相反。此类酶的催化反应多数是可逆的。

常见的裂解酶有脱羧酶、异柠檬酸裂解酶、脱水酶、脱氨酶等。例如，醛缩酶催化1,6-二磷酸果糖裂解为3-磷酸甘油醛和磷酸二羟丙酮的反应，此反应中，3-磷酸甘油醛的醛基所带的双键即新生成的双键。

裂合酶催化反应的通式为：

$$A \cdot B \Longleftrightarrow A + B$$

⑤异构酶类(isomerases) 异构酶能催化底物分子的各种同分异构体之间的相互变化，即底物分子内基团或原子的重新排列。几何学上的变化有顺反异构、差向异构和分子构型的变化。结构学上的变化有分子内的基团转移和分子内的氧化还原。例如，在丙糖磷酸异构酶所催化的3-磷酸甘油醛(醛化合物)与磷酸二羟丙酮(酮化合物)之间的异构反应中，通过氢原子在分子内的转移，双键位置发生改变。肽酰脯氨酰顺反异构酶可催化底物蛋白质围绕肽酰脯氨酰键(脯氨酸残基与其他残基之间的肽键)进行的顺反异构化反应，从而帮助该蛋白质进行折叠。

常见的异构酶有顺反异构酶、表异构酶、分子内的氧化还原酶、分子内的转移酶、分子内裂解酶和消旋酶等。异构酶所催化的反应都是可逆的。

异构酶催化反应的通式为：

$$A \Longleftrightarrow B$$

⑥连接酶类(ligases) 连接酶又称为合成酶。连接酶是催化两个分子连接在一起，即由两种物质合成一种新物质的反应的酶。由于这类反应都是热力学上不能自发进行的反应，因此，反应都伴有ATP分子中高能磷酸键的裂解。这也是区别合成酶与裂合酶的重要依据。此类反应多数不可逆。常见的连接酶有丙酮酸羧化酶、谷胱甘肽合成酶等。例如，谷氨酰胺合成酶催化由谷氨酸与氨反应生成谷氨酰胺的反应，反应需要ATP的参与，反应产物除谷氨酰胺外，还有ADP与无机磷酸。

合成酶催化反应的通式为：

$$A + B + ATP \longrightarrow AB + ADP + Pi$$

$$或 A + B + ATP \longrightarrow AB + AMP + PPi$$

六大类酶的反应类型图解以及它们的主要子类酶见表3-2。

(2) 按化学组成成分分类

①单纯蛋白质酶 只有蛋白质成分。例如，淀粉酶、脂肪酶、核糖核酸酶、蛋白酶等一般水解酶都属于单纯蛋白酶，这些酶中除了蛋白质外，不含其他成分。

②结合蛋白质酶 这类酶除了蛋白质组分外，还含有对热稳定的非蛋白小分子物质或金属离子。前者称为酶蛋白，后者称为辅因子。酶蛋白与辅因子分别单独存在时，均无催化活力。只有两者结合成完整的分子时，才具有酶活力。这种完整的酶分子称为全酶。简言之，酶蛋白+辅因子=全酶。

通常每一种酶蛋白只能与一个特定的辅因子结合，组成一个酶，当换成另一个辅因子时就不具有活性。而生物体内辅因子数目有限，酶的种类繁多，所以同一种辅因子往往可以结合若干种酶蛋白，组成若干种酶。酶的辅因子包括金属离子及有机物，绝大多数情况下可以通过透析或其他方法将全酶中的辅因子除去。例如，酵母提取物有催化葡萄糖发酵的能力，透析除去辅因子后，酵母就失去了催化能力。这种与酶蛋白松弛结合的辅因子称为辅酶

表 3-2　六大类酶的反应类型及它们的主要子类酶

类型	反应类型	重要的子酶类
氧化还原酶	$A_{red} + B_{ox} \leftrightarrow A_{ox} + B_{red}$（○=减少当量）	脱氢酶 氧化酶，过氧化物酶 还原酶 单加氧酶 双加氧酶
转移酶	$A\text{-}B + C \leftrightarrow A + B\text{-}C$	转移酶 糖基转移酶 氨基转移酶/转氨酶 磷酸转移酶
水解酶	$A\text{-}B + H_2O \leftrightarrow A\text{-}H + B\text{-}OH$	酯酶 糖苷酶 肽酶 酰胺酶
裂合酶	$A + B \leftrightarrow A\text{-}B$	C-C-裂合酶 C-O-裂合酶 C-N-裂合酶 C-S-裂合酶
异构酶	$A \leftrightarrow Iso\text{-}A$	差向异构酶 顺反异构酶 分子内转移酶
连接酶	$B + A + XTP \rightarrow A\text{-}B + XDP + P$（X=A, G, U, C）	C-C-连接酶 C-O-连接酶 C-N-连接酶 C-S-连接酶

（cofactor 或 coenzyme），但在少数情况下，有一些辅因子是以共价键和酶蛋白结合在一起的，不易透析除去，这种辅因子称为辅基（prosthetic group）。辅基与辅酶的区别只在于它们与酶蛋白结合的牢固程度不同，并无严格的界限。

在全酶的催化功能中，酶蛋白与辅因子所起的作用不同，酶蛋白通常具有结合底物的作用，决定了酶作用的专一性。辅因子可作为电子、原子或某些化学基团的载体而起作用，参与反应并加快反应进程。例如，辅酶 FMN（黄素单核苷酸）与 FAD（黄素腺嘌呤二核苷酸）可在许多酶促反应中起传递氢原子和电子的作用，辅酶磷酸吡哆醛可在转氨酶催化的反应中起转移氨基的作用，各种辅酶或辅基的作用见表 3-3。

维生素通常是许多辅酶的前体，这是维生素成为生物生存必需物质的原因之一。作为辅因子的金属离子除了起到转移电子的作用外，还具有提高水的亲核性能、静电屏蔽、为反应定向等功能。

表 3-3　重要的酶辅因子

类别	酶	辅因子	辅因子的作用
含金属离子的辅基	酪氨酸酶、细胞色素氧化酶、漆酶、抗坏血酸氧化酶 碳酸酐酶、羧肽酶、醇脱氢酶 精氨酸酶、磷酸转移酶、肽酶 磷酸水解酶、磷酸激酶	Cu^+ 或 Cu^{2+} Zn^{2+} Mn^{2+} Mg^{2+}	连接作用或传递电子 连接作用 连接作用
含铁卟啉的辅基	过氧化物酶、过氧化氢酶、细胞色素、细胞色素氧化酶	铁卟啉	传递电子
含维生素的辅酶	多种脱氢酶 各种黄酶 转氨酶、氨基酸脱羧酶 α-酮酸脱羧酶 乙酰化酶等 α-酮酸脱氢酶系 羧化酶	NAD 或 NADP FMN 或 FAD 磷酸吡哆醛 焦磷酸硫胺素 辅酶 A 二硫辛酸 生物素	传递氢 传递氢 转移氨基、脱羧 催化脱羧基反应 转移酰基 氧化脱羧 传递 CO_2
其他	磷酸基转移酶 磷酸葡萄糖变位酶 UDP 葡萄糖异构酶	ATP 1,6-二磷酸葡萄糖 二磷酸尿苷葡萄糖	转移磷酸基 转移磷酸基 异构化作用

知识窗

辅酶 I 的发现

NAD^+ 的发现与发酵研究密不可分。英国化学家 A. Harden 将酵母汁透析得到酶蛋白和稳定的小分子两个组分。这两个组分单独没有催化活性，只有混合在一起才有催化作用。他称后一组分为辅酶。Hans von Euler-Chelpin 完成了对 NAD^+ 的化学属性的研究。他发现在发酵的很早阶段便有辅酶参与，并将此辅酶命名为辅酶 I（即 NAD^+）。Hans von Euler-Chelpin 发现，在肌肉、视网膜和大脑灰质等糖代谢活跃的组织、器官中辅酶 I 的含量特别丰富。酵母是分离辅酶 I 的最佳原料，但 1 000g 酵母最多能分离出 0.02g 辅酶 I。他经过冗长的分离过程，从酵母中提取出辅酶 I，并把其活性从原液中的 200 单位提高到 85 000 单位。经过分析，他发现辅酶 I 组分中含有一个糖基、一个腺嘌呤基和一个磷酸基，犹如核苷酸分子。1942 年，经过 Hans von Euler-Chelpin 等多人的努力，终于阐明了辅酶 I 的分子结构。由于 A. Harden 和 Hans von Euler-Chelpin 在这一领域的杰出贡献，他们获得了 1929 年的诺贝尔化学奖。

(3) 按酶蛋白分子结构特点分类

① 单体酶　酶蛋白只有一条单肽链，如胃蛋白酶、胰蛋白酶、溶菌酶等。有些酶虽然由多条肽链组成，但肽链间因二硫键相连彼此构成一个共价整体，也归为单体酶，如异凝乳蛋白酶。属于单体酶的酶为数不多，而且大多数是催化底物发生水解反应的酶，即水解酶。其相对分子质量为 13 000～35 000。

②寡聚酶　有两个或两个以上的亚基组成的酶称为寡聚酶。寡聚酶中的亚基可以是相同的。大多数寡聚酶都含偶数个亚基，个别为奇数。亚基间以非共价键结合，容易被酸、碱、高浓度的盐或其他的变性剂分离。其相对分子质量为 35 000 到几百万。

③多酶复合体　由几种独立的酶彼此结合形成的聚合体，后一种酶的底物正好是前一种酶的产物，多酶体系的效率极高，很像是流水作业，同时便于机体对酶的调控，如催化乙酰-CoA 生成脂肪酸的多酶体系。多酶复合体的相对分子质量都在几百万以上。例如，丙酮酸脱氢酶复合体由三种酶组成。

3.3　酶的作用机制

3.3.1　酶的活性中心

酶是如何与底物结合形成中间产物的？为什么酶具有催化功能？为什么酶对反应的底物有着严格的选择性？

大部分酶是大分子蛋白质，而反应物大多是小分子物质。因此，酶与底物的结合不是整个酶分子，催化反应也只局限于它的大分子的一定区域。酶分子中存在各种各样的化学基团，并不一定都与酶的活性有关。其中只有一小部分与酶的活性有关，称之为酶的必需基团。常见的必需基团如图 3-2 所示。这些必需基团在酶分子的一级结构上可能相距很远，但在空间结构上彼此靠近，形成具有特定空间结构的区域，此区域能与底物特异地结合，并将底物转变为产物。这一关键区域称为酶的活性中心。酶的活性中心有两个功能单位：第一个是结合部位，由一些参与底物结合的有一定特性的基团组成，该部位负责结合底物，决定酶的专一性；第二个是催化部位，由一些参与催化反应的基团组成，该部位负责催化底物发生一定的化学变化，决定催化反应的性质。每一种酶具有一个或一个以上的结合部位，每一个结合部位至少结合一种底物。酶的结合部位和催化部位在功能上二者缺一不可，在空间结构上二者也是紧密连接在一起的。

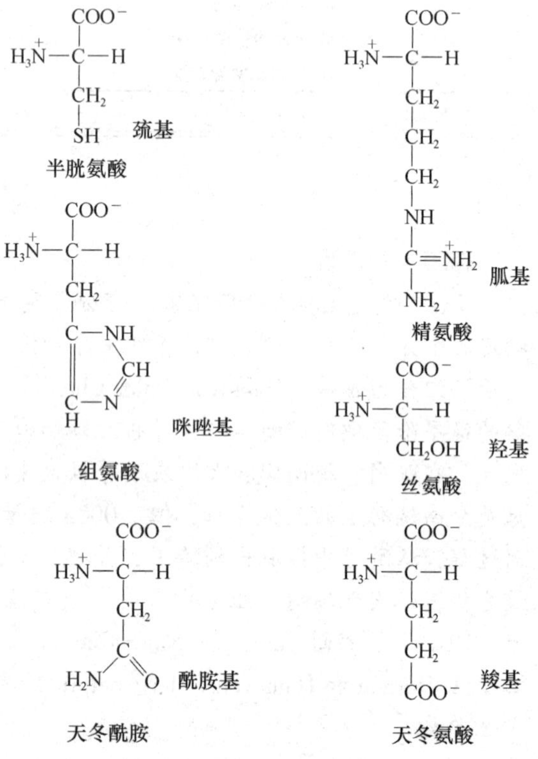

图 3-2　一些常见的必需基团

酶的活性中心的形成要求酶分子具有一定的空间构象，它是酶分子表面的一个特殊区域，常常处于酶分子表面的裂隙处，是一个三维的空间结构部位。酶的活性部位是酶分子中直接参与和底物结合，并与酶的催化作用直接有关的部位。它是酶行使催化功能的结构基础。对于简单的酶类来说,活性部位就是酶分子中在三维结构上比较靠近的少数几个氨基酸残基或者是这些残基上的某些基团组成的。它们在一级结构中可能相差甚远,但由于肽链的盘绕折叠使它们相互靠近。对于复合酶类来说,它们肽链上的某些氨基酸以及辅酶或者是辅酶分子上的某一部分结构往往就是其活性部位的组成部分。图3-3显示了酶的结构构成。

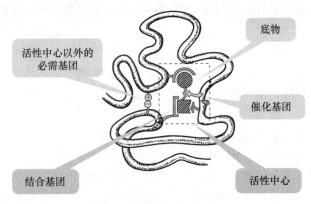

图3-3 酶的结构构成

酶的活性中心的形态及酶的性质取决于整个酶蛋白的结构,但最终取决于组成酶的肽链的氨基酸序列。酶的活性中心有以下几个特点。

①酶的活性中心体积很小 仅占据酶体积的一小部分,通常由数个氨基酸残基组成。其体积通常只占酶总体积的1%~2%。如果将酶比喻为一株大树,将底物比喻为飞鸟,酶的活性部位就可比喻为树上的鸟巢。酶的活性部位体积虽小,却是酶最重要的部分,所以又可以把它比喻为刀的刃。

②酶的活性中心是一个三维空间构型的实体 酶活性部位是酶整体三维立体结构的一部分,酶活性部位的立体结构在形状、大小、电荷性质等方面与底物分子具有较好的互补性。参与组成酶活性部位的氨基酸残基在一级结构上可能相距很远,但是通过肽链的折叠,它们最终在酶的高级结构中相互靠近。例如,参与组成溶菌酶活性部位的6个氨基酸残基在酶的一级结构中分散分布,在天然酶的三维结构中却聚集在一起。

③底物与酶的活性中心结合力很弱 酶催化反应一般要形成酶和底物的络合物,这种络合物的结合力很弱。一般共价键的键能在200~450kJ/mol,而底物和酶的络合物的结合能仅在12~50kJ/mol。因为酶与底物的结合只是一种过渡态,在底物转变成产物后,产物又要脱离酶,所以如果该络合物结合能过高,不利于产物脱离酶,也就影响酶的催化反应迅速进行。

④酶的活性部位含有特定的催化基团 催化基团是具有催化作用的化学功能团,酶中的催化基团主要包括氨基酸侧链的化学功能团以及辅因子的化学功能团,它们与酶的催化功能密切相关。常见的氨基酸残基侧链上的催化基团包括特定氨基酸侧链上的羟基、巯基、氨基、咪唑基、羧基等。除氨基酸侧链基团外,某些酶的辅因子也可作为酶的催化基团,如丙酮酸脱羧酶的硫胺素焦磷酸、转氨酶的磷酸吡哆醛、细胞色素氧化酶的铁卟啉等。辅因子与酶协同作用,为催化过程提供了更多种类的功能基团。除催化基团外,酶的活性部位还有参与底物结合的结合基团。

⑤酶的活性部位具有柔性　根据诱导契合假说,酶的活性部位在结构上并非与底物完全匹配,在酶和底物结合的过程中,酶分子和底物分子的构象均发生了一定的变化才形成互补结构。诱导契合假说除了被诸多实验结果证实外,在理论上也与中国科学院生物物理研究所的邹承鲁先生提出的酶活性部位具有柔性的理论相呼应。邹先生的研究结果表明酶的活性部位相比于整个酶分子更具柔性或称可运动性,它容易在蛋白变性剂或底物的诱导作用下发生构象的变化。

⑥酶的活性中心是一个位于酶表面的裂隙　这个裂隙适合于底物的进入。它将底物分子包围起来,从而给底物分子即将发生的反应提供了一个区别于溶剂环境的局部微环境。这种微环境通常是疏水的环境,酶与底物作用的时候,底物诱导酶的活性中心发生结构变化,使之与底物进行顺利结合,进而发生催化反应。

酶的活性部位对酶的整体结构具有较高的依赖性,酶活性部位的形成要求酶分子具有完整的天然空间结构。没有酶的整体空间结构,就没有酶的活性部位。一旦酶的整体空间结构被破坏,酶的活性部位也就被破坏,酶就会失活。酶的其他部位除了提供酶分子结构的完整性外,还在酶活性的调节中起到重要作用。酶的活性部位与酶蛋白的整体结构之间,酶的活性部位和酶分子其他部位之间具有协调统一的关系。

3.3.2　酶的高效性机制

在有酶参与的催化反应中,由于酶能短暂地与反应物结合形成过渡态,可降低化学反应活化能,故只需较少的能量就可使反应物进入"活化态",活化分子数增加,反应速率加快。酶的催化效率比化学催化剂高 $10^7 \sim 10^{13}$ 倍,比非催化反应高 $10^8 \sim 10^{20}$ 倍。例如,过氧化氢酶催化 H_2O_2 生成 H_2O 和 O_2 的反应,$2H_2O_2 \longrightarrow 2H_2O + O_2$,在不同催化剂下的活化能见表3-4。

表3-4　$2H_2O_2 \longrightarrow 2H_2O + O_2$ 反应在不同催化剂下的活化能

反应	活化能(kJ/mol)
非催化反应	75.24
钯催化反应	48.9
H_2O_2 酶催化	8.36

酶在完成催化反应时,首先与底物结合形成酶—底物复合物(中间产物),此产物再分解为产物和游离的酶,从而完成了催化反应。酶是通过降低反应的活化能加快化学反应的,那么如何解释酶的催化机制呢?这可用中间产物学说(中间复合物学说)来解释。中间产物学说是由 Brown 和 Henri 首次提出的。该学说认为酶(E)催化某一化学反应时,总是先与底物(S)形成不稳定的酶—底物复合物(ES),此中间产物极为活泼,很容易分解成酶(E)和产物(P),酶(E)又与新的底物(S)结合,继续发挥其催化功能。

$$E + S \rightleftharpoons ES \rightleftharpoons E + P$$

在酶促反应进程中,由于酶(E)与底物(S)结合形成 ES,致使底物(S)分子内的某些化学键发生极化而呈现不稳定状态(又称过渡态),从而大大降低了底物(S)的活化能使反应加速进行(图3-4)。

中间产物的存在与否是该学说的关键，但中间产物本身处于过渡态，很不稳定，很快分解成产物，或者又解离成底物，直接分离研究中间产物较困难。用吸收光谱法测定过氧化物酶（纯的），可出现4条吸收带（640nm、583nm、548nm、498nm），其溶液为褐色。加入过氧化氢底物（对可见光无吸收）时，其光谱吸收带变为2条（561nm、530.5nm），溶液变为红色。此时如再加入焦性没食子酸，后者即被氧化，而溶液又显褐色，光谱吸收带又恢复原来的4条吸收带（表3-5）。即可证明中间产物的存在。

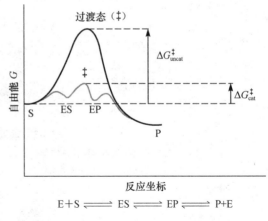

图 3-4 中间复合物降低活化能

$$H_2O_2 + AH_2 \xrightarrow{过氧化物酶} A + 2H_2O$$

表 3-5 用吸收光谱法测定过氧化物酶活性

被测物质	光谱吸收带(nm)					
	645	583	561	548	530	498
E	+	+		+		+
E + H_2O_2			+		+	
E + H_2O_2 + AH_2	+	+		+		+

一般来讲，酶具有高催化效率的分子机制是：酶分子的活性部位结合底物形成酶和底物的络合物，在酶的作用下，底物进入特定的过渡状态，由于形成此类过渡态所需的活化能远小于非酶促反应所需的活化能，因而反应能够顺利进行，形成产物并释放出游离的酶，使其参与其余底物的反应。

影响酶催化效率的因素，目前一般认为有以下几个方面。

(1) 靠近与定向

底物分子进入酶的活性中心区域，大大提高活性中心区域的底物的有效浓度，从而提高酶反应速率，这就是"靠近"效应。曾测到过某底物在溶液中的浓度为0.001mol/L，而在其酶活性中心的浓度竟达到100mol/L，比溶液中的浓度高10万倍。

但是仅有"靠近"还是不够的，还需要使反应的基团在反应中彼此相互严格地"定向"。定向效应是指底物的反应基团之间、酶的催化基团之间的正确定位和取向所产生的增进反应效率的效应。正确的定位和取向是指两个发生反应的化学基团以最有利于化学反应进行的距离和角度分布，化学基团的正确定位和取向通过限制化学基团的自由度，拉近化学基团之间的距离，调整化学基团之间的角度，从而提高反应速率，如图3-5所示。所以只有"靠近"和"定向"都发生时，底物分子才能被作用，迅速形成过渡态的中间产物。

靠近和定向效应在酶促反应中所起的促进作用可以积累，两者的共同作用可使反应速率升高1亿倍。

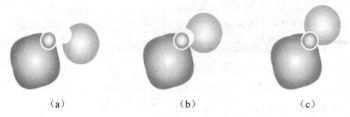

图 3-5 靠近与定向的机理

(a)反应物的反应基团和催化基团既不靠近,也不彼此定向 (b)两个基团靠近,但不定向,也不利于反应 (c)两个基团既靠近,又定向,大大有利于底物形成过渡态,加速反应

(a) 咪唑 + 对硝基苯乙酸酯 $\xrightarrow{H_2O}$ 咪唑 + 乙酸根 + 对硝基苯酚 + H^+

$k_{obs}=35\ L/(mol\cdot min)$

(b) 咪唑丙酸对硝基苯酯 $\xrightarrow{H_2O}$ 咪唑丙酸根 + 对硝基苯酚 + H^+

$k_{obs}=839\ min^{-1}$

一个有机化学模型可以解释此效应:咪唑催化对硝基苯酯的水解,分子内反应比分子间反应快 24 倍。

反 应	速率常数 L/(mol·s)	相对速率
邻羟基苯丙酸 $\xrightarrow{H_2O}$ 内酯	5.9×10^{-6}	2.5×10^{11}
二甲基取代的邻羟基苯丙酸 $\xrightarrow{H_2O}$ 内酯	1.5×10^{6}	

对于邻羟基苯丙酸内酯的形成反应,两个甲基使羧基和羟基更好地定向,使反应速率可提高 2.5×10^{11} 倍。

(2)底物分子的敏感键产生张力或变形

酶遇到它的专一性底物时,发生构象变化以利于催化反应的进行。事实上,在催化反应进行时,不仅酶的构象受底物作用而变化,底物分子常常也受酶作用而变化。酶分子中的某些基团或离子可以使底物分子内敏感键中某些基团的电子云密度增高或降低,产生电子张力,使敏感键的一端更加敏感,更易于发生反应。有时甚至使底物发生变形,使酶和底物的复合物更易于形成。酶发生构象变化的同时,底物分子也发生形变,进而形成一个契合的

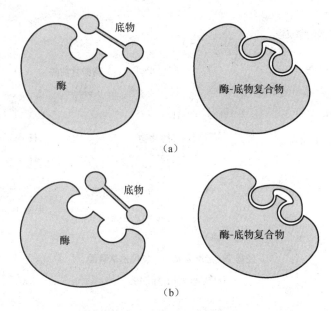

图3-6 酶－底物复合物形成过程
(a) 底物变形　(b) 底物和酶都变形

酶-底物复合物。图3-6显示了酶-底物复合物形成过程。

总之，底物分子的敏感键产生张力或变形有助于酶从低活性形式转变为高活性形式，有助于底物形变以利于形成酶-底物复合物，有助于底物构象发生变化以形成过渡态结构，从而大大降低活化能，加快反应的进行。

例如，酵母醛缩酶的过渡态类似物与酶的亲和力远大于其底物[图3-7(a)]，说明酶可以引起底物的形变；小牛小肠腺苷脱氨酶的过渡态类似物与酶的亲和力远大于其底物[图3-7(b)]，说明酶可以引起底物的形变。

(3) 共价催化

共价催化又称亲核催化或者亲电子催化。某些酶与底物形成活性高的共价中间产物，降低反应的活化能，从而使催化反应的速率加快。许多氨基酸残基的侧链可作为共价催化剂，如Lys、His、Cys、Asp、Glu、Ser或Thr。此外，一些辅酶或辅基也可以作为共价催化剂，如硫胺素焦磷酸(TPP)和磷酸吡哆醛。这种方式使底物与酶形成一个反应活性很高的共价中间物，这个中间物很易变成过渡态，因此反应的活化能大大降低，底物可以越过较低的"能阈"而形成产物。

共价催化的最一般形式是催化剂的亲核基团(nucleophilic group)对底物中亲电子的碳原子进行攻击，即亲核催化。亲核基团作为强有力的催化剂对提高反应速率的作用方式如下：第一步，亲核基团(催化剂Y)攻击含有酰基的分子，形成了带有亲核基团的酰基衍生物，这种催化剂的酰基衍生物作为一个共价中间物再起作用；第二步，酰基从亲核的催化剂上再转移到最终的酰基受体上，这种受体分子可能是某些醇或水。第一步反应有催化剂参加，因此必然比没有催化剂时底物与酰基受体的反应更快一些；而且，由于催化剂是易变的亲核基团，因而如此形成的酰化催化剂与最终的酰基受体的反应也必然要比无催化剂时的底物与酰

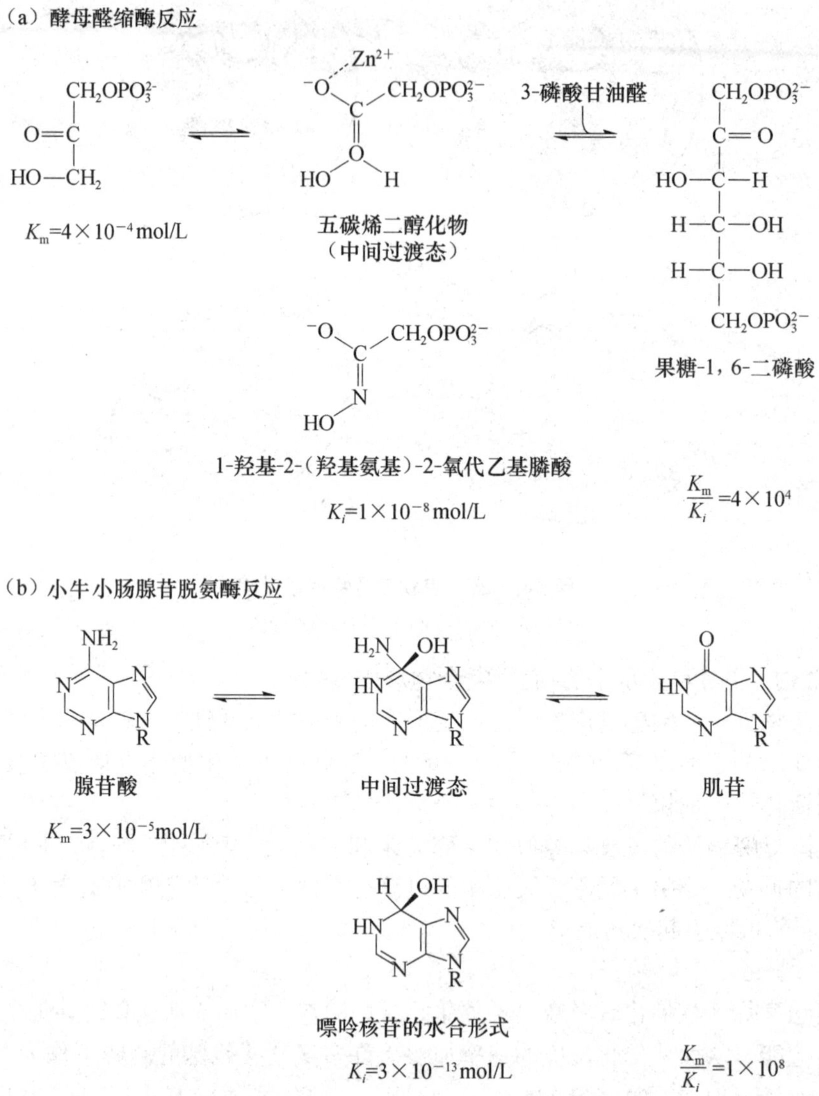

(a) 酵母醛缩酶反应

$K_m = 4 \times 10^{-4}$ mol/L

五碳烯二醇化物
（中间过渡态）

3-磷酸甘油醛

果糖-1,6-二磷酸

1-羟基-2-(羟基氨基)-2-氧代乙基膦酸

$K_i = 1 \times 10^{-8}$ mol/L

$\dfrac{K_m}{K_i} = 4 \times 10^4$

(b) 小牛小肠腺苷脱氨酶反应

腺苷酸

$K_m = 3 \times 10^{-5}$ mol/L

中间过渡态

肌苷

嘌呤核苷的水合形式

$K_i = 3 \times 10^{-13}$ mol/L

$\dfrac{K_m}{K_i} = 1 \times 10^8$

图 3-7 酶与天然底物以及过渡态类似物亲和力比较

基受体的反应更快一些，此两步催化的总速率要比非催化反应大得多。因此形成不稳定的共价中间物可以大大加速反应。酶反应中可以进行共价催化的、强有力的亲核基团很多，酶蛋白分子上至少就有三种：丝氨酸羟基、半胱氨酸巯基及组氨酸的咪唑基。

图 3-8 所示为共价催化剂 E（酶）催化的水解反应，酶的亲核基团 X 攻击底物分子的亲电子中心，形成底物与 E 的共价中间复合物，并从底物释放出一个带负电荷的基团。此后在水分子攻击下，底物-E 共价中间复合物解离，释放游离的 E。在此反应中，共价催化剂 E（酶）的作用是使原来的一步反应变为两步反应，每一步反应所需的活化能都远小于无催化剂存在下反应需要的活化能，从而加快了反应的速率。

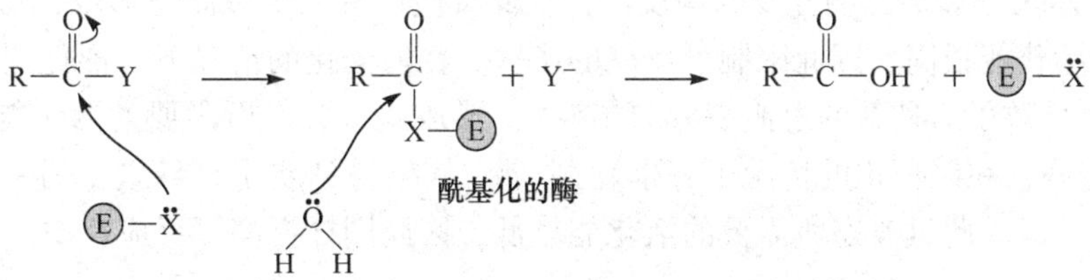

图 3-8　酶作为共价催化剂催化的水解反应

(4) 酸碱催化

在反应过程中，通过瞬时向反应物提供质子或从反应物接受质子以稳定过渡态，从而加快反应速率，称为酸碱催化。

酸碱催化有狭义和广义之分。在水溶液中通过高反应性的质子和氢氧根离子进行的催化称为狭义的酸碱催化。广义的酸碱催化是指水分子以外的分子作为质子供体或受体参与催化，这种机制参与绝大多数酶的催化。酶蛋白中含有好几种可以起广义酸碱催化作用的功能基，如氨基、羧基、巯基、酚羟基及咪唑基等。

影响酸碱催化反应速率的因素有两个。第一个因素是酸、碱的强度。在这些功能基中，组氨酸咪唑基的解离常数约为 6.0，这意味着由咪唑基上解离下来的质子的浓度与水中的 $[H^+]$ 相近，因此它在接近于生物体液 pH 的条件下，即在中性条件下，有一半以酸形式存在，另一半以碱形式存在。也就是说咪唑基既可以作为质子供体，又可以作为质子受体在酶反应中发挥催化作用。因此，咪唑基是催化中最有效、最活泼的一个催化功能基。表 3-6 中列出了一些氨基酸残基中的广义酸、碱基团。第二个因素是这种功能基供出质子或接受质子的速率。在这方面，咪唑基又是特别突出的，它供出或接受质子的速率十分迅速，而且供出或接受质子的速率几乎相等。由于咪唑基有如此的优点，所以虽然组氨酸在大多数蛋白质中含量很少，却很重要。推测它很可能在生物进化过程中，不是作为一般的结构蛋白成分，而是被选择作为酶分子中的催化结构而存在下来的。

表 3-6　一些氨基酸残基中的广义酸碱基团

氨基酸残基	广义酸（质子供体）	广义碱（质子受体）
Glu, Asp	R—COOH	R—COO$^-$
Lys, Arg	R—$\overset{H}{\underset{H}{\overset{+}{N}}}$H	R—$\ddot{N}$H$_2$
Cys	R—SH	R—S$^-$
His	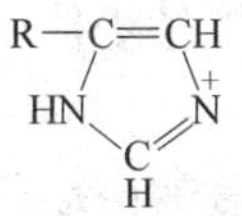 （咪唑正离子）	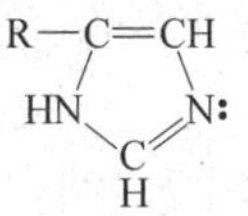 （咪唑）
Ser	R—OH	R—O$^-$
Tyr	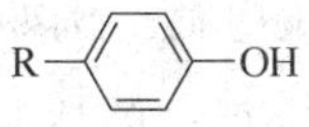 R—⟨苯环⟩—OH	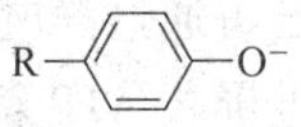 R—⟨苯环⟩—O$^-$

图 3-9 所示为酮和烯醇的互变异构反应，在此反应中有一个过渡态形成，形成此过渡态(a)所需要的活化能很高，因此限制了反应的速率。在酸催化的情况下，催化剂(酶)的质子被提供给酮，导致了一种新的过渡态(b)的产生，形成此过渡态所需要的活化能较低，因此提高了反应速率；在碱催化的情况下，催化剂(酶)从酮得到质子，导致了另一种新的过渡态(c)的产生，形成此过渡态所需要的活化能较低，因此同样提高了反应速率。

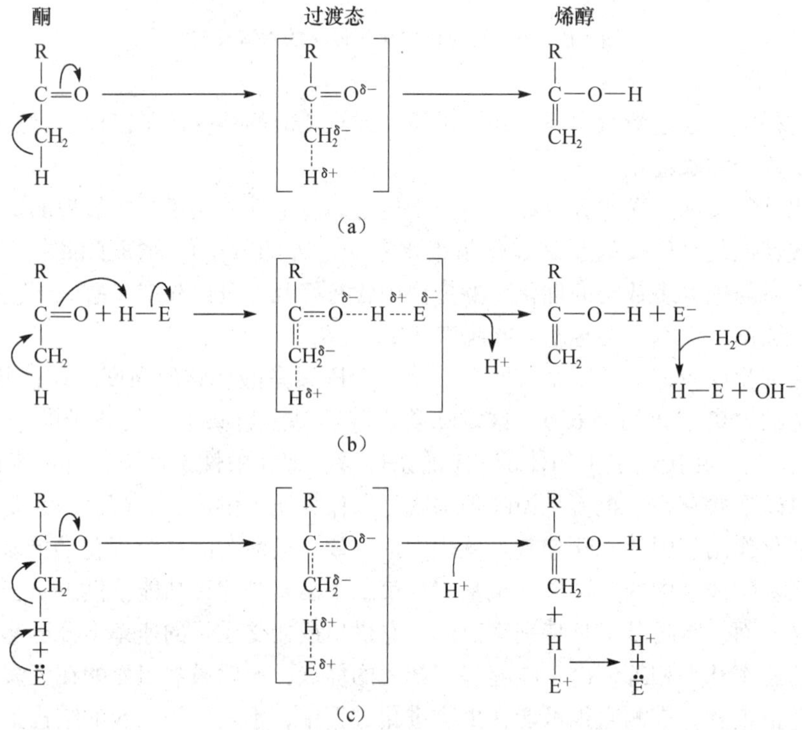

图 3-9 酶作为广义酸或广义碱的催化作用

(5) 金属催化

近 1/3 已知酶的活性需要金属离子的存在，这些酶分为两类，一类为金属酶；另一类为金属激活酶。前者含有紧密结合的金属离子，多数为过渡金属，如 Fe^{2+}、Fe^{3+}、Cu^{2+}、Zn^{2+}、Mn^{2+} 或 Co^{3+}，后者与溶液中的金属离子松散地结合，通常是碱金属或碱土金属，如 Na^+、K^+、Mg^{2+} 或 Ca^{2+}。

金属离子参与的催化被称为金属催化。金属离子以 5 种方式参与催化：①作为 Lewis 酸起作用；②与底物结合，促进底物在反应中正确定向；③作为亲电催化剂，稳定过渡态中间物上的电荷；④通过价态的可逆变化，作为电子受体或电子供体参与氧化还原反应；⑤酶结构的一部分。

金属离子可提高水的亲核性能。例如，碳酸酐酶活性部位的锌离子可与水分子结合，使其离子化产生羟基，与金属离子结合的羟基是强的亲核试剂，可进攻 CO_2 分子的碳原子而生成碳酸根。金属离子可通过静电作用屏蔽负电荷。例如，多种激酶的真正底物是 Mg^{2+}-ATP 复合物，镁离子静电屏蔽 ATP 磷酸基的负电核，使其不会排斥亲核基团的攻击等。

(6) 活性部位微环境的影响

某些酶的活性中心穴内相对地说是非极性的。酶的催化基团被低介电环境包围，在某些情况下还可能排除高极性的水分子。这样，底物分子的敏感键和酶的催化基团之间就会有很大的反应力，有助于加速酶促反应。这是因为排除了水分子，水的极性和形成氢键的能力使水成为有高度作用力的分子，水能减弱极性基团之间的相互作用，水的介电常数很高，它的高极性使它在离子外形成定向的溶剂层而产生自身电场，结果大大减弱了它所包围的离子间的静电相互作用或氢键作用。

上述几种影响是彼此平等、并列交叉搭配的。它们在不同方面以及酶与底物作用的不同阶段起作用，使酶能够提高化学反应速率。在实际的酶促反应中，这些作用因素可协调地配合在一起产生效果。酶的活性部位一般都含有多个起催化作用的基团，这些基团在空间有特殊的排列和取向，可以通过协同的方式作用于底物，从而提高底物的反应速率。一种酶的催化作用常常是多种催化机制的综合作用，这是酶具有高效性的重要原因。

3.3.3 酶的专一性

与一般催化剂不同，酶对其所催化的底物具有较严格的选择性。一种酶仅作用于一种或一类化合物，或一定的化学键，催化一定的化学反应并产生一定的产物，酶的这种特性称为酶的特异性或专一性。酶的专一性可分为两种类型。

(1) 结构专一性

有些酶对底物具有相当严格的选择，通常只作用于一种特定的底物，这种专一性称为绝对专一性(absolute specificity)。例如，麦芽糖酶只作用于麦芽糖，而不作用于其他双糖。脲酶只能催化尿素水解，而对尿素的各种衍生物(如尿素的甲基取代物或氯取代物)不起作用。

有些酶的作用对象不是一种底物，而是一类结构相近的底物，这种专一性称为相对专一性(relative specificity)。相对专一性又可分为族专一性(或称基团专一性)与键专一性两类。具有族专一性的酶对底物被作用的化学键两端的基团要求不同，只对其中一个基团要求严格。具有键专一性的酶只要求作用于底物特定的化学键，对于链两端的基团没有严格的要求。

磷酸酶具有键专一性，对一般的磷酸酯键都有水解作用，可水解甘油或酚与磷酸形成的酯键；脂肪酶不仅水解脂肪，也水解简单的酯。蛋白酶可以催化肽键的水解，不同蛋白水解酶对底物的专一性各不相同。如凝血酶专一性程度相当高，它对于被水解的肽键的羧基端和氨基端都有严格要求，只水解羧基端为精氨酸残基、氨基端为甘氨酸残基的肽键。而在动物消化道中胰蛋白酶仅水解由碱性氨基酸的羧基形成的肽键，胰凝乳蛋白酶专一地水解芳香氨基酸或带有较大非极性侧链氨基酸羧基参与形成的肽键，氨基肽酶和羧基肽酶仅分别作用于多肽链的氨基末端与羧基末端。表3-7列出了一些蛋白酶的专一性。

(2) 立体异构专一性

立体异构专一性指的是当反应物具有立体异构体时，酶只选择其中的一种立体异构体作为其底物。常见的立体异构专一性包括旋光异构专一性和几何异构专一性。具有旋光异构专

表 3-7　一些蛋白酶的专一性

蛋白酶	英文名称	专一性	对肽键两端氨基酸的要求
凝血酶	thrombin	相对专一性	羧基端为精氨酸 氨基端为甘氨酸
胰蛋白酶	ypstrin	相对专一性	氨基端为赖氨酸或精氨酸
胰凝乳蛋白酶	chymotrypsin	相对专一性	羧基端为芳香氨基酸或有较大非极性侧链的氨基酸
胃蛋白酶	pepsin	相对专一性	羧基端
弹性蛋白酶	elastase	相对专一性	羧基端为丙氨酸、甘氨酸或短脂肪链氨基酸
氨肽酶	aminopeptidase	相对专一性	氨基末端氨基酸
羧肽酶	carboxypeptidase	相对专一性	羧基末端氨基酸

一性的酶只能专一地与反应物中的一种旋光异构体结合并催化其发生反应。例如，淀粉酶只能选择性地水解 D-葡萄糖参与形成的糖苷键，L-精氨酸酶只催化 L-精氨酸的水解反应。具有几何异构专一性的酶只能选择性地催化某种几何异构体底物的反应，如延胡索酸水合酶只能催化延胡索酸（反丁烯二酸）水合生成苹果酸，对马来酸（顺丁烯二酸）则不起作用。

酶的立体异构专一性具有非常重要的生理意义，它可帮助保持新陈代谢的有序性与稳定性。在生产实践中，可利用酶的立体异构专一性制造单一的立体异构体。例如，某些药物只有某一种构型才有生理效用，而通过有机合成手段得到的药物通常是多种立体异构体的混合物，若利用相应的酶促反应进行生产，则能够得到具有特定构型的单一立体异构体。

（3）酶作用的专一性的假说

历史上有许多种假说被提出，用于解说酶作用的专一性，其中比较著名的有"锁与钥匙"假说和"诱导契合"假说。

① Fisher 锁钥假说　1894 年，Fisher 提出"锁与钥匙"假说。该假说认为底物分子或底物分子的一部分像钥匙一样，能专一地插入到酶的活性中心部位，底物分子上进行化学反应的部位与酶分子上具催化功能的必需基团之间，在结构上具有紧密的互补关系（图 3-10）。该假说可以很好地解释酶的立体异构专一性，亦可以解释为什么酶变性后就不再有催化活性，但是不能解释酶专一性的所有现象。例如，假设酶的活性中心是锁而底物是钥匙，那么，酶的活性中心结构就不可能既适合于可逆反应的底物，又适合于可逆反应的产物了。

② Koshland 诱导契合假说　1958 年，Koshland 提出"诱导契合"假说。该假说认为当酶分子与底物分子接近时，酶蛋白受底物分子诱导，构象发生有利于与底物结合的变化，酶与底物在此基础上互补契合，进行反应。诱导契合假说认为酶分子具有一定的柔韧性，酶的作用专一性不仅取决于酶和底物的结合，也取决于酶的催化基团是否有正确的取位（图 3-11）。因此，诱导契合假说认为催化部位要诱导才能形成，而不是"现成的"。这样可以排除那些不适合的物质偶然落入现成的催化部位而被催化的可能。所以，诱导契合假说可以很好地解释所谓"无效"结合，因为这种物质不能诱导催化部位的形成。

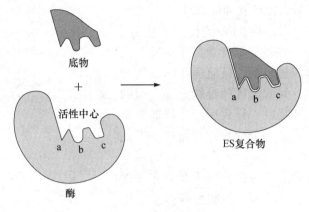

图 3-10　酶和底物锁钥模型

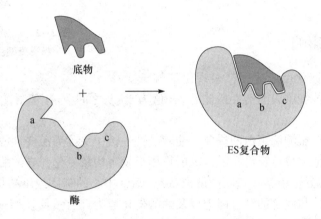

图 3-11　酶和底物诱导契合模型

3.4　影响酶促反应速率的主要因素

动力学理论，也被称为碰撞理论。基于化学动力学说，两分子反应必须满足以下条件：①两分子彼此靠近达到可以相互作用的距离，即"碰撞"。②发生碰撞的分子必须具备足够的能量。这就说明增加底物的碰撞机会和能量将会提高反应速率。酶促反应的动力学和化学反应动力学一样，是研究酶促反应的速率以及影响此速率的各种因素的科学。

3.4.1　温度的影响

在一定范围内，提高温度可以为反应增加动能和分子碰撞频率，从而促进酶促反应。然而，过高的温度也能促使酶的动能增大，使其超过能源障碍，破坏其三维结构的共价键，使酶的多肽链展开或变性，以很快的速度丧失催化活性。当酶能够较好地发挥作用时，维持其催化结构稳定存在所需的温度会适当高于正常细胞的体温，如酶在人类体内表现出最佳活性的温度高达 45～55℃。相比之下，嗜热微生物的酶驻留在火山温泉或海底热液喷口的温度可稳定达到或超过 100℃。大多数酶都有一个最适温度。动物体内酶的最适温度在 35～

40℃，植物体内酶的最适温度在 40~50℃，一些嗜热菌中的酶的最适温度可高达 90℃以上，分别与生物的生存环境相对应。在最适温度条件下，反应速率最大。在达到最适温度以前，反应速率随温度升高而加快。另一方面，随着温度的继续升高，酶的高级结构将发生变化或变性，导致酶活性降低甚至丧失。图 3-12 显示了淀粉酶催化作用随温度的变化曲线。

酶的最适温度不是酶的特征物理常数，它往往受到酶的纯度、底物、激活剂、抑制剂等因素的影响。因此，对某一种酶而言，必须说明是什么条件下的最适温度。

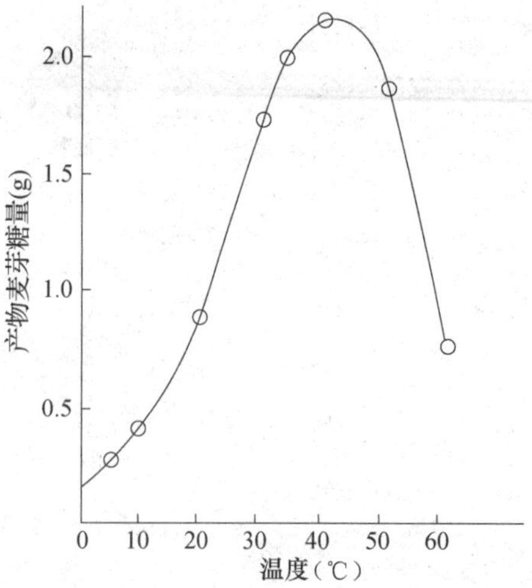

图 3-12 淀粉酶催化作用随温度的变化曲线

3.4.2 pH 值的影响

几乎所有酶的催化反应速率都表现出依赖于氢离子的浓度。大多数细胞内酶活性最佳的 pH 值为 5~9 之间。pH 值对酶的影响机制一般有以下几个方面。

①过酸或过碱会影响酶蛋白的构象，使酶变性失活，又称为酸变性或碱变性　酶活性部位具有柔性，比其他部位更容易在酸、碱的作用下发生构象变化，导致酶活力的下降。

②pH 值影响酶分子中某些基团的解离状态（活性中心的基团或维持构象的一些基团）　它们的解离状态对酶与底物的结合能力以及酶的催化能力都有重要作用，因此溶液 pH 的改变可通过影响这些基团的解离状态来影响酶活性。

③pH 值影响底物分子的解离状态　当酶的活性中心、底物、辅酶或辅基的可电离基团达到酶与底物结合并起到催化作用的最佳电离状态时，酶促反应最快，此时酶促反应速率达到最大值，其环境 pH 即为最适 pH 值。各种酶的最适 pH 值不同，但多数在中性、弱酸性或弱碱性范围内，如植物和微生物所含的酶最适 pH 值多在 4.5~6.5，动物体内酶最适 pH 值多在 6.5~8.0。当然也有例外，如胃蛋白酶的最适 pH 值为 1.5，这也与胃中的酸性环境相适应。

类似最适温度，酶的最适 pH 值也不是固定的常数，最适 pH 值可因底物种类和浓度以及缓冲溶液成分改变而变化。酶的 pH—酶促反应速率曲线是钟形的（图 3-13）。

最适 pH 值不是酶的特征性常数，它会因受到缓冲液的种类与浓度、底物浓度和酶的纯度的影响而发生变化。

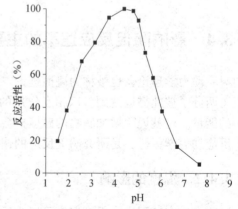

图 3-13 酶的 pH-酶促反应速率曲线

3.4.3 米氏方程及底物浓度影响

早在 20 世纪初(1902,Henri)即已发现底物浓度对酶促反应速率具有特殊的饱和现象，这种现象在非催化反应中是不存在的。

如果酶促反应的底物只有一种(称单底物反应)，当其他条件不变、酶的浓度也固定的情况下，一种酶所催化的化学反应速率与底物的浓度间有如下的规律：在底物浓度低时，反应速率随底物浓度的增加而急剧加快，反应速率与底物浓度成正比，表现为一级反应；当底物浓度较高时，增加底物浓度，反应速率虽随之增加，但增加的程度不如底物浓度低时那样显著，即反应速率不再与底物浓度成正比，表现为混合级反应；当底物浓度达到某一定值后，再增加底物浓度，反应速率不再增加，而趋于恒定，即此时反应速率与底物浓度无关，表现为零级反应，此时的速率为最大速率(v_{max})，底物浓度即出现饱和现象。由此可见，底物浓度对酶促反应速率的影响是非线性的。

对于上述变化，如以酶促反应速率对底物浓度作图，则得到如图 3-14 所示的矩形双曲线。

为了解释上述现象，并说明酶促反应速率与底物浓度间量的关系，L. Michaelis 和 M. L. Menten 提出了酶促反应动力学的基本原理，并归纳成一个数学式，称为米氏方程(Michaelis-Menten equation)：

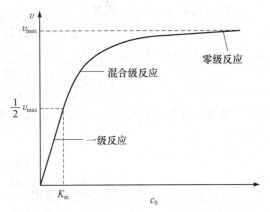

图 3-14 酶促反应速率与底物浓度的关系

$$v = \frac{v_{max}[S]}{[S] + K_m}$$

此式反映了底物浓度与酶促反应速率间的定量关系。式中，v_{max} 为最大反应速率；$[S]$ 为底物浓度；K_m 为米氏常数(Miohaelis-Menten constant)；v 为 $[S]$ 不足以产生最大速率 v_{max} 时的反应速率。

1925 年 Briggs 和 Haldane 提出稳态(steady state)理论，对米氏方程进行了修正。根据他们的理论，酶促反应分两步进行。

第一步，酶与底物作用形成酶与底物的中间复合物：

$$E + S \underset{}{\overset{k_1,\ k_2}{\rightleftharpoons}} ES$$

第二步，中间复合物分解形成产物并释放游离的酶：

$$ES \underset{k_3,\ k_4}{\rightleftharpoons} P + E$$

这两步反应都是可逆的，共对应 k_1、k_2、k_3、k_4 4 个速率常数。

由于酶促反应的速率与中间复合物的浓度直接相关，所以必须考虑中间复合物在反应过程中的浓度变化。反应开始后，中间复合物的浓度由零逐渐增加到一定数值。此后在一定时间内，尽管底物浓度和产物浓度不断变化，中间复合物也在不断生成和分解，但是中间复合物浓度可以保持不变，其原因为反应体系内中间复合物的生成速率与其分解速率相等，该反应状态称为稳态。

在稳态下，中间复合物的生成速率可用式(3-1)表示：

$$v_1 = k_1[\text{E}_\text{f}][\text{S}_\text{f}] + k_4[\text{E}_\text{f}][\text{P}_\text{f}] \tag{3-1}$$

式中，$[\text{E}_\text{f}]$、$[\text{S}_\text{f}]$、$[\text{P}_\text{f}]$分别表示未形成复合物的游离的酶、底物及产物的浓度。

因为，

① $[\text{P}_\text{f}]$很小，可忽略不计；

② $[\text{E}_\text{f}] = [\text{E}] - [\text{ES}]$（$[\text{E}]$表示酶的总浓度，$[\text{ES}]$表示中间复合物的浓度）；

③ $[\text{S}_\text{f}] = [\text{S}] - [\text{ES}] - [\text{P}_\text{f}] \approx [\text{S}]$（$[\text{S}]$表示底物的总浓度）。

所以，

$$v_1 = k_1([\text{E}] - [\text{ES}])[\text{S}] \tag{3-2}$$

中间复合物的分解速率以式(3-3)表示：

$$v_2 = k_2[\text{ES}] + k_3[\text{ES}] \tag{3-3}$$

在稳态下，$v_1 = v_2$，因此，

$$k_1([\text{E}] - [\text{ES}])[\text{S}] = k_2[\text{ES}] + k_3[\text{ES}] \tag{3-4}$$

式(3-4)移项得：

$$[\text{ES}] = \frac{k_1[\text{E}][\text{S}]}{k_1[\text{S}] + (k_2 + k_3)} = \frac{[\text{E}][\text{S}]}{[\text{S}] + (k_2 + k_3)/k_1} \tag{3-5}$$

令 $K_\text{m} = (k_2 + k_3)/k_1$，$K_\text{m}$ 称为米氏常数(Michaelis-Menten constant)，则式(3-5)可简化为：

$$[\text{ES}] = \frac{[\text{E}][\text{S}]}{[\text{S}] + K_\text{m}} \tag{3-6}$$

酶促反应速率可用产物的生成速率表示，因此：

$$v = k_3[\text{ES}] = \frac{k_3[\text{E}][\text{S}]}{[\text{S}] + K_\text{m}} \tag{3-7}$$

当底物浓度$[\text{S}]$非常大时，所有的酶被底物饱和形成ES复合物，$[\text{ES}] = [\text{E}]$，同时酶促反应达到最大速率v，因此，

$$v_\text{max} = k_3[\text{ES}] = k_3[\text{E}] \tag{3-8}$$

将式(3-8)代入式(3-7)，得：

$$v = \frac{v_\text{max}[\text{S}]}{[\text{S}] + K_\text{m}} \tag{3-9}$$

式(3-9)即为经稳态理论修正过的米氏方程，可以看到，与 Michaelis 和 Menten 提出的方程相比，解离常数 K_S 被米氏常数 K_m 所取代。

米氏方程式表明了已知 K_m 及 v_max 时，酶促反应速率与底物浓度之间的定量关系。若利用米氏方程式以反应速率对底物浓度作图，将得到一条双曲线(图3-15)，该曲线与图3-14中的曲线相吻合。

由米氏方程式可推导出以下规律：

① 当$[\text{S}] \ll K_\text{m}$时，则米氏方程式变为 $v = v_\text{max}[\text{S}]/K_\text{m}$。由于 v_max 和 K_m 为常数，两者的比值可用常数 K 表示，因此 $v = K[\text{S}]$，它表明底物浓度很小的时候，反应速率与底物浓度成正

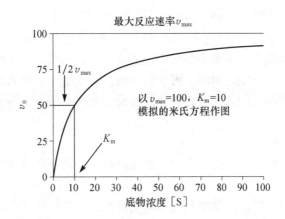

图 3-15 底物浓度对酶催化反应速率的影响

比，其关系与一级反应动力学相符；

②当$[S]\gg K_m$，则米氏方程式变为$v=v_{max}$它表明底物浓度远远过量时．反应速率达到最大值，它与底物浓度的关系与零级反应动力学相符；

③当$[S]=K_m$时，由米氏方程式得$v=v_{max}/2$。这意味着当底物浓度等于K_m时，反应速率为最大反应速率的一半。由此可以看出K_m的物理意义，即K_m值是反应速率为最大值的一半时的底物浓度。K_m的单位为 mol/L。

K_m是酶的特征物理常数，在固定的反应条件下，K_m的大小只与酶的性质有关，与酶的浓度无关。不同的酶针对不同的底物有不同K_m值。因此，可以通过测定酶促反应的K_m来鉴别酶以及酶的最适底物（K_m值最小的底物）。

当$k_2\gg k_3$时，$K_m\approx K=k_2/k_1$。因此，K_m值可用于近似地表示酶与底物之间的亲和程度：K_m值大表示亲和程度小，K_m值小表示亲和程度大。

米氏常数K_m与v_{max}可利用实验测得数据（[S]与v）通过多种作图法求出。在米氏方程中，有两个基本常数K_m和v_{max}，除从图中直接读出近似值外，一般常用双倒数法来求其精确值。此法是将方程式(3-9)的两边取倒数：

$$\frac{1}{v}=\frac{K_m+[S]}{v_{max}[S]}=\frac{K_m}{v_{max}}\times\frac{1}{[S]}+\frac{1}{v_{max}} \quad (3-10)$$

将$1/v$对$1/[S]$作图，即可得到一条直线，该直线在Y轴的截距即为$1/v_{max}$，在X轴上的截距即为$1/K_m$的绝对值。据此可求出v_{max}和K_m值，如图 3-16 所示。

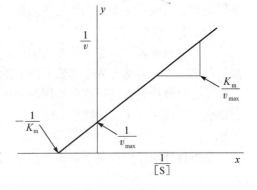

图 3-16 双倒数作图法

3.4.4 激活剂

凡是能提高酶活性，加速酶促反应进行的物质都称为该酶的激活剂。当激活剂存在时，会使反应速率大大增加。

按其化学本质可分为以下 3 种。

(1) 离子激活剂

离子激活剂包括氯离子、溴离子和某些金属离子等。一般认为金属离子的激活作用，主要是由于金属离子在酶和底物之间起了桥梁的作用，形成酶—金属离子(M)—底物三元复合物，从而更有利于底物和酶的活性中心部位的结合。不同的酶需要的金属离子激活剂的种类也不同。

(2) 一些小分子的有机化合物

一些小分子的有机化合物如抗坏血酸、半胱氨酸、谷胱甘肽等对某些酶也有激活作用。

(3) 生物大分子激活剂

生物大分子激活剂一些蛋白激酶对某些酶的激活，在生物体代谢活动中起重要作用。

激活剂对酶的作用具有一定的选择性，即一种激活剂对某种酶起激活作用，而对另一种酶可能起抑制作用。激活剂对于同一种酶，可因浓度不同而起不同的作用。当激活剂的浓度超过一定的范围时，它就可能成为抑制剂。有时离子之间有颉颃作用，如钠离子可抑制钾离子的激活作用，钙离子可抑制镁离子的激活作用。有些金属离子可互相替代，如激酶的镁离子可用锰取代。这些复杂的相互作用有助于生物体对酶进行精确地控制和调节。

3.4.5 抑制剂

抑制作用是引发酶的必需基团化学性质改变，使酶的活性降低或丧失，但并不引起酶蛋白变性的作用。抑制剂是能够引起抑制作用的化合物(抑制剂不同于变性剂)。

抑制作用的类型分为可逆抑制作用和不可逆抑制作用。

(1) 不可逆抑制作用

抑制剂与酶蛋白中的必需基团以共价形式结合，引起酶的永久性失活，不能用透析或超滤等物理方法除去抑制剂而恢复酶活性。

(2) 可逆抑制作用

抑制剂与酶蛋白以非共价方式结合，引起酶活性暂时性丧失。抑制剂可以通过透析等方法被除去，并且能部分或全部恢复酶的活性。可逆抑制又主要分为以下 3 种。

① 竞争性抑制作用　某些抑制剂的化学结构与底物相似，因而能与底物竞争与酶活性中心结合。当抑制剂 I 与活性中心结合后，底物被排斥在活性中心之外，其结果是酶促反应被抑制了。

竞争性抑制作用反应平衡式为：

$$\begin{array}{c} E+S \underset{k_2}{\overset{k_1}{\rightleftharpoons}} ES \xrightarrow{k_3} E+P \\ + \\ I \\ {}_{k_{i2}} \updownarrow {}_{k_{i1}} \\ EI \end{array}$$

根据稳态理论，E 与底物 S 的反应处于稳态，即 ES 复合物的生成速率与 ES 复合物的分解速率相等，则有方程(参考米氏方程推导)：

$$k_1[E_f][S] = k_2[ES] + k_3[ES]$$

此处[Ef]指游离酶的浓度，此方程稍加变换可得：

$$[E_f] = \frac{(k_2+k_3)[ES]}{k_1[S]} = \frac{K_m[ES]}{[S]} \tag{3-11}$$

另一方面，E 与抑制剂 I 的反应也处于稳态，EI 复合物的生成速率和 EI 复合物的分解速率相等，则有方程：

$$k_{i1}[E_f][I] = k_{i2}[EI]$$

此方程稍加变换得到：

$$[EI] = \frac{k_{i1}[Ef][I]}{k_{i2}} = \frac{[Ef][I]}{K_I} = \frac{K_m[ES][I]}{K_I[S]} \tag{3-12}$$

此处引入一个新的常数，即 EI 复合物的解离常数 K_I，$K_I = k_{i2}/k_{i1}$。根据反应平衡式，酶的总浓度等于 ES、E_f 和 EI 浓度的总和，即：

$$[E] = [ES] + [E_f] + [EI] \tag{3-13}$$

将式 (3-11) 与式(3-12)代入式(3-13)，则得到：

$$[E] = [ES] + \frac{K_m[ES]}{[S]} + \frac{K_m[ES][I]}{K_I[S]} = [ES]\left[1 + \frac{K_m}{[S]}\left(1 + \frac{[I]}{K_I}\right)\right] \tag{3-14}$$

令 $\alpha = 1 + [I]/K_I$，则式(3-14)可简化为：

$$[E] = [ES]\left(1 + \frac{K_m}{[S]}\right) \text{或} [ES] = \frac{[E]}{1 + \frac{K_m}{[S]}} = \frac{[E][S]}{[S] + K_m} \tag{3-15}$$

已知酶促反应速率 $v = k_3[ES]$，将式(3-15)代入，得：

$$v = \frac{k_3[E][S]}{[S] + K_m} = \frac{v_{max}[S]}{[S] + K_m} \tag{3-16}$$

式(3-16)即为竞争性抑制作用对应的动力学方程式(米氏方程式)。

将该公式做双倒数处理可得：

$$\frac{1}{v} = \frac{K_m}{v_{max}} \times \frac{1}{[S]} + \frac{1}{v_{max}} \tag{3-17}$$

②非竞争性抑制　酶可同时与底物及抑制剂结合，即底物和抑制剂没有竞争作用，但是三元的中间产物不能进一步分解为产物，所以酶活性降低。

对于非竞争性抑制剂，其抑制作用的反应平衡式为：

$$\begin{array}{c} E+S \underset{k_2}{\overset{k_1}{\rightleftharpoons}} ES \xrightarrow{k_3} E+P \\ +\ \ \ \ \ \ \ \ \ \ \ + \\ I\ \ \ \ \ \ \ \ \ \ \ \ I \\ \updownarrow k_i \ \ \ \ \ \ \ \ \updownarrow k_i \\ EI+S \underset{k_2}{\overset{k_1}{\rightleftharpoons}} ESI \end{array}$$

利用同样的方法可推导出其动力学方程式为：

$$v = \frac{v_{\max}[S]}{[S] + K_m} \quad (3\text{-}18)$$

其中 $\alpha = 1 + [I]/K_I$，$K_I = k_{i2}/k_{i1}$。

其双倒数方程为：

$$\frac{1}{v} = \frac{K_m}{v_{\max}} \times \frac{1}{[S]} + \frac{1}{v_{\max}} \quad (3\text{-}19)$$

③反竞争性抑制剂　有些抑制剂不能与游离酶在活性中心结合，只能与酶-底物复合物(ES)结合形成 ESI，因为底物与酶的结合导致酶构象改变而显现出抑制剂的结合部位，因此抑制剂不与底物分子竞争酶分子的活性中心，但形成的 ESI 不能转变出产物。反竞争性抑制作用可用下式表示：

$$\begin{array}{c} EI + S \rightleftharpoons ES \longrightarrow P + S \\ + \\ I \\ \downarrow \\ ESI \end{array}$$

这种情况恰恰与竞争性抑制作用相反，故称反竞争性抑制作用。例如，氰化物对芳香硫酸脂酶的抑制作用即此类抑制作用。反竞争性抑制作用在单底物酶反应中比较少见。

在不同类型的可逆抑制剂所对应的酶促反应中，分别固定抑制剂的浓度，以 $1/v$ 对 $1/[S]$ 作图，将得到一组直线，如图 3-17 所示。

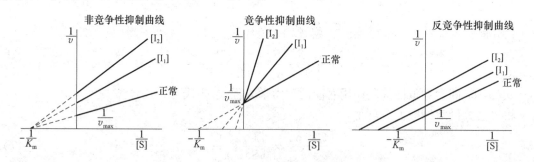

图 3-17　3 种可逆抑制作用的双倒数曲线图

由图 3-17 可见，竞争性抑制剂对应一组相交于纵轴同一点的直线，非竞争性抑制剂对应一组相交于横轴同一点的直线，反竞争性抑制剂对应一组平行直线。因此，可以在实际应用中利用 Lineweaver-Burk 双倒数作图法判断可逆抑制剂的类型。

抑制剂对酶影响作用的研究具有十分重要的应用价值。在医学上，可利用微生物或癌细胞内酶的专一性抑制剂，制备高效率、低毒副作用的药物。例如，具有抗菌作用的磺胺类药物作为对氨基苯甲酸的类似物，可抑制细菌二氢叶酸合成酶的活性，从而使细菌不能产生生存必需的二氢叶酸，而人可以直接利用食物中的叶酸，因此不受该类药的影响。再如，在用于治疗艾滋病的药物中，多数药物属于 HIV 病毒的蛋白酶抑制剂或逆转录酶抑制剂，在人类对抗艾滋病的战役中起到了重要的作用。

3.5 别构酶和共价修饰酶

在细胞中存在各种各样的调控方式来调节酶的活性，别构酶通过与被称为调控调节器或调控因子的调控基团的可逆非共价结合来调控酶的活性。调控调节器或调控因子通常为小分子的中间代谢物或辅因子。而共价修饰酶是通过可逆的共价修饰来完成的。两种调控酶一般都为多亚基蛋白，在某些情况下调控位点和活性位点是位于不同的两个亚基上的。

细胞的生长和生存依赖于细胞对资源的有效利用，而正是调控酶的存在使这种高效利用成为可能。在不同的系统中没有一个单一的原则来决定何种酶调控方式来发生作用。在一定程度上来说，当细胞条件改变时，非共价的别构调节是在能够满足细胞所需的在不同水平上的对代谢过程的持续的微调，而共价调节是一种有和无的调控方式（通常为蛋白裂解特定肽片段），或者在有些情况下允许酶活的微小改变，在一个调控酶上可能存在多种的调控方式。

在结合调控因子后别构酶会发生构象上的改变，由以前的知识可知，别构蛋白是那些经过调控因子诱导后能产生别的"形状"或构象的蛋白质，调控酶也是一样的，通过一个或多个调控因子介导的构象转换能够使酶在高活性和低活性模式之间进行转换，所以酶的调控因子分为激活因子和抑制因子。通常调控因子就是底物本身，对于一个酶，若底物和调控因子是同一个，该效应称为同促效应，该效应类似于氧原子结合血红蛋白所产生的效应。通过结合配基或底物，酶的构象发生变化从而随后影响该蛋白其他位点的活性。当调控因子是非底物分子，该调控因子产生的效应被称为异促效应。

3.5.1 别构酶

别构酶的特性显著不同于那些常规的非调控酶，其中一些不同体现在结构上，除了活性位点外，别构酶通常具有一个或多个调控即别构位点以供调控因子结合（图 3-18）。正如酶的活性位点具有底物特异性，每个调控位点对于调控因子也是具有特异性的，具有多个调控因子的调控酶，通常对于每一个调控因子都有不同的特异调控位点，在同促酶中，活性位点和调控位点是相同的。

调节物，也称效应物或调节因子，一般是酶的底物或是底物的类似物，以及代谢的终产物。别构效应是指调节物与别构酶的别构中心结合后，促使酶分子构象发生改变，并影响到酶的活性中心与底物的结合和催化，从而调节酶的反应速率及代谢过程的效应。其中效应物

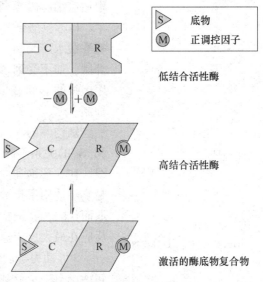

图 3-18 别构酶中各亚基、激活剂、抑制剂间的相互作用

的结合促使酶活性增高者为别构活性剂，反之为别构抑制剂。

在许多别构酶中底物结合位点和调控因子结合位点分别位于不同的亚基，即催化亚基（C）和调控亚基（R）上。调控亚基上特异位点对正调控因子（M）的结合能够通过构象变化传递到催化亚基上，这个改变使得催化亚基激活，从而使其能够高亲和力地结合底物（S），当调控因子从调控亚基上分离下来后，酶回复到其最初的失活、不活化形式。

别构酶均为寡聚酶，除活性部位外，还有可以同效应物（调节物）结合的调节部位。通常它比非调控酶要有更大的相对分子质量，结构也更复杂。天冬氨酸转氨甲酰酶（催化嘧啶核苷酸生物合成中早期的一个反应）由 12 条肽链分别组成了催化和调节亚基。

在很多代谢途径中关键的调控步骤都是由别构酶催化的。在一些多酶体系中，当终产物的浓度超过了细胞的需求时，别构酶会受到该途径的终产物的特异性抑制，使别构酶活性降低，调控步骤反应减慢，后续的酶也会因为底物的耗尽，而逐渐降低反应效率，从而使底物的产生和细胞对该底物的需求进入平衡，该类型的调节称为反馈抑制，即终产物的积累会逐渐降低整个代谢途径的速率。

第一个被发现的别构反馈抑制的例子是五步催化 L-苏氨酸转化为 L-异亮氨酸的细菌酶系统（图 3-19）。在这个系统中，第一个酶，苏氨酸脱水酶，被异亮氨酸所抑制，异亮氨酸为该酶系最后一个反应的产物，这就是一个异促别构抑制的实例。异亮氨酸在这里作为一个特异性很高的抑制剂，在该酶系体系中没有任何其他的中间产物会抑制苏氨酸脱水酶，也没有其他的酶会被异亮氨酸所抑制，异亮氨酸并没有结合到酶的活性位点而是与酶分子上的另外的一个特殊位点所结合，该位点其实就是调控位点，该结合是非共价的且能较容易地逆转，如若异亮氨酸的浓度降低，苏氨酸脱水酶的反应速率又会增加，因此苏氨酸脱水酶的反应速率能够快速可逆地适应细胞内异亮氨酸的浓度波动。

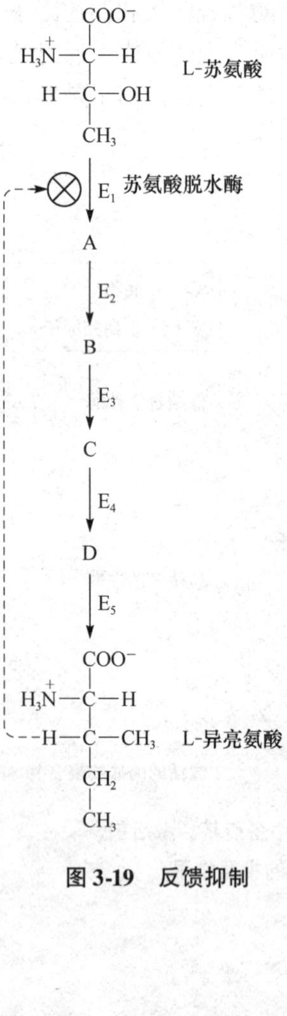

L-苏氨酸到 L-异亮氨酸的转化由 E_1 到 E_5 这五个酶所催化。苏氨酸脱水酶受到 L-异亮氨酸（该系列反应的终产物）的特异性别构抑制，却不受到 A-D 其他四个中间产物的任何影响，在本图中，用虚线的返回线以及苏氨酸脱水酶反应箭头上的 ⊗ 来表示反馈抑制。

别构酶的动力学特征不遵守米氏方程。别构酶所表现出的 v 和 [S] 的关系不同于米氏动力学，v 对 [S] 的曲线图呈 S 形饱和曲线。在 S 形饱和曲线上，能够找到 v 为最大值一半时的 [S] 值，但是它不适用于指数 K_m，因为该类酶不遵守双曲线形的米氏方程，取而代之，特征指数 $[S]_{0.5}$ 或 $K_{0.5}$ 通常被用来衡量别构酶所催化的反应在最大反应速率一半时的底物浓度。

S 形动力学曲线通常表明了蛋白质各亚基间的相互作用，换句话说，一个亚基的结构改变会传导到相邻的亚基使其也发生相应的结构变化，即一种由非共价作用介导在亚基间传导的作用。结合血红蛋白这一非酶性作用能够非常好地阐明这一机制，通过

图 3-19 反馈抑制

亚基的协同变构模型，S形动力学反应能够被很好地解释。

同促变构酶通常是多亚基蛋白质，如前面所说的，各亚基上的结合位点既作为活性位点又作为调控位点，绝大多数情况下，底物作为一个正调控因子(催化剂)，因为亚基间是相互协同的，即一分子的底物结合到结合位点后会改变酶的构象，从而增强后续底物分子对结合位点的结合。这就解释了为什么当[S]增加时v增加不符合双曲线而是符合S形曲线，S形动力学的一个特征就是：调节因子浓度的一个小的改变能够导致酶活性的大的改变。这一点在图3-20中体现得很明显，在曲线陡峭部分[S]的一个小的增加导致了一个较大的v上升。

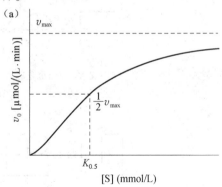

对于那些调控因子是其他的代谢物而不是正常底物的异促别构酶，就很难归纳出其底物饱和曲线的形状，激活剂能导致饱和曲线变得类似双曲线，$K_{0.5}$逐渐增高但v_{max}不发生变化，在固定的底物浓度有一个增加的反应速率，如图3-20(b)上半部分，还有一些异促别构酶在激活剂的作用下产生v_{max}的变大和$K_{0.5}$的很小变化。负调控因子即抑制剂会产生一个更类似于S形的底物饱和曲线，伴随$K_{0.5}$的增加，如图3-20(b)下半部分。因为异促别构酶有不同类型的调控因子，所以会对应产生不同的底物-活性曲线，而不能单一化。

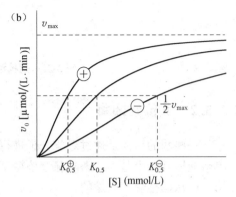

图3-20　别构酶的抑制与激活曲线

齐变假说和序变假说可解释别构酶的行为。齐变模型与序变模型如图3-21所示。

齐变假说也被称为对称假说或MWC模型。该假说认为，构成别构酶的亚基能够以R态或T态存在。R态和T态上的活性中心都能结合底物，但前者对底物有更高的亲和性。在一个特定的酶分子内部，构成它的亚基要么都是R态，要么都是T态，无R态和T态的混合体。在溶液中，两种构象可以相互转变，并处于平衡，但是转变的方式为齐变。使用齐变假说对别构效应物的作用原理的解释是：当别构效应物在别构中心与酶结合以后，诱导酶的构象发生变化，从而打破R态酶和T态酶之间的平衡。如果是激活剂，则更容易与R态酶结合，使更多的酶转变为R态，最终产生激活的效果；如果是抑制剂，则更容易与T态酶结合，致使更多的酶变成T态酶，最终产生抑制。齐变假说的缺陷是不能解释某些别构酶的负协同性。

序变假说也被称为KNF模型。序变假说认为酶可以既有R亚基，也有T亚基。于是溶液中存在多种混合体，它们处于平衡之中。序变假说对别构效应物的作用原理的解释是：激活剂仅仅在别构中心与酶结合，通过与底物一样的方式促进T亚基变为R亚基，而抑制剂与酶的结合使酶的构象变得更为僵硬，很难通过诱导契合从T态变为R态。

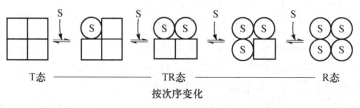

图 3-21 别构酶的齐变模型(a)和序变模型(b)

3.5.2 共价修饰酶

一些酶的活性是通过对酶分子进行共价修饰来调节的,其修饰基团包括磷酰基、腺苷、单磷酸尿苷、甲基和二磷酸腺苷核糖基等基团,这些基团通常是通过独立的酶作用加到调控酶上或从调控酶上去除的。

共价修饰酶一般都存在两种形式,即相对无活性和有活性,这两种形式之间互变的正逆反应由不同的酶催化。由于是酶促反应,所以可以将化学信号大幅度放大。这是共价修饰酶的基本特征。

细菌中甲基受体趋化性蛋白就是甲基化调控酶活性的一个实例。这个蛋白是细菌趋利避害系统(移向引诱剂如糖,远离有害化学物质)的一部分,腺苷甲硫氨酸为甲基供体。ADP核糖基化是一个仅在少数蛋白中发现存在的非常有意思的反应,ADP核糖源自于烟酰胺腺嘌呤二核苷酸(NAD),这类型的调节通常发生在细菌的固氮还原酶上用于调节生物固氮中的重要过程。白喉毒素和霍乱毒素都是催化细胞内关键酶或蛋白进行 ADP 核糖基化共价修饰使其失活的酶,白喉毒素作用并抑制延长因子 2(蛋白质生物合成途径中的一种蛋白),而霍乱毒素作用在 G 蛋白上。

磷酸化是最常见的共价修饰。真核生物中 1/3~1/2 的蛋白都是已经磷酸化的,有的蛋白只有一个磷酸化位点,有的蛋白包含几个磷酸化位点,有的甚至存在十几个磷酸化位点。磷酸化共价修饰调控模式对于许多生化途径的调控极其重要,因此,在接下来的内容里会详细地讨论它。

磷酸基团会影响蛋白质的结构和催化活性。蛋白激酶催化磷酸基团和蛋白质上 Ser、Thr 或 Tyr 等特殊氨基酸残基的连接,而蛋白磷酸酶则负责将磷酸基团移去。通过将酶蛋白上的 Ser、Thr 或 Tyr 等残基磷酸化可以向这些原本微极性区域引入一个大体积的带电基团,而磷酸基团上的氧原子可以和该蛋白质上的一个或几个基团以氢键相连,这些基团通常是 α-螺旋最初一段肽骨架上的酰胺基团或 Arg 的带电胍基,磷酸化所产生的两分子负电荷也能够排斥临近的负电荷基团(Asp 或 Glu)，当修饰残基处在决定蛋白质三维结构的关键区域时，磷酸化能对蛋白质的构象产生巨大的影响从而影响该蛋白质对底物的结合和催化。

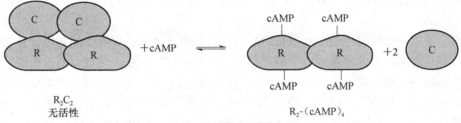

cAMP依赖性蛋白激酶

多重磷酸化能够实现精细的调控，调控蛋白一般结构基序中的 Ser、Thr 或 Tyr 残基序列被称作保守序列，而这些序列会被特异的蛋白激酶所识别。有些蛋白激酶是嗜碱性的，偏向于磷酸化拥有邻近碱性氨基酸的可磷酸化残基。另一些蛋白激酶具有不同的底物偏爱性，如偏爱磷酸化具有邻近 Pro 氨基酸的可磷酸化碱基。然而一级结构也不是决定一个给定的氨基酸是否能被磷酸化的唯一重要因素，蛋白质的折叠能使一级结构上距离很远的氨基酸靠到一起，最终的三级结构才能决定某一蛋白激酶能不能接近指定的氨基酸进而将它作为底物识别。

磷酸化调节通常是非常复杂的，一些蛋白质存在能被多个蛋白激酶识别的保守序列，多个蛋白激酶中每一个都能磷酸化作用于该蛋白，最终改变其酶活。在有些情况中，磷酸化是分段的，即氨基酸只有在某一相邻的特定氨基酸被磷酸化后才能够被磷酸化。

3.6 同工酶

1959 年 C. Markert 首次发现大鼠的乳酸脱氢酶(lactate dehydrogenase，LDH)具有多种分子形式，将其称为同工酶。同工酶(isoenzyme)是指催化的化学反应相同，酶蛋白的分子结构、理化性质乃至免疫学性质不同的一组酶。多数同工酶由于对调节因子的敏感性差异和对底物亲和力不同(如己糖激酶、葡糖激酶)，常表现不同的生理功能，因此，一种酶的同工酶在各组织、器官中的分布和含量不同，体现各组织的特异功能。某些同工酶可以对一种至关重要的酶"备份"复制从而提高自己的活性。

在研究同工酶时，广泛应用电泳法进行分析。此法简便、快速、分离效果良好，并且一般不会破坏酶的天然状态。目前广泛地应用于临床的同工酶有乳酸脱氢酶同工酶、肌酸激酶同工酶、碱性磷酸酶同工酶等。其中乳酸脱氢酶同工酶最为大家熟悉。

乳酸脱氢酶(lactate dehydrogenase)是由四个亚基组成的四聚体(相对分子质量约为 144kDa)，每一单体由一条 334 个氨基酸组成的肽链构成(相对分子质量为 36kDa)，每一个单体都存在一个活性中心。在多数组织中，LDH 的亚基可以分为两型：H 型(心肌型)和 M 型(骨骼肌型)亚基，这两种亚基的氨基酸序列稍有不同，从而引起不同的催化活性。LDH 会催化丙酮酸转化成乳酸(中性条件，NADH 参与反应)；或是将乳酸氧化为丙酮酸(碱性条件，依赖 NAD^+)。

总的来说，H 型亚基比 M 型亚基包含更多的酸性物质和更少的基础残留物。图 3-22(a)

显示的是 H 型和 M 型亚基的氨基酸序列在进化演变中，一个相同的前体基因很可能在相同的位点进行复制，然后各自发生独立的选择和突变。H 型和 M 型亚基以不同的比例组成五种同工酶，即：$LDH_1(H_4)$、$LDH_2(H_3M)$、$LDH_3(H_2M_2)$、$LDH_4(HM_3)$、$LDH_5(M_4)$，如图 3-22(b)所示。

通常，在血清中仅仅能检测到微量的酶活性，但是当某一器官发生病变时，会将细胞内的酶释放到血液中，因此诊断血清中酶含量有助于对疾病的诊断。测定酶的总活性可以反映出受损伤器官的严重程度，由于基因在不同的器官表达不同，因而检测血液中酶的类型可以确定病变的器官。例如，肝脏和骨骼肌都含 M 型亚基，而大脑和心肌主要表达 H 型亚基。每一个器官都有一个特异性的同工酶谱。图 3-22(c)显示：采用电泳法分离血液中的乳酸脱氢酶同工酶并分析它们的催化活性，心肌梗塞病人血液中 LDH_1 含量上升，患有肝疾病的病人血液中 LDH_5 含量升高。

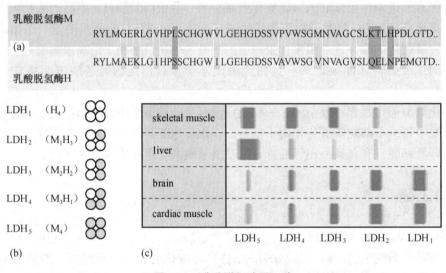

图 3-22　乳酸脱氢酶同工酶
(a)基因　(b)分子式　(c)电泳分离图谱

碳酸酐酶(carbonic anhydrase)含一条卷曲的蛋白质链和一个锌(Ⅱ)离子，是最重要的锌酶，现已知 8 种同工酶，其中 CA Ⅱ、Ⅳ 分布广泛，功能多元化。

骨硬化症(osteopetrosis)的临床表现之一是骨的密度增加，可能会出现肾小管酸中毒和大脑钙化的症状，这是由于编码碳酸酐酶Ⅱ(CA Ⅱ)的染色体突变引起的。

在碳骨细胞中，当 H^+ 穿过细胞的褶皱缘时，CA Ⅱ 会提供质子中和细胞内的 OH^-。若碳骨细胞中 CA Ⅱ 缺乏活性，正常的骨吸收就不会发生，从而导致骨硬化病症。与此相似的是，肾小管酸中毒同样也反应了肾小管中 CA Ⅱ 活性的不足。但是，引起大脑钙化的机理还不是很清楚。

同工酶研究已经逐渐成为生物化学与遗传学交叉领域中一门新的边缘学科，广泛应用在遗传育种、植物分类、生物的发育机理和病害防治等方面。

3.7 维生素与辅酶

维生素是参与生物生长发育和代谢所必需的一类微量有机物质。这类物质由于体内不能合成或者合成量不足，所以虽然需要量很少，但必须由食物供给。不同种类的生物对维生素的需求也不一样，受到年龄、性别和生理条件(比如怀孕、哺乳期、体育锻炼等)的影响。已知许多维生素是酶的辅酶或者是辅酶的组成分子。因此，维生素是维持和调节机体正常代谢的重要物质。

一个健康的饮食需要满足平均每天所需的维生素。相反，如果营养失调、营养不良(包括年轻人的不均衡饮食、酗酒以及吃速食品)，以及由于维生素缺乏症或者严重的营养缺乏症引起的吸收障碍就会导致维生素的供应不足。医学治疗能够杀死肠道菌群，比如，抗生素能够杀死某些合成维生素的细菌，导致维生素 K、维生素 H、维生素 B_{12} 的缺乏。

由于只有一小部分维生素能够贮存，所以维生素的缺乏很快会导致营养缺乏病。维生素通常能够影响皮肤、血细胞以及神经系统。缺乏维生素可以通过补充营养物质或者以药片的形式补充维生素得到治疗。维生素的过量仅会导致维生素过多症，只有在维生素 A 或者维生素 D 过量的情况下才可能会导致中毒。一般来说，过量的维生素会很快地通过尿液排出(图 3-23)。多数的维生素作为辅酶或辅基的组成成分，参与体内的代谢过程。已经查明，许多水溶性 B 族维生素是酶的组成部分，它们以辅酶的形式与酶蛋白质的部分结合，使酶具有催化活性。甚至有些维生素，如硫辛酸、抗坏血酸等其本身就是辅酶。脂溶性维生素则专一性地作用于机体的某些组织，如维生素 A 对视觉起作用，维生素 D 对骨骼构成起作用，维生素 E 对维持正常生育起作用，维生素 K 对血液凝固起作用等。

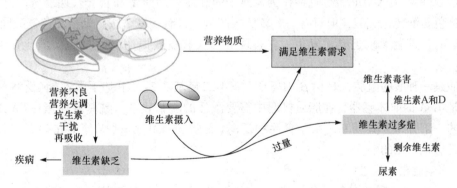

图 3-23　维生素的供应

维生素在化学上，并不是同一类化合物，有的是胺，有的是酸，有的是醇或醛。因此，不能按其化学结构进行分类，而按其溶解性质，将维生素分为水溶性维生素和脂溶性维生素两大类。水溶性维生素包括硫胺素(V_{B_1})、核黄素(V_{B_2})、烟酸和烟酰胺(V_{B_5} 或 VPP)、吡哆素(V_{B_6})、泛酸(V_{B_3})、生物素(V_H)、叶酸($V_{B_{11}}$)、钴胺素($V_{B_{12}}$)及抗坏血酸(V_C)等，除维生素 C 之外，它们的辅酶功能均已清楚。脂溶性维生素包括维生素 A、D、E、K 等，均为油样物质，不溶于水，目前，虽然对它们一些重要生理功能和生化机理有所了解，但还不够透彻。

3.7.1 水溶性维生素

(1) 水溶性维生素 I

维生素 B_1 也称硫胺素,其化学结构是由含硫的噻唑环和含氮基的嘧啶环组成。维生素 B_1 的活性形式是硫胺素二磷酸(TPP),是涉及糖代谢中羰基碳(醛和酮)合成与裂解反应的辅酶。硫胺素是第一个被发现的维生素,大约在 100 年前。维生素 B_1 缺乏导致脚气病,这种疾病的症状包括神经紊乱、心力衰竭、肌肉萎缩。

核黄素(riboflavin),来自拉丁语黄曲霉,又称为维生素 B_2,自然界中存在的维生素 B_2 大多数为黄素单核苷酸(FMN)和黄素腺嘌呤二核苷酸(FAD)。FMN 和 FAD 在酶的活性中心中起着辅基的作用。

作为辅基,FMN 和 FAD 是不同氧化还原酶的辅助因子。

叶酸是阴离子,是由 3 个不同的组成部分组成的:一个蝶啶衍生物、4-氨基苯甲酸和一个或更多的谷氨酸残基,还原后为四氢叶酸(THF)。叶酸作为辅酶在 C_1 代谢中起作用。叶酸缺乏是比较常见的,这会导致干扰核苷酸生物合成和细胞增殖。由于血细胞的前体传感器分裂特别快,干扰的血象可以发生。增加了大量的异常前体传感器的 megalocytes(巨幼细胞性贫血)。然后,随之而来的是一般损坏磷脂的合成和对氨基酸代谢的影响。对比动物,微生物能利用自己的组件合成叶酸。因此,磺胺类药物可以抑制微生物的生长,这可以竞争性抑制 4-氨基苯甲酸合成叶酸。由于在动物有机体内不能合成叶酸,所以磺胺类物质对动物代谢没有影响。

烟酸和烟酰胺一起重新转移到生物合成辅酶烟酰胺腺嘌呤二核苷酸(NAD^+)和烟酰胺腺嘌呤二核苷酸磷酸($NADP^+$)。这些作为氢离子的载体来为能量和营养代谢服务。动物机体是可以将色氨酸转化烟酸,但只有一个较低的产量。只有烟碱酰胺、烟酸和色氨酸同时在饮食中缺乏时,维生素缺乏症才发生。它表现的形式有皮肤损伤(糙皮病),消化道的干扰,抑郁症。

泛酸是一种酸的酰胺,是由 β-丙氨酸、2,4-二羟基-3,3-二甲基丁酸乙酯(泛解酸)组成的。它是-CoA 的前体感器,在脂质代谢中需要激活的酰基残基。酰基载体蛋白(ACP)还含有泛酸的一部分作为其辅基。由于食品中泛酸(希腊 pantothen = "无处不在")的广泛普及,营养缺乏病是罕见的。

(2) 水溶性维生素 II

维生素 B_6 由 3 种吡啶衍生物组成——吡哆醇、吡哆醛和吡哆胺。吡哆醛在 4 位 C 原子上有一个醛基(—CHO),而吡哆醇有一个醇基(—CH_2OH),吡哆胺则有一个胺基(—CH_2NH_2)。活化型的维生素 B_6——磷酸吡哆醛,是氨基酸代谢中最重要的辅酶。几乎所有的转化反应都需要磷酸吡哆醛,如转氨作用、去碳酸基、脱氢反应等。糖原降解反应的酶——磷酸化酶,也同样需要磷酸吡哆醛作为辅因子。维生素 B_6 缺乏症是罕见的。

维生素 B_{12}(钴胺素)是自然界中最复杂的低相对分子质量物质之一。这个分子的核心是一个包含钴元素的四吡咯系统。维生素 B_{12} 只能由微生物合成。它广泛存在于动物肝脏、肉类、蛋类及牛奶中,但植物产品中却没有。由于肠菌类能够合成维生素 B_{12},那些严格的素食主义者同样能够得到充足的维生素 B_{12} 供应。

维生素 B_{12} 只有在小肠中才能被重吸收，并且胃黏膜必须分泌所谓的内因子，一种与钴胺素结合并保护它不被降解的糖蛋白。在血液中，维生素 B_{12} 只存在于一种特殊的蛋白质——钴胺传递蛋白中。肝脏可以贮存足够数量的维生素 B_{12} 来维持几个月的使用。维生素 B_{12} 缺乏通常是由于它缺乏内因子而导致重吸收缺陷。这就会影响血液形成从而造成恶性贫血。在动物新陈代谢中，钴胺素的衍生物主要参与重排列反应。例如，它们在甲基丙二酰-CoA 的作用下转化为琥珀酰-CoA 的反应中充当辅酶，以及在蛋氨酸的形成中扮演同样的角色。在原核生物中，钴胺素在核苷酸的分解中同样发挥着作用。

维生素 C 是抗坏血酸。通过释放一个 H 质子，维生素 C 转化为其阴离子——抗坏血酸盐。人类、猩猩、豚鼠都需要维生素 C，因为它们缺少酶 L——gulonolactone 氧化酶，将葡萄糖氧化成抗坏血酸盐最后一步所需要的酶。新鲜水果蔬菜中富含维生素 C。许多软饮料和食品中也会添加人工合成的抗坏血酸作为抗氧化剂和调味剂。而沸水会慢慢地破坏维生素 C。在体内，抗坏血酸经常作为反应中的还原剂（经常被氧化）。这些反应包括：胶原合成、酪氨酸退化、儿茶酚胺的合成及胆酸生物的合成。人体每天需要 60mg 维生素 C，这相对于维生素来说是一个相当大的数量。甚至摄入更大剂量的维生素 C 有助于抵抗传染病。然而，生物化学基础对这一功效至今仍未能给出解释。维生素 C 缺乏症只会发生很少的症状，但在几个月之后就会形成坏血病，并伴随有结缔组织破坏、出血、牙齿脱落等症状。

维生素 H(biotin) 存在于肝脏、蛋黄和其他一些食物之中，肠菌类也能够合成维生素 H。在体内，维生素 H 通过与旁链赖氨酸的共价连接而附着于能够催化羧化反应的酶上。维生素 H 依赖酶包括丙酮酸羧化酶、乙酰-CoA 羧化酶。因为沸水会使抗生物素蛋白变性，只有生吃鸡蛋蛋白时才会导致维生素 H 缺乏。

3.7.2 辅酶

在许多酶催化反应中，电子或原子团都从一个分子转移到另一个分子。这类反应总是会有附加的分子参与，并会暂时地适应这个转移。参与辅助的这类分子通常称之为辅酶。

所有的氧化还原酶类都需要辅酶。吡啶核苷酸的 NAD^+ 和 $NADP^+$ 广泛分布在脱氢酶的辅酶中。它们运送氢离子并且始终保持可溶性状态。另外，黄素辅酶中的黄素腺嘌呤二核苷酸和黄素单核苷酸都具有氧化还原活性。

核苷磷酸盐不仅是核酸的生物合成前体形态，而且它们中的很多都具有辅酶的作用。它们负责能量的保存，并且能量的结合也允许吸能过程的进行。

酰基残留通常激活转移为辅酶 A，在辅酶 A 中，泛酰巯基乙胺通过磷酸酐键链接 3-phos-pho-ADP。泛酰巯基乙胺由酰胺键三部分组成，即泛解酸、β-丙氨酸和巯乙胺。后两者的组成部分是生物胺形成的天冬氨酸和半胱氨酸脱羧。复合形成泛解酸和 β-丙氨酸具有适合人类适用的维生素特性。在巯基组半胱胺和羧酸之间的反应产生硫酯，例如乙酰辅酶。

磷酸硫胺素能与酶协作反应，就是能够激活醛或酮的羟团体，然后把它们传递给其他分子。这个方式的转移在转羟乙醛酶反应中相当重要。比如，羟烷基残留物也会出现在脱羧基酸中。在这种情况下，它们如同醛一样被释放，或者被转移到硫辛酰胺残留的 2-氧酸脱氢酶中。

磷酸吡哆醛是一种在氨基酸新陈代谢中非常重要的酶。磷酸吡哆醛也参与氨基酸其他代谢中的反应，例如去碳酸基和脱水。

生物素是羧化酶的一种辅酶。例如磷酸吡哆醛，它是一个酰胺型键通过羧基与赖氨酸残基的羧化酶。这种键是一种特定的酶催化。通过消耗能量，生物素与碳酸氢盐反应生成 N-羧基生物素。通过这种反应方式，二氧化碳转移到其他分子中，其中羟基就是采用这种方式转移的。

四氢叶酸是一种辅酶，它能转移残留的 C_1 物质在不同的氧化态中。四氢叶酸源自维生素叶酸的双氢蝶呤环的杂环。

钴胺素是具有最多复杂化学形态的辅酶。它们也是过渡金属钴重要组成部分的唯一天然物质。高等有机物不能自己合成钴胺素，并且他们还依靠细菌合成维生素 B_{12}。

维生素与辅酶的重要生理功能和机制、来源与缺乏病总结见表3-8。

表3-8 维生素与辅酶的重要生理功能和机制、来源与缺乏病

名称	别名	辅酶	主要生理功能	来源	缺乏病
维生素 B_1	①硫胺素 ②抗脚气病维生素	TPP	①参与 α-酮酸氧化脱羧作用 ②抑制胆碱酯酶活性，保护神经正常传导	酵母、谷类种子的外皮和胚芽	脚气病、多发性神经炎
维生素 B_2	核黄素	FMN FAD	氢载体	小麦、青菜、黄豆、蛋黄、肝等	口角炎、唇炎、舌炎等
泛酸	遍多酸	HSCoA	酰基载体	动、植物细胞中均含有	人类未发现缺乏病
维生素 PP	①尼克酸和尼克酰胺 ②抗癞皮病维生素	NAD NADP	氢载体	肉类、谷物、花生等，人体可自色氨酸转变一部分	癞皮病
生物素	维生素 H		羧化酶的辅酶，参与体内 CO_2 的固定	动植物组织均含有，肠道细菌可合成	人类未发现典型缺乏病
叶酸		THFA	一碳基团载体	青菜、肝、酵母等	恶性贫血
维生素 B_{12}	钴胺素	5′-脱氧腺苷钴胺素	①参与某些变位反应 ②甲基的转移	肝、肉、鱼等肠道细菌可合成	恶性贫血
维生素 C	①抗坏血病维生素 ②抗坏血酶		①氧化还原作用 ②作为脯氨酸羟化酶的辅酶，促进细胞间质的形成	新鲜水果、蔬菜，特别是番茄、柑橘、鲜枣等	坏血病
硫辛酸			①酰基载体 ②氢载体	肝、酵母等	人类未发现缺乏病
维生素 A	①视黄醇 ②抗干眼病维生素		①合成视紫红质 ②维持上皮组织的结构完整 ③促进生长发育	肝、蛋黄、鱼肝油、胡萝卜、青菜、玉米等	①夜盲病 ②上皮组织质化 ③生长发育受阻

(续)

名称	别名	辅酶	主要生理功能	来源	缺乏病
维生素D	抗佝偻病维生素		促使骨骼正常发育	鱼肝油、肝、蛋黄、奶等	佝偻病、软骨病
维生素E	生育酚		①维持生殖机能 ②抗氧化作用	麦胚油及其他植物油	人类未发现缺乏病
维生素K	凝血维生素		①促进合成凝血酶原 ②与肝脏合成凝血因子有关	肝、菠菜等，肠道细菌可合成	成人一般不易缺乏，偶见于新生儿及胆管阻塞患者，表现于凝血时间延长

3.8 酶的分离与纯化

要研究或使用一种酶，首先要采用相关方法得到它，因此酶的分离与纯化是酶的生产、应用及酶学性质研究的基础。

3.8.1 酶制剂的制备过程

一个完整的酶制剂制备方案应该包括酶活力测定体系的建立、材料的选择、材料的预处理、酶的酶学性质初步研究、酶的分离与纯化、酶制剂的保存。

(1) 材料的选择

注意把握植物的季节性、微生物的生长期（对数生长期）和动物的生理状态等。

(2) 材料的预处理

①细胞破碎　根据酶的分布，可将酶分为胞内酶和胞外酶。若是胞外酶，就不存在细胞破碎的问题，但是胞外酶的种类很少，绝大多数酶都属于胞内酶。要想获得胞内酶，就得先进行细胞破碎，使酶从细胞内释放出来，这样才能进一步进行酶的提取和分离纯化。细胞破碎的方法很多，有机械破碎法、物理破碎法、化学破碎法和酶溶法。在实际使用时，要根据细胞的特性和酶的特性选择适宜的方法，有时也可以联合采用2种或2种以上的方法，以达到细胞破碎的效果，而又不影响酶的活性。

a. 机械破碎法：按照所用破碎机械的不同，又可以分为捣碎法、研磨法和匀浆法。

捣碎法：常用于动物内脏、植物叶芽等比较脆嫩的组织细胞的破碎，也可以用于微生物，特别是细菌的细胞破碎。

研磨法：常用于微生物和植物组织细胞的破碎。

匀浆法：常用于破碎易于分散、比较柔软、颗粒细小的组织细胞。大块的组织或者细胞团需要先用组织捣碎机或研磨器械捣碎分散后才能进行匀浆。

b. 物理破碎法：根据物理力的不同，可分为冻融法、渗透压法和超声波破碎法。

冻融法：适用于易于破碎的细胞，如革兰氏阴性菌。例如，将 -20℃冷冻的细胞突然放进沸水浴中，或沸水浴中的热细胞突然放进 -70℃冷冻，这样都可以使细胞破坏。但是，在酶的提取时，要注意不能在过高的温度下操作，以免引起酶的变性失活。

渗透压法：适用于易于破碎的细胞，如动物细胞或革兰氏阴性菌。使用时，先将细胞分离出来，悬浮在高渗透压的溶液中，平衡一段时间后，将细胞迅速转入低渗透压的蒸馏水或缓冲溶液中，由于渗透压的作用而使细胞破碎。

超声波破碎法：适用于多数微生物的破碎。超声波破碎法操作过程中产生大量的热，因此操作需在冷库中进行，或将样品置于冰浴中，并采用间歇操作，如破碎30~60s，间歇1min，如此反复进行。

c. 化学破碎法：常用的化学试剂有：有机试剂（甲苯、丙酮、丁醇、氯仿等）；表面活性剂[Tween、特里顿(Triton)等]；螯合剂[EDTA(乙二胺四乙酸)]等。它们都可以增加细胞膜的通透性，使酶容易释放。

d. 酶溶法：最常用的酶溶剂为溶菌酶，适用于革兰氏阳性菌细胞壁的分解；应用于革兰氏阴性菌时，需附加EDTA作为助溶剂。

②防止蛋白酶的水解作用　预防的措施是加入蛋白酶抑制剂。常用的丝氨酸蛋白酶抑制剂有苯甲基磺酰氟(PMSF)、二异丙基氟磷酸；金属蛋白酶抑制剂有EDTA和EGTA(乙二醇四乙酸)。

③除核酸　一般微生物和植物的粗酶液中有大量的核酸污染。除核酸的常用方法是沉淀法，沉淀剂的选择需要大量的试验来选定，已知的有1%~2%的链霉素硫酸盐、PEG、溶菌酶等。

(3) 初步探索酶的特性

经过上述过程获得粗酶液后，为了制订合适的纯化方法，应先通过试验探索酶以下几方面的性质：等电点(IEF-PAGE)、相对分子质量(SDS-PAGE，聚丙烯酰胺凝胶电泳)、稳定性(温度和pH的稳定性)、动力学常数(对底物、激活剂和抑制剂的动力学常数)等。

(4) 制定酶的分离程序

酶的纯化方法很多，具体采用哪种方法，一般来说，应该考虑以下几点：

①首先分析目标酶是否有极端条件的不寻常稳定性、相对分子质量特大或特小等特性；

②尽早使用选择性好的方法，如亲和层析、高效液相色谱分析等；

③第一步层析选用交换能力高的层析技术，这样所用层析材料体积小，洗脱体积也小，有利于后续的操作；

④在造成酶被稀释的步骤后面要紧接着用一个酶浓缩的方法；

⑤每步纯化过程，通过酶活力和蛋白浓度的测定，监测纯化的效率。

为了判断一个分离纯化方法的优劣，常采用回收率(反应酶的损失情况)和纯化倍数(反应方法的有效程度)两个指标。一个好的方法，应该回收率较高，纯化倍数也较大。

(5) 酶的纯度检验

常用的方法是SDS-PAGE法。单一条带，表示达到了电泳纯。需要注意的是，当酶由不同亚基组成时，会出现多条条带。

3.8.2　酶的提取与分离

在抽取液中，除了待纯化的酶外，通常不可避免地有其他小分子和大分子物质。其中小分子杂质在以后的纯化步骤中一般会分离洗脱出去，纯化的目的就是将剩余的杂蛋白除去。

分离纯化的方法很多。根据酶和杂蛋白在一定条件下溶解度的不同来进行酶纯化的方法，常用的有盐析法、有机溶剂沉淀法、等电点沉淀法。此外还有吸附分离法，以及近年来迅速发展的胶过滤法、离子交换法和亲和色谱法等。

①盐析法　盐析法是提纯酶使用最早的方法之一，迄今仍广泛使用，而且在高浓度的盐溶液中酶蛋白不易变性而失去活性，利于工作在温室中进行。不同蛋白质在高浓度的盐溶液中溶解度会有不同程度地降低。盐析法就是利用这一性质，将不同性质的蛋白质分离，选择适合浓度的饱和硫酸铵，使沉淀的蛋白质的酶活性最大。但盐析法分辨力较低，不仅纯度提高不显著，而且还要进行脱盐，耗时较多。

②有机溶剂沉淀法　这是常用的有效的酶纯化方法，其特点是分离纯化酶时，最重要的是严格控制温度，操作必须在0℃以下进行。所用溶剂的浓度根据酶的性质而定。常用的浓度一般在30%~60%。溶剂浓度高时，易使酶失活，应少量并分批加入，加入时速度要慢，缓慢搅拌，以免产生大量的热而使酶变性失活。

③等电点法　蛋白质在等电点时的溶解度最小，但仍有一定的溶解度，沉淀不够完全，因此很少单独使用等点法进行酶的纯化，一般情况下是在纯化的前面步骤中用于去除大量杂蛋白，使酶液澄清。调节pH值一般采用吸附分离法，或采用滴加醋酸钠、氨水或缓冲溶液调节pH去除杂蛋白。

④吸附分离法　这也是应用较早的简便方法，常用的吸附剂有白土、氧化铝和磷酸钙凝胶。进行吸附工作时，需先在酶液中加入适当的吸附剂，搅拌静止后，酶被吸附并与吸附剂一起沉淀下来，与杂蛋白分开。过滤后，吸附了酶的吸附剂可直接烘干制成酶制剂，也可用适当的溶剂如pH=7.0的磷酸缓冲液把此酶从吸附剂上洗下来，然后进一步纯化。使用吸附剂纯化过程中也可去掉酶液中其他杂质和色素。

⑤亲和色谱纯化法　由吸附法发展起来的亲和色谱法是根据酶功能建立起来的一种新型纯化方法，具有较高分辨力，目前正在迅速发展。根据蛋白质带电性质进行分离的离子交换法和电泳法，前者常用于大体积制备，应用很广，分辨力也高。但电泳法主要作为分析鉴定的工具或用于少量分离。选择性变性法在酶的纯化工作中是常用的简单而有效的方法。主要是根据酶和杂蛋白在某些条件下稳定性的差别，使某些杂蛋白变性而达到除去大量杂蛋白的目的。

为了达到比较理想的纯化结果，往往需要几种方法配合使用。至于选择哪些方法以及效果如何，主要根据酶本身的性质来决定。

3.8.3　酶的纯化与精制

(1) 结晶

结晶是溶质以晶体形式从溶液中析出的过程，不仅为酶的结构与功能等的研究提供了适宜的样品，而且为较高纯度的酶的获得和应用创造了条件。通常酶的纯度应当在50%以上，方能进行结晶。

酶结晶的方法很多，包括盐析结晶法、有机溶剂结晶法、透析平衡结晶法和等电点结晶法等。

(2) 浓缩

浓缩是指从低浓度酶液中除去部分水或其他溶剂而成为高浓度酶液的过程。

浓缩的方法很多，离心分离、过滤与膜分离、沉淀分离、层析分离等都能起到浓缩作用。用各种吸水剂，如硅胶、聚乙二醇、干燥凝胶等吸去水分，也可以达到浓缩效果。这里主要介绍常用的真空蒸发浓缩。

真空蒸发浓缩指在一定的真空条件下，使酶液在60℃以下汽化蒸发，进行浓缩的过程。一般说来，在不影响酶活力的前提下，适当提高温度、降低压力、增大蒸发面积都可以使蒸发速度提高。

(3) 干燥

干燥是将固体、半固体或浓缩液中的水分或其他溶剂除去一部分，以获得含水分较少的固体物质的过程。

干燥过程中，溶剂首先从物料的表面蒸发，随后物料内部的水分子扩散到物料表面继续蒸发。因此，干燥速度与蒸发表面积成正比。增大蒸发面积，可以显著提高蒸发速度。此外，在不影响物料稳定性的前提下，适当升高温度、降低压力、加快空气流通等都可以提高干燥速度。然而，干燥速度并非越高越好，而是要控制在一定的范围内，因为干燥速度过快时，表面水分迅速蒸发，可能使物料表面黏结形成一层硬壳，妨碍内部水分子扩散到表面，反而影响蒸发效果。

在固体酶制剂的生产过程中，为了提高酶的稳定性，便于保存、运输和使用，一般都必须进行干燥。常用的干燥方法有：真空干燥、冷冻干燥、喷雾干燥、气流干燥和吸附干燥等。

①真空干燥 真空干燥是在与真空系统相连接的密闭干燥器中，一边抽真空一边加热，使酶液在较低的温度条件下蒸发干燥的过程。在真空泵之前需要设置水蒸气凝结收集器，以免汽化产生的水蒸气进入真空泵。酶液真空干燥的温度一般控制在60℃以下。

②冷冻干燥 冷冻干燥是先将酶液降温到冰点以下，使之冻结成固态，然后在低温下抽真空，使冰直接升华为气体，而得到干燥的酶制剂。冷冻干燥得到的酶质量较高，结构保持完整，活力损失少，但是成本较高。特别适用于对热非常敏感而价值较高的酶类的干燥。

③喷雾干燥 喷雾干燥是通过喷雾装置将酶液喷成直径仅为几十微米的雾滴，分散于热气流中，水分迅速蒸发而得到粉末状的干燥酶制剂。喷雾干燥由于酶液分散成为雾滴，直径小，表面积大，水分迅速蒸发，只需几秒钟就可以达到干燥。在干燥过程中，由于水分迅速蒸发，吸收大量热量，使雾滴及其周围的空气温度比气流进口处的温度低，只要控制好气流进口温度，就可以减少酶在干燥过程中的变性失活。

④气流干燥 气流干燥是在常压条件下，利用热气流直接与固体或半固体的物料接触，使物料的水分蒸发而得到干燥制品的过程。气流干燥设备简单，操作方便，但是干燥时间较长，酶活力损失较大。需要控制好气流温度、气流速度和气流流向，同时要经常翻动物料，使之干燥均匀。

⑤吸附干燥 吸附干燥是在密闭的容器中用各种干燥剂吸收物料中的水分，达到干燥的目的。常用的吸附剂有硅胶、无水氯化钙、氧化钙、无水硫酸钙、五氧化二磷以及各种铝硅酸盐的结晶等。

3.8.4 酶活力的测定

(1) 酶活力

酶催化一定化学反应的能力称为酶活力。酶活力通常以在一定条件下，酶所催化的化学反应的速率来确定。因此，酶活力的测定也就是酶所催化的反应速率的测定。所测反应速率大，表示酶活力高；反应速率小，表示酶活力低。

酶促反应的速率可用单位时间内，单位体积中底物的减少量或产物的增加量来表示。酶活力的高低是用酶活力单位(U)来表示的，酶活力单位是根据某种酶在最适条件下，单位时间内酶作用的底物减少量或产物的生成量来规定的。酶活力国际单位，规定为：在特定条件下，1min 内转化 1μmol 底物，或者底物中 1μmol 有关基团所需的酶量，称为一个国际单位(IU，又称 U)。

酶活力的测定要在最适条件下进行，即最适温度、最适 pH、最适底物浓度和最适缓冲液离子浓度等，只有在最适条件下测定才能真实反映酶活力大小。测定酶活力大小时，通常要求底物浓度足够大，测定底物浓度的变化在起始浓度的 5% 以内的速率，这样可以保证所测定的速率是最初速率。此结果能比较可靠地反映酶的含量。

(2) 酶活力的测定

酶活力测定均包括两个阶段：首先要在一定的条件下，酶与其作用底物反应一段时间，然后再测定反应液中底物或产物变化的量。根据酶的专一性，选择适宜的底物，并配制成一定浓度的底物溶液。要求所使用的底物均匀一致，达到一定的纯度。有些底物溶液要求新鲜配制，有些则可预先配制后置冰箱保存备用。

具体测定方法有分光光度法、荧光法、同位素测定法、电化学法及其他方法。

① 分光光度法　分光光度法主要利用底物和产物在紫外光或可见光部分的光吸收度的不同，选择一适当的波长，测定反应过程中反应进行的情况。其优点是简便、节省时间和样品，可检测到 1nmol/L 水平的变化。该方法可以连续地读出反应过程中光吸收的变化，已成为酶活力测定中一种重要的方法之一。几乎所有的氧化还原酶都可以用此法测定。

由于分光光度法有其独特的优点，因此可以把一些原来没有光吸收变化的酶反应通过与一些能引起光吸收变化的酶反应偶联，使第一个酶反应的产物转变成为第二个酶的具有光吸收变化的产物来进行测量。这种方法称为酶偶联测定法。

② 荧光法　荧光法主要是根据底物或产物荧光性质的差别来进行测定。由于荧光方法的灵敏度往往比分光光度法要高若干个数量级，而且荧光强度和激光的光源有关，因此在酶学研究中越来越多地被采用，特别是一些快速反应的测定方法。

该法的缺点是易受其他物质干扰，有些物质如蛋白质能吸收和发射荧光，这种干扰在紫外区尤为显著，故用荧光法测定酶活力时，应尽可能选择可见光范围的荧光进行测定。

③ 同位素测定法　用带有放射性同位素标记的底物经酶作用后得到产物，通过适当的分离，测定产物的脉冲数即可换算出酶的活力单位。已知六大类酶几乎都可以用此方法测定。通常用于底物标记的同位素有 ^3H、^{14}C、^{32}P、^{35}S 和 ^{131}I 等。

该法的优点是反应灵敏度极高，可直接用于酶活力的测定，也可用于体内酶活性测定。特别适用于低浓度的酶和底物的测定。其缺点是操作繁琐，样品需分离，反应过程无法连续跟踪，且同位素对人体有损伤作用。辐射猝灭会引起测定误差，如 ^3H 发射的射线很弱，甚至会被纸吸收。

④电化学法 电化学方法包括pH测定法和离子选择电极法等。

pH测定法最常用的是玻璃电极，配合一高灵敏度的pH计，跟踪反应过程中H^+变化的情况，用pH的变化来测定酶的反应速率。也可以用恒定pH测定法，在酶反应过程中，所引起的H^+的变化用不断加入碱或酸来保持其pH恒定，用加入的碱或酸的速率来表示反应速率。用此法可以测定许多酯酶的活力。

在使用离子选择电极法测定某些酶的酶活力时，用氧电极可以测定一些耗氧的酶反应。例如，葡萄糖氧化酶的活力就可用这个方法很方便地测定。

⑤其他方法 除上述方法外，还有一些测定酶活力的方法，如旋光法、量气法、量热法和层析法等，但这些方法使用范围有限，灵敏度较差，只是应用于个别酶活力的测定。

(3) 酶比活力

比活力(性)(specific activity)是酶纯度的量度，即单位质量的蛋白质中所具有酶的活力单位数，一般用IU/mg蛋白质来表示。通常用下式表示：

$$酶比活力 = [酶活力单位数(U) / 蛋白质量(mg)]$$

有时也采用每克(g)酶制剂或每毫升(mL)酶制剂含有多少个活力单位来表示。

一般来说，酶的比活力越高，酶越纯。利用比活力的大小可以用来比较酶制剂中单位质量蛋白质的催化能力，是表示酶的纯度高低的一个重要指标。

(4) 酶活回收率

总活力的回收率反映提纯过程酶活力的损失情况。

$$总活力的回收率 = 纯化后总活力/纯化前总活力 \times 100\%$$

在酶分离提纯过程中，每完成一个关键的实验步骤，都需要测定酶的总活力和比活力，以检测酶的去向。判断分离提纯方法的优劣和提纯效果，一要看纯化倍数高不高，二要看总活力的回收率大不大。

(5) 酶比活力提高比

酶比活力提高比也就是纯化倍数，纯化倍数是判断分离提纯方法的优劣和提纯效果的一个重要指标。

$$纯化倍数 = 酶制剂的比活力/抽提液的比活力$$

【示例】

一般发表的文章有一个详细的酶活、酶比活力表，下面用一张表来说明，见表3-9。

表3-9 腺苷酸激酶纯化表(6kg猪肉)

纯化步骤	总蛋白(mg)	总活力(kat)	比活力(kat/kg)	纯化倍数	回收率(%)
抽提	43 500	0.041 3	0.95	1	100
调pH	11 200		3.25		
层析	1 716		13.02		
凝胶过滤	462		43.17		
结晶	344		46.5		

注：$1 kat = 6 \times 10^6$。

(6)常用的检验酶纯度的方法

超速离心：检测杂质<5%时不太满意，不适合络合解离体系。

电泳：必须在多种pH值下进行，单一pH值两种酶可能一起移动。

SDS-电泳：可测出相对分子质量，多亚基时会出现多条区带。

等电聚焦：检测杂质的极灵敏方法，有时会出现表观异质现象。

N末端分析：只适用于一条肽链。

免疫技术：高度的专一性，但抗血清制备较为麻烦。

知识窗

酶工程应用

(1)酶在肉类食品中的应用

酶技术可以促使肉类嫩化，对于改善肉类的质地、增强肉制品的风味，起到了极大的作用。例如，木瓜蛋白酶可以生产嫩肉粉；蛋白酶用来生产明胶、制造肉类蛋白水解物；溶菌酶在肉类制品中起到保鲜、防腐的功效；转谷氨酰胺酶用于生产重组肉制品，能够提高制品的口感和风味，提高产品附加值。

(2)酶在焙烤食品中的应用

酵母在面团中，依靠面粉本身淀粉酶和蛋白酶的作用生成麦芽糖和氨基酸来进行繁殖和发酵。目前欧美各国常添加酶进行强化，用酶活力高的面粉制成的面包，气孔细而分布均匀、体积大、弹性好、色泽佳。面粉中添加α-淀粉酶，可调节麦芽糖生成量，使二氧化碳产生和面团气体保持力相平衡。添加蛋白酶可促进面筋软化，增加伸延性，减少揉面时间，改善发酵效果。用蛋白酶强化的面粉可防止糕点老化。糕点馅心常用淀粉为填料，添加用β-淀粉酶可改善馅心风味；面包制作中适当添加脂肪酶可增进面包的香味，这是因为脂肪酶可使乳脂中微量的醇酸或酮酸的甘油酯分解，从而生成δ-内酯等香味物质。

本章小结

酶是由活细胞产生的一种特殊功能的蛋白质，与一般催化剂相比有相同点和不同点，不同点即酶促反应的特点：有极高的催化效率、高度的专一性、高度的不稳定性、酶活性的可调控性。酶根据其化学成分的不同分为单纯酶和结合酶，单纯酶仅由氨基酸残基组成的蛋白质，结合酶除了蛋白质部分外，还含有非蛋白质辅助因子，酶蛋白部分决定酶促反应的特异性。酶的活性中心由酶的必需基团构成：既能与底物结合又能将底物转化为产物的局部区域。活性中心的功能基团可分为结合基团和催化基团。无活性状态的酶的前身称为酶原，无活性的酶原在一定条件下能转变成有活性的酶的过程，称为酶原的激活。酶原激活的生理意义在于避免细胞产生的蛋白酶对细胞自身进行消化，同时保证了合成的酶在特定的部位和环境中迅速地发挥其生理作用。同工酶指能催化相同反应，而分子结构、理化性质和免疫学性质有所不同的一组酶，血清同工酶谱分析有助于器官疾病的早期诊断。影响酶促反应速率的因素有酶浓度、底物浓度、温度、pH、激活剂、抑制剂等。

酶的命名包括习惯命名法和系统命名法。酶可分为六大类，分别是氧化还原酶类、转移酶类、水解酶类、裂解酶类、异构酶类、合成酶类。按酶的系统命名分类法所分成的六类，每一种酶均有四个数字的编号。

底物的结合和催化作用均发生在酶的一个有限的部位——活性部位之中，这一部位的三维结构对于酶的活性是至关重要的。对于一定量的酶，加入底物会使反应速率增加，直至酶被底物所饱和达到 v_{max} 为止。对于大多数酶，反应速率与底物浓度的关系曲线为双曲线的形状，如 Michaelis-Menten 方程所描绘。酶对于一种底物的 K_m 常反映酶与底物的亲和力。许多酶都有辅因子或辅酶，这些都是小分子，其作用类似酶的底物，但它们会被其他反应在细胞中周转并利用多次。

习 题

1. 阐述酶活性部位的概念、组成与特点。
2. 利用底物形变和诱导契合的原理，解释酶催化底物反应时，酶与底物的相互作用。
3. 影响酶高催化效率的因素及其机理是什么？为什么说咪唑基是酸碱催化中的重要基团？
4. 什么是别构效应？简述别构酶的结构和动力学特点及其在调节酶促反应中的作用。
5. 简述酶促反应酸碱催化与共价催化的分子机理。
6. 酶在溶液中会丧失活性，但若此溶液中同时存在巯基乙醇则可以避免酶失活，该酶应该是一种什么酶？为什么？
7. 测定酶活力时为什么以初速度为准？
8. 称取 25mg 的蛋白酶粉配制成 25mL 酶液，从中取出 0.1mL，以酪蛋白为底物用 Folin-酚比色法测定酶活力，结果表明每小时产生 1 500μg 酪氨酸。另取 2mL 酶液，用凯氏定氮法测得蛋白氮为 0.2mg。若以每分钟产生 1μg 酪氨酸的量为 1 个活力单位计算，根据以上数据，求：①1mL 酶液中蛋白的含量及活力单位；②1g 酶制剂的总蛋白含量及总活力；③酶比活力。
9. 某酶的 $K_m = 4.7 \times 10^{-5}$ mol/L；$v_{max} = 22$ μmol/min。当 [S] $= 2 \times 10^{-4}$ mol/L，[I] $= 5 \times 10^{-4}$ mol/L，$K_i = 3 \times 10^{-4}$ mol/L 时，求：I 为竞争性抑制和非竞争性抑制时，v 分别是多少？
10. 当加入较低浓度的竞争性抑制剂于别构酶的反应体系中时，往往观察到酶被激活的现象，请解释这种现象产生的原因。

参考文献

[1] 王镜岩，等. 生物化学[M]. 3 版. 北京：高等教育出版社，2002.

[2] 张丽萍. 生物化学简明教程[M]. 4 版. 北京：高等教育出版社，2009.

[3] Jan Koolman, K Rohm. Color Atlas of Biochemistry [M]. 2nd ed. New York：Thieme Medical Publishers，2005.

[4] Nelson, D. L. Lehninger Principles of Biochemistry [M]. 5nd ed. New York：W. H. Freeman & Co ltd，2007.

（撰写人：孙吉康、王平）

第4章 核 酸

众所周知，核酸是具有遗传作用的重要的生物大分子，在蛋白质的生物合成上也占重要位置，因而在生长、遗传、变异等一系列重大生命现象中起决定性的作用。各种蛋白质都是细胞中核酸顺序编码的信息产物。现已发现近2 000种遗传性疾病都和DNA结构有关，如人类镰刀形红血细胞贫血症是由于患者的血红蛋白分子中一个氨基酸的遗传密码发生了改变，白化病患者则是DNA分子上缺乏产生促黑色素生成的酪氨酸酶的基因所致。肿瘤的发生、病毒的感染、射线对机体的作用等都与核酸有关。20世纪70年代初建立起来的DNA重组技术是生命科学发展中的又一重大突破，一门崭新的科学——基因工程(或称遗传工程)诞生了，人们终于可以按照拟定的蓝图来设计出新的生物体。在工业、农业、医学、药学等应用领域，基因工程技术得到了广泛的应用，并已创造了巨大的财富。例如，应用基因工程方法已能使大肠杆菌产生胰岛素、干扰素等珍贵的生化药物。同时，基因工程技术又是进一步揭示生命奥秘的有力武器，它大大推动了分子生物学和分子遗传学等学科的飞速发展。

早在1868年，瑞士的一位青年科学家F. Miescher从外科绷带上的脓细胞核中分离出了一种有机化合物，它的含磷量之高超过任何当时已经发现的有机化合物，并且有很强的酸性。由于这种物质是从细胞核中分离出来的，当时就称其为核素(nuclein)，也有称为"核质"(nuclein)的。F. Miescher所分离到的核素就是我们今天所指的脱氧核糖核蛋白。核素中脱氧核糖核酸含量为30%。在去除其蛋白质后，即得核酸(nucleic acid)。以后陆续证明，任何有机体，包括病毒、细菌、动植物等都无一例外地含有核酸。核酸占细胞干重的5%~10%。

早期的研究仅将核酸看成细胞中的一般化学成分，没有人注意到它在生物体内有什么功能这样的重要问题。20世纪50年代以前，四核苷酸结构学说流行。这种学说认为，任何核酸分子都是由等物质的量的四种核苷酸组成，因此，认为核酸不大可能具有重要的生理功能。核酸的生物学作用是在发现核酸70多年以后才被证明的，这就是1944年由Avery等人通过著名的肺炎球菌转化实验证明了使肺炎球菌的遗传发生改变的转化因子是DNA，而不是蛋白质。Avery等人报道了从一株光滑型肺炎球菌提取出来的DNA能使另一株粗糙型肺炎球菌转化成光滑型，而且这种转化还能传代，这一发现令人们意识到了核酸的生物学作用，即DNA是遗传信息的携带者。尽管Avery等人的实验有力地证明了DNA是重要的遗传物质，而反对者仍认为蛋白质才是转化因子。直到1950年前后，Avery等人的发现才得以公认，这一发现极大地推动了对核酸结构和功能的研究。

1950年以后，查戈夫(Chargaff)和马卡姆(Markham)等人应用纸层析技术和分光光度计大量地测定了各种生物的DNA碱基组成后，才发现不同生物的DNA碱基组成不同，有严格的种特异性，这就给了四核苷酸学说致命的打击。同时，他们还发现，尽管不同生物的

DNA 碱基组成不同，但总是 A = T、G = C，提示了 A 与 T、G 与 C 之间的互补概念。这一极重要的发现，为以后 Watson 和 Crick 建立 DNA 的双螺旋结构模型提供了重要的依据。

1952 年 Hershey 等的实验表明 ^{32}P – DNA 可进入噬菌体内，再次证明 DNA 是遗传物质。

1953 年由 Watson(沃森)和 Crick(克里克)提出 DNA 双螺旋结构模型。之后，核酸的研究才成了生命科学中最活跃的领域。它揭示了生命现象，说明了基因结构、信息和功能的关系，具有划时代的贡献。

知识窗

核酸的发现和功能的确定

1869 年——瑞士医生 Miescher 从细胞核中分离出含磷很高的酸性化合物，称为核素(nuclein)——核蛋白。

1889 年——Altman 制备了不含蛋白质的核酸制品，命名为核酸(nucleic acid)。

1928 年，英国人 Griffth 做了如下实验：把一种无荚膜无毒性的"二无"肺炎二联球菌(R 型)，转化成了一种有荚膜有毒性的"两有"肺炎二联球菌(S 型)。步骤是：

①注射 R 型给小鼠，小鼠不死。

②注射 S 型给小鼠，小鼠死亡。

③将杀死的 S 型注射给小鼠，小鼠不死。

④将杀死的 S 型和 R 型混合注射小鼠，小鼠死亡，并从死鼠体内分离出了活的 S 形。

结论是："转化因子"使 R 型细菌转化成了 S 型细菌。

1944 年，美国人 Avery 延续了这一实验。步骤是：

①R 型和 S 型的蛋白混合培养，结果都是 R 型的。

②R 型和 S 型的 DNA 混合培养，结果出现了 S 型。

③R 型、S 型的 DNA 和 DNA 分解酶混合培养，结果都是 R 型的。

结论是：遗传物质是 DNA，不是蛋白质。

因为蛋白质的生物合成需要由 DNA 提供遗传信息，而 DNA 的生物合成需要蛋白质的催化。DNA、RNA 和蛋白质几乎是处于同等重要地位的生物大分子，它们三者共同处于当代生命的核心地位。

4.1 核酸的种类和组成单位

4.1.1 核酸的种类

核酸分为核糖核酸(ribo nucleic acid, RNA)和脱氧核糖核酸(deoxyribo nucleic acid, DNA)两大类。DNA 主要存在于细胞核的染色质中[原核细胞没有明显的细胞核结构，DNA 存在于拟核(nucleoid)的结构区。每个原核细胞一般只有一个染色体，每个染色体含一个双链环状 DNA]，线粒体、叶绿体中也有少量 DNA；RNA 主要存在于细胞质中，核内只有约

10%。但对于病毒来讲,要么只含 DNA,要么只含 RNA。还没有发现既含有 DNA,又含有 RNA 的病毒。例如,在烟草花叶病毒(TMV)和脊髓灰质炎病毒、脑炎病毒中,RNA 作为遗传物质。图 4-1 为 DNA 和 RNA 结构模式图。

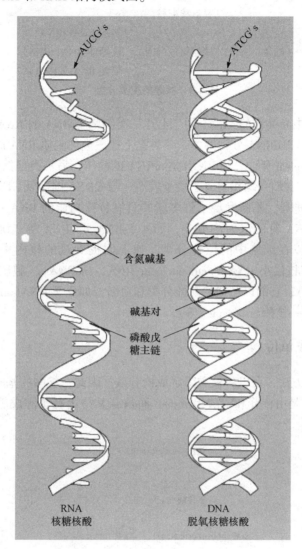

图 4-1　DNA 和 RNA 结构模式图

DNA 的主要种类如图 4-2 所示。

$$
\text{DNA}\begin{cases}\text{真核}\begin{cases}98\%\text{核中(染色体中)}\\\text{核外}\begin{cases}\text{线粒体(mDNA)}\\\text{叶绿体(ctDNA)}\end{cases}\end{cases}\\\text{原核}\begin{cases}\text{拟核}\\\text{核外:质粒(plasmid)}\end{cases}\\\text{病毒:DNA 病毒}\end{cases}
$$

图 4-2　DNA 的主要种类

RNA 又主要分为 3 类：转运 RNA(transfer RNA，tRNA)、核糖体 RNA(ribosomal RNA，rRNA)和信使 RNA(messenger RNA，mRNA)。这 3 种 RNA 都与蛋白质的合成密切相关。

核酸的主要分类如图 4-3 所示。

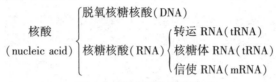

图 4-3　核酸的主要分类

真核生物的细胞核中尚存在的少量不同于上述三类细胞质 RNA 的 RNA，称为细胞核 RNA(nuclear RNA，nRNA)。nRNA 分为两类：一类是上述三类细胞质 RNA 的前体，如不均一核 RNA(heterogeneous nuclear RNA，hnRNA)是 mRNA 的前体；另一类是核内小 RNA(small nuclear RNA，snRNA)，它们平均相对分子质量较小，与 mRNA 前体及 rRNA 前体的加工有关。

随着核酸研究的进展，不断发现了许多新的具有特殊功能的 RNA，几乎涉及细胞功能的各个方面。这些 RNA 有的以大小分类，如 4.5sRNA、5sRNA 等，统称为小 RNA(small RNA，sRNA)；有的以在细胞中的位置分类，如上面提到过的核内小 RNA(small nuclear RNA，snRNA)，还有核仁小 RNA(small nucleoar RNA，snoRNA)，胞质小 RNA(small cytoplasmic RNA，scRNA)；有的以已知的功能分类和命名，如反义 RNA(antisense RNA)、具生物催化作用的 RNA——核酶(ribozyme)等。

4.1.2　核酸的组成单位

采用不同的降解方法，可以将核酸降解成核苷酸。因此，核酸的基本构成单位是核苷酸(nucleotide)。核苷酸是由核苷和磷酸组成的，而核苷又是由碱基和戊糖组成的。核酸的组成如图 4-4 所示。

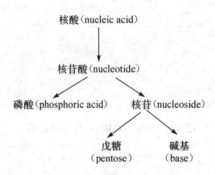

图 4-4　核酸的组成

核酸中的戊糖有两类：D-核糖(D-ribose)和 D-2-脱氧核糖(D-2-deoxyribose)。核酸的分类就是根据两种戊糖种类不同而分为 RNA 和 DNA 的。含有的戊糖为 D-核糖(D-ribose)的核酸是 RNA；含有的戊糖为 D-2-脱氧核糖(D-2-deoxyribose)的核酸是 DNA。

在 RNA 中碱基主要有 4 种：腺嘌呤、鸟嘌呤、胞嘧啶和尿嘧啶；DNA 中也有 4 种碱基，与 RNA 不同的是胸腺嘧啶代替了尿嘧啶。

RNA 和 DNA 的组成成分比较如表 4-1 所示。

表 4-1 两种核酸的组成成分

核酸的成分	DNA	RNA
嘌呤碱（purine bases）	腺嘌呤（adenine） 鸟嘌呤（guanine）	腺嘌呤 鸟嘌呤
嘧啶碱（pyrimidine bases）	胞嘧啶（cytosine） 胸腺嘧啶（thymine）	胞嘧啶 尿嘧啶（uracil）
戊糖（pentose）	D-2-脱氧核糖 （D-2-deoxyribose）	D-核糖 （D-ribose）
酸（acid）	磷酸（phosphate）	磷酸（phosphate）

下面就按照由小到大的层次认识一下核酸的具体组成。

4.1.2.1 核糖

核酸中的戊糖都是 β-D 型呋喃糖。RNA 中所含的糖是 D-核糖（ribose）。DNA 中所含的糖是 D-2-脱氧核糖（deoxyribose）。差别在于前者是 $2'$—OH，后者是 $2'$—H。二者的结构如图 4-5 所示。

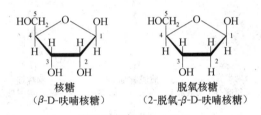

图 4-5 核糖的结构

4.1.2.2 碱基

碱基是含氮的碱性杂环化合物，包括嘧啶和嘌呤两类。核酸中的嘧啶碱和嘌呤碱分别由嘧啶和嘌呤衍生而来的。图 4-6 为嘧啶环和嘌呤环的基本结构。

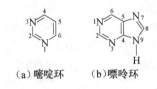

图 4-6 嘧啶和嘌呤的结构

这些碱基几乎都不溶于水，这与其芳香族的杂环结构有关。具有强烈的紫外吸收，其最大吸收值在 260nm。具有互变异构（keto-enol tautomerism）性质，见图 4-7。

（1）嘧啶碱

核酸中存在的嘧啶碱有胞嘧啶（cytosine）、尿嘧啶（uracil）及胸腺嘧啶（thymine）3 种。DNA 含胸腺嘧啶，不含尿嘧啶；RNA 则相反，核酸中的嘧啶碱都是嘧啶的衍生物。核酸中的嘧啶碱结构如图 4-8 所示。

(a)

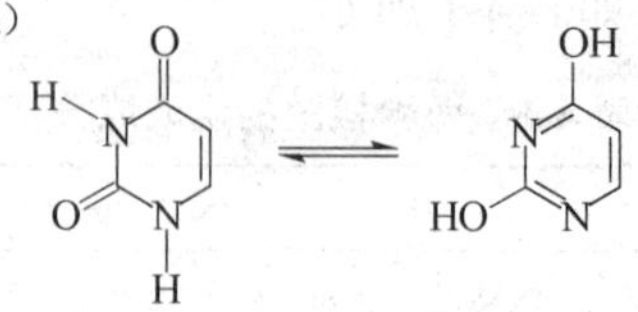

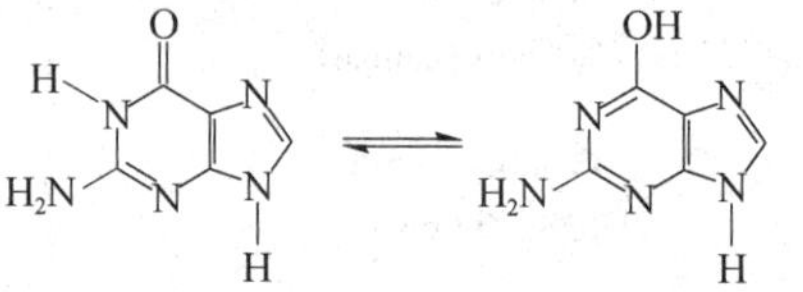

酮式(99.99%) 烯醇式(0.01%)

(b)

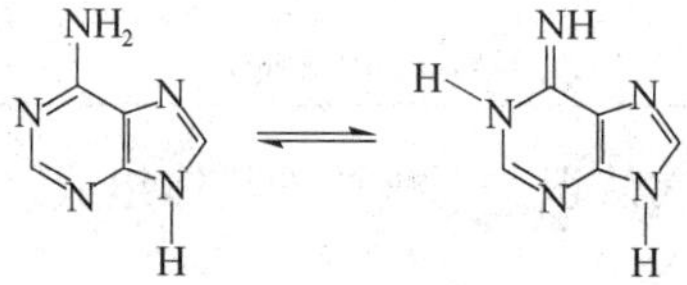

氨基式(99.99%) 亚氨基式(0.01%)

图 4-7 碱基的互变异构

(a)酮式—烯醇式互变；(b)氨基式—亚氨基式互变

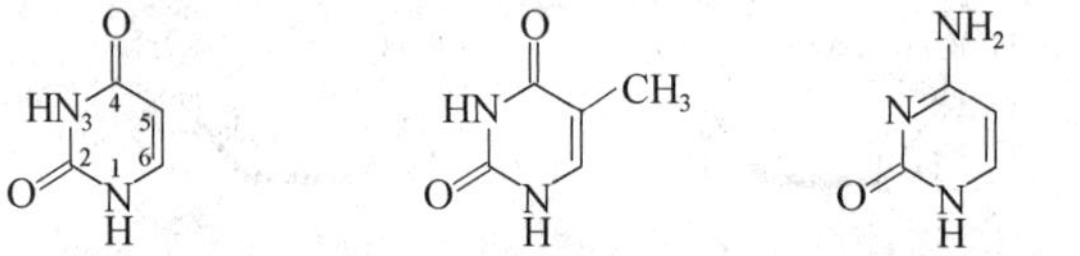

尿嘧啶 胸腺嘧啶 胞嘧啶

(2,4-二氧嘧啶) (2,4-二氧-5-甲基嘧啶) (2-氧-4-氨基嘧啶)

图 4-8 嘧啶碱的结构

(2)嘌呤碱

核酸中存在的嘌呤碱有腺嘌呤(adenine)和鸟嘌呤(guanine)两种。核酸中的嘌呤碱是由嘌呤衍生而来的。核酸中的嘌呤碱结构如图 4-9 所示。

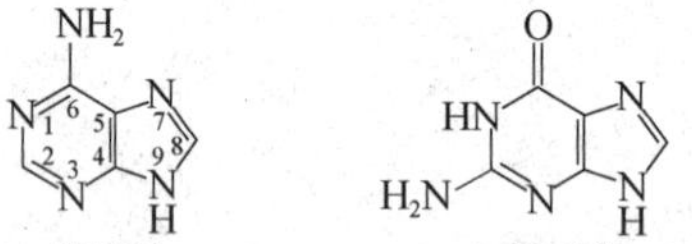

腺嘌呤 鸟嘌呤

(6-氨基嘌呤) (2-氨基-6-氧嘌呤)

图 4-9 嘌呤碱的结构

自然界中还存在着许多重要的嘌呤衍生物，如人们比较熟悉的咖啡因和茶碱等。还有次黄嘌呤、黄嘌呤和尿酸，是核酸代谢产物，并非核酸的成分。其结构如图 4-10 所示。

(3)稀有碱基(修饰碱基)

除上述五种基本碱基外，核酸中还有一些含量甚少的碱基，称为稀有碱基，这些碱基是在核酸合成后经过甲基化、硫代、甲硫代、乙酰化等修饰而成的，所以又称修饰碱基。稀有碱基含量虽少，但种类很多，大部分是常见碱基的甲基化产物。tRNA 中含有较多的稀有碱

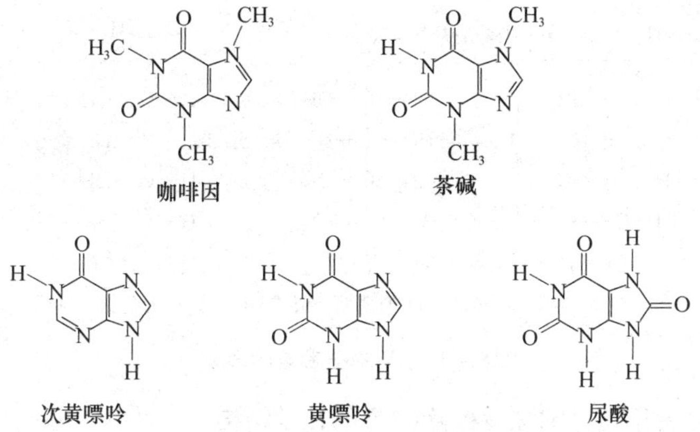

咖啡因　　　　茶碱

次黄嘌呤　　　黄嘌呤　　　尿酸

图 4-10　一些嘌呤衍生物的结构

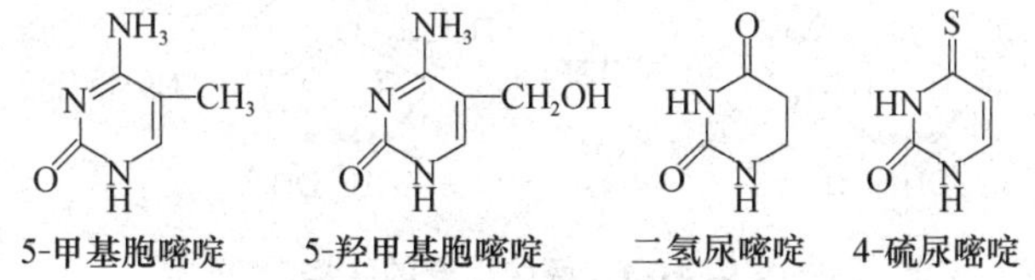

5-甲基胞嘧啶　5-羟甲基胞嘧啶　二氢尿嘧啶　4-硫尿嘧啶

图 4-11　稀有碱基的结构

基。稀有碱基结构如图 4-11 所示。

4.1.2.3　核苷

核苷是由戊糖和碱基通过 β-N 糖苷键形成的糖苷。核苷中的戊糖有 D-核糖和 D-2 脱氧核糖两种，它们都以呋喃型环状结构存在。前者形成核糖核苷，后者形成脱氧核糖核苷。表 4-2 中列出了核苷酸中所含核苷的种类。

表 4-2　核苷酸中所含核苷的种类

碱基	缩写	核糖核苷	缩写	脱氧核苷	缩写
腺嘌呤	（Ade）	腺嘌呤核苷	A	腺嘌呤脱氧核苷	dA
鸟嘌呤	（Gde）	鸟嘌呤核苷	G	鸟嘌呤脱氧核苷	dG
胞嘧啶	（Cyt）	胞嘧啶核	C	胞嘧啶脱氧核苷	dC
尿嘧啶	（Ura）	尿嘧啶核苷	U	—	
胸腺嘧啶	（Thy）	—		胸腺嘧啶脱氧核苷	dT

核苷中的糖苷键由戊糖的异头体 C 原子与嘧啶碱基的 N_1 或嘌呤碱基 N_9 形成。为了避免碱基环上原子的编号与呋喃糖环上原子编号混淆，在呋喃环上各原子编号的阿拉伯数字后需加"′"。具体地说，糖苷键由 $C_{1'}$ 上的半缩醛—OH 与嘧啶碱 N_1 或嘌呤碱 N_9 上的 H 缩合去水而成。

以葡萄糖为例，葡萄糖在水溶液中的许多性质表明，葡萄糖分子通常以环式结构存在。当 1 位碳醛基和 5 位碳的羟基缩合，1 位碳和 5 位碳通过氧桥相连，一个环状结构便形成了，这样由 5 个 C 和一个 O 组成的环称为吡喃环。成环时，1 位碳上的醛基变成羟基，这个羟基还部分呈现原来醛基的还原性，称为半缩醛羟基。图 4-12 为半缩醛羟基的示意图。

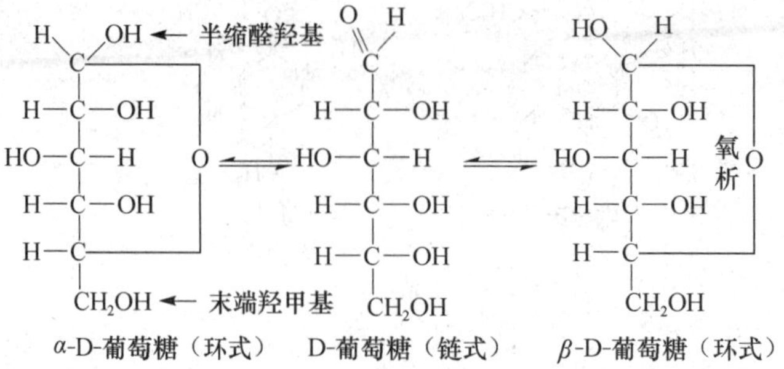

图4-12 半缩醛羟基的形成

图4-13为嘧啶核苷(左)和嘌呤核苷(右)的化学结构。

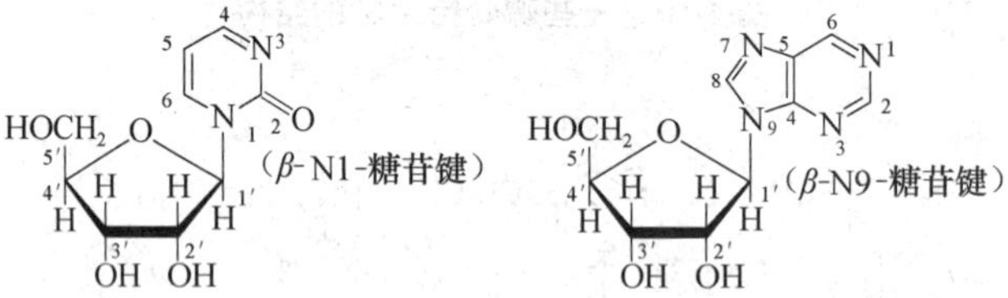

图4-13 两种核苷的结构

在核苷中，碱基在糖苷键上的旋转受到空间位阻的限制。核苷和核苷酸能以顺式和反式两种构象存在。顺式核苷的碱基与戊糖环在同一个方向，反式核苷的碱基与戊糖环在相反的方向。由于嘧啶环O2和戊糖环C5′之间的空间位阻，嘧啶核苷通常为反式构象。嘌呤核苷可采取两种构象。自由的嘌呤核苷(特别是鸟苷)更容易形成顺式构象，但是，DNA和RNA螺旋中的嘌呤核苷主要为反式构象。图4-14为几种顺式和反式核苷。

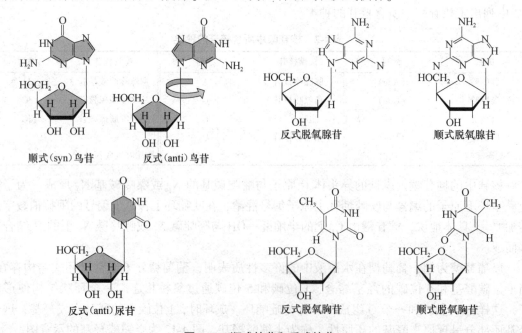

图4-14 顺式核苷和反式核苷

与稀有碱基有些类似，核苷中也有稀有核苷（修饰核苷）。稀有核苷包括 3 类：
① 由修饰碱基与核糖或脱氧核糖组成的核苷；
② 由正常碱基与修饰核糖（如 2′-O-甲基核糖）组成的核苷；
③ 碱基和核糖连接方式特殊的核苷。

如 tRNA 和 rRNA 中含有少量假尿嘧啶核苷（用 ψ 表示），在它的结构中戊糖的 C1 不是与尿嘧啶的 N1 相连接，而是与尿嘧啶 C5 相连接。几种稀有核苷如图 4-15 所示。

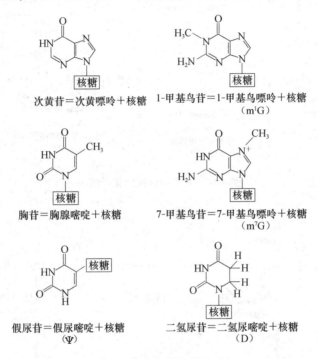

图 4-15　几种稀有核苷的结构

4.1.2.4　核苷酸

核苷酸是核苷的戊糖羟基磷酸酯。由嘌呤碱或嘧啶碱，核糖或脱氧核糖和磷酸所组成。理论上，核苷的 5′-OH、3′-OH 和 2′-OH 均可以被磷酸化而分别形成核苷-5′-磷酸、核苷-3′-磷酸和核苷-2′-磷酸。但是，自然界的核苷酸多为核苷-5′-磷酸。用碱水解 RNA 时，可得到 2′-核苷酸与 3′-核苷酸的混合物。含有核糖的核苷酸称为核（糖核）苷酸，例如，adenosine mono phosphate（单磷酸腺苷，AMP）；含有脱氧核糖的核苷酸称为脱氧核（糖核）苷酸。例如，deoxy adenosine mono phosphate（dAMP）。dAMP 及其他核（糖核）苷酸结构如图 4-16 所示。

核苷单磷酸（NMP）是指核苷的单磷酸酯。核苷单磷酸可以通过一次成酐反应形成核苷二磷酸（NDP）。核苷二磷酸再通过一次成酐反应生成核苷三磷酸（NTP）。为了将核苷二磷酸和核苷三磷酸上不同的磷酸根区分开来，将直接与戊糖 5′-羟基相连的磷酸定为 α 磷酸根，其余两个磷酸根从里到外依次被称为 β 磷酸根和 γ 磷酸根（图 4-17）。

除组成核酸之外，一些核苷酸还有其他重要功能。例如，ATP、cAMP 和 cGMP。ATP 参与能量代谢，是生物体内自由能的通用货币。cAMP 和 cGMP 作为某些激素的第二信使，

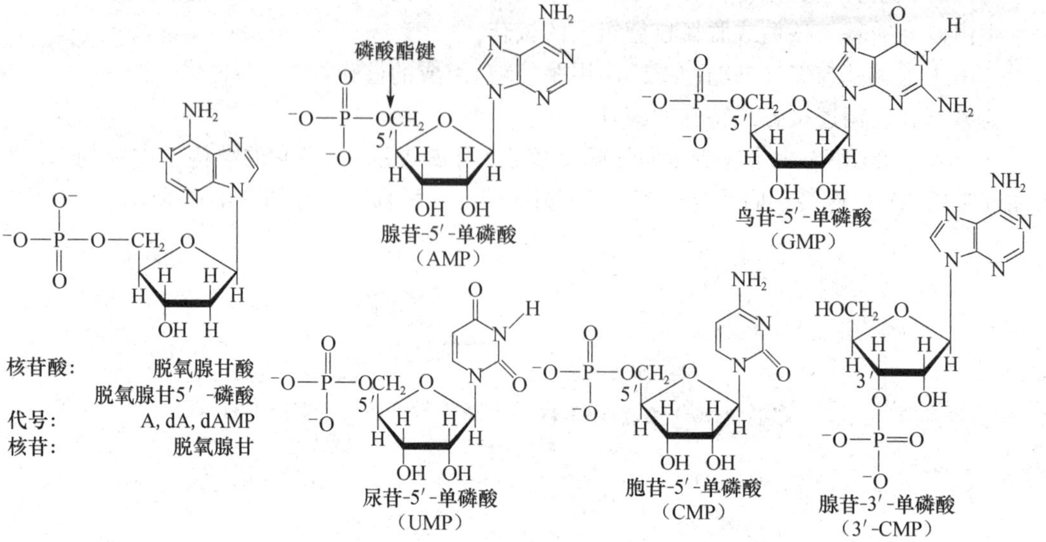

图 4-16 常见核苷酸的化学结构

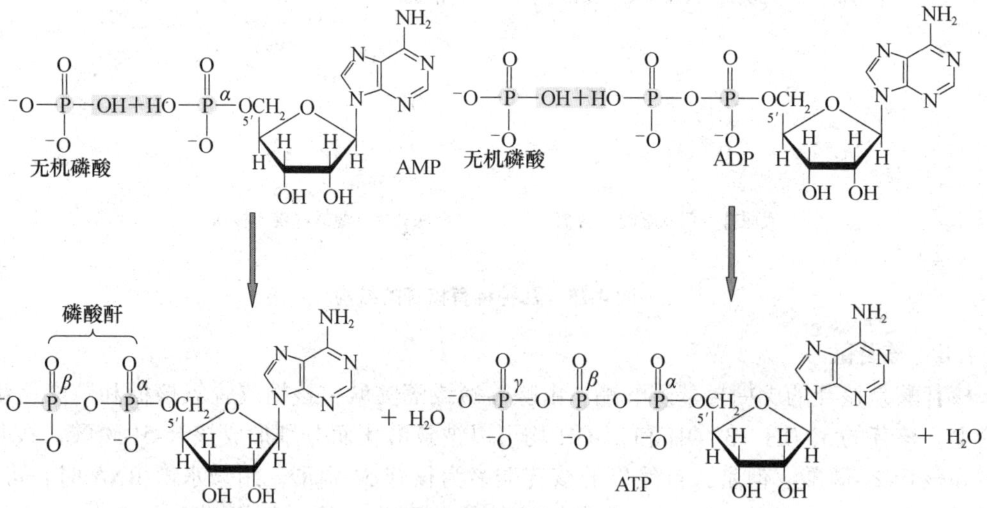

图 4-17 腺苷酸及其磷酸化合物的形成

在调节代谢、跨细胞膜信号传导中起非常重要的作用。类似的化合物还有环胞一磷（cCMP）。cAMP 和 cGMP 的结构如图 4-18 所示。

在生物体内还有一些参与代谢作用的重要核苷酸衍生物，如尼克酰胺腺嘌呤二核苷酸（辅酶Ⅰ，NAD）、尼克酰胺腺嘌呤二核苷酸磷酸（辅酶Ⅱ，NADP）、黄素单核苷酸（FMN）、黄素腺嘌呤二核苷酸（FAD）等与生物氧化作用的关系很密切，是重要的辅酶。

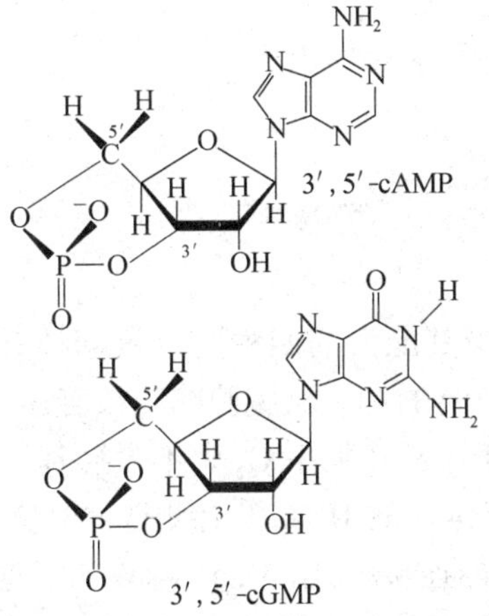

图 4-18　环腺苷酸和环鸟苷酸的化学结构

知识窗

核酸的分子结构的确定

早在 1944 年，生物学家就发现了 DNA 是遗传物质。随之而来的问题——弄清 DNA 的结构以及它如何控制生命的运作——吸引着许多科学家，这其中包括金氏学院的威尔金斯、富兰克林、大西洋彼岸加州理工学院的鲍林。当然，还有沃森和克里克。

解决 DNA 结构的关键之一来自富兰克林拍摄的 DNA 晶体 X 射线照片。在这张照片的帮助下，沃森和克里克建立了关于 DNA 结构的一个螺旋模型。

1953 年 2 月 28 日，克里克和沃森在剑桥附近的"老鹰"酒吧向大家宣布了他们的发现。两个月之后，《自然》杂志发表了他们的论文《核酸的分子结构》。在这篇 900 多字（大约 1 页）的论文中，沃森和克里克描述了一种拥有"全新特征"的 DNA 结构模型。威尔金斯和富兰克林也在同一期发表了相关内容的论文。

克里克的妻子奥黛尔为论文绘制了插图——看上去就像两条相互盘旋的纸带，中间被火柴杆连接着。尽管这已经反映出了 DNA 结构的实质，它还是显得十分粗糙。于是，在接下来的几个月时间里，克里克和沃森又发表了三篇论文，详细论述 DNA 的结构。不过，科学上的重大发现当初却不一定是大事件。直到 20 世纪 50 年代末，对于 DNA 的研究才逐渐加速。

1962 年，克里克、沃森和威尔金斯因为对 DNA 结构的研究获得了诺贝尔生理学或医学奖。而对 DNA 结构有贡献的另一个人——富兰克林在此之前就已经去世了。1973 年，在庆祝 DNA 结构发现 20 周年的时候，克里克在《分子生物学》杂志上回忆说，"与其相信沃森和克里克造就了 DNA 结构，倒不如说 DNA 结构造就了沃森和克里克。"毕竟，当时沃森不过是一个初出茅庐的生物学家，而克里克甚至还没有拿到博士学位。

4.2　核酸的分子结构

4.2.1　DNA 的分子结构

4.2.1.1　DNA 的一级结构

DNA 的一级结构是由数量极其庞大的四种脱氧核糖核苷酸，即脱氧腺嘌呤核苷酸、脱氧鸟嘌呤核苷酸、脱氧胞嘧啶核苷酸和脱氧胸腺嘧啶核苷酸，通过 3′, 5′-磷酸二酯键连接起来的直线形或环形多聚体。由于脱氧核糖中 C_2 上不含羟基，C_1 又与碱基相连接，所以唯一可以形成的键是 3′, 5′-磷酸二酯键。故 DNA 没有侧链。3′位有游离羟基，5′位有游离磷酸。DNA 分子中各脱氧核苷酸之间的连接方式（3′, 5′-磷酸二酯键）和排列顺序叫作 DNA 的一级结构，简称为碱基序列。一级结构的走向规定为 5′→3′。不同的 DNA 分子具有不同的核苷酸排列顺序，因此携带有不同的遗传信息。

一级结构的表示法包括结构式、线条式、字母式，如图 4-19 所示。

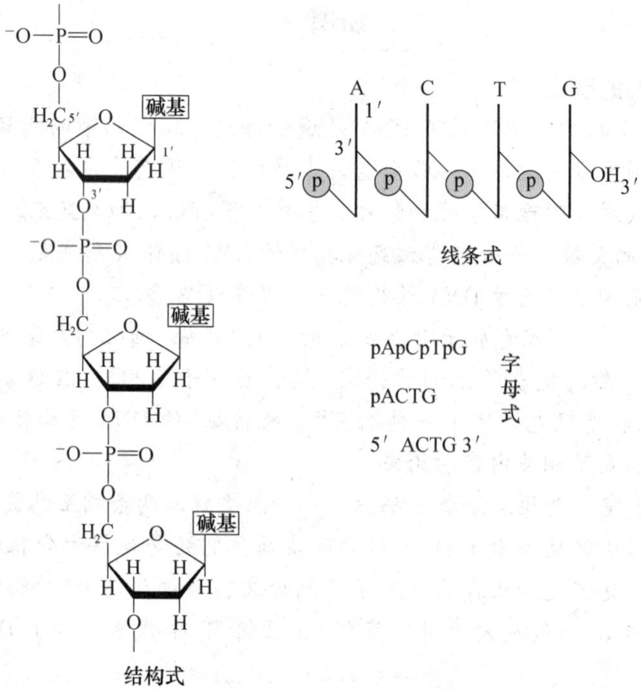

pApCpTpG

pACTG

5′ ACTG 3′

字母式

图 4-19　一级结构的表示法

其中 P 代表磷酸基，P 在碱基之左侧，表示 P 在 C5′位置上。P 在碱基之右侧，表示 P 与 C3′相连接。有时，多核苷酸中磷酸二酯键上的 P 也可省略，而写成…A—C—T—G…。这两种写法对 DNA 和 RNA 分子都适用。

4.2.1.2　DNA 的二级结构

1953 年，Watson 和 Crick 在前人研究工作的基础上，提出了 DNA 的双螺旋结构模型。

后人的许多工作证明这个模型基本上是正确的。Watson 和 Crick 所用的资料来自于相对湿度为92%时所得到的 DNA 钠盐纤维。这种 DNA 称为 B 型 DNA(B-DNA)。在相对湿度低于75%时获得的 DNA 钠盐纤维，其结构有所不同，称为 A-DNA。此外还有 Z-DNA。这里仅详细介绍 B-DNA。

(1) 双螺旋结构模型的主要依据

X 射线衍射数据：Wilkins 和 Franklin 发现不同来源的 DNA 纤维具有相似的 X 光衍射图谱，这说明 DNA 可能有共同的分子模型。X 射线衍射数据说明 DNA 含有 2 条或 2 条以上具有螺旋结构的多核苷酸链。图 4-20 为 DNA 晶体的 X 射线衍射图谱(可见图谱中存在两种周期性反射)。

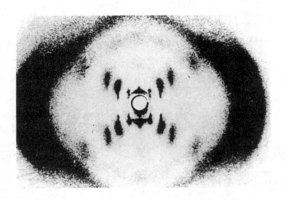

图 4-20　DNA 晶体的 X 射线衍射图谱

关于碱基成对的依据：1950 年 Chargaff 应用层析法对多种生物 DNA 的碱基组成进行了分析，总结出 DNA 碱基组成的规律，称为 Chargaff 规则。

①A = T；　　　　②G = C；
③A + C = G + T；　　④A + G = C + T。

电位滴定行为：DNA 的磷酸基可以滴定，碱基的可解离基团不能滴定，说明它们之间由氢键相连。

(2) B-DNA 双螺旋结构模型的要点

两条链反平行，右手盘绕双螺旋：DNA 分子是由两条反向平行的脱氧核苷酸链组成，这两条链围着同一中心轴互相缠绕，形成右手螺旋。

核糖磷酸作骨架，碱基填充在里边，大沟小沟在表面：碱基位于双螺旋内侧。磷酸与脱氧核糖位于双螺旋外侧，彼此通过 3′,5′-磷酸二酯键相连接，形成 DNA 分子骨架。双螺旋结构上有两条凹沟，较深的称大沟，较浅的称小沟。碱基顶部基团裸露在 DNA 大沟内。大沟的空间更有利于与蛋白质的结合。

A-T 对、G-C 对，垂直纵轴堆成堆：碱基平面与中心轴垂直，糖环平面与中心轴平行。A-T 配对形成两个氢键，G-C 配对形成三个氢键。

螺距 3.4nm，直径 2nm，10 对碱基绕一圈：相邻的两个碱基近同一平面，垂直于轴(糖面近似平行于轴)，相邻碱基对平面间的距离(碱基堆积距离)为 0.34nm。螺旋直径 2nm。每 10 个核苷酸形成一圈螺旋，每圈螺旋的高度是 3.4nm。相邻两个核苷酸之间的夹角是 36°。

纵向堆积力、横向氢键维(分子内稳定力)：相邻碱基平面间的距离使平面上下分布的电子云相互作用，同时，环境中水对疏水的碱基产生的作用也有助于螺旋内的碱基堆积成有规律的疏水核心。螺旋外围有亲水基团，使螺旋外围形成水壳。许多较弱氢键的集合能量是很大的。局部打开的氢键有恢复原有状态保持分子构象不变的趋势。另外，DNA 双螺旋外侧带负电荷的磷酸基在不与正离子结合的状态下有静电斥力。磷酸基上负电荷被胞内组蛋白或正离子中和。

天然多数是双链(dsDNA)，某些病毒是单链(ssDNA)：大多数天然 DNA 属于双链 DNA(dsDNA)，某些病毒是单链 DNA(ssDNA)。

空间旋转受影响，构象数目实有限：双链 DNA 分子主链上的化学键旋转因碱基配对等因素影响而受到限制，使 DNA 分子比较刚硬，呈比较伸展的结构。但双螺旋结构也具一定的韧性，可以发生一定的变化而形成不同的类型，也可以进一步扭曲成三级结构。

图 4-21 所示为一些 DNA 的典型二级结构特征。

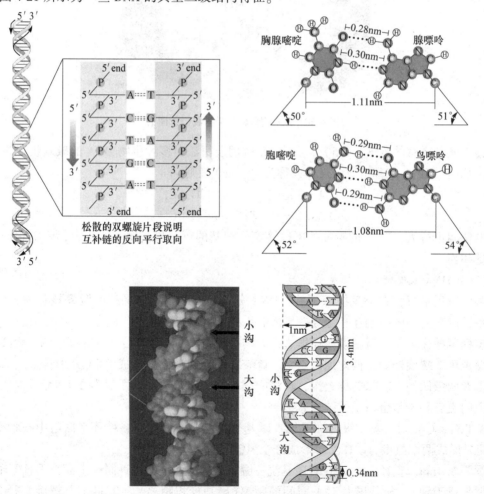

图 4-21 DNA 的典型二级结构特征

(3) DNA 双螺旋的不同类型

DNA 双股螺旋的二级结构在不同环境条件下可以形成不同的构象，称 DNA 结构多态性。实际上，双股螺旋的二级结构在不同的环境中，随含水不同，盐类不同，盐的浓度不同导致糖环折叠、主键旋转和 C1-糖苷键旋转。特别是在不同的湿度中，可以形成不同的立体形状，如 A 型、B 型、C 型 DNA，它们都是右手螺旋 DNA。

1979 年，Wang 和 Rich 等人研究脱氧六核苷酸 dCGCGCG 的结构时发现，其结构所显示的螺旋不是右手螺旋，而是左手螺旋。左手螺旋 DNA 分子中磷原子的走向为锯齿(zigzag)形，因而被称为 Z-DNA。Z-DNA 分子中一圈螺旋含有 12 对脱氧核苷酸，螺距为 4.56nm，直径为 1.8nm，只有深的小沟而没有大沟。天然 B-DNA 的局部区域可以出现 Z-DNA 结构，说明 B-DNA 与 Z-DNA 之间是可以互相转变的。另外，A-DNA 存在于 RNA 分子双螺旋区、RNA-DNA 杂交链中。Z-DNA 可能与基因表达的调节有关。几种 DNA 的结构如图 4-22 所示。

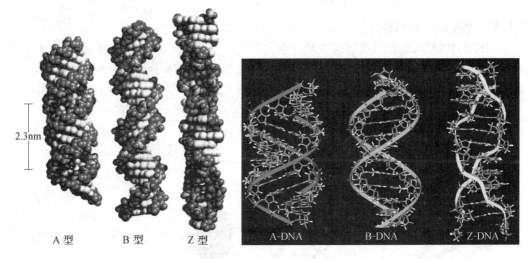

图 4-22 几种 DNA 的结构

三种 DNA 双螺旋构象的比较见表 4-3。

表 4-3 三种 DNA 双螺旋主要区别

项 目	A-DBA	B-DBA	Z-DBA
外 形	粗短	适中	细长
螺旋方向	右手	右手	左手
螺旋直径(nm)	2.55	2.37	1.84
碱基倾角(°)	20	0	7
大 沟	很窄很深	很宽很深	平坦
小 沟	很宽、浅	窄、深	较窄、很深

另外，一些情况下还存在三股螺旋 DNA，如图 4-23 所示。

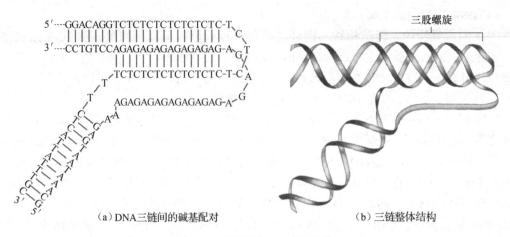

(a) DNA三链间的碱基配对　　　　　　(b) 三链整体结构

图 4-23　三股螺旋 DNA 的结构

4.2.1.3　DNA 的三级结构

实验指出 DNA 双螺旋二级结构在某些情况下进一步变为开环形、闭环超螺旋形及发夹形等三级结构。其中开环形双链 DNA 可视为由直线双螺旋 DNA 分子的两端连接而成，其中一条链留有一个缺口。列举的 DNA 的三级结构如图 4-24 所示。

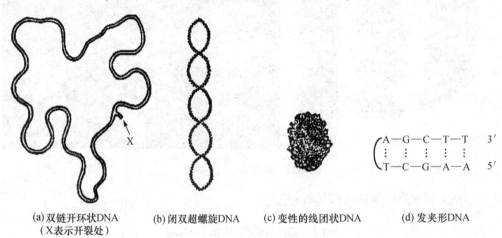

(a) 双链开环状DNA　　(b) 闭双超螺旋DNA　　(c) 变性的线团状DNA　　(d) 发夹形DNA
　　（X表示开裂处）

图 4-24　DNA 的三级结构

双链 DNA 多数为线形，少数为环形。某些小病毒、线粒体、叶绿体以及某些细菌中的 DNA 为双链环形。在细胞内，这些环形 DNA 进一步扭曲成"超螺旋"的三级结构。超螺旋是 DNA 三级结构的一种普遍形式，双螺旋 DNA 的松开导致负超螺旋，而拧紧则导致正超螺旋。图 4-25 显示了超螺旋的形成。

下面列出了环状 DNA 的拓扑学参数。

连接数(L)：双链 DNA 一链沿另一链缠绕次数。

扭转数(T)：DNA 分子中一条链缠绕另一条的次数。

缠绕数(超螺旋数，W)：$L = T + W$

图 4-26 体现了以上三者之间的关系：

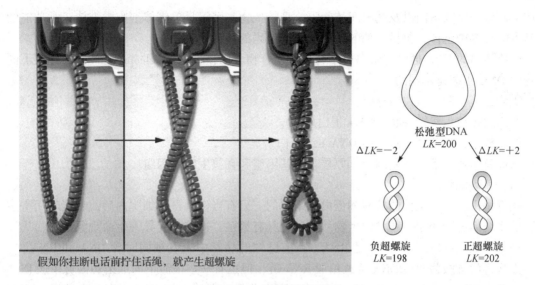

图 4-25 超螺旋的形成

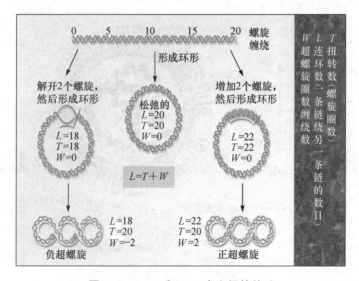

图 4-26 L、T 和 W 三者之间的关系

学习 DNA 的结构，有必要了解 DNA 与基因及基因组的关系。

遗传学将 DNA 分子中最小的功能单位称作基因。基因是生命系统中最基本的信息单位，是一段 DNA(有时是 RNA)，携带着合成活性产物的信息。这些产物大多数是蛋白质，也包括一些 RNA。一个基因包括编码区；编码区前面的序列和后面的序列；真核生物的基因中还包括外显子和内含子。基因与基因间由一些 DNA 片段隔开。

按照功能可以把基因分为结构基因和调节基因。前者是为 RNA 或蛋白质编码的基因，转录出的 mRNA 可以翻译出结构蛋白、酶或激素；后者只有调节功能，不转录生成 RNA 的片段或转录出的 mRNA 翻译出调节蛋白，负责调节结构基因的表达。

将某生物体所含的全部基因称为该生物体的基因组。原核生物和病毒的基因组是单个染色体上所含的全部基因以及基因间的间隔。真核生物基因组是单倍体细胞中维持正常功能的最基本的一套染色体,包括全部的基因以及非编码的序列。

生物体内的 DNA 通常与蛋白质结合形成复合物,以核蛋白(nucleoprotein)形式存在不同生物中 DNA 组装是不同的。

①病毒　核酸 + 蛋白质外壳。

②细菌拟核　双链环状 DNA + 蛋白质。

③真核生物染色体　双螺旋 DNA + 组蛋白。

下面就了解一下病毒基因组、原核生物基因组和真核生物基因组。

(1) 病毒基因组

病毒是由具有侵染性的核酸和蛋白质组成的。只有当侵入寄主细胞内后,才能利用寄主细胞的系统而进行繁殖。和其他生物一样,也具有繁殖、遗传、变异等生命现象。

病毒的核酸可以是 DNA 或是 RNA,目前已知的病毒中未发现同时含 DNA 和 RNA 的。大多数病毒的核酸为双股 DNA 链或单股 RNA 链,但也有一些很简单的细菌病毒含单股 DNA 链。大多数植物病毒含单股 RNA,动物的病毒有些含单股或双股 RNA,有些含单股或双股 DNA。图 4-27 是两种病毒的结构。

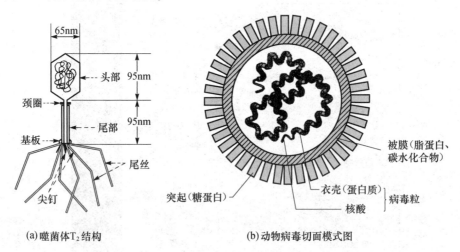

(a) 噬菌体 T_2 结构　　　　(b) 动物病毒切面模式图

图 4-27　病毒的结构

不同病毒的核酸分子大小有很大差异,它们所含的基因数目也有很大差异。表 4-4 为不同病毒的核酸比较。

表 4-4　不同病毒的核酸比较

病毒名称	核酸类型	粒子质量($\times 10^6$ g/mol)	核酸相对分子质量($\times 10^6$ g/mol)	核酸百分率(%)
番茄环斑病病毒	RNA	1.5	0.66	44
脊髓灰质炎病毒	RNA	6.7	2.0	22~30
多瘤病毒	DNA	21.1	3.5	13~14
烟草花叶病病毒	RNA	40	2.2	5~6
腺病毒	DNA	200	10	5
噬菌体 T2	DNA	220	134	61
人流行性感冒病毒	RNA	280	2.2	0.8

病毒侵染寄主细胞，是靠病毒的衣壳蛋白质辨认寄主细胞外壁的特殊部位，然后将病毒的核酸释放到寄主细胞中去，并破坏了寄主细胞的正常代谢过程，迫使寄主细胞进行病毒粒子的复制。以后，受侵染细胞死亡并随即溶解，新形成的病毒粒子则从其中释放出来。

病毒基因组具有基因重叠现象。这种现象在其他生物细胞仅见于线粒体和质粒 DNA 中。

(2) 原核生物基因组

原核细胞无细胞核，遗传物质集中形成类核结构，习惯上仍将原核生物的遗传物质称染色体。大多原核生物仅有单一的染色体拷贝，只含一个环状双链 DNA；也有含有线形 DNA。

原核生物基因组具有如下特点：

①除调节序列和信号序列外，DNA 的大部分是为蛋白质编码的结构基因，且每个基因在 DNA 分子中只出现一次或几次。

②功能相关的基因常串联在一起，并转录在同一 mRNA 分子中，这种现象在真核生物中很少见。

③具有基因重叠现象。所谓重叠基因(overlapping gene)是指两个或两个以上的基因共有一段 DNA 序列，或是指一段 DNA 序列成为两个或两个以上基因的组成部分。重叠基因有多种重叠方式。例如，大基因内包含小基因；前后两个基因首尾重叠一个或两个核苷酸；几个基因的重叠，几个基因有一段核苷酸序列重叠在一起，等等。重叠基因中不仅有编码序列也有调控序列，说明基因的重叠不仅是为了节约碱基，能经济和有效地利用 DNA 遗传信息量，更重要的可能是参与对基因的调控。

1977 年 F·桑格在测定噬菌体 ΦX174 的 DNA 的全部核苷酸序列时，却意外地发现基因 D 中包含着基因 E。基因 E 的第一个密码子从基因 D 的中央的一个密码子 TAT 的中间开始，因此两个部分重叠的基因所编码的两个蛋白质非但大小不等，而且氨基酸也不相同。在某些真核生物病毒中也发现有重叠基因。

图 4-28 为细菌拟核(nucleoid)的突环结构。

(3) 真核生物基因组

真核生物基因组是单倍体细胞中维持正常功能的最基本的一套染色体，包括全部的基因以及非编码的序列。每个中期染色体都由两条染色单体组成，每个染色单体含有一个 DNA 双螺旋分子。真核生物的染色体由 DNA、组蛋白、非组蛋白组成。

DNA 约占染色体相对分子质量的一半，余下的一半为蛋白质。这些与 DNA 结合的蛋白质大部分是小的碱性蛋白质，称为组蛋白(histone)。非组蛋白(non-histone)与 DNA 高层次包装、染色体分离以及基因的表达调控有关。

真核生物基因组包括了核基因组和细胞器基因组。

真核生物的基因一般分布在若干条染色体

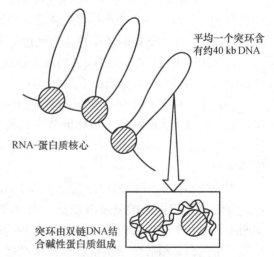

图 4-28 细菌拟核的突环结构

上，其主要特点有：①有重复序列。②有断裂基因。迄今分析的大多数真核生物基因都含有"居间序列"[又称内含子(intron)，是基因中不编码的居间序列。与之对应的是外显子(exone)，为基因中编码的片段]，导致基因的不连续性或断裂。真核生物基因为不连续基因，只有组蛋白基因例外，它没有内含子。人类基因组研究结果表明：

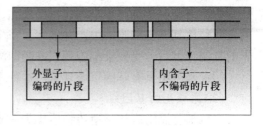

图 4-29　内含子与外显子

核基因组中编码序列只占整个基因组约 5%，约编码 30 000 个基因，其余的是非编码序列。非编码序列中只有一小部分已被证明与基因表达调控有关，大部分非编码序列的功能尚未被认知。内含子与外显子示意如图 4-29 所示。

其中，重复序列又分为以下 3 种：

①单拷贝序列　在整个 DNA 分子中只出现一次或少数几次，主要是编码蛋白质的结构基因。大多数蛋白质的基因是单拷贝序列。在人细胞中占 DNA 总量的 1/2。

②中度重复序列　在 DNA 分子中可重复几十次到几千次，tRNA 基因和某些蛋白质基因属中度重复序列。在人细胞中占 DNA 总量的 30%～40%。

③高度重复序列　可重复几百万次，多数小于 10bp(1bp = 1 个碱基对)的短序列。一般位于异染色质上，多数不编码蛋白质或 RNA，可能与染色体结构的形成及基因表达的调控有关。在细胞周期中，间期、早期或中、晚期，某些染色体或染色体的某些部分的固缩常较其他的染色质早些或晚些，其染色较深或较浅，这种固缩的染色体称为异染色质(heterochromatin)。异染色质具有强嗜碱性，染色深，染色质丝包装折叠紧密，与常染色质相比，异染色质是转录不活跃部分，多在晚 S 期复制。异染色质分为结构异染色质和功能异染色质两种类型。结构异染色质是指各类细胞在整个细胞周期内处于凝集状态的染色质，多定位于着丝粒区、端粒区，含有大量高度重复顺序的脱氧核糖核酸(DNA)，称为卫星 DNA(satellite DNA)。功能异染色质只在一定细胞类型或在生物一定发育阶段凝集，如雌性哺乳动物含一对 X 染色体，其中一条始终是常染色质，但另一条在胚胎发育的第 16～18 天变为凝集状态的异染色质，该条凝集的 X 染色体在间期形成染色深的颗粒，称为巴氏小体(Barr body)。

真核细胞染色质和一些病毒的 DNA 是双螺旋线形分子。染色质 DNA 的结构极其复杂。真核染色体的包装可以分成以下几个层次。

①首先，双螺旋的 DNA 分子围绕蛋白质八聚体进行盘绕，从而形成染色体的基本结构单位，称为核小体(nucleosome)。图 4-30 为核小体的结构。

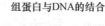

构成核小体的组蛋白在进化上非常保守，不同种生物中组蛋白的氨基酸组成十分相似，说明组蛋白在不同生物的染色体中具有相同的功能。组蛋白是相对分子质量较小的碱性蛋白质，一般相对分子质量为 10 000～20 000，含有约 25% 的碱性氨基酸 Lys、Arg，等电点一般

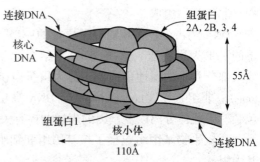

图 4-30　核小体的结构

在 pH=10.0 以上，在生理条件下，带正电荷。染色体中带正电荷的组蛋白与带负电荷的 DNA 结合，有利于 DNA 的稳定。

每个核小体包含了约 200bp 的 DNA 和 5 种组蛋白。核小体中，由组蛋白内部核心（interior core）和盘绕在组蛋白核心外面的 DNA 片段形成核心颗粒（core particle）。组蛋白内部核心由 4 种组蛋白 H2A、H2B、H3、H4 各两分子构成致密的八聚体，DNA 链按左手螺旋方式在八聚体外部盘绕 1.75 圈。这段 DNA 长 146bp，被称为核心 DNA（core DNA），核心 DNA 的这种缠绕方式使 DNA 形成负超螺旋。不同生物核小体中的核心颗粒结构完全相同。

核心颗粒之间的连接部分为连接 DNA（linker DNA）。连接 DNA 的长度在不同物种中的差异较大，通常约 35bp 长。由于连接 DNA 的长度不同，一个核小体中包含的 DNA 链长一般在 150~250bp 之间变化，通常是 200bp。

组蛋白 H1 结合在核心颗粒外侧 DNA 双链的进出口端，犹如一个搭扣将绕在八聚体外的 DNA 链固定，形成了完整的核小体结构。连接 DNA 将核心颗粒彼此连接起来构成串珠状（bead-like），核小体就是染色质上的重复结构单位。

②接着，许多核小体由 DNA 链连在一起构成念珠状结构，缠绕形成螺线管结构，螺线管结构再形成辐射环。图 4-31 为核小体进一步形成螺线管结构。

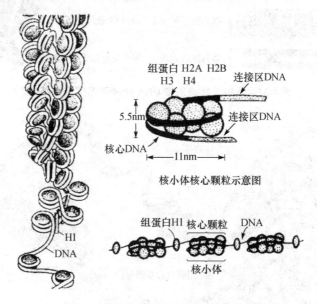

图 4-31 核小体及形成的螺线管结构

DNA 首先与组蛋白结合包装成核小体作为真核生物染色体的基本结构单位。由核小体组成的串珠状纤维盘绕成中空的螺线管（solenoid）结构，直径为 30nm，也称为染色质纤丝（chromatin fiber），每圈由 6 个核小体组成。组蛋白 H1 位于螺线管内部，在维持毗邻核小体的紧密度及核小体纤维折转形成螺线管中起重要作用。

螺线管纤维继续压缩，缠绕在由某些非组蛋白构成的蛋白质支架上，形成许多从支架上伸出的纤维突环，纤维突环呈辐射状伸向四周。带有纤维突环的非组蛋白支架进一步盘绕形成直径为 700nm 的染色单体。两条姊妹染色单体形成中期的染色体，直径为 1 400nm。

不同生物的染色体，或者是同一生物中不同时期的染色体，或者是同一染色体上不同的区域，DNA 的压缩程度不同，因此 DNA 组装的结构并不是固定的。

③最后进一步盘绕成更复杂、更高层次的结构。据估算，人的 DNA 大分子在染色质中反复折叠盘绕，共压缩 8 000 ~ 10 000 倍。染色质 DNA 的结构层次如图 4-32 所示。

图 4-33 体现了 DNA—核小体—染色体—细胞的层次关系。

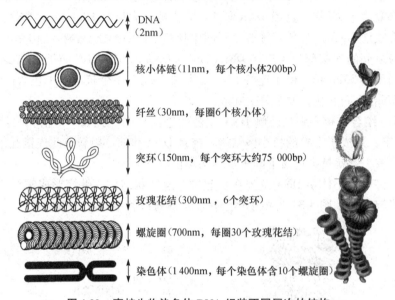

图 4-32 真核生物染色体 DNA 组装不同层次的结构

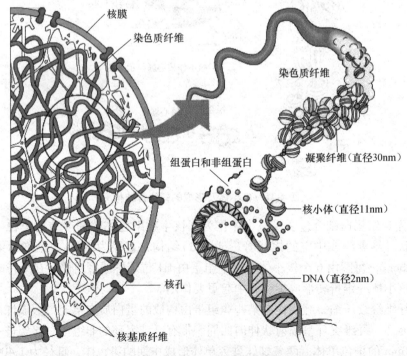

图 4-33 DNA—核小体—染色体—细胞的层次关系

真核生物的基因和基因组的结构一般由以下几个区域组成。

编码区：包括外显子和内含子。

非编码区：包括5′UTR(untranslated regions)和3′UTR。

调节区：包括调节基因转录的一些序列，如启动子、增强子等。这些序列通常位于编码区的两侧，所以也被称为侧翼序列。

调控序列主要有以下几种：

①在5′端转录起始点上游约20～30个核苷酸的地方，有TATA盒(TATA box)。TATA盒是一个短的核苷酸序列，其碱基顺序为TATAATAAT。TATA盒是启动子中的一个顺序，它是RNA聚合酶的重要的接触点，它能够使酶准确地识别转录的起始点并开始转录。当TATA盒中的碱基顺序有所改变时，mRNA的转录就会从不正常的位置开始。

②在5′端转录起始点上游约70～80个核苷酸的地方，有CAAT盒(CAAT box)。CAAT盒是启动子中另一个短的核苷酸序列，其碱基顺序为GGCTCAATCT。CAAT盒是RNA聚合酶的另一个结合点，它的作用还不很肯定，但一般认为它控制着转录的起始频率，而不影响转录的起始点。当这段顺序被改变后，mRNA的形成量会明显减少。

③在5′端转录起始点上游约100个核苷酸以远的位置，有些顺序可以起到增强转录活性的作用，它能使转录活性增强上百倍，因此被称为增强子。当这些顺序不存在时，可大大降低转录水平。研究表明，增强子通常有组织特异性，这是因为不同细胞核有不同的特异因子与增强子结合，从而对不同组织、器官的基因表达。

图4-34为真核生物基因的一般结构。

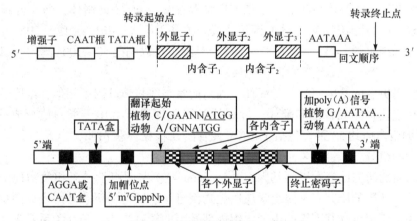

图4-34 真核生物基因的一般结构

多细胞的真核生物各组织、器官有明显的分化。尽管每个细胞都有相同的一套基因组，分化不同的细胞中表达的基因并不相同，每个细胞只表达整个基因组的一部分基因。其中，人脑细胞表达基因的比例最高，大约占全部基因的22%。

原核生物的复制、转录和翻译在同一个位置上进行。真核生物基因表达在时间和空间上是分开的，复制和转录发生在细胞核中，翻译却在细胞质中进行。

介绍了核基因组，接着介绍细胞器基因组。

动物细胞具有线粒体，植物细胞既有线粒体，又有叶绿体。这两类细胞器都与生物的能量代谢有关。线粒体和叶绿体也有自己的基因组。线粒体中的 DNA 称为 mtDNA(mitochondrial DNA)，叶绿体中的 DNA 称为 ctDNA(chloroplast DNA)。细胞器基因组大多数为环状双链 DNA 分子。

在一个细胞器中，通常都有几个拷贝的基因组。因此，每个细胞中所含有的细胞器基因组拷贝数是很多的。细胞器基因组编码自身所需的部分蛋白质以及 tRNA、rRNA。细胞器具有自己的核糖体，可以合成自身所需的部分蛋白质，其余的蛋白质则由核基因组编码在细胞质中合成，然后转运到线粒体和叶绿体中。

①线粒体基因组　不同生物的线粒体基因组的大小变化很大。动物细胞的线粒体基因组通常较小。哺乳动物中，mtDNA 约为 16.5 kb。每个细胞中有几百个线粒体，每个线粒体中含多个 mtDNA，但 mtDNA 的总量很少，不到核 DNA 的 1%。啤酒酵母中，不同菌株间线粒体大小都在 80kb 左右。每个细胞中有 22 个线粒体，每个线粒体中有 4 个拷贝的基因组。在迅速生长的啤酒酵母细胞中，线粒体 DNA 所占比例可达 18%。植物 mtDNA 大小变化较大。

线粒体基因组只编码较少的蛋白质，编码蛋白质的数目与基因组大小无关。线粒体基因组编码的蛋白质主要是电子传递链中蛋白质复合物 Ⅰ~Ⅳ 的各亚基组分。动物和真菌线粒体的核糖体蛋白质几乎都不是由线粒体基因组编码，而酵母线粒体的核糖体蛋白质则都由线粒体基因组编码，植物及原生生物的线粒体基因组编码其大部分的核糖体蛋白质。

线粒体中两类主要的 rRNA 通常都由线粒体基因组编码，而线粒体基因组编码 tRNA 的能力相差很大。某些生物线粒体中的 tRNA 完全由线粒体基因组编码，而有些生物线粒体中的 tRNA 则完全由核基因编码。

②叶绿体基因组　高等植物的每个细胞通常存在 20~40 个叶绿体，每个叶绿体一般含有 20~40 个拷贝的基因组。叶绿体基因组比线粒体基因组大，长度在 120~190kb 之间。高等植物叶绿体基因组约 140kb，含有 87~183 个基因，足以编码 50~100 个蛋白质以及 rRNA 和 tRNA。

除了能编码更多的基因之外，叶绿体基因组通常与线粒体基因组相似，细胞器中的基因由细胞器内相应装置完成转录和翻译。叶绿体基因组编码所有用于蛋白质合成的 rRNA 和 tRNA，编码的蛋白质约 50 种，包括了 RNA 聚合酶及核糖体蛋白质，以及类囊体膜上的蛋白质复合物中的组分。

目前对基因的研究已经发展到基因组学(genomics)。基因组学是对相关物种全部基因组结构组成及功能性质的研究。基因组学应用生物信息学、遗传分析、基因表达测量和基因功能鉴定等方法，研究生物基因组的组成、组内部基因的精确结构、相互关系及表达调控等。

基因组学使人们开始从基因组的整体水平，规模化地去解码生命、了解生命的起源、了解生物体生长发育的规律。人类基因组 30 亿个碱基对序列的阐明，第一次在分子层面上为人类打开了一张生命之图，不仅奠定了人类认识自我的基石，也推动了生命科学与医学的革命性进展。

4.2.1.4　核苷酸序列测定

学习了 DNA 的分子结构，下面了解一下核酸的核苷酸序列测定。

1977 年 Sanger、Maxam 及 Gilbert 分别建立了两种较完善而快速地测定 DNA 序列的方法。

(1) 化学断裂法

简单地说，化学断裂法是一种标记的 DNA 链在一系列碱基特异性化学试剂作用下来完成的方法。实际测定时用一种多核苷酸激酶将含 ^{32}P 的磷酸接在待测 DNA 片段的 5′–OH 端。5′末端标记上 ^{32}P 的 DNA 片段在适当的试剂及条件下在特定的碱基位置断裂。

根据被断裂的碱基位置不同，可分为四组：G、G+A、T+C、C。

G 表示 DNA 链在 G 位断裂，G+A 表示 DNA 在 G 位和 A 位都可断裂。T+C 表示 DNA 在 T 位和 C 位都可断裂，C 表示 DNA 在 C 位断裂。

其原理简单示意如图 4-35 所示。

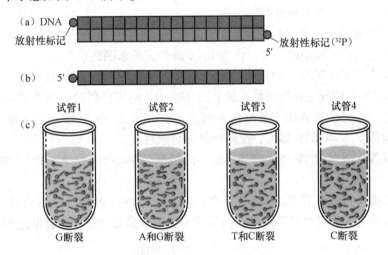

图 4-35 化学断裂法原理

将上述 4 种处理所得核苷酸片段进行凝胶电泳及放射自显影，将 G 道与 G+A 道的条带作比较，即可知道 DNA 片段中何处是 A 及 G 的断裂点。

同理，将 C 道和 T+C 道的条带作比较，可推知 DNA 片段中 T 和 C 的断裂点。

再将 G、G+A、T+C 及 C 4 道中的条带作综合比较，就可以将 DNA 分子中的核苷酸序列测定出来。

如待测 DNA 片段：5′-^{32}P-GCTACGTA-3′在特异切断后，可得如下带有 ^{32}P 的各种片段。

在 A 处切断：^{32}P-GCT，^{32}P-GCTACGT。

在 G 处切断：^{32}P-GCTAC。

在 C 处切断：^{32}P-G，^{32}P-GCTA。

在 T 处切断：^{32}P-GC，^{32}P-GCTACG。

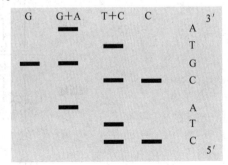

图 4-36 凝胶电泳图谱

进行凝胶电泳，最短的片段跑在最前面。经过放射自显影可得如图 4-36 所示的凝胶电泳图谱。

据此推测所测得的序列为：GCTACGTA。

(2) 末端终止法（又名双脱氧法）

末端终止法由 Sanger 提出。酶法的技术基础主要有：

第一,DNA 能以 dNTP 为底物,链合成以 ddNTP 为末端终止。

第二,电泳分离 DNA 单链片段,小片段移动快,大片段移动慢,用适当的方法可分离分子大小仅差一个核苷酸的 DNA 片段。

第三,在试管内合成单链 DNA 模板的互补链,以确认 DNA 序列。

该方法是以 2′,3′-双脱氧核苷三磷酸作为核苷酸链合成的抑制剂,反应分别在 4 个小管中进行,每一反应管中都含有:

①待测的 DNA 单链片段,作为模板。
②DNA 聚合酶(如 DNA 聚合酶Ⅰ)。
③序列已知且与模板 3′端互补的引物。
④4 种脱氧核苷三磷酸(dATP、dGTP、dCTP 和 dTTP),且其中一种是标记的。
⑤4 种双脱氧核苷酸中的一种,作为 DNA 链合成的末端终止剂。

在适当条件下进行互补链的合成,由于新掺入的核苷酸只能同新生链 3′端的—OH 连接,而 2′,3′-双脱氧核苷三磷酸核糖基的 2′,3′位—OH 的氧已脱掉,失去了和后来的核苷酸连接的可能性,这时碱基的掺入就有两种可能性:一种是 dNTP 掺入新生链,使链继续延伸;一种可能是 2′,3′-ddNTP 掺入,使新生链的合成终止。

下面两幅图分别为 dNTP 掺入时持续延伸的情况[图 4-37(a)]和 ddNTP 的结构[图 4-37(b)]。

由于两者掺入的概率不同,就形成一套长度不一的 DNA 片段。最后通过 A、T、G 和 C 四组反应的凝胶电泳放射自显影图谱,即可读出所测样品互补链的核苷酸序列。

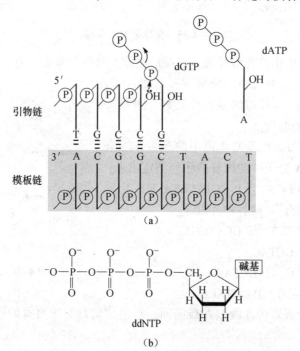

图 4-37　dNTP 掺入时持续延伸的情况(a)和 ddNTP 的结构(b)

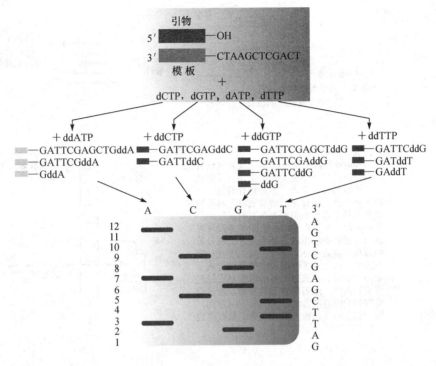

图 4-38 末端终止法测序原理

末端终止法测序原理如图 4-38 所示。

DNA 自动测序仪其实就是根据这一原理制成的。只是每种不同的碱基连接上了具有不同光信号的分子，这些碱基得到分离后在光检测下会呈现出相应的信号，从而更便捷地进行测序。

DNA 自动测序仪，也叫基因分析仪，现在一般采用毛细管电泳技术取代传统的聚丙烯酰胺平板电泳，应用四色荧光染料标记的 ddNTP（标记终止物法），通过单引物 PCR 反应测序。DNA 测序仪生成的 PCR 产物则是相差 1 个碱基的 3′ 末端为 4 种不同荧光染料的单链 DNA 混合物，使得四种荧光染料的测序 PCR 产物可在一根毛细管内电泳，从而避免了泳道间迁移率差异的影响，大大提高了测序的精确度。由于分子大小不同，在毛细管电泳中的迁移率也不同，当其通过毛细管读数窗口段时，激光检测器窗口中的 CCD（charge-coupled device）摄影机检测器就可对荧光分子逐个进行检测，激发的荧光经光栅分光，以区分代表不同碱基信息的不同颜色的荧光，并在 CCD 摄影机上同步成像，分析软件可自动将不同荧光转变为 DNA 序列，从而达到 DNA 测序的目的。分析结果能以凝胶电泳图谱、荧光吸收峰图或碱基排列顺序等多种形式输出。DNA 自动测序仪工作原理如图 4-39 所示。

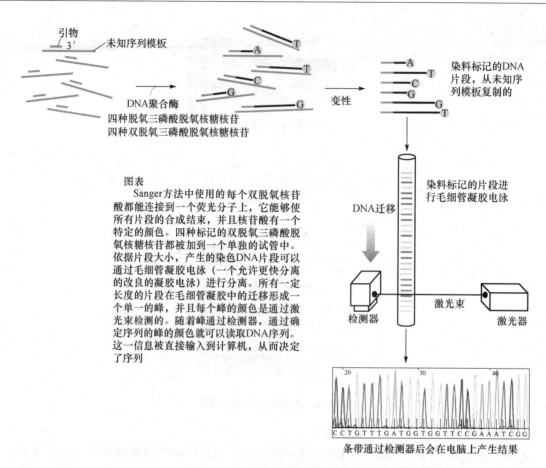

图 4-39 DNA 自动测序仪工作原理

4.2.2 RNA 的分子结构

RNA 也是无分支的线形多聚核糖核苷酸，主要由四种核糖核苷酸组成，即腺嘌呤核糖核苷酸、鸟嘌呤糖核苷酸、胞嘧啶核糖核苷酸和尿嘧啶核糖核苷酸。这些核苷酸中的戊糖不是脱氧核糖，而是核糖。RNA 分子中也含有某些稀有碱基。组成 RNA 的核苷酸也是以 3′,5′-磷酸二酯键彼此连接起来的。尽管 RNA 分子中核糖环 C2′上有一羟基，但并不形成 2′,5′-磷酸二酯键。用牛脾磷酸二酯酶降解天然 RNA 时，降解产物中只有 3′-核苷酸，并无 2′-核苷酸，这支持了上述结论。

RNA 分子中各核苷之间的连接方式(3′,5′-磷酸二酯键)和排列顺序叫作 RNA 的一级结构。图 4-40 为 RNA 分子中的一小段结构。

天然 RNA 并不像 DNA 那样都是双螺旋结构，而是单链线形分子。只有局部区域为双螺旋结构。这些双链结构是由于 RNA 单链分子通过自身回折使得互补的碱基对相遇形成氢键结合而成的，同时形成双螺旋结构。不能配对的区域形成突环(loop)，被排斥在双螺旋结构之外。RNA 中的双螺旋结构为 A-DNA 类型的结构。每一段双螺旋区至少需要有 4～6 对碱基才能保持稳定。一般说来，双螺旋区约占 RNA 分子的 50%。

已经了解到动物、植物和微生物细胞内都含有 3 种主要 RNA，下面就对这 3 种 RNA 的结构进行学习。

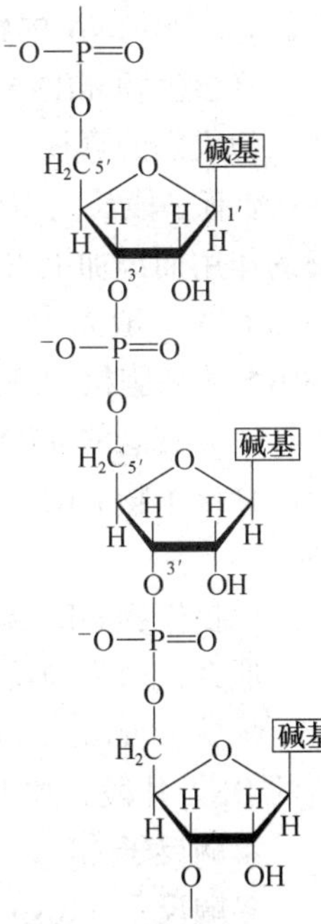

4.2.2.1 tRNA 的结构

对于 RNA 的二级结构，目前以 tRNA 研究得最为清楚。其相对分子质量在 2.5 万左右，由 70~90 个核苷酸组成，沉降系数在 4S 左右；碱基组成中有较多的稀有碱基。现已证实，大多数 tRNA 是一条多核苷酸链通过自身回折形成四臂四环的"三叶草"形的结构。该结构可以分为 5 个部分。

(1) 氨基酸接受臂(amino acid arm)

由 tRNA 3′末端和 5′末端附近的 7 对碱基组成双螺旋区，其 3′末端都为…$C_P C_P$ AOH，是接受氨基酸的部位。5′末端大多为 $_P$G…，也有 $_P$C…的。

(2) 二氢尿嘧啶环(dihydrouridine loop)及二氢尿嘧啶臂

二氢尿嘧啶环是由 8~12 个核苷酸组成，其中总含有二氢尿嘧啶，与二氢尿嘧啶环相连的由 3~4 个碱基对所组成的双螺旋区称二氢尿嘧啶臂。

(3) 反密码环(anticodon loop)与反密码臂

反密码环由 7 个核苷酸组成，在环的中间部分，由 3 个核苷酸组成一个反密码子。连接反密码环的双螺旋区称为反密码臂。

图 4-40 RNA 分子中的一小段结构

(4) 额外环(可变环，extra loop)及额外臂

额外环由 3~18 个核苷酸组成，在不同 tRNA 中核苷酸数目相差很大，因此又称可变环。额外环通过额外臂与 tRNA 主体相连，有些 tRNA 没有这个臂。

(5) 胸苷假尿苷胞苷环(TΨC 环)及 TΨC 臂

TΨC 环由 7 个核苷酸组成，其中总有 T、Ψ、C 3 个核苷酸。连接 TΨC 环的臂称为 TΨC 臂。

Kim(1973)和 Robertus(1974)应用 X 射线衍射分析法对 tRNA 晶体进行研究，并先后阐明了 tRNA 的三级结构。tRNA 的三级结构是在二级结构基础上进一步折叠扭曲形成倒 L 形。氨基酸接受臂和 TΨC 臂形成连续的双螺旋区，组成了"L"的一横；二氢尿嘧啶臂和反密码臂形成连续的双螺旋区，组成了"L"的一竖，这两个长双螺旋彼此成垂直关系。

tRNA 分子中存在维持三级结构的氢键，除了 A-T、G-C 之间标准配对的氢键外，还有碱基与核糖以及碱基与磷酸之间形成的氢键。

tRNA 的二级结构和三级结构如图 4-41 所示。

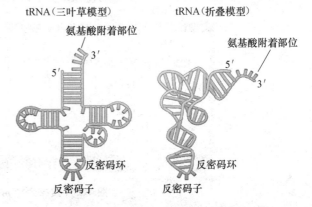

图 4-41 tRNA 的二级结构和三级结构

4.2.2.2 mRNA 的结构

真核生物 mRNA 的前体在细胞核内合成，形成分子大小极不均一的 hnRNA。hnRNA 被加工为成熟的真核生物 mRNA，进入细胞质指导蛋白质合成。绝大多数真核细胞 mRNA 在 3′末端有一段长约 200 个核苷酸的 polyA（polyadenylic acid）。PolyA 是在转录后经 PolyA 聚合酶的作用而添加上去的。PolyA 聚合酶对 mRNA 专一，也不作用于 rRNA 和 tRNA。原核生物的 mRNA 一般无 3′-PolyA，但某些病毒 mRNA 也有 3′-PolyA。polyA 可能有多方面功能：与 mRNA 从细胞核到细胞质的转移有关；与 mRNA 的半寿期有关；新合成的 mRNA，PolyA 链较长，而衰老的 mRNA，PolyA 链缩短。5′末端有甲基化的鸟苷酸，称为"帽子结构"。

真核生物 mRNA 特征可总结为："帽子"（m^7G-5′ppp5′-N-3′p）+ 单顺反子 + "尾巴"（PolyA）。

原核生物 mRNA 特征可总结为：先导区 + 翻译区（多顺反子）+ 末端序列。

那么，何为顺反子、单顺反子和多顺反子？

顺反子（cistron）：一般是结构基因，为决定一条多肽链合成的功能单位。对应一条多肽链的 DNA 片段，加上起始信号，终止信号称顺反子。

单顺反子 mRNA：只编码一条多肽链的 mRNA。

多顺反子 mRNA：一条编码几条不同多肽链的 mRNA。多是对应于一个代谢途径中的各种蛋白质。

图 4-42 和图 4-43 分别为原核生物和真核生物 mRNA 的特征。

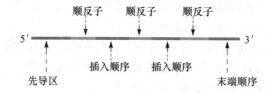

图 4-42 原核生物 mRNA 特征

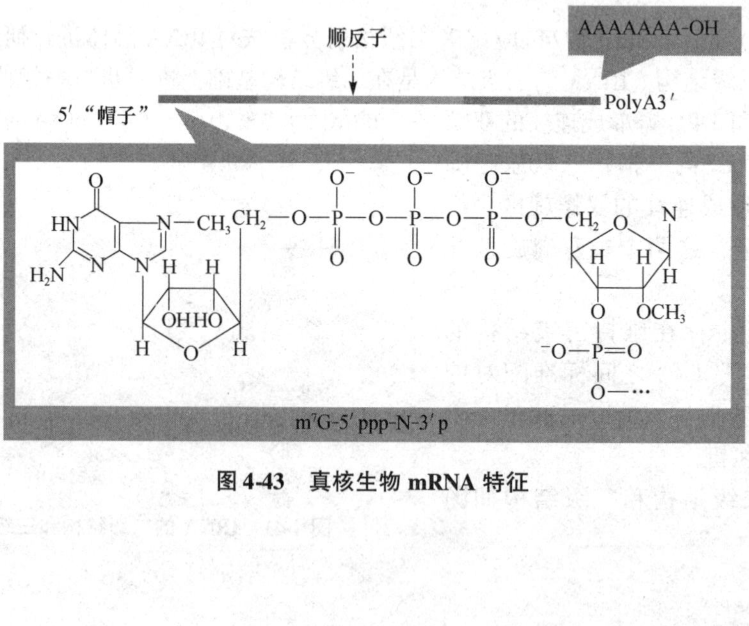

图 4-43 真核生物 mRNA 特征

4.2.2.3 rRNA 的结构

rRNA 含量大，单链，螺旋化程度较 tRNA 低。蛋白质组成核糖体后方能发挥其功能，是构成核糖体的骨架。核糖体的整体构象由 rRNA 决定，核糖体蛋白质一般正好位于 RNA 螺旋之间。大肠杆菌核糖体中有三类 rRNA：5S rRNA、16S rRNA、23S rRNA。动物细胞核糖体 rRNA 有四类：5S rRNA、5.8S rRNA、18S rRNA、28S rRNA。它们的一级结构相似性并不高，但它们的二级结构却惊人地相似。图 4-44 和图 4-45 为大肠杆菌 5S rRNA 和 16S rRNA 的二级结构。

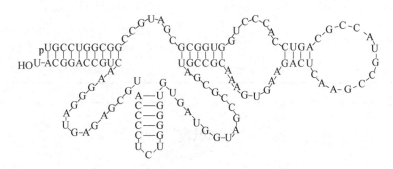

图 4-44　大肠杆菌 5S rRNA 的二级结构

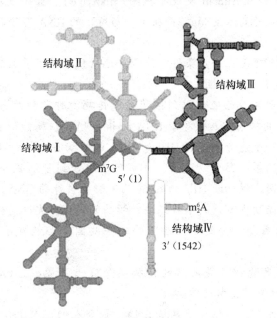

图 4-45　大肠杆菌 16S rRNA 的二级结构

4.2.3 其他功能小分子 RNA 的作用

RNA 在 DNA 复制、转录、翻译中均有一定的调控作用，与细胞内或细胞间一些物质的运输和定位有关。

1981 年，Cech 发现了 RNA 的催化作用，并提出核酶(ribozyme)的概念，现在发现的核酶大部分参加 RNA 的加工和成熟。核酶是指具有催化功能的核酸，大多数是 RNA，少数是 DNA（表 4-5）。

表 4-5　其他功能小分子 RNA 的作用

名称	代号	功能
不均一核 RNA	hnRNA	成熟真核 mRNA 的前体
核小 RNA	snRNA	参与 hnRNA 的剪接、转运和 rRNA 的加工
核仁小 RNA	snoRNA	参与 rRNA 的加工和修饰
反义 RNA	asRNA	与某 RNA 或 DNA 分子中的互补序列结合而抑制的 mRNA 翻译，抑制 DNA 复制、转录
小胞浆 RNA	scRNA	蛋白质内质网定位合成的信号识别体的组成成分

知识窗

核酶

美国科学家 T. Cech 和 S. Altman 发现了核酶（ribozyme）。最早发现大肠杆菌 RNaseP 的蛋白质部分除去后，在体外高浓度 Mg^{2+} 存在下，与留下的 RNA 部分具有与全酶相同的催化活性。

后来发现四膜虫 L19RNA 在一定条件下能专一地催化寡聚核苷酸底物的切割与连接，具有核糖核酸酶和 RNA 聚合酶的活性。

随着对核酶的深入研究，已经认识到核酶在遗传病、肿瘤和病毒性疾病上的潜力。例如，对于艾滋病毒 HIV 的转录信息来源于 RNA 而非 DNA，核酶能够在特定位点切断 RNA，使得它失去活性。如果一个能专一识别 HIV 的 RNA 的核酶存在于被病毒感染的细胞内，那么它就能建立抵抗入侵的第一防线。甚至，HIV 确实进入到了细胞并进行了复制，RNA 也可以在病毒生活史的不同阶段切断 HIV 的 RNA 而不影响自身的 RNA。又如，白血病是造血系统的恶性肿瘤，目前尚缺少有效的治疗方法。核酶的发现，尤其是锤头状核酶，为白血病的基因治疗带来了新的希望。近些年，在国外的一些国家已经在小白鼠体内得到较好的效果。

核酶的发现对于所有酶都是蛋白质的传统观念提出了挑战。1989 年，核酶的发现者 T. Cech 和 S. Altman 被授予诺贝尔化学奖。

核酶随着生物学的发展，不仅仅是包括 RNA，如今人们还人工合成了一些 DNA 也具有催化活性。所以现在的核酶应该包括催化性 DNA 和催化性 RNA 两大类。目前，催化性 DNA 只是人工合成的，并没有发现有天然存在的。

4.3 核酸的理化性质

4.3.1 核酸的一般性质

4.3.1.1 溶解性

DNA 为白色纤维状固体，RNA 为白色粉末。均微溶于水，不溶于有机溶剂。它们的钠盐在水中的溶解度较大。DNA 和 RNA 均能溶于 2-甲氧乙醇，但不溶于乙醇、乙醚等有机溶剂，所以在分离核酸时，加入乙醇即可使之从溶液中沉淀出来。大多数 DNA 为线形分子，分子极不对称，其长度可以达到几个厘米，而分子的直径只有 2nm。因此 DNA 溶液的黏度极高，抗剪切力差。RNA 的相对分子质量比 DNA 小，而且只有部分螺旋，所以 RNA 溶液的黏度要小得多。

4.3.1.2 核酸的水解

DNA 在稀酸中易脱嘌呤。RNA 在稀碱中易打开磷酸二酯键。RNA 能在室温条件下被稀碱水解成核苷酸而 DNA 对碱较稳定，常利用此性质测定 RNA 的碱基组成或除去溶液中的 RNA 杂质。

在碱催化下，RNA 比 DNA 容易水解。RNA 分子中，由于戊糖基 2′上—OH 的氧原子亲核性进攻，形成有张力的五元环磷酸酯中间体，然后在氢氧根的作用下开环，得到 2′-磷酸酯和 3′-磷酸酯，所以 RNA 不稳定，容易发生降解反应。而 DNA 分子中，戊糖基 2′上没有—OH，不能形成五元环磷酸酯中间体，所以 DNA 较为稳定，对水解具有较大的抗拒作用。RNA 碱水解原理如图 4-46 所示。

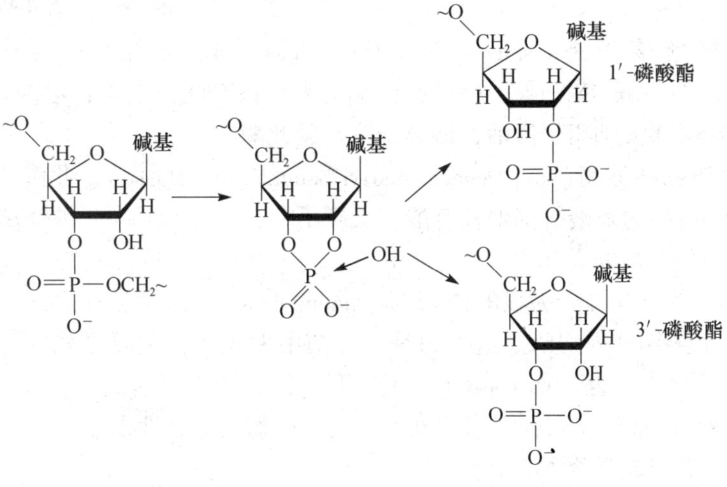

图 4-46　RNA 碱水解原理

水解核酸的酶种类很多，非特异性水解磷酸二酯键的酶称为磷酸二酯酶（phosphdiesterase），如蛇毒磷酸二酯酶和牛脾磷酸二酯酶。专一水解磷酸二酯键的酶称核酸酶（nuclease）。

核酸酶有以下几种分类方法。

(1) 按底物专一性分类

按底物专一性可分为：核糖核酸酶、脱氧核糖核酸酶。作用于核糖核酸的称为核糖核酸酶（ribonuclease，RNase）；作用于脱氧核糖核酸的称为脱氧核糖核酸酶（deoxyribonuclease，DNase）。

①核糖核酸酶类　这里，介绍3种核糖核酸酶。

牛胰核糖核酸酶（pancreatic ribonuclease）（EC2.7.7.16）简称 RnaseⅠ，只作用于 RNA，不作用于 DNA。它具有极高的专一性，其作用点为嘧啶核苷-3′-磷酸与其他核苷酸之间的连键，产物为3′-嘧啶核苷酸结尾的寡核苷酸。图4-47 显示了牛胰核糖核酸水解位点。

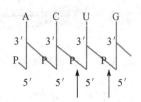

图4-47　牛胰核糖核酸酶水解位点

核糖核酸酶 T1（ribonuclease T1）（EC 3.1.4.8）。具有比 RnaseⅠ更高的专一性，其作用点是3′-鸟苷酸与其相邻核苷酸的5′-OH 的连键，产物为以3′-鸟苷酸为末端的寡核苷酸，或3′-鸟苷酸。核糖核酸酶 T1 水解位点如图4-48 所示。

核糖核酸酶 T2（Rnase T2），主要作用点为 Ap 残基，可以将 tRNA 完全降解成3′-腺苷酸结尾的寡核苷酸。核糖核酸酶 T2 水解位点如图4-49 所示：

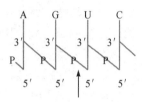

图4-48　核糖核酸酶 T1 水解位点

②脱氧核糖核酸酶类　这里，也介绍三种脱氧核糖核酸酶。

牛胰脱氧核糖核酸酶（pancreatic deoxyribonuclease，DNaseⅠ）（EC 3.1.4.5）。此酶切断双链 DNA 或单链 DNA 成为以5′-磷酸为末端的寡聚核苷酸，平均长度为4个核苷酸，需镁离子（或 Mn^{2+}、Co^{2+}），最适 pH=7~8。用0.01mol/L 柠檬酸盐可完全抑制被镁离子激活的活性。

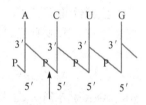

图4-49　核糖核酸酶 T2 水解位点

牛脾脱氧核糖核酸酶（spleen deoxyribonuclease，DnaseⅡ）（EC3.1.4.6）。此酶降解 DNA 成为3′-磷酸末端的寡聚核苷酸，平均长度为6核苷酸。最适 pH=4~5，需0.3mol/L 钠离子激活，镁离子可抑制此酶。

链球菌脱氧核糖核酸酶（streptococcal deoxyribonuclease，Dnase）。此酶为内切酶，作用于 DNA，成为5′-磷酸为末端的寡聚核苷酸，长度不一，最适 pH=7，需镁离子。

(2) 按对底物作用的方式分类

按对底物作用的方式可分为核酸内切酶（endonuclease）与核酸外切酶（exonuclease）。这里有必要介绍一下限制性内切酶。这类酶是在细菌中发现的，主要是降解外源的 DNA，具有很严格的碱基序列专一性。如 *Eco*RⅠ，不需要 ATP，只需要镁离子，专一性很强，能识别 DNA 上6对碱基组成的序列，交错切割，形成的产物具有黏性末端。

(3) 按磷酸二酯键断裂的方式分类

磷酸二酯键断裂的方式有两种：一种在3′-OH 与磷酸基之间断裂；另一种在5′-OH 与磷酸基之间断裂。

(4) 其他分类标准

其他分类标准，如单链、双链等。

4.3.1.3 核酸的酸碱性质

核酸和核苷酸既有磷酸基，又有碱性基团，所以都是两性电解质。因磷酸的酸性很强，通常一般呈酸性。不同的结构也会导致解离情况的不同。

(1) 碱基的解离

由于嘧啶和嘌呤化合物杂环中的氮以及各种取代基具有结合和释放质子的能力，所以这些物质既有碱性解离又有酸性解离的性质。Ade、Gua、Cyt 有氨基，可形成两性解离。Ura、Thy 无氨基，不形成两性解离。

(2) 核苷的解离

由于戊糖的影响，核苷中碱基的解离受到一定的影响。总的来说戊糖加强了碱基的酸性解离。

(3) 核苷酸的解离

由于核苷酸含有碱基和磷酸基，为两性电解质，在不同的pH溶液中解离程度不同，在一定条件下可以形成兼性离子。核酸的碱基、核苷、核苷酸均能发生解离，核酸的酸碱性质与此有关。核苷酸的解离曲线如图4-50所示。

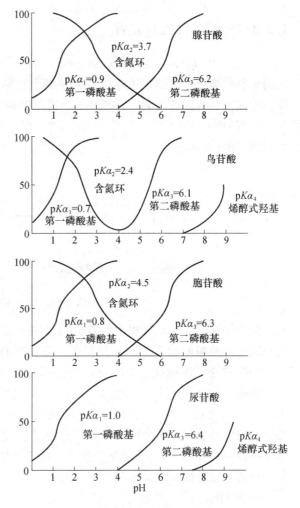

图4-50 核苷酸的解离曲线

4.3.2 核酸的紫外吸收特征

核酸中的嘌呤和嘧啶环的共轭体系强烈吸收 260~290nm 波段紫外光，最大吸收值在 260nm 附近。可以作为核酸及其组分定性和定量测定的依据。由于蛋白质在这一光区仅有很弱的吸收，因此可以利用核酸的这一光学特性来定位测定它在细胞和组织中的分布。

不同核苷酸有不同的吸收特性。实验室中最常用的是定量测定少量的 DNA 或 RNA。检验待测样品是否纯品可用紫外分光光度计读出 260nm 与 280nm 的 OD 值，从 OD_{260}/OD_{280} 的值即可判断样品的比纯度。纯 DNA 的 OD_{260}/OD_{280} 应为 1.8，纯 RNA 的应为 2.0。样品中如含有杂蛋白及苯酚，OD_{260}/OD_{280} 的值即明显降低。不纯的样品不能用紫外吸收法作定时测定。对于纯的样品，只要读出 260nm 的 OD 值即可算出含量。通常按 1OD 值相当于 $50\mu g/mL$ 双螺旋 DNA，或 $40\mu g/mL$ 单螺旋 DNA（或 RNA），或 $2\mu g/mL$ 寡核苷酸计算。这个方法既快速又准确，而且不会浪费样品。对于不纯的核酸可以用琼脂糖凝胶电泳分离出区带后，经啡啶溴红染色而粗略地估计其含量。

4.3.3 核酸的变性及复性

核酸变性(denaturation)指高温、酸、碱以及某些变性剂(如尿素)能破坏核酸中双螺旋区的氢键断裂，空间结构破坏，形成单链无规则线团状态的过程。变性只涉及次级键的变化，不涉及共价键的断裂。而磷酸二酯键的断裂称核酸降解。

当将 DNA 的稀盐溶液加热到 80~100℃时，双螺旋结构即发生解体，两条链分开，形成无规则线团(图 4-51)。

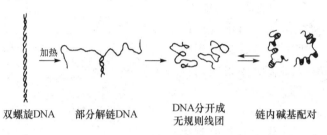

双螺旋DNA　　部分解链DNA　　DNA分开成　　　链内碱基配对
　　　　　　　　　　　　　无规则线团

图 4-51　DNA 的变性过程

核酸变性后，一系列理化性质也随之发生改变：260nm 区紫外吸收值升高，黏度降低，浮力密度升高，同时改变二级结构，有时可以失去部分或全部生物活性。DNA 的变性的特点是爆发式的，变性作用发生在一个很窄的温度范围内。将核酸变性后，260nm 的紫外吸收值明显增加的效应称为增色效应。这一特性可用于判断核酸的变性程度。其紫外吸收值规律为：核苷酸>单链>双螺旋；RNA>DNA。

单链与双链 DNA 的紫外吸收比较如图 4-52 所示。

加热 DNA 的稀盐溶液，达到一定温度后，260nm 的吸光度骤然增加，表明两链开始分开，吸光度增加约 40% 后，变化趋于平坦，说明两链已完全分开。这表明 DNA 变性是个突变过程，类似结晶

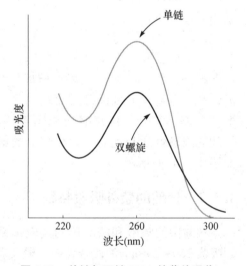

图 4-52　单链与双链 DNA 的紫外吸收

的熔解，通常把加热变性使 DNA 的双螺旋结构失去一半时的温度称 DNA 的熔点或熔解温度(melting temperature)用 T_m 表示。DNA 的 T_m 值一般在 70~85℃之间。

DNA 的 T_m 值大小与下列因素有关。

(1) DNA 的均一性

均质 DNA 熔解过程发生在一个较小的温度范围内，异质 DNA 熔解过程发生在一个较宽的温度范围内，所以 T_m 可以作为衡量 DNA 样品均一性的标准。图 4-53 为不同结构 DNA 的变性曲线。

(2) G-C 对含量

G-C 对含 3 个氢键，A-T 对含 2 个氢键，故 G-C 对相对含量越高，T_m 越高(图 4-54)所以

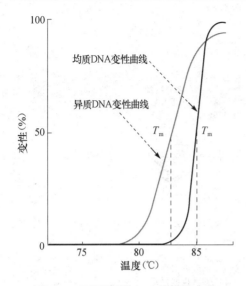

图 4-53 不同结构 DNA 的变性曲线

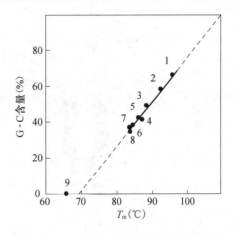

图 4-54 DNA 的 T_m 值与 G-C 含量关系

DNA 来源：1. 草分枝杆菌 2. 沙门氏杆菌 3. 大肠杆菌 4. 鲑鱼精子 5. 小牛胸腺 6. 肺炎球菌 7. 酵母 8. 噬菌体 T6 9. 多聚 d(A-T)

测定 T_m 值可推算出 G-C 对的含量。经验公式为：$x(G-C)(\%) = (T_m - 69.3) \times 2.44$。可利用该公式计算 T_m 值。T_m 在 70~110℃ 之间变化。

图 4-54 体现了不同物种 DNA 的 T_m 值与 G-C 含量关系。

(3) 介质中的离子强度

在离子强度较低的介质中，DNA 的熔解温度较低，熔解温度的范围也较窄。在纯水中，DNA 在室温下即可变性。而在较高的离子强度的介质中，情况则相反。所以 DNA 制品应保存在较高浓度的缓冲液中或溶液中，故常在 1 mol/L 的 NaCl 中保存。RNA 分子中有局部的双螺旋区，所以 RNA 也可发生变性，但 T_m 值较低，变性曲线也不那么陡。

(4) 溶液的 pH

高 pH 下碱基广泛去质子而丧失形成氢键的能力，pH 大于 11.3 时，DNA 完全变性。pH 低于 5.0 时，DNA 易脱嘌呤。

(5) 变性剂

甲酰胺、尿素、甲醛等可破坏氢键，妨碍碱基堆积，使 T_m 下降。

变性核酸的互补链在适当条件下重新缔合成双螺旋的过程称复性（reassociation）。变性核酸复性时需缓慢冷却，故又称退火（annealing）。DNA 复性后，许多物理化学性质又得到恢复，生物活性也可以得到部分恢复。将核酸复性后，260nm 的紫外吸收值明显降低的效应称为减色效应。

退火温度的一般规律是：退火温度 = T_m - 25℃。

变性及复性简要过程如图 4-55 所示。

影响复性速度的因素有如下几个：

①单链片段浓度越高，随机碰撞的频率越高，复性速度越快。

②较大的单链片段扩散困难，链间错配频率高，复性较慢。

③片段内的重复序列多，则容易形成互补区，因而复性较快。

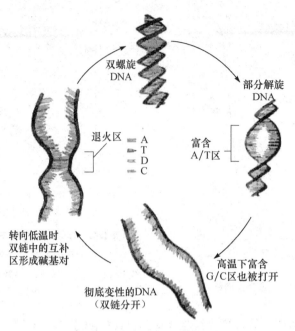

图 4-55 变性及复性简要过程

④维持溶液一定的离子强度，消除磷酸基负电荷造成的斥力，可加快复性速度。

将不同来源的 DNA 放在试管里，经热变性后，慢慢冷却，让其复性，若这些异源 DNA 之间在某些区域有相同的序列，则复性时，不同来源的 DNA 互补区形成双链，或 DNA 单链和 RNA 链的互补区形成 DNA-RNA 杂合双链。这个过程称分子杂交（hybridization）。应用核酸杂交技术，可以将含量极少的真核细胞基因组中的单拷贝基因找出来。

图 4-56 为杂交过程中探针与单链的结合［探针（probe）：可与未知分子序列互补结合的、用于检查未知分子的已知序列的标记的 DNA 或 RNA］。

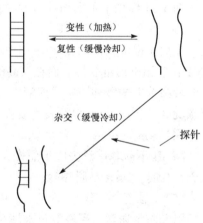

图 4-56 杂交过程中探针与单链的结合

核酸杂交可以在液相或固相上进行。目前实验室中应用最广的是用硝酸纤维素膜作支持物进行的杂交。英国的分子生物学家 E. M. Southern 所发明的 Southern 印迹法（Sonthern blotting）就是将凝胶上的 DNA 片段转移到硝酸纤维素膜上后，再进行杂交的。

这里以 DNA-DNA 杂交为例，介绍 Southern 印迹法。将 DNA 样品经限制性内切酶降解后，用琼脂糖凝胶电泳进行分离。将胶浸泡在碱（NaOH）中使 DNA 进行变性，然后将变性 DNA 转移到硝酸纤维素膜上（硝酸纤维素膜只吸附变性 DNA），在 80℃烤 4~6h，使 DNA 牢固地吸在纤维素膜上。然后与放射性同位素标记的变性后的 DNA 探针进行杂交。杂交须在较高的盐浓度及适当的温度（一般为 68℃）下进行数小时或十余小时，然后通过洗涤除去未杂交上的标记物。将纤维素膜烘干后进行放射自显影。

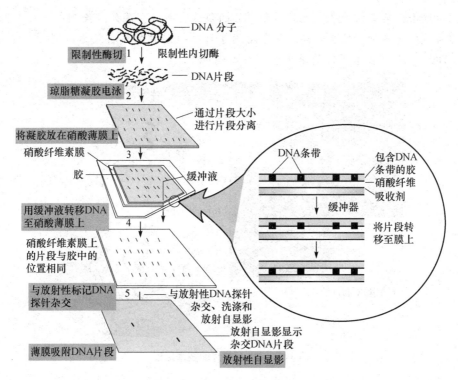

图 4-57 Southern blotting 过程

图 4-57 为 Southern blotting 的过程。

除了 DNA 外，RNA 也可用作探针(probe)。用 ^{32}P 标记核酸时(用作探针)，可以在 3′或 5′末端标记，也可采用均匀标记。

应用类似的方法也可分析 RNA，即将 RNA 变性后转移到纤维素膜上再进行杂交。这种方法称为 Northern 印迹法(Northern blotting)。用类似的方法，根据抗体与抗原可以结合的原理，也可以分析蛋白质。这个方法称为 Western 印迹法(Western blotting)。

常见的杂交方法总结如下：

Southern blotting——不同来源 DNA 分子的杂交；

Northern blotting——不同来源 RNA 的杂交；

Western blotting——用于分析蛋白质(抗原与抗体)；

原位杂交——直接用探针与菌落或组织细胞中的核酸杂交，不改变核酸所在的位置；

点杂交——将核酸直接点在膜上，再与探针杂交；

狭缝印迹杂交——使用狭缝点样器进行的杂交。

知识窗

DNA 芯片技术简介：

DNA 芯片(DNA chip)技术是采用寡核苷酸原位合成或显微打印手段，将数以万计的 DNA 探针片段有序地固化于支持物表面上，产生二维 DNA 探针阵列，然后与标记的样品进行杂交，通过检测杂交信号来实现对生物样品的快速、并行、高效地检测或诊断。由于常用硅芯片作为固相支持物，且在制备过程中运用了计算机芯片的制备技术，所以称为 DNA 芯片技术。DNA 芯片的技术原理简单示意如图 4-58 所示。

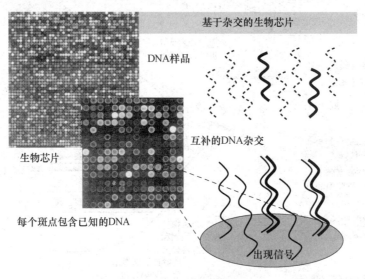

图 4-58　DNA 芯片的技术原理

学习了核酸的变性和复性，还有必要了解 DNA 聚合酶链式反应(polymerase chain reaction，PCR)。

1985 年，Mullis 了发明 PCR，它是快速扩增 DNA 的方法。其原理是：首先使 DNA 变性，两条链解开，然后使引物模板退火，二者碱基配对，DNA 聚合酶随即以 4 种 dNTP 为底物，在引物的引导下合成与模板互补的 DNA 新链。重复此过程，DNA 以指数方式扩增。

聚合酶链式反应体外扩增 DNA 技术已成为应用最广泛的一项生物技术，其基本步骤包括：

(1) 设计一对 DNA 扩增所需要的引物

(2) 优化反应体系

包括适量的模板、引物、4 种 dNTP、Taq DNA 聚合酶和适量 Mg^{2+}。

(3) 选择 3 个温度进行热循环

包括以下几步：

① 热变性　5~10min，94℃；

② 变性　94℃，45~60s；

③ 退火　温度为两引物中较低的 T_m 值减 5℃，1min；

④ 延伸　72℃，1min；

⑤ 重复②~④步　热循环 25~30 个周期；

⑥ 延伸　72℃，10min。

(4) 检测结果

最普通的方法是进行凝胶电泳，用溴化乙锭染色，紫外光下检测结果。

4.3.4 核酸的分离纯化

4.3.4.1 核酸的提取

核酸在细胞内主要以与蛋白质结合的核蛋白(deoxyribonucleic, DNP)形式存在。因此，除去蛋白质是核酸分离纯化中重要的步骤。常用方法有：

①加入去污剂　如十二烷基硫酸钠(SDS)。可以使蛋白质变性，变性蛋白质可经离心除去，DNA样品留在上清液中。

②交替使用苯酚和氯仿两种不同的蛋白质变性剂　通过苯酚、氯仿处理，蛋白质会沉淀于有机相和水相之间的界面，核酸则进入水相。

另外，制备具有活性核酸大分子时，必须避免核酸酶的水解作用。通常加入去污剂使核酸酶变性，或加入 EDTA 等除去核酸酶的辅助因子镁离子，从而抑制核酸酶的活性。还应避免机械损伤对核酸的降解。

核酸的分离纯化有不同的方法。一般基本要求要保持核酸分子完整，避免变性。操作中的具体要求主要包括：

①尽量保持较温和的条件；

②防止过酸、过碱；

③避免过度的搅拌、振荡；

④防止核酸酶的降解。

分离纯化后的核酸纯度的鉴定可以通过测定样品在 260nm 和 280nm 的光吸收比值来确定，进一步鉴定可用凝胶电泳等方法。核酸含量的测定一般是通过测定磷含量、核糖含量或紫外吸收等方法来确定。紫外吸收方法已经在前面介绍过。下面对定磷法和定糖法进行介绍。

定磷法：根据元素分析，每11g核酸约含有1g磷，即每测得1g磷就相当于含有11g核酸。定磷法是用浓硫酸将核酸中的有机磷消化为无机磷，然后与钼酸铵定磷试剂显色，通过比色法测定磷含量，从而求出核酸含量。

定糖法：RNA中核糖用苔黑酚法测定，DNA中脱氧核糖用二苯胺法测定。

①苔黑酚反应　D-核糖与浓HCl和甲基间苯二酚混合后，加热呈绿色(因为核糖与酸作用产生糠醛，糠醛与甲基间苯二酚和$FeCl_3$作用呈绿色)。

②二苯胺反应　D-2-脱氧核糖与酸和二苯胺一同加热呈蓝色(因为 D-2-脱氧核糖与酸作用产生 ω-羟基-γ-酮戊醛，后者与二苯胺作用呈蓝色)。

下面分别介绍 DNA 和 RNA 的提取。

(1) DNA 的提取

真核生物中的染色体 DNA 与碱性蛋白(组蛋白)结合成核蛋白(DNP)形式存在于核内。DNA 的提取法也有多种。目前一般是根据 DNA 核蛋白能溶于水及高浓度(1~2 mol/L) NaCl 溶液，而难溶于 0.14mol/L 的 NaCl，RNA 核蛋白则易溶于 0.14mol/L 的 NaCl 溶液这一原理进行分离。可将细胞破碎后，用浓盐提取后加水稀释至 0.14mol/L 盐溶液，使 DNP 纤维沉淀。例如，先用 0.14mol/L 的 NaCl 溶液除去组织中的 RNA 核蛋白，然后用十二烷基硫酸钠(sodium dodecyl sulfate, SDS)处理，使 DNA 与蛋白质分离，并用浓(1mol/L)NaCl 溶液溶解

DNA，再用氯仿-异戊醇将蛋白质沉淀除去，最后向 DNA 溶液中加入乙醇，DNA 即呈丝状物沉淀析出。

也可用苯酚替代氯仿-异戊醇进行抽提，除去蛋白质。苯酚是很强的蛋白质变性剂，用水饱和的苯酚与 DNP 一起振荡，冷冻离心，DNA 溶于上层水相，不溶性变性蛋白质残留物位于中间界面，一部分变性蛋白质停留在酚相。

(2) RNA 的提取

RNA 的分离方法因材料及所要分离的 RNA 种类而异。目前最普遍使用的是酚提取法。将组织匀浆用苯酚处理并离心，RNA 即溶解于上层被苯酚饱和的水层中，而 DNA 和已被凝固的蛋白质分布在下层为水饱和的苯酚中。将上清液吸出，加入乙醇，RNA 即呈白色絮状沉淀析出。

RNA 比 DNA 更不稳定，而且 RNase 无处不在，因此 RNA 的分离更为困难。

制备 RNA 通常需要注意几点：

① 制备的玻璃器皿要经过高温焙烤，塑料用具要高压灭菌，不能高压灭菌的用含焦炭酸二乙酯的水浸泡后煮沸除去。

② 在破碎细胞的同时加入强变性剂使 RNase 失活，如异硫氰酸胍。

③ 在 RNA 的反应体系内加入 RNase 的抑制剂。

4.3.4.2 核酸的沉降特性

核酸与蛋白质及其他杂质各有不同的沉降系数，可以用超速离心的方法使核酸和其他杂质分开。也可以用此法将不同种核酸进行分离。溶液中的核酸分子在引力场中可以下沉。不同构象的核酸（线形、开环、超螺旋结构）、蛋白质及其他杂质，在超离心机的强大引力场中，沉降的速度有很大差异，所以可以用超速离心法纯化核酸或将不同构象的核酸进行分离，也可以测定核酸的沉降常数与相对分子质量。

用不同介质组成密度梯度进行超速离心分离核酸时，效果较好。RNA 分离常用蔗糖密度梯度超速离心，DNA 分离常用氯化铯密度梯度超速离心。氯化铯在水中有很大溶解度，可以制成浓度很高(80mol/L)的溶液。应用啡啶嗅红—氯化铯密度梯度平衡超速离心，很容易将不同构象的 DNA、RNA 及蛋白质分开。这个方法是目前实验室中纯化质粒 DNA 时最常用的方法。如果应用垂直转头，转速为 65 000r/min(Beckman L-70 超速离心机)，只要 6h 就可以完成分离工作。但是如果采用角转头，转速为 45 000r/min 时，则需 36h。离心完毕后，离心管中各种成分的分布可以在紫外光照射下显示得一清二楚。蛋白质漂浮在最上面，RNA 沉淀在底部。超螺旋 DNA 沉降较快，开环及线形 DNA 沉降较慢。用注射针头从离心管侧面在超螺旋 DNA 区带部位刺入，收集这一区带的 DNA。用异戊醇抽提收集到的 DNA 以除去染料，然后透析除去 CsCl，再用苯酚抽提 1~2 次，即可用乙醇将 DNA 沉淀出来。这样得到的 DNA 有很高的纯度，可供 DNA 重组、测定序列及限制酶图谱等用。在少数情况下，需要特别纯的 DNA 时，可以将此 DNA 样品再进行一次氯化铯密度梯度超速离心分离。图 4-59 为氯化铯密

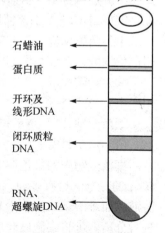

图 4-59 氯化铯密度梯度超速离心的分离结果

度梯度超速离心的分离结果。

4.3.4.3 核酸的凝胶电泳

凝胶电泳可算是当前核酸研究中最常用的方法了，它具有简单、快速、灵敏、成本低等优点。凝胶电泳兼有分子筛和电泳双重效果，所以分离效率很高。常用的凝胶电泳有琼脂糖(agarose)凝胶电泳和聚丙烯酰胺(polyacrylamide)凝胶电泳。琼脂糖凝胶孔径较大，常用于分析 DNA；聚丙烯酰胺凝胶孔径较小，常用于分析 RNA 或片段较小的 DNA。凝胶电泳可以在水平或垂直的电泳槽中进行。图 4-60 为水平电泳槽。

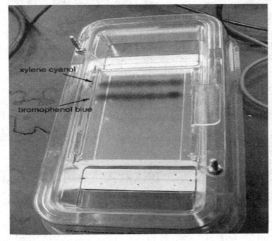

图 4-60　水平电泳槽

下面分别介绍琼脂糖凝胶电泳和聚丙烯酰胺凝胶电泳。

(1) 琼脂糖凝胶电泳

琼脂糖凝胶电泳以琼脂糖为支持物的电泳。琼脂糖主要是从海洋植物琼脂中分离出的一种中性糖。形成的凝胶孔径较大，适用于分离长度为 0.1~50kb 范围内的 DNA 分子。在某一特定的凝胶浓度下，所区分的 DNA 大小范围较宽，但分辨率不如聚丙烯酰胺凝胶电泳。

电泳的迁移率决定于以下因素：

①核酸分子大小　迁移率与相对分子质量对数成反比。

②胶浓度　迁移率与胶浓度成反比，常用1%的胶分离 DNA。

③DNA 的构象　一般条件下超螺旋 DNA 的迁移率最快，线形 DNA 其次，开环形 DNA 最慢。但在胶中加入过多的啡啶溴红时，上述分布次序会发生改变。

④电流　一般不大于5V/cm。有适当的电压差时，迁移率与电流大小成正比。

⑤碱基组成　有一定影响，但影响不大。

⑥温度　4~30℃都可，常为室温。

琼脂糖凝胶电泳常用于分析 DNA，可以用于 DNA 相对分子质量的测定以及 DNA 的制备与纯化等。由于琼脂糖制品中往往带有核糖核酸酶杂质，因此用于分析 RNA 时，必须加入蛋白质变性剂，如甲醛或戊二醛等。一般用 1% 浓度[含荧光染料啡啶溴红或溴化乙锭(EB)]分离 DNA。迁移速度依次为：超螺旋 DNA、线形 DNA、开环形 DNA。用紫外光照射检测时发出红、橙色荧光。图 4-61 为琼脂糖凝胶电泳图谱。

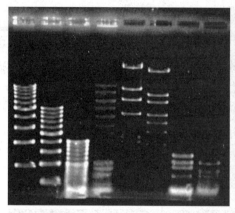
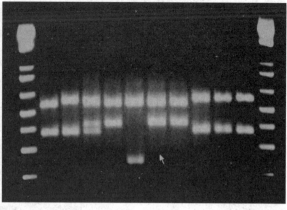

图 4-61　琼脂糖凝胶电泳图谱

电泳完毕后，将胶在荧光染料啡啶溴红的水溶液中染色(0.5μg/mL)。啡啶溴红为一种扁平分子，很易插入 DNA 的碱基对之间。DNA 与啡啶溴红结合后，经紫外光照射，可发射出红—橙色可见荧光。0.1μg DNA 即可用此法检出，所以此法十分灵敏。根据荧光强度可以大体判断 DNA 样品的浓度。若在同一胶上加一已知其浓度的 DNA 作参考，则所测得的样品浓度更为准确。可以用灵敏度很高的负片将凝胶上所呈现的电泳图谱在紫外光照射下拍摄下来，作进一步分析与长期保留之用。

应用凝胶电泳可以正确地测定 DNA 片段的分子大小。线形双链 DNA 在凝胶电泳中的迁移率与相对分子质量对数成反比，用已知相对分子质量的标准 DNA 做参照，以 DNA 分子长度(bp)的负对数与对应迁移率作图，得到标准曲线，测定线形的目的 DNA 片段的迁移率即可从标准曲线中查出对应的相对分子质量。实用的方法是在同一胶上加一个已知相对分子质量的样品(如图 4-62 中的 λDNA/HindⅢ的片段)。

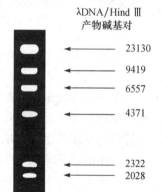

电泳完毕后，经啡啶溴红染色、照相，从照片上比较待测样品中的 DNA 片段与标准样品中的哪一条带最接近，即可推算出未知样品中各片段的大小。最常用的方法是将胶上某一区带在紫外光照射下切割下来，将切下的胶条放在透析袋中，装上电泳液，在水平电泳槽中进行电泳，让胶上的 DNA 释放出来并进一步黏在

图 4-62　λDNA/HindⅢ片段琼脂糖凝胶电泳图

透析袋内壁上，电泳 3~4h 后，将电极倒转，再通电 30~60s，黏在壁上的 DNA 重又释放到缓冲液中。取出透析袋内的缓冲液(丢弃胶条)，用苯酚抽提 1~2 次，水相用乙醇沉淀。这样回收的 DNA 纯度很高，可供进一步进行限制酶分析、序列分析或作末端标记。回收率在 50% 以上。

(2)聚丙烯酰胺凝胶电泳

以聚丙烯酰胺作支持物。单体丙烯酰胺在加入交联剂后就成了聚丙烯酰胺。由于这种凝胶的孔径比琼脂糖胶的要小，所以可用于分析小于 1 000bp 的 DNA 和 RNA 片段。聚丙烯酰胺凝胶相比琼脂糖凝胶有许多优点：透明度好，紫外吸收低，机械强度高，韧性好，电泳时的载样量大，分辨率高等。聚丙烯酰胺凝胶电泳的高分辨率可以用于 DNA 的序列分析，因为即使两个 DNA 片段相差 1bp 也能被分离开。但聚丙烯酰胺凝胶的灌制比琼脂糖凝胶繁琐，而且所分离 DNA 分子的大小范围较窄，适用于 DNA 小片段。这种方法对于 5~500bp 大小的 DNA 片段的分离效果较好。聚丙烯酰胺中一般不含有 RNase，所以可用于 RNA 的分析。聚丙烯酰胺凝胶上的核酸样品，经啡啶溴红染色，在紫外光照射下，发出的荧光很弱，所以浓度很低的核酸样品用此法检测不出来。

(3) 核酸凝胶电泳的指示剂与染色剂

① 指示剂　电泳过程中常使用一种有色化合物指示样品的电泳过程。无论蛋白质电泳还是核酸电泳，溴酚蓝都是一种常用的电泳指示剂。溴酚蓝的相对分子质量为 670。在电泳时，它的分子筛效应小，近似于自由电泳，因而被普遍用作指示剂。

② 染色剂　电泳后，凝胶中的核酸需经过染色才能显示出条带，最常使用的核酸染色试剂就是溴化乙锭(EB)，是一种扁平的芳香环化合物，能够嵌入双链 DNA 的碱基对之间；在紫外光激发下发出红色荧光，从而使 DNA 显色。RNA 中也具有双链区，因此也能被溴化乙锭染色。

由于溴化乙锭能嵌入 DNA 中，使 DNA 容易发生突变，因此溴化乙锭是强诱变剂，具有中度毒性。在实验室中操作使用溴化乙锭时，必须戴手套。通常实验室都会划出相应的 EB 专用区，使用后的 EB 试剂和 EB 污染物必须经过专门处理。

近年来许多生物试剂公司开发了多种更加安全的核酸染色剂，既增加了安全性，又提高了灵敏度。因此，在实验室使用了多年的 EB 正在逐渐被新的更安全的 DNA 荧光染色剂所替代。

知识窗

核酸知识的应用

①在司法、刑侦鉴定上应用——死亡时间的推测。在凶杀的刑事案件中，可根据尸检中一些生化物质的变化来推测尸体经过的死亡时间，如 7h 内肝中 DNA 的含量随死亡时间的延长而下降；脾中 DNA 的含量则上升；肾、心肌和骨骼肌在 7h 内不变。以肝和脾中 DNA 含量变化的比值与死亡时间作图，可得一直线，用此直线来推测死亡时间其误差在 16min 之内。

②核酸疫苗(nucleic acid vaccine)，也称基因疫苗(genetic vaccine)，是指将含有编码的蛋白基因序列的质粒载体，经肌肉注射或微弹轰击等方法导入宿主体内，通过宿主细胞表达抗原蛋白，诱导宿主细胞产生对该抗原蛋白的免疫应答，以达到预防和治疗疾病的目的。核酸疫苗分为 DNA 疫苗和 RNA 疫苗两种。但目前对核酸疫苗的研究以 DNA 疫苗为主。DNA 疫苗又称为裸疫苗，因其不需要任何化学载体而得此名。DNA 疫苗导入宿主体内后，被细胞(组织细胞、抗原递呈细胞或其他炎性细胞)摄取，并在细胞内表达病原体的蛋白质抗原，通过一系列的反应刺激机体产生细胞免疫和体液免疫。

核酸疫苗的发展史真正开始于 20 世纪 90 年代。

1990 年，Wolff 等偶然发现给小鼠肌肉注射外源性重组质粒后，质粒被摄取并能在体内至少两个月稳定地表达所编码蛋白。

1991年，Williams等发现外源基因输入体内的表达产物可诱导产生免疫应答。

1992年，Tang等将表达人生长激素的基因质粒DNA导入小鼠皮内，小鼠产生特异性抗体，从而提出了基因免疫的概念。

1993年，Ulmer等证实小鼠肌肉注射含有编码甲型流感病毒核蛋白（NP）的重组质粒后，可有效地保护小鼠抗不同亚型、分离时间相隔34年的流感病毒的攻击。随后的大量动物实验都说明在合适的条件下，DNA接种后既能产生细胞免疫又能引起体液免疫。因此，1994年在日内瓦召开的专题会议上将这种疫苗定名为核酸疫苗。

本章小结

本章主要介绍核酸的种类、化学本质、结构和功能等相关知识。

核酸分两大类：DNA和RNA。所有生物细胞都含有这两类核酸。但病毒不同，DNA病毒只含有DNA，RNA病毒只含RNA。

核酸的基本结构单位是核苷酸。核苷酸由一个含氮碱基（嘌呤或嘧啶）、一个戊糖（核糖或脱氧核糖）和一个或几个磷酸组成。核酸是一种多聚核苷酸，核苷酸靠磷酸二酯键连接在一起。核酸中还有少量的稀有碱基。RNA中的核苷酸残基含有核糖，其嘧啶碱基一般是尿嘧啶和胞嘧啶，而DNA中其核苷酸含有2′-脱氧核糖，其嘧啶碱基一般是胸腺嘧啶和胞嘧啶。在RNA和DNA中所含的嘌呤基本上都是鸟嘌呤和腺嘌呤。

核苷酸在细胞内有许多重要功能：用于合成核酸以携带遗传信息；是细胞中主要的化学能载体；是许多种酶的辅因子的结构成分，而且有些（如cAMP、cGMP）还是细胞的第二信使。

DNA是由两条反向直线形多核苷酸组成的双螺旋分子。单链多核苷酸中两个核苷酸之间由3′,5′-磷酸二酯键相连。DNA的结构特点有：两条反相平行的多核苷酸链围绕同一中心轴互绕；碱基位于结构的内侧，而亲水的糖磷酸主链位于螺旋的外侧，通过磷酸二酯键相连，形成核酸的骨架；碱基平面与轴垂直，糖环平面则与轴平行。两条链皆为右手螺旋；双螺旋的直径为2nm，碱基堆积距离为0.34nm，两核酸之间的夹角是36°，每对螺旋由10对碱基组成；碱基按A═T，G═C配对互补，彼此以氢键相联系。维持DNA结构稳定的力量主要是碱基堆积力；双螺旋结构表面有两条螺形凹沟，一大一小。

DNA能够以几种不同的结构形式存在：B型、A型和Z型。在顺序相同的情况下A型螺旋较B型更短，具有稍大的直径。DNA中的一些特殊顺序能引起DNA弯曲。带有同一条链自身互补的颠倒重复能形成发卡或十字架结构，以镜影排列的多嘧啶序列可以通过分子内折叠形成三股螺旋，被称为H-DNA的三链螺旋结构。

不同类型的RNA分子可自身回折形成发卡、局部双螺旋区，形成二级结构，并折叠产生三级结构，RNA与蛋白质复合物则是四级结构。tRNA的二级结构为三叶草形，三级结构为倒L形。mRNA则是把遗传信息从DNA转移到核糖体以进行蛋白质合成的载体。

核酸的糖苷键和磷酸二酯键可被酸、碱和酶水解，产生碱基、核苷、核苷酸和寡核苷酸。酸水解时，糖苷键比磷酸酯键易于水解；嘌呤碱的糖苷键比嘧啶碱的糖苷键易于水解；嘌呤碱与脱氧核糖的糖苷键最不稳定。RNA易被稀碱水解，产生2′-和3′-核苷酸，DNA对碱比较稳定。细胞内有各种核酸酶可以分解核酸。其中限制性内切酶是基因工程的重要工具酶。

核酸的碱基和磷酸基均能解离，因此核酸具有酸碱性。碱基杂环中的氮具有结合和释放质子的能力。

核苷和核苷酸的碱基与游离碱基的解离性质相近，它们是兼性离子。

核酸的碱基具有共轭双键，因而有紫外吸收的性质。各种碱基、核苷和核苷酸的吸收光谱略有区别。核酸的紫外吸收峰在260nm附近，可用于测定核酸。根据260nm与280nm的吸光度（A_{260}）可判断核酸纯度。

变性作用是指核酸双螺旋结构被破坏，双链解开，但共价键并未断裂。引起变性的因素很多，升高温度、过酸、过碱、纯水以及加入变性剂等都能造成核酸变性。核酸变性时，物理化学性质将发生改变，表现出增色效应。热变性一半时的温度称为熔点或变性温度，以T_m来表示。DNA的G-C含量影响T_m值。由于G-C比A-T碱基对更稳定，因此富含G-C的DNA比富含A-T的DNA具有更高的熔解温度。根据经验公式$xG+C=(T_m-69.3)\times 2.44$，可以由DNA的$T_m$值计算G-C含量，或由G-C含量计算$T_m$值。

变性DNA在适当条件下可以复性，物理化学性质得到恢复，具有减色效应。用不同来源的DNA进行退火，可得到杂交分子。也可以由DNA链与互补RNA链得到杂交分子。杂交的程度依赖于序列同源性。分子杂交是用于研究和分离特殊基因和RNA的重要分子生物学技术。

染色体中的DNA分子是细胞内最大的大分子。许多较小的DNA分子，如病毒DNA、质粒DNA、线粒体DNA和叶绿体DNA也存在于细胞中。许多DNA分子，特别是细菌的染色体DNA和线粒体、叶绿体DNA是环形的。病毒和染色体DNA有一个共同的特点，就是它们比包装它们的病毒颗粒和细胞器要长得多，真核细胞所含的DNA要比细菌细胞多得多。

真核细胞染色质的基本单位是核小体，它由DNA和8个组蛋白分子构成的蛋白质核心颗粒组成。其中H2A、H2B、H3、H4各占两个分子，有一段DNA（约146bp）围绕着组蛋白核心形成左手性的线圈型超螺旋。细菌染色体也被高度折叠，压缩成拟核结构，但它们比真核细胞染色体更富动态和不规则，这反映了原核生物细胞周期短和极活跃的细胞代谢。

习 题

1. 简述碱基互补规律。
2. 简述发夹结构。
3. 简述核酸的变性与复性。
4. 什么是退火？
5. 什么是增色效应？
6. 什么是减色效应？
7. 什么是DNA的T_m值？
8. 什么是分子杂交？
9. DNA热变性有何特点？
10. 如何将相对分子质量相同的单链DNA与单链RNA分开？

参考文献

[1] 王琳芳. 蛋白质与核酸[M]. 北京：北京医科大学、中国协和医科大学联合出版社，1998.
[2] 郜金荣. 分子生物学[M]. 武汉：武汉大学出版社，1999.

[3] 阎隆飞. 分子生物学[M]. 北京：中国农业大学出版社，1997.

[4] 沈同，王镜岩. 生物化学[M]. 3版. 北京：高等教育出版社，2002.

[5] 郑集，陈钧辉. 普通生物化学[M]. 3版. 北京：高等教育出版社，1998.

[6] 朱玉贤，李毅. 现代分子生物学[M]. 北京：高等教育出版社，1997.

[7] 翟中和，王喜忠，丁明孝. 细胞生物学[M]. 北京：高等教育出版社，2000.

[8] 赵武玲. 基础生物化学[M]. 北京：中国农业大学出版社，2008.

[9] Murray R K, Granner D K, Mayes P A, et al. Harper's Biochemistry[M]. 25th ed. New York: McGraw-Hill Companies, Inc., 2000.

[10] McKee T, Mckee J R, BIOCHEMISTRY: AN INTRODUCTION[M]. 2nd ed. New York: McGraw-Hill Companies, Inc., 2001.

（撰写人：王宏伟）

第 5 章　糖代谢

糖类(carbohydrate 或 saccharide)是地球上最丰富的生物分子。从细菌到高等动植物的机体内都含有糖类物质，其中植物体中含量最为丰富。植物可通过光合作用把 CO_2 和 H_2O 同化成葡萄糖(glucose)，葡萄糖可进一步合成寡糖(oligosaccharide)和多糖(polysaccharides)，如蔗糖(sucrose)、淀粉(starch)和糖原(glycogen)，还有构成植物细胞壁的纤维素(cellulose)和肽聚糖(peptidoglycan)等。生物体生存活动所需的能量，主要是由糖类物质分解代谢提供的，正常人体所需能量约有 50%~70% 是由糖分解代谢提供的。糖代谢(carbohydrate metablism)中间产物还可为氨基酸、核苷酸、脂肪酸和甘油的生物合成提供碳原子或碳骨架，进而合成蛋白质、核酸和脂类等生物大分子。

5.1　糖的种类与功能

5.1.1　糖的命名和分类

从化学结构上看，糖类是含多羟基的醛或酮类化合物，主要由 C、H 和 O 三种元素组成，可以用经验公式 $(CH_2O)_n$ 表示。由于一些糖分子中氢和氧原子数之比往往是 2∶1，与水的相同，过去误认为此类物质是碳与水的化合物，所以称为碳水化合物(carbohydrate)。实际上这一名称并不确切，如脱氧核糖、鼠李糖等糖类不符合通式，却属于糖类物质；而甲醛、乙酸等虽符合这个通式但并不是糖。还有一些糖类除了含有 C、H、O 三种元素外，还含有 N、P 和 S 等元素，如氨基葡萄糖(glucosamine)。

5.1.1.1　糖的命名
糖的命名方法主要有以下几种。

①多数根据来源命名，如核糖(ribose)、葡萄糖、果糖(fructose)、麦芽糖(maltose)、蔗糖和乳糖(lactose)等。

②根据碳原子数命名，如丙糖(triose，又称三碳糖)、丁糖(tetrose，又称四碳糖)、戊糖(pentose，又称五碳糖)、己糖(hexose，又称六碳糖)和庚糖(heptose，又称七碳糖)等。它们都属于单糖。

③根据羰基位置命名，分为醛糖(aldose)，如甘油醛等；酮糖(ketose)，如二羟丙酮等。

④根据糖分子数命名，如二糖(disaccharide，又称双糖)、三糖(trisaccharide)、四糖(tetrasaccharide)、五糖(pentasacchaiide)和六糖(hexasaccharide)等，它们都属于寡糖。

5.1.1.2　糖的分类
糖类通常根据能否水解以及水解产物情况分为单糖、寡糖、多糖，也可分为：结合糖和衍生糖。

(1) 单糖

单糖(monosaccharide)是最简单的糖类化合物，它是具有两个或更多个羟基的醛或酮。单糖是有甜味的、水溶性的白色结晶固体。最简单的单糖是甘油醛(glyceraldehyde)和二羟丙酮(dihydroxyacetone)，它们都是三碳糖。甘油醛含有醛基，所以称为醛糖(aldoses)；二羟丙酮含有酮基，所以称为酮糖(ketoses)。甘油醛有一个不对称碳原子，因此有两种立体异构体，其结构如下：

$$
\begin{array}{ccc}
\text{CHO} & \text{CHO} & \text{CH}_2\text{OH} \\
\text{H–C–OH} & \text{HO–C–H} & \text{C=O} \\
\text{CH}_2\text{OH} & \text{CH}_2\text{OH} & \text{CH}_2\text{OH} \\
\text{D-甘油醛} & \text{L-甘油酸} & \text{二羟丙酮}
\end{array}
$$

单糖是不能水解为更小分子的糖。根据碳原子的数目，可分为三碳糖、四碳糖、五碳糖、六碳糖和七碳糖，它们的结构式如图 5-1 和图 5-2 所示。其中，D-葡萄糖和 D-果糖(fructose)都是大自然中最常见的单糖。

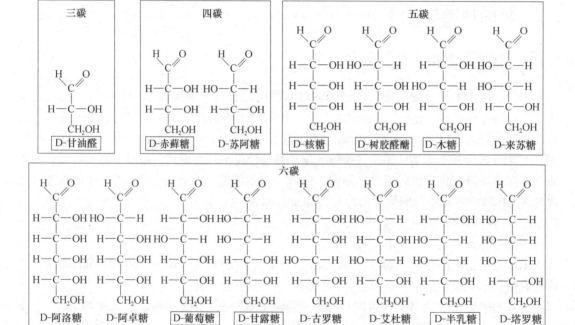

图 5-1　D-醛糖的结构式

在生物体内重要的三碳糖有 D-甘油醛和二羟丙酮，它们的磷酸酯是糖代谢的重要中间产物。四碳糖有 D-赤藓糖(erythrose)和 D-赤藓酮糖(threose)，它们的磷酸酯是糖代谢的中间产物。五碳醛糖主要有 D-核糖(ribose)、D-2-脱氧核糖(deoxyribose)、D-木糖(xylose)和 L-阿拉伯糖(arabinose)，它们大多以多聚戊糖或以糖苷的形式存在，D-核酮糖和 D-木酮糖，均是糖代谢的中间产物。六碳醛糖有 D-葡萄糖、D-甘露糖(mannose)、D-半乳糖(galactose),重要的六碳酮糖有 D-果糖和 D-山梨糖(sorbose)。庚糖在自然界中分布较少,主要存在于高等植物中,最重要的有 D-景天庚酮糖(sedoheptulose)和 D-甘露庚酮糖(mannoheptulose),前者存在于景天科及其他肉质植物的叶子中,以游离状态存在。它是光合作用的中间产物,呈磷酸酯态,在碳循环中占重要地位。

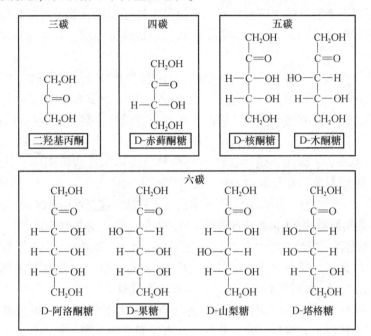

图 5-2　D-酮糖的结构式

(2)寡糖

寡糖是由 2~6 个单糖分子构成,其中以双糖最普遍。寡糖可溶于水,多数有甜味。在自然界中,仅有 3 种双糖(蔗糖、乳糖和麦芽糖)以游离状态存在,其他多以结合状态存在(如纤维二糖)。蔗糖是最重要的双糖,麦芽糖和纤维二糖是淀粉和纤维素的基本结构单位。三者均易水解为单糖。

①蔗糖　蔗糖是自然界中最丰富的二糖，是由一分子 α-D-吡喃葡糖残基与一分子 β-D-呋喃果糖残基通过 α-1,4-糖苷键连接形成的。所以，蔗糖没有还原性的末端基团，是一种非还原性糖。蔗糖是主要的光合作用产物，也是植物体内糖贮藏、积累和运输的主要形式。在甜菜、甘蔗和各种水果中含有较多的蔗糖。日常食用的糖主要是蔗糖。

②麦芽糖　麦芽糖(maltose)是由两分子 α-D-吡喃葡萄糖通过 α-1,4-糖苷键连接而成的糖。麦芽糖还保留一个游离的半缩醛羟基，所以是一种还原糖，能还原斐林试剂。麦芽糖大量存在于发酵的谷粒，特别是麦芽中。它是淀粉的组成成分。淀粉和糖原在淀粉酶作用下水解可产生麦芽糖。

③乳糖　乳糖(lactose)存在于哺乳动物的乳汁中(牛奶中含 4%~6%)，高等植物花粉管及微生物中也含有少量乳糖。由一分子 β-D-半乳糖和一分子 α-D-吡喃葡萄糖组成。乳糖不易溶解，味不甚甜，具有还原性。乳糖的水解需要乳糖酶，婴儿一般都可消化乳糖，成人则不然。某些成人缺乏乳糖酶，不能利用乳糖，食用乳糖后会在小肠积累，产生渗透作用，使体液外流，引起恶心、腹痛、腹泻。这是一种常染色体隐性遗传疾病，从青春期开始表现。其发病率与地域有关，在丹麦约 3%，泰国则高达 92%。

④纤维二糖　纤维二糖(cellobiose)是纤维素的基本构成单位，可由纤维素水解得到。这是由两个分子的 β-D-葡萄糖通过 β-1,4-糖苷键连接而成的双糖。它是葡萄糖的另一个二聚体。与麦芽糖的区别就在于糖苷键，纤维二糖中的是 β-1,4-糖苷键，而麦芽糖中的是 α-1,4-糖苷键。

⑤三糖　自然界中广泛存在的三糖只有棉籽糖(raffinose)，主要存在于棉籽、甜菜、大豆及桉树的干性分泌物(甘露蜜)中。它是 α-D-吡喃半乳糖-(1,6)-α-D-吡喃葡萄糖-(1,2)-β-D-呋喃果糖苷。棉籽糖不能还原斐林试剂。在蔗糖酶作用下分解成果糖和蜜二糖；在 α-半乳糖苷酶作用下分解成半乳糖和蔗糖。此外，还有龙胆三糖、松三糖和洋槐三糖等。

(3) 多糖

多糖由多个单糖缩合而成。多糖按功能可分为两大类：一类是结构多糖，如构成植物细胞壁的纤维素、半纤维素，构成细菌细胞壁的肽聚糖等；另一类是贮藏多糖，如植物中的淀粉、动物体内的糖原等。由一种单糖缩合而成，称同聚多糖(homopolysaccharide)，如戊糖胶(木糖胶、阿拉伯糖胶)、己糖胶(淀粉、糖原、纤维素等)，也可由不同类型的单糖缩合而成，称杂聚多糖(heteropolysaccharides)，杂聚多糖由两种以上单糖构成，如半乳糖甘露糖胶、阿拉伯胶和果胶等。

①淀粉　淀粉是植物中最重要的贮藏多糖，是由麦芽糖单位构成的链状结构，可溶于热水的是直链淀粉，不溶的是支链淀粉。支链淀粉易形成浆糊，可溶于热的有机溶剂。

直链淀粉(amylase)是由 α-葡萄糖残基通过 1,4-糖苷键连接构成的不分支的长链，相对分子质量从几万到十几万，平均约在 60 000 左右，相当于 300~400 个葡萄糖分子，每个分子中只含一个还原性端和一个非还原性端。与碘反应呈蓝色，光吸收在 620~680nm。

直链淀粉

支链淀粉(amylopectin)每个直链是由 α-葡萄糖残基通过 α-1,4-糖苷键连接构成的链,而每个分支是由 α-葡萄糖残基通过 α-1,6-糖苷键连接构成的链,相对分子质量在 20 万以上,含有 1 300 个葡萄糖或更多。每个分子中只含一个还原性端和多个非还原性端。与碘反应呈紫色,光吸收在 530~555nm。

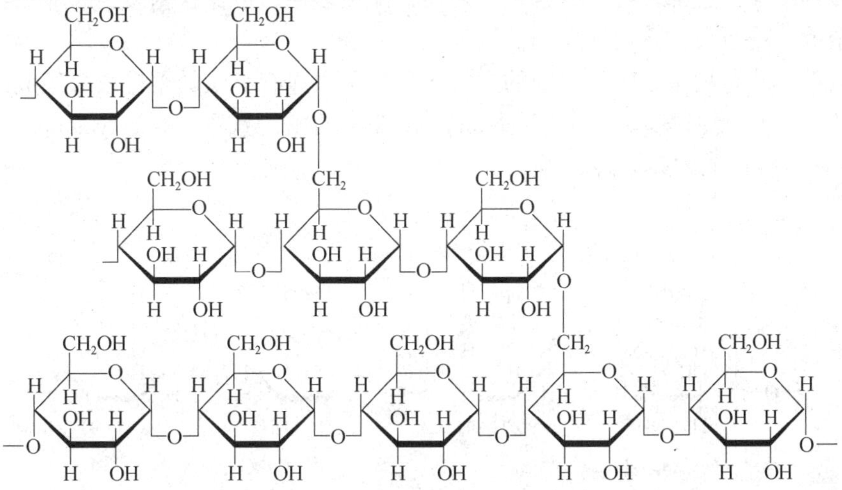

支链淀粉

② 糖原　糖原是动物中的主要多糖,是葡萄糖的极容易利用的储藏形式。糖原相对分子质量约为 500 万,糖原的结构与支链淀粉相似,但分支密度更大,平均链长只有 12~18 个葡萄糖单位。与碘反应呈紫色,光吸收在 430~490nm。

糖原分子表面暴露出许多非还原末端,每个非还原末端既能与葡萄糖结合,也能分解产生葡萄糖,从而迅速调整血糖浓度,调节葡萄糖的供求平衡。所以糖原是贮藏葡萄糖的理想形式。糖原主要贮藏在肝脏和骨骼肌,在肝脏中浓度较高,但在骨骼肌中总量较多。糖原在细胞胞液中以颗粒状存在,直径约为 10~40nm。现在发现除动物外,在细菌、酵母、真菌及甜玉米中也有糖原存在。

③ 纤维素　纤维素是自然界中含量最丰富的有机物,占植物界碳含量的 50% 以上,是由 β-D-葡萄糖分子以 β-1,4-糖苷键连接而成,无分支。纤维素相对分子质量在 5 万~40 万之间,每分子约含 300~2 500 个葡萄糖残基。不溶于水,但溶于铜盐的氨水溶液。纤维素经弱酸水解可得到纤维二糖。在浓硫酸(低温)或稀硫酸(高温、高压)下水解木材废料,可以产生约 20% 的葡萄糖。

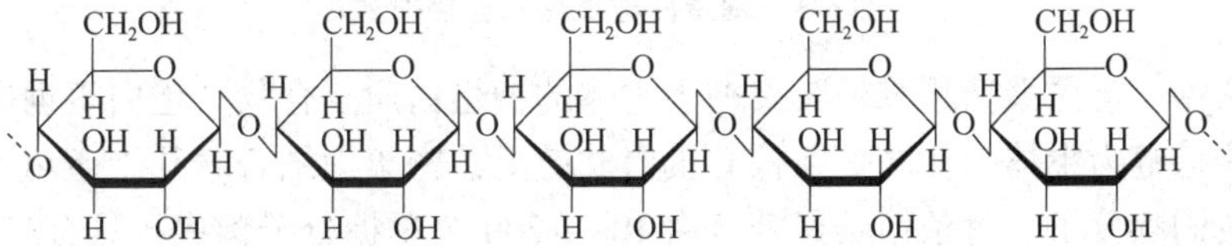

纤维素

④ 果胶　果胶(pectin)是细胞壁的基质多糖,其主要成分是部分甲酯化的 α-(1,4)-D-聚半乳糖醛酸。果胶一般存在于植物的细胞壁中,也存在于水果中。柑橘、柠檬、柚子等果皮中约含 30% 果胶,是果胶的最丰富来源。按果胶的组成有同质多糖和杂多糖两种类型:同

质多糖型果胶如 D-半乳聚糖、L-阿拉伯聚糖和 D-半乳糖醛酸聚糖等；杂多糖果胶最常见，是由半乳糖醛酸聚糖、半乳聚糖和阿拉伯聚糖以不同比例组成的，通常称为果胶酸。

(4) 结合糖

结合糖是糖与非糖物质(如蛋白质或脂类物质)构成的复合分子，它们的分布很广泛，生物功能多种多样，且都含有一类含氮的多糖，即黏多糖。根据含糖多少和非糖物质的种类可分为肽聚糖、糖蛋白、蛋白聚糖和糖脂等。

①肽聚糖　肽聚糖是细菌细胞壁的主要成分，是由连有小肽的聚糖成分组成的。聚糖成分由交替的 N-乙酰葡糖胺(N-acetylglucosamine)和 N-乙酰胞壁酸(N-acetymuramic acid)通过 α-1,4-糖苷键连接形成的聚糖链。

②糖蛋白　糖蛋白是以蛋白质为主体的糖-蛋白质复合物，在肽链的特定残基上共价结合着一个、几个或十几个寡糖链。寡糖链一般由 2~15 个单糖构成。寡糖链与肽链的连接方式有两种：一种是它的还原末端以 O-糖苷键与肽链的丝氨酸或苏氨酸残基的侧链羟基结合；另一种是以 N-糖苷键与侧链的天冬酰胺残基的侧链氨基结合(图 5-3)。

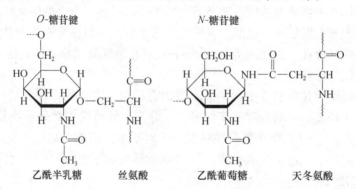

乙酰半乳糖　丝氨酸　　乙酰葡萄糖　天冬氨酸

图 5-3　糖蛋白与寡糖的连接方式

③蛋白聚糖　蛋白聚糖是以糖胺聚糖为主体的糖蛋白质复合物。蛋白聚糖以蛋白质为核心，以糖胺聚糖链为主体，在同一条核心蛋白肽链上，密集地结合着几十条至千百条糖胺聚糖链，形成瓶刷状分子。每条糖胺聚糖链由 100~200 个单糖分子构成，具有二糖重复序列，一般无分支。糖胺聚糖主要以 O-糖苷键与核心蛋白的丝氨酸或苏氨酸羟基结合。核心蛋白的氨基酸组成和序列也比较简单，以丝氨酸和苏氨酸为主(占 50%)，其余氨基酸以甘氨酸、丙氨酸、谷氨酸等居多。

④糖脂　糖脂是由糖和脂质结合所形成的物质的总称,是糖的半缩醛羟基通过糖苷键与脂质相连而成的。其非脂部分为糖基,脂部分则为神经鞘氨醇或甘油,而且糖脂可根据脂部分的构成而再分为鞘糖脂与甘油糖脂。

5.1.2　糖的分布与功能

5.1.2.1　糖的分布

糖在生物界中分布很广,几乎所有的动物、植物和微生物体内都含有糖。糖占植物干重的80%,微生物干重的10%~30%,动物干重的2%。糖在植物体内起着重要的结构作用,而动物则用蛋白质和脂类代替,所以行动更灵活,适应性强。动物中只有昆虫等少数采用多糖构成外骨骼,其形体大小受到很大限制。

在生物体中,糖主要以3种形式存在:① 以糖原形式贮藏在肝和肌肉中。糖原代谢速度很快,对维持血糖浓度衡定,满足机体对糖的需求有重要意义。② 以葡萄糖形式存在于体液中。细胞外液中的葡萄糖是糖的运输形式,它作为细胞的内环境条件之一,浓度相当衡定。③ 存在于多种含糖生物分子中。糖作为组成成分直接参与多种生物分子的构成。例如,DNA分子中含脱氧核糖,RNA和各种活性核苷酸(ATP、许多辅酶)含有核糖,糖蛋白和糖脂中有各种复杂的糖结构。

5.1.2.2　糖的功能

糖在生物体内的主要功能是构成细胞的结构和作为贮藏物质。植物细胞壁是由纤维素,半纤维素或胞壁质组成的,它们都是糖类物质。作为贮藏物质的主要有植物中的淀粉和动物中的糖原。此外,糖脂和糖蛋白在生物膜中占有重要位置,担负着细胞和生物分子相互识别的作用。

糖在生物体中,主要有以下作用:

①作为能源物质　糖是机体最容易得到,最经济,也是最重要的能源物质。一般情况下,生物体所需能量的70%来自糖的氧化。

②作为结构成分　糖蛋白和糖脂是细胞膜的重要成分,蛋白聚糖是结缔组织如软骨、骨的结构成分。

③参与构成生物活性物质　核酸中含有糖,有运输作用的血浆蛋白,有免疫作用的抗体,有识别、转运作用的膜蛋白等绝大多数都是糖蛋白,许多酶和激素也是糖蛋白。

④作为合成其他生物分子的碳源　糖可用来合成脂类物质和氨基酸等物质。

5.2　糖的分解

葡萄糖是大部分有机体的主要燃料分子,在新陈代谢中起着重要作用。葡萄糖含有丰富的能量,当它彻底被氧化成CO_2和H_2O后,并释放出-2 840kJ/mol能量。葡萄糖氧化分解途径包括:糖酵解——糖的共同分解途径;三羧酸循环——糖的氧化途径;磷酸戊糖途径——糖的直接氧化途径。葡萄糖经糖酵解—三羧酸循环氧化分解产生CO_2和NADH、$FADH_2$;NADH、$FADH_2$可进入呼吸链被彻底氧化产生H_2O。磷酸戊糖途径则生成CO_2和NADPH,NADPH是生物合成代谢反应的还原剂。糖的分解代谢有不同的途径,同样,糖也可通过不同途径合成,并且各种途径都包括一系列复杂的反应。本节主要介绍这两方面的内容。

5.2.1 糖酵解

5.2.1.1 糖酵解的概念

糖分解代谢是生物体取得能量的主要方式。生物体中糖的氧化分解主要有3条途径：糖的无氧氧化、糖的有氧氧化和磷酸戊糖途径。其中，糖的无氧氧化又称糖酵解(glycolysis)。糖酵解是葡萄糖经1,6-二磷酸果糖和3-磷酸甘油酸转变为丙酮酸，同时产生ATP的一系列反应。这一过程在有氧或厌氧的条件下均可进行，是所有生物体进行葡萄糖分解代谢所必须经过的共同阶段。在糖酵解作用的研究中，德国的三位生物化学家Gustav Embden, Otto Meyerhof, Jacob Parnas贡献最大，因此，糖酵解过程又称为Embden-Meyerhof-Parnas途径，简称EMP途径。

5.2.1.2 糖酵解途径的反应历程

糖酵解途径是在胞液(cytosol)中进行的，糖酵解过程是从葡萄糖开始分解生成丙酮酸的过程，全过程共有10步酶催化反应。

(1) 葡萄糖磷酸化

糖酵解第一步反应是由己糖激酶(hexokinase)催化葡萄糖的C6被磷酸化，形成6-磷酸葡萄糖。该激酶需要Mg^{2+}离子作为辅助因子，同时消耗一分子ATP，该反应是不可逆反应。

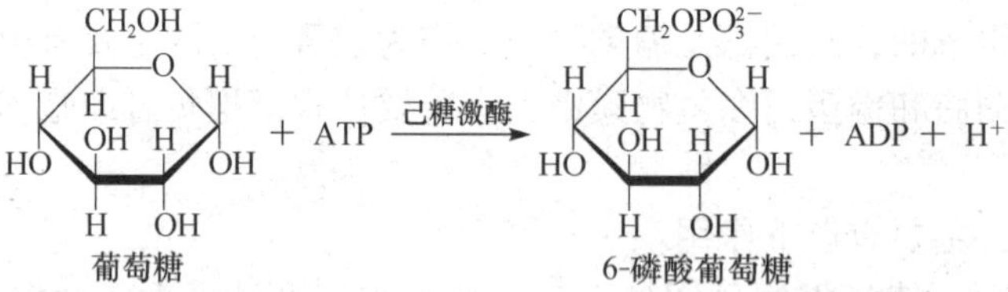

该反应的标准吉布斯自由能变$\Delta G^{\ominus\prime} = -16.7 kJ \cdot mol$。己糖激酶可作用于D-葡萄糖、果糖和甘露糖，是糖酵解过程中的第一个调节酶，是6-磷酸葡萄糖的别构抑制。如果糖酵解从糖原开始，糖原中的葡萄糖单位经磷酸化酶催化，进行磷酸解反应生成1-磷酸葡萄糖，再由磷酸葡萄糖变位酶催化1-磷酸葡萄糖转变为6-磷酸葡萄糖。由糖原中的葡萄糖单位生成6-磷酸葡萄糖不需要消耗ATP。

(2) 6-磷酸葡萄糖异构转化为6-磷酸果糖

6-磷酸葡萄糖异构酶(glucose-6-phosphate isomerase)催化6-磷酸葡萄糖转化为6-磷酸果糖，这是一个醛糖—酮糖同分异构化反应，需要Mg^{2+}离子参与，反应是可逆的。

该反应的$\Delta G^{\ominus\prime} = +1.67 kJ/mol$，吸能少，反应平衡偏向左边，但由于6-磷酸果糖不断被消耗，所以反应朝生成6-磷酸果糖方向进行。

5.2 糖的分解

(3) 6-磷酸果糖磷酸化生成 1,6-二磷酸果糖

此反应是由磷酸果糖激酶(phosphofructo kinase)催化 6-磷酸果糖磷酸化生成 1,6-二磷酸果糖，消耗了第二个 ATP 分子。

$$6\text{-磷酸果糖} + ATP \xrightarrow{\text{磷酸果糖激酶}} 1,6\text{-二磷酸果糖} + ADP + H^+$$

该反应的 $\Delta G^{\ominus'} = -14.2 \text{kJ/mol}$，吸能少，是糖酵解过程中第二个不可逆反应。6-磷酸果糖激酶是一个变构酶，其活性受 ATP 和其他几种代谢物的调节，糖酵解速度依赖于此酶的活力水平，因此是一个限速酶。

(4) 1,6-二磷酸果糖裂解

在醛缩酶(aldolase)的作用下，使己糖磷酸 1,6-二磷酸果糖 C3 和 C4 之间的键断裂，生成一分子 3-磷酸甘油醛和一分子磷酸二羟丙酮。

$$1,6\text{-二磷酸果糖} \xrightleftharpoons{\text{醛缩酶}} \text{磷酸二羟丙酮(酮糖)} + 3\text{-磷酸甘油醛(醛糖)}$$

该反应的 $\Delta G^{\ominus'} = 23.8 \text{kJ/mol}$，反应平衡有利于向左进行。但在正常生理条件下，由于 3-磷酸甘油醛在下一阶段的反应不断地被氧化消耗，使细胞中 3-磷酸甘油醛的浓度大大降低，从而使反应向裂解方向进行。

(5) 3-磷酸甘油醛和磷酸二羟丙酮的相互转换

3-磷酸甘油醛是酵解下一步反应的底物，所以磷酸二羟丙酮需要在丙糖磷酸异构酶(triose phosphate isomerase)的催化下转化为 3-磷酸甘油醛，才能进一步酵解。

$$\text{磷酸二羟丙酮} \xrightleftharpoons{\text{磷酸丙糖异构酶}} 3\text{-磷酸甘油醛}$$

该反应的 $\Delta G^{\ominus'} = +7.5 \text{kJ/mol}$。这个反应进行得极快并且是可逆的，达到平衡时，三碳糖中的 96% 为磷酸二羟丙酮。但由于 3-磷酸甘油醛被后面的反应有效利用，因此，该反应仍然向着生成 3-磷酸甘油醛的方向进行。

(6) 3-磷酸甘油醛的氧化

3-磷酸甘油醛在 NAD^+ 和 H_3PO_4 存在下，由 3-磷酸甘油醛脱氢酶(glyceraldehyde-3-phosphate dehydrogenase)催化生成 1,3-二磷酸甘油酸，这一步是酵解中唯一的氧化反应。反应中一分子 NAD^+ 被还原成 NADH，同时在 1,3-二磷酸甘油酸中形成一个高能酸酐键，在下一步酵解反应中，保存在酸酐化合物中的能量可以使得 ADP 变成 ATP。该反应的 $\Delta G^{\ominus'} = +6.3 \text{kJ/mol}$。

$$\begin{array}{c}\text{CHO}\\|\\\text{C=O}\\|\\\text{CH}_2\text{OPO}_3^{2-}\end{array} + \text{NAD}^+ + \text{Pi} \xrightleftharpoons[]{\text{3-磷酸甘油醛脱氧酶}} \begin{array}{c}\text{O}\\\|\\\text{C-O~PO}_3^{2-}\\|\\\text{HCOH}\\|\\\text{CH}_2\text{OPO}_3^{2-}\end{array} + \text{NADH} + \text{H}^+$$

3-磷酸甘油醛　　　　　　　　　　　　　　　　　1,3-二磷酸甘油酸

(7) 1,3-二磷酸甘油酸转变为3-磷酸甘油酸

在磷酸甘油酸激酶(phosphoglycerate kinase)的作用下，将1,3-二磷酸甘油酸高能磷酰基转给ADP形成ATP和3-磷酸甘油酸。

$$\begin{array}{c}\text{O}\\\|\\\text{C-O~PO}_3^{2-}\\|\\\text{HCOH}\\|\\\text{CH}_2\text{OPO}_3^{2-}\end{array} + \text{ADP} \xrightleftharpoons[]{\text{磷酸甘油酸激酶}} \begin{array}{c}\text{O}\\\|\\\text{C-OH}\\|\\\text{HCOH}\\|\\\text{CH}_2\text{OPO}_3^{2-}\end{array} + \text{ATP}$$

1,3-二磷酸甘油酸　　　　　　　　　　　　　3-磷酸甘油酸

该反应的 $\Delta G^{\ominus\prime} = -18.9 \text{kJ/mol}$，这步反应是酵解中第一次产生ATP的反应，反应是可逆的。从一个高能化合物(例如1,3-二磷酸甘油酸)，将磷酰基转移给ADP形成ATP的过程称为底物水平磷酸化作用，即ATP的形成直接与一个代谢中间物上的磷酰基转移相偶联。底物水平磷酸化不需要氧，是酵解中形成ATP的机制。

(8) 3-磷酸甘油酸转换为2-磷酸甘油酸

磷酸甘油酸变位酶(phosphoglycerate mutase)催化3-磷酸甘油酸和2-磷酸甘油酸之间的相互转换。变位酶是一种催化一个基团从底物分子的一个部分转移到同分子的另一部分的异构酶。该反应的 $\Delta G^{\ominus\prime} = 4.4 \text{kJ/mol}$。

$$\begin{array}{c}\text{COOH}\\|\\\text{HCOH}\\|\\\text{CH}_2\text{OPO}_3^{2-}\end{array} \xrightleftharpoons[\text{Mg}^{2+}]{\text{磷酸甘油酸变位酶}} \begin{array}{c}\text{COOH}\\|\\\text{HCOPO}_3^{2-}\\|\\\text{CH}_2\text{OH}\end{array}$$

3-磷酸甘油酸　　　　　　　　　2-磷酸甘油酸

(9) 2-磷酸甘油酸形成磷酸烯醇式丙酮酸

在烯醇化酶(enolase)(需要 Mg^{2+})的催化下，2-磷酸甘油酸脱去水形成磷酸烯醇式丙酮酸，反应是可逆的。磷酸烯醇式丙酮酸具有很高的磷酰基转移潜能，因为它的磷酰基是以一种不稳定的烯醇式互变异构形式存在的。该反应的 $\Delta G^{\ominus\prime} = 7.5 \text{kJ/mol}$。

$$\begin{array}{c}\text{COOH}\\|\\\text{HCOPO}_3^{2-}\\|\\\text{CH}_2\text{OH}\end{array} \xrightleftharpoons[\text{Mg}^{2+}\text{或Mn}^{2+}]{\text{烯醇化酶}} \begin{array}{c}\text{COOH}\\|\\\text{C-O~PO}_3^{2-}\\\|\\\text{CH}_2\end{array} + \text{H}_2\text{O}$$

2-磷酸甘油酸　　　　　　　　磷酸烯醇式丙酮酸

由于发生分子内脱水，使分子内部能量重排，C2上的低能磷酸基(其水解的 $\Delta G^{\ominus\prime}$ 为 -17.6kJ/mol)转变为高能磷酸基团(其水解的 $\Delta G^{\ominus\prime}$ 为 -62.1kJ/mol)，因此，磷酸烯醇式丙酮酸是高能化合物，且非常不稳定。

(10) 丙酮酸形成

这是酵解中第二个底物水平磷酸化反应，反应是由丙酮酸激酶(pyruvate kinase)催化的。

磷酸烯醇式丙酮酸的磷酰基转移到 ADP 上，形成 ATP 和烯醇式丙酮酸，反应是不可逆的。与酶结合的烯醇式丙酮酸异构化形成更稳定的丙酮酸。该反应的 $\Delta G^{\ominus\prime} = -31.4\,\text{kJ/mol}$。

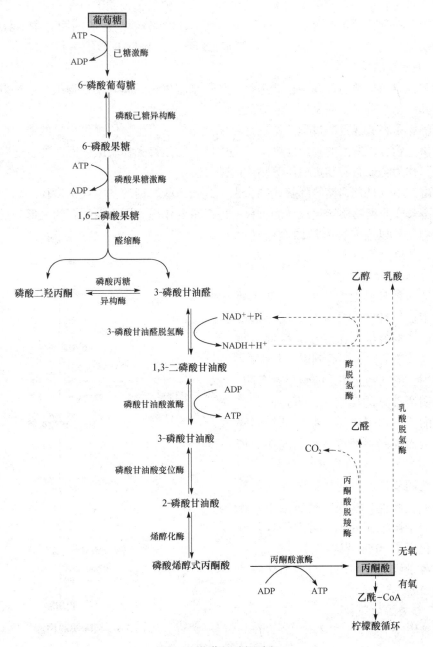

糖酵解的反应过程可概括如图 5-4 所示。

图 5-4　葡萄糖酵解过程

5.2.1.3 糖酵解产生的能量

糖酵解过程的整个化学历程,从葡萄糖转化成丙酮酸的净反应式如下:

$$葡萄糖 + 2ADP + 2NAD^+ + 2Pi \xrightarrow{\triangle} 丙酮酸 + 2ATP + 2NADH + 2H^+ + 2H_2O$$

在糖酵解过程的起始阶段消耗两分子 ATP,形成 1,6-二磷酸果糖,以后在 1,3-二磷酸甘油酸及磷酸烯醇式丙酮酸反应中各生成两分子 ATP。因此,糖酵解过程净产生两分子 ATP。

如果糖酵解是从糖原开始的,则糖原经磷酸解后生成 1-磷酸葡萄糖,然后再经磷酸葡萄糖变位酶催化转变为 6-磷酸葡萄糖。这样在生成 6-磷酸葡萄糖的过程中没有消耗 ATP,所以相当于每分子葡萄糖经糖酵解可净产生三分子 ATP。另外,生成的两分子 NADH 若进入有氧的彻底氧化途径可产生六分子(原核细胞)或四分子 ATP(真核细胞)。

5.2.1.4 糖酵解的生物学意义

糖酵解为生物界普遍存在的供能途径,从单细胞生物到高等动植物组织中都进行着糖酵解作用,其生物学意义主要有以下几方面:

①糖酵解是释放能量的过程,特别是在无氧条件下为生物体提供少量的能量以应急。

②提供生物合成所需的物质。糖酵解的中间产物是许多物质的中间产物,这些中间产物的一部分可作为合成脂肪和蛋白质等物质的碳骨架。

③糖酵解不仅是葡萄糖的降解途径,也是其他一些单糖的基本代谢途径。

④糖酵解在非糖物质转化成糖的过程中也起重要作用,因为糖酵解的大部分反应是可逆的,非糖物质可以逆着糖酵解的途径异生成糖,但必须绕过不可逆反应。

5.2.1.5 糖酵解途径的调控

糖酵解途径具有双重作用:一是使葡萄糖降解生成 ATP;二是为合成反应提供原料。因此,糖酵解的速度就要根据生物体对能量与物质的需要而受到调节与控制。在糖酵解中,由己糖激酶、磷酸果糖激酶、丙酮酸激酶所催化的反应是不可逆的。这些不可逆的反应均可成为控制糖酵解的限速步骤,从而控制糖酵解进行的速度。催化这些限速反应步骤的酶就称为限速酶。它们的活性调节是通过变构调节或共价修饰来实现的。此外,这些关键酶的量,还可以随着转录调控而变化。可逆的变构调节、磷酸化调节和转录调节分别在毫秒、秒和小时数量级的时间内进行。糖酵解的调节控制如图 5-5 所示。

(1) 己糖激酶的调控

己糖激酶同工酶中除葡萄糖激酶以外,

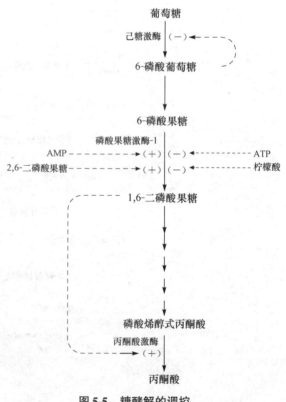

图 5-5 糖酵解的调控

都受到6-磷酸葡萄糖的抑制。当6-磷酸葡萄糖积累和不再需要生产能量或进行糖原贮存时，即6-磷酸葡萄糖不能快速代谢时，己糖激酶被6-磷酸葡萄糖抑制。因此，ATP/AMP比值高，或柠檬酸水平高也会抑制己糖激酶的活性。由于己糖激酶对葡萄糖具有很低的K_m值（$10^{-4} \sim 10^{-6}$mol/L之间），竞争性抑制是不会有效果的，所以6-磷酸葡萄糖抑制是非竞争性抑制。

(2) 磷酸果糖激酶的调控

磷酸果糖激酶是糖酵解过程中最重要的调节酶，糖酵解速度主要决定于该酶活性，因此它是一个限速酶。磷酸果糖激酶是一个四聚体的变构酶，该酶活性可通过几种途径被调节。

AMP是磷酸果糖激酶的变构激活剂；ATP既是该酶的变构抑制剂，又是该酶作用的底物，究竟起何作用，决定于ATP的浓度及酶的活性中心和变构中心对ATP的亲和力。磷酸果糖激酶的活性中心对ATP的亲和力高，即K_m值低，而变构中心对ATP的亲和力低，即K_m值高。因此，当ATP浓度低时，ATP作为底物与酶的活性中心结合，酶就发挥正常的催化功能；当ATP浓度高时，ATP与酶的变构中心结合，引起酶构象改变而失活。总之，ATP通过自身浓度的变化来影响磷酸果糖激酶的活性，从而调节糖酵解的速度。当ATP/AMP的比值降低时此酶的活性增高，即在细胞能荷低时，糖酵解被促进。

柠檬酸也是磷酸果糖激酶的变构抑制剂，柠檬酸是丙酮酸进入三羧酸循环的第一个中间产物，当糖酵解的速度快时，柠檬酸生成多，高浓度柠檬酸与磷酸果糖激酶的变构中心结合，使酶构象改变而失活，导致糖酵解减速。当细胞中能量和作为原料的碳骨架都有富余时，磷酸果糖激酶的活性几乎等于零。

NADH和脂肪酸也抑制磷酸果糖激酶的活性，即机体内能量水平高，不需糖分解生成能量，该酶活性就受到抑制，从而控制糖酵解的速度。

此外，磷酸果糖激酶被H^+抑制，在pH明显下降时糖酵解速度降低。这对防止在缺氧条件下形成过量的乳酸而导致酸毒症具有重要的意义。

(3) 丙酮酸激酶的调控

丙酮酸激酶活性也受高浓度ATP及乙酰-CoA等代谢物的抑制，这是产物对反应本身的反馈抑制。当ATP的生成量超过细胞自身需要时，通过丙酮酸激酶的变构抑制使糖酵解速度降低。所以当能荷高时，磷酸烯醇式丙酮酸生成丙酮酸的反应将受阻。

5.2.1.6 丙酮酸的去路

糖酵解生成的终产物丙酮酸如何进一步分解代谢，其去路关键取决于氧的有无。在无氧条件下，丙酮酸不能进一步氧化，只能进行乳酸发酵或酒精发酵而生成乳酸或乙醇。在有氧条件下，丙酮酸先氧化脱羧生成乙酰-CoA，再经三羧酸循环和电子传递链彻底氧化为CO_2和H_2O，并产生为糖酵解许多倍的ATP。

(1) 乳酸发酵

在许多种厌氧微生物如乳酸杆菌，或高等生物细胞供氧不足如剧烈运动的肌肉细胞中，丙酮酸被还原为乳酸(lactate)，反应由乳酸脱氢酶(lactate dehydrogenase)催化，还原剂为NADH。

$$\underset{\text{丙酮酸}}{\overset{\text{COOH}}{\underset{\text{CH}_3}{|}}\!\!\!\!\text{C}\!=\!\text{O}} + \text{NADH} + \text{H}^+ \xrightleftharpoons{\text{乳酸脱氢酶}} \underset{\text{乳酸}}{\overset{\text{COOH}}{\underset{\text{CH}_3}{|}}\!\!\!\!\text{HC}\!-\!\text{OH}} + \text{NAD}^+$$

在此反应中，EMP 途径中的 3-磷酸甘油醛氧化时所形成的 NADH 在丙酮酸的还原反应中消耗掉了，使 NAD^+ 得到再生，从而维持糖酵解在无氧条件下继续不断地运转。

(2) 乙醇发酵

在厌氧状态下，酵母细胞将丙酮酸转化为乙醇和 CO_2，这一过程实际包括两个反应步骤。

第一步在丙酮酸脱羧酶(pyruvate decarboxylase)催化下，丙酮酸脱羧生成乙醛；硫胺素焦磷酸作为辅酶参与反应。第二步乙醛在醇脱氢酶(alcohol dehydrogenase)催化下还原为乙醇，同时，NADH 被氧化为 NAD^+。同时 NADH 被氧化为 NAD^+。在乙醛生成乙醇的过程中，NAD^+ 也得到再生，可用于 3-磷酸甘油醛的氧化。

$$\underset{\text{丙酮酸}}{\begin{array}{c}COOH\\ |\\ C=O\\ |\\ CH_3\end{array}} \xrightarrow[\text{TPP}]{\text{丙酮酸脱羧酶}} \underset{\text{乙醛}}{\begin{array}{c}CHO\\ |\\ CH_3\end{array}} \xrightarrow[NADH+H^+ \quad NAD^+]{\text{乙醇脱氢酶}} \underset{\text{乙醇}}{\begin{array}{c}CH_2OH\\ |\\ CH_3\end{array}}$$

无论酵解最后的产物是乳酸还是乙醇，消耗一分子葡萄糖都会产生两分子 ATP，而且都不需要氧，这一特征不仅对厌氧生物是非常必要的，而且对于多细胞生物中的某些特殊的细胞也是必要的。例如，眼睛的角膜，由于血液循环差，可利用的氧有限，所以需要酵解提供所需的能量。

知识窗

动物、植物及微生物都可进行乳酸发酵

如果动物缺氧时间过长，将大量积累乳酸，造成代谢性酸中毒，严重时会导致死亡。乳酸发酵可用于生产奶酪、酸奶、食用泡菜及青贮饲料等。例如，食用泡菜的腌制就是乳酸杆菌大量繁殖，产生乳酸积累导致酸性增强，抑制了其他细菌的活动，因而使泡菜不致腐烂。酒精发酵也存在于真菌和缺氧的植物器官中。例如，甘薯在长期淹水供氧不足时，块根进行无氧呼吸，产生乙醇而使块根具有酒味。酒精发酵可用于酿酒、面包制作等。

---

(3) 丙酮酸形成乙酰-CoA

如果在有氧条件下，丙酮酸进入线粒体内被脱羧形成乙酰-CoA，乙酰-CoA 进入三羧酸循环，被彻底氧化生成 CO_2 和 H_2O。

5.2.2 三羧酸循环

三羧酸循环是英国生物化学家 Hans Krebs 于 1937 首先发现的。他提出在有氧条件下，糖酵解产物丙酮酸氧化脱羧形成乙酰-CoA，乙酰-CoA 通过一个循环被彻底氧化为 CO_2，这个循环称 Krebs 循环。此循环的第一个产物是柠檬酸，又称柠檬酸循环(citric acid cycle)，因为柠檬酸有三个羧基，所以也称三羧酸循环(tricarboxylic acid cycle，简称 TCA 循环)。三羧酸循环不仅是糖代谢的主要途径，也是蛋白质、脂肪氧化分解代谢的最终途径，该途径在动植物和微生物细胞中普遍存在，具有重要的生理意义。这是生物化学领域中的一项经典性成就,为此 Krebs 于 1953 年获诺贝尔奖。催化三羧酸循环各步反应的酶类存在于线粒体的基质(matrix)中,因此,三羧酸循环进行的场所是线粒体。

5.2.2.1 丙酮酸氧化为乙酰-CoA

无论是在原核生物,还是在真核生物中,丙酮酸不能直接进入三羧酸循环,而是先氧化脱羧形成乙酰-CoA,再进入三羧酸循环。丙酮酸氧化脱羧反应是由丙酮酸脱氢酶复合体(pyruvate dehydrogenase complex)催化的。丙酮酸脱氢酶复合体是一个相当庞大的多酶体系,其中包括丙酮酸脱氢酶(pyruvate dehydrogenase,E_1)、二氢硫辛酸乙酰转移酶(dihydrolipoamide transferase,E_2)、二氢硫辛酸脱氢酶(dihydrolipoamide dehydrogenase,E_3)三种不同的酶及焦磷酸硫胺素(TPP)、硫辛酸($\overset{S}{\underset{S}{|}}$L)、-CoA、FAD、$NAD^+$ 和 Mg^{2+} 六种辅助因素组装而成。丙酮酸脱氢酶系在线粒体内膜上,催化反应如下:

$$\underset{CH_3}{\underset{|}{\overset{COOH}{\overset{|}{C=O}}}} + HS-CoA + NAD^+ \xrightarrow[\text{TPP、硫辛酸、FAD、Mg}^{2+}]{\text{丙酮酸脱氢酶复合体}} H_3C-\overset{O}{\underset{}{\overset{\|}{C}}}-S-CoA + CO_2 + NADH + H^+$$

这是一个不可逆反应,分五步进行:① 丙酮酸与 TPP 形成复合物,然后脱羧,生成活化乙醛;② 活化乙醛与二氢硫辛酸结合,形成乙酰二氢硫辛酸,同时释放出 TPP;③ 硫辛酸将乙酰基转给辅酶 A,形成乙酰-CoA;④ 由于硫辛酸在细胞内含量很少,要使上述反应不断进行,硫辛酸必须氧化再生,即将氢递交给 FAD;⑤ $FADH_2$ 再将氢转给 NAD^+。该反应的 $\Delta G^{\ominus\prime} = -33.4 \text{kJ/mol}$。反应历程如图 5-6 所示。

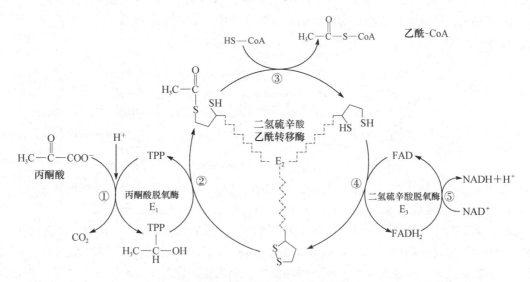

图 5-6 丙酮酸脱氢酶系作用模式

5.2.2.2 三羧酸循环的反应历程

在有氧条件下,由丙酮酸形成的或其他代谢途径(如脂肪酸或氨基酸的分解代谢途径)产生的乙酰-CoA 都可以通过三羧酸循环氧化成 CO_2 和 H_2O。整个过程包括合成、加水、脱氢、脱羧等八步酶促反应。

(1) 柠檬酸合成酶催化乙酰-CoA 与草酰乙酸缩合形成柠檬酸

这是三羧酸循环的第一个反应，乙酰-CoA 与草酰乙酸缩合形成柠檬酸和 CoA—SH，反应是由柠檬酸合成（缩合）酶（citrate synthase）催化的。该反应的 $\Delta G^{\ominus\prime} = -32.2 \mathrm{kJ/mol}$。

$$\underset{\text{草酰乙酸}}{\begin{array}{c}O=C-COO^-\\|\\CH_2-COO^-\end{array}} + \underset{\text{乙酰—COA}}{\begin{array}{c}O\\\|\\C\sim SCoA\\|\\CH_3\end{array}} \longrightarrow \underset{\text{柠檬酰—COA}}{\begin{array}{c}CH_2-C\sim SCoA\\\|\\O\\HO-C-COO^-\\|\\CH_2-COO^-\end{array}} \xrightarrow{H_2O} \underset{\text{柠檬酸}}{\begin{array}{c}CH_2-COO^-\\|\\HO-C-COO^-\\|\\CH_2-COO^-\end{array}} + CoA-SH$$

(2) 柠檬酸转化成异柠檬酸

柠檬酸是个三级醇，不能被氧化为酮酸，顺乌头酸酶（aconitase）把柠檬酸转化为可氧化的二级醇异柠檬酸，酶的名称来自与酶结合的反应中间产物顺乌头酸。柠檬酸由顺乌头酸酶催化脱水，形成 C=C 双键，然后还是在顺乌头酸酶催化下，通过水的立体特异性添加，生成异柠檬酸。该反应的 $\Delta G^{\ominus\prime} = 13.3 \mathrm{kJ/mol}$。

$$\underset{\text{柠檬酸}}{\begin{array}{c}CH_2-COO^-\\|\\HO-C-COO^-\\|\\CH_2-COO^-\end{array}} \underset{}{\overset{H_2O}{\rightleftharpoons}} \underset{\text{顺乌头酸}}{\begin{array}{c}CH_2-COO^-\\\|\\C-COO^-\\|\\CH_2-COO^-\end{array}} \underset{}{\overset{H_2O}{\rightleftharpoons}} \underset{\text{异柠檬酸}}{\begin{array}{c}HO-CH-COO^-\\|\\HC-COO^-\\|\\CH_2-COO^-\end{array}}$$

(3) 异柠檬酸氧化生成 α-酮戊二酸

这一步反应是三羧酸循环中四个氧化还原反应的第一个。由异柠檬酸脱氢酶（isocitrate dehydrogenase）催化异柠檬酸脱氢，使 NAD^+ 被还原为 $NADH^+$，同时生成一个不稳定的 β-酮酸草酰琥珀酸，草酰琥珀酸经非酶催化的 β 脱羧作用生成 α-酮戊二酸和 CO_2，反应是不可逆的。脱羧反应需要 Mn^{2+}。该反应的 $\Delta G^{\ominus\prime} = -20.9 \mathrm{kJ/mol}$。

$$\underset{\text{异柠檬酸}}{\begin{array}{c}HO-CH-COO^-\\|\\HC-COO^-\\|\\CH_2-COO^-\end{array}} \xrightarrow[]{NAD^+ \quad NADH+H^+} \underset{\text{草酰琥珀酸}}{\begin{array}{c}O=C-COO^-\\|\\HC-COO^-\\|\\CH_2-COO^-\end{array}} \xrightarrow{CO_2} \underset{\text{α-酮戊二酸}}{\begin{array}{c}COO^-\\|\\C=O\\|\\CH_2\\|\\CH_2\\|\\COO^-\end{array}}$$

此步反应是一分界点，在此之前都是三羧酸的转化，在此之后则是二羧酸的转化。

(4) α-酮戊二酸脱氢酶复合物催化 α-酮戊二酸氧化脱羧生成琥珀酰-CoA

α-酮戊二酸的氧化脱羧反应与丙酮酸脱氢酶复合物催化的反应非常相似。反应是由 α-酮戊二酸脱氢酶复合物（αketoglutarate dehydrogenase complex）催化的，产物琥珀酰-CoA 同样是一个高能的硫酯。这步反应是三羧酸循环中第二个氧化还原反应。α 酮戊二酸脱氢酶复合物包括 α-酮戊二酸脱氢酶（αketoglutarate dehydrogenase）（E1，含有 TPP），二氢硫辛酰胺琥珀酰转移酶（dihydrolipoamide succinyl transferase）（E2，含有硫辛酰胺），和二氢硫辛酰胺脱氢酶（dihydrolipoamide dehydrogenase）（E2，含有黄素蛋白）。

循环进行到 α-酮戊二酸氧化脱羧生成琥珀酰-CoA 这步反应为止，被氧化的碳原子数目（生成了两个 CO_2）刚好等于进入柠檬酸合成酶催化的反应的碳原子数（乙酰-CoA 分子中乙酰基的两个碳)。在循环的后 4 个反应中,琥珀酰-CoA 的四碳琥珀酰基被转换回草酰乙酸。该反应的 $\Delta G^{\ominus\prime} = -33.5$ kJ/mol,是一步不可逆反应。反应又产生 NADH 及 CO_2 分子各 1 个。总反应如下:

$$\text{α-酮戊二酸} + NAD^+ + CoA\text{—}SH \longrightarrow \text{琥珀酰-CoA} + NADH + H^+ + CO_2$$

(5) 琥珀酰-CoA 合成酶催化底物水平磷酸化

琥珀酰-CoA 合成酶(succinate dehydrogenase)(或称琥珀酸硫激酶)催化琥珀酰-CoA 转化为琥珀酸,琥珀酰-CoA 的硫酯键水解时的 $\Delta G^{\ominus\prime}$ 约为 -33.49 kJ/mol,这些能量可用于驱动 GTP(哺乳动物中)或 ATP(植物和一些细菌中)的合成。这个反应类似于酵解中的甘油磷酸激酶和丙酮酸激酶催化的反应,是柠檬酸循环中唯一的一步底物水平磷酸化反应。

$$\text{琥珀酰-CoA} + Pi + GDP \rightleftharpoons \text{琥珀酸} + GTP + CoA\text{—}SH$$

$$GTP + ADP \rightleftharpoons ATP + GDP$$

(6) 琥珀酸脱氢酶催化琥珀酸脱氢生成延胡索酸

这是三羧酸循环中的第三步氧化还原反应,带有辅基 FAD 的琥珀酸脱氢酶(succinate dehydrogenase)催化琥珀酸脱氢生成延胡索酸(反-丁烯二酸),同时使 FAD 被还原为 $FADH_2$。生成的 $FADH_2$ 再被辅酶 Q 氧化生成 FAD,而辅酶 Q 还原为还原型辅酶 Q(QH_2)。QH_2 被释放到线粒体的基质中。该反应的 $\Delta G^{\ominus\prime} = -3.35$ kJ/mol。

$$\text{琥珀酸} + FAD \rightleftharpoons \text{延胡索酸} + FADH_2$$

(7) 延胡索酸酶催化延胡索酸水化生成 L-苹果酸

延胡索酸酶(fumarase)[延胡索酸水化酶(fumarate hydratase)]通过将 H_2O 反式(*trans*)立体特异添加到延胡索酸双键上,催化延胡索酸水化生成 L-苹果酸,反应是可逆的。延胡索酸也像柠檬酸一样是一个前手性分子,当延胡索酸被定位在酶的活性部位时,底物的双键只受到来自一个方向的攻击。该反应的 $\Delta G^{\ominus\prime} = -3.8$ kJ/mol。

(8) 苹果酸脱氢酶催化苹果酸氧化重新形成草酰乙酸，完成一轮三羧酸循环

这是三羧酸循环的最后一个反应，也是循环中的第 4 步氧化还原反应。L-苹果酸在以 NAD$^+$ 为辅酶的苹果酸脱氢酶（malate dehydrogenase）催化下氧化生成草酰乙酸，同时 NAD$^+$ 被还原生成 NADH，反应是可逆的。该反应的 $\Delta G^{\ominus\prime}$ = 29.7kJ/mol。

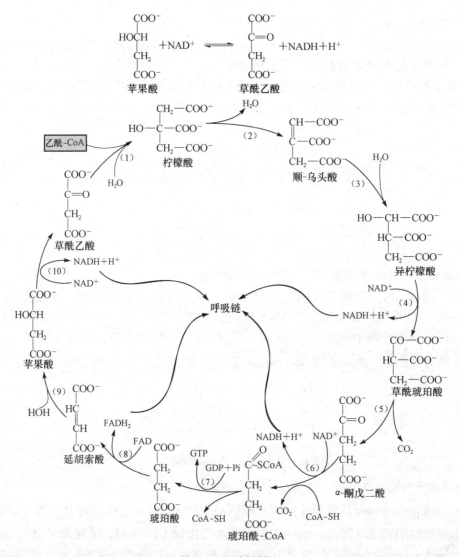

图 5-7　三羧酸循环

(1) 丙酮酸脱氢酶复合体　(2) 柠檬酸合成酶　(3) 顺乌头酸酶　(4)、(5) 异柠檬酸脱氢酶　(6) α-酮戊二酸脱氢酶复合体　(7) 琥珀酰-CoA 合成酶　(8) 琥珀酸脱氢酶　(9) 延胡索酸酶；(10) L-苹果酸脱氢酶

整个三羧酸循环反应可用图 5-7 表示。三羧酸循环有 3 个基本特征：①三羧酸循环是乙酰-CoA 的彻底氧化过程。草酰乙酸在反应前后并无量的变化，所以三羧酸循环可以看作一个催化多步反应的催化剂，使得乙酰-CoA 中的二碳单位乙酰基氧化成 CO_2，每完成一轮反应后又回到起始点。三羧酸循环中的草酰乙酸主要来自丙酮酸的直接羧化。②三羧酸循环中柠檬酸合酶、异柠檬酸脱氢酶、α-酮戊二酸脱氢酶复合体是反应的关键酶，是反应的调节点。③分子氧并不直接参与三羧酸循环，但三羧酸循环只能在有氧条件下才能进行，因为只有当电子传递给分子氧时，NAD^+ 和 FAD 才能再生；如果没有氧，NAD^+ 和 FAD 不能再生，三羧酸循环就不能继续进行，因此，三羧酸循环是严格需氧的。这一点与糖酵解不同，糖酵解既有需氧方式也有不需氧方式，因为丙酮酸转变为乳酸时 NAD^+ 可以再生。

5.2.2.3 三羧酸循环的能量释放

三羧酸循环中 8 种酶催化 9 步反应的总反应式为：

乙酰-CoA + $3NAD^+$ + FAD + GDP + Pi + $2H_2O$ ⟶ $2CO_2$ + CoA-SH + 3NADH + $3H^+$ + $FADH_2$ + GTP

1 分子乙酰-CoA 经三羧酸循环可生成 1 分子 GTP (可转变成 ATP)，共有 4 次脱氢，生成 3 分子 NADH 和 1 分子 $FADH_2$。通过位于线粒体内膜的电子传递链，NADH 和 $FADH_2$ 被氧化，伴随着氧化过程可以进行氧化磷酸化生成 ATP。每 1 分子的 NADH 被氧化为 NAD^+ 时可以生成 3 分子 ATP；而 1 分子 $FADH_2$ 被氧化为 FAD 时可以产生 2 分子 ATP。因此，每分子乙酰-CoA 经三羧酸循环可产生 12 分子 ATP。若从丙酮酸开始计算，则 1 分子丙酮酸可产生 15 分子 ATP。

5.2.2.4 三羧酸循环的生物学意义

在生物界中，动物、植物与微生物都普遍存在着三羧酸循环途径，因此三羧酸循环具有普遍的生物学意义。① 糖的有氧分解代谢产生的能量最多，是机体利用糖或其他物质氧化而获得能量的最有效方式。② 三羧酸循环之所以重要在于它不仅为生命活动提供能量，而且还是联系糖、脂、蛋白质三大物质代谢的纽带。③ 三羧酸循环所产生的多种中间产物是生物体内许多重要物质生物合成的原料。在细胞迅速生长时期，三羧酸循环可提供多种化合物的碳骨架，以供细胞生物合成使用。④ 植物体内三羧酸循环所形成的有机酸，既是生物氧化的基质，又是一定器官的积累物质，如柠檬果实富含柠檬酸，苹果中富含苹果酸等。⑤ 发酵工业上利用微生物三羧酸循环生产各种代谢产物，如柠檬酸、谷氨酸等。

5.2.2.5 三羧酸循环中间产物的回补

柠檬酸循环是绝大多数生物体主要的分解代谢途径，也是准备提供大量自由能的重要代谢系统，在许多合成代谢中都利用柠檬酸循环的中间产物作为生物合成的前体来源，从这个意义上看，柠檬酸循环具有分解代谢和合成代谢双重性或称两用性。

柠檬酸、α-酮戊二酸、琥珀酰-CoA 和草酰乙酸都直通生物合成途径。例如，在脂肪组织，柠檬酸是生成脂肪酸和固醇分子途径中的一环，因为脂肪合成的前体——乙酰-CoA 就是从线粒体运输到胞液的柠檬酸的裂解产物。α-酮戊二酸可以转换成谷氨酸，谷氨酸是蛋白质的组成成分，或作为其他氨基酸或核苷酸生物合成的前体。琥珀酰-CoA 可以与甘氨酸缩合生成卟啉。草酰乙酸可以作为糖合成的前体，也可以与天冬氨酸相互转换，天冬氨酸可用于尿素、蛋白质以及嘧啶核苷酸的合成。

柠檬酸循环中的任何一种中间产物被抽走，都会影响柠檬酸循环的正常运转，如果缺少草酰乙酸，乙酰-CoA 就不能形成柠檬酸而进入三羧酸循环，所以草酰乙酸必须不断地得以补充。这种补充反应就称为回补反应(图 5-8)。

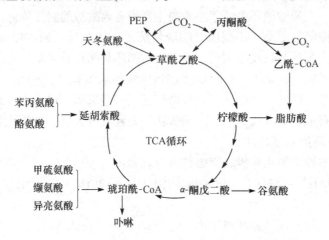

图 5-8 三羧酸循环中间产物的消耗与回补

（1）丙酮酸的羧化

此反应在线粒体中进行，由丙酮酸羧化酶催化丙酮酸羧化生成草酰乙酸，反应需生物素为辅酶。丙酮酸羧化酶是一个调节酶，它被高浓度的乙酰-CoA 激活，是动物中最重要的回补反应，保证三羧酸循环的进行。

$$\underset{\text{丙酮酸}}{\begin{matrix}COOH\\|\\C=O\\|\\CH_3\end{matrix}} + CO_2 + ATP + H_2O \xrightarrow[\text{生物素}]{\text{丙酮酸羧化酶}} \underset{\text{草酰乙酸}}{\begin{matrix}COOH\\|\\C=O\\|\\CH_2\\|\\COOH\end{matrix}} + ADP + Pi$$

（2）烯醇式磷酸丙酮酸的羧化

在磷酸烯醇式丙酮酸羧化酶(phosphoenolpyruvate carboxylase)的作用下，磷酸烯醇式丙酮酸羧化形成草酰乙酸。此反应是在细胞液中进行，生成的草酰乙酸需转变成苹果酸后经穿梭进入线粒体，然后再脱氢生成草酰乙酸。

$$\underset{\text{磷酸烯醇式丙酮酸}}{\begin{matrix}COOH\\|\\C-O-PO_3H_2\\\|\\CH_2\end{matrix}} + CO_2 + H_2O \xrightarrow{\text{磷酸烯醇式丙酮酸羧化酶}} \underset{\text{草酰乙酸}}{\begin{matrix}COOH\\|\\C=O\\|\\CH_2\\|\\COOH\end{matrix}} + H_3PO_4$$

许多植物和某些微生物是通过磷酸烯醇式丙酮酸羧化酶催化的反应向柠檬酸循环提供草酰乙酸的。此酶的作用与丙酮酸羧化酶相同，即保证供给三羧酸循环以适量的草酰乙酸。

（3）天冬氨酸和谷氨酸的转氨作用

天冬氨酸和谷氨酸经转氨作用，可形成草酰乙酸和 α-酮戊二酸。异亮氨酸、缬氨酸和苏氨酸、甲硫氨酸也可形成琥珀酰-CoA。

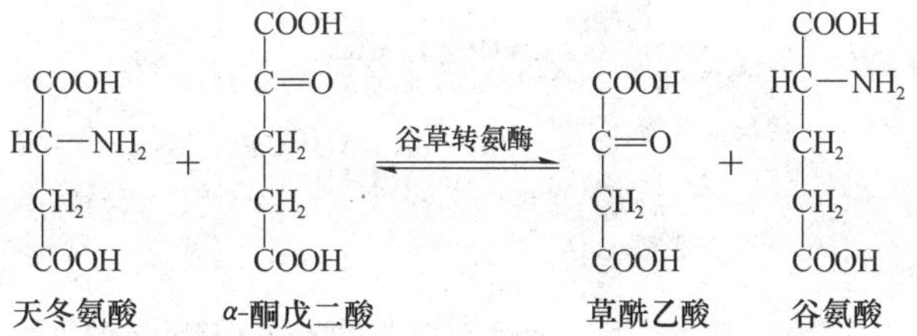

$$\text{天冬氨酸} + \text{α-酮戊二酸} \xrightleftharpoons{\text{谷草转氨酶}} \text{草酰乙酸} + \text{谷氨酸}$$

(4) 苹果酸脱氢生成草酰乙酸

在动物、植物和微生物中，还存在由苹果酸酶催化丙酮酸羧化生成苹果酸，再在苹果酸脱氢酶(以 NAD^+ 为辅酶)的作用下，苹果酸脱氢生成草酰乙酸。

$$\text{丙酮酸} + CO_2 \xrightarrow{\text{苹果酸酶}} \text{苹果酸} \xrightarrow[NADH+H^+]{NAD^+ \quad \text{苹果酸脱氢酶}} \text{草酰乙酸}$$

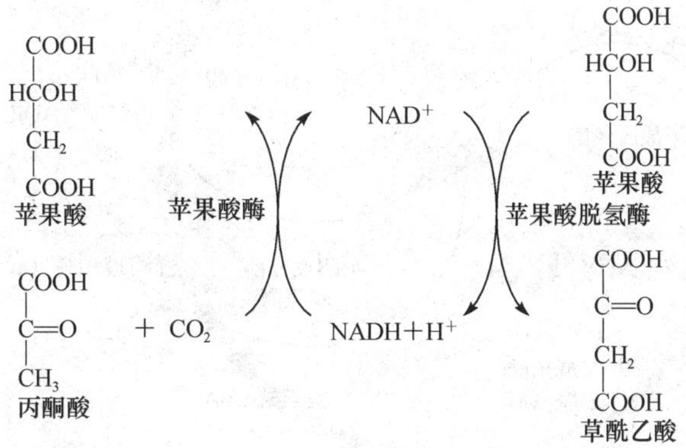

5.2.2.6 三羧酸循环的调控

三羧酸循环的主要调节部位有四处(图 5-9)。这些部位酶活性的调节主要是产物的反馈抑制和能荷调节。

(1) 丙酮酸脱氢酶系的调控

该酶受多种因素的调节。

① 反馈调节 反应产物乙酰-CoA 与-CoA 竞争与酶蛋白结合，而抑制了硫辛酸乙酰转移酶的活性；反应的另一产物 NADH 能抑制二氢硫辛酸脱氢酶的活性。抑制效应可被相应的反应物-CoA 和 NAD^+ 逆转。

② 共价修饰调节 丙酮酸脱羧酶为共价调节酶，具有活性型与非活性型两种状态。当其分子上特定的丝氨酸残基被 ATP 所磷酸化时，酶就转变为非活性态，丙酮酸的氧化脱羧作用即告停止。而当脱去其分子上的磷酸基团时，酶即恢复活性，丙酮酸脱羧反应就可继续进行。

③ 能荷调节 整个酶系都受能荷控制。丙酮酸脱羧酶为 GTP、ATP 所抑制，为 AMP 所激活。因为能激活丙酮酸脱羧酶的激酶，可使丙酮酸脱羧酶磷酸化而变为无活性态，从而抑制了丙酮酸的脱羧反应。丙酮酸脱羧酶系可被 Ca^{2+} 所促进。

(2) 柠檬酸合成酶的调节

由草酰乙酸及乙酰-CoA 合成柠檬酸是三羧酸循环的一个重要控制部位。ATP 是柠檬酸合成酶的变构抑制剂，ATP 的效应是增加酶对乙酰-CoA 浓度的要求，增加对乙酰-CoA 的 K_m 值，使酶对乙酰-CoA 的亲和力减小，因而形成的柠檬酸也减少。琥珀酰-CoA 对此酶也有抑制作用。

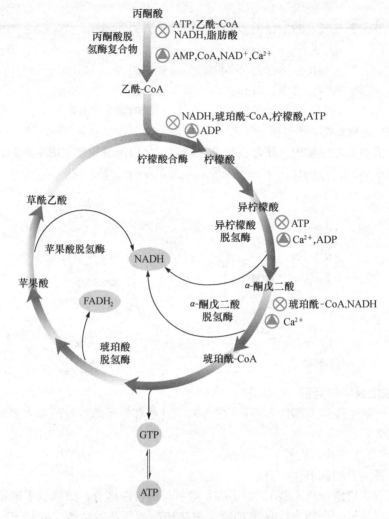

图 5-9　丙酮酸脱羧及三羧酸循环的调节

（3）异柠檬酸脱氢酶的调节

该酶也是变构酶，ADP 是异柠檬酸脱氢酶的变构激活剂，可提高酶对底物的亲和力。异柠檬酸、NAD^+、Mg^{2+}对此酶的活性也有促进作用，NADH 则对此酶有抑制作用。

（4）α-酮戊二酸脱氢酶系的调节

α-酮戊二酸脱氢酶系与丙酮酸脱羧酶系相似，其调控的某些方向也相同。此酶活性受反应产物琥珀酰-CoA 和 NADH 所抑制，也受能荷调节，即为 ADP 所促进，为 ATP 所抑制。

5.2.2.7　巴斯德效应

巴斯德效应（Pastuer effect）是指在有氧的条件下糖有氧氧化抑制糖无氧酵解。这个效应是法国科学家 Pastuer 在研究酵母菌葡萄糖发酵时发现的。人体组织中同样存在此效应。当组织供氧充足时，丙酮酸进入三羧酸循环氧化，$NADH + H^+$ 可穿梭进入线粒体经电子传递链氧化，使乳酸生成受到抑制，所以有氧抑制糖酵解。缺氧时，氧化磷酸化受阻，$NADH + H^+$ 累积，使 ADP 与 Pi 不能转变为 ATP，ATP/ADP 比值降低，促使 6-磷酸果糖激酶-1 和丙酮酸激酶活性增强，丙酮酸作为氢受体在细胞液中还原为乳酸，加速葡萄糖沿糖酵解途径分解。

在一些代谢旺盛的正常组织和肿瘤细胞中，即使在有氧的条件下，仍然以糖无氧酵解为产生 ATP 的主要方式，这种现象称为 Cratree 效应或反巴斯德效应。在具有 Cratree 效应的组织细胞中，其糖无氧酵解酶系(己糖激酶、6-磷酸果糖激酶-1 和丙酮酸激酶)活性较强，而线粒体中产生 ATP 的酶系活性较低，氧化磷酸化减弱，以糖无氧酵解酶系产生能量为主。

5.2.3　磷酸戊糖途径

糖的无氧酵解与有氧氧化过程是生物体内糖分解代谢的主要途径，但不是唯一的途径。在组织匀浆中加入糖酵解的抑制剂(如碘乙酸或氟化钠)，糖酵解过程被抑制，但葡萄糖仍有一定量的消耗，说明葡萄糖还有其他分解代谢途径。用同位素 ^{14}C 分别标记葡萄糖的 C1 和 C6，如果糖酵解是唯一代谢途径，由于己糖裂解生成两分子磷酸丙糖，那么 $^{14}C1$-葡萄糖和 $^{14}C6$-葡萄糖生成 $^{14}CO_2$ 的分子数应相等，但实验表明 $^{14}C1$ 更容易氧化成 $^{14}CO_2$，这就更直接证明了其他代谢途径的存在。1954 年 Racker、1955 年 Gunsalus 等人发现了磷酸戊糖途径(pentose phosphate pathway，PPP)，又称磷酸己糖支路(hexose monophosphatepathway shunt，HMP 或 HMS)。磷酸戊糖途径的主要特点是葡萄糖直接氧化脱氢和脱羧，不必经过糖酵解和三羧酸循环，脱氢酶的辅酶不是 NAD^+ 而是 $NADP^+$，产生的 NADPH 作为还原力以供生物合成用，而不是传递给 O_2，无 ATP 的产生与消耗。

5.2.3.1　磷酸戊糖途径的反应历程

磷酸戊糖途径在细胞溶质中进行，整个途径可分为氧化阶段和非氧化阶段：氧化阶段从 6-磷酸葡萄糖氧化开始，直接氧化脱氢脱羧形成 5-磷酸核糖；非氧化阶段是磷酸戊糖分子在转酮酶和转醛酶的催化下互变异构及重排，产生 6-磷酸果糖和 3-磷酸甘油醛。此阶段产生中间产物：C3、C4、C5、C6 和 C7 等糖。

(1) 氧化阶段

在氧化反应阶段包括三步反应，即脱氢、水解和脱氢脱羧反应，是不可逆的氧化阶段。6-磷酸葡萄糖转换为五碳 5-磷酸核酮糖，由 $NADP^+$ 作为氢的受体，脱去一分子 CO_2，生成五碳糖。

6-磷酸葡萄糖脱氢酶以 $NADP^+$ 为辅酶，催化 6-磷酸葡萄糖脱氢生成 6-磷酸葡萄糖酸内酯。磷酸戊糖途径氧化阶段的第一个反应是：6-磷酸葡萄糖脱氢转化成 6-磷酸葡萄糖酸内酯，反应由 6-磷酸葡萄糖脱氢酶(glucose-6-phosphate dehydrogenase)催化，反应中 $NADP^+$ 被还原生成 NADPH。这步反应是整个戊糖磷酸途径的主要调节部位，6-磷酸葡萄糖脱氢酶受 NADPH 的别构抑制。通过这一简单调节，戊糖磷酸途径可以自我限制 NADPH 的生产。

$$\text{6-磷酸葡萄糖} + NADP^+ \xrightarrow{\text{6-磷酸葡萄糖脱氢酶}} \text{6-磷酸葡萄糖酸内酯} + NADPH + H^+$$

6-磷酸葡萄糖酸内酯在内酯酶的催化下，内酯与 H_2O 起反应，水解为 6-磷酸葡萄糖酸。

氧化阶段的第二个酶是葡萄糖酸内酯酶(gluconolactonase),它催化6-磷酸葡萄糖酸内酯水解生成6-磷酸葡萄糖酸,最后6-磷酸葡萄糖酸在6-磷酸葡萄糖酸脱氢酶(6-phosphogluconate dehydrogenase)的作用下氧化脱羧生成5-磷酸核酮糖、CO_2和另一分子的NADPH。氧化阶段的最重要的功能是提供NADPH。

6-磷酸葡萄糖酸内酯 + H_2O $\xrightarrow[Mg^{2+}]{\text{6-磷酸葡萄糖酸内酯酶}}$ 6-磷酸葡萄糖酸

6-磷酸葡萄糖酸脱氢酶以$NADP^+$为辅酶,催化6-磷酸葡萄糖酸脱羧生成五碳糖。

6-磷酸葡萄糖酸 + $NADP^+$ $\xrightarrow{\text{6-磷酸葡萄糖酸脱氢酶}}$ 5-磷酸核酮糖 + CO_2 + NADPH + H^+

(2) 非氧化阶段

第二阶段是可逆的非氧化阶段,包括异构化、转酮反应和转醛反应,使糖分子重新组合,分五步进行。

① 磷酸戊糖的相互转化 磷酸核糖异构酶(phosphoriboisomerase)催化5-磷酸核酮糖转变为5-磷酸核糖,而磷酸戊酮糖差向异构酶(phosphoketopentose epimerase)催化5-磷酸核酮糖转变为5-磷酸木酮糖。

5-磷酸核糖 $\xleftrightarrow{\text{磷酸戊糖异构酶}}$ 5-磷酸核酮糖 $\xleftrightarrow{\text{磷酸戊糖差向异构酶}}$ 5-磷酸木酮糖

② 7-磷酸景天庚酮糖的生成 转酮酶(transketolase)催化5-磷酸木酮糖上的乙酮醇基(羟乙酰基)转移到5-磷酸核糖的第1个碳原子上,生成3-磷酸甘油醛和7-磷酸景天庚酮糖。在此,转酮酶转移一个二碳单位,二碳单位的供体是酮糖,而受体是醛糖。转酮酶以硫胺素焦磷酸(TPP)为辅酶,其作用机理与丙酮酸脱氢酶系中TPP类似。

$$\text{5-磷酸木酮糖} + \text{5-磷酸核糖} \xrightleftharpoons{\text{转酮酶}} \text{3-磷酸甘油醛} + \text{7-磷酸景天庚酮糖}$$

③转醛酶所催化的反应　转醛酶(transaldolase)催化 7-磷酸景天庚酮糖上的二羟丙酮基转移给 3-磷酸甘油醛,生成 4-磷酸赤藓糖和 6-磷酸果糖。转醛酶转移一个三碳单位,三碳单位的供体也是酮糖,而受体也是醛糖。

$$\text{7-磷酸景天庚酮糖} + \text{3-磷酸甘油醛} \xrightleftharpoons{\text{转醛酶}} \text{4-磷酸赤藓糖} + \text{6-磷酸果糖}$$

④四碳糖的转变　转酮酶催化 5-磷酸木酮糖上的乙酮醇基(羟乙酰基)转移到 4-磷酸赤藓糖的第一个碳原子上,生成 3-磷酸甘油醛和 6-磷酸果糖。此步反应与第 2 步相似,转酮酶转移的二碳单位供体是酮糖,受体是醛糖。

$$\text{5-磷酸木酮糖} + \text{4-磷酸赤藓糖} \xrightleftharpoons{\text{转酮酶}} \text{3-磷酸甘油醛} + \text{6-磷酸果糖}$$

⑤磷酸己糖的异构化反应　6-磷酸果糖经异构化形成 6-磷酸葡萄糖。

$$\text{6-磷酸果糖} \xrightleftharpoons{\text{磷酸己糖异构酶}} \text{6-磷酸葡萄糖}$$

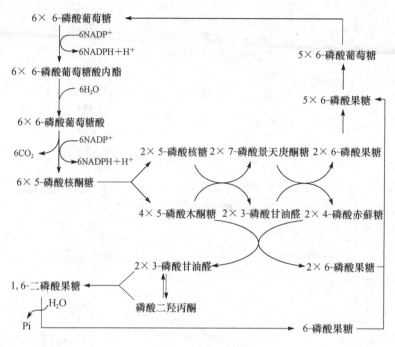

图 5-10 磷酸戊糖途径

该途径包括氧化和非氧化两个阶段，在氧化阶段，葡萄糖-6-磷酸转化为 5-磷酸核酮糖和 CO_2，并生成两分子的 NADPH；在非氧化阶段，5-磷酸核酮糖异构化生成 5-磷酸核糖或转化为酵解中的两个中间代谢物 6-磷酸果糖和 3-磷酸甘油醛

PPP 的全过程可概括为图 5-10。

磷酸戊糖途径的特点：①6 分子 6-磷酸葡萄糖经戊糖途径循环一次重新组成 5 分子 6-磷酸葡萄糖，1 分子 6-磷酸葡萄糖完全氧化成 6 分子 CO_2，并产生 12 分子 NADPH；②不需要 ATP 作为反应物，在低 ATP 浓度情况下葡萄糖通过戊糖循环亦可进行氧化；③可以说明生物体内戊糖、赤藓糖-4-磷酸、景天酮糖-7-磷酸等的存在，显然是以此为主要途径的；④反应过程中产生的 5-磷酸核酮糖可通过异构酯作用转变为 5-磷酸核糖，后者可为核酸的生物合成及核糖核苷酸辅酶的合成提供核糖；5-磷酸核酮糖还可变为 1,5-二磷酸核酮糖，后者在植物光合作用中有重要作用。应注意，在戊糖途径中，由 5-磷酸核酮糖转变成 3-磷酸甘油醛的过程是光合作用 Calvin 循环中相应过程的逆反应。

5.2.3.2 磷酸戊糖途径的化学计量

如果从 6 分子 6-磷酸葡萄糖开始进入反应，那么经过第一阶段的两次氧化脱氢及脱羧后，产生 6 分子 CO_2 和 6 分子 5-磷酸核酮糖与 12 分子的 $NADPH+H^+$。

在非氧化阶段反应中，其 6 分子 5-磷酸核酮糖经过异构化作用形成 4 分子 5-磷酸木酮糖和 2 分子 5-磷酸核糖，之后经过转酮醇酶和转醛醇酶的催化生成 4 分子 6-磷酸果糖和 2 分子 3-磷酸甘油醛。而这 2 分子 3-磷酸甘油醛可以在磷酸丙糖异构酶、醛缩酶和二磷酸果糖磷酸酯酶的催化下生成 1 分子 6-磷酸果糖。

因此，由 6 分子 6-磷酸葡萄糖开始，经过 6 次磷酸戊糖途径的一系列反应，可转化为 5 分子 6-磷酸果糖(可进一步转化为 6 磷酸葡萄糖)和 6 分子 CO_2，相当于 1 分子 6-磷酸葡萄糖被彻底氧化。

5.2.3.3 磷酸戊糖途径的生物学意义

①供给生物体能量，戊糖途径循环一次降解1分子6-磷酸葡萄糖，可产生12分子NADPH，通过呼吸链氧化可产生36分子的ATP。

②磷酸戊糖途径产生大量的NADPH，为细胞的各种合成反应提供主要的还原力。NADPH作为主要的供氢体，为脂肪酸、胆固醇、四氢叶酸等的合成，非光合细胞中硝酸盐、亚硝酸盐的还原，以及氨的同化等所必需。NADPH在哺乳动物的脂肪细胞和红细胞中占50%，肝中占10%。

③中间产物为许多化合物的合成提供原料。产生的磷酸戊糖是辅酶及核苷酸生物合成的必需原料。4-磷酸赤藓糖与糖酵解中的磷酸烯醇式丙酮酸(PEP)可合成莽草酸，经莽草酸途径可合成芳香族氨基酸。

④磷酸戊糖循环与植物的关系更为密切，因为循环中的某些酶及一些中间产物(如丙糖、丁糖、戊糖、己糖和庚糖)也是光合碳循环中的酶和中间产物，从而把光合作用与呼吸作用联系起来。

⑤磷酸戊糖途径是由6-磷酸葡萄糖开始的、完整的、可单独进行的途径，因而可以和糖酵解途径相互补充，以增加机体的适应能力，通过3-磷酸甘油醛及磷酸己糖可与糖酵解沟通，相互配合。

⑥磷酸戊糖途径与植物的抗性有关。在植物干旱、受伤或染病的组织中，磷酸戊糖途径更加活跃。

5.2.3.4 磷酸戊糖途径的调控

磷酸戊糖途径的反应速率主要受生物合成时对NADPH的需要所调节。

在氧化脱羧阶段，6-磷酸葡萄糖脱氢酶的活性最低，是磷酸戊糖途径的限速酶，催化不可逆反应。$NADPH+H^+$竞争性抑制6-磷酸葡萄糖脱氢酶和6-磷酸葡萄糖酸脱氢酶的活性，因此，$NADPH+H^+$可以有效反馈抑制磷酸戊糖途径。只有$NADPH+H^+$在脂肪等生物合成中被消耗时才能解除抑制，再通过氧化脱氢脱羧产生$NADPH+H^+$。

在非氧化阶段，底物浓度调控着戊糖的转变。5-磷酸核糖过多时，可转化成6-磷酸果糖和3-磷酸甘油醛进行糖酵解。

转酮酶是PPP途径非氧化阶段的重要酶，其辅因子是TPP，某些有遗传缺陷的人，体内转酮酶结合TPP的活力仅为正常人的十分之一，当食物中缺乏硫胺素时，产生神经功能紊乱，如不能辨认方向、记忆力减退、运动器官麻痹，在充分补充TPP后可缓解症状。

5.3 糖的生物合成

5.3.1 糖异生

5.3.1.1 糖异生作用的概念

糖异生作用(gluconeogenesis)是指从非糖物质前体(乳酸、甘油、生糖氨基酸等)合成葡萄糖的过程。凡能生成丙酮酸的物质都可以异生成葡萄糖，如三羧酸循环的中间产物柠檬酸、异柠檬酸、α-酮戊二酸、琥珀酸、延胡索酸和苹果酸都可转变成草酰乙酸而进入糖异生途径。大多数氨基酸是生糖氨基酸，它们转变成丙酮酸、α-酮戊二酸、草酰乙酸等三羧酸循环的中间产物进入糖异生途径。脂肪酸先经 β-氧化作用生成乙酰-CoA，2 分子乙酰-CoA 经乙醛酸循环（见脂类代谢），生成 1 分子琥珀酸，琥珀酸经三羧酸循环转变成草酰乙酸，再转变成烯醇式磷酸丙酮酸，而后经糖异生途径生成糖。

5.3.1.2 糖异生途径的反应历程

糖异生和酵解两个过程中的许多中间代谢物是相同的，一些反应以及催化反应的酶也是一样的。但糖异生并非糖酵解的逆转，其中由丙酮酸激酶、磷酸果糖激酶和己糖激酶催化的 3 个高放能反应就是不可逆转的，需要消耗能量走另外途径，或由其他的酶催化，来克服这 3 个不可逆反应带来的能障。

（1）丙酮酸生成磷酸烯醇式丙酮酸

糖酵解途径中，丙酮酸激酶催化磷酸烯醇式丙酮酸生成丙酮酸。在糖异生途径中，其逆反应由 2 步反应组成。在丙酮酸羧化酶（生物素作为辅基）的催化下，丙酮酸羧化生成草酰乙酸，反应消耗 1 分子的 ATP。此反应是不可逆反应，反应受乙酰-CoA 别构抑制。丙酮酸转变为草酰乙酸反应如下：

$$\text{CH}_3\text{-CO-COOH} + CO_2 + ATP + H_2O \xrightleftharpoons[\text{生物素} \atop \text{乙酰-CoA,Mg}^{2+}]{\text{丙酮酸羧化酶}} \text{HOOC-CH}_2\text{-CO-COOH} + ADP + Pi$$

丙酮酸羧化生成的草酰乙酸经磷酸烯醇式丙酮酸羧激酶（phosphoenolpyruvate carboxykinase）催化生成磷酸烯醇式丙酮酸，此酶存在于胞浆中。这个脱羧反应用 GTP 作为高能磷酰基的供体，磷酸化的同时脱去 CO_2。在体内该反应是不可逆的，但在体外，分离的磷酸烯醇式丙酮酸羧激酶却可以催化该反应的逆反应。

$$\text{草酰乙酸} + GTP \xrightarrow{\text{磷酸烯醇式丙酮酸羧激酶}} \text{磷酸烯醇式丙酮酸} + CO_2 + GDP$$

（2）1,6-二磷酸果糖水解生成 6-磷酸果糖

磷酸烯醇式丙酮酸和 1,6-二磷酸果糖之间的糖异生反应都是糖酵解途径中相应反应的逆反应，但 1,6-二磷酸果糖不能再沿着酵解的逆反应生成 6-磷酸果糖，因为酵解中由 6-磷酸果糖生成 1,6-二磷酸果糖的反应是一个由磷酸果糖激酶-1 催化的不可逆反应。所以糖异生途径使用另一个 1,6-二磷果糖酸酶（fructose-1,6-bisphophatase）催化 1,6-二磷酸果糖水解生成 6-磷酸果糖，反应释放出大量的自由能，反应也是不可逆的。

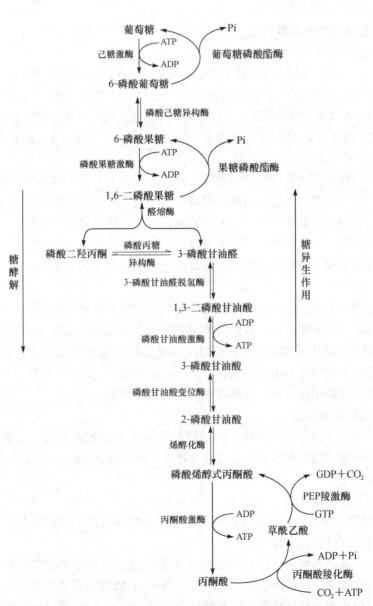

图 5-11 糖异生途径

(3) 6-磷酸葡萄糖水解生成葡萄糖

6-磷酸果糖沿酵解的逆反应异构化生成 6-磷酸葡萄糖,但在糖异生途径中,6-磷酸葡萄糖水解为葡萄糖和无机磷酸则需要另一个 6-磷酸葡萄糖酶(glucose-6-phosphatase),6-磷酸葡萄糖水解反应是不可逆的。

$$6\text{-磷酸葡萄糖} + H_2O \xrightarrow{\text{磷酸酯酶}} \text{葡萄糖} + H_3PO_4$$

从以上过程可以看出,糖异生是个需能过程,由 2 分子丙酮酸合成 1 分子葡萄糖需要 2 分子 ATP 和 4 分子 GTP,同时还需要 2 分子 NADH。

糖异生途径概括如图 5-11 所示。

5.3.1.3　糖异生作用的生物学意义

(1) 维持血糖浓度的相对恒定

糖异生作用最重要的生理意义是在空腹或饥饿情况下保持血糖浓度的相对恒定。体内某些组织如脑组织不能利用脂肪酸,主要利用葡萄糖供给能量;成熟红细胞没有线粒体,完全通过糖酵解获得能量。在不进食的情况下,机体靠肝糖原的分解维持血糖浓度,但肝糖原不到 12h 即消耗殆尽,此后机体主要靠糖异生维持血糖浓度的相对恒定,由此可见,糖异生的重要作用。

(2) 糖异生作用有利于乳酸的利用

在安静状态下机体产生乳酸甚少时糖异生作用的意义不大,但在某些生理和病理情况下有重要意义。例如,剧烈运动时,肌糖原酵解产生大量乳酸,部分乳酸由尿排出,大部分乳酸经血液运至肝,通过糖异生作用生成肝糖原和葡萄糖。肝脏将葡萄糖释放入血液,葡萄糖又可被肌肉摄取利用,这样就构成了乳酸循环(又称 Cori 循环)。所以糖异生作用对乳酸的再利用、肝糖原的更新、补充肌肉消耗的糖及防止乳酸酸中毒都有重要意义。

(3) 调节酸碱平衡

由于长期饥饿,肝病、缺氧、循环衰竭等情况下,造成血中乳酸堆积,导致代谢性酸中毒。体液 pH 降低可促进肾小管中磷酸烯醇式丙酮酸羧激酶的合成,从而使糖异生作用增强。当肾中 α-酮戊二酸因异生成糖而减少时,可促进谷氨酰胺脱氨生成谷氨酸以及谷氨酸的脱氨反应。肾小管细胞将 NH_3 分泌入管腔中与原尿中的 H^+ 结合,有利于排氢保钠作用的进行。因而对于防止酸中毒,调节机体酸碱平衡有重要作用。

5.3.1.4　糖异生作用的调控

糖异生途径的限速酶是丙酮酸羧化酶、磷酸烯醇式丙酮酸羧激酶、二磷酸果糖酶和 6-磷酸葡萄糖酶。一些代谢物和激素通过对这 4 种酶的作用进而对糖异生进行调节。

(1) 代谢物的调节

当肝细胞内甘油、氨基酸、乳酸及丙酮酸等糖异生原料增多时,糖异生作用增强。

乙酰-CoA 既对丙酮酸脱氢酶有反馈抑制作用,又能激活丙酮酸羧化酶,增强丙酮酸羧化支路反应,进而促进糖异生作用。

ATP 能激活二磷酸果糖酶,同时抑制糖氧化途径的磷酸果糖激酶和丙酮酸激酶,所以 ATP 能促进糖异生作用、抑制糖氧化反应;ADP 和 AMP 能激活磷酸果糖激酶同时抑制二磷酸果糖酶,所以促进糖的氧化反应并抑制糖异生作用。

高浓度 6-磷酸葡萄糖可抑制己糖激酶,活化 6-磷酸葡萄糖酶,从而抑制糖酵解,促进糖异生。

1,6-二磷酸果糖酯酶是糖异生作用中最关键的调控酶，ATP、柠檬酸激活前者、抑制后者。AMP 是 1,6-二磷酸果糖酯酶的抑制剂，可降低糖异生作用。1,6-二磷酸果糖是强效应物，它强烈抑制 1,6-二磷酸果糖酶的活性，从而减弱糖异生，加速糖酵解。

(2) 激素的调节

肾上腺素和胰高血糖素能诱导肝细胞中磷酸烯醇式丙酮酸羧激酶的生成，并促进脂肪动员。因此不但提供了糖异生的原料甘油，而且肝中脂肪氧化产生的乙酰-CoA 又可激活丙酮酸羧化酶，使糖异生作用增强。

糖皮质激素可诱导肝合成糖异生的 4 种限速酶，并能促进肝外组织蛋白质分解成氨基酸及促进脂肪动员，这些作用均有利于糖异生作用。

胰岛素抑制糖异生的 4 种限速酶的合成，并有对抗肾上腺素和胰高血糖素的作用，故可抑制糖异生作用。

知识窗

低血糖的生理生化机制

低血糖是由于脑细胞内几乎不能贮存糖原，其所需能量直接消耗血中葡萄糖进行氧化分解。血糖浓度降低后进入脑组织的葡萄糖减少，脑细胞能量供应不足，影响脑细胞正常功能，可能出现头晕、心悸、出冷汗等虚脱症状。如果血糖继续降低会引起低血糖昏迷，应及时给病人静脉注射葡萄糖，症状就会得到缓解。高血糖主要症状的疾病是糖尿病，引起高血糖的原因是胰岛 B 细胞功能障碍所致胰岛素相对或绝对缺乏；或胰岛素受体数目减少；或与胰岛素的亲和力降低，以致血糖不能充分被组织利用。

5.3.2 糖的生物合成

5.3.2.1 糖核苷酸的形成及作用

在由单糖形成寡糖或多糖之前，它们首先转化成一种活化的形式，即糖与核苷酸相结合的化合物。在高等植物中发现的第一个糖核苷酸是尿苷二磷酸葡萄糖(uridine diphosphate glucose，UDPG)，以后又发现腺苷二磷酸葡萄糖(adenosine diphosphate glucose，ADPG)和少数其他的糖核苷酸。

UDPG 可以从 1-磷酸葡萄糖和尿苷三磷酸(UTP)合成，由尿苷二磷酸葡萄糖(UDPG)焦磷酸化酶催化。反应时先是从 UTP 末端分解出两个磷酸基团，然后剩下的磷酸基团再与 1-磷酸葡萄糖形成 UDPG。其反应如下：

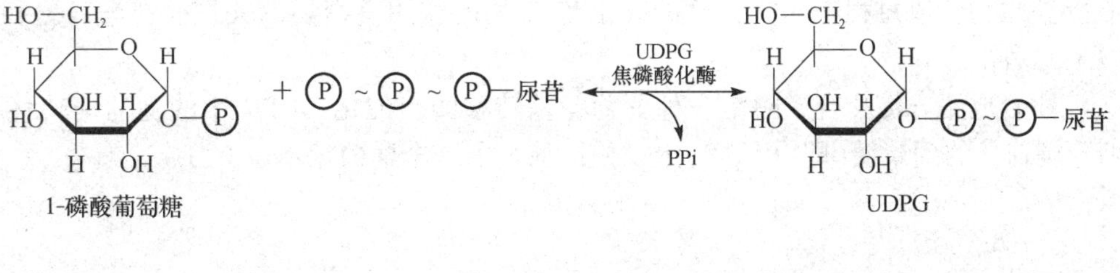

在糖核苷酰转移反应中标准自由能的变化很小，所以是可逆的。但由于 UDPG 焦磷酸化酶将无机焦磷酸继续水解，使反应朝向 UDPG 形成的方向进行。

ADPG 也是以类似反应形成的，催化这个反应的酶称为 ADPG 焦磷酸化酶。

5.3.2.2 蔗糖的生物合成

在高等植物中蔗糖的合成主要有两条途径。

(1) 蔗糖合成酶途径

蔗糖合成酶(sucrose synthase)利用 UDPG 作为葡萄糖供体与果糖合成蔗糖。反应如下：

$$UDPG + 果糖 \longrightarrow 蔗糖 + UDP$$

在许多高等植物的非绿色组织(如贮藏器官)中发现有这种酶存在，并且证明这种酶对 UDPG 并不是专一性的，也可利用其他的核苷二磷酸葡萄糖(如 ADPG、TDPG、CDPG 和 GDPG)作为葡萄糖的供体。

(2) 磷酸蔗糖合成酶途径

磷酸蔗糖合成酶(sucrose phosphate synthase)也利用 UDPG 作为葡萄糖供体，但是葡萄糖的受体不是游离的果糖，而是 6-磷酸果糖，生成的直接产物为磷酸蔗糖。

$$UDPG + 6\text{-磷酸果糖} \longrightarrow 磷酸蔗糖 + UDP$$

磷酸蔗糖合成酶在植物光合组织中的活性较高。磷酸蔗糖合成酶催化的反应虽是可逆的，但由于生成的磷酸蔗糖发生水解，故其总反应是不可逆的，即朝合成蔗糖的方向进行。目前认为这可能是在光合组织中合成蔗糖的主要途径。

5.3.2.3 淀粉(或糖原)的生物合成

淀粉和糖原虽然在结构上复杂程度不同，但是它们的生物合成过程十分相似。下面以淀粉为例介绍其生物合成过程。

(1) 直链淀粉的生物合成

①淀粉磷酸化酶　淀粉磷酸化酶广泛存在于生物界，在动物、植物、酵母和某些细菌中都有存在，它催化以下可逆反应：

$$1\text{-磷酸葡萄糖} + \text{"引子"} \underset{}{\overset{\text{淀粉磷酸化酶}}{\rightleftharpoons}} 淀粉 + H_3PO_4$$

葡萄糖 C1 位已被磷酸化，因此所转移来的葡萄糖是加在引物链的 C4 非还原末端的羟基上的。植物细胞中无机磷浓度较高，因此通常磷酸化酶的主要作用是催化淀粉的水解。

②D 酶　D 酶(D-enzyme)是一种糖苷转移酶，作用于 α-1,4-糖苷键上，它能将一个麦芽多糖的残余键段转移到葡萄糖、麦芽糖或其他 α-1,4-糖苷键的多糖上，起加成作用，故又称为加成酶。

```
●-●-● + ○-○-○ ⇌ ●-●-●-○-○-○ + ○
麦芽三糖    麦芽三糖       麦芽五糖      葡萄糖
```

在淀粉生物合成过程中，"引子"的产生与 D 酶的作用有密切的关系。在马铃薯和大豆中发现有这种酶存在。

③淀粉合成酶　淀粉合成酶是一种葡萄糖基转移酶，催化 UDPG 中的葡萄糖转移到 α-1,4-糖苷键连接的葡聚糖(即"引子")上，使链加长了一个葡萄糖单位。

$$UDPG + 引物(n\ 葡萄糖) \longrightarrow 淀粉(n+1\ 葡萄糖) + UDP$$

最近研究表明，在植物和微生物中 ADPG 比 UDPG 更为有效，用 ADPG 合成淀粉的反应要比用 UDPG 快 10 倍。

(2) 淀粉支链的生物合成

由于淀粉合成酶只能合成 α-1,4-糖苷键连接的直链淀粉，但是支链淀粉除了 α-1,4-糖苷键外，尚有分支点处的 α-1,6-糖苷键。这种 α-1,6-糖苷键连接是在另一种称为分支酶的作用下形成的。分支酶能够从直链淀粉的非还原性末端切断一个约为 6 或 7 个糖残基的寡聚糖碎片，然后催化转移到同一直链淀粉链或另一直链淀粉链的一个葡萄糖残基的 6-羟基处，这样就形成了一个 α-1,6-糖苷键，即形成一个分支。在淀粉合成酶和分支酶的共同作用下便合成了支链淀粉(或糖原)(图 5-12)。

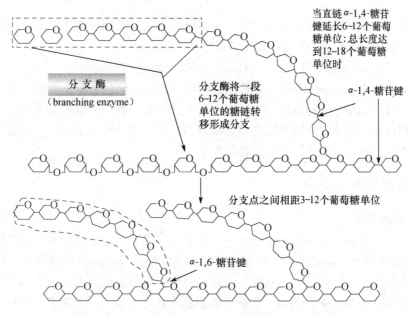

图 5-12　在分支酶作用下淀粉(或糖原)支链的形成

5.3.2.4　纤维素等物质的合成

纤维素是植物细胞壁中主要的结构多糖，它是由葡萄糖残基以 β-1,4-糖苷键连接组成的不分支的葡聚糖。与蔗糖、淀粉一样，其糖苷的供体也是糖核苷酸。在一些植物中，它可以从 GDPG(鸟苷二磷酸葡萄糖)合成，而在另一些植物中则利用 UDPG 来合成，由纤维素合成酶催化。

$$NDPG + (葡萄糖)_n \longrightarrow NDP + (葡萄糖)_{n+1}$$

糖核苷酸的糖苷单位加到原来的纤维素链的一端，使它加长一个单位。

5.3.2.5　半纤维素的生物合成

植物细胞壁中存在有半纤维素。半纤维素是由多聚己糖或多聚戊糖组成的杂多糖。常含有 2~4 种或更多种不同的糖，如葡萄糖、半乳糖、甘露糖、木糖、阿拉伯糖以及各种己糖醛酸。多聚戊糖及多聚己糖都是以 β-1,4 糖苷键相连接的。半纤维素的合成仍以核苷二磷酸戊糖或核苷二磷酸己糖作为糖基供体，由脱氢酶、脱羧酶及异构酶的催化合成半纤维素。

5.3.2.6 果胶的生物合成

果胶的主要成分是由半乳糖醛酸以 α-1,4 糖苷键连接形成的多聚半乳糖醛酸，其合成过程是首先在脱氢酶作用下，UDPG 被氧化为 UDP-葡萄糖醛酸，然后 UDP-葡萄糖醛酸在差向异构酶作用下，转变为 UDP-半乳糖醛酸。另外，葡萄糖通过肌醇合成的途径也可以合成 UDP-半乳糖醛酸。UDP-半乳糖醛酸形成果胶酸（多聚半乳糖醛酸），多聚半乳糖醛酸可由 S-腺苷甲硫氨酸提供甲基而甲基化，形成果胶脂酸。

5.4 光合作用与糖合成

5.4.1 光合作用概述

光合作用（photosynthesis）通常是指绿色植物吸收光能，把 CO_2 和 H_2O 合成有机物，同时释放 O_2 的过程。光合作用的总反应式可用下列方程式表示：

$$CO_2 + H_2O \longrightarrow (CH_2O) + O_2 + \Delta G (467 kJ/mol)$$

S. Ruben 和 M. D. Kamen（1941，美国）通过 $^{18}O_2$ 和 $^{14}CO_2$ 同位素标记实验，证明光合作用中释放的 O_2 来自于 H_2O。并发现光合作用分为两个阶段：第一个阶段是光反应，产生 O_2、ATP 和 NADPH；第二个阶段是碳反应（碳还原反应，也称为卡尔文循环），利用在光反应过程中生成的 ATP 和 NADPH 还原 CO_2 生成碳水化合物。

5.4.2 光合作用的光反应

5.4.2.1 光能的吸收

高等植物叶绿体中含有两类色素分子：叶绿素和类胡萝卜素。叶绿素包括叶绿素 a 和叶绿素 b；类胡萝卜素包括胡萝卜素和叶黄素。这些色素分子与叶绿体类囊体膜上的蛋白质形成色素蛋白复合物，完成对光能的吸收、传递和光化学反应。根据色素的作用可将其分为天线色素（辅助色素）和作用中心色素。天线色素包括全部叶绿素 b、类胡萝卜素和大部分叶绿素 a，它们的功能是吸收光能并传递到作用中心色素分子。作用中心色素是位于类囊体膜上具有特殊状态和光化学活性的少数叶绿素 a 分子，其作用是利用光能产生光化学反应，将光能转变成电能。

5.4.2.2 高等植物具有两个光系统

1943 年，爱默生以绿藻和红藻为材料，发现当波长大于 685nm 时，虽然光量子仍被叶绿素大量吸收，但是量子产额急剧下降，这种现象被称为红降（red drop）。1957 年，爱默生又观察到，在大于 685nm 光照条件下，补充红光（波长约 650nm），则量子产额大增，比这两种波长的光单独照射的总和还要多。这两种波长的光协同作用而增加光合效率的现象称为增益效应（enhancement effect）或爱默生效应（Emerson effect）。进一步的研究证实光合作用存在两个光系统，一个是吸收短波红光（680nm）的光系统 I（photosystem I，PS I），另一个是吸收长波红光（700nm）的光系统 II（photosystem II，PS II）。

PS I 的最终产物为 NADPH，其过程是反应中心（P700）被光子激发转变，特殊的 Chla（叶绿素 a）分子的最大吸收波长为 700nm，所以该 Chla 分子有时也被称为 P700；PS II 主要位于基粒片层中，远离基质，反应中心的特殊的 Chla 分子的最大吸收波长为 680nm，所以有时也称之为 P680。尽管两个跨膜的光系统位于类囊体膜的不同区域，但它们通过一系列特殊的电子载体联系在一起。PSⅠ和PSⅡ在空间上的分离是为了防止两个光系统之间的激发能的自发转移，确保 PSⅠ和 PSⅡ只通过电子传递联系着。

5.4.2.3 光合作用电子传递

所谓光合链（photosynthetic chain）是指定位在光合膜上的，由多个电子传递体组成的电子传递的总轨道。现在较为公认的是由希尔（1960年）等人提出并经后人修正与补充的"Z"方案（"Z"scheme），即电子传递是在两个光系统串联配合下完成的，电子传递体按氧化还原电位高低排列，使电子传递链呈侧写的"Z"形（图 5-13）。

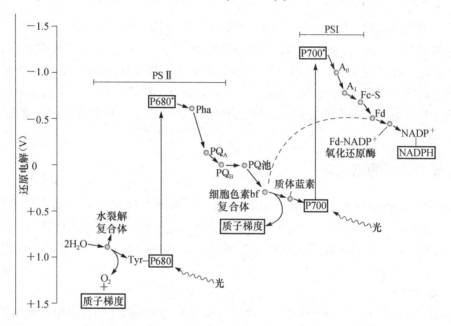

图 5-13 叶绿体的光合电子传递途径

①传递链主要由光合膜上的 PSⅡ、Cyt b_6/f、PSⅠ三个复合体串联组成。②子传递有两处是逆电势梯度，即 P680 至 P680*，P700 至 P700*，这种逆电势梯度的"上坡"电子传递均由聚光色素复合体吸收光能后推动，而其余电子传递都是顺电势梯度进行的。③水的氧化与 PSⅡ电子传递有关，NADP 的还原与 PSⅠ电子传递有关。电子最终供体为水，水氧化时，向 PSⅡ传递 4 个电子，使 2 H_2O 产生 1 个 O_2 和 4 个 H^+。电子的最终受体为 $NADP^+$。④ Q是双电子双 H^+ 传递体，它伴随电子传递，把 H^+ 从类囊体膜外带至膜内，连同水分解产生的 H^+ 一起建立类囊体内外的 H^+ 电化学势差，并以此而推动 ATP 生成。

5.4.2.4 光合磷酸化

叶绿素利用光能将无机磷酸和 ADP 合成 ATP 的过程，称为光合磷酸化（photosynthetic phosphorylation）。由于光合磷酸化过程与光合电子传递相偶联，根据电子传递途径的不同可分为环式光合磷酸化和非环式光合磷酸化。

(1) 非环式光合磷酸化

PSⅡ 的放氧复合体将水光解后，PQH_2 将 H^+ 释放到类囊体膜腔内，形成跨膜 H^+ 浓度梯度，电子经由 PSⅡ 和 PSⅠ 构成的"Z"形传递途径最后传递到 $NADP^+$，形成 NADPH，同时释放氧气。总反应方程如下：

$$2ADP + 2Pi + 2NADP + 2H_2O \xrightarrow{\text{光}} 2ATP + 2NADPH_2 + O_2$$

ATP 的形成与非环式电子传递相偶联，故称之为非环式光合磷酸化（noncyclic photophosphorylation）。非环式光合磷酸化需要 PSⅡ 和 PSⅠ 两个光系统的参与，并伴随 NADPH 的形成和 O_2 的释放。

(2) 环式光合磷酸化

PSⅠ 被光能激发后，经 A_0、A_1、Fe-S 将电子传递给 Fd，Fd 没有将电子传递给 $NADP^+$，而是将电子传递给 $Cytb_6$ 复合体和 PQ。然后经 Cytf 和 PC 返回到 PSⅠ，形成环式电子传递途径。在环式电子传递途径中，伴随形成类囊体膜内外质子浓度梯度将 Pi 和 ADP 合成 ATP 的过程，称为环式光合磷酸化（cyclic photophosphorylation）。环式光合磷酸化只由 PSⅠ 和"Z"形光合电子传递链的部分电子传递体组成，没有 PSⅡ 的参与，不伴随 $NADP^+$ 的还原和 O_2 的释放。

5.4.3 光合作用的暗反应

CO_2 同化（assimilation），简称碳同化，是指植物利用光反应中形成的同化力（ATP 和 NADPH），将 CO_2 转化为碳水化合物的过程。CO_2 同化是在叶绿体的基质中进行的，有许多种酶参与反应。高等植物的碳同化途径有 3 条，即 C_3 途径、C_4 途径和景天酸代谢（CAM）途径。

5.4.3.1 C_3 途径

美国加州大学的卡尔文（Calvin）和本森（Benson）在 20 世纪 50 年代以单细胞藻类作为实验材料，采用 ^{14}C 放射性同位素示踪和双向纸层析法，经过十年努力搞清楚的光合作用碳素同化途径，因此也称作卡尔文循环（Calvin cycle）。由于这个循环中 CO_2 的受体是一种戊糖（核酮糖二磷酸），故又称为还原戊糖磷酸途径（reductive pentose phosphate pathway, RPPP）。这个途径中 CO_2 被固定形成的最初产物是一种三碳化合物，故称为 C_3 途径。卡尔文循环具有合成淀粉等产物的能力，是所有植物光合碳同化的基本途径，大致可分为 3 个阶段，即羧化阶段、还原阶段和再生阶段。

(1) 羧化阶段

1,5-二磷酸核酮糖（RuBP）在核酮糖二磷酸羧化酶/加氧酶（ribulose bisphosphate carboxylase/oxygenase，Rubisco）催化下，与 CO_2 结合，产物很快水解为 2 分子 3-磷酸甘油酸（3-PGA）。

$$\begin{array}{c} CH_2O\sim\textcircled{P} \\ C=O \\ HCOH \\ HCOH \\ CH_2O\sim\textcircled{P} \end{array} + CO_2 + H_2O \xrightarrow{\text{Rubisco}} \begin{array}{c} CH_2O\sim\textcircled{P} \\ HCOH \\ COOH \end{array} + \begin{array}{c} COOH \\ HCOH \\ CH_2O\sim\textcircled{P} \end{array}$$

Rubisco 是植物体内含量最丰富的酶,约占叶中可溶蛋白质总量的 40% 以上,由 8 个大亚基(约 56kDa)和 8 个小亚基(约 14kDa)构成,活性部位位于大亚基上。大亚基由叶绿体基因编码,小亚基由核基因编码。

(2)还原阶段

3-磷酸甘油酸在 3-磷酸甘油酸激酶(PGAK)催化下,形成 1,3-二磷酸甘油酸(DPGA),然后在甘油醛-3-磷酸脱氢酶作用下被 NADPH 还原,变为甘油醛-3-磷酸(GAP),这就是 CO_2 的还原阶段。

(3)再生阶段

再生阶段是由 GAP 经过一系列的转变,重新形成 CO_2 受体 RuBP 的过程。这里包括了形成磷酸化的三、四、五、六、七碳糖的一系列反应(图 5-14)后一步由 5-磷酸核酮糖激酶(Ru5PK)催化,并消耗 1 分子 ATP,再形成 RuBP,构成了一个循环。C_3 途径的总反应式为:

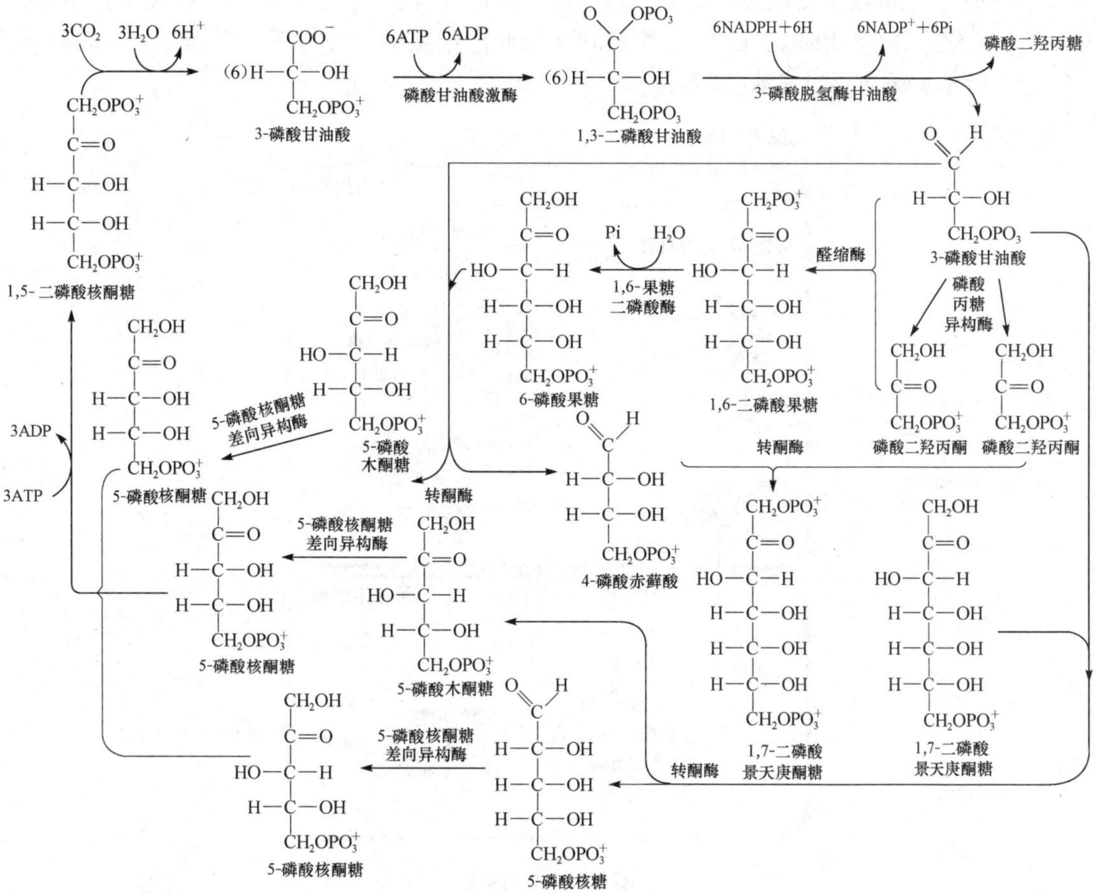

图 5-14 卡尔文循环

$$3CO_2 + 5H_2O + 9ATP + 6NADPH + 6H^+ \longrightarrow GAP + 9ADP + 8Pi + 6NADP^+$$

由上式可见,每同化 1 个 CO_2,要消耗 3 个 ATP 和 2 个 NADPH。还原 3 个 CO_2 可输出一个磷酸丙糖。磷酸丙糖可在叶绿体内形成淀粉或运出叶绿体,在细胞质中合成蔗糖。若按每同化 1mol CO_2 可贮能 478kJ,每水解 1mol ATP 和氧化 1mol NADPH 可分别释放能量 32kJ 和 217kJ 计算,则通过卡尔文循环同化 CO_2 的能量转换效率为 90%。由此可见,其能量转换效率是非常高的。

5.4.3.2 C_4 途径

Hatch 和 Slack 在 20 世纪 60 年代中期发现起源于热带的植物(如甘蔗和玉米等),CO_2 最初固定于叶肉细胞,在磷酸烯醇式丙酮酸羧化酶的催化下将 CO_2 连接到磷酸烯醇式丙酮酸上生成一个四碳化合物——草酰乙酸,这条固定 CO_2 的途径称为 C_4 途径(C_4 pathway)。按照这条途径同化 CO_2 的植物,称为 C_4 植物。它的作用是固定、转运和集中 CO_2 到 C_3 途径所在的维管束鞘细胞中,使其中 CO_2 浓度升高,从而提高了光合速率。

C_4 途径开始于叶肉细胞中,在磷酸烯醇式丙酮酸羧化酶(PEE 羧化酶)的作用下,CO_2 与磷酸烯醇式丙酮酸缩合形成草酰乙酸。在某些 C_4 植物中草酰乙酸被转变成苹果酸,在另一些植物中它也可被转变成天冬氨酸,然后转入维管束鞘细胞中,经过脱羧作用分解成 CO_2 和一个 C_3 化合物(如 PEP),C_3 化合物被转运回叶肉细胞中,进行下一次固定 CO_2 的循环;CO_2 进入卡尔文循环,形成糖(图 5-15)。

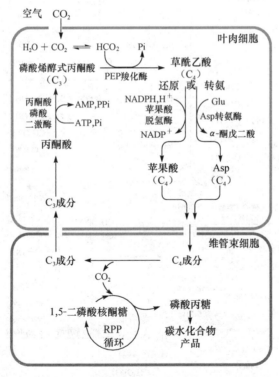

图 5-15 C_4 途径

5.4.3.3 CAM 途径

景天酸代谢途径又称 CAM 途径,指生长在热带及亚热带干旱及半干旱地区的一些肉质植物(最早发现在景天科植物)所具有的一种光合固定二氧化碳的附加途径。CAM 植物特别适应于干旱地区，其特点是气孔夜间张开，白天关闭。夜间二氧化碳能够进入叶中，也被固定在 C_4 化合物中，与 C_4 植物一样。白天有光时则 C_4 化合物释放出的二氧化碳，参与卡尔文循环。

由于 CAM 植物夜间吸进二氧化碳，淀粉经糖酵解形成磷酸烯醇式丙酮酸(PEP)，在磷酸烯醇式丙酮酸羧化酶(PEPCase)催化下，与 PEP 结合，生成草酰乙酸(OAA)，进一步还原为苹果酸储存在液泡中。从而表现出夜间淀粉减少，苹果酸增加，细胞液 pH 下降。而白天气孔关闭，苹果酸转移到细胞质中脱羧，放出二氧化碳，进入 C_3 途径合成淀粉；形成的丙酮酸可以形成 PEP 再还原成磷酸三糖，最后合成淀粉或者转移到线粒体，进一步氧化释放二氧化碳，又可进入 C_3 途径。从而表现出白天淀粉增加，苹果酸减少，细胞液 pH 上升。

CAM 光合作用的效率不高，利用这种途径的植物可以在荒漠中、酷热的条件下存活，但生长缓慢。景天酸代谢(CAM)是植物光合作用中固定二氧化碳的一种特殊方式。由于它有昼夜的苹果酸波动，早在 1815 年就被 Heynes 所发现。近十余年关于 CAM 研究的工作非常之多，而且涉及的内容非常广泛，包括 CAM 植物的生理、生态、生化、结构和分布等诸多方面。

C_3 途径是光合途径同化的基本途径，C_4 和 CAM 植物形成碳水化合物除了分别需要 C_4 途径和 CAM 途径外，最终还需要 C_3 途径。在碳同化特性上，CAM 与 C_4 植物相似，都有 PEP 羧化酶，需要两次羧化反应固定 CO_2。只是固定 CO_2 与生成光合作用产物在时间空间有差异，C_4 植物在叶肉细胞内固定 CO_2，在维管束鞘细胞中同化 CO_2。CAM 植物则在晚上固定 CO_2，在白天同化 CO_2。

本章小结

糖是多羟基的醛或酮以及它们的衍生物。单糖中的醛糖和酮糖都具有环状结构。典型的单糖是葡萄糖和果糖。最主要的寡糖是双糖。双糖中最常见的是蔗糖、乳糖和麦芽糖。蔗糖分子中的葡萄糖和果糖缩合失去还原性为非还原糖。麦芽糖和乳糖因分子中保留半缩醛羟基为还原糖。重要的多糖是淀粉、糖原和纤维素。

糖是重要的能源物质，糖分解代谢的主要途径有：在无氧条件下所进行的糖酵解途径和生醇发酵作用，无氧代谢的产物是小分子的有机化合物，因此放出的能量较少，是生物体在缺氧情况下获得能量的一种方式。在有氧情况下，糖类物质完全氧化分解为 CO_2 和 H_2O，并放出大量能量供生物体的需要。糖的有氧氧化大体上可分为三个阶段：第一阶段，从葡萄糖到丙酮酸，此过程与糖在无氧条件下进行的代谢过程基本相同；第二阶段，丙酮酸氧化脱羧转变为乙酰-CoA；第三阶段，乙酰-CoA 进入三羧酸循环彻底被氧化为 CO_2 和 H_2O。此外，葡萄糖可经磷酸戊糖途径彻底氧化。该途径产生的核糖、$NADPH + H^+$ 和 CO_2 是合成核酸和脂肪酸等重要物质的原料。

糖的合成代谢包括淀粉的生物合成、糖原的合成及糖异生作用等。淀粉和糖原的生物合成途径基本相同，都是以葡萄糖为起始物，都需要引物；但合成过程中糖基的供体不同，引物不同，形成分支所需的酶不同。淀粉合成中，糖基的供体是 ADPG，引物结构相差较大，形成分支的酶是 Q 酶；糖原合成中糖基的供体是 UDPG，引物为小分子的糖原，形成分支的酶为分支酶。使非糖物质如甘油、乳酸和生糖氨基酸合成糖的过程称为糖异生作用。糖异生过程是由 6-磷酸葡萄糖酶、1,6-二磷酸果糖酶、丙酮酸羧化酶和磷酸烯醇式丙酮酸羧激酶催化的，使糖酵解中的3步不可逆反应逆转，使甘油、乳酸和生糖氨基酸在有关酶的作用下转变为酵解的中间产物沿酵解逆行而生成糖。

光合作用是绿色植物利用光能将 CO_2 和 H_2O 合成有机物并将光能转化为化学能贮于其中的过程。分为两个阶段：光合色素吸收光能经光合电子传递链生成同化力——NADPH、H^+ 和 ATP；通过 C_3 循环利用同化力将 CO_2 和 H_2O 合成糖。单糖进一步作为单体合成寡糖和多糖。

习 题

1. 葡萄糖有氧氧化过程包括哪几个阶段？
2. 为什么说 B 族维生素缺乏将影响糖的分解代谢？
3. 磷酸戊糖途径的生物学意义是什么？
4. 简述三羧酸循环的要点及生理意义。
5. 为什么说糖异生过程基本上是糖酵解的逆过程？
6. 植物光合作用的光反应和暗反应是在细胞的哪些部位进行的？

参考文献

[1] 王镜岩，朱圣庚，徐长法. 生物化学教程[M]. 北京：高等教育出版社，2008.
[2] 王镜岩，朱圣庚，徐长法. 生物化学[M]. 3版. 北京：高等教育出版社，2002.
[3] 郑集，陈均辉. 生物化学[M]. 3版. 北京：高等教育出版社，2007.
[4] Nelson D L. Lehninger Principles of Biochemistry [M]. 5th ed. New York：W. H. Freman & Compawy，2008.
[5] Kuchel P W. Schaum's Outline of Biochemistry[M]. 3rd ed. Schaum's outline Series，2009.
[6] Gajera H P. Fundamentals of Biochemistry[M]. International Book Distributing Co，2008.

（撰写人：张汝民）

第6章 生物能量转化

生物能量学主要研究细胞如何利用化学能的机制。生活的细胞都需要能量,这些能量都来自于生化物质在体内的氧化。生物能量学的化学基础是热力学。为了深入理解生物能量学,需要对热力学的一些基本概念作一回顾。

6.1 生物能量学和热力学

6.1.1 热力学的基本概念

在热力学研究中,常常把一部分物体和周围的其他物体划分开来作为研究对象,这部分划分出来的物体称为系统(也称体系),而系统以外的部分则称为环境。系统的状态是系统所有宏观性质以及宏观物理量的综合表现。当系统处于一定的状态时,这些宏观物理量也都具有确定值。因此,把这些确定系统存在状态的宏观物理量称为系统的状态函数。状态函数的重要特点是它的数值仅仅取决于系统的状态,其变化值只取决于系统的始态与终态,而与系统变化的途径无关。

6.1.1.1 两种能量交换形式:热和功

热和功分别是系统状态发生变化时与环境之间的两种能量交换形式,单位均为焦耳或千焦,符号为 J 或 kJ。

热是系统与环境之间因存在温度差异而发生的能量交换形式,量符号为 Q。功是系统与环境之间除热以外的其他各种能量交换形式,量符号为 W。

热和功都不是系统的状态函数,除了与系统的始态、终态有关以外还与系统状态变化的途径有关。

6.1.1.2 热力学第一定律

热力学能又称内能,是系统内部各种形式能量的总和,其量符号为 U,具有能量单位(J 或 kJ),热力学能 U 是系统的状态函数,系统状态变化时热力学能变 ΔU 仅与始态、终态有关,而与过程的具体途径无关。$\Delta U > 0$,表明系统在状态变化过程中热力学能增加;$\Delta U < 0$,表明系统在状态变化过程中热力学能减少。在实际化学反应过程中,人们关心的是系统在状态变化过程中的热力学能变 ΔU,而不是系统热力学能 U 的绝对值。

能量守恒和转化定律是人类长期实践的总结,即自然界的一切物质都具有能量,能量有各种不同的形式,能够从一种形式转化为另一种形式。在转化的过程中,能量的总值不变。把能量守恒和转化定律应用于热力学系统,就是热力学第一定律,即在隔离系统中,能量的形式可以相互转化,但能量的总值不变。例如,一个隔离系统中的热能、光能、电能、机械能和化学能之间可以相互转换，但其总能量是不变的。

热力学第一定律的数学表达式： $\Delta U = Q + W$ (6-1)

功有多种形式，通常把功分为两大类。由于系统体积变化而与环境产生的功称体积功或膨胀功，用 $-p\Delta V$ 表示；除体积功以外的所有其他功都称为非体积功 W_f（也叫有用功）。因此，

$$W = -p\Delta V + W_f \quad (6\text{-}2)$$

在等温条件下，若系统发生化学反应是在恒压条件下进行，且为不做非体积功的过程，则该过程中与环境之间交换的热量称恒压反应热，其量符号为 Q_p。恒压过程 $p(环) = p_2 = p_1 = p$，由热力学第一定律得：

$$\Delta U = Q_p - p\Delta V \quad (6\text{-}3)$$

所以，
$$\begin{aligned} Q_p &= \Delta U + p\Delta V \\ &= U_2 - U_1 + p(V_2 - V_1) \\ &= (U_2 + p_2 V_2) - (U_1 + p_1 V_1) \end{aligned} \quad (6\text{-}4)$$

式(6-4)中 U、p、V 都是状态函数，其组合函数 $(U+pV)$ 也是状态函数。热力学中将 $(U+pV)$ 定义为焓，量符号为 H，单位为 J 或 kJ，即

$$H = U + pV \quad (6\text{-}5)$$

焓具有能量的量纲，但没有明确的物理意义。由于热力学能 U 的绝对值无法确定，所以新组合的状态函数 H 的绝对值也无法确定。但可通过式(6-4)求得 H 在系统状态变化过程中的变化值——焓变 ΔH，即

$$Q_p = H_2 - H_1 = \Delta H \quad (6\text{-}6)$$

式(6-6)有较明确的物理意义，即在恒温、恒压、只做体积功的系统中，系统吸收的热量全部用于增加系统的焓。

在恒温、恒压、只做体积功的过程中，$\Delta H > 0$，表明系统是吸热的；$\Delta H < 0$，表明系统是放热的。

6.1.1.3　物质标准态

为了比较不同的系统或同一系统不同状态的热力学函数的变化，需要规定一个状态作为比较的标准，这就是热力学的标准状态(standard state)。热力学中规定，标准状态是在温度 T 及标准压力 p(100kPa)下的状态，简称标准态，用右上标"$\ominus$"表示。当系统处于标准态时，指系统中诸物质均处于各自的标准态。对具体的物质而言，相应的标准态如下：

①纯理想气体物质的标准态是该气体处于标准压力 $p^{\ominus}$ 下的状态，混合理想气体中任一组分的标准态是该气体组分的分压 $p^{\ominus}$ 时的状态（近似理想气体）。

②纯液体（或纯固体）物质的标准态就是标准压力 $p^{\ominus}$ 下的纯液体（或纯固体）。

③溶液中溶质的标准态是指标准压力 $p^{\ominus}$ 下溶质的浓度为 $c^{\ominus}$（$c^{\ominus} = 1\text{mol/L}$）的溶液。

④处于标准状态的不同温度下的系统的热力学函数有不同的值。一般的温度热力学函数值为 298.15K（即 25℃）时的数值，若非 298.15K，须特别指明。

⑤生物化学反应多在中性、稀溶液中进行，生化标准态除热力学上标准态的规定外，还附加规定系统的 pH=7 的条件。生化标准态用符号"$\oplus$"（+）表示。

6.1.1.4　化学反应的自发性与热力学第二定律

自然界发生的过程都有一定的方向性，如水总是从高处流向低处，直至两处水位相等；

热可以从高温物体传导到低温物体，直至两者温度相等；铁在潮湿的空气中能被缓慢氧化变成铁锈等。这些不需要借助外力就能自动进行的过程称为自发过程，相应的化学反应称为自发反应。自发反应的特征如下：

①自发反应不需要环境对系统做功就能自动进行，并借助于一定的装置能对环境做功。

②自发反应的逆过程是非自发的。

③自发反应与非自发反应均有可能进行，但只有自发反应能自动进行，非自发反应必须借助一定方式的外部作用才能进行。

④在一定的条件下，自发反应能一直进行直至达到平衡，即自发反应的最大限度是系统的平衡状态。

热力学第二定律指出：热的传导只能由高温物体传至低温物体。热的自发的逆向传导是不可能的。那么，是什么因素决定化学反应的自发性呢？化学反应自发性的判据又是什么呢？19 世纪 70 年代，法国化学家贝特洛（M. P. E. Berthelot）和丹麦化学家汤姆森（J. Thomson）提出：自发反应的方向是系统的焓减少的方向（即 $\Delta_r H < 0$），即自发反应是放热反应的方向。从能量的角度看，放热反应系统能量下降，放出的热量越多，系统能量降得越低，反应越完全。也就是说，系统有趋于最低能量状态的倾向，称为最低能量原理。

然而，进一步的研究发现，许多吸热反应（$\Delta_r H > 0$）虽然使系统能量升高，也能自发进行。例如，在 101.3kPa，0℃ 以上时，冰能从环境吸收热量自动融化为水；碳酸钙在高温下吸收热量自发分解为氧化钙和二氧化碳。

显然，仅把焓变作为自发反应的判据是不准确或不全面的，想必还有其他影响因素存在。进一步的研究发现，物质的宏观性质与其内部的微观结构有着内在联系。当冰吸热融化时，液态水中 H_2O 分子运动较为自由，处于较为无序的状态，或者说较为混乱的状态。系统这种从有序到无序的状态变化，其内部微观离子排列的混乱程度增加了。人们把系统内部微观离子排列的混乱程度称为混乱度。又如，碳酸钙的吸热分解，由于产生气体 CO_2，也使系统的混乱度增大。人们发现，那些自发的吸热反应系统的混乱度都是增大的。

显然，在一定条件下，系统混乱度增加的反应也能自发进行。因此，系统除了有趋于最低能量的趋势外，还有趋于最大混乱度的趋势，实际化学反应的自发性是由这两种因素共同作用的结果。

6.1.1.5 熵

系统混乱度的大小用热力学函数熵（S）来量度。通过对熵的定义和物质标准摩尔熵值的分析可得出如下规律：

①物质的熵值与系统的温度、压力有关。一般温度升高，系统的混乱度增加，熵值增大；压力增大，微粒被限制在较小体积内运动，熵值减小（压力对液体和固体的熵值影响较小）。

②熵与物质的聚集状态有关，对同一种物质的熵值 S，气态 > 液态 > 固态。

③相同状态下，分子结构相似的物质，随相对分子质量的增大，熵值增大。

④熵是状态函数，因而反应熵变只与系统的始态和终态有关，而与途径无关。

6.1.1.6 化学反应方向的判据

从以上讨论可知，判断化学反应自发进行的方向要考虑系统趋于最低能量和最大混乱度两个因素，即综合考虑反应的焓变 ΔH 和熵变 ΔS 两个因素。1878 年，美国物理化学家吉布斯(G. W. Gibbs)由热力学定律证明，在恒温、恒压、非体积功等于零的自发过程中，其焓变，熵变和温度三者的关系为：

$$\Delta H - T\Delta S < 0$$

热力学定义一个新的状态函数：

$$G = H - T \cdot S \tag{6-7}$$

G 称为吉布斯函数，也称吉布斯自由能，单位为 J 或 kJ。

系统在状态变化中，状态函数 G 的改变 ΔG 称吉布斯函数变。在恒温、恒压、非体积功等于零的状态变化中，吉布斯函数变：

$$\Delta G = G_2 - G_1 = \Delta H - T\Delta S \tag{6-8}$$

ΔG 可以作为判断反应能否自发进行的判据。即

$\Delta G < 0$ 反应自发进行；

$\Delta G = 0$ 反应处于平衡状态；

$\Delta G > 0$ 反应不能自发进行(其逆过程是自发的)。

6.1.2 生物能量学

细胞所具有的化学能主要体现在高能键上。细胞只能利用总能量(H)中的一部分。H 如上所述为热焓，包含在化合物中。这一部分可利用的能称为自由能(G)，不以热的形式消散。从式(6-8)变换可得

$$\Delta H = \Delta G + T\Delta S \tag{6-9}$$

式中，T 是温度，S 是系统的熵。式(6-9)反映了总能量(ΔH)的改变等于自由能或可利用的能(ΔG)加上不可利用的能($T\Delta S$)，这一部分能量以热的形式消散掉。

熵 S 与分子的混乱度有关。在生物体系中，熵有着重要作用。在上面的式(6-9)中，ΔS 就是反应不可逆性的量度。随着熵的增加，更多的能量变得不可利用，反应的可逆性也越来越小。

根据热力学第二定律，一个隔离系统中反应的熵总是趋向于增至最大，直至达到一个平衡点反应才停止。熵的概念与"有序"和"随机"有关。当分子中的原子有序排列时，熵值就低。当化学反应中，分子运动趋于混乱时，熵值就增加。在热力学上，能量流动的方向总是从高往低，同时伴随着熵增的过程。例如，在一个较冷的(低能)体系中，分子排列有序，以较低的速率运动；然而，当热量从较热的体系中流向低能体系，使其温度上升时，体系开始变得混乱了。比如说，一个房子的建造与损坏也涉及熵的概念。当要建造一个房子时，需要大量的能量(如工人的劳动、热能、电能等等)，耗费较长时间，但是要想破坏它，则仅使用较少的能量即可达到。建造一个房子需要大量的能量与破坏一个房子仅需较少能量之间的区别在于有大量能量丢失，这个丢失的能量就是熵。

任何一个蛋白质分子中氨基酸序列是精确确定的。因而，分子表现出高度有序和低的熵值。从个别的氨基酸合成一个这样的分子需要相当大的能量。另一方面，蛋白质分解成氨基酸或二氧化碳和水，就是一个高度不可逆的过程，要释放相当大的能量。

当能量被迫向可逆的方向流动(从低到高时)，熵值降低。这样一个过程在热力学上是不易发生的，除非与另外一个体系相连接，在这个体系中，熵值是增加的，以补偿此值的降

低。在植物细胞里，从二氧化碳和水合成葡萄糖，能量来自于太阳，伴随着熵的降低。另一方面，葡萄糖在动物细胞里氧化时，熵增加很大。这两个体系的相互联系，满足热力学第二定律，即熵总是增加的。

这些概念在生物体系中十分重要，因为细胞是高度有序的，反映在它们的分子和亚细胞结构中。当细胞死亡时，分解过程开始了，熵开始增加。

6.2 高能化合物和 ATP

在生物体内，许多化合物随着水解反应或基团转移反应释放大量的自由能，这类化合物称高能化合物。一般将水解时能释放出 25kJ/mol 或 30kJ/mol 以上的化合物称为高能化合物，被水解的键称为高能键，用波浪号"～"表示。

6.2.1 生物体内的高能化合物

生物体内高能化合物很多，根据结构特点分成几种类型，其中以高能磷酸化合物最为常见，此外还有硫酯键型和甲硫键型。根据它们的键型，归纳为以下几种。

6.2.1.1 磷氧键型(—O—P—)

(1) 酰基磷酸化合物

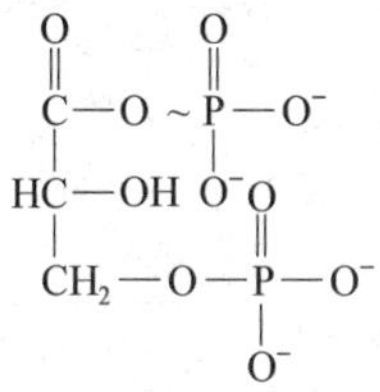

1,3-二磷酸甘油酸 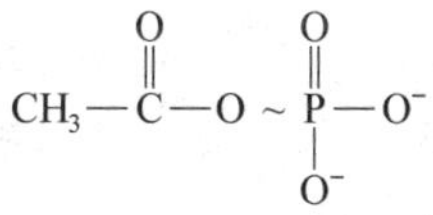　　　乙酰磷酸 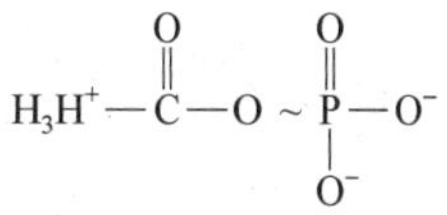　　　氨甲酰磷酸

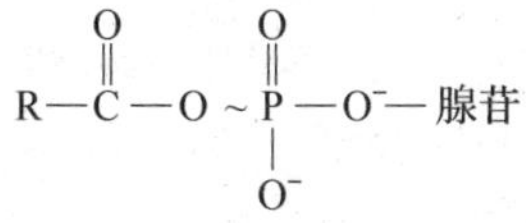

酰基腺苷酸 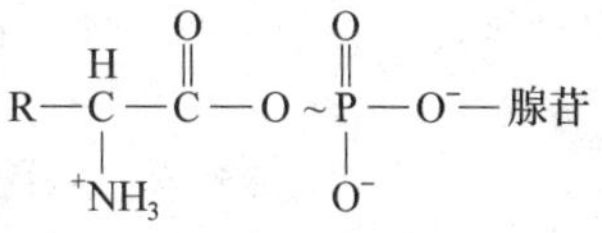　　　氨酰腺苷酸

(2) 焦磷酸化合物

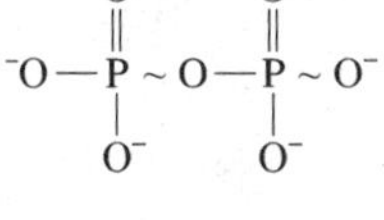

无机焦磷酸　　　腺一苷, AMP　　腺二苷, ADP　　腺三苷, ATP

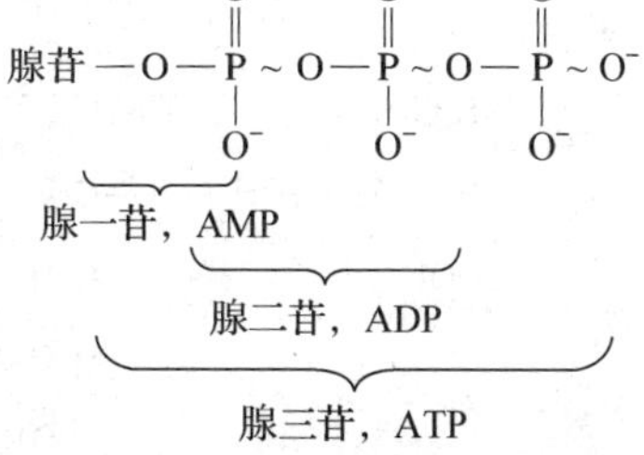

(3) 烯醇式磷酸化合物

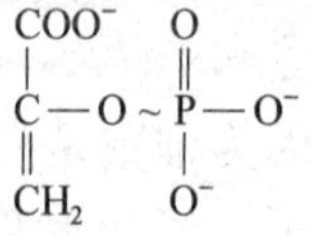

$$\begin{array}{c} COO^- \\ | \\ C-O\sim P \\ \| \\ CH_2 \end{array}$$

磷酸烯醇式丙酮酸

6.2.1.2 氮磷键型

如胍基磷酸化合物。

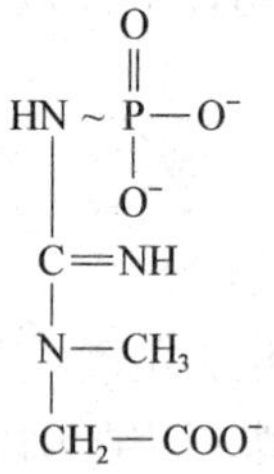

磷酸肌酸 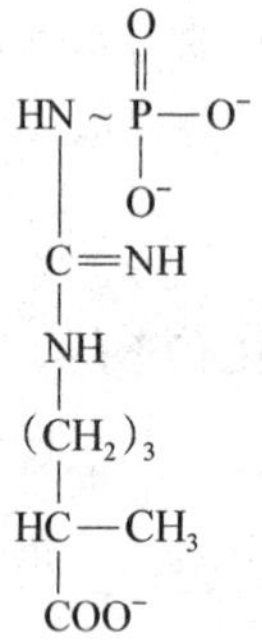　　　磷酸精氨酸

6.2.1.3 硫酯键型（活性硫酸基）

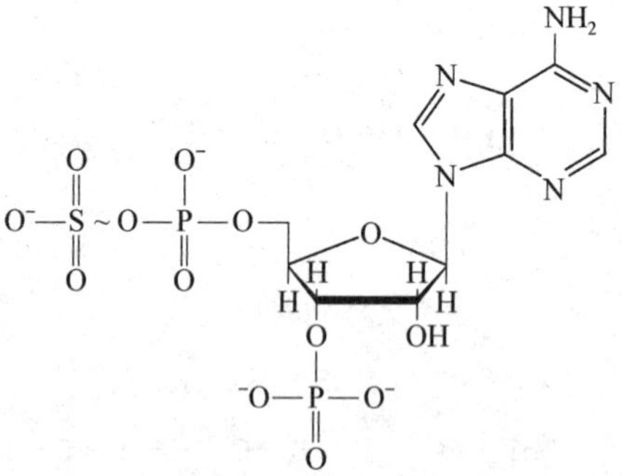

3′-磷酸腺苷-5′-磷酰硫酸

6.2.1.4 甲硫键型（活性甲硫氨酸）

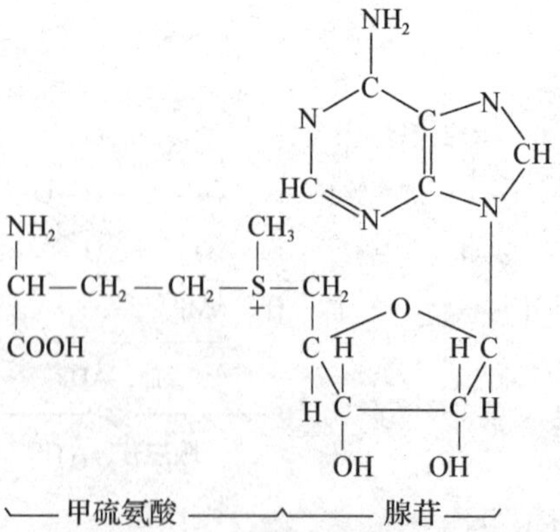

S-腺苷甲硫氨酸

在上述生物体内的高能化合物中,含有磷酸基团的占绝大多数。但并不是所有含磷酸基团的化合物都是高能磷酸化合物。这些高能化合物都含有特定的容易被水解的键型(式中都以"~"表示)。这些化合物水解后所形成的产物都含有很少的自由能。因此,上述的高能化合物都有很高的基团转移势能。表 6-1 列出了一些磷酸化合物水解时的标准自由能的变化。其中,ATP 的磷酸基团转移势能处于所列磷酸化合物的中间部位。

表 6-1 一些磷酸化合物水解的标准自由能变化

化合物	$\Delta G^{\ominus\prime}$		磷酸基团转移势能	
	kcal/mol	kJ/mol	kcal/mol	kJ/mol
磷酸烯醇式丙酮酸	-14.8	-61.9	14.8	61.9
氨甲酰磷酸	-12.3	-51.46	12.3	51.46
3-磷酸甘油酸磷酸	-11.8	-49.3	11.8	49.3
磷酸肌酸	-10.3	-43.1	10.3	43.1
乙酰磷酸	-10.1	-42.3	10.1	42.3
焦磷酸	-6.9	-28.84	6.9	28.84
磷酸精氨酸	-7.7	-32.2	7.7	32.2
腺苷三磷酸 ATP→ADP + Pi	-7.3	-30.5	7.3	30.5
腺苷三磷酸 ATP→AMP + PPi	-7.7	-32.2	7.7	32.2
腺苷二磷酸 ADP→AMP + Pi	-7.3	-30.5	7.3	30.5
腺苷一磷酸 AMP→腺苷 + Pi	-3.4	-14.2	3.4	14.2
1-磷酸葡萄糖	-5.0	-20.9	5.0	20.9
6-磷酸果糖	-3.8	-15.9	3.8	15.9
6-磷酸葡萄糖	-3.3	-13.8	3.3	13.8
3-磷酸甘油	-2.2	-9.2	2.2	9.2

6.2.2 ATP 的结构与作用

6.2.2.1 ATP 的结构特点

生物体为了维持生命过程,都必须从环境获得自由能。自养生物采用的是简单的放能过程,绿色植物获得光能,一些细菌是通过反应 $Fe^{2+} \rightarrow Fe^{3+}$ 来获得能量。而异养生物则是通过其代谢与环境中复杂有机分子降解相偶联而获得自由能。这些有机体中,在自由能从放能转变成吸能的过程中(图 6-1),ATP 都起到了中心作用。

ATP(腺苷三磷酸,三磷酸腺苷)是由 1 分子腺嘌呤、1 分子核糖和 3 个磷酸基团构成的核苷酸,如图 6-2 所示。

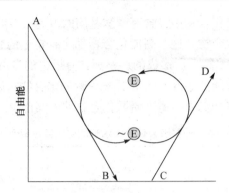

图 6-1 从放能到吸能反应中通过
高能中间化合物的自由能的转变

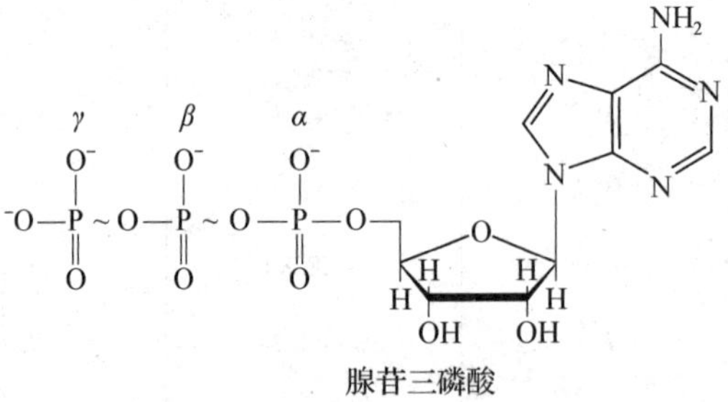

图 6-2 腺苷三磷酸(ATP)结构式

6.2.2.2 吸能过程与放能过程

在机体的生命活动中，比如合成反应、肌肉收缩、神经冲动等等，能量的获得都伴随着化学反应，或者说总是与氧化反应相偶联。这样一种形式可用图 6-3 表示。

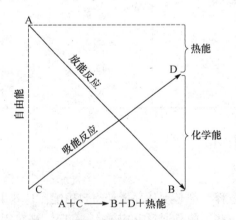

图 6-3 放能反应与吸能反应相偶联

代谢物 A 转变成代谢物 B 时，伴随着自由能的释放，此时又与另外一个反应相偶联，即用于代谢物 C 转变为代谢物 D 所需要的自由能。放能和吸能而不是通常的放热和吸热被用来描述伴随任何形式的自由能的丢失或获得的过程。实际上，吸能过程并不能独立存在，必须作为放能—吸能偶联体系的一个组成部分而存在，而对于净能量的变化来说，整个体系则是放能的。因而,可以说,生物合成就是一个吸能反应,它通过与一定数目 ATP 的水解相偶联而得以进行。分解则是放能反应。将合成和分解两者结合起来就构成了新陈代谢过程。

6.2.2.3 ATP 的生物能量学意义

表 6-1 给出了一些重要的生化分子磷酸基团水解时的标准自由能变化数值。表 6-1 中显示了不同磷酸化合物其磷酸基团转移的热力学趋势或转移势能的大小(用无方向的正值表示)。其中,ATP 末端磷酸基团水解的数值将表格分成两部分。低能磷酸以糖酵解的中间产物磷酸酯为代表,其 $\Delta G^{\ominus\prime}$ 值小于 ATP。而在高能磷酸这一组,这一数值则高于 ATP。后一组的成分包括 ATP 在内,通常有酐(即 1,3-二磷酸甘油酸的 1-磷酸)、烯醇磷酸(磷酸烯醇式丙酮酸)和磷酸胍(即磷酸肌酸、磷酸精氨酸)。ATP 所处的中间位置使得它在能量转移中起到了重要的作用。在物质的分解代谢中形成的具有高的磷酸基团转移势能的化合物,如磷酸烯醇式丙酮酸、1,3-二磷酸甘油酸在细胞中并不直接水解,而是通过特殊激酶的作用,以转移磷酸基团的形式,将捕获的自由能传递给 ADP,从而形成 ATP。这种方式成为葡萄糖分解过程中产生 ATP 的一种方式。而 ATP 分子又倾向于将它的磷酸基团转移给具有较低磷酸基团转移势能的化合物。因而,ATP 在磷酸基团转移中起到了中间传递体的作用,如图 6-4 所示。

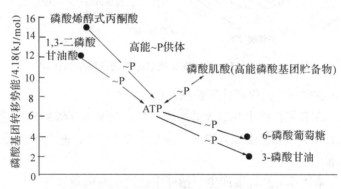

图 6-4 ATP 作为磷酸基团共同中间传递体示意

6.2.2.4 高能磷酸在细胞中起到"能量货币"的作用

腺苷三磷酸的酸酐键水解时,β-、γ-磷酸基团的酸酐键要比 α-磷酸基团与腺苷直接相连的磷酯键更加容易水解并释放大量的自由能。究其原因主要来自两个因素:一是导致反应物不稳定的因素;另一是导致产物稳定的因素。

在腺苷三磷酸中,其酸酐键的共振稳定性小于磷酯键型。此外,磷酸基团之间相邻的负电荷之间的相互排斥也是造成酸酐键不稳定的重要因素。在生物机体的 pH 条件下,ATP 分子内约有 4 个负电荷,这 4 个负电荷在空间上相距很近,它们之间的相互排斥促使 ATP 的磷酸基团易于水解。当 ATP 的末端磷酰基脱下后,分子内相同电荷的斥力由于形成 ADP^{3-} 和 HPO_4^{2-} 而缓和。同时,ADP^{3-} 和 HPO_4^{2-} 再结合成 ATP 的可能性极小,因此促使 ATP 向水解方向进行。

ATP 易于水解的另一因素是 ATP 的水解产物 ADP^{3-} 和 HPO_4^{2-} 都是共振杂化物。其中某些电子所处的位置和在 ATP 中相比,都是具有最低能量的构象形式,意味着 ADP^{3-} 和 HPO_4^{2-}

比 ATP 具有更大的共振稳定性。

从图 6-4 看出，ATP 可以作为高能磷酸的供体，形成在它以下的化合物。同样，在相应酶的作用下，ADP 能够接受在它以上的化合物的高能磷酸，形成 ATP。实际上，体内存在 ATP/ADP 循环，把这两个过程连接起来，以连续地消耗和产生 ATP(图6-5)。这个过程发生的速率非常快，因为体内的整个 ATP/ADP 池极小，仅几秒钟就足以维持活动的组织。

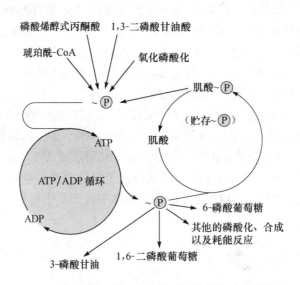

图 6-5　ATP/ADP 循环在高能磷酸基团转移中的作用

机体有 3 种 ~P 的来源参与保存能量或捕获能量：

①氧化磷酸化　在有氧机体中是最大的来源。自由能来自于线粒体中消耗氧的呼吸链。

②糖酵解　由 1 分子葡萄糖生成乳酸时，净生成 2 个 ~P，两个反应分别由磷酸甘油酸激酶和丙酮酸激酶催化。

③三羧酸循环　有 1 个 ~P 直接产生于循环中的琥珀酰硫酯步骤。

6.2.2.5　机体的贮能物质——磷酸原

磷酸原是机体高能磷酸物质的贮存形式，包括磷酸肌酸和磷酸精氨酸。前者存在于脊椎动物骨骼肌、心脏、精子和脑中，后者存在于无脊椎动物肌肉中。

磷酸肌酸又称肌酸磷酸，在肌酸激酶催化下，很容易将其磷酸基团传递给 ADP，使 ATP 再生。反应式如下：

$$\text{磷酸肌酸} \xrightleftharpoons[\text{ADP} \quad \text{ATP}]{\text{肌酸激酶}} \text{肌酸} \quad (\Delta G^{\ominus\prime} = -12.6 \text{kJ/mol})$$

在 pH = 7 的条件下，磷酸肌酸水解的标准自由能是 -43.26kJ/mol，而由磷酸肌酸形成的 ATP，其标准自由能变化为 -43.26 - (-30.66) = -12.6kJ/mol。大鼠肌细胞处于静息状态时，ATP 的浓度为 8.05mmol，磷酸肌酸浓度为 28mmol。

从磷酸肌酸的高含量和它高于 ATP 的磷酸基团转移势能可以看出，当肌肉活动剧烈，急需能量时，ATP 被迅速利用作为能源用于肌肉收缩，此时，磷酸肌酸可使 ATP 含量维持其高的稳定的水平，可提供给肌肉剧烈活动 4~65s 的能量需要。

在细胞活动之后的恢复期，细胞内积累的肌酸又可由其他途径来源的 ATP 提供高能磷酸基团，重新合成磷酸肌酸。此反应由肌酸激酶催化，反应是可逆的。

$$\text{ATP} + \text{肌酸} \rightleftharpoons \text{磷酸肌酸} + \text{ADP}$$
$$\Delta G^{\ominus\prime} = +12.6\text{kJ/mol}$$

该反应的生物学意义在于，它能够随时有效地调整反应物和产物的浓度变化，其反应物和产物的浓度接近反应的平衡点($\Delta G \approx 0$)。当细胞处于静息状态时，ATP 浓度较高，反应向合成磷酸肌酸的方向进行，当细胞处于活动状态时，ATP 的浓度下降，反应即转向合成 ATP 的方向进行。因此，磷酸肌酸有"ATP 缓冲剂"之称。

磷酸精氨酸，又称精氨酸磷酸，是某些无脊椎动物如蟹和龙虾等肌肉中的贮能物质，其作用与磷酸肌酸相似。

6.2.2.6 ATP 使得热力学上不宜进行的反应变得可以进行

当 ATP 作为磷酸供体，生成那些水解后含有较低自由能的化合物时，磷酸基团即不可改变地转变为低能形式，即

$$\text{甘油} + \text{腺苷} - P \sim P \sim P \xrightarrow{\text{甘油激酶}} \text{甘油} - P + \text{腺苷} - P \sim P$$

糖酵解中第一个反应葡萄糖磷酸化为 6-磷酸葡萄糖，这是一个高度吸能的反应，在正常生理条件下是无法进行的。但是，当此反应与另一个更加放能的反应如 ATP 的末端磷酸水解相偶联时，反应就能发生。

① 葡萄糖 + Pi ⟶ 6-磷酸葡萄糖 + H_2O ($\Delta G^{\ominus\prime} = +13.8$kJ/mol)

② ATP ⟶ ADP + Pi ($\Delta G^{\ominus\prime} = -30.5$kJ/mol)

当由己糖激酶催化的反应①与反应②相偶联时，在正常生理条件下不可逆的反应，即葡萄糖磷酸化此刻变得容易进行。许多"激活"反应都有这种模式。

6.2.2.7 ATP 生成 AMP 和无机磷酸的反应

当 ATP 断裂生成 AMP 时，即生成无机焦磷酸，这一反应的典型例子是长链脂肪酸的激活：

$$\text{ATP} + \text{CoA} \sim \text{SH} + \text{RCOOHA} \xrightarrow{\text{脂酰-CoA 合成酶}} \text{AMP} + \text{PPi} + \text{R} - \text{CO} \sim \text{S—CoA}$$

这个反应伴随着自由能以热的形式释放，以保证激活反应向右进行，而且进一步使 PPi 在无机焦磷酸酶的作用下水解。此反应本身有较大的 $\Delta G^{\ominus}$(-30.66kJ/mol)。注意通过焦磷酸途径的激活释放的是 2 个 ~P，而不是形成 ADP 和 Pi 时的 1 个 ~P。

$$\text{PPi} + H_2O \xrightarrow{\text{无机化含酸酶}} 2\text{Pi}$$

把上面的反应结合起来，即可形成磷酸再循环和腺苷酸交换(图 6-6)。

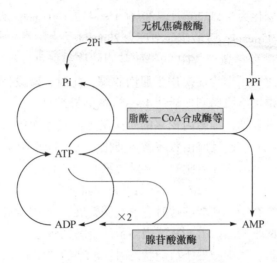

图 6-6　磷酸循环和腺苷酸交换

6.3　生物氧化-还原反应

电子通常不能在空间游离存在，它们总是与一些原子结合在一起。在化学上，氧化被定义为物质失去电子，还原即物质得到电子。因此，当某一物质在氧化的同时必然伴随着另一物质的还原。氧化剂就是那些氧化其他化合物的物质，而它本身则在此过程中被还原。还原剂就是还原其他化合物的物质，而它们本身在这个过程中被氧化。这一氧化还原的原则同样也适用于生物化学体系，而且在理解生物氧化本质时是一个重要的概念。然而，许多生物氧化的发生只是脱氢反应，并没有氧的参与。高等动物的生命是绝对依靠氧的供应来维持呼吸的。在这个过程中，细胞通过控制氢与氧生成水的反应以 ATP 的形式获得能量。此外，分子氧也参与到许多反应中，成为许多氧化酶的底物。生物机体通过食物分子如糖、脂和蛋白质释放的自由能来满足能量需求。因此，生物氧化就是有机分子在生物体细胞内的氧化降解，生成二氧化碳和水并伴随能量释放产生 ATP 的过程。

6.3.1　生物氧化的特点

①氧化还原反应指反应过程中反应物之间发生了电子转移。在化学上，氧化反应常常是在高温、酸性或碱性等剧烈的环境条件下完成的，时间短，释放能量大。而生物氧化是在活细胞内，在常温、有水等温和的条件下进行的，能量被逐步放出，机体可以最有效地利用能量。

②生物氧化释放的能量通常都贮存在一些特殊的高能化合物中，主要是 ATP 中。电子通过由载体组成的电子传递系统进行传递并与 ADP 磷酸化相偶联可以产生大量 ATP，这占了机体总能量的绝大部分。

③生物氧化通常发生在细胞的一定部位。真核生物是在线粒体内进行的，而原核生物是在细胞膜上进行的。

6.3.2 生物氧化-还原反应

氧化-还原反应就是反应中有电子转移的反应。在生物体内，电子转移有以下几种形式：

①电子直接转移 如 Fe^{2+}-Fe^{3+} 电子对将电子转移到 Cu^+-Cu^{2+} 电子对：

$$Fe^{2+} + Cu^{2+} \rightleftharpoons Fe^{3+} + Cu^+$$

②电子以氢原子形式转移 氢原子可分解为 H^+ 与 e^-，因此其本质也是电子转移。

$$AH_2 \rightleftharpoons A + 2e^- + 2H^+$$

AH_2 和 A 组成一氧化还原电子对，它可使电子受体 B 以转移氢原子的形式被还原。

$$AH_2 + B \rightleftharpoons A + BH_2$$

③电子以氢负离子（:H^-）的形式转移 带 2 个电子的氢负离子从电子供体转移到电子受体上。例如，与 NAD 有关的脱氢酶类的反应。

④有机还原剂直接加氧 当一个有机还原剂加氧时，氧接受质子和电子而被还原成水，生成的产物与氧以共价形式相结合，其本质也是电子转移。

$$RH + O_2 + 2H^+ + 2e^- \longrightarrow ROH + H_2O$$

这 4 种电子传递形式在细胞中都存在。

6.3.3 氧化还原电势

6.3.3.1 原电池

在两个烧杯中分别放入 $ZnSO_4$ 和 $CuSO_4$ 溶液，在盛有 $ZnSO_4$ 溶液的烧杯中放入 Zn 片，在盛有 $CuSO_4$ 溶液的烧杯中放入 Cu 片，如图 6-7 所示。两个烧杯的溶液用倒置 U 形管作桥梁（称为盐桥）连接起来。盐桥内装有电解质（常用琼脂与 KCl 饱和溶液制成胶冻）。如果用一个灵敏的电流计（A）将两金属片连接起来，即可观察到电流表指针发生偏移，说明有电流通过。与此同时，锌片开始溶解，而铜片上有铜沉积上去。当取出盐桥时，电流表指针回至零点，放入盐桥时，电流表指针又发生偏移。说明盐桥起着使整个装置构成通路的作用。这种借助氧化还原反应使化学能转变为电能的装置，叫作原电池。

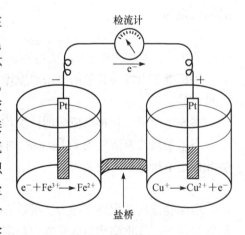

图 6-7 锌铜原电池

在原电池中，组成原电池的导体（如铜片和锌片）称为电极，同时规定电子流出的电极称为负极，负极上发生氧化反应；电子进入的电极称为正极，正极上发生还原反应，例如，在 Cu-Zn 原电池中，

负极（Zn）： $Zn \rightleftharpoons Zn^{2+} + 2e^-$，发生氧化反应；

正极（Cu）： $Cu^{2+} + 2e^- \rightleftharpoons Cu$，发生还原反应。

在金属电极和盐溶液之间即产生电势（或称电位），这就是电极电势（或称电极势，或电极电位)。

6.3.3.2 氧化还原电势

电极电势是怎样产生的呢？1889 年，德国化学家能斯特(H. W. Nernst)提出了双电层理论来说明电势差及原电池产生电流的机理。根据双电层理论，当把一金属电极 M 放入它的盐溶液就构成一个半电池，在金属与其盐溶液的接触面上会发生两个不同的过程：一个是金属表面的阳离子受极性水分子的吸引进入溶液的过程(金属越活泼，溶液越稀，这种倾向越大)；另一个是溶液中的水合金属离子在金属表面受到自由电子的吸引而沉积在金属表面的过程(金属越不活泼，溶液浓度越大，这种倾向越大)。当这两种方向相反的过程进行的速率相等时，即达到动态平衡：

$$M \rightleftharpoons M^{n+} + ne^-$$

前一个过程的结果是在金属与其盐溶液的接触界面建立起由带负电荷的电子和带正电荷的金属离子所构成的双电层。后一个过程在平衡时金属表面聚集了金属离子而带正电荷，溶液带负电荷，从而构成了相应的双电层，这种双电层之间就存在一定的电势差。

事实上，电极电势的绝对值无法测定，只能选定某一电对的电极电势作为参比标准，将其他电对的电极电势与它比较而求出各电对平衡电势的相对值。根据国际纯粹与应用化学联合会(IUPAC)的建议，通常选标准氢电极为参比标准，所测得的电势称氢标电势，并且规定氢标准电极电势为零。标准氢电极是由一个镀有铂金的铂电极，在 25℃ 一个大气压时，浸于氢离子活度为 1kg/mol 的溶液中，其 pH = 0(标准状态)而组成的。

由两个电极即两个半电池组成的原电池，其电极电势(E)之差即电动势(ε)可以测量。其间关系为：

$$\varepsilon = E_{正极} - E_{负极}$$

式中，ε 为电动势；$E_{正极}$ 为电池正极电势；$E_{负极}$ 为电池负极电势。

用标准氢电极与其他的电极组成原电池，测得该原电池的电动势就可以计算各种电极的电极电势。

在原电池中，各种反应物的活度均为 1kg/mol 时的电动势称标准电动势，用 ε_0 表示。

当电解质溶液活度为 1(kg/mol) 时的电极电势称为标准电极电势，用 E_0 表示。标准电动势和标准电极电势的关系为：

$$\varepsilon_0 = E_{0正极} - E_{0负极}$$

根据物质的氧化还原能力，可以看出电极电势代数值越小，电对所对应的还原型物质还原能力越强，氧化型物质氧化能力越弱；电极电势代数值越大，电对所对应的还原型物质还原能力越弱，氧化型物质氧化能力越强。因此，电极电势可以表示氧化还原对所对应的氧化型物质或还原型物质得失电子能力(即氧化还原能力)的相对大小。

经过测量氢锌电池和铜锌电池的电动势，得到锌的标准电极电势为 -0.763V，铜的标准电极电势为 +0.34V。因此，锌的还原能力强，而铜离子的氧化能力强。

还原剂失掉电子的倾向(氧化剂得到电子的倾向)称为氧化还原电势。在实际工作中，由于氢电极使用不便，因此常用易于制备、使用方便而且电极电势稳定的甘汞电极等作为电极电势的对比参考，称为参比电极。

6.3.3.3 生物体中某些重要的氧化还原电势

生物体内有一系列的氧化还原物质，这些物质在反应时，也和化学电池一样，有特定的标准电势，用 ε_0 或 E_0 表示，称标准还原势或标准氧化还原电势，一些典型的半电池反应和它们各自的标准还原势列于表 6-2。

表 6-2 生物体一些氧化还原体系的标准还原势（25℃，pH = 7）

氧化还原反应式	标准还原势 E'_0 (V)
$1/2 O_2 + 2H^+ + 2e^- \longrightarrow H_2O$	0.816
$SO_4^{2-} + 2H^+ + 2e^- \longrightarrow SO_3^{2-} + H_2O$	0.48
$Fe^{3+} + e^- \longrightarrow Fe^{2+}$	0.771
$NO_3^- + 2H^+ + 2e^- \longrightarrow NO_2^- + H_2O$	0.421
细胞色素 $a_3(Fe^{3+}) + e^- \longrightarrow$ 细胞色素 $a_3(Fe^{2+})$	0.385
细胞色素 $f(Fe^{3+}) + e^- \longrightarrow$ 细胞色素 $f(Fe^{2+})$	0.365
$O_2 + 2H^+ + 2e^- \longrightarrow H_2O_2$	0.295
细胞色素 $a(Fe^{3+}) + e^- \longrightarrow$ 细胞色素 $a(Fe^{2+})$	0.29
细胞色素 $c(Fe^{3+}) + e^- \longrightarrow$ 细胞色素 $c(Fe^{2+})$	0.254
细胞色素 $c_1(Fe^{3+}) + e^- \longrightarrow$ 细胞色素 $c_1(Fe^{2+})$	0.22
细胞色素 $b(Fe^{3+}) + e^- \longrightarrow$ 细胞色素 $b(Fe^{2+})$	0.077
泛醌 $+ 2H^+ + 2e^- \longrightarrow$ 泛醇	0.045
延胡索酸 $+ 2H^+ + 2e^- \longrightarrow$ 琥珀酸	0.031
$FAD + 2H^+ + 2e^- \longrightarrow FADH_2$（黄素蛋白内）	~0
草酰乙酸 $+ 2H^+ + 2e^- \longrightarrow$ 苹果酸	−0.166
丙酮酸 $+ 2H^+ + 2e^- \longrightarrow$ 乳酸	−0.185
乙醛 $+ 2H^+ + 2e^- \longrightarrow$ 乙醇	−0.197
$FAD + 2H^+ + 2e^- \longrightarrow FADH_2$（游离 CoQ）	−0.219
氧化型谷胱甘肽 $+ 2H^+ + 2e^- \longrightarrow 2$ 还原型谷胱甘肽	−0.23
$S + 2H^+ + 2e^- \longrightarrow H_2S$	−0.243

从表 6-2 可见，标准还原势数值越低，即供电子的倾向越大，越易成为还原剂。换言之，标准还原势的正值越大的，越倾向于获得电子，越易成为氧化剂。

6.4 电子传递链与氧化磷酸化

6.4.1 线粒体中的电子传递反应

线粒体是一个卵圆形的细胞器，长度大约为 $2\mu m$，直径约为 $0.5\mu m$，大约有一个细菌的大小。大约在半个世纪前，1948 年，Eugene Kennedy 和 Albert Lehninger 就发现线粒体含有呼吸组分、三羧酸循环和脂肪酸氧化的酶。线粒体普遍存在于动物、植物细胞中，在生物氧化及生成 ATP 方面，具有重要作用。

6.4.1.1 线粒体的结构特点

George Palade 和 Fritjof Sjostrand 通过电镜观察研究发现线粒体类似于革兰氏阴性菌,由两个膜系统组成:外膜和高度折叠的内膜。内膜向内形成皱褶,称为嵴。因此,线粒体内有两个区室:①外膜和内膜之间的膜间腔;②被内膜所包围的基质,如图6-8所示。

外膜对大部分小分子和离子是完全通透的,主要因为含有许多线粒体膜孔蛋白,即 30~35kDa 的蛋白质,简称 VDAC,即电压依赖的阴离子通道。VDAC 在调节代谢物流动方面起到重要作用。通常阴离子诸如磷酸、氯、有机阴离子和腺苷酸可以通过外膜。外膜的特征是存在许多酶,包括脂酰-CoA 合成酶和甘油磷酸酯酰转移酶。

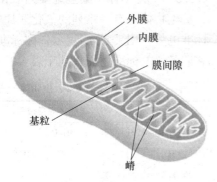

图 6-8 线粒体结构

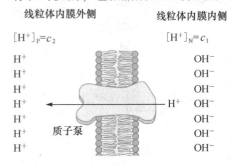

图 6-9 线粒体内膜

相反,内膜几乎对所有离子和极性分子都不通透。但存在大的转运体家族,可以使代谢物如 ATP、丙酮酸和柠檬酸跨过内膜。这个膜的两面分别为基质面和细胞质面(这是因为这一面可以自由接近细胞质中的大部分小分子)。它们分别称作 N 面和 P 面,因为膜的电势在基质的一面为负,而在细胞质一面为正(图6-9)。

在原核生物中,驱动电子转运的质子泵和 ATP 合成复合体位于质膜,即两个膜的里面。细菌的外膜就像线粒体一样,因存在膜孔蛋白而对大部分小的代谢物是通透的。

线粒体基质被内膜所包围,含有丙酮酸脱氢酶复合体,以及三羧酸循环、脂肪酸 β-氧化途径、氨基酸氧化所需的酶类,即除了糖酵解以外的物质氧化途径的酶类。糖酵解发生在细胞质。有选择通透性的内膜把细胞代谢的中间产物和酶类与发生在基质中的代谢过程的产物和酶类分隔开来。然而特殊的转运体可以携带丙酮酸、脂肪酸和氨基酸或它们的 α-酮衍生物进入基质,加入柠檬酸循环。ADP 和 Pi 被特异地转运入基质,新合成的 ATP 被转运出基质。

6.4.1.2 线粒体中的电子传递反应

生活细胞中的糖、脂肪和氨基酸的氧化产能过程大部分位于线粒体内。在这些过程中产生的还原型辅酶、NADH 和 $FADH_2$ 是富含能量的分子,因为它们都含有一对具有高转移势能的电子。当这些电子与分子氧结合时,可以产生大量的自由能,用来产生 ATP。线粒体内有一系列电子传递载体,称为呼吸链。电子在传递过程中伴随着生成 ATP,这样一种偶联机制称氧化磷酸化,如图6-10所示。

机体中催化氧化和还原反应的酶称氧化还原酶,大体分为四类:脱氢酶、氧化酶、过氧化氢酶和加氧酶。前两者在传递电子反应中起重要作用。

(1)脱氢酶催化的反应

脱氢酶数量很多,它们在分解代谢途径中获得电子,但不以氧为电子受体,而是以尼克

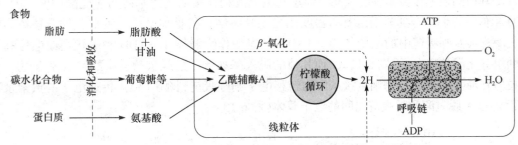

图 6-10　线粒体呼吸链在食物能量转化成 ATP 中的作用

酰核苷酸（NAD^+ 或 $NADP^+$）或黄素腺苷酸（FMN 或 FAD）为电子受体。它们有两种功能。一种是在氧化和还原相偶联的反应中将氢从一个底物转移至另一个底物，如图 6-11 所示。

这些脱氢酶有底物专一性，但利用共同的辅酶或氢的载体，即 NAD^+。由于反应是可逆的，这些反应使得电子在细胞内可以自由转移。

另一种是作为线粒体内呼吸链中将电子从底物传递到氧时的组分而存在，有如下几种。

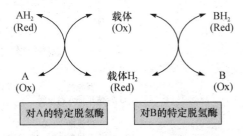

图 6-11　由偶联的脱氢酶催化的代谢物的氧化

① 以尼克酰胺为辅酶的脱氢酶　这一类催化如下可逆反应：

还原型底物 + NAD^+ ⇌ 氧化型底物 + NADH + H^+

还原型底物 + $NADP^+$ ⇌ 氧化型底物 + NADPH + H^+

大部分脱氢酶在分解代谢中起催化作用，以 NAD^+ 为电子受体。一些在细胞质中，另一些在线粒体中，有一些是线粒体和细胞质中的同工酶，见表 6-3。

表 6-3　一些与 NAD(P)H 相偶联的脱氢酶催化的重要反应

反应	反应部位①
NAD-偶联的	
α-酮戊二酸 + CoA + NAD^+ ⇌ 琥珀酸-CoA + CO_2 + NADH + H^+	M
L-苹果酸 + NAD^+ ⇌ 草酰乙酸 + NADH + H^+	M 和 C
丙酮酸 + CoA + NAD^+ ⇌ 乙酰-CoA + CO_2 + NADH + H^+	M
3-磷酸甘油醛 + Pi + NAD^+ ⇌ 1,3-二磷酸甘油酸 + NADH + H^+	C
乳酸 + NAD^+ ⇌ 丙酮酸 + NADH + H^+	C
β-羟脂酰-CoA + NAD^+ ⇌ β-酮脂酰-CoA + NADH + H^+	M
NADP-偶联的	
6-磷酸葡萄糖 + $NADP^+$ ⇌ 6-磷酸葡萄糖酸 + NADPH + H^+	C
NAD-或 NADP-偶联的	
L-谷氨酸 + H_2O + $NAD(P)^+$ ⇌ α-酮戊二酸 + NH_4^+ + NAD(P)H	M
异柠檬酸 + $NAD(P)^+$ ⇌ α-酮戊二酸 + CO_2 + NAD(P)H + H^+	M 和 C

①M：线粒体；C：细胞质。

②其他的依赖核黄素的脱氢酶　与这些脱氢酶相连接的黄素基团与氧化酶中的 FMN 和 FAD 相似。它们结合到酶蛋白上的程度比尼克酰胺结合得更加紧密。大部分结合核黄素的脱氢酶都涉及呼吸链中的电子传递。NADH 脱氢酶作为载体在 NADH 和氧化还原电位高于它的组分之间传递电子(图 6-12)，而其他的脱氢酶如琥珀酸脱氢酶、脂酰-CoA 脱氢酶，和线粒体甘油-3-磷酸脱氢酶则直接从底物转移电子到呼吸链(图 6-13)。传递电子的黄素蛋白是脂酰-CoA 脱氢酶和呼吸链之间的电子载体(图 6-13)。

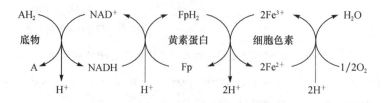

图 6-12　电子通过呼吸链的传递

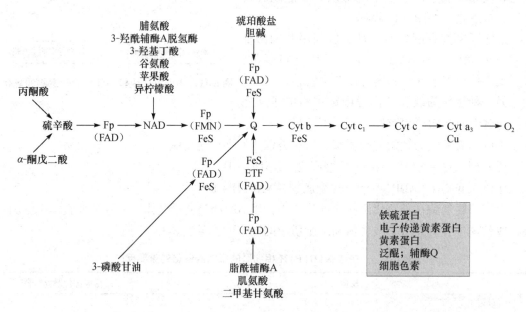

图 6-13　线粒体中呼吸链的组分

③细胞色素也可认为是脱氢酶　细胞色素是一类含铁的血红素蛋白，其中的铁原子在氧化还原反应中在 Fe^{3+} 和 Fe^{2+} 之间变动。除了细胞色素氧化酶(见下文)以外，它们被归类为脱氢酶类。在呼吸链中，它们是黄素蛋白到细胞色素氧化酶之间的电子载体(图 6-13)。呼吸链中，有几个细胞色素已得到鉴定，即细胞色素 b、细胞色素 c、细胞色素 a 和细胞色素 a_3(细胞色素氧化酶)。在细胞的其他部位也发现有细胞色素，如内质网(细胞色素 P450)以及植物细胞、细菌和酵母。

(2) 氧化酶催化的反应

氧化酶以氧作为氢的受体，催化的反应为从底物上脱氢传递给氧，生成水或过氧化氢。

①一些氧化酶含有铜　细胞色素氧化物是一类血红素蛋白，广泛分布于许多组织中，含

有典型的血红素辅基，存在于肌红蛋白、血红蛋白和其他的细胞色素中，它是线粒体中呼吸链载体的末端组分，即由脱氢酶催化的底物分子氧化后，传递电子到最终受体氧中。该酶可以被一氧化碳、氰化物和硫化氢所毒害，也叫细胞色素 a_3。现已知细胞色素 a 和细胞色素 a_3 结合成一个蛋白，复合物叫细胞色素 aa_3。该酶含有两分子的血红素，每个都含有一个铁原子，并且在氧化还原反应中，在 Fe^{3+} 和 Fe^{2+} 之间摆动。而且，还有两个铜原子，每一个都与一个血红素单位连接。

②一些氧化酶是黄素蛋白 黄素酶以黄素单核苷酸(FMN)或黄素腺嘌呤二核苷酸(FAD)作为辅基。FMN 和 FAD 是从机体的维生素核黄素合成的。FMN 和 FAD 通常比较紧密，但不是共价地结合到各自的酶蛋白上。金属黄素蛋白还含有一个或更多的金属作为必需因子。

黄素蛋白酶的实例有好几类：L-氨基酸氧化酶，是在肾脏中发现的连接 FMN 的酶类，对 L-氨基酸的氧化脱氨具有专一性；黄嘌呤氧化酶，含有钼，在嘌呤碱基转变为尿酸的过程中起重要作用，这在排尿酸动物中具有特殊的意义；醛脱氢酶，是一类连接 FAD 的酶，存在于哺乳动物肝脏中，含有钼和非血红素铁，对醛和 N-杂环化合物的底物起作用。这些酶的氧化还原反应机制较复杂，有证据显示其为两步反应，如图 6-14 所示。

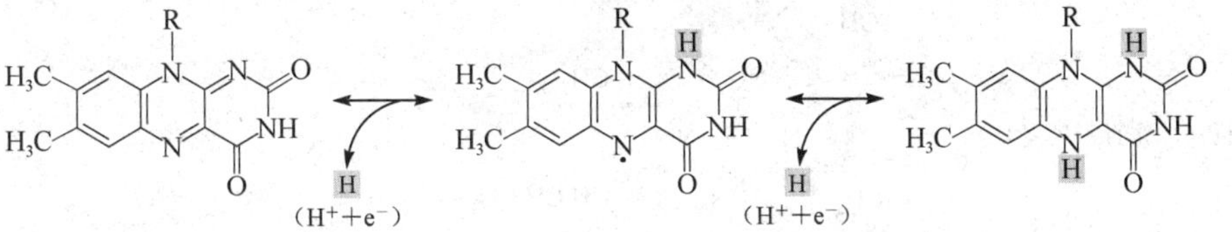

图 6-14 黄素腺苷酸中异咯嗪环通过半醌(自由基)中间物(中心)的氧化还原反应

6.4.2 电子传递

6.4.2.1 膜结合的一系列载体

位于线粒体内的呼吸链是由一系列连续分布的电子载体组成，大部分为内膜蛋白，与辅基结合可以接受或供给一个或两个电子。

在呼吸链中，除了 NAD 和黄素蛋白以外，有三种类型的电子载体：疏水的醌类(泛醌)和两种不同类型含铁蛋白(细胞色素和铁硫蛋白)。

(1) 泛醌

泛醌(也叫辅酶 Q 或者 Q)是一类脂溶性的苯醌，在其结构中有以异戊二烯为单位构成的长碳氢链(图 6-15)。泛醌能够接受一个电子成为半醌($\cdot$QH)或两个电子成为还原型泛醌(QH_2)。它可以作为两个电子的供体和一个电子的受体而起作用。由于泛醌是疏水性的小分子，因此可以在线粒体内膜的脂双层中自由扩散。由于

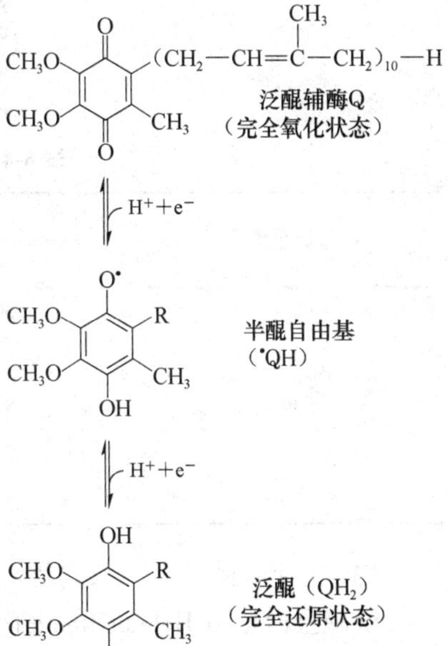

图 6-15 泛醌完全被氧化需要两个电子和两个质子

它既带有电子又带有质子，因而在电子流动与质子运动的偶联中起了中心作用。

(2) 细胞色素

细胞色素是一类蛋白质，由于含有血红素辅基而对可见光有强烈吸收（图6-16）。线粒体含有三大类细胞色素，分别为细胞色素a、细胞色素b和细胞色素c，这可从它们的吸收光谱中区分开来。每种细胞色素的还原态（Fe^{2+}）在可见光范围有三个吸收带。不同细胞色素最大吸收峰的位置差异见表6-4。细胞色素的可见吸收光谱如图6-17所示。

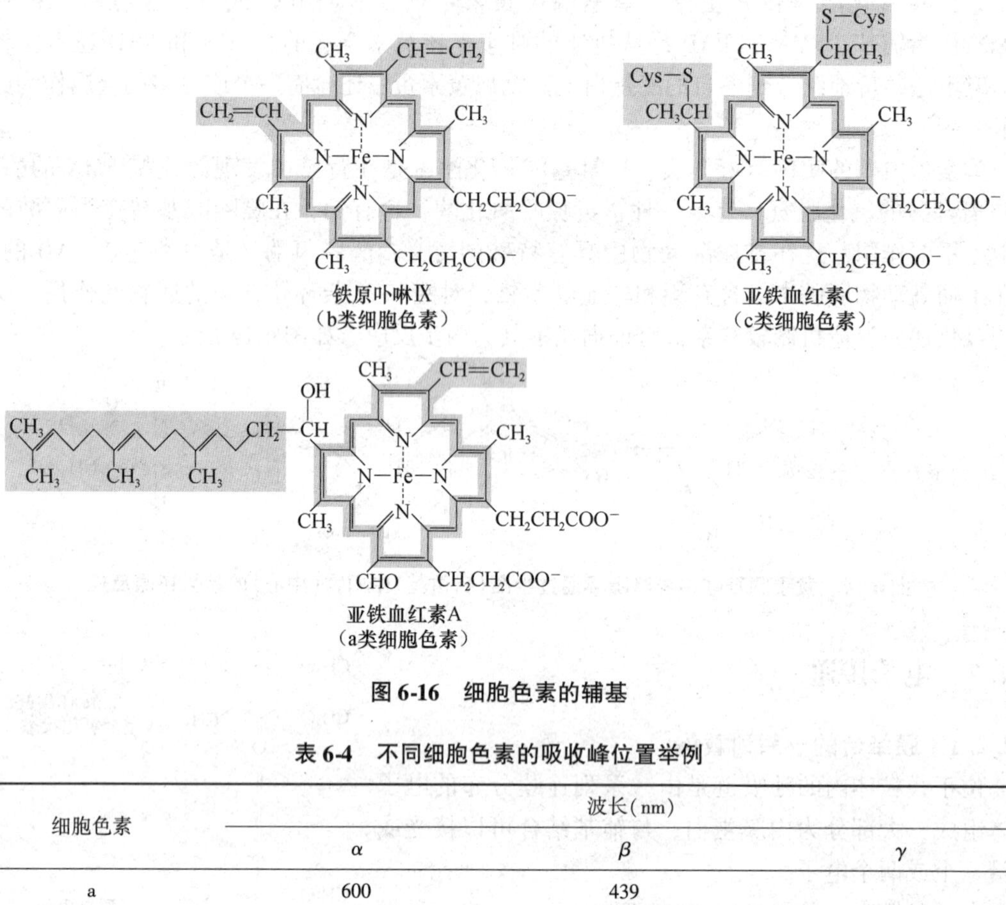

铁原卟啉Ⅸ
（b类细胞色素）

亚铁血红素C
（c类细胞色素）

亚铁血红素A
（a类细胞色素）

图6-16 细胞色素的辅基

表6-4 不同细胞色素的吸收峰位置举例

细胞色素	波长(nm)		
	α	β	γ
a	600	439	
b	566		
b	562	532	429
c	550	521	415
c_1	554	524	418

(3) 铁硫蛋白

铁硫蛋白是由Helmut Beinert发现的。其中的铁不仅存在于血红素中，而且还与无机硫原子有相互作用，或者与蛋白质中Cys残基的硫原子相连。这些铁硫中心有简单的类型即1个Fe原子与4个Cys-SH基相连，也有更复杂的与两个或四个铁原子相连（图6-18）

在线粒体呼吸链所催化的整个反应中，电子是从NADH、琥珀酸或一些其他的初级电子

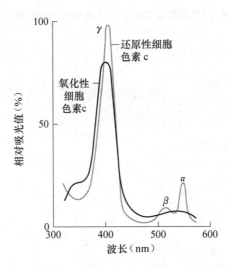

图 6-17 细胞色素 c 的氧化和还原形式的吸收光谱

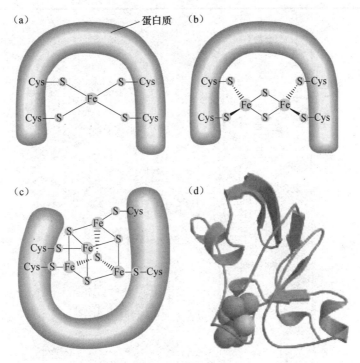

图 6-18 铁硫中心

供体通过黄素蛋白、辅酶 Q(CoQ)、铁硫蛋白和细胞色素 c，最后传递到 O_2。

6.4.2.2 电子传递链中的各个多酶复合物

根据氧化还原电势确定的电子载体的排列顺序是 NADH→Q→Cyt b→Cyt c_1→Cyt c→Cyt a→Cyt a_3→O_2，如表 6-5 和图 6-19 所示。然而，标准还原势的顺序与细胞环境中实际还原势的顺序并不完全一致。

表 6-5 呼吸链和相关电子载体的标准还原势

氧化还原反应(半反应)	E'_0/V
$2H^+ + 2e^- \longrightarrow H_2$	-0.414
$NAD^+ + H^+ + 2e^- \longrightarrow NADH$	-0.320
$NADP^+ + H^+ + 2e^- \longrightarrow NADPH$	-0.324
NADH 脱氢酶(FMN) $+ 2H^+ + 2e^- \longrightarrow$ NADH 脱氢酶($FMNH_2$)	-0.30
辅酶 Q $+ 2H^+ + 2e^- \longrightarrow$ 还原型辅酶 Q	0.045
$Cyt\ b(Fe^{3+}) + e^- \longrightarrow Cyt\ b(Fe^{2+})$	0.077
$Cyt\ c_1(Fe^{3+}) + e^- \longrightarrow Cyt\ c_1(Fe^{2+})$	0.22
$Cyt\ c(Fe^{3+}) + e^- \longrightarrow Cyt\ c(Fe^{2+})$	0.254
$Cyt\ a(Fe^{3+}) + e^- \longrightarrow Cyt\ a(Fe^{2+})$	0.29
$Cyt\ a_3(Fe^{3+}) + e^- \longrightarrow Cyt\ a_3(Fe^{2+})$	0.35
$\frac{1}{2}O_2 + 2H^+ + 2e^- \longrightarrow H_2O$	0.8166

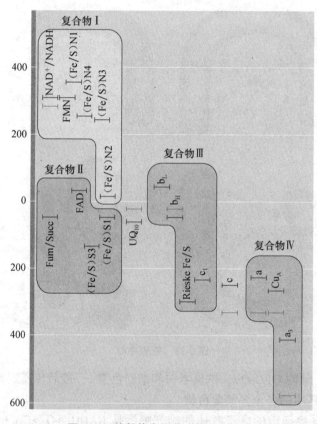

图 6-19 线粒体电子传递链的各组分

呼吸链中的电子载体是镶嵌在膜上的超分子复合体。用去污剂温和处理线粒体内膜可以溶解下 4 个独立的电子载体复合物,每一个都可以催化电子转移通过部分呼吸链,如表 6-6

和图 6-20 所示。复合物 Ⅰ 和 Ⅱ 从不同的电子供体：NADH（复合物 Ⅰ）和琥珀酸（复合物 Ⅱ）转移电子到辅酶 Q。复合物 Ⅲ 从还原的辅酶 Q 转移电子到 Cyt c，复合物 Ⅳ 再从 Cyt c 转移电子到 O_2。

表 6-6　线粒体电子传递链的蛋白质组分

酶复合物/蛋白质	相对分子质量(kDa)	亚基数	辅基
Ⅰ NADH 脱氢酶	850	43(14)	FMN，Fe-S
Ⅱ 琥珀酸脱氢酶	140	4	FAD，Fe-S
Ⅲ 辅酶 Q 及细胞色素 c 氧化还原酶	250	11	血红素，Fe-S
细胞色素 c	13	1	血红素
Ⅳ 细胞色素氧化酶	160	13(3~4)	血红素，CuA，CuB

注：①括号中的数字为细菌中的亚基数；
②细胞色素 c 不是酶复合物的成分，它在复合物 Ⅲ 和 Ⅳ 间作为自由的可溶性蛋白移动。

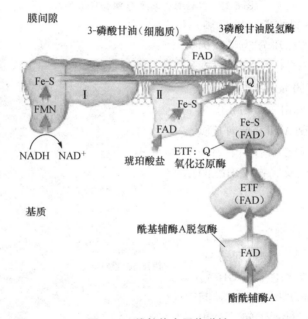

图 6-20　线粒体电子传递链
电子通过 NADH，琥珀酸，脂酰-CoA，和 3-磷酸甘油传递到辅酶 Q

(1) 复合物 Ⅰ

图 6-20 显示了复合物 Ⅰ、Ⅱ 和辅酶 Q 之间的关系。复合物 Ⅰ 也叫 NADH：辅酶 Q 氧化还原酶或 NADH 脱氢酶，是一个由 43 条肽链组成的大的酶分子，包括含有 FMN 的黄素蛋白和至少 6 个铁硫中心。采用高分辨率电子显微镜观察显示复合物 Ⅰ 为 L 形，L 的一个臂在膜上，另一端伸到基质中，如图 6-21 所示。复合物 Ⅰ 催化两个偶联反应：① 放能质子转移。如图 6-21 所示。② 从基质中将 4 个质子进行吸能转移至膜间腔。复合物 Ⅰ 因而是一个由电子转移能量驱动的质子泵。

(2) 复合物 Ⅱ

催化电子从琥珀酸转移到辅酶 Q，分子比复合物 Ⅰ 要小且简单。复合物 Ⅱ 含有两种类型

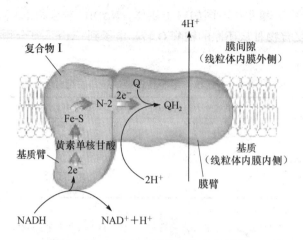

图 6-21　NADH：辅酶 Q 氧化还原酶

的 5 个辅基和 4 个不同的蛋白质亚基，如图 6-22 所示。亚基 C 和 D 为膜的内在蛋白，每一个都含有 3 个跨膜螺旋，还含有一个血红素基团 hemeb，以及结合辅酶 Q 的结合部位和由复合物 II 催化反应的电子受体。亚基 A 和 B 伸向基质（或者细菌中的细胞质），含有 3 个 2Fe-2S 中心，结合 FAD 以及底物琥珀酸的结合部位。

(3) 复合物 III

催化电子从辅酶 Q 到 Cyt c。复合物 III 也叫细胞色素 bc_1 复合物或辅酶 Q：Cyt c 氧化还原酶。催化电子从 QH_2 传递到 Cyt c，并且与质子从基质到膜间腔相偶联。在 1995—1998 年间，采用 X 射线晶体研究获得了复合物 III 和 IV 的结构，这成为研究线粒体电子传递的里程碑，为整合呼吸链复合物的功能提供了结构框架。

(4) 复合物 IV

催化电子从细胞色素 c 到 O_2。呼吸链的最后一步由复合物 IV，也叫细胞色素氧化酶催化，将电子从 Cyt c 传到分子氧，并还原成 H_2O。复合物 IV 也是线粒体内膜一个大的酶分子（13 个亚基，M_r = 204 000）。细菌所含的形式简单得多，仅有 3 个或 4 个亚基，但是仍然能够催化电子转移和泵出质子。

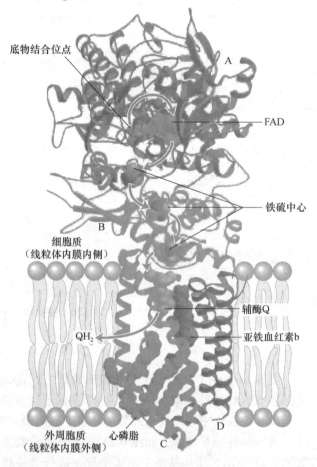

图 6-22　复合物 II 结构

知识窗

内源性解偶联剂使机体产热

一些冷适应动物、冬眠动物和新生儿动物可以通过氧化磷酸化解偶联而产生大量的热。这些生物机体体内有一种类型的脂肪称为褐色脂肪组织。这种颜色主要因为这些脂肪组织含有许多线粒体。褐色脂肪组织线粒体内膜含有大量内源性蛋白，叫产热原(thermogenin)或解偶联蛋白1(UCP1)。UCP1可以在线粒体内膜产生被动的质子通道。通过这个通道，质子从细胞质流进线粒体基质。小鼠缺乏UCP1，因而在寒冷条件下无法维持体温，而正常动物在冷适应时能产生大量的UCP1。另外两种线粒体蛋白质UCP2和UCP3与UCP1有着相似的序列。

有研究表明，UCP1与能量利用关系密切，而UCP2和UCP3则作为代谢调节剂和肥胖因子发挥作用。在禁食时，UCP1 mRNA表达降低，但UCP2和UCP3表达增高。没有证据表明UCP2和UCP3有解偶联剂功能。UCP2和UCP3在肥胖的发展中可能有作用，主要因为这些蛋白质的基因位于小鼠7号染色体，与肥胖的其他基因联在一起。

某些植物可以利用解偶联的质子通道产热，用于某些目的。比如，臭菘类植物含有的花穗用这种方法保持比环境温度高20℃。花穗保持这样的暖热并且蒸发一些气体分子便可以吸引昆虫前来使花受精。有证据表明，红番茄比绿番茄有较小的线粒体膜质子梯度。因此，在红番茄中的解偶联剂更加活跃。

6.4.3 电子传递的抑制剂与抗氰呼吸

6.4.3.1 电子传递抑制剂

在最初研究呼吸链中各组分的顺序时，发现有些专一的电子载体抑制剂能特异阻断电子传递。因而，把这些能够特异阻断呼吸链中某部位的电子传递的物质称为电子传递抑制剂。常见的抑制剂有如下几种。

(1) 鱼藤酮、安密妥和杀粉蝶菌素

这一类抑制剂可以阻断NADH-CoQ之间的电子传递，从而阻止NADH的氧化，但$FADH_2$的氧化仍然能进行，因为$FADH_2$的电子在CoQ处进入呼吸链，越过了抑制点。植物来源的鱼藤酮是一种极毒的物质，常用作杀虫剂。三种抑制剂结构如下：

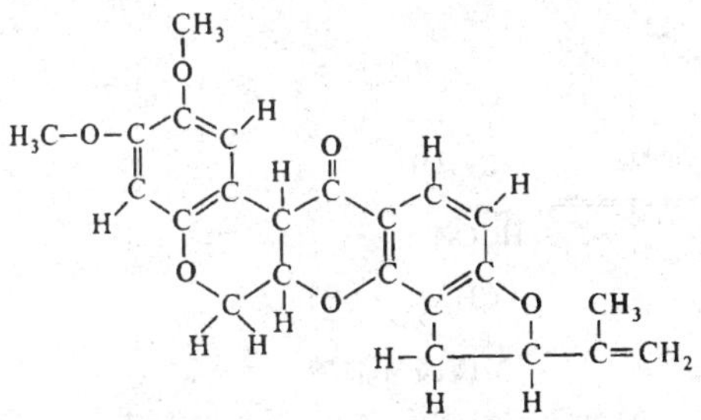

鱼藤酮 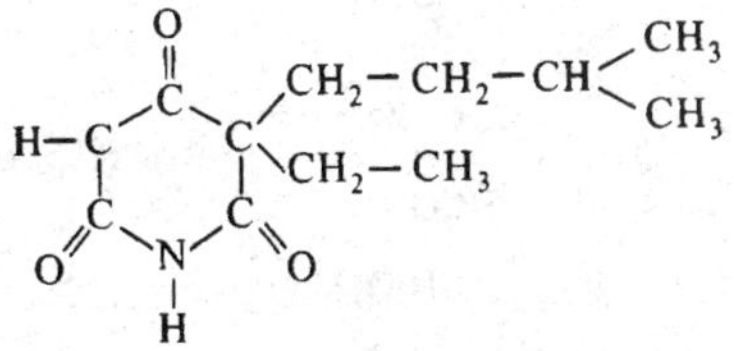　　　　　　　　安密妥

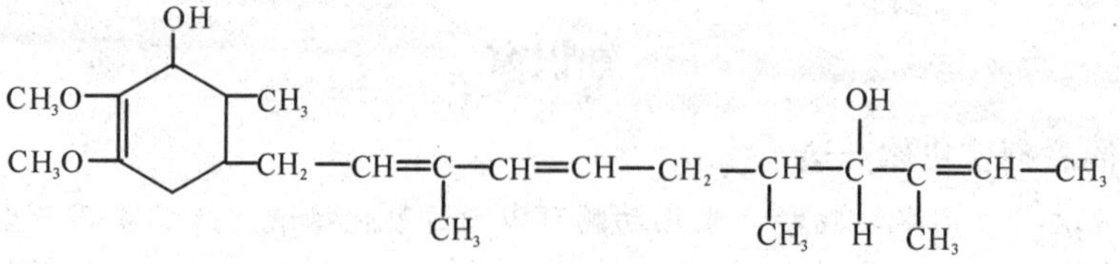

杀粉蝶菌素

(2) 抗霉素 A

这一抑制剂来自于淡灰链丝菌，可以阻断电子从细胞色素 b 到细胞色素 c 的传递。

(3) 氰化物(CN^-)、叠氮化物(N_3^-)和一氧化碳(CO)

这类抑制剂阻断电子在细胞色素氧化酶中的传递。氰化物和叠氮化物与血红素 aa_3 的高铁形式作用，CO 抑制 a_3 的亚铁形式。

6.4.3.2 抗氰呼吸

在一些植物体内，从底物到分子氧的电子传递存在两条平行的途径：一是正常的呼吸链，以细胞色素氧化酶为末端，另一条是对 CN^- 不敏感的支路，末端是交替氧化酶。

交替氧化酶位于内膜辅酶 Q 和复合体Ⅲ之间，含铁，它可以绕过复合物体Ⅲ和Ⅳ，把电子直接传递给氧分子，形成 H_2O。因而，这条通路对氰化物不敏感，又称这种呼吸为抗氰呼吸。抗氰呼吸广泛存在于高等植物和微生物中，如天南星科、睡莲科和白星海芋科的花粉、玉米、豌豆和绿豆的种子、马铃薯的块茎、木薯和胡萝卜的块根、黑粉菌的孢子团、红酵母和桦树的菌根中。

6.4.4 氧化磷酸化

6.4.4.1 磷酸化类型

生物机体存在三种类型的磷酸化，即 ATP 合成有三种方式：底物水平磷酸化、氧化磷酸化和光合磷酸化。

(1) 底物水平磷酸化

底物水平磷酸化指从一个代谢中间产物(例如 1,3-二磷酸甘油酸或磷酸烯醇式丙酮酸)上获得的磷酸基团转移到 ADP 分子上，从而形成 ATP 的作用。

例如，Warburg 等人证明，1,3-二磷酸甘油酸(1,3-BPG)在磷酸甘油酸激酶的催化下，形成 3-磷酸甘油酸(3-PG)。

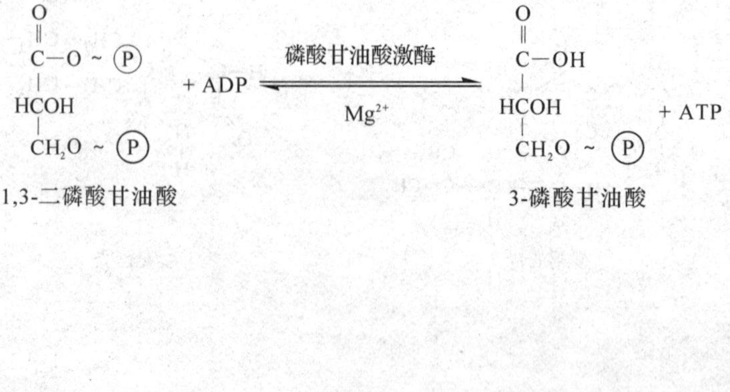

1,3-二磷酸甘油酸　　　　　3-磷酸甘油酸

该反应由 ADP 中的 β-磷酸基团的氧原子向 1,3-二磷酸甘油酸 C1 位的磷(P)原子进行亲核攻击，使 1,3-二磷酸甘油酸上的高能磷酸基团转移到 ADP 分子上，生成 ATP 和 3-磷酸甘油酸。该反应的自由能变 $\Delta G^{\ominus \prime} = -18.83 \text{kJ/mol}$，是一个高效的放能反应。

在糖酵解过程中，由葡萄糖形成丙酮酸的最后一步反应是丙酮酸激酶催化的反应。该反应将磷酸基团从磷酸烯醇式丙酮酸上转移到 ADP 上，同时形成丙酮酸。由于磷酸烯醇式丙酮酸水解的自由能变 $\Delta G^{\ominus \prime} = -16.92 \text{kJ/mol}$，而 ATP 生成的 $\Delta G^{\ominus \prime} = +30.54 \text{kJ/mol}$，因此该反应的自由能变 $\Delta G^{\ominus \prime} = -31.38 \text{kJ/mol}$，为一个高度放能的不可逆反应。

(2) 氧化磷酸化

氧化磷酸化指直接与电子传递相偶联的由 ADP 形成 ATP 的磷酸化作用。用如下方程式表示：

$$NADH + H^+ + 2.5ADP + 2.5Pi + 1/2O_2 \longrightarrow NAD^+ + 4H_2O + 2.5ATP$$

电子从 NADH 到 O_2 传递过程的化学反应式为：

$$NADH + H^+ + 1/2O_2 \longrightarrow NAD^+ + H_2O$$

这一反应所释放的自由能 $\Delta G^{\ominus \prime} = -220.5 \text{kJ/mol}$。

将电子传递过程中释放的自由能贮存于 ATP 的反应式为：

$$6.5ADP + 2.5Pi \longrightarrow 2.5ATP + 2.5 H_2O$$

这一吸能反应的标准自由能变 $\Delta G^{\ominus \prime} = +76.25 \text{kJ/mol}$。

从上面的反应和计算表明，2.5 个 ATP 分子的形成共截获了电子由 NADH 传递到氧所释放出全部自由能的 34.6%（18.25/52.7×100%）。

(3) 光合磷酸化

在植物叶绿体中，光合系统捕获的光能的一部分可以通过电子传递转化为 ATP 的磷酸键能，即由 ADP 和 Pi 形成 ATP。这一过程称为光合磷酸化。光合电子传递可以导致形成跨膜质子动势，从而与 ATP 合成相偶联。光合磷酸化有两种形式：循环光合磷酸化和非循环光合磷酸化（见 6.3 节）。

6.4.4.2 氧化磷酸化的机制

(1) 氧化磷酸化的部位

有证据表明，线粒体内膜上组成呼吸链的四个主要复合体是完全独立的，每一个都是蛋白复合体。其中，有三个复合体在传递氢的同时，可以将 H^+ 从线粒体基质泵到线粒体的膜间腔，从而形成 ATP，这三个复合体便是氧化磷酸化的部位。

①复合体Ⅰ　NADH-UQ 还原酶即为复合体Ⅰ，在 NADH 氧化的 UQ 还原的同时，可以将质子从线粒体内膜的基质一侧转运至膜间腔。在膜间腔，由于 H^+ 积累，带正电，为 P 面。同样，线粒体的基质侧带负电，为 N 面。电子通过此复合物所释放的一部分能量被用来驱动质子的跨膜转运，这是一个主动转运过程。有实验证据表明：每 2 个电子从 NADH 传到 UQ 可以使 4 个 H^+ 转运。

②复合体Ⅲ　电子传递链的第三个复合物，还原性辅酶 $Q(UQH_2)$，即泛醇，将电子传给细胞色素 c，此过程是通过唯一的氧化还原途径即 Q 循环来进行的。与复合物Ⅰ一样，电子通过复合物Ⅲ的 Q 循环时，伴随着质子跨线粒体膜的转运。在线粒体内膜上存在泛醌和泛醇的一个较大的池。Q 循环起始于泛醇扩散至膜间腔面（叫 Q_P）的复合物Ⅲ处（图 6-23）。

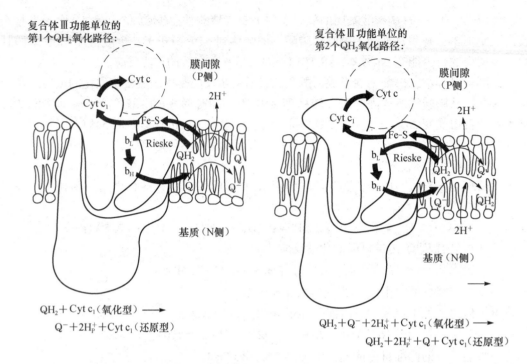

总反应式：$QH_2 + 2\,Cyt\ c_1(氧化型) + 2H_N^+ \longrightarrow Q + 3\,Cyt\ c_1(还原型) + 4H_P^+$

图 6-23　复合物Ⅲ单体的粗略结构及电子传递途径的 Q 循环

泛醇的氧化分两步进行：第一步，一个电子从泛醇 UQH_2 传到 Rieske 蛋白，然后到 Cyt c_1。此过程释放两个 H^+ 到膜间腔，并且释放 $UQ^{·-}$，即泛醌 UQ 在 Qp 部位的半醌阴离子形式；第二步，电子转移到 b_L 血红素，UQ^- 转变成 UQ。Rieske 蛋白与 Cyt c_1 结构相似，每个都有一个球状结构域，并且通过疏水片段固定在线粒体内膜。然而，疏水片段在 Rieske 蛋白的 N-端，在 Cyt c_1 的 C-端。

为什么自然界选择复合物Ⅲ的这种方式？首先，当每对电子通过 Q 循环时，复合物Ⅲ在线粒体内膜的基质面吸收两个质子，而在细胞溶胶一面释放两个质子。另外，这种机制的一个有意义的特征是其为两个电子的载体 UQH_2 与一个电子的载体 Rieske 蛋白 Fe-S 中心和 Cyt c_1 的 b_L 和 b_H 血红素相互作用提供了便利的途径。

③复合体Ⅳ　又称细胞色素 c 氧化酶、细胞色素氧化酶，是嵌在线粒体内膜的跨膜蛋白，由 13 个亚基构成，细菌只有 3~4 个亚基。其中，只有 3 个亚基在电子传递和转移质子（质子泵）中起关键作用。该酶有 4 个氧化还原活性中心，都集中在亚基Ⅰ和亚基Ⅱ上，分别是 Cyt a、Cyt a_3、一个铜原子（称为 Cu_B 中心）和另外两个铜原子（称为 Cu_A 中心）。Cu_A 中心结合在亚基Ⅱ上，其他三个中心都结合在亚基Ⅰ上。

电子在复合体Ⅳ上的传递从 Cyt c 开始，两个还原型 Cyt c 的每个分子将其携带的一个电子都传递给 Cu_A 中心，然后再传给血红素 a（Cyt a），进而再传递到 Cyt a_3 和 Cu_B 的 Fe-Cu 中心。此时，氧结合到血红素 a_3 上，并还原为 O_2^{2-}，它接收 Fe-Cu 中心传来的电子，Cyt c 再传递 2 个电子，共有 4 个电子将 O_2^{2-} 转变为 $2H_2O$，利用了基质侧的 4 个 H^+，并从基质将4个H^+泵出到线粒体膜间隙。复合体Ⅳ催化的全部反应由下式表示,如图6-24所示。

4Cyt c(还原型) + $8H^+_{内}$ + O^2 —→ 4Cyt c(氧化型) + $4H^+_{外}$ + $2H_2O$

(2)质子梯度的形成

在一对电子从NADH通过呼吸链传到氧的过程中,有4个质子从复合体Ⅰ泵出,4个质子从复合体Ⅲ泵出,2个质子从复合体Ⅳ泵出,总共泵出10个质子。总方程式可表示如下:

$$NADH + 11H^+_{内} + \frac{1}{2}O_2 \longrightarrow NAD^+ + 10H^+_{外} + H_2O$$

这是一个高度放能的过程。对于NAD^+/NADH,E'_0为-0.320V,对于O_2/H_2O,E'_0为0.816V。此反应的$\Delta E'_0$为1.14V,NADH的标准自由能变化为:

$$\Delta G^{\ominus'} = -nF\Delta E'_0$$
$$= -2 \times 96.5 kJ/(V \cdot mol) \times 1.14V$$
$$= -220 kJ/mol$$

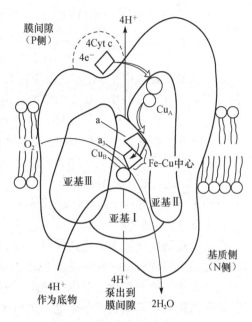

图6-24 复合物Ⅳ的电子传递途径

这个标准自由能的变化是基于NADH和NAD^+为相等浓度1mol/L时测出的。在实际活着的线粒体中,许多脱氢酶保持的[NADH]/[NAD^+]并不是标准态。其自由能变化比-220kJ/mol负值更大。同样,对于琥珀酸氧化来说,电子从琥珀酸到O_2(延胡索酸/琥珀酸的E'_0为0.031V),标准自由能为-150kJ/mol,实际值比此值更负。这些能量大部分被用来将质子泵出基质。

电子传递所产生的电化学能被保存在质子浓度差和电荷梯度中。在这样的梯度中贮存的能量称质子动力或质子动势。这包含了两层含义:①由膜所隔开的两个区域中的H^+浓度差所形成的化学势能;②质子跨过膜形成电荷分离而造成的电势能(图6-25)。由质子泵形成的电化学梯度的自由能变化为:

$$\Delta G = RT\ln\left(\frac{c_2}{c_1}\right) + ZF\Delta\Psi \qquad (6-10)$$

式中,c_2和c_1为离子在两个区域中的浓度,且$c_2 > c_1$,Z为离子电荷的绝对值(质子的绝对值为1);F为法拉第(farady)常数;$\Delta\Psi$为跨膜电势差,用伏(特)表示。

25℃时,质子浓度比的自然对数为:

$$\ln\left(\frac{c_2}{c_1}\right) = 2.3(\lg[H^+]_{外} - \lg[H^+]_{内}) = 2.3(pH_{内} - pH_{外}) = 2.3\Delta pH \qquad (6-11)$$

根据式(6-10)和式(6-11)得出：

$$\Delta G = 2.3RT\Delta pH + F\Delta \Psi \tag{6-12}$$
$$= 5.70(kJ/mol)\Delta pH + 96.5[kJ/(V \cdot mol)]\Delta \Psi$$

在活的线粒体中，$\Delta \Psi$ 测定值为 0.15~0.20V，线粒体基质的 pH 比膜间隙偏碱 0.75 单位。因此，计算出的质子泵出内膜的自由能变化大约为 +20kJ/mol，所需能量主要由电化学电势提供。由于两个电子从 NADH 传递到 O_2，有 10 个 H^+ 泵出，因此 1mol NADH 被氧化所产生的 220kJ 能量，大约有 200kJ 被贮藏在质子和电荷梯度中。当电子顺着电化学梯度自发流动时，质子梯度中的电化学势能便驱动 ADP 和 Pi 合成 ATP。

(3) 有关氧化磷酸化的假说

关于电子传递与 ADP 磷酸化相偶联，存在 3 种假说：

① 化学偶联假说　该假说认为电子传递过程产生一种活泼的高能共价中间物。但是至今未能在氧化磷酸化过程中找到任何一种活泼的高能中间产物。

② 构象偶联假说　此假说最先由 Paul Boyer 最先提出，认为电子传递使线粒体内膜蛋白质组分发生了构象变化，形成一种高能形式，且这种高能形式可以通过 ATP 的合成而恢复其原来的构象。但该假说至今也未找到有力的实验证据。

③ 化学渗透假说　这一假说由 1961 年英国生物化学家 Peter Mitchell 最先提出。该假说认为电子传递的自由能可以驱动 H^+ 从线粒体基质跨过内膜进入到膜间隙，从而形成跨线粒体内膜的 H^+ 电化学梯度。这种电化学梯度蕴含能量，可用来驱动 ATP 合成。Mitchell 因该假说而获得 1978 年的诺贝尔化学奖。

(4) ATP 合成机制

那么，质子梯度中的电化学势能是如何驱动 ATP 合成的呢？这个过程主要依赖于 ATP 合成酶。ATP 合成酶是一个小的可旋转的分子电机，又称复合体 V、质子泵 ATP 合成酶，F_1F_0-ATPase（因其可以催化逆反应）。催化的反应如下：

$$ADP + Pi + nH^+_{外} \longrightarrow ATP + H_2O + nH^+_{内}$$

ATP 合成酶由两个组分构成：F_1 和 F_0，F_1 是一个外围的膜蛋白，F_0 是一个嵌在膜内的蛋白质（O 表示此组分对寡霉素敏感）。

F_1 的功能是由 Efraim Racker 在 1960 年鉴定的。用超声波处理线粒体内膜可以得到亚线粒体结构。这种亚线粒体是使原来朝向内膜内侧的结构翻转朝外，然后内膜再重新封闭起来，其仍然保持氧化磷酸化的功能。如果将 F_1 从膜上去掉，那么囊泡仍有完整的呼吸链和 ATP 合成酶的 F_0 部分，但它只能催化电子从 NADH 传递到 O_2，而不能产生质子梯度。F_0 有质子孔道，当电子传递被泵出时就立即漏掉了。这样一种没有质子梯度而又缺乏 F_1 的囊泡无法合成 ATP。一旦将纯化的 F_1 加回到囊泡中，便可以堵住孔道，防止质子泄漏，即可恢复内膜的氧化磷酸化功能（图 6-26）。

F_1 为一球状蛋白，由五种 9 条多肽链组成（$\alpha 3, \beta 3, \gamma, \delta, \varepsilon$），就像一个橘子一样，是一个对称结构，$F_0$ 有 10 个 c 亚基，1 个 a 和 2 个 b 亚基，还有 1 个与 γ 亚基形成的质子通道（图 6-27）。用同位素交换实验进行研究发现，在缺乏质子梯度时，ATP 合成酶可以很容易地合成 ATP，而且逆反应也极易进行，ATP 合成的自由能变化几乎为零。新合成的 ATP 并不离开酶表面。当有质子流通过，酶即可将其表面的 ATP 释放。质子流如何驱动 ATP 合成

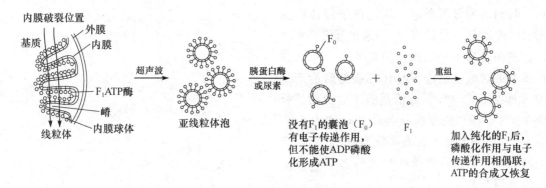

图 6-26 亚线粒体泡的制备

的？Paul Boyer 提出旋转催化机制。认为 F_1 的 3 个 β 亚基有 3 种不同的构象。从任一个 β 亚基的 β-ADP 构象开始，结合上 ADP + Pi，随后转变为与 ATP 紧密结合的 β-ATP 构象，此时 ATP 和 ADP + Pi 处于平衡状态，然后亚基又转变为 β-空构象，因此构象与 ATP 结合能力极低而使 ATP 从酶上释放。当质子流再通过时，此亚基又转变为 β-ADP 构象，结合上 ADP + Pi，从而开始新一轮的催化。在此过程中，亚基构象变化是这一机制的关键，如图 6-28 所示。

ATP 合成酶的 3 种构象是由 John Walker 进行鉴定的，由于 Walker 和 Boyer 在 ATP 合成酶方面的研究工作而分享了 1997 年诺贝尔化学奖。

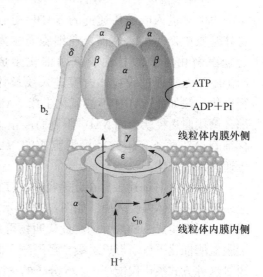

图 6-27 线粒体 ATP 合成酶

（5）氧化磷酸化的解偶联

有一类试剂由于可以破坏电子传递与 ATP 合成酶之间的偶联而被称为解偶联剂。典型的试剂有 2,4-二硝基苯酚（DPN）。这一类试剂具有疏水特性，能透过脂膜，同时从膜的表面（此处质子浓度较高）带一个质子进入基质，从而破坏质子梯度。由于质子梯度不能形成，电子传递与 ATP 合成酶之间的偶联就无法产生。当线粒体用解偶联剂处理后，电子传递可以进行，质子被驱动出线粒体膜。然而，这些质子通过解偶联剂而很快漏回来，致使 ATP 合成不能发生。电子传递的能量以热的形式散失了。

（6）氧化磷酸化的 P/O 比

P/O 比是指每两个电子通过电子传递链，所产生的 ATP 数。由于实际测定的复杂性，很难得到确切的数值。

P/O 比主要依赖每两个电子从 NADH 传到 O_2 所泵出的 H^+ 数，以及 H^+ 通过 ATP 合成酶合成的 ATP 数。后者依据 ATP 合成酶的 F_0 的 c 亚基数。根据不同的机体，c 亚基数在 10 ~ 15 之间。每生成 1 分子 ATP 需要消耗的 H^+ 数大约为 3 ~ 5，因为 ATP 合成酶每旋转一次可以驱动合成 3 个 ATP。每加 1 个 H^+，ATP-ADP 转移酶便能提高此值至 4 和 6。

假如认为每两个电子通过电子传递链从 NADH 传到 O_2，可以将 $10H^+$ 泵出基质，而且每合成和转移 1 个 ATP，消耗 $4H^+$，那么线粒体中每对电子通过 NADH 呼吸链时能产生 10/4 即 2.5 个 ATP。此值稍低于过去的估算值 3。对于琥珀酸呼吸链而言 P/O 比为 6/4，即 1.5，也同样低于过去的估算值 2。当前较一致的看法认为这两条呼吸链的 P/O 比分别为 2.5 和 1.5。

(7) 细胞溶胶中的 NADH 的穿梭

大部分进入电子传递链的 NADH 是在线粒体基质中产生的。然而，在细胞质中发生的糖酵解由 3-磷酸甘油脱氢酶催化生成的 NADH 却无法透过线粒体内膜进入线粒体进行氧化。假如此 NADH 不被氧化生成 NAD^+，那么糖代谢途径就会因 NAD^+ 限制而停止。真核细胞存在两条穿梭途径将细胞质的 NADH 传递进入线粒体。

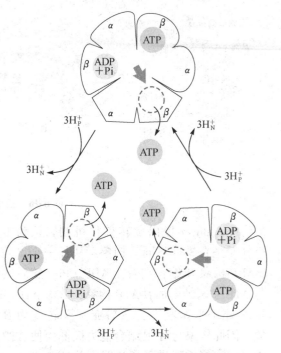

图 6-28 ATP 合成酶的旋转催化机制

① 3-磷酸甘油途径 在此途径中，存在两种不同的磷酸甘油脱氢酶，一个在细胞溶胶，另一个在线粒体内膜表面，如图 6-29 所示。细胞溶胶产生的 NADH 将电子传递给二羟丙酮磷酸，因而生成 3-磷酸甘油。此代谢物可以穿过线粒体内膜进入线粒体，在内膜的磷酸甘油脱氢酶催化下重新形成磷酸二羟丙酮，同时将电子转移给 CoQ，再传给复合物Ⅲ。NADH 通过这种方式氧化仅能产生 1.5 分子的 ATP。此穿梭极其不可逆，甚至在 NADH 水平相对于 NAD^+ 较低时，循环仍然是十分有效的，此途径主要存在于肌肉和脑中。

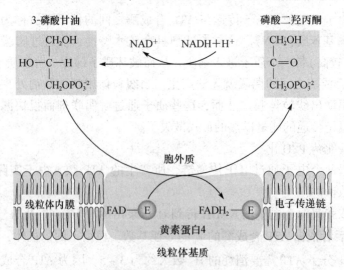

图 6-29 3-磷酸甘油穿梭途径

②苹果酸-天冬氨酸穿梭系统　第二个穿梭称苹果酸-天冬氨酸穿梭，如图 6-30 所示。细胞溶胶中的草酰乙酸从 NADH 处获得电子被还原而成苹果酸（NADH 被氧化成 NAD^+）。苹果酸可以进入线粒体，在苹果酸脱氢酶的催化下再被氧化成草酰乙酸，同时将 NAD^+ 还原成 NADH。线粒体中的 NADH 可以直接进入电子传递链。而反应中生成的草酰乙酸不能跨过内膜，必须获得氨基转变成天冬氨酸，才能出线粒体膜，进入细胞溶胶。在细胞质中，转氨基作用使天冬氨酸再转变成草酰乙酸。与磷酸甘油途径相反，苹果酸-天冬氨酸途径是可逆的，仅在细胞质中的 $NADH/NAD^+$ 比值高于线粒体基质时才发生。每 1 分子 NADH 可产生 2.5ATP。此穿梭主要发生于肝、肾和心脏中。

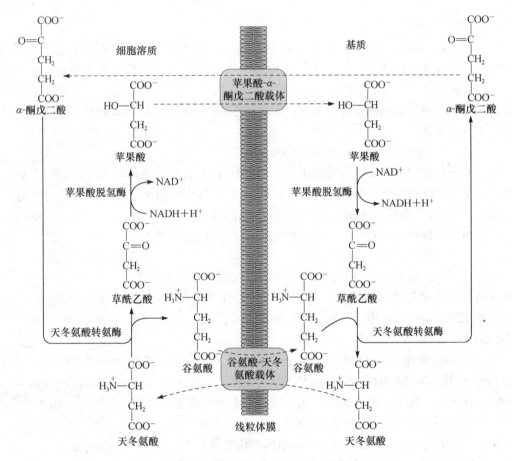

图 6-30　苹果酸-天冬氨酸穿梭途径

③氧化磷酸化的调控　线粒体的呼吸速率（耗氧）是受到调控的。这主要是受到作为磷酸化底物的 ADP 的供应的限制。ADP 作为 Pi 的受体对呼吸链的氧化磷酸化进行控制，称为受体控制，或呼吸控制，即有 ADP 存在时的耗氧率与缺乏 ADP 时的耗氧率之比。在通常情况下，此比值能达到 10。

ADP 的浓度是细胞能荷状态的一个量度。在 ATP-ADP 系统中，[ATP]/[ADP][Pi] 叫质量作用比。正常情况下，此值很高，即 ATP-ADP 系统完全磷酸化。当一些高能过程（比如蛋白质合成）增多时，ATP 降解为 ADP 和 Pi 增加，此值就会降低。由于有更多的 ADP 供应给呼吸链，呼吸速率增加，导致ATP重新产生。这个过程一直持续到质量作用比上升到原来的高水平状态，达到一定值之后，呼吸速率又有所降低。细胞燃料的氧化速率受到[ATP]/[ADP][Pi]比值敏锐而精确地调控。因此，在大部分组织中，甚至在能量需求有极大变化时氧化速率变化也不大。

6.5 光合作用的能量转化与光合磷酸化

6.5.1 光合作用的能量吸收和转化

6.5.1.1 光合作用

有机体消耗的能量主要来自于通过光合作用过程而捕获的太阳能。仅化能无机营养的原核生物可以不依赖于此能源。每天有大约 1.5×10^{22} kJ 的能量从太阳传递到地球，其中大约有1%的能量被光合有机体所吸收，并且转变成化学能。这个能量以生物分子的形式通过食物链供应给生物圈中的其他成员。光能转变成化学能的形式是CO_2固定，从CO_2和O_2生成六碳糖。反应式如下：

$$6CO_2 + 6H_2O \longrightarrow C_6H_{12}O_6 + 6O_2$$

光合有机体捕捉太阳能，形成ATP和NADPH，以后者作为能源将CO_2和水生成糖和其他有机物，同时，释放O_2到大气中。需氧的异养生物（例如人类和暗反应期的植物）使用O_2来降解光合作用产生的富含能量的有机物生成CO_2和H_2O，并生成ATP。CO_2返回到大气中，再被光合有机体利用。

光合作用在大部分细菌和单细胞真核生物以及维管植物中发生。虽然这些有机体中具体过程的细节有所不同，但其基本机制相似。在光合作用过程中，H_2O提供了电子（作为氢）、用以将CO_2还原成糖类$(CH_2O)_n$。

不像NADH（氧化磷酸化中的主要电子供体），H_2O并不是一个很好的电子供体。NADH的标准还原势为 -0.320V，而H_2O的是0.816V。在光合过程中，电子通过一系列膜结合的载体包括细胞色素、CoQ和铁硫蛋白转移，而质子被泵出膜外，产生电化学势。电子转移和质子泵出均被膜复合物所催化，其结构和功能类似于线粒体中的复合体Ⅲ。所产生的电化学势作为驱动力，使ADP和Pi生成ATP，此过程由膜结合的ATP合成酶催化，与氧化磷酸化过程非常相似。

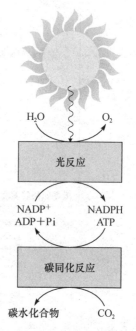

图6-31 太阳能是所有生物能的最终来源

植物中的光合作用包括两个过程：一个过程是光依赖的反应或叫光反应，此过程仅发生在植物照光时；另一个过程是碳吸收反应（或称固碳反应），有时也叫暗反应，此过程被光反应产物所驱动，如图6-31所示。在光反应中，叶绿素和其他光合细胞色素吸收光能，并且保存为ATP和NADPH，同时释放O_2。在暗反应中，ATP和NADPH被用来还原CO_2生成磷酸丙糖、淀粉和蔗糖等。

6.5.1.2 叶绿体结构

在真核细胞中,光合作用发生的场所是叶绿体。叶绿体由三种膜构成:外膜、内膜和类囊体膜。内膜向叶绿体内折叠将叶绿体内部分隔成许多区室,其内又有许多扁平袋状结构,称类囊体小泡。

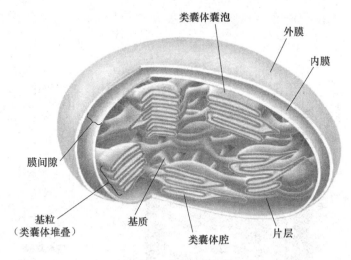

图 6-32 叶绿体的结构

许多类囊体(大约 5~30 个)垛在一起构成基粒。一个叶绿体约含有 40~60 个基粒。连接不同基粒的是片层。由此,叶绿体由膜分隔成了三个区室:膜间腔、基质和类囊体小泡内部空间,如图 6-32 所示。其中,外膜与线粒体外膜较相似,对于小分子代谢物有通透性,内膜可以主动调节代谢物进出。而类囊体膜类似于线粒体内膜,含有脂质成分,对大部分离子和分子不通透,在光能转换和 ATP 的生成中起了重要作用。

6.5.1.3 叶绿素和其他捕光色素

类囊体膜上最重要的捕光色素是叶绿素,叶绿素是深绿色光合色素的总称,分为叶绿素 a、叶绿素 b、叶绿素 c、叶绿素 d、叶绿素 e,其中最重要的是叶绿素 a,其具有与血红蛋白原卟啉相似的多聚环状、平面的结构,占据中心位置的不是 Fe^{2+},而是 Mg^{2+}。所有叶绿素都有一个长的疏水的叶绿醇侧链,取代了环Ⅳ的羧基团,叶绿素还有第五个五元环,此环在血红素中并不存在。

高等植物的叶绿体同时含有叶绿素 a 和叶绿素 b,分子内含有共轭双键。虽然都是绿色的,但它们的吸收光谱不同,它们的最大吸收波长在紫蓝区域为 400~500nm,在橙红区域为 650~700nm。在可见光区域的互补拓宽了吸收范围。大部分植物含有的叶绿素 a 是叶绿素 b 的两倍。

除叶绿素以外,类囊体膜上还有第二类捕光色素,或称为辅助色素:类胡萝卜素。类胡萝卜素可以是黄色的、红色的,或是紫色的。其中最重要的是 β-胡萝卜素一种类异戊二烯和叶黄素。这些辅助色素就像叶绿素一样,具有许多共轭双键,因而可以在叶绿素不吸收的范围内吸收可见光。类胡萝卜素在光合作用中有两个作用:收集光能和通过破坏由光激发而产生的副产物——活性氧而进行光保护,如图 6-33 所示。

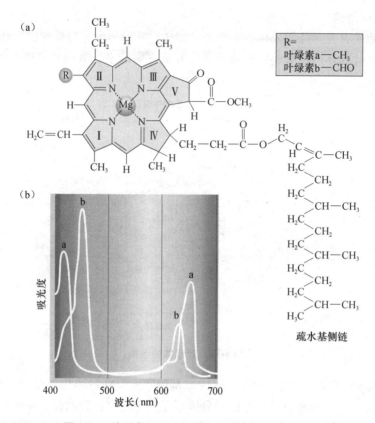

图 6-33 叶绿素 a 和叶绿素 b 的结构和吸收光谱

每个光子都代表了一份光能，又称光量子。一个光量子被光合色素吸收后，有四个可能命运：

① 以热的形式丢失 能量可以在色素分子内通过原子振动重新分配而以热的形式散失。

② 以光的形式丢失 激发的能量以荧光形式出现（光发射）。光合色素吸收一个光量子，使处于低能水平的电子跃迁到较高能的轨道。当其回到较低轨道时便发射荧光。这仅是在饱和光强时发生。由于热力学原因，荧光光子有较长的波长，因而比激发的光子有较低的能量。

③ 共振能量转移 假如两个激发能的光子存在能级差，则激发能可以被共振转移至邻近分子。

④ 能量转移 光合色素激发的能量将电子跃迁到高能轨道，便改变了标准还原势 E'_0，以至于使其成为更加有效的电子供体。激发态电子供体与邻近的电子受体发生反应，导致能量转化，即光能转变为化学能（即还原力、电子转移势能）。光能转变为化学能，即光化学事件，是光合作用的本质。

6.5.1.4 光系统

类囊体悬浮液经去污剂处理后溶解了膜，释放出含有叶绿素和蛋白质的复合物。这些叶绿素—蛋白质复合物反映了类囊体膜的内在组分，主要为集光复合体（LHC）、光系统Ⅰ复合体（PSⅠ）和光系统Ⅱ复合体（PSⅡ）。所有的叶绿素都很明显位于这三个大分子复合体中。

叶绿素在光合作用中有两个作用：收集光能以及通过电子转移将光能传递给光活性部位，然后直接参与光化学事件，将光能转变为化学能。一个光合单位可视为由几百个集光的叶绿素分子组成的天线系统和叶绿素 a 二聚体组成。具有光化学反应特性的叶绿素 a 的二聚体称为特殊对，构成了光化学反应中心。被激发的特殊电对[用$(Chl)_2^*$表示]是一个非常好的电子供体。光合单位中天线系统的大量叶绿素分子收集入射光后，通过共振将能量转移至光化学反应中心的特殊对。在光化学转化中，称为中心色素的叶绿素 a 分子先被氧化，变成一个阳离子自由基($Chla·^+$)，作为电子受体。它可获得来自邻近电子供体的一个负电荷，供体释出电子变成阳离子，从而启动氧化—还原电子流。

所有的光合细胞都含有光系统。光系统就是类囊体的光合色素按功能排列成的光合作用功能单位。光合细菌仅含有一个光系统，无法利用光能分解水而释放氧。蓝藻、绿藻和高等植物是生氧的光养生物，因为能从 H_2O 生成氧，因而含有两个光系统：光系统Ⅰ(PSⅠ)和光系统Ⅱ(PSⅡ)。PSⅠ以铁氧还蛋白作为末端电子受体；PSⅡ以醌类作为末端电子受体。光系统Ⅰ的特殊对的最大吸收位于波长 700nm 处，因此称为 P700；光系统Ⅱ的特殊对最大吸收位于 680nm，因此称为 P680。

除了两种光系统中的色素分子以外，还有一些色素分子，与类囊体膜上的疏水蛋白质相结合组成集光复合体(LHC)，成为天线系统的补充。

6.5.2　光驱动的电子传递

植物叶绿体在光合作用过程中，由光驱动的电子转移是在类囊体膜上由多种酶复合体系共同协作完成的。主要有 PSⅡ、产氧系统、细胞色素 b_6/f 复合体、PSⅠ以及叶绿体 ATP 合成酶等组分。

6.5.2.1　电子传递各组分

高等植物中的两个光系统比细菌中的一个光系统复杂得多。两个光系统既有区别又相互互补，如图 6-34 所示。

PSⅡ是一类褐藻素—醌类的系统，含有大致相等的叶绿素 a 和叶绿素 b，主要位于基粒片层，远离基质。在 PSⅡ上有两个非常相似的蛋白质：D1 和 D2，形成了几乎对称的二聚体，所有的电子载体的辅助因子结合在其上。其反应中心 P680 受光照激发后驱动电子通过细胞色素 b_6/f 复合体，同时伴有质子跨过类囊体膜。

PSⅠ主要位于基质片层，暴露在叶绿体基质侧，其有一个反应中心 P700，含有的叶绿素 a 远远超过叶绿素 b。P700 受光激发后将电子传递给 Fe-S 蛋白、铁氧还蛋白，然后至 $NADP^+$，产生 NADPH。

细胞色素 b_6/f 复合体存在于基质和基粒两种片层中，在 PSⅡ和 PSⅠ中间起连接作用。PSⅡ的 P680 受光激发后，将电子暂时贮存在质体醌中，通过细胞色素 b_6/f 复合体和可溶性蛋白质体蓝素传递到 P700。就像线粒体中的复合体Ⅲ一样，细胞色素 b_6/f 复合体含有带两个血红素(b_H 和 b_L)的 b-型细胞色素、一个 Rieske 铁-硫蛋白($M_r = 20\ 000$)和细胞色素 f。电子从 PQ_BH_2 通过细胞色素 b_6/f 复合体到细胞色素 f，然后再到质体蓝素，最后传到 P700，并使之还原。

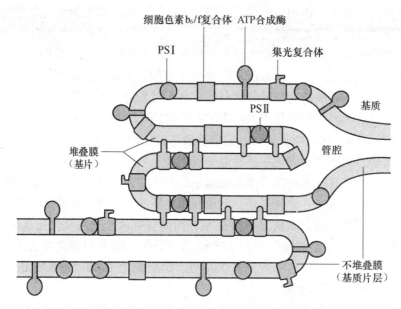

图 6-34　PSⅠ和PSⅡ在类囊体膜上的位置

此外，在类囊体腔侧膜上还存在产氧复合体，是由若干个外周膜蛋白和 4 个锰离子（Mn^{2+}）组成，与 PSⅡ相连，催化从 H_2O 生成 O_2 的反应。在细胞色素 b_6/f 复合体和 PSⅠ内的 P700 之间还有一个可溶性的含铜的外周膜蛋白传递电子，即质体蓝素（PC），其是一个单电子载体，其作用类似于线粒体的细胞色素 c。在传递电子时，当质子从基质转移到类囊体腔时镁离子则从腔侧转移到基质，同时伴有氯离子从基质转移到类囊体腔以维持电荷平衡。类囊体膜上各组分的关系如图 6-34 所示。

6.5.2.2　电子传递过程

光合作用中的两个光系统协同作用，催化电子从 H_2O 传到 $NADP^+$，其间电子流途径和光反应能量关系用图表示很像一个侧立着的英文字母"Z"，因此称为 Z 图式，如图 6-35 所示。Z 图式反映了电子从 H_2O 流到 $NADP^+$ 的全部路径，依据如下的反应式：

$$2H_2O + NADP^+ + 8 \text{光子}(h_\nu) \longrightarrow O_2 + 2NADPH + 2H^+$$

每吸收 2 个光子（分别被两个光系统吸收），就有 1 个电子从 H_2O 传到 $NADP^+$。每形成 1 分子的 O_2 需要从 2 个 H_2O 转移 4 个电子到 2 个 $NADP^+$，因此总共需要 8 个光子（每个光系统分别为 4 个）。其中 H_2O 的氧化和 $NADP^+$ 的还原在类囊体膜上是分开的。氧化是在 PSⅡ侧进行，而还原是在 PSⅠ侧进行。

（1）电子从 PSⅡ到细胞色素 b_6/f 复合体的传递

驱动电子流动的能量来自于光子。被吸收的光能沿色素分子传递到反应中心。电子传递的顺序是从水的氧化开始的。由 PSⅡ中的产氧复合体催化从水中产生电子，并由其活性部位的 Mn^{2+} 集合并随后转移 4 个从 H_2O 产生的电子。$P680^+$ 接受一个电子后可被光能激发成为激发态 $P680^*$。$P680^*$ 具有更强的还原势，当将电子传递出去后又回到基态。下一个电子受体是褐藻素 a(Pheo)。Pheo 几乎与叶绿素 a 完全相同，仅 Mg^{2+} 由两个质子取代，因而称

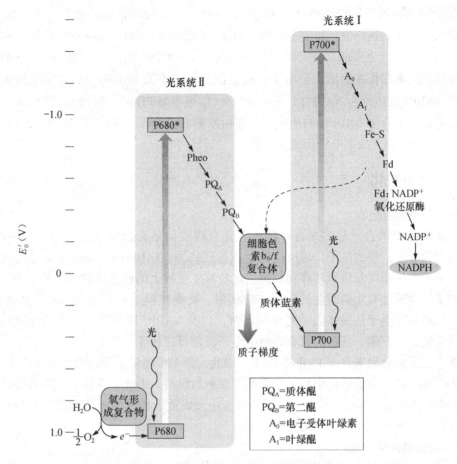

图 6-35　叶绿体中的 PS I 和 PS II 的关系

脱镁叶绿素。电子从 Pheo 再传递到质体醌 PQ_A 上，PQ_A 与 PS II 的一个亚基紧密结合，与线粒体的泛醌相似，可以依次接受 2 个电子而被还原。还原后的 PQ_A 又将 2 个电子分别依次传递给第 2 个质体醌 PQ_B 上，PQ_B 同时从基质水相中获得 2 个质子，形成 PQ_BH_2。PQ_BH_2 随即被释放到质体醌库中，再将电子传递到 b_6/f 复合体上。在 PS II 反应中心发生 4 次光化学反应，使 $P680^+$ 受到 4 次激发，使 4 个电子传递到 2 个 PQ 上。PQ_BH_2 通过细胞色素 b_6/f 复合体进行。Q 循环使 2 分子 PQ_BH_2 被氧化为 2 分子 PQ_B。为使 1 分子 PQ_BH_2 氧化，1 分子 PQ_B 被还原为 PQ_BH_2，有 2 个电子依次传递到质体蓝素，并有 4 个质子转移进入类囊体腔。2 分子水氧化为 O_2 共产生 4 个电子，产生 2 次完整的 Q 循环，结果使 2 分子 PQ_BH_2 被氧化为 2 分子 PQ，并使 8 个质子转移至类囊体腔内。PQ 是在类囊体膜的基质侧被还原，在类囊体侧被氧化的，这样便把质子从基质侧转移至腔侧。

(2) 电子通过 PS I 的传递

细胞色素 b_6/f 复合体从 PQ 分子得到电子后，随即传递给质体蓝素 (PC)，然后再传递给 $P700^+$。$P700^+$ 一旦被质体蓝素还原，就可以再被激发为 $P700^*$，然后立即将电子传递给一个叶绿素 a 称为 A_0 的电子受体，从而又回复为 $P700^*$，A_0 上的电子又传递到叶绿醌 (即维

生素 K_1 或称 A_1），再传到铁-硫中心。电子从铁-硫中心又传到铁氧还蛋白（Fd）。还原型的铁氧还蛋白有很强的还原性，很容易地籍 $NADP^+$ 还原为 NADPH，催化此反应的酶称为铁氧还蛋白 - $NADP^+$ 氧化还原酶，在叶绿体基质侧与类囊体膜疏松结合。该酶有一个 FAD 辅基，由还原型铁氧还蛋白依次给出 2 个电子，从而使其被还原为 $FADH_2$，后者又给出 1 个氢负离子，使 $NADP^+$ 被还原为 NADPH。在由 $NADP^+$ 形成 NADPH 时，跨膜 pH 差增大，因为从基质到腔需消耗 1 分子 NADPH 的还原力。在由水形成 1 分子 O_2 时，有 2 个 NADPH 分子形成。形成 NADPH 即完成了电子传递全过程。

6.5.3　光合磷酸化

6.5.3.1　质子转运部位

由光驱动 ATP 的合成称为光合磷酸化。光合磷酸化是光合作用过程的一个基本部分。光能转变为化学能，导致电子传递反应并且产生还原力（NADPH）。与电子传递反应相偶联的是质子从类囊体膜的基质侧转移到腔侧。这种发生在膜上的质子转移与线粒体中电子转移伴随着质子转运驱动氧化磷酸化的情形非常相似。类囊体膜上有 3 处发生质子转运：即 PSⅡ发生水光解时、电子从质体醌库到 Q 循环时，以及 $NADP^+$ 被还原时。在这三处均发生质子从基质侧转运至腔侧。现在的观点是每个电子流动可以使 3 个质子转运。由于 1 个电子转移需要 2 个光子，分别来自于 PSⅡ和 PSⅠ，因此，每 1 个光量子可以产生 1.5 个质子转运。此外，Mg^{2+} 和 Cl^- 的跨膜运动中和了基质侧和腔侧的电荷。因此，跨膜产生的质子动力完全是由 pH 梯度形成的。而在线粒体中，质子动力中形成质子梯度的电荷起着重要的作用，这是叶绿体和线粒体质子动力性质的重要区别。

6.5.3.2　光合磷酸化机制

叶绿体中由电化学梯度转变成化学能是以合成 ATP 来反映出的。该反应由 ATP 合成酶催化。叶绿体中的 ATP 合成酶复合体为球状伸出到类囊体膜的外表面（基质侧或 N 侧），与线粒体的 ATP 合成酶复合体伸出到线粒体内膜的内表面（基质或 N 侧）是一致的。它们的 ATP 合成酶的 F_1 部分都处于膜的碱侧（N 侧），都通过 F_1，质子沿着浓度梯度流动到 F_0，即由 P 侧流向 N 侧。叶绿体中的 ATP 合酶的结构与线粒体中的 F_1F_0-ATP 合酶很相似，也由两部分组成，称 CF_1CF_0-ATP 合成酶，C 代表在叶绿体内。与线粒体很相似的是 CF_1CF_0-ATP 合成酶是一个异源多聚蛋白质，由 α、β、γ、δ、ε、a、b 和 c 8 种亚基组成。CF_0 嵌在类囊体膜中，是一个质子通道，呈柄状，相当于线粒体中的 F_0，CF_1 为球形体，是一个外周膜蛋白复合体，与线粒体中的 F_1 很相似，如图 6-36 所示。CF_1CF_0-ATP 合成酶在偶联 ATP 合成以及破坏 pH 梯度的机制方面与线粒体中的 ATP 合成酶极为相似，旋转催化机制同样适合于此，即 ADP 和 Pi 在酶表面迅速形成 ATP，而与酶结合紧密的 ATP 若与酶脱离，需由质子动力来推动。然而，在高等植物中，CF_1CF_0-ATP 合成酶被认为在 F_0 有 14 个 C 亚基，即 F_0 旋转一圈需要 14 个 H^+，可以导致合成 3 个 ATP。

当电子从水传递到 $NADP^+$ 时，每传递 4 个电子（即形成每分子 O_2）时，可使 12 个 H^+ 从基质侧移到腔侧。其中 4 个质子由产氧复合体驱动，8 个电子由细胞色素 b_6/f 复合体催化。可以测定到的结果是跨类囊体膜的质子浓度差为 1 000（ΔpH = 3）。能量贮存在质子梯度（即

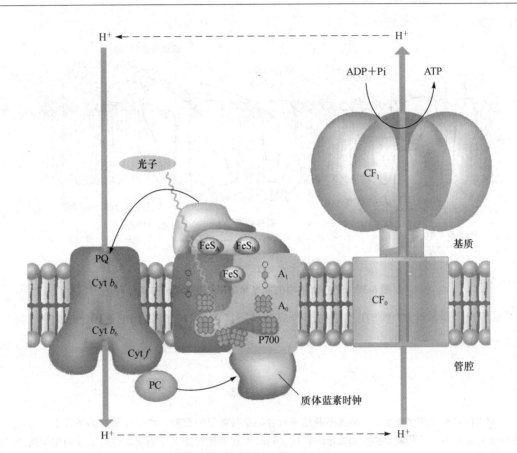

图 6-36 叶绿体中的 ATP 合成酶

电化学势)中,包括质子浓度差(ΔpH)和电化学势($\Delta\psi$)。其中,ΔpH 是质子驱动的主要动力。在光照下,1mol 质子在梯度中蕴藏的能量为:

$$\Delta G = 2.3RT\Delta pH + ZF\Delta\psi = -17 \text{kJ/mol}$$

当 4 个电子从水传递到 $NADP^+$ 时,约有 12 个 H^+ 从叶绿体基质跨膜转移到类囊体腔,大约贮存 200kJ 能量。这些能量足以驱动几个摩尔的 ATP 形成($\Delta G^{\ominus\prime} = 30.5 \text{kJ/mol}$)。实验测得每释放 1 个 O_2 约有 3 个 ATP 合成。至少 8 个光子必须被吸收来驱动 4 个电子从 H_2O 传递到 NADPH。非循环式光合磷酸化的整个反应式如下:

$$2H_2O + 8 \text{光子} + 2NADP^+ + \sim 3ADP + \sim 3Pi \longrightarrow O_2 + \sim 3ATP + 2NADPH$$

6.5.3.3 循环和非循环式光合磷酸化

在光合作用中,电子传递时,将 H^+ 泵入类囊体腔有两条途径:循环式与非循环式。非循环式即由光子激发产生的电子,从水到 $NADP^+$ 经由 PSⅡ 和 PSⅠ 流动,此过程有 O_2 和 NADPH 产生。在循环式光合磷酸化中,电子传递时,在 PSⅠ 被激活的电子从 $P700^+$ 到铁氧还蛋白后,不再传递到 $NADP^+$,而是回头通过细胞色素 b_6/f 复合体到质体蓝素,随后再将电子传递到 P700。因此,这一途径只与 PSⅠ 和几个电子传递体有关。在光照下,PSⅠ 可使电子继续循环。在循环中,电子流不发生 $NADP^+$ 的还原,因而没有 NADPH 产生,也不产生 O_2,但有 ATP 合成,如图 6-37 所示。

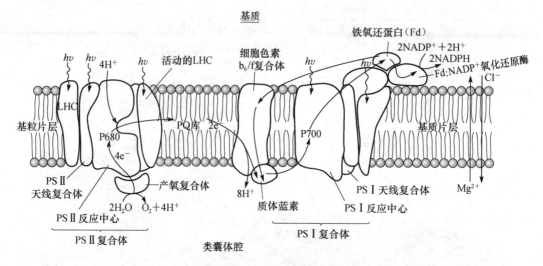

图 6-37　光合作用中的捕光和电子传递和质子转移

循环光合磷酸化的意义在于植物体合成糖类所需的 ATP 和 NADPH 的比例（为 3∶2）。

本章小结

生物机体是一个开放体系，与外界不断地进行着物质与能量的交换。在机体所处的条件下，这一开放体系处于稳定状态，不断需要物质和能量的供应，同时也在消耗着能量与物质。生物机体内化学反应的能量变化遵循热力学第一和第二定律，即化学反应总是朝着达到其平衡点的方向进行。在生物化学反应中，自由能是在恒温、恒压条件下，一个体系做有用功的量度。只有当自由能的变化为负值时，反应才能自发进行。反应的自由能变化主要由反应物的性质和浓度所决定，与反应途径无关。每一种有机化合物都有其标准生成自由能，用 $\Delta G^{\ominus\prime}$ 表示，即当反应物和产物的浓度都是 1mol/L，反应的温度为 25℃，压力为 101 325Pa，反应的 pH 为 7 时，所测得的自由能变化值。

食物在机体内分解所释放出的自由能，以 ATP 形式贮存，并为机体提供能量。生物体内的高能磷酸化合物可将其磷酸基团转移到 ADP 上，生成 ATP。ATP 又可将磷酸基团转移给其他需能化合物，使其获得能量形成具有较高反应势能的磷酸化合物。因此，ATP 又称为能量的共同中间体。机体内一些在热力学上不可能发生的反应，只需与 ATP 分子的水解反应相偶联，就可顺利进行。

物质氧化还原电势 E 的大小反映了它对电子的亲和力。标准氧化还原电势（$E_0^\prime$）是在 pH=7 及标准状态下测定的数值。从底物和产物的氧化还原电势的变化可以求出 $\Delta E_0^\prime$。$\Delta E_0^\prime$ 为正值的反应，其 $\Delta G^{\ominus\prime}$ 为负值，该反应为放能反应。从底物脱下的电子沿呼吸链进行传递，其传递的顺序便是氧化还原电势逐步增高的趋势。

电子从 NADH 传递到氧，是沿一条电子传递链进行。这条电子传递链也叫呼吸链，主要包括 4 种蛋白复合体，NADH-Q 还原酶（复合体Ⅰ）、琥珀酸-Q 还原酶（复合体Ⅱ）、细胞色素还原酶（复合体Ⅲ）和细胞色素氧化酶。电子从 $FADH_2$ 传递到 O_2 时，脱下的电子对传递给琥珀酸-Q 还原酶，然后进入呼吸链。当电子流通过酶复合体Ⅰ、Ⅲ、Ⅳ时，产生的自由能使 H^+ 从线粒体内膜基质侧泵出到细胞溶胶侧，因而产生 H^+ 梯度。这三个复合体被称为质子泵。当质子从细胞溶胶侧经 ATP 合成酶流回到线粒体基质时，通过 ATP 合成酶的质子流产生驱动力使 ADP 和 Pi 合成 ATP。ATP 合成酶含有 F_0 和 F_1 亚单位。F_0 是质子流回基质时的通道，而 F_1 则是 ATP 合成的部位。在 F_1 合成 ATP 以后，当质子流经该酶时被释放出来。每个 NADH 分子通过氧化磷酸化产生 2.5 分子的 ATP，而 $FADH_2$ 的氧化只形成 1.5 分子 ATP。电子传递与 ATP 合成紧密联系。只有当 ADP 供应充分时，电子传递才能持续进行，ATP 才能合成，这种关系称受体控制。植物体内还存在抗氰呼吸，即不通过细胞色素 c 而进行的呼吸途径。

有一类试剂如鱼藤酮、抗霉素 A、氰化物等可以抑制电子传递。还有一些化合物如 2,4-二硝基甲苯（DNP）属于解偶联试剂。这类试剂使电子传递照常进行，但不能合成 ATP。

细胞溶胶内的 NADH 不能透过线粒体内膜进入线粒体进行再氧化。有两种穿梭途径：一种为 3-磷酸甘油穿梭途径，其电子传递中介体是 FAD，因而形成 1.5 个 ATP 分子；另一条称为苹果酸–天冬氨酸穿梭途径，其电子传递中介体是 NAD^+，产生 2.5 分子的 ATP。

植物光合作用所需光能在可见光谱范围之内。吸收光能的色素有两类：主要色素为叶绿素，辅助色素为类胡萝卜素等。光合色素在光合膜上被组织成集光复合体(LHC)和光化学作用中心复合体(光系统)。

高等植物和藻类含有两个不同的作用中心或光系统：PSⅠ和PSⅡ。在PSⅡ中，中心叶绿素 a "特殊对" 是 P680，在 PSⅠ是 P700。集光复合体天线分子通过激子传递方式将光能汇集到中心叶绿素 a 特殊对。受激发的叶绿素 a 分子(特殊对中的一个)把高能电子传递给相邻的电子受体，自身变成正离子($P680^+$ 和 $P700^+$)。这样由光激发引起电荷分离，包括电子在氧化还原链中传递，使光能转换为化学能，即形成 NADPH 和 ATP。

PSⅡ和PSⅠ以串联方式起作用。P680 和 P700 吸收光能以后，位于类囊体腔侧表面的放氧复合体从 H_2O 中吸取电子，形成 O_2 和质子。质子留在腔内，产生一部分质子动势。电子通过 PSⅡ后经细胞色素 b_6/f 复合体从膜内基质侧被转运到类囊体腔的质体蓝素。同时另一些质子借助 Q 循环从基质跨膜泵送到腔内。电子被质体蓝素传递到 PSⅠ后，有两条途径：一是非循环式光合磷酸化，电子流经一系列载体，最后到达 Fd：$NADP^+$ 氧化还原酶，催化 $NADP^+$ 还原为 NADPH；二是循环光合磷酸化，电子流途径返回 PSⅠ中的 P700，并伴随一些质子从基质跨膜泵送到腔内。循环电子流不涉及 PSⅡ也无 NADPH 和 O_2 生成。但两种途径都能生成 ATP。类囊体膜对阴离子是可通透的，因此膜电势很小，质子动势主要决定于质子梯度（腔内 pH = 5.0，基质 pH = 8.0，ΔpH = 3.0），跨类囊体膜的 pH 梯度主要用于合成 ATP。

习 题

1. 名词解释

生物氧化　呼吸链　氧化磷酸化　磷氧比 P/O　受体控制　磷酸甘油穿梭　标准氧化还原电位　光合磷酸化

2. 当如下底物全部被氧化成 CO_2 时，能生成多少 ATP？假设糖酵解、柠檬酸循环和氧化磷酸化都存在并有活性。

(a)丙酮酸　(b)乳酸　(c)1,6-二磷酸果糖　(d)磷酸烯醇式丙酮酸　(e)半乳糖　(f)磷酸二羟丙酮

3. 当 O_2 被还原成水时的标准氧化还原势是 0.82V，然而，在化学教科书中此值是 1.23V，请解释其中的差别。

4. 以下的电子传递和 ATP 形成的抑制剂进入呼吸链中会产生什么效果？

(a)叠氮　(b)苍术苷　(c)鱼藤酮　(d)DNP　(e)一氧化碳　(f)抗霉素 A

5. 在实验中观察到 ATP 合成酶的抑制剂也可以导致电子传递链的抑制，请问此现象的基础是什么？

6. P/O 比经常用来作为氧化磷酸化的指标。请问每个电子对（$H^+/2e^-$）转运的质子数的磷氧比的关系是什么？合成 ATP 所需要的质子数与转运到细胞质的比例（P/H^+）是多少？

7. 热力学抑制，比较用 NAD^+ 和 FAD 进行琥珀酸氧化的 $\Delta G^{\ominus\prime}$ 值。假设 FAD-$FADH_2$ 氧化的 E'_0 几乎为 0，为什么琥珀酸脱氢酶所催化的反应以 FAD 而不是 NAD^+ 作为电子受体？

8. 氰化物中毒采用硝酸盐进行处理是一个高效的解毒方法。此解毒剂的作用基础是什么？（提示：硝酸盐可以使亚铁血红蛋白氧化为高铁血红蛋白）

9. 当质子驱动力为 0.2V（基质为负值）时，适合 ATP 合成的 $[ATP]/[ADP][Pi]$ 最大比值是多少？计算三次此比值，在 25℃时，假设每形成一个 ATP 转运质子数是 2、3 和 4。

10. 假设在不考虑是否有 ADP 存在时，一个病人的线粒体氧化 NADH，此时这些线粒体氧化磷酸化的 P/O 值低于正常。请预测这种紊乱可能的症状。

11. 必需残基：当 ATP 合成酶的 F_0 的质子传导通过修饰 DCC（双环己基碳化二亚胺）的侧链而被堵塞。此试剂作用的最可能的靶点是什么？你怎样使用特异位点突变的方法来确定这个残基是否为质子传导所必需？

12. Q-细胞色素 c 氧化还原酶中的细胞色素 c 组分是 QH_2 中的两个电子高效利用来产生质子驱动力。请引用另外的代谢中的循环装置，使潜在的末端反应产物带回到主流之中。

13. 呼吸链抑制剂的精确部位可以由交叉技术揭示。Britton Chance 设计了一个很好的光谱方法来测定每一个载体的氧化和还原形式的比例。这个测定是可行的，因为这些形式有明显的吸收光谱。现给你一个新的抑制剂，发现加到呼吸的线粒体中时导致 NADH 和 QH_2 间的载体更加还原，细胞色素 c 和 O_2 之间的载体更加氧化。请问此抑制剂作用部位在哪儿？

14. 数年前，曾经有过建议，使用解偶联剂作为减肥药物，请解释为什么会产生此想法？可后来又为什么没被采纳？为什么抗出汗剂的使用却支持此想法？

15. 请设计实验确定一个化合物是电子传递链的抑制剂或 ATP 合成酶的抑制剂。

16. 请计算 $NADP^+$ 被铁氧还蛋白还原时的 $\Delta E'_0$ 和 $\Delta G^{\ominus\prime}$，此问题可以争论。

参考文献

[1] 王镜岩，朱圣庚，徐长法. 生物化学教程[M]. 北京：高等教育出版社，2008.

[2] 贾之慎. 无机与分析化学[M]. 2版. 北京：高等教育出版社，2008.

[3] 潘瑞炽. 植物生理学[M]. 7版. 北京：高等教育出版社，2012.

[4] 罗纪盛，等. 生物化学简明教程[M]. 4版. 北京：高等教育出版社，2005.

[5] Nelson D L, Cox M M. Lehninger Principles of Biochemistry[M]. 5th ed. New York：W. H. Freeman & Co Led, 2008.

[6] Murray R K, Granner D, Mayer P A, Redueu V. Harpers'Illustrated Biochemistry[M]. 26t hed. Los Altos：Lange Medical Publications, 2003.

[7] Berg J M, Tymoczko J L, Stryer L. Biochemistry [M]. 5th ed. New York ：W. H. Freeman & Co Led, 2002.

[8] Garrett R H, Grisham C M. Biochemistry[M]. 2nd ed. London：Saunders College Publishing, 1999.

（撰写人：何开跃）

第7章 脂类及其代谢

脂类是人体需要的重要营养素之一，它与蛋白质、糖类是产能的三大营养素，在供给人体能量方面起着重要作用。脂类也是人体细胞组织的组成成分，如细胞膜、神经髓鞘都必须有脂类参与。脂质包括多种多样的分子，其特点是主要由碳和氢两种元素以非极性的共价键组成。由于这些分子是非极性的，所以和水不能相容，因此是疏水的。严格地说，脂质不是大分子，因为它们的相对分子质量不如糖类、蛋白质和核酸的那么大，而且它们也不是聚合物。

7.1 脂质的种类与功能

脂质(lipid)是生物体维持正常生命活动所不可缺少的一大类有机化合物。它们不溶于水，易溶于氯仿、乙醚、丙酮等非极性有机溶剂。

7.1.1 脂质的分类

7.1.1.1 根据脂质的化学本质分类

(1) 单纯脂质

单纯脂质(simple lipid)，有时也叫单脂、简单脂质，仅由脂肪酸和醇类反应而成。例如，甘油三酯和蜡。

(2) 复合脂质

复合脂质(complex lipid)，有时也叫复脂。它除了含有脂肪酸和醇以外，还含有诸如磷酸、糖基及其衍生物、鞘氨醇及其衍生物等成分。

(3) 衍生脂质

衍生脂质(derived lipid)包括单纯脂质和复合脂质的衍生物或与之密切相关并具有脂质一般性质的物质，以及由若干异戊二烯碳骨架构成的物质。

7.1.1.2 根据脂质的功能分类

(1) 脂肪

脂肪，即三酰甘油、甘油三酯、酯酰甘油，是动植物主要的贮能物质之一，故又叫贮脂。1g脂肪在体内彻底氧化可产生39kJ的能量，是等量糖和蛋白质的2~3倍。此外，因其高度的疏水性，1g脂肪在体内占体积1.2mL，仅为等量糖或蛋白质的1/4左右，在生物体内贮能、供能最为有效。在高等动物体内，脂肪主要积累在皮下组织、肠间膜内、脏器周围等处，可以固定内脏和防止一些机械损伤。因不易导热，脂肪还可以防止热量散失、维持体温。

(2) 类脂

类脂，又叫细胞成分脂、结构脂质等，是构成细胞生物膜的重要结构成分。例如，磷脂、糖脂和胆固醇即其代表性物质。生物膜是物质进出细胞或亚细胞结构的通透性屏障，对维持细胞正常的结构和功能很重要。生物膜上的各种脂质、蛋白质、糖类等表面复合物质与细胞的识别、信号转导、特异性、组织免疫等密切相关。

(3) 执行某些特定生理功能的脂质

例如 VitA、VitD、VitE、VitK 等属于萜类化合物，是调节生理代谢重要的活性物质。胆酸及固醇类激素也有特定的调节功能。

7.1.2 脂类种类

7.1.2.1 单纯脂质

(1) 脂肪

脂肪（即三酰甘油，triacylglycerol）的结构式如下：

$$\begin{array}{c} CH_2-O-\overset{O}{\overset{\|}{C}}-R_1 \\ CH-O-\overset{O}{\overset{\|}{C}}-R_2 \\ CH_2-O-\overset{O}{\overset{\|}{C}}-R_3 \end{array} \quad 或 \quad \begin{array}{c} CH_2-O-\overset{O}{\overset{\|}{C}}-R_1 \\ R_2-\overset{O}{\overset{\|}{C}}-O-CH \\ CH_2-O-\overset{O}{\overset{\|}{C}}-R_3 \end{array}$$

这是一类由一元高级脂肪酸与甘油形成的酯类化合物。R_1、R_2、R_3 代表脂肪酸的羟基。若 R_1、R_2、R_3 相同，则为单纯甘油三酯（simple triacylglycerol），而若至少二者不同，则为混合甘油三酯（mixed triacylglycerol）。天然脂肪一般都是混合甘油三酯。R_1、R_2、R_3 可以是饱和的或不饱和的脂肪酸。例如，在豆油、花生油等大多数植物油中，三酰甘油中的不饱和脂肪酸含量超过 70%，因而这些油的熔点或凝固点较低，在常温下即为液体，故统称为油；而在猪油、羊油等动物油中，三酰甘油中的饱和脂肪酸含量较高，因而油的熔点或凝固点也较高，所以在常温下呈固态，故统称为脂。所以，虽然动、植物油在常温下的状态不一样，但它们都属于脂肪。不同种类的油脂所含的脂肪酸是不同的（见表 7-1）。

表 7-1　天然油脂成分的主要指标

种类	碘值	饱和度(%)	油酸(%)	亚油酸(%)
豆油	135.8	14.0	22.9	55.2
猪油	66.5	37.7	49.4	12.3
花生油	93.0	17.7	56.5	25.8
棉籽油	105.8	26.7	25.7	47.5
玉米油	126.8	8.8	35.5	55.7
可可油	36.6	60.1	37.0	2.9
向日葵油	144.3	5.7	21.7	72.6

注：引自杨志敏、蒋立科，2010

(2) 蜡

蜡(wax)由高级脂肪酸与脂肪醇或甾醇形成,其理化性质与中性脂肪很相似。蜡在常温下是固体,能溶于醚、苯、氯仿等有机溶剂,既不易皂化,也不被脂肪酶所降解。

根据其来源,天然蜡可以分为动物蜡和植物蜡两大类。动物蜡多半由昆虫分泌而来。蜜蜂分泌的蜂蜡可用于建造蜂巢,白蜡虫分泌的白蜡对白蜡虫自身有保护作用,而羊毛上附着的羊毛脂则是制造高级化妆品的原料。植物分泌于其表面的有关植物蜡,往往有防止病菌侵蚀和水分蒸发的作用。表 7-2 中列出了几种常见蜡的成分及物理常数。

表 7-2　几种常见蜡的成分及物理常数

种类	成分	熔点(℃)
蜂蜡	$C_{15}H_{31}COOC_{31}H_{63}$	62~65
白蜡	$C_{25}H_{51}COOC_{26}H_{53}$	80~83
鲸蜡	$C_{15}H_{31}COOC_{16}H_{33}$	41~46
棕榈蜡	$C_{25}H_{51}COOC_{30}H_{61}$	80~90

注:引自杨志敏、蒋立科,2010。

7.1.2.2　复合脂质

(1) 磷酸甘油酯

磷酸甘油酯(phosphoglyceride)又叫甘油磷脂(glycerophospholipid),是广泛存在于动物、植物和微生物中的一大类含磷酸的复合脂质。磷酸甘油酯是磷脂(phospholipids,PL)中的一大类,含有甘油、脂肪酸、磷酸及其他成分,有关结构式如下:

磷脂酸　　　　　磷酸甘油酯

从以上结构式可以看到,磷酸甘油酯以甘油分子为基本骨架,甘油的第 1、2 位羟基均与脂肪酸生成酯,而第 3 位羟基若只与磷酸生成酯,则得到磷脂酸,而此磷脂酸的磷酸基团若再与其他含羟基化合物脱水结合,则生成不同的磷酸甘油酯。一般来说,第 1 位羟基与饱和脂肪酸成酯,第 2 位羟基与不饱和脂肪酸成酯,而 X 位上的取代基团一般为亲水性强的小分子,如胆碱、乙醇胺、丝氨酸、肌醇等。所以,磷酸甘油酯是由一个极性头和两个非极性尾组成的两性分子,这种结构在生物膜中发挥着重要作用。图 7-1 中给出了几种磷脂酰化合物的结构。

其中,磷脂酰胆碱(phosphatidylcholine)、磷脂酰乙醇胺(phosphatidyl-ethanolamine)和磷脂酰丝氨酸(phosphatidylserine)是生物膜脂的最主要成分。磷脂酰胆碱是生物体中分布最广的一类磷脂,尤以卵黄脂、脑、精液、肾上腺中含量最高,有控制动物体代谢、防止形成脂肪肝的作用。磷脂酰乙醇胺与磷脂酰胆碱同为动植物体中含量最丰富的磷脂,主要存在于脑

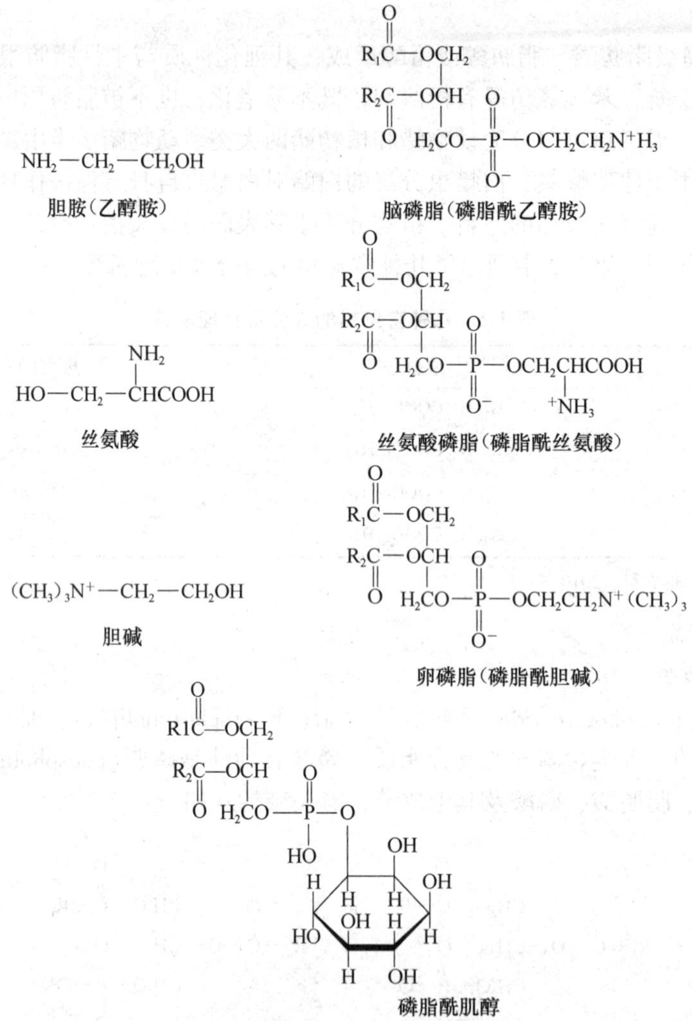

图 7-1　几种磷脂酰化合物的结构
(引自杨志敏、蒋立科，2010)

组织和神经组织中，心脏、肝脏等组织中也有，与凝血有关。磷脂酰丝氨酸是动物脑组织和红细胞中的重要脂类之一，可与磷脂酰胆碱和磷脂酰乙醇胺相互转化。

磷脂酰肌醇(phosphatidylmositol，PI)及其衍生物的功能是近年来的研究热点。磷脂酰肌醇主要分布在细胞质膜内侧，约占膜磷脂的10%。其主要衍生物包括磷脂酰肌醇-4-磷酸(phosphatidylinositol-4-phosphate，PIP)和磷酸酰肌醇-4,5-二磷酸(phosphatidylinositol-4,5-bisphosphate，PIP_2)。它们经相应的磷脂酶(phosphplipase)水解可产生磷酸肌醇 IP、二磷酸肌醇 IP_2、三磷酸肌醇 IP_3 及二酰甘油(diacylglycerol，DAG)等信号物质，如 IP_3、DAG 等就是第二信使，可将外部信号转导到胞内，引发细胞的有关生理生化反应。

(2) 鞘磷脂

多数膜系统中的脂主要是甘油磷脂，但在动植物细胞膜中还有另一类两性脂鞘脂(sphigolipid)。它在哺乳动物的中枢神经系统组织中特别丰富。它主要包括鞘磷脂(sphigomyelin)、脑苷脂(cerebroside)和脑神经节苷脂(ganglioside)。脑苷脂和神经节苷脂含有糖残基而归为鞘糖脂,而鞘磷脂因含磷酸基团而归为磷脂。

鞘磷脂经水解产生磷酸、胆碱、鞘氨醇、二氢鞘氨醇及脂肪酸。其中,鞘氨醇是鞘磷脂的主链骨架。鞘氨醇与脂肪酸相连的结构为神经酰胺,是构成鞘磷脂的母体结构,它具有两个非极性尾部。而神经酰胺中的鞘氨醇的第1个碳原子上的羟基与磷脂酰胆碱或磷脂酰乙醇胺形成磷酸二酯,此即(神经)鞘磷脂。

7.1.2.3 其他脂质——衍生脂质

(1)萜类

萜类(terpene)是异戊二烯(isoprene)的衍生物,由若干个异戊二烯单位连接而成。根据其中异戊二烯单位的数目,可将之分为单萜(monoterpene)、倍半萜(sesquiterpene)、双萜(diterpene)、三萜(triterpene)、四萜(tetraterpene)等。这里由两个异戊二烯单位构成单萜,三个构成倍半萜,四个则构成双萜,等等。萜类分子中的异戊二烯单位大多为首尾相连,但也有尾尾相连的(图7-2)。萜类分子可呈直链或环状,有可能是单环、双环或多环化合物。直链萜类分子中的双键一般是反式的,少数是顺式的,如11-顺-视黄醛。叶绿素的组成成分叶绿醇即二萜化合物,维生素 A、维生素 E 即属单萜化合物,维生素 K 即属倍半萜化合物。植物中散发特殊气体的特有油,即是因其主要成分为萜类化合物的缘故。

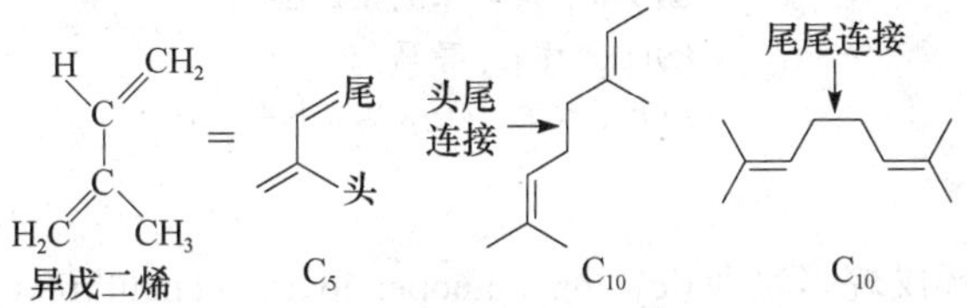

图 7-2 异戊二烯的结构及异戊二烯在萜中的连接方式

(引自刘详云、蔡马,2010)

图7-3~图7-6中给出了某些单萜、倍半萜、双萜、三萜和四萜化合物及其结构。

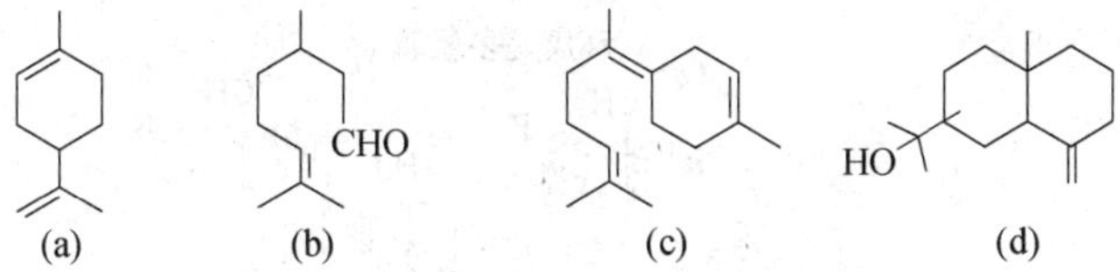

图 7-3 某些单萜和倍半萜化合物

(引自刘详云、蔡马,2010)

(a)柠檬烯 (b)香茅醛 (c)防风根烯 (d)桉叶醇

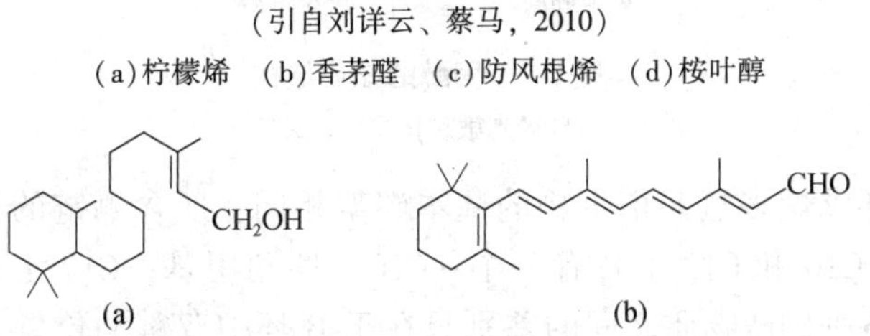

图 7-4 某些双萜化合物

(引自刘详云、蔡马,2010)

(a)叶绿醇 (b)全顺—视黄醛

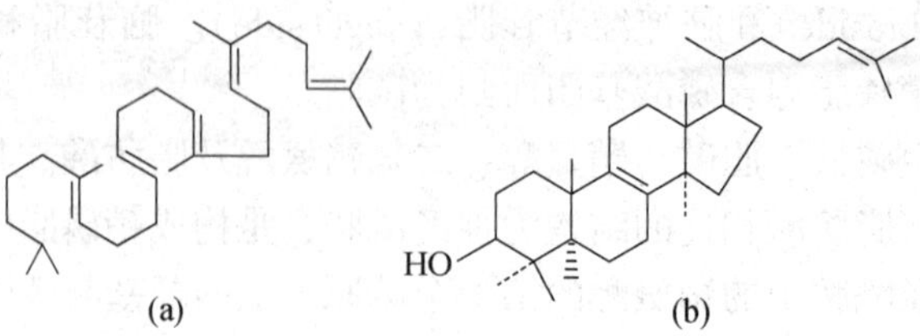

图 7-5 某些三萜化合物
(引自刘详云、蔡马，2010)
(a) 鲨烯　(b) 羊毛固醇

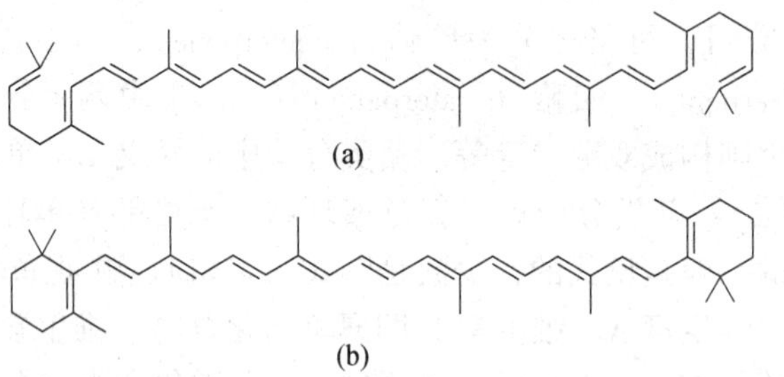

图 7-6 某些四萜化合物
(引自刘详云、蔡马，2010)
(a) 番茄红素　(b) β 胡萝卜素

（2）胆固醇

固醇类（sterol）是环戊烷多氢菲（cyclopentanoper hydrophenanthrene）的衍生物，而环戊烷多氢菲是菲的饱和环与环戊烷结合而成的稠环化合物。其结构式如图 7-7 所示。

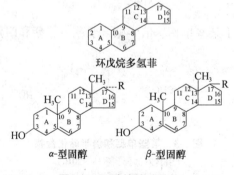

图 7-7 固醇的核心结构
(引自杨志敏、蒋立科，2010)

自然界存在的环戊烷多氢菲衍生物的基本碳架相同，所含侧链的位置也往往相同。例如，C3 上有—OH；C10 和 C13 上各有一个—CH_3，叫角甲基；C17 上有侧链，这一大类物质称固醇或甾醇。各种固醇物质之间的差别只在于 B 环中双键的位置、数目及 C17 上侧链结构的不同。

胆固醇是固醇类化合物中最主要的代表，除少数微生物外，它主要存在于动物体内。它在神经组织中含量最多，在血液、胆汁、肝、肾、皮肤等组织中含量也很丰富。胆固醇是类固醇激素和胆汁酸的前体，在生物体内可以游离态存在，也可与脂肪酸（多为不饱和脂肪酸）形成胆固醇酯——血浆蛋白及细胞外膜的重要成分。

胆固醇分子的一端为亲水的极性头部羟基，另一端则为疏水的烃链及固醇的环状结构。因此，它属于两极性分子（图 7-8）。

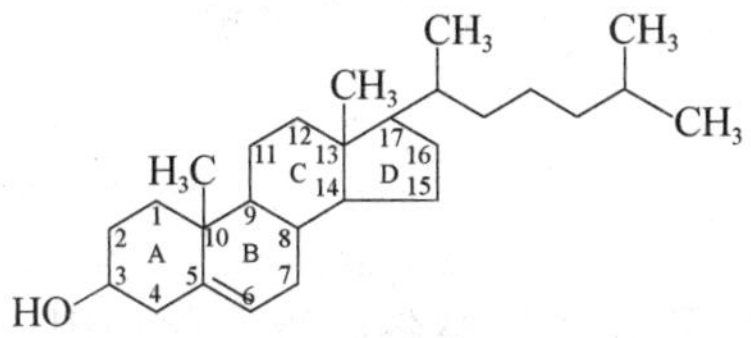

图 7-8　胆固醇的结构
（引自杨志敏、蒋立科，2010）

胆固醇与生物膜的流动性、神经鞘绝缘性及某些毒素的解毒作用密切相关。

(3) 胆酸和胆汁酸

有时将固醇衍生物称为类固醇（steroid），包括胆酸、胆汁酸和固醇激素等。

类固醇的氧化程度高于固醇，含有至少两个含氧基团，如羟基、羧基、羰基和环氧基。植物中的强心苷配基和某些皂苷的配基、植物和昆虫产生的蜕皮激素、蟾蜍腮腺毒液中的蟾蜍素均属类固醇物质。动物中从胆固醇衍生来的类固醇包括雄激素、雌激素、孕酮、糖皮质激素和盐皮质激素这五种激素以及维生素 D 和胆汁酸。

胆汁中的主要成分是胆汁酸（bile acids），它包括胆酸（cholic acid）及其衍生物，如脱氧胆酸（deoxycholic acid）、鹅脱氧胆酸（chenodeoxycholic acid）和石胆酸（lithocholic acid），其结构见图 7-9。在人和动物体内，胆汁酸一般不以游离态存在，而是先与甘氨酸形成甘氨胆酸，或与牛磺酸形成牛磺胆酸，并常以其钠盐为存在形式，此即胆汁酸盐（bile salt）。胆汁

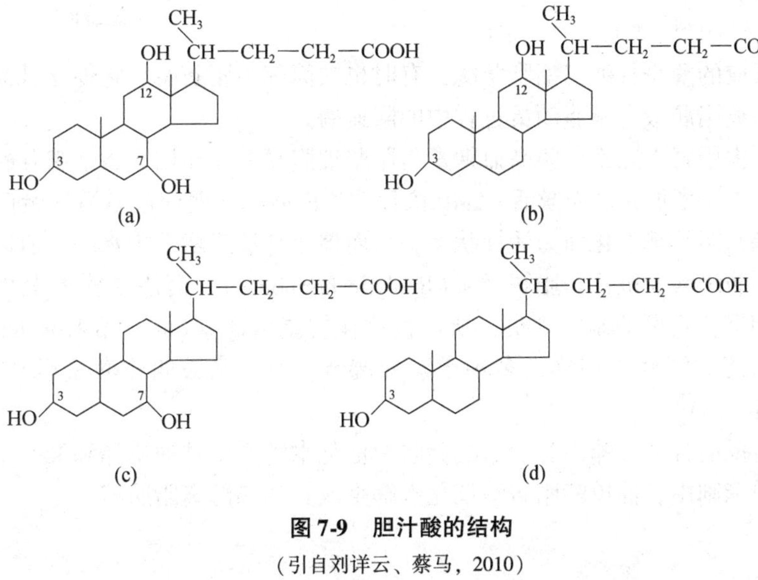

图 7-9　胆汁酸的结构
（引自刘详云、蔡马，2010）
(a) 胆酸　(b) 脱氧胆酸　(c) 鹅脱氧胆酸　(d) 石胆酸

酸盐是一种水溶性的表面活性剂，能乳化肠道中的脂肪、胆固醇及脂溶性维生素，促进肠壁细胞对脂肪的吸收。胆汁酸盐可激活脂肪酶，并常用作膜蛋白和酶的增溶试剂。

虽然固醇类和萜类化合物严格地说都不应划归为脂质类化合物，但由于它们常与油脂共存，故常被归入脂类。

7.2 脂肪的分解代谢

7.2.1 脂肪的酶促水解

动物体内消化吸收的脂质，不仅可以被各组织氧化利用，还可以贮存于脂肪组织，以皮下、肾周围、肠系膜和腹腔大网膜等处最多。脂肪组织作为贮存脂肪的主要场所而被叫作脂库。

脂肪组织在脂肪酶的催化作用下逐步水解生成甘油和游离脂肪酸，且甘油和游离脂肪酸随后经血液循环运到其他组织被利用。这个过程即脂动员(fat mobilization)。

在动物体内，脂肪的酶促水解一般先后需要三种脂肪酶(lipase)的参与，以水解酯键生成甘油和游离脂肪酸。其水解过程如下。

首先发生如下反应：

$$\begin{array}{c}\text{CH}_2\text{O}-\overset{\text{O}}{\underset{\|}{\text{C}}}-R_1\\R_2-\overset{\text{O}}{\underset{\|}{\text{C}}}-\text{O}-\text{CH}\\\text{CH}_2-\overset{\text{O}}{\underset{\|}{\text{C}}}-R_3\end{array} \xrightarrow[\text{甘油三酯脂肪酶}]{H_2O \quad R_3COOH} \begin{array}{c}\text{CH}_2\text{O}-\overset{\text{O}}{\underset{\|}{\text{C}}}-R_1\\R_2-\overset{\text{O}}{\underset{\|}{\text{C}}}-\text{O}-\text{CH}\\\text{CH}_2\text{O}-\text{OH}\end{array}$$

甘油三酯　　　　　　　　　　　　　　　　　甘油二酯

催化这步反应的酶是甘油三酯脂肪酶，有时也被简称为脂肪酶。它催化甘油三酯水解生成甘油二酯和游离脂肪酸，是脂动员过程中的限速酶。

肾上腺素、去甲肾上腺素、胰高血糖素与脂肪细胞膜受体作用，激活腺苷酸环化酶，导致细胞内 cAMP 浓度增加，进而激活 cAMP 依赖性蛋白激酶，而此被激活的蛋白激酶又使无活性的甘油三酯脂肪酶磷酸化而为活性状态，从而催化甘油三酯发生水解。所以胰高血糖素等因可以促进脂肪水解而被称作脂解激素(lipolytic hormones)。而诸如胰岛素和前列腺素等激素的作用却相反，只可抑制脂动员，所以被称作抗脂解激素(anti lipolytic hormones)。由于甘油三酯脂肪酶的活性受到这么多种激素的调节，所以又被叫作激素敏感脂肪酶(hormones sensitive lipase)。

其次，所生成的甘油二酯由甘油二酯脂肪酶催化水解产生甘油单酯和又一个新的游离脂肪酸，而甘油单酯则由甘油单酯脂肪酶催化水解生成甘油和游离脂肪酸。

$$\underset{\text{甘油二酯}}{\begin{array}{c}O\\\|\\R_2-C-O\end{array}\begin{array}{c}CH_2O-C-R_1\\|\\CH\\|\\CH_2-OH\end{array}} \xrightarrow[\text{甘油二酯脂肪酶}]{H_2O \quad R_1COOH} \underset{\text{甘油单酯}}{\begin{array}{c}O\\\|\\R_2-C-O\end{array}\begin{array}{c}CH_2O\\|\\CH\\|\\CH_2-OH\end{array}} \xrightarrow[\text{甘油单酯脂肪酶}]{H_2O \quad R_2COOH} \underset{\text{甘油}}{\begin{array}{c}CH_2O\\|\\OH-CH\\|\\CH_2-OH\end{array}}$$

有关激素调控脂动员的机制如图 7-10 所示。

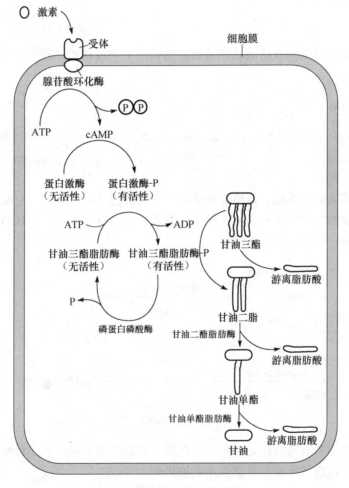

图 7-10　脂肪的动员过程

（引自张楚富，2003）

脂肪酶解生成的甘油可溶于水，故以游离形式经血液运输到有关组织利用，而生成的游离脂肪酸因不溶于水，需由血浆中的清蛋白结合后才能运输到有关组织利用。脑、神经组织和红细胞一般不能直接利用脂肪酸。

植物油料种子内的脂肪在种子萌发时也有类似的水解作用。

7.2.2 甘油的降解与转化

脂肪酶解产生的甘油，可直接溶于血浆，并被运输到肝、肾、肠等组织被利用。在甘油激酶的催化作用下，甘油与 ATP 反应生成 α-磷酸甘油。这是一个不可逆的反应。

$$\begin{array}{c} CH_2OH \\ | \\ OH-CH \\ | \\ CH_2-OH \end{array} + ATP \xrightarrow{\text{甘油激酶}} \begin{array}{c} CH_2OH \\ | \\ OH-CH \\ | \\ CH_2-O-PO_3^{-2} \end{array} + ADP$$

α-磷酸甘油

而生成的 α-磷酸甘油则在磷酸甘油脱氢酶的作用下生成磷酸二羟丙酮和 NADH。这是一个可逆的反应。

$$\begin{array}{c} CH_2OH \\ | \\ OH-CH \\ | \\ CH_2-O-PO_3^{-2} \end{array} + NAD^+ \underset{\text{磷酸甘油脱氢酶}}{\rightleftharpoons} \begin{array}{c} CH_2OH \\ | \\ O=C \\ | \\ CH_2-O-PO_3^{-2} \end{array} + NADH+H^+$$

磷酸二羟丙酮属磷酸丙糖，是糖酵解途径的中间产物之一。所以，它既可以沿糖酵解途径进一步氧化生成丙酮酸，进入三羧酸循环后彻底氧化，以生成 CO_2 和 H_2O，也可以经糖异生途径生成葡萄糖，甚至于合成多糖。

$$\begin{array}{c} CH_2OH \\ | \\ HO-CH \\ | \\ CH_2OH \end{array} \xrightarrow[ATP \quad ADP]{\text{甘油激酶(肝、肾、肠)}} \begin{array}{c} CH_2OH \\ | \\ HO-CH \\ | \\ CH_2O\sim \circledP \end{array}$$

3-磷酸甘油

$$\xrightarrow[NAD^+ \quad NADH+H^+]{\text{磷酸甘油脱氢酶}} \begin{array}{c} CH_2OH \\ | \\ C=O \\ | \\ CH_2O\sim \circledP \end{array} \rightleftharpoons \text{糖代谢途径}$$

磷酸二羟丙酮

肝组织中的甘油激酶活性较高，而脂肪组织和骨骼肌组织中的甘油激酶活性很低。脂肪组织中的甘油需经过血液运输到肝脏后才能被氧化。

7.2.3 脂肪酸的分解代谢

在氧气充足的情况下，脂肪酸可被彻底氧化分解生成 CO_2 和 H_2O，并产生大量能量。在人及哺乳动物体内，除脑组织外，大多数组织均可氧化脂肪酸，其最主要的氧化方式是 β-氧化，其中肝和肌肉组织最活跃。

7.2.3.1 脂肪酸的 β-氧化学说

在已知动物体不能将苯环氧化代谢而苯脂酸侧链的脂肪烃链却很易被氧化断裂的前提

下，德国生物化学家 Franz Knoop 于 1904 年以苯环为标记，利用化学方法将不同长短的直链脂肪酸的甲基与苯基相连（即将远离羧基端的 ω-碳原子上连一苯环）。然后，用这些合成的化合物饲喂动物，收集并分析动物尿液中苯脂酸的代谢产物。Knoop 发现，以含苯基的奇数碳原子脂肪酸饲喂的动物的尿液中含苯甲酸的衍生物马尿酸，而以含苯基的偶数碳原子脂肪酸饲喂的动物的尿液中却含苯乙酸的衍生物苯乙尿酸（表 7-3）。Knoop 据此提出，脂肪酸的氧化从羧基端的 β-碳原子开始，每次分解产生一个二碳片段。现在已确证，在脂肪酸的这种氧化过程中，β-碳原子被氧化为羧基，而产生的二碳单位即乙酰-CoA。此即脂肪酸的 β-氧化（β-oxidation）学说。

几十年之后，Schoenheimer 等应用同位素标记及其他方法均进一步证实了脂肪酸 β-氧化学说的正确性。

表 7-3 Knoop 的苯基脂肪酸氧化实验

给予的化合物	中间产物	尿中排泄物
⬡—COOH 苯甲酸		⬡—CONHCH$_2$COOH 马尿酸
⬡—CH$_2$COOH 苯乙酸		⬡—CH$_2$CONHCH$_2$COOH 苯乙尿酸
⬡—COOH 苯丙酸	⬡—COOH 苯甲酸	⬡—CONHCH$_2$COOH 马尿酸
⬡—CH$_2$CH$_2$CH$_2$COOH 苯丁酸	⬡—CH$_2$COOH 苯乙酸	⬡—CH$_2$CONHCH$_2$COOH 苯乙尿酸
⬡—CH$_2$CH$_2$CH$_2$COOH 苯戊酸	⬡—CH$_2$CH$_2$COOH 苯丙酸 → ⬡—COOH 苯甲酸	⬡—CONHCH$_2$COOH 马尿酸

注：引自张楚富，2003

7.2.3.2 脂肪酸的活化

脂肪酸的化学性质比较稳定，需先进行活化才能进行 β-氧化。

脂肪酸的活化由脂酰-CoA 合成酶（acyl-CoA synthetase）催化完成，需 ATP 参加。

$$RCOOH + ATP + HS\text{—}CoA \xrightleftharpoons[Mg^{2+}]{\text{脂酰-CoA 合成酶}} RCO\sim SCoA + PPi + AMP$$

但实际上，该反应由两步进行，即先由脂肪酸与 ATP 反应生成混合酸酐——脂酰腺苷酸和焦磷酸。

$$RCOOH + ATP \rightleftharpoons R\overset{O}{\underset{\|}{-}}C\text{—}AMP + PPi$$

随后，脂酰腺苷酸与-CoA 反应生成脂酰-CoA。

$$R\overset{O}{\underset{\|}{-}}C\text{—}AMP + HS\text{—}CoA \rightleftharpoons R\overset{O}{\underset{\|}{-}}C\text{—}SCoA + AMP$$

脂肪酸的活化过程是可逆的，其反应平衡常数近于 1。一般认为，由于反应中生成的焦磷酸(PPi)立即被细胞内的焦磷酸酶水解，因而阻止了逆反应的进行。同时，由于活化过程中 PPi 的产生和降解，一般认为 1 分子脂肪酸的活化消耗了 2 个高能磷酸键，在能量计算时往往将此认作是消耗了 2 个 ATP。

细胞内存在两类脂酰-CoA 合成酶。一类存在于内质网和线粒体外膜，可活化至少 12 个碳原子的长链脂肪酸。另一类则存在于线粒体基质，可活化具有 4~10 个碳原子的中短链脂肪酸。

脂酰-CoA 的水溶性比游离脂肪酸大得多。它含有高能键，故性质活泼。

7.2.3.3 脂肪酸的跨膜转运

实验证明，催化脂肪酸 β-氧化过程的酶系存在于线粒体基质内，而长链脂肪酸的活化过程在线粒体完成。线粒体外的游离脂肪酸和长链脂酰-CoA 不能自由通过线粒体内膜。

这里，肉(毒)碱的转运载体的作用被证明是十分必要的。肉(毒)碱(carnitine)又叫 3-羟-4-三甲基氨基丁酸，属赖氨酸衍生物(图 7-11)。在肉(毒)碱脂酰转移酶的作用下，脂酰-CoA 上的脂酰基可以在肉(毒)碱和-CoA 上发生可逆的转移作用。

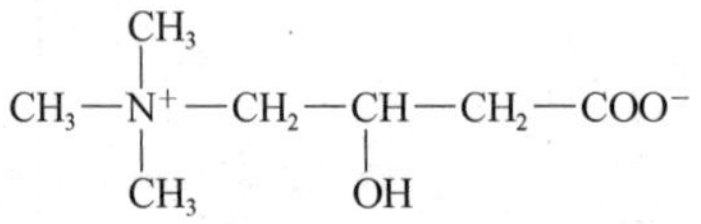

图 7-11 肉(毒)碱的结构
(引自杨志敏、蒋立科，2010)

在线粒体的内膜上存在两种肉(毒)碱脂酰转移酶(carmtine acyl transferase)。其中，肉(毒)碱脂酰转移酶Ⅰ位于线粒体内膜的外侧，催化脂酰-CoA 上的脂酰基转移到肉(毒)碱上生成脂酰肉(毒)碱(图 7-12)。而肉(毒)碱脂酰转移酶Ⅱ则位于线粒体内膜的内侧，催化脂酰肉(毒)碱上的脂酰基重新转移到-CoA 上生成脂酰-CoA。

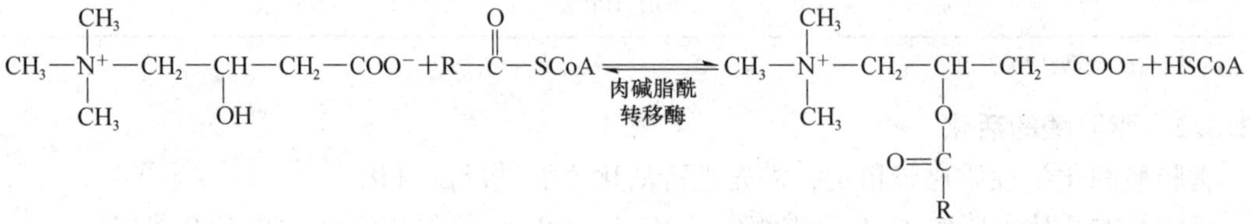

图 7-12 脂酰肉毒碱的形成
(引自杨志敏、蒋立科，2010)

而在这两个同工酶分别进行催化反应之间，由位于线粒体内膜上的特殊载体——肉(毒)碱—脂酰肉(毒)碱转位酶(carnitime-acylcarnitine translocase)催化，在转运一分子线粒体内膜外侧生成的脂酰肉(毒)碱进入到线粒体内膜内侧的同时，将一分子线粒体内膜内侧生成的肉(毒)碱转运到线粒体内膜的外侧(图 7-13)。经过这一系列的反应，使得线粒体外的长链脂酰-CoA 转运到线粒体内，以进行后续的 β-氧化过程。

由此看来，常说的脂肪酸的跨膜转运实际上就是脂酰-CoA 经肉(毒)碱这个特殊载体而

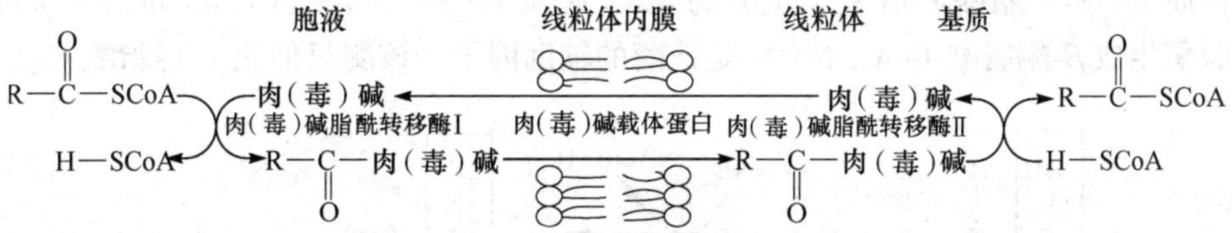

图 7-13 脂酰-CoA 转移至线粒体内的机制

(引自刘详云、蔡马, 2010)

完成的跨膜转运。

肉(毒)碱转移酶Ⅰ是脂肪酸氧化过程的限速酶，脂酰-CoA 进入线粒体的过程是其主要限速步骤。肉(毒)碱脂酰转移酶Ⅰ受丙二酸单酰-CoA 抑制，而肉(毒)碱脂酰转移酶Ⅱ受胰岛素抑制。胰岛素通过诱导乙酰-CoA 羧化酶的合成来增加丙乙酸单酰-CoA 的浓度，从而抑制肉(毒)碱脂酰转移酶Ⅰ。

当体内糖的供应不足时，肉(毒)碱脂酰转移酶Ⅰ活性增加，脂肪酸的氧化增强。

7.2.3.4 脂肪酸的β-氧化及其能量计算

在线粒体的基质内，脂酰-CoA 在β-氧化酶系的作用下，每当进行脱氢(dehydrogenation)、水化(hydration)、再脱氧和硫解(thiolysis)这四步连续的反应后，都要从脂酰基的β-碳原子开始断裂生成 1 分子乙酰-CoA 和 1 分子比原来少了两个碳原子的脂酰-CoA。这就是脂肪酸的β-氧化作用。

(1)β-氧化的反应过程

①脱氧　脂酰-CoA 在脂酰-CoA 脱氢酶(fatty acyl-CoA dehydrogenase)作用下，其α、β位碳原子脱氢，生成反式的烯脂酰-CoA。FAD 为该酶的辅助因子。

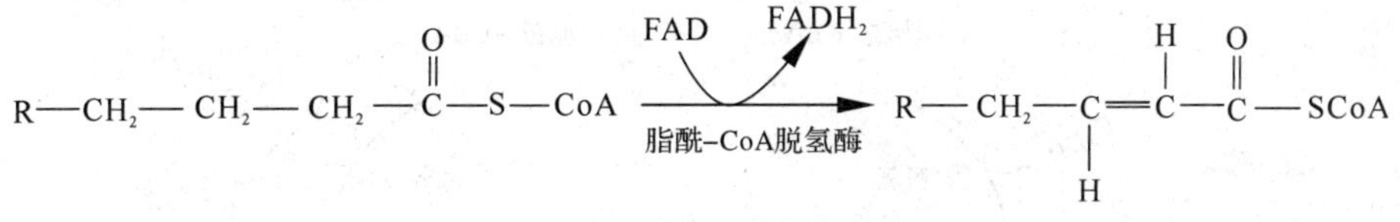

脂酰-CoA　　　　　　Δ^2反式烯脂酰-CoA

$$\Delta G^{\ominus\prime} = -20\text{kJ/mol}$$

②水化　反式的烯脂酰-CoA 在烯脂酰-CoA 水合酶(enoyl-CoA hydratase)作用下，在α与β碳原子上加水生成β-羟脂酰-CoA。该酶要求烯脂酰-CoA 为反式结构，所生成的β-羟脂酰-CoA 为 L(+)型。

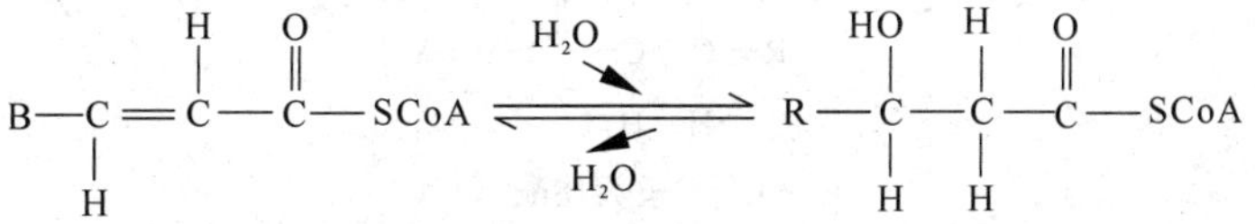

Δ^2-反式烯脂酰-CoA　　　　　　L(+)β-羟脂酰-CoA

$$\Delta G^{\ominus\prime} = -3.1\text{kJ/mol}$$

③再脱氢　β-羟脂酰-CoA 在 β-羟脂酰-CoA 脱氢酶(β-hydroxyacyl-CoA dehydrogenase)作用下，脱氢生成 β-酮脂酰-CoA。NAD$^+$是该酶的辅助因子。该酶只催化 L-羟脂酰-CoA 反应。

$$R-\overset{OH}{\underset{H}{C}}-\overset{H}{\underset{H}{C}}-\overset{O}{C}-SCoA \xrightarrow{NAD^+ \quad NADH+H^+} R-\overset{O}{C}-CH_2-CO-SCoA$$

L-β-羟脂酰-CoA　　　　　　　　　　　　　β-酮脂酰-CoA

$$\Delta G^{\ominus\prime} = +15.7\text{kJ/mol}$$

④硫解　在 β-酮脂酰-CoA 硫解酶(β-ketoacyl-CoA thiolase)作用下，β-酮脂酰-CoA 与 HSCoA 反应生成 1 分子乙酰-CoA 和 1 分子较原来的脂酰基少两个碳原子的脂酰-CoA。

$$R-CH_2-\overset{O}{C}-CH_2-\overset{O}{C}-SCoA + HSCoA \longrightarrow RCH_2-\overset{O}{C}-SCoA + CH_3-\overset{O}{C}-SCoA$$

β-酮脂酰-CoA　　　　　　　　　　脂酰-CoA　　　　乙酰-CoA

$$\Delta G^{\ominus\prime} = -28\text{kJ/mol}$$ （较原来的脂酰基少两个碳原子）

至此，一轮 β-氧化反应过程结束(图 7-14)。机体根据需要，可以由上述硫解步骤中新生成的脂酰-CoA 重新进行新的一轮 β 氧化过程。对于偶数碳链饱和脂酰-CoA 而言，β-氧化的最终结果是产生乙酰-CoA。

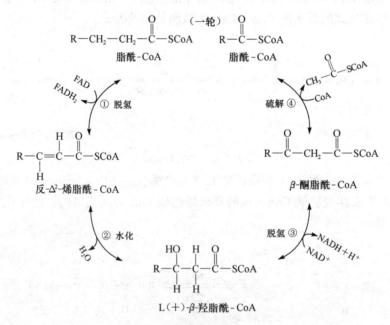

图 7-14　脂肪酸的 β-氧化作用
(引自杨志敏、蒋立科，2010)

(2) β-氧化过程的特点

首先，脂肪酸活化生成脂酰-CoA 是 β-氧化的重要前提。中、短碳链脂肪酸可直接进入线粒体内再活化，而长链脂肪酸则需活化之后再经肉(毒)碱转运。

其次，β-氧化过程发生在线粒体内，故反应过程中所产生的乙酰-CoA 可以进入三羧酸循环而产能，所产生的 NADH 与 $FADH_2$ 也可经呼吸链而生成水并产能。β-氧化过程是需氧的代谢过程。没有线粒体的红细胞不能氧化脂肪酸供能。

(3) 脂肪酸 β-氧化的生理意义

①它可为机体的生命活动提供能量。以 1 mol 软脂酸(16 碳)的 β-氧化为例。经 7 次 β-氧化过程后，可产生 7mol NADH、7mol $FADH_2$ 以及 8mol 乙酰-CoA。由于 1mol 乙酰-CoA 经三羧酸循环彻底氧化分解可以产生 3mol NADH、1mol $FADH_2$ 及 1mol ATP，而 1mol NADH、1mol $FADH_2$ 经呼吸链传递其氢的过程中分别生成 2.5mol 和 1.5mol ATP，所以 1mol 乙酰-CoA 经三羧酸循环氧化生成 CO_2 和 H_2O 的过程中可以生成 10mol ATP，所以 1mol 软脂酸-CoA 仅就其在 β-氧化过程中产生的乙酰-CoA 而言，其经三羧酸循环彻底氧化即可产生 $8 \times 10 = 80$mol ATP。此外，β-氧化过程中产生的 7mol NADH 和 7mol $FADH_2$ 上的氢在经呼吸链传递的过程中即共可产生 $7(2.5 + 1.5) = 28$mol ATP。所以，1mol 软脂酸经 β-氧化过程彻底氧化分解，共可产生 $80 + 28 - 2 = 106$mol ATP。

一般来说，在碳原子数相同的情况下，脂肪酸较糖的氧化供能的效率更高。脂肪酸氧化时产生的能量约 40% 为机体利用，合成高能化合物，其余 60% 以热的形式散出，热效率为 40%。

②β-氧化过程中生成的乙酰-CoA 可以用作合成酮体、胆固醇和类固醇化合物、脂肪酸的原料。

③β-氧化过程中产生大量的水，可满足陆生动物对水的需求。

7.2.3.5 奇数碳饱和脂肪酸的氧化

生物界的脂肪酸链大多为偶数碳原子的，少数为奇数碳原子的。例如，动物脂肪中的奇数碳脂肪酸约占总脂肪酸量的 1%~5%，而石油酵母的脂类中则含大量的 C_{15}/C_{17} 的奇数碳脂肪酸。

奇数碳饱和脂肪酸的氧化也遵循 β-氧化规律，只是在最后一轮 β-氧化过程中生成乙酰-CoA 和丙酰-CoA(propionyl-CoA)。

丙酰-CoA 不能进行 β-氧化，循两条途径继续降解。

(1) 甲基丙二酸单酰-CoA 途径

在动物及人体细胞内即循此途径代谢。一般包括以下几步反应。

$$CH_3—CH_2—COOH + HSCoA + ATP \xrightarrow{\text{碳激酶}} CH_3—CH_2—C—SCoA + ADP + Pi$$
丙酸   丙酰-CoA

$$CH_3—CH_2—C—SCoA + ATP + CO_2 \xrightarrow[\text{生物素}]{\text{丙酰-CoA 羧化酶}} CH_3—\underset{COOH}{CH}—CO—SCoA + ADP + Pi$$
丙酰-CoA   甲基丙二酸单酰-CoA

生物素是丙酰-CoA 羧化酶(propionyl-CoA carboxylase)的辅助因子。

$$\underset{\text{甲基丙二酸单酰-CoA}}{CH_3-\underset{\underset{COOH}{|}}{CH}-CO-SCoA} \xrightarrow[B_{12}\text{辅酶}]{\text{甲基丙二酸单酰-CoA 变位酶}} \underset{\text{琥珀酰-CoA}}{HOOC-CH_2-CH_2-CO-SCoA}$$

B_{12}辅酶(即5′-脱氧腺苷钴胺素)是甲基丙二酸单酰-CoA 变位酶(methylmalonyl-CoA mutase)的辅助因子。缺乏维生素 B_{12}易引起甲基丙二酸单酰-CoA 的堆积,从而既可能导致甲基丙二酸单酰-CoA 因脱去-CoA 而使血中甲基丙二酸含量增高,引起甲基丙二酸血症以至于甲基丙二酸尿症,也可能因引起丙酰-CoA 浓度增高,从而参与神经髓鞘脂类的合成,生成异常脂肪酸(十五碳、十七碳和十九碳脂肪酸),进而导致神经髓鞘脱落,神经变性(临床上叫作亚急性合并变性症)。

该途径生成的琥珀酰-CoA,既可以经三羧酸循环进一步氧化分解,也可以经草酰乙酸进入糖异生途径。

(2) β-羟丙酸支路

这条途径在植物和微生物中较普遍,包括以下三个阶段。

① 丙酰-CoA 转变为 β-羟基丙酰-CoA。这是经 β-氧化作用的两步反应完成的。

$$CH_3-CH_2-\overset{O}{\underset{\|}{C}}-SCoA \xrightarrow[\text{脂酰-CoA脱氢酶}]{FAD \quad FADH} H_2C=CH-\overset{O}{\underset{\|}{C}}-SCoA$$

$$\xrightarrow[\text{烯脂酰-CoA水合酶}]{H_2O} \underset{\beta\text{-羟基丙酰-CoA}}{HOCH_2-CH_2-\overset{O}{\underset{\|}{C}}-SCoA}$$

② β-羟基丙酸的生成。

$$HOCH_2-CH_2-\overset{O}{\underset{\|}{C}}-SCoA+H_2O \xrightarrow{\beta\text{-羟基异丁酰-CoA水解酶}} \underset{\beta\text{-羟基丙酸}}{HOCH_2-CH_2-COOH}+HSCoA$$

③ β-羟基丙酸向乙酰-CoA 的转化。

$$\underset{\beta\text{-羟基丙酸}}{HOCH_2-CH_2-COOH}+NAD^+ \xrightarrow{\beta\text{-羟基丙酸脱氢酶}} \underset{\text{丙醛酸}}{HOC-CH_2-COOH}$$

$$HOC-CH_2-COOH+HSCoA+NADP^+ \xrightarrow{\text{丙醛酸脱氢酶}} \text{乙酰-CoA}+NADPH+H^++CO_2$$

所生成的乙酰-CoA 也可以沿三羧酸循环等代谢途径进行后续代谢变化。

7.2.3.6 不饱和脂肪酸的氧化

生物体内的脂肪酸一半以上是不饱和脂肪酸,不饱和脂肪酸的氧化同样遵循前述 β-氧化的规律。由于不饱和脂肪酸的双键均为顺式结构,因而当因 β-氧化的进行而导致脂酰基碳链缩短到一定程度时,其链中原有双键的顺式结构就会影响到 β-氧化的继续进行。这时,额外的一个酶——顺反烯脂酰-CoA 异构酶(cis-trans enoyl-CoA isomerase)就要催化以使此顺式结构转变为反式结构,使烯脂酰-CoA 能够满足 β-氧化过程的要求。而对于含有多个双键的脂酰-CoA 来说，则除此之外，还需要另外一个酶——2,4-二烯脂酰-CoA 还原酶(2,4-dienoyl-CoA reductase)的催化作用，以使产生的中间产物 D-β-羟脂酰-CoA 转变为 L(+)-β-羟脂酰-CoA，因而使 β-氧化过程继续进行。

例如，油脂酰-CoA 的氧化(图 7-15)与亚油酰-CoA 的氧化(图 7-16)。

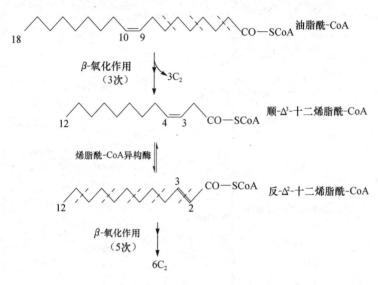

图 7-15　油脂酰-CoA 的 β-氧化过程

(引自杨志敏、蒋立科，2010)

7.2.3.7　脂肪酸的 α-氧化与 ω-氧化

脂肪酸在生物体内的氧化，除了普通存在的 β-氧化过程之外，还有较为特殊的其他一些方式。

(1) α-氧化

在酶的作用下，脂肪酸的 α-碳原子上发生氧化作用，生成一个 CO_2 及其碳链减少一个碳原子的脂肪酸，这种氧化作用即脂肪酸的 α-氧化。

1956 年，Stumpf 首先在植物种子和叶片中发现脂肪酸的 α-氧化，后来 α-氧化在动物脑、肝组织中也被证实。

目前来看，α-氧化作用以游离脂肪酸为初始底物，具体分别通过两个反应链，而最终生成减少一个碳原子的脂肪酸链(图 7-17)。

其一是，游离脂肪酸在加氧酶作用下生成 α-羟酸，经利用 NAD^+ 的脱氢酶作用后生成 α-酮酸。再经利用 NAD^+ 的脱氢酶作用，发生氧化脱羧，生成少一个碳原子的脂肪酸和 CO_2。

其二是，游离脂肪酸在加氧酶作用下生成 α-氢过氧化脂肪酸，再经相应的氧化与脱羧，而最终放出 CO_2，生成少一个碳原子的脂肪酸。

α-氧化对于降解过长脂肪酸和支链脂肪酸、对于形成奇数碳脂肪酸有重要作用。α-氧化作用中生成的 α-羟脂酸是动物脑中脑苷脂和脑硫脂的重要组分。

因 α-氧化中酶的缺陷而导致的遗传病 Refsum 病，就是因为不能降解源于叶绿素中的叶

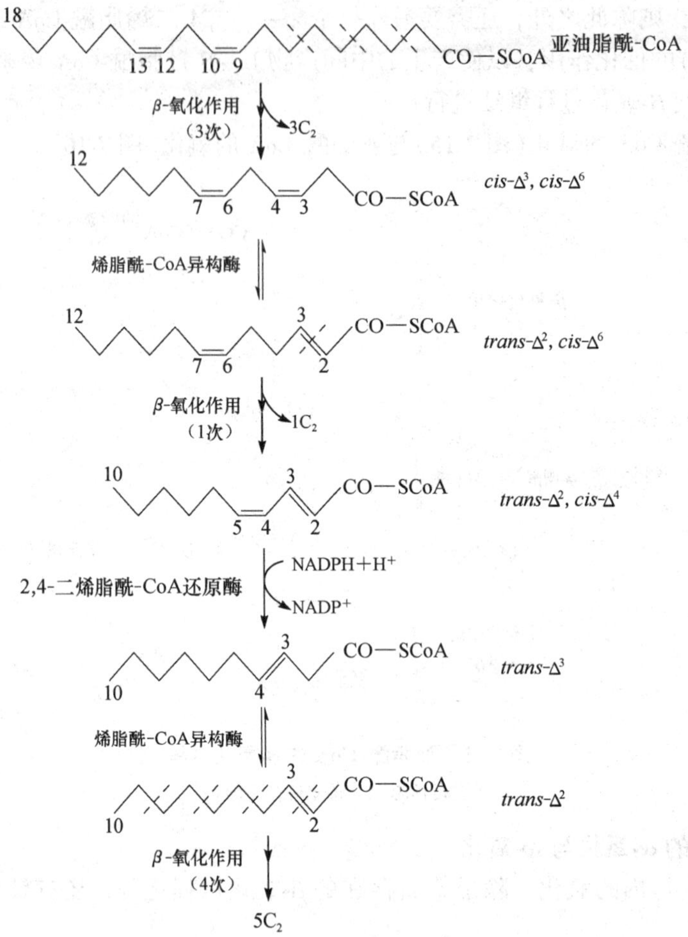

图 7-16 亚油脂酰-CoA 的 β-氧化
(引自杨志敏、蒋立科，2010)

绿醇在动物体内产生的植烷酸，而导致植烷酸在血浆和组织中大量堆积，造成神经系统的功能损害。

(2) ω-氧化

脂肪酸的 ω-氧化是指自脂肪酸的末端(即 ω 端)甲基发生氧化作用开始，并最终生成 α，ω-二羧酸的过程。

这个途径首先是由 Verkade 于1932年根据动物学实验提出的。动物体内的脂肪酸多为十二碳以上，它们一般经 β-氧化来分解。但是，十二碳以下的脂肪酸尽管它们的数量不多，却可以经 ω-氧化来分解。

动物肝脏的微粒体中存在催化 ω-氧化的酶系。它先催化脂肪酸的 ω-碳原子氧化成 ω-羟基即生成 ω-羟脂酸，将 ω-羟基进一步氧化成 ω-羧基而生成 α，ω-二羧酸并进入线粒体内(图7-18)。这时，α，ω-二羧酸的两端均可与 CoA 结合，并开始 β-氧化。最后，生成的琥珀酰-CoA 还可进一步分解。

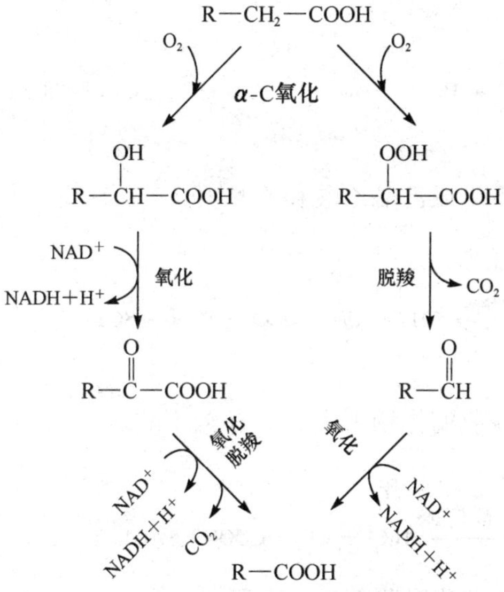

图7-17 脂肪酸的α-氧化
(引自杨志敏、蒋立科，2010)

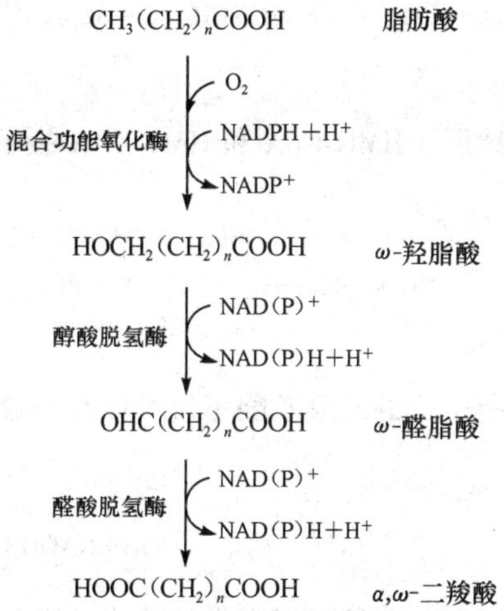

图7-18 脂肪酸的ω-氧化
(引自杨志敏、蒋立科，2010)

目前还证实，植物体内在ω-端具有含氧官能团(如羟基、醛基或羧基)的脂肪酸大多也是经ω-氧化途径生成的，它们往往是角质层细胞的组成成分。另外，某些需氧细菌可以ω-氧化方式分解脂肪酸和直链烷烃，可用于海洋浮油污染的治理。

7.2.3.8 酮体的生成与利用

线粒体内乙酰-CoA 的走向在不同组织中是不同的。在心肌和骨骼肌等组织中，乙酰-CoA 可进行三羧酸循环，进一步经呼吸链而被氧化分解生成 H_2O 和 CO_2，并生成 ATP。但在动物的肝脏组织中，却由于具有活性较强的合成酮体的酶系，故而此处的乙酰-CoA 只有少部分进行三羧酸循环进入代谢，而相当一部分则作为合成酮体的原料，生成乙酰乙酸、D-β-羟丁酸和丙酮这三种物质，它们统称为酮体。这里的酮体(ketone body)只是一个历史上的名词，最初是指不溶于水的小颗粒，而这三种酮体成分却都是高度水溶性的，其中的 D-β-羟丁酸也不是酮。

酮体的合成主要在肝脏进行，其余动物组织(统称为肝外组织)中一般认为是无酮体生成作用的，只是在肾脏组织也可少量生成。

首先，2分子乙酰-CoA 在硫解酶(也有说在乙酰-CoA 乙酰转移酶)作用下生成乙酰乙酰-CoA 和 HSCoA。

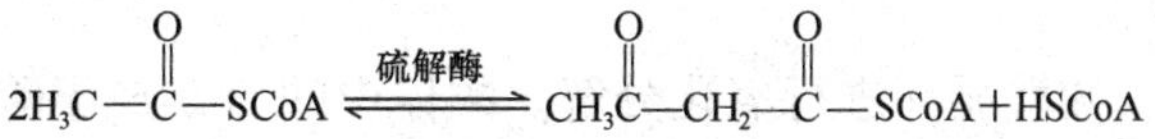

$$2H_3C-\overset{O}{\underset{}{C}}-SCoA \xrightleftharpoons{硫解酶} CH_3-\overset{O}{\underset{}{C}}-CH_2-\overset{O}{\underset{}{C}}-SCoA+HSCoA$$

随后，乙酰乙酰-CoA 又与1分子乙酰-CoA 在 HMG-CoA 合酶的作用下生成 β-羟-β-甲基戊二酸单酰-CoA(即 HMG-CoA)和 HSCoA。此酶为关键酶。

$$CH_3\text{C}-CH_2-\overset{O}{\text{C}}-SCoA + CH_3 + \overset{O}{\text{C}}-SCoA \xrightarrow{\text{HMG-CoA 合酶}} HOOC-CH_2-\underset{CH_3}{\overset{OH}{\text{C}}}-CH_2-\overset{O}{\text{C}}-SCoA + HSCoA$$

然后，HMG-CoA 和 HMG-CoA 裂解酶作用下生成乙酰乙酸和乙酰-CoA。

$$HOOC-CH_2-\underset{CH_3}{\overset{OH}{\text{C}}}-CH_2-\overset{O}{\text{C}}-SCoA \xrightarrow{\text{HMG-CoA 裂解酶}} \overset{O}{CH_3\text{C}}-CH_2-COOH + CH_3\overset{O}{\text{C}}-SCoA$$

所生成的乙酰乙酸不仅可以在 D-β-羟丁酸脱氢酶作用下生成 D-β-羟丁酸。

$$\overset{O}{CH_3\text{C}}-CH_2-COOH + NADH + H^+ \underset{}{\overset{\text{D-}\beta\text{-羟丁酸脱氢酶}}{\rightleftharpoons}} \overset{OH}{CH_3\text{CH}}-CH_2-COOH + NAD^+$$

同时，它还可以自发地或由乙酰乙酸脱羧酶催化脱羧而生成丙酮。

$$\overset{O}{CH_3\text{C}}-CH_2-COOH \xrightarrow{\text{乙酰乙酸脱氢酶}} CH_3-\overset{O}{\text{C}}-CH_3 + CO_2$$

正常人体中，丙酮的生成量相当小，但在长期饥饿、禁食或糖尿病时，其生成量明显增多，几乎占酮体总量的一半。

肝脏可以生成酮体，但缺乏有关的酶而不能利用酮体。包括肾脏在内的大多数肝脏外组织则因有相关的酶而可以利用酮体。例如，乙酰乙酸硫激酶可以催化生成乙酰乙酰-CoA。

$$\overset{O}{CH_3\text{C}}-CH_2-COOH + HSCoA + ATP \underset{}{\overset{\text{乙酰乙酸硫激酶}}{\rightleftharpoons}} \overset{O}{CH_3\text{C}}-CH_2-\overset{O}{\text{C}}-SCoA + AMP + PPi$$

而乙酰乙酸-琥珀酰-CoA 转硫酶或 β-酮脂酰-CoA 转移酶则可催化乙酰乙酸和琥珀酰-CoA 反应生成乙酰乙酰-CoA 及琥珀酸。

$$CH_3-\overset{O}{\text{C}}-CH_2-COOH + \text{琥珀酰-CoA} \xrightarrow{\text{转硫酶}} CH_3-\overset{O}{\text{C}}-CH_2-\overset{O}{\text{C}}-SCoA + \text{琥珀酸}$$

上述催化生成乙酰乙酰-CoA 的这两种酶在肝脏中都没有。

如此生成的乙酰乙酰-CoA 则在硫解酶作用下生成乙酰-CoA。

$$CH_3\overset{O}{\text{C}}-CH_2-\overset{O}{\text{C}}-SCoA + HSCoA \xrightarrow{\text{硫解酶}} 2CH_3-\overset{O}{\text{C}}-SCoA$$

乙酰-CoA 即可进入三羧酸循环进行氧化分解。酮体中的 D-β-羟丁酸可经转变为乙酰乙酸后进行上述代谢过程。

丙酮可通过呼吸或尿排出。有的丙酮可在一系列酶的作用下转变为丙酮酸或乳酸而进一步代谢。

酮体是脂肪酸在肝脏代谢的正常产物，是肝脏输出能源的一种形式。作为小分子水溶性物质，它易通过血液运输，并可透过血-脑屏障和肌肉毛细血管壁，是肌肉和脑等组织的重要能源。脑组织不能利用脂肪酸，但能利用酮体。酮体的利用可减少糖的利用，有利于维持血糖水平恒定。正常情况下，由于肝外组织能迅速利用酮体，故血中酮体含量极低，一般为 0.03~0.5mmol/L。在肝脏线粒体中，决定乙酰-CoA 走向的是草酰乙酸，乙酰-CoA 可因之而进入三羧酸循环。但在严重饥饿或未经治疗的糖尿病人体内胰岛素水平过低的情况下，体内糖的贮存会被耗尽。这时，肝外组织不能从血液中获得充足的葡萄糖。为了获得充足的能量，肝中的糖异生会加速，以致草酰乙酸会被消耗。同时，肝和肌肉中的脂肪酸分解加快，并动员蛋白质的分解。而脂肪酸的分解无疑会导致乙酰-CoA 大量产生。由于此时的乙酰-CoA 因草酰乙酸的减少而不能正常进入三羧酸循环，所以只能转向酮体的生成。若超过肝外组织的利用能力，则血中的酮体会因此而增多，超过正常含量的话即造成酮血症。例如，经治疗的糖尿病人血液中的酮体含量低于 3mg/100mL，而未经治疗者却高达 90mg/100mL。此时的部分酮体可经肾脏随尿排出，是为酮尿症。例如，经治疗的糖尿病人尿液中的酮体含量最多只达 125mg/24h，而未经治疗者却高达 5 000mg/24h。一般所说酮病(ketosis)者即表现出酮血症以致酮尿症。丙酮有挥发性和特殊气味，故病人的气息中会发出类似于烂苹果味的酮味。由于乙酰乙酸和 β-羟丁酸是酸性物质，可使血液 pH 降低，扰乱正常生理 pH 以致酸中毒(acidosis)，并且由于二者可与金属离子结合成盐而从尿液中排出，故而会扰乱体内的水盐代谢平衡。因此，酮体含量过高在临床上会导致昏迷甚至死亡。

酮体是严重饥饿或糖尿病人等体内糖供应不足者肌肉尤其是脑组织的重要能源。

7.3 脂肪的生物合成

脂肪是甘油与脂肪酸酯化而成的，因而脂肪的生物合成首先要先分别解决体内甘油和脂肪的来源问题，然后才能实现脂肪的生物合成。

7.3.1 甘油的合成

生物体内的甘油主要来源于两个方面，一个是脂肪的酶促水解，另一个则是来自糖酵解或糖异生过程中的中间产物的转化。但脂肪的生物合成中直接地需要 α-磷酸甘油。

$$\begin{array}{c} CH_2OH \\ HO-CH \\ CH_2OH \\ \text{甘油} \end{array} + ATP \xrightarrow{\text{甘油激酶}} \begin{array}{c} CH_2O-P \\ HO-CH \\ CH_2OH \end{array} + ADP$$

这个反应是不可逆的反应。脂肪组织细胞缺乏这个酶，故脂肪组织中的脂肪经酶解后产生的游离甘油需经过血液运输至肝脏之后，再经过上述反应生成 α-磷酸甘油。

糖酵解或糖异生途径中的中间产物磷酸二羟丙酮是体内生成 α-磷酸甘油和甘油的前体。而 α-磷酸甘油磷酸酶催化的反应也是不可逆的。

$$\underset{\text{磷酸二羟丙酮}}{\begin{array}{c}CH_2O-\textcircled{P}\\|\\C=O\\|\\CH_2OH\end{array}} + NADPH \xrightleftharpoons{\alpha\text{-磷酸甘油脱氢酶}} \underset{L\text{-}\alpha\text{-磷酸甘油}}{\begin{array}{c}CH_2O-\textcircled{P}\\|\\HO-CH\\|\\CH_2OH\end{array}}$$

$$\underset{L\text{-}\alpha\text{-磷酸甘油}}{\begin{array}{c}CH_2O-\textcircled{P}\\|\\HO-CH\\|\\CH_2OH\end{array}} + H_2O \xrightleftharpoons{\alpha\text{-磷酸甘油磷酸酶}} \begin{array}{c}CH_2OH\\|\\CH-OH\\|\\CH_2-OH\end{array} + H_3PO_4$$

7.3.2 脂肪酸的生物合成

脂肪酸的生物合成由饱和脂肪酸的从头合成、脂肪酸链的延长和不饱和脂肪酸的生成等几个阶段组成。其中,饱和脂肪酸的从头合成主要指不少于16个碳的饱和脂肪酸的从头合成,而脂肪酸链的延长及不饱和脂肪酸的生成则在此基础上进一步完成。

7.3.2.1 饱和脂肪酸的从头合成

真核生物中,这个过程在线粒体外的胞液中进行,是不同于脂肪酸的 β-氧化过程的。从头合成饱和脂肪酸需要乙酰-CoA 为原料,而乙酰-CoA 主要由在线粒体内进行的丙酮酸的氧化、脂肪酸的 β-氧化过程及氨基酸的氧化过程提供。

线粒体内的乙酰-CoA 不能自由穿过线粒体内膜。实验表明,乙酰-CoA 主要通过"柠檬酸-丙酮酸循环"机制而从线粒体内被转运到线粒体外的胞液中,然后脂肪酸的从头合成过程才开始。

(1) 乙酰-CoA 的转运

在柠檬酸-丙酮酸循环机制中,线粒体内的乙酰-CoA 先与草酰乙酸反应生成柠檬酸。

$$CH_3\overset{O}{\overset{\|}{C}}-SCoA + \underset{\overset{|}{CH_2COOH}}{\overset{O}{\overset{\|}{C}}-COOH} + H_2O \xrightarrow{\text{柠檬酸酶}} \underset{\overset{|}{CH_2COOH}}{\begin{array}{c}CH_2COOH\\|\\HO-CH-COOH\end{array}} + HSCoA$$

接着,柠檬酸经线粒体内膜上的柠檬酸载体(也有人称三羧酸载体)被转运到线粒体外胞液中。在柠檬酸裂解酶的作用下,柠檬酸裂解生成草酰乙酸和乙酰-CoA。

$$\begin{array}{c}CH_2COOH\\|\\CH-OH\\|\\CH_2COOH\end{array} + ATP \xrightarrow{\text{柠檬酸裂解酶}} \underset{\overset{|}{CH_2COOH}}{\overset{O}{\overset{\|}{C}}-COOH} + CH_3-\overset{O}{\overset{\|}{C}}-SCoA + ADP + Pi$$

这样,线粒体的乙酰-CoA 即转变为线粒体外胞液中的乙酰-CoA。

此外,草酰乙酸被苹果酸脱氢酶催化成为苹果酸。

$$\underset{\overset{|}{CH_2COOH}}{\overset{O}{\overset{\|}{C}}-COOH} + NADH + H^+ \xrightleftharpoons{\text{苹果酸脱氢酶}} \underset{\overset{|}{CH_2COOH}}{\begin{array}{c}\\OH-CH-COOH\end{array}} + NAD^+$$

而苹果酸又被苹果酸酶催化发生氧化脱羧作用,生成 CO_2、丙酮酸和 NADPH。

$$\underset{\underset{CH_2COOH}{|}}{OH-CH-COOH}+NADP^+ \xrightarrow{\text{苹果酸酶}} CH_3-\overset{O}{\underset{\|}{C}}-COOH+CO_2+NADPH+H^+$$

丙酮酸是可以自由进出线粒体的。当丙酮酸进入线粒体后,即可被丙酮酸羧化酶催化重新生成草酰乙酸。

$$CH_3-\overset{O}{\underset{\|}{C}}-COOH+CO_2+ATP+H_2O \xrightarrow{\text{丙酮酸羧化酶}} \underset{\underset{CH_2COOH}{|}}{\overset{O}{\underset{\|}{C}}-COOH}+ADP+Pi$$

而所生成的草酰乙酸又可以重新通过柠檬酸-丙酮酸循环机制来转运乙酰-CoA 出线粒体(图 7-19)。当然,丙酮酸还可以参与三羧酸循环。

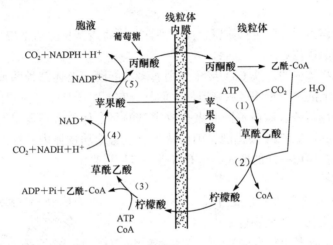

图 7-19 柠檬酸—丙酮酸循环
(引自张楚富,2003)

(2) 丙二酸单酰-CoA 的生成——乙酰-CoA 的羧化

一般讲,偶数碳脂肪酸从头合成过程中用以合成延长脂肪酸链的原料是乙酰-CoA。但是,在这个过程中,除了有 1 分子的乙酰-CoA 是直接参与其中之外,其余的则直接地由丙二酸单酰-CoA 为原料。

丙二酸单酰-CoA 是由乙酰-CoA 羧化酶催化乙酰-CoA 发生生化反应生成的。其总反应式如下:

$$CH_3-\overset{O}{\underset{\|}{C}}-SCoA+CO_2+ATP+H_2O \xrightarrow{\text{乙酰-CoA羧化酶}} \underset{\underset{CH_2COOH}{|}}{\overset{O}{\underset{\|}{C}}-SCoA}+ADP+Pi$$

这个反应是不可逆的,是一个关键反应。乙酰-CoA 羧化酶含生物素辅基。下面以大肠杆菌中的乙酰-CoA 羧化酶为例来看看丙二酸单酰-CoA 的生成过程。该酶是一个由生物素羧化酶(biotin carboxylase, BC)、生物素羧基载体蛋白(biotin carboxyl carrier protein, BCCP)和羧基转移酶(transcarboxylase，CT)共两种酶和一种非酶蛋白组成的多酶体系。其中生物素和生物素羧基载体蛋白上的赖氨酸上的 ε-氨基以酰胺键共价结合。实际上，乙酰-CoA 羧化酶(系)催化了两步反应。首先由生物素羧化酶催化将 CO_2（一般以 HCO_3^- 形式）固定在生物素分子上的一个 N 原子上，生成羧基生物素。

$$BCCP-生物素 + CO_2 + ATP + H_2O \xrightarrow{BC} BCCP-羧基生物素 + ADP + Pi$$

$$（或\ BCCP-生物素 + HCO_3^- + H^+ + ATP \xrightarrow{BC} BCCP-羧基生物素 + ADP + Pi）$$

这里，生物素是 CO_2 的临时载体，所消耗的 ATP 足以生成活化的羧基生物素。这个有活性的羧基又在羧基转移酶的催化下从 BCCP-羧基生物素上转移到乙酰-CoA 上生成丙二酸单酰-CoA。

$$BCCP-生物素 + 乙酰-CoA \xrightarrow{CT} 丙二酸单酰-CoA + BCCP-生物素$$

丙二酰单酰-CoA 的生成足以提供脂肪酸从头合成过程中直接用以延长脂肪酸链的稍微直接的原料。

生物素羧基载体蛋白上的生物素臂长而有弹性，可将羧基从生物素羧化酶的活性位点转移到羧基转移酶的活性位点。

目前看来，动物体内的乙酰-CoA 羧化酶则属多功能酶，上述三种酶或蛋白的功能分别由这同一条多肽链上的三个不同区域来行使。而且，它同时还是一个由同样的两条多肽链组成的寡聚酶。如果这两条多肽链不同时聚合成完整的复合体，就不显出有关酶或蛋白的功能。而在植物体内的乙酰-CoA 羧化酶，则被认为或只有像动物体内一样的形式或同时兼有像动物体内和大肠杆菌内一样的形式。这有待进一步探讨来定。

(3) 脂肪酸合酶

脂肪酸合酶负责整个从头合成过程中脂肪酸链的生成延长。在大肠杆菌中，这是一个多酶体系(或多酶复合体)，它包括乙酰-CoA-ACP 酰基转移酶(Acetyl-CoA-ACP acyltransferase，AT)、丙二酸单酰-CoA-ACP 酰基转移酶(malonyl-CoA-ACP transferase，MT)、β-酮酯酰-ACP 合酶(β-ketoacyl-ACP synthase，KS)、β-酮酯酰-ACP 还原酶(β-ketoacyl-ACP reductase，KR)、β-羟脂酰-ACP 脱水酶(β-hydroxyacyl-ACP dehydrase，HD)、烯酯酰-ACP 还原酶(enoyl-ACP reductase，ER)以及酰基载体蛋白(acyl carrier protein，ACP)组成，共 6 种酶和 1 种非酶蛋白(图 7-20)。

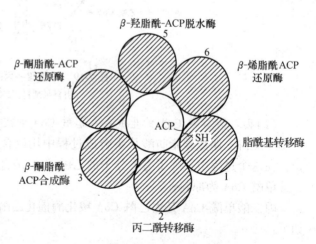

图 7-20　大肠杆菌脂肪酸合酶多酶复合体
(引自张楚富，2003)

ACP 是一种热稳性小分子结合蛋白。其辅基 4′-磷酸泛酰硫基乙胺(4′-phosphopantetheine)的磷酸基团与 ACP 肽链上第 36 位上的丝氨酸残基以酯键相连，而该辅基上的—SH 则是 ACP 上的功能基团，以高能硫酯键与脂酰基相连，其结构式如图 7-21 所示。

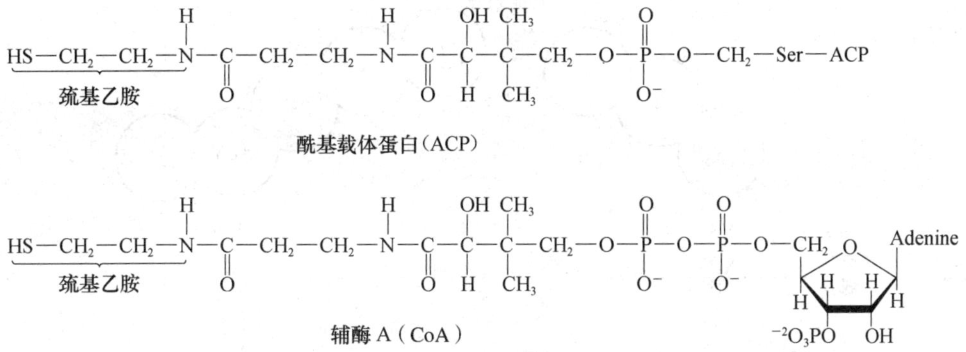

7.3 脂肪的生物合成

$$HS-CH_2-CH_2-\overset{H}{N}-\overset{O}{C}-CH_2-CH_2-\overset{H}{N}-\overset{O}{C}-\overset{OH}{\underset{H}{C}}-\overset{CH_3}{\underset{CH_3}{C}}-CH_2-O-\overset{O}{\underset{O^-}{P}}-O-CH_2-Ser-ACP$$

巯基乙胺

酰基载体蛋白（ACP）

$$HS-CH_2-CH_2-\overset{H}{N}-\overset{O}{C}-CH_2-CH_2-\overset{H}{N}-\overset{O}{C}-\overset{OH}{\underset{H}{C}}-\overset{CH_3}{\underset{CH_3}{C}}-CH_2-O-\overset{O}{\underset{O^-}{P}}-O-\overset{O}{\underset{O^-}{P}}-O-CH_2 \cdots Adenine$$

巯基乙胺

辅酶 A（CoA）

图 7-21　ACP 和 CoA 分子中的磷酸泛酰巯基乙胺基团
（引自张楚富，2003）

ACP 位于脂肪酸合酶这个多酶体系中心，其他六种酶按一定顺序环列于其周围。在合成脂肪酸的时候，ACP 上的辅基作为脂酰基的载体，将合成时的中间产物由一个酶的活性中心转移到另一个酶的活性中心。不同来源的 ACP 同源性高，其多肽链上的氨基酸组成会不同，但会有这样相同的辅基来行使作用。

真核生物中的脂肪酸合酶情况与大肠杆菌的不一样。图 7-22 是不同生物中脂肪酸合酶系统模式图。在酵母中，该酶由 α、β 两种亚基构成，其中 α 亚基上有 β-酮脂酰合酶、β-酮酯酰-ACP 还原酶及 ACP 活性区域，而 β 亚基上则具有其余四种酶活性。酵母的脂肪酸合酶的结构形式为 $\alpha_6\beta_6$。脊椎动物脂肪酸合酶中的有关功能则分布在同一条多肽链上的不同区域，也属多功能酶。尤为突出的是，该多功能酶多肽链上还额外多了一个行使棕榈酰-ACP 硫解酶(palmitoyl-ACP thioesterase)的区域，可催化生成的软脂酰-ACP 水解生成棕榈酸和 ACP。如此两条完全相同的多肽链首尾相连形成二聚体形式后才是有活性的脂肪酸合酶（图 7-23）。若此二聚体解聚，则活性丧失。

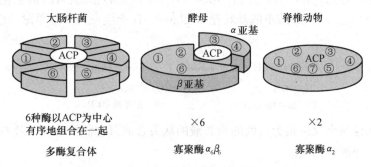

图 7-22　不同生物中脂肪酸合酶系统模式图
（引自杨志敏、蒋立科，2010）

(4) 脂肪酸的从头合成过程

下面将以软脂酸的生物合成来介绍这个过程。

① 乙酰基的转移酶　在乙酰-CoA-ACP 酰基转移酶(AT)的催化下，乙酰-CoA 和 ACP 反应，乙酰基转移至 ACP 的—SH 上生成乙酰-ACP。

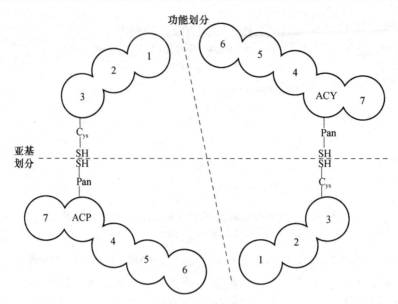

图 7-23　动物脂肪酸合酶二聚体
（引自张楚富，2003）

$$CH_3-\overset{O}{\underset{\|}{C}}-SCoA + HS-ACP \xrightleftharpoons{AT} CH_3\overset{O}{\underset{\|}{C}}-SACP + HSCoA$$

乙酰-ACP 上的乙酰基会迅速移位至 β-酮酯酰-ACP 合酶（KS）中半胱氨酸的—SH 上，成为缩合反应的第一个底物。

$$CH_3-\overset{O}{\underset{\|}{C}}-SACP + HS-KS \xrightleftharpoons{KS} CH_3\overset{O}{\underset{\|}{C}}-S-KS + HS-ACP$$

②丙二酸单酰基的转移　在丙二酸单酰-CoA-ACP 酰基转移酶（MT）的催化下，丙二酸单酰-CoA 与 ACP 反应，致丙二酸单酰基转至 ACP 的—SH 上生成丙二酸单酰-ACP。

$$\underset{\underset{丙二酸单酰-CoA}{CH_2COOH}}{\overset{O}{\underset{\|}{C}}-SCoA} + HS-ACP \xrightleftharpoons{MT} \underset{\underset{丙二酸单酰-ACP}{CH_2COOH}}{\overset{O}{\underset{\|}{C}}-S-ACP} + HS-CoA$$

由于①和②这两个反应是为后续的脂肪酸的从头合成过程做铺垫的，故有时也将它们一起称作原初反应或准备反应。

③缩合反应　在 β-酮酯酰-ACP 合酶（KS）的催化下，已结合在该酶上的乙酰基转移到结合于 ACP 上的丙二酸单酰基上的第二个碳原子上，生成乙酰乙酰-S-ACP，同时使丙二酸单酰基上的自由羧基脱羧生成 CO_2。

$$\underset{\underset{酰-ACP合酶}{乙酰-\beta-酮酯}}{CH_3\overset{O}{\underset{\|}{C}}-S-KS} + \underset{\underset{\underset{-ACP}{丙二酸单酰}}{CH_2COOH}}{CO-S-ACP} \xrightarrow{KS} \underset{乙酰乙酰-ACP}{CH_3\overset{O}{\underset{\|}{C}}-CH_2-\overset{O}{\underset{\|}{C}}-S-ACP} + \underset{\underset{-ACP合酶}{B-酮酯酰}}{HS-KS} + CO_2$$

实验证明,前述乙酰-CoA 羧化时固定的 CO_2(或 HCO_3^-)即在此处以 CO_2 形式释放,说明羧化的碳原子不会转变为脂肪酸中的碳原子,CO_2(或 HCO_3^-)在脂肪酸合成中只起催化作用。缩合反应中,CO_2 的释放使反应向合成方向进行。这也是脂肪酸合成中使用丙二酸单酰-ACP 为二碳供体的原因。丙二酸单酰-ACP 是脂肪酸从头合成过程中最直接的前体。

这里,β-酮脂酰-ACP 合酶上的—SH 是脂肪酸合成过程中的另一个转脂酰基的载体。通常将 ACP 上的—SH 叫中央巯基,而 β-酮脂酰-ACP 合酶上的—SH 则叫外围巯基。在书写上,有时为了突出—SH 的作用,可将 ACP 写作 ACP-SH,将 β-酮脂酰-ACP 合酶写作 β-酮脂酰-ACP 合酶—SH。

④第一次还原反应 在 β-酮脂酰-ACP 还原酶(KR)催化下,乙酰乙酰-ACP 被还原为 D-型的 β-羟丁酰-ACP。这里,NADPH 作为还原剂出现,被称为还原力。

$$H_3C-\overset{O}{\underset{}{C}}-CH_2-\overset{O}{\underset{}{C}}-S-ACP + NADPH + H^+ \xrightarrow{KR} H_3C-\overset{OH}{\underset{}{CH}}-CH_2-\overset{O}{\underset{}{C}}-SACP + NADP^+$$

乙酰乙酰-ACP D-β-羟丁酰-ACP

⑤脱水反应 在 β-羟脂酰-ACP 脱水酶(HD)催化下,β-羟丁酰-ACP 脱水生成反式的 α-丁烯酰-ACP(即巴豆酰-ACP)。

$$H_3C-\overset{OH}{\underset{}{CH}}-CH_2-\overset{O}{\underset{}{C}}-SACP \xrightarrow{HD} H_3C-\overset{H}{\underset{H}{C}}=\overset{}{\underset{}{C}}-\overset{O}{\underset{}{C}}-SACP + H_2O$$

D-β-羟丁酰-ACP α,β-反式-丁烯酰-ACP

⑥第二次还原反应 在 β-烯脂酰-ACP 还原酶(ER)催化下,反式的 α,β-烯脂酰-ACP 被还原为丁酰-ACP。

这里 NADPH 仍作为电子供体行使还原剂作用。

$$H_3C-\overset{H}{\underset{H}{C}}=\overset{}{\underset{}{C}}-\overset{O}{\underset{}{C}}-SACP + NADPH + H^+ \xrightarrow{ER} H_3C-(CH_2)_2-\overset{O}{\underset{}{C}}-S-ACP + NADP^+$$

α,β-反式-丁烯酰-ACP 丁酰-ACP

经过上述反应,由乙酰-ACP 为二碳受体,丙二酸单酰-ACP 为二碳单位的直接供体,经过缩合、还原、脱水、再还原这四步反应,生成了饱和的含有四个碳原子的丁酰-ACP。

若要进一步延长脂肪酸链,则所生成的丁酰-ACP 要在 β-酮脂酰-ACP 合酶的催化下,其丁酰基被转移到该合酶的半胱氨酸的—SH 上,与另一个丙二酸单酰-ACP 发生缩合反应,并如上再一次进行还原、脱水、再还原这几步反应后,即可得到己酰-ACP。如此经过若干循环的合成过程后,即可得到软脂酰-ACP。

所生成的软脂酰-ACP 可在有关的硫酯酶的催化下水解生成软脂酸和 ACP。

$$软脂酰\text{-}ACP + H_2O \xrightarrow{硫酯酶} 软脂酸 + ACP$$

在整个合成过程中,β-酮脂酰-ACP 合酶对脂酰-ACP 上的脂酰基的链长有专一性要求,它对长达 14 个碳原子的脂酰基活力最强,不能接受更长碳链的脂酰基。所以,多数生物的脂肪酸合酶一般只合成软脂酸。

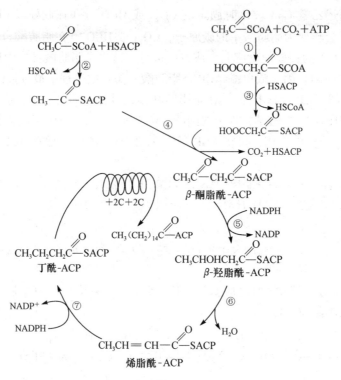

图 7-24 脂肪酸的生物合成过程
(引自刘详云、蔡马，2010)

而关于奇数碳链的饱和脂肪酸的合成，仍然由丙二酸单酰-ACP 作为二碳单位的供体，只是初始起始物由丙酰-CoA 取代乙酰-CoA 而已。

图 7-24 是脂肪酸的生物合成过程。

由上述介绍可知，生成 1mol 软脂酸需进行 7 次合成循环反应，要消耗 1mol 的乙酰-CoA 和 7mol 的丙二酸单酰-CoA，仅在这里就要消耗 7mol ATP，而在每次循环反应中，还有 2 次还原反应，均要消耗 2mol NADPH。所以由起始反应物乙酰-CoA 开始到最终生成软脂酸的总反应式如下：

8 乙酰-CoA + 7ATP + 14NADPH + 14H$^+$ ⟶ 软脂酰-CoA + 7ADP + 7Pi + 14NADP$^+$ + 8HSCoA + 7H$_2$O

脂肪酸从头合成需要的 NADPH 中，有 60% 由磷酸戊糖途径提供，而其余的则来自丙酮酸—柠檬酸循环。

7.3.2.2 饱和肪酸链的延长

动物体内的脂肪酸合酶主要合成软脂酸，而要生成更长碳链的脂肪酸，则需对软脂酸进行加工。生物体内的脂肪酸碳链的延长体系主要有两种。

(1) 线粒体脂肪酸碳链延长酶系

在有关酶的作用下，软脂酰-CoA 与乙酰-CoA 缩合生成 β-酮脂酰-CoA，经由 NADPH + H$^+$ 提供还原力，转变为 β-羟脂酰-CoA，再脱水生成 Δ^2-烯脂酰-CoA，最后仍由 NADPH + H$^+$ 提供还原力，转变为硬脂酰-CoA。如此循环，可延长脂肪酸链长达 24 或 26 个碳原子。

线粒体脂肪酸延长反应过程如图 7-25 所示。

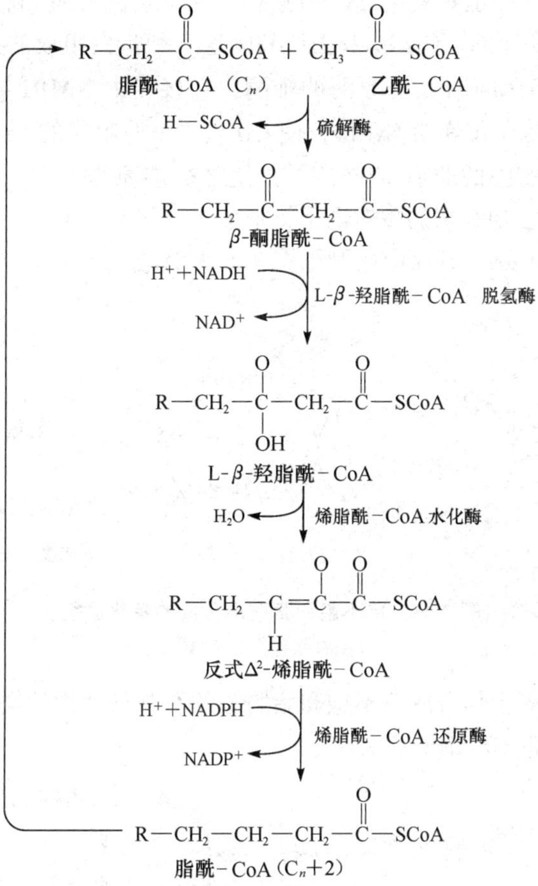

$$R-CH_2-\overset{O}{\underset{}{C}}-SCoA + CH_3-\overset{O}{\underset{}{C}}-SCoA$$
脂酰-CoA（C_n）　　　乙酰-CoA

H—SCoA ↙ 硫解酶

$$R-CH_2-\overset{O}{\underset{}{C}}-CH_2-\overset{O}{\underset{}{C}}-SCoA$$
β-酮脂酰-CoA

$H^+ + NADH$ ↙ L-β-羟脂酰-CoA 脱氢酶
NAD^+

$$R-CH_2-\underset{OH}{\overset{}{C}}H-CH_2-\overset{O}{\underset{}{C}}-SCoA$$
L-β-羟脂酰-CoA

H_2O ↙ 烯脂酰-CoA 水化酶

$$R-CH_2-\underset{H}{\overset{}{C}}=\overset{}{C}-\overset{O}{\underset{}{C}}-SCoA$$
反式 Δ^2-烯脂酰-CoA

$H^+ + NADPH$ ↙ 烯脂酰-CoA 还原酶
$NADP^+$

$$R-CH_2-CH_2-CH_2-\overset{O}{\underset{}{C}}-SCoA$$
脂酰-CoA（C_n+2）

图 7-25　线粒体脂肪酸延长反应过程
(引自张楚富，2003)

动物细胞体内线粒体内脂肪酸碳键延长反应如下：

软脂酰-CoA + 乙酰-CoA + 2NADPH + 2H$^+$ ⟶ 硬脂酰-CoA + 2NADP$^+$ + CoA

(2) 内质网脂肪酸链延长酶系

哺乳动物细胞内质网膜上存在的长链脂肪酸链延长酶系可催化饱和及不饱和脂肪酸的碳链延长。但以丙二酸单酰-CoA 为二碳单位供体，仍以 NADPH + H$^+$ 为还原力。

软脂酸经缩合、还原、脱水、再还原等反应，可使脂肪酸链延长。

动物细胞内质网上，脂肪酸碳链延长反应如下：

软脂酰-CoA + 丙二酸单酰-CoA + 2NADPH + 2H$^+$ ⟶ 硬脂酰-CoA + 2NADP$^+$ + CO$_2$ + CoA

在植物中，软脂酸的碳链延长在细胞质中进行，可利用延长酶系统催化，形成 C_{18} 和 C_{20} 的脂肪酸。其反应如下：

软脂酰-ACP + 丙二酸单酰-ACP + NADPH + H$^+$ $\xrightarrow{酶系}$ 硬脂酰-ACP + NADP$^+$

7.3.2.3　脂肪酸的生物合成

不饱和脂肪酸由有关的酶催化，由饱和脂肪酸转变而来。

(1) 单不饱和脂肪酸的合成

①需氧途径 这个途径也叫氧化(脱氢)途径。在动物的肝脏和脂肪组织中的微粒体上，有一个由 NADH-Cyt b_5 还原酶、Cyt b_5 及去饱和酶这三种蛋白组成的去饱和酶复合体，是一个多酶体系。FAD 是 NADH-Cyt b_5 还原酶的辅酶，它接受由 NADH + H^+ 提供的 2 对质子和电子后，将其中的 2 对电子传递给 Cyt b_5，使 Cyt b_5 中铁卟啉中的 Fe^{3+} 被还原为 Fe^{2+}，并由 Fe^{2+} 将电子传给去饱和酶中的非血红素 Fe^{3+}，使之被还原为 Fe^{2+}，最后分子氧与其作用，分别接受来自 NADH 及去饱和酶的 2 对电子，形成 2 分子水和 1 分子不饱和脂肪酸。其去饱和酶的底物一般为脂酰-CoA，其反应机制如图 7-26 所示。

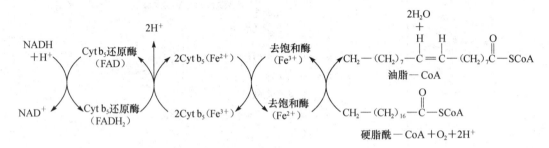

图 7-26 单不饱和脂肪酸合成的氧化途径
(引自张楚富，2003)

某些植物和低等需氧生物合成单不饱和脂肪酸的机制与动物的类似，但以铁硫蛋白代替 Cyt b_5 起作用。其机制如图 7-27 所示。

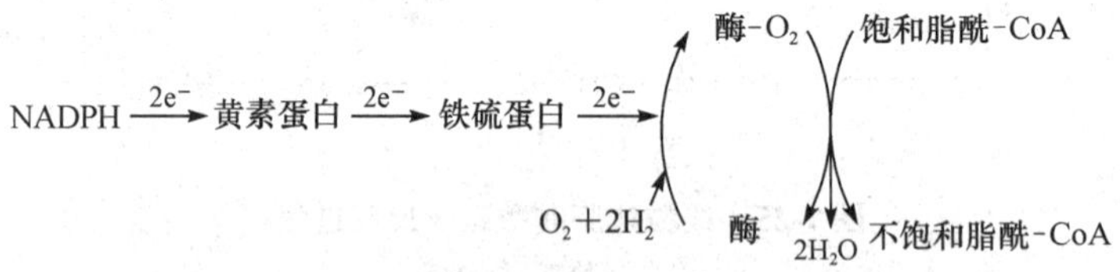

NADPH $\xrightarrow{2e^-}$ 黄素蛋白 $\xrightarrow{2e^-}$ 铁硫蛋白 $\xrightarrow{2e^-}$ 酶-O_2 ⇌ 饱和脂酰-CoA / O_2 + $2H_2$ 酶 ⇌ $2H_2O$ 不饱和脂酰-CoA

图 7-27 植物和低等需氧生物合成不饱和脂肪酸的机制
(引自张楚富，2003)

植物的去饱和酶系一般位于叶绿体等细胞质体中。它一般以脂酰-ACP 为底物。

去饱和酶(desaturase)系将双键直接引入到已合成的饱和长链脂肪酸中。该酶的专一性较强，在长链脂肪酸的 C9 和 C10 之间脱氢，形成含 Δ^9 双键的顺式的单不饱和脂肪酸。它是一种特殊的连接还原剂和氧的单加氧酶(oxygenase)。在其催化的反应中，分子氧中的一个氧原子接受来自底物的两个氢，而另一个氧原子则接受来自 NAD(P)H 的两个氢，形成 2 分子水和 1 分子相应的不饱和脂肪酸。

②不需氧途径 这主要存在于细菌内，是在缺氧时生成单烯脂酸的一种方式，不需 O_2 参与。它发生于脂肪酸从头合成途径过程中。当脂肪酸合酶催化合成含有 10 个碳的羟脂酰-ACP(即 β-羟癸酰-ACP)时，由专一性的 β-羟脂酰-ACP 脱水酶催化在 α、β 位间脱水时，则后续反应继续沿着脂肪酸从头合成途径进行。而当由专一性的 β-羟癸酰-ACP 脱水酶催化在 β、γ 位之间脱水时，则生成顺式的 β、γ 烯癸酰-ACP，而随后由 3 分子丙二酸单酰-ACP 提

供二单位,经加成反应生成棕榈油酰-ACP。厌氧途径只能生成单不饱和脂肪酸。

(2) 多不饱和脂肪酸的合成

除厌氧细菌外,所有生物体内都能合成至少含有 2 个双键的不饱和脂肪酸,通常双键之间由一个甲烯基隔开。在碳链延长酶系和去饱和酶的催化作用下,经延长和去饱和作用而形成多种多不饱和脂肪酸。

哺乳动物中含有 Δ^4、Δ^5、Δ^6 和 Δ^9 去饱和酶,故而可以生成棕榈油酸和油酸。由于缺乏 Δ^9 以上的去饱和酶,故不能在 C10 至末端甲基之间的碳原子间引入双键,从而不能自身合成亚油酸和亚麻酸。而在植物细胞的内质网和叶绿体上则含有 Δ^{12} 和 Δ^{15} 去饱和酶,故可以合成亚油酸($18:2\Delta^{9C,12C}$)和亚麻酸($18:3\Delta^{9C,12C,15C}$)。哺乳动物只能通过食物从植物中获得亚油酸和亚麻酸,所以这两种不饱和脂肪酸是哺乳动物的营养必需氨基酸。哺乳动物以棕榈油酸、油酸和亚油酸、亚麻酸为基础合成诸如花生四烯酸等其他不饱和脂肪酸。不饱和脂肪酸有助于在低温时保证膜的流动性。

7.3.2.4 脂肪酸生物合成的调节

乙酰-CoA 羧化酶是脂肪酸生物合成的限速酶。动物组织中的乙酰-CoA 羧化酶有两种存在形式。一种是无活性的单体,其相对分子质量为 230kDa,其中含有 1 分子生物素以及 1 个乙酰-CoA 结合位点和 1 个柠檬酸结合位点。另一种是有活性的聚合体,由多个单体呈线状排列而成,其相对分子质量为 4 000~8 000kDa。柠檬酸或异柠檬酸结合到每个单体上后,乙酰-CoA 羧化酶即由无活性的单体形式转变为有活性的聚合体,从而引起别构激活效应。而脂肪酸合成的终产物软脂酰-CoA、其他长链脂酰-CoA 或丙二酸单酰-CoA 则可抑制单体的聚合,从而引起别构抑制效应。一般讲,当细胞处于高能荷状态时,线粒体中乙酰-CoA 和 ATP 含量高,可抑制三羧酸循环中的异柠檬酸脱氢酶活性,使柠檬酸浓度增加。而柠檬酸进入线粒体外的胞液中后,不仅可以别构激活乙酰-CoA 羧化酶的作用,其本身也会裂解产生乙酰-CoA,为乙酰-CoA 羧化酶提供底物,从而加速脂肪酸的生物合成。而当细胞内的脂肪酸过量时,软脂酰-CoA 会别构抑制乙酰-CoA 羧化酶活性,并且还会从抑制柠檬酸从线粒体基质向线粒体外胞液的转运、抑制 6-磷酸葡萄糖脱氢酶活性,以及抑制柠檬酸合酶的活性等方面来抑制脂肪酸的生物合成。上述过程如图 7-28 所示。

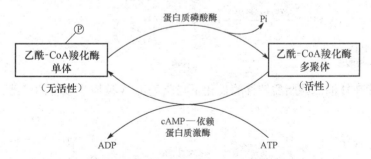

图 7-28 乙酰-CoA 羧化酶的单体与多聚体的互变

(引自王镜岩、朱圣庚、徐长法,2010)

动物体内的乙酰-CoA 羧化酶的每个单体上至少存在 6 个可磷酸化部位,但目前只认为其 Ser^{79} 的磷酸化与酶活性有关。该酶可受一种依赖于 AMP 的蛋白激酶磷酸化而失活。胰高血糖素及肾上腺素可通过蛋白激酶 A 作用于磷蛋白磷酸酶抑制剂，抑制磷酸化的乙酰-CoA 羧化酶脱磷酸，从而抑制乙酰-CoA 羧化酶的活性。而胰岛素则通过磷蛋白酶磷酸的作用使磷酸化的乙酰-CoA 羧化酶脱去磷酸基团而恢复活性。高糖膳食可促进乙酰-CoA 羧化酶的合成，故而可促进乙酰-CoA 的羧化反应。

细菌和植物中的乙酰-CoA 羧化酶不受柠檬酸的调控。但在细菌中 GMP 可调控乙酰-CoA 羧化酶中的转羧基酶活性。

7.3.2.5 脂肪的生物合成

动植物体内主要通过磷脂酸合成途径来完成脂肪的合成。该途径所需直接的前体（或原料）是 α-磷酸甘油和脂酰-CoA，而磷脂酸是该途径中主要的中间产物。

在胞液中合成的棕榈酸、主要在内质网合成的其他脂肪酸以及摄入体内的脂肪酸都可以用来合成脂肪。一般经以下反应生成脂酰-CoA。

$$\text{脂酰-ACP} + H_2O \xrightarrow{\text{硫酯酶}} \text{脂肪酸} + \text{ACP—SH}$$

$$\text{脂肪酸} + HSCoA + ATP + H_2O \xrightarrow{\text{硫激酶}} \text{脂酰-CoA} + AMP + PPi$$

然后，在磷酸甘油酯酰转移酶作用下，α-磷酸甘油和脂酰-CoA 反应生成溶血磷脂酸，而溶血磷脂酸又再与脂酰-CoA 经 1-脂酰甘油-3-磷酸脂酰转移酶的催化生成磷脂酸。

磷脂酸则在磷脂酸磷酸酶催化下水解掉磷酸基团产生甘油二酯。

而甘油二酯在甘油二酯脂酰转移酶催化下与脂酰-CoA 反应生成甘油三酯，即脂肪。

在某些微生物，如大肠杆菌中，其脂酰基由脂酰-ACP 直接提供。

动物的肝脏和脂肪组织是合成脂肪最活跃的组织。小肠黏膜细胞则能利用外源脂肪消化后产生的甘油一酯和脂肪酸合成脂肪,即所谓甘油一酯途径。高等植物也可大量合成脂肪。微生物中则较少。

7.4 磷脂的代谢

甘油磷脂和鞘脂是构成生物膜的主要脂质物质。它们在细胞内的内质网膜的胞液侧以小分子物质为原料合成,合成之后再转移到细胞器的膜上以更新膜脂。

7.4.1 甘油磷脂的代谢

作为广泛分布于生物界的主要一类磷脂,甘油磷脂有多种,而磷脂酸是其中结构最简单的,而且是合成其他磷脂及甘油三酯的重要前体。

7.4.1.1 甘油磷脂的分解

磷脂酶(phospholipase)在生物体催化水解甘油磷脂,主要有磷脂酶 A_1、磷脂酶 A_2、磷脂酶 C 和磷脂酶 D 这 4 种。它们特异地作用于甘油磷脂分子内的不同酯键,其综合作用使甘油磷脂最终被水解成甘油、脂肪酸、磷酸和相应的含氮碱(氨基醇类),如图 7-29 所示。

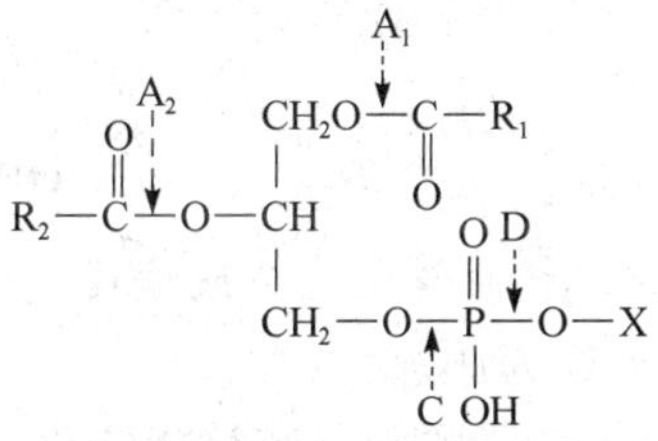

图 7-29 磷脂酶在甘油磷脂分子的不同作用部位

图 7-29 中 A_1、A_2、C、D 分别代表相应的磷脂酶,而虚线箭头所指为各酶所作用的酯键部位,而 X 则代表胆碱、胆胺和丝氨酸等。

虽然这四种酶广泛存在于生物体内,但磷脂酶 A_1 主要存在于动物细胞中,磷脂酶 A_2 主要存在于蛇毒、蜂毒和蝎毒中,磷脂酶 C 主要存在于动物脑、蛇毒和细菌毒素中,磷脂酶 D 主要存在于高等植物中。

7.4.1.2 甘油磷脂的生物合成

(1) 动物体内的甘油磷脂的合成途径

这里介绍磷脂酰乙醇胺(脑磷脂)和磷脂酰胆碱(卵磷脂)的合成。

①乙醇胺和胆碱的活化 这一步由相关激酶催化、ATP 参与来完成。

$$H_2NCH_2CH_2OH + ATP \xrightarrow{\text{乙醇胺激酶}} H_2NCH_2CH_2O—\text{P} + ADP$$
乙醇胺 　　　　　　　　　　　磷酸乙醇胺

$$(CH_3)_3N^+CH_2CH_2OH + ATP \xrightarrow{\text{胆碱激酶}} (CH_3)_3N^+CH_2CH_2O—\text{P} + ADP$$
胆碱 　　　　　　　　　　　　磷酸胆碱

②CDP-乙醇胺和 CDP-胆碱的生成 这由相应的胞苷酰转移酶催化完成。

$$H_2NCH_2CH_2O-\text{\textcircled{P}} + CTP \xrightleftharpoons{\text{磷酸乙醇胺胞苷酰转移酶}} H_2NCH_2CH_2O-CDP + PPi$$
磷酸乙醇胺   CDP-乙醇胺

$$(CH_3)_3N^+CH_2CH_2O\cdot\text{\textcircled{P}} + CTP \xrightleftharpoons{\text{磷酸胆碱胞苷酰转移酶}} (CH_3)_3N^+CH_2CH_2O-CDP + PPi$$
                                                                CDP-胆碱

③ 磷脂酰乙醇胺和磷脂酰胆碱的生成　这由相关的转移酶催化完成。

[反应式：甘油二酯 + $H_2NCH_2CH_2$—CDP $\xrightleftharpoons{\text{磷酸乙醇胺转移酶}}$ 磷脂酰乙醇胺 + CMP]

[反应式：甘油二酯 + $(CH_3)_3N^+CH_2CH_2$—CDP $\xrightleftharpoons{\text{磷酸胆碱转移酶}}$ 磷脂酰胆碱 + CMP]

(2) 存在于植物、微生物体内的甘油磷脂的合成途径

这里仍以脑磷脂和卵磷脂的合成为例。

① CDP-甘油二酯的生成　这由磷脂酰胞苷转移酶催化完成。

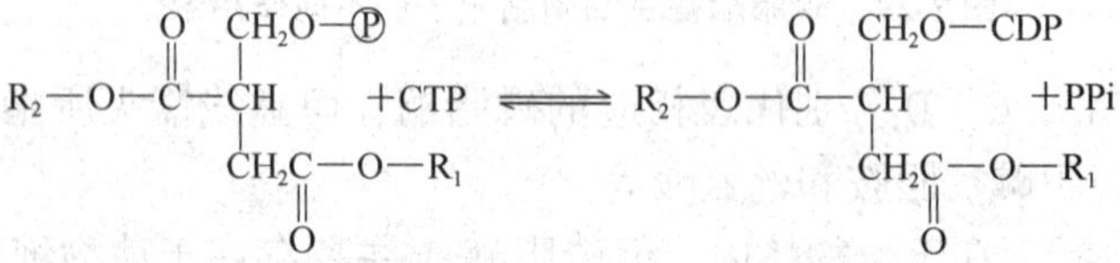

[反应式：磷脂酸 + CTP ⇌ CDP-甘油二酯 + PPi]

② 磷酸乙醇胺的生成

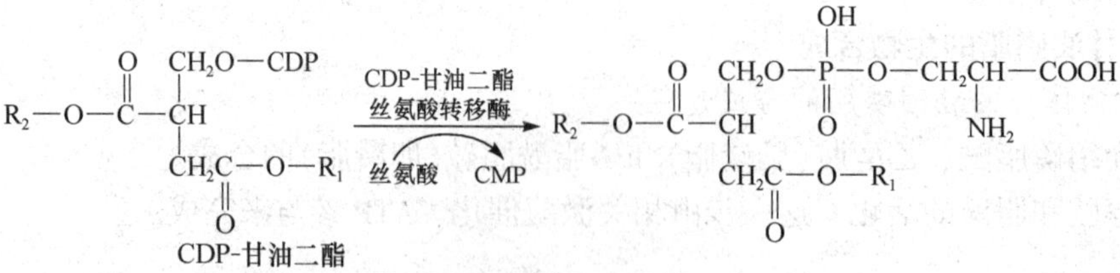

[反应式：CDP-甘油二酯 $\xrightarrow[\text{丝氨酸}]{\text{CDP-甘油二酯丝氨酸转移酶}}$ (中间产物) + CMP]

[反应式：$\xrightarrow[\text{CO}_2]{\text{脱羧酶}}$ 磷脂酰乙醇胺]

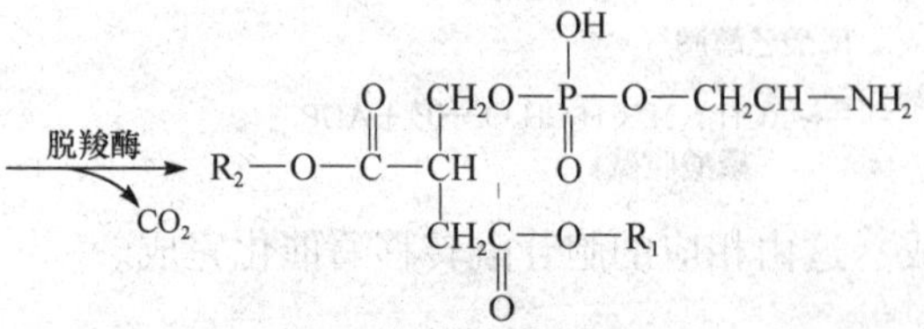

而磷脂酰丝氨酸和磷脂酰乙醇胺也可由存在于内质网上的碱基交换酶催化互变，即

$$\text{磷脂酰乙醇胺} + \text{丝氨酸} \rightleftharpoons \text{磷脂酰丝氨酸} + \text{乙醇胺}$$

③磷脂酰胆碱的生成　这个反应由转移酶催化。

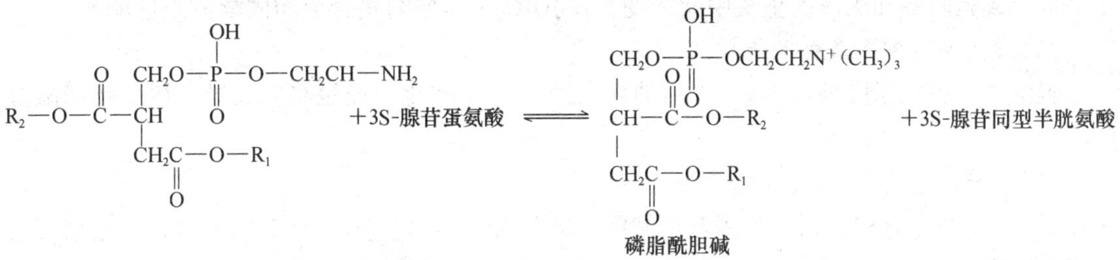

磷脂酰胆碱

7.4.2　鞘磷脂和鞘糖脂的代谢

鞘脂的结构都有一个长链脂肪酸，一个二级胺和一个醇羟基。哺乳动物中最常见的醇羟基是鞘氨醇。1分子鞘氨醇通常只连1分子脂肪酸，二者以酰胺链相连，而非酯键。再加上1分子含磷酸的基团或糖基，前者与鞘氨醇以酯键相连成鞘磷脂，后者以 β-糖苷键相连成鞘糖脂，含量最多的神经鞘磷脂即是以磷酸胆碱、脂肪酸与鞘氨醇结合而成。

(1) 合成代谢

以脑组织最活跃，主要在内质网进行。反应过程需磷酸吡哆醛，$NADPH^+$、H^+等辅酶，基本原料为软脂酰-CoA及丝氨酸。鞘磷脂直接由神经酰胺生成，而鞘糖脂也以神经酰胺为母体，差异只在以后的结合物不同。

(2) 降解代谢

由神经鞘磷脂酶（属磷脂酶C类）作用，使磷酸酯键水解产生磷酸胆碱及神经酰胺（N-脂酰鞘氨醇）。若缺乏此酶，可引起痴呆等鞘磷脂沉积病。

7.5　胆固醇的生物合成与转化

胆固醇是类固醇家族中最突出的成员，它最早由动物胆石中分离而来，而称胆固醇。它广泛分布于动物各组织，不仅是动物组织细胞膜的重要组分，而且是生成类固醇激素和胆汁酸的前体。植物中不含胆固醇，但含有植物固醇，其中以结构与胆固醇相似的 β-谷固醇含量最多。细菌不含固醇类化合物。

7.5.1　胆固醇的生物合成

动物体内的胆固醇来自于食物和体内合成。成年动物除脑组织和成熟红细胞外，几乎所有组织都能合成胆固醇。其中肝脏至少合成占全身合成量的3/4的胆固醇。

合成胆固醇的酶存在于胞液和光面内质网膜上，乙酰-CoA是合成胆固醇的主要原料。整个合成过程近30个酶促反应，可人为分为以下几个阶段。

(1) 甲羟戊酸的生成

在胞液中，先由乙酰乙酰硫解酶催化2分子乙酰-CoA生成乙酰乙酰-CoA，接着由 β-

羟-β-甲基戊二酸单酰-CoA 合酶（即 HMG-CoA 合酶）催化 1 分子乙酰乙酰-CoA 与 1 分子乙酰-CoA 生成 β-羟-β-甲基戊二酸单酰-CoA（即 HMG-CoA）。然后，由内质网上的 HMG-CoA 还原酶催化使 HMG-CoA 被 $NADPH + H^+$ 供氢还原生成甲羟戊酸（MVA，mevalonic acid）。HMG-CoA 是合成胆固醇和酮体的重要中间产物，HMG-CoA 还原酶是合成胆固醇的限速酶。

(2) 异戊烯醇焦磷酸酯的生成

胞液中，有关激酶催化 MVA 先后消耗 ATP 发生磷酸化，经脱羧生成异戊烯醇焦磷酸酯（IPP）。

(3) 鲨烯的生成

1 分子 IPP 先异构为 3,3-二甲基丙烯醇焦磷酸酯（DPP），然后与 2 分子 IPP 头尾缩合为焦磷酸法尼酯（FPP），2 分子 FPP 由位于内质网上的鲨烯合酶催化发生缩合并由 NADPH 还原而生成含 30 多个 C 的多烯烃——鲨烯。

(4) 羟固醇的生成

胆固醇生物合成的前期产物都是水溶性的，而当形成鲨烯后，底物和产物都是水不溶性的，且酶也位于内质网的微粒体中。

鲨烯结合在胞液中的固醇载体蛋白上，转运到内质网膜上后经内质网上的单加氧酶、环化酶等作用后，环化生成羟固醇。

(5) 胆固醇的生成

羟固醇在多酶体系的作用下，经加氧、去甲基、去饱和、异构化等反应最终形成胆固醇。

7.5.2 胆固醇的转化

胆固醇在体内不能被氧化分解为 CO_2 和 H_2O，但在酶的作用下可以转变为具有重要生理功能的物质。

(1) 转化为胆酸及其衍生物

胆固醇在肝脏中的主要代谢途径及转变是生成胆汁酸，主要步骤由 7-α-羟化酶（即一族混合功能氧化酶）催化。胆酸在消耗 ATP 的条件下生成胆酰-CoA，并与牛磺酸或甘氨酸缩合生成牛磺胆酸或甘氨胆酸，即胆汁酸盐。胆汁酸盐有助于油脂的消化和脂溶性维生素的吸收。

(2) 类固醇的合成

进入肠道的胆汁酸（胆固醇）的剩余部分，在细菌作用下被还原成类固醇，从而可被直接排出体外。机体每天随粪便排泄的类固醇约 0.4g。

(3) 转变为类固醇激素

胆固醇在一系列羟化、脱氢、异构及裂解反应后，可转化为诸如糖皮质激素、盐皮质激素、孕酮、肾上腺皮质激素等类固醇激素。

(4) 转化为维生素 D

胆固醇先转变为 7-脱氢胆固醇，再在紫外线作用下转变为维生素 D_3。

7.6 植物体内的乙醛酸循环

乙醛酸循环(glyoxylate cycle)，也叫乙醛酸途径(glyoxylate pathway)，最早发现于细菌，后陆续在油料植物种子、某些藻类中发现。在这个有乙酰-CoA 参与的代谢过程中，产生了一个特殊的中间产物——乙醛酸，该反应途径因此得名。

7.6.1 乙醛酸循环的反应历程

首先，乙酰-CoA 与草酰乙酸在柠檬酸合酶的作用下生成柠檬酸，柠檬酸在顺乌头酸酶的作用下先脱水变成顺乌头酸，紧接着加水生成异柠檬酸。这个阶段与三羧酸循环相同。

其次，异柠檬酸裂解酶(isocitrate lyase)催化异柠檬酸裂解产生乙醛酸和琥珀酸。

$$HOOC-CH_2-\underset{OH}{\underset{|}{CH}}-CH-COOH \xrightarrow{异柠檬酸裂解酶} HOOC-(CH_2)_2-COOH + HC-COOH$$
琥珀酸　　　　乙醛酸

而乙醛酸与另一个乙酰-CoA 又在苹果酸合酶(malate synthase)的催化下生成苹果酸。

$$HC-COOH + CH_3C-SCoA \xrightarrow{苹果酸合酶} HOOC-\underset{OH}{\underset{|}{CH}}-CH_2-COOH + HSCoA$$
苹果酸

最后，苹果酸经苹果酸脱氢酶催化生成草酰乙酸，又与三羧酸循环相同。这些生成的草酰乙酸又可与乙酰-CoA 反应，重新开始循环式代谢过程——乙醛酸循环。

7.6.2 乙醛酸循环的生物学意义

乙醛酸循环只存在于一些细菌、藻类和油料植物种子的乙醛酸循环体中，不存在于高等植物的营养器官内。一般认为，它不存在于动物体内，只有极少数学者提及存在于某些无脊椎动物体内。

在一般的植物组织中，β-氧化过程在线粒体内进行，而在发芽的油料种子内却在乙醛酸循环体(glyoxesome，也叫乙醛酸体)内进行。从上面的介绍可以看出，乙酰-CoA 分别在柠檬酸合酶与苹果酸合酶催化的反应中进入乙醛酸循环。但是在乙醛酸循环中并不释放 CO_2，尽管乙醛酸循环与三羧酸循环有点相似。仅就上面的结果而言，通过乙醛酸循环，2 分子乙酰-CoA 可用以合成 1 分子琥珀酸，故乙醛酸循环的总反应式可写为：

$$2CH_3C-SCoA + NAD^+ \longrightarrow HCOO-(CH_2)_2-COOH + NADH + H^+ + 2HSCoA$$
乙酰-CoA　　　　　　　　琥珀酸

图 7-30 是乙醛酸循环途径。由于不能在乙醛酸循环体内发生转化，所以所生成的琥珀酸需进入线粒体，转变为草酰乙酸后再转运到胞质，即可进入糖异生途径。由此可见，由脂肪酸分解代谢产生的乙酰-CoA 可以通过乙醛酸循环转变为糖，以及时供给发芽和生长所需

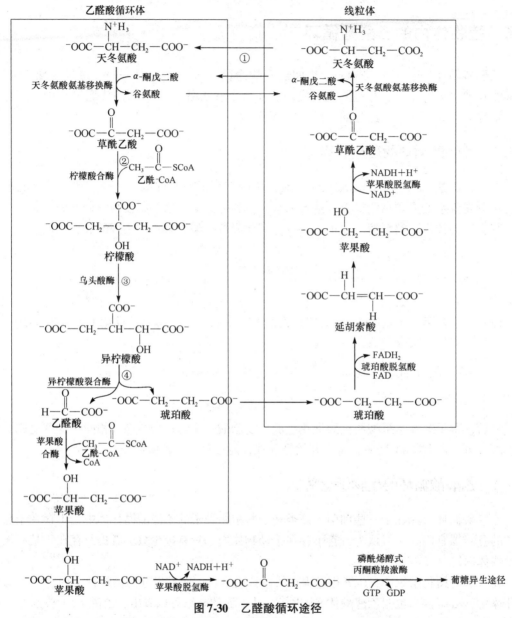

图 7-30 乙醛酸循环途径

(引自王镜岩、朱圣庚、徐长法，2010)

①线粒体内的草酰乙酸转变为天冬氨酸，跨过线粒体膜进入乙醛酸循环体再转变为草酰乙酸　②草酰乙酸与乙酰-CoA 缩合形成柠檬酸　③乌头酸酶将柠檬酸转变为异柠檬酸　④异柠檬酸裂合酶催化异柠檬酸裂解为琥珀酸和乙醛酸

的能源和碳源，但在动物体内则一般无此作用。一般来讲，当种子萌发终止、贮脂耗尽，且叶片能进行光合作用时，此时所需能源和碳源仅由太阳能和 CO_2 供给，此时乙醛酸循环体的数量大大减少乃至于消失。

乙醛酸循环的存在，使机体只需以极少量草酰乙酸为引物，就可以不断利用乙酰-CoA 产生琥珀酸，为三羧酸循环回补四碳二羧酸。

7.7 生物膜的结构与功能

细胞是生物体的基本结构和功能单位。将细胞质与其环境分开的膜叫细胞膜(cytoplasmic membrane)或质膜(plasmic membrane)。它是细胞结构的边界,使细胞具有一个相对独立、相对稳定的内部环境。而细胞内将各细胞器与其细胞质内环境分开的膜则统称为细胞内膜(cytomembrane),并因其所在的细胞器而命名,如核膜(nuclear membrane)、线粒体膜(mitochondrial membrane)、叶绿体膜(chloroplast membrane)、内质网(endoplasmic reticulum)、高尔基体(Golgi apparatus)以及各种胞质内囊泡。而细胞膜和细胞内膜则统称为生物膜(biomembrane)。

作为一个物理屏障,生物膜使细胞内的代谢区域化进行,并与物质运输、能量转换、细胞识别、神经传导、代谢调控、细胞免疫、激素与药物作用、肿瘤发生等生命过程密切相关。

7.7.1 生物膜的化学组成

生物膜的主要化学成分是脂类和蛋白质,糖类次之,另外还有微量的核酸、金属离子和水(图7-31)。膜脂和膜蛋白以及糖类所占的比例因膜的种类而异。例如,神经鞘膜中脂类含量占75%,而蛋白质只占18%,这利于膜在神经兴奋传导中的绝缘作用;而线粒体膜蛋白质含量占75%以上,脂类则占约20%,这与该膜含有丰富的酶有关。膜的功能越复杂,蛋白质含量越高。膜中蛋白质与脂类之比一般为4∶1到1∶4之间。

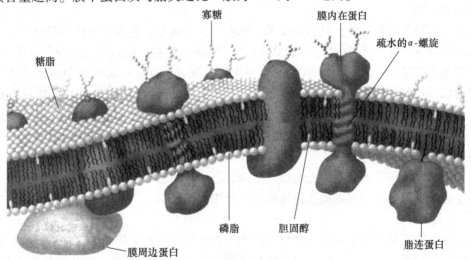

图7-31 生物膜
(引自张楚富,2003)

7.7.1.1 膜脂

生物膜中的脂类主要是磷脂,其次为胆固醇。膜脂含量能占25%~40%,而磷脂占膜脂的50%以上。

(1) 磷脂

生物膜中的磷脂主要为磷酸甘油二酯，如磷脂酰甘油(PG)、磷脂酰丝氨酸(PS)、磷脂酰乙醇胺(PE，即脑磷脂)、磷脂酰胆碱(PC，即卵磷脂)、磷脂酰肌醇(PI)等。其中，卵磷脂、脑磷脂在动植物细胞中含量最丰富。它们都属于具有一个极性头和两个非极性尾的两性分子，其分子的脂肪酸碳链为偶数，多含16、18或20个碳原子，且可以是饱和的或不饱和的。在不饱和脂肪酸分子中的双键，因其顺式和反式结构的互变，使得不饱和脂肪酸易于弯曲或转动，导致膜的结构松散而不僵硬。不饱和脂肪酸的含量高，有利于在低温时保持膜的流动性，适于生物抗冻；而饱和脂肪酸含量较高，则有利于在高温时保持膜的稳定性，有助于生物抗热。

(2) 鞘磷脂

这是不同于上述磷脂的一类特殊磷脂。它在动物神经组织、脑中较丰富。神经鞘脂由鞘氨醇、脂肪酸、磷酸胆碱构成，同样存在非极性尾和极性头——脂肪酸和鞘氨醇烃链形成非极性尾，磷酸胆碱则为极性头。

(3) 糖脂

糖脂(glycolipid)在原核、真核细胞质膜上较普遍存在，占膜脂总量的50%，在神经细胞质膜上则可占到5%~10%。不同细胞中所含糖脂种类不同。糖脂包括甘油糖脂和鞘糖脂两类，前者主要存在于细菌和植物的细胞膜上，而动物细胞膜上主要为鞘糖脂。动物细胞中，糖脂也是鞘氨醇的衍生物，其中一个或多个糖残基与鞘氨醇主链的伯羟基连接，即糖基(葡萄糖、半乳糖、甘露糖、岩藻糖、N-乙酰葡萄糖胺、N-乙酰半乳糖胺、唾液酸等)取代了鞘磷脂中的磷酸胆碱而与神经鞘氨醇结合。生物膜中的糖链分布于膜外侧，称之为细胞外壳(糖被或糖萼)。

最简单的糖脂是脑苷脂，只有一个葡萄糖或半乳糖残基，它多见于神经髓鞘膜上，可达膜脂的40%以上。脑苷脂中的脂肪酸以二十四碳脂肪酸为主。神经节苷脂属较复杂的糖脂，其单糖残基可多达7个，其中含1~4个唾液酸。这种酸性鞘糖脂因其中的唾液酸所携带的负电荷而可使膜的局部的负电性增加，并可结合膜表面的Ca^{2+}。神经节苷脂具有受体的功能。破伤风毒素、霍乱毒素、干扰素、促甲状腺素、绒毛膜促性腺激素、5-羟色胺的受体就是神经节苷脂的化合物。另外，决定红细胞的ABO血型的物质也是糖脂，均由脂肪酸和糖链组成。

糖脂的极性头主要由其所含糖基组成，而其非极性尾即神经酰胺上的两条脂肪酸链。糖脂倾向于经头部的氢键和尾部脂肪酸链的疏水作用自身聚集。

(4) 胆固醇

胆固醇是中性脂。一般来讲，动物细胞中胆固醇的含量高于植物细胞，质膜的胆固醇含量高于细胞内膜系。高等植物细胞膜的固醇主要是谷甾醇和豆甾醇。细菌质膜不含胆固醇，但某些细菌的膜脂中则含有甘油等中性脂质。

胆固醇在调节膜的流动性、增加膜的稳定性及降低水溶性物质的通透性等方面起了重要作用。

总之，膜脂主要是作为生物膜的骨架参与膜的构成，同时对极性化合物形成通透屏障，还可激活某些膜蛋白。

7.7.1.2 膜蛋白

膜蛋白占生物膜的 20%~80%，都属于球蛋白。根据膜蛋白与膜脂的结合方式及其分离的难易程度，可将其分为外周蛋白(extrinsic/peripheral protein)和内在蛋白(intrinsic/integral protein)。

（1）外周蛋白

外周蛋白占膜总蛋白的 20%~30%，分布于膜脂双分子层的内外表面，经离子键、氢键、范德华力等弱键与膜表面的内在蛋白或膜脂分子的头部相互作用而结合于膜上（图 7-32）。它一般为水溶性蛋白，提高溶液的离子强度、pH 或温度即可将其从膜上分离，且不破坏膜的结构。

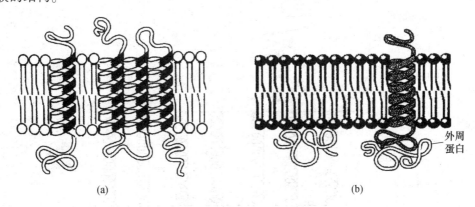

图 7-32　整合蛋白与外周蛋白

（引自王金发，2005）

(a) 整合蛋白　(b) 整合蛋白与外周蛋白

（2）内在蛋白

内在蛋白占膜总蛋白的 70%~80%，也叫镶嵌蛋白。有的内在蛋白贯穿于脂双层，故也叫跨膜蛋白(transmembrane protein)、整合蛋白（图 7-32），有的则可部分地插入脂双层或深埋在脂双层中。

内在蛋白靠疏水作用与脂双层中脂分子的非极性尾部相结合，而对于跨膜蛋白而言，则还应看到其跨膜的两端的极性氨基酸会暴露于膜内外两侧的液体环境，并会与磷脂分子的极性头部发生作用。例如，跨膜蛋白的两端的精氨酸、赖氨酸等因带正电荷会与带负电荷的脂双层中的磷脂分子的极性头形成离子键，或带负电荷的氨基酸残基通过 Ca^{2+}、Mg^{2+} 等阳离子与带负电荷的磷酸极性头相互作用。

跨膜蛋白的跨膜结构域（即其在脂双分子层的疏水部分中的结构）（图 7-33）一般为具 18~25 个氨基酸的 α-螺旋。这里，α-螺旋的骨架包藏在螺旋的内部，而其非极性氨基酸的疏水侧链则位于螺旋表面，并通过范德华力与脂双分子层中的脂肪酸链相作用。有的跨膜蛋白的 α-螺旋在脂双分子层中只穿越一次，即单次跨膜(single pass)，如红细胞膜中的血型糖蛋白 A(glycophorin A)。有的则因有多个 α-螺旋而呈现出多次跨膜(multiple pass)，如膜受体中的七次跨膜 α-螺旋受体（也叫蛇形受体）。但也有的跨膜蛋白，如大肠埃希菌的孔道蛋白(porin)则以反向平行的 β-折叠环绕而成桶状结构(β-barrel)结合于膜上。总之，跨膜蛋白穿膜的结构域中最常见的仍是 α-螺旋。

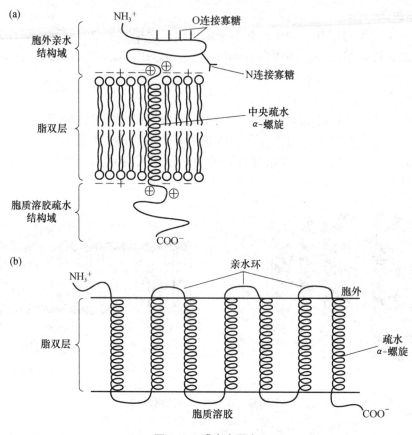

图 7-33 膜内在蛋白

(引自刘详云、蔡马，2010)

(a) 单一跨膜区域(如人红细胞血型糖蛋白A)　(b) 7 段跨膜区域(如细菌视紫红质蛋白)

内在蛋白与膜的结合较为牢固，不易与膜分离，需采用剧烈的条件，如去污剂(SDS 或 Triton X-100 等)、有机溶剂、变性剂、超声波等处理，才能将其从膜上分离下来。兼性小分子物质可取代膜脂分子而与膜内在蛋白的疏水部分相结合，但将它们去除后，膜内在蛋白又变为不溶状态。所以，目前膜内在蛋白的结构的研究仍然难度较大。

人红细胞膜上主要的酸性糖蛋白——血型糖蛋白A由131个氨基酸、共3个结构域组成。其N端的72个氨基酸残基所构成的N端—结构域位于质膜外侧，并结合16条糖链。其C端—结构域由40个氨基酸残基组成，位于质膜内侧，富含带正电荷的赖氨酸和精氨酸、带负电荷的天冬氨酸和谷氨酸残基。它经一个连接蛋白与红细胞的细胞骨架相互作用。而中间的肽段则构成其跨膜结构域，是一个由19个疏水氨基酸组成的α-螺旋。

(3) 脂锚定蛋白

脂锚定蛋白(lipid-anchored protein)，又叫脂连接蛋白(lipid-linked protein)或脂修饰蛋白，它与膜脂分子共价连接而位于脂双层的外侧(图 7-34)。有的脂锚定蛋白直接与脂分子结合，有的则通过一个糖分子而与脂分子间接结合。显然，这与前述内在蛋白是有所不同的，尽管有的学者认为这也属于内在蛋白。

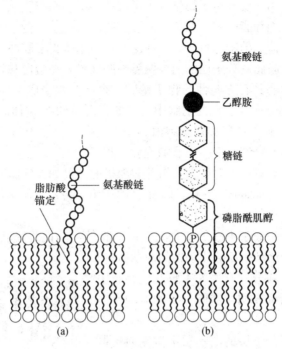

图 7-34 脂锚定蛋白
（引自王金发，2005）
(a) 通过脂肪酸将蛋白质锚定在质膜上　(b) 通过糖链将蛋白质锚定在质膜上

7.7.1.3 糖类

生物膜中有一定数量的糖类。例如，真核细胞的质膜中的糖类即占了质膜质量的 2% ~ 10%，这些糖类大多与膜蛋白结合，少量与膜脂结合。例如，质膜中约 1/10 的膜脂与糖类结合。糖类在生物膜上呈现不对称分布，这些与膜脂和膜蛋白结合的寡糖全部分布在非细胞质一侧。糖一般以 N-β-糖苷键与膜蛋白中的天冬酰胺的酰胺基结合，也可以 O-β-糖苷键与丝氨酸、苏氨酸的羟基结合。

存在于细胞膜表面的糖复合物中的聚糖，因所含单糖的种类、数目及连接方式的不同而使结构复杂多样，并成为具有多种生物学功能的基础。例如，存在于膜蛋白中的聚糖就参与和介导了细胞与细胞、细胞与细胞外基质(extracellular martix, ECM)之间的识别和黏附过程中的分子间的相互作用。细胞膜上糖复合物的聚糖及所吸附的 ECM 中的糖蛋白和蛋白聚糖中的聚糖，在膜脂外表面相互交织，形成厚达 5 ~ 20nm 的糖萼(glycocalyx)，即细胞外被(cell coat)。糖萼可使细胞免受机械损伤、化学性损伤及病原体感染，故而起到屏障作用。细胞的识别、免疫及癌变等均与糖有关。

7.7.2 生物膜的结构——流动镶嵌模型

7.7.2.1 生物膜的结构特点

(1) 生物膜结构的不对称性

实验证明，生物膜中的膜脂、膜蛋白及糖类在生物膜上的分布呈不对称性。就膜脂而言,磷脂酰胆碱和鞘磷脂主要分布于膜脂双分子层的外层,而磷脂酰丝氨酸和磷脂酰乙醇胺则主要分布于内层。不饱和脂肪酸主要位于外层,胆固醇也主要位于外层。磷脂酰丝氨酸可使膜内层带较多的负电荷。糖脂则只分布于外层,且糖基暴露于膜外。

就膜蛋白而言,在膜脂双分子层的内外两层中所含膜内在蛋白和外周蛋白的种类和数量是不同的。这也是膜功能具有方向性的物质基础。膜蛋白在合成及插入膜时就决定了其 N 端和 C 端在膜上定位的方向性。在红细胞中,有的蛋白质的 N 端伸向细胞膜外,有的则停在细胞膜内,还有的 N 端和 C 端都在细胞内。糖蛋白也只存在于膜外层,且糖基暴露于膜外。糖脂和糖蛋白中的糖链都位于膜的非细胞质一侧。

需注意的是,膜中分子的不对称性分布并非随机。例如,磷脂分子在膜上的不对称性分布即与磷脂转位因子(phospholipid translocator)的作用有关。

(2)生物膜结构的流动性

细胞膜是连续的,是处于不断地变化之中的。膜的流动性是膜功能得以正常发挥的基础,而膜脂和膜蛋白的运动是膜的流动性的源动力。

磷脂是膜脂的基本成分。有关人工膜及生物膜中磷脂分子运动情况的研究表明,磷脂分子的运动有多种方式。

磷脂分子可在脂双分子层的同一层中做侧向扩散(或侧向运动),如图 7-35 所示。这种运动速度很快,可达 10^7 次/s,是造成膜脂流动的主要方式。它在很大程度上由其自身的性质决定,对膜的生理功能可能有重要意义。

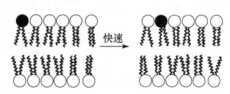

图 7-35 生物膜的侧向运动
(引自张楚富,2003)

磷脂分子可以从脂双分子层的一层翻到另一层,这种运动方式叫翻转运动(transverse diffusion),如图 7-36 所示。这种翻转运动速度很慢,对膜的流动性的影响不大,但可能对维持脂双分子层的不对称性有重要作用。这种运动涉及磷脂分子的极性头部通过脂分子层的疏水区,所以在翻转酶(flippase)的催化作用下才会明显加快运动速度。

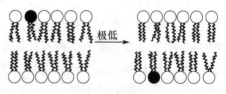

图 7-36 生物膜的翻转运动
(引自张楚富,2003)

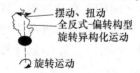

图 7-37 磷脂分子运动方式
(引自刘详云、蔡马,2010)

磷脂分子可围绕与膜平面垂直的分子长轴旋转,是为一般讲的旋转运动(rotation),如图 7-37 所示。但是,磷脂分子中的烃链还会围绕 C—C 键旋转而产生不同的同分异构体。

此外,磷脂分子中的脂肪酸链会围绕与膜平面相垂直的轴左右摆动,即摆动运动,如图 7-37 所示。在靠近极性头部的部分摆动幅度小,而尾部的摆动幅度则最大。

磷脂中的脂肪酸链对膜的流动性影响较大。一般讲,脂肪酸链越长,膜的流动性降低。而脂肪酸链的不饱和程度越高,则膜的流动性越大。

温度对膜的流动性有明显影响。各种膜脂有各自的相变温度(phase-transition temperature),它们共同决定了脂质双分子层的相变温度。在高于某一相变温度时,脂双分子层处于液晶(liquid crystal)状态,而低于某一相变温度时,则处于凝胶(gel)状态。凝胶状态也可以再"熔解"为液晶态(图 7-38)。

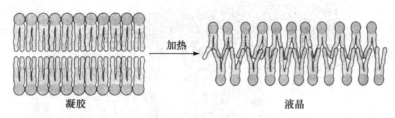

图 7-38　生物膜的相变
(引自张楚富,2003)

胆固醇一般有增强细胞膜稳定性的作用。这与胆固醇插入磷脂中的刚性甾环限制磷脂脂肪酸链的运动有关。

膜蛋白的运动方式包括与磷脂分子相似的侧向扩散和旋转运动,以扩散运动为主,但几乎没有翻转运动。膜蛋白的运动会受膜脂流动性的影响,受到一定程度的限制,尤其当它与细胞内骨架蛋白结合后更是如此。

一般来讲,膜的内在蛋白越多,其周围的界面脂就越多,膜的流动性越小。

当糖脂和糖蛋白在膜平面侧向扩散时,其所带糖基也会随之移动,故而糖萼也处于运动当中。

膜脂和膜蛋白在膜上的分布不均一,可形成特殊的、排列有序且相对稳定的局部膜结构微区(microdomain)。

细胞在分泌、吞噬、融合、分裂等过程中,均涉及膜的部分或整体结构的变化。

7.7.2.2　流动镶嵌模型

人们对于生物膜结构的认识是不断发展深入的。1899 年 Overton 指出脂质和胆固醇类物质是构成细胞膜的主要成分。1925 年 Gorter 和 Grendel 首次提出脂质在细胞膜中组成脂质双分子层结构。1935 年,Danielli 与 Davson 在 Gorter 和 Grendel 的脂质双分子层结构基础上提出了蛋白质—脂质—蛋白质的"三类板"结构,即蛋白质以单层覆盖脂质双分子层两侧。1964 年,Robertson 提出单位膜(unitmembrane)模型。1977 年,Jain 和 White 提出"板块模型"。但最为广泛接受的则当属 Singer 和 Nicolson 于 1972 年提出的"流动镶嵌"模型(fluid mosaic model),如图 7-39 所示。

首先,该模型指出,具有极性头部和非极性尾部的磷脂分子在水相中可自发形成封闭的膜系统,即极性头部朝外,非极性尾部相对朝内的磷脂双分子层膜。这是组成生物膜的基本结构。该脂质双分子层有一定的流动性。这个脂质双分子层具有双重作用,既是其自身膜蛋白的溶剂,也是一个通透性屏障。

其次,有关的蛋白质分子以不同方式镶嵌在这个流动脂质双分子层中。有的蛋白质完全嵌入脂质双分子层的内部,有的则部分嵌入其中,并将蛋白上的亲水性残基暴露于膜表面,有的则穿过膜,使两头伸入膜两侧的水介质中,如通道蛋白(channel protein)和运载蛋白(carrier protein)。这些膜蛋白可以侧向运动,但不能做翻转运动。

最后,生物膜可看作蛋白质和脂质双分子层的二维排列结构。膜蛋白与膜脂之间、膜蛋

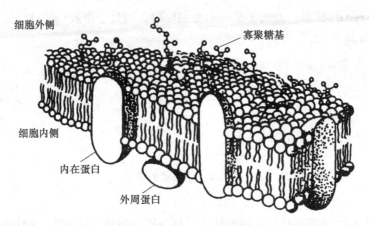

图 7-39 膜结构的流动镶嵌模型
（引自刘详云、蔡马，2010）

白之间及膜蛋白与膜两侧的其他生物大分子之间存在复杂的相互作用，这在一定程度上限制了膜蛋白和膜脂的流动性。

正如 Singer 和 Nicolson 所指出的，流动的脂质双分子层是构成膜的主体，而蛋白质分子则像"冰山"一样分布在脂质双分子层的"海洋"之中。

该模型很好地总结了当时有关膜结构模型及各种研究新技术的成就，其最高明之处在于认识到不同的膜蛋白与膜脂之间的亲和性不同，因而影响到了膜蛋白在膜中的位置，即膜蛋白与膜脂的作用方式。该模型强调了膜的流动性和不对称性，较好地体现了细胞的功能特点，因得到了许多实验的支持而渐被广泛接受。后来的实验也发现糖类是以糖蛋白、糖脂的形式存在于膜的外侧表面，故而也有人在此基础上提出了新的生物膜结构模型。

7.7.3 生物膜的功能

生物膜的存在，不仅作为屏障为细胞的生命活动创造了稳定的内环境，介导了细胞与细胞、细胞与基质之间的连接，而且还承担了物质转运、信息的跨膜传递和能量转换等功能。这些都是由生物膜的结构决定的。

7.7.3.1 物质运输

生物膜因其半通透性而成为具高度选择性的通透屏障。细胞生长所需要的水、氧及其他营养物质被运进细胞，细胞内产生的激素、毒素和某些酶被运出细胞，细胞内代谢产生的 CO_2、NH_3 等废物被运出细胞，这些过程都与生物膜的物质运输机制有关。

(1) 被动运输

被动运输(passive transport)是小分子物质和离子通过细胞膜的运输机制之一。它不需要能量。

① 简单扩散(simple diffusion) 像 O_2、N_2、CO_2 和 NO 等气体，类固醇激素等脂溶性小分子，水、甘油、尿素等不带电的极性小分子均可经此方式自由通过生物膜。这些物质可由高浓度的一侧通过膜向低浓度的一侧扩散，这个过程或方式即简单扩散。这种运输方式的速率取决于被运输物质在膜两侧的浓度差，并最后趋于达到扩散平衡。其特点在于不与膜上任

何物质发生反应，也不消耗能量。

一般来讲，生物膜的电阻较高，不带电荷的脂溶性物质较易通过，即带电荷或极性基团的亲水物质则不易自由通过，但上述几种则例外。一般讲，物质在质膜上的通透性主要取决于分子的大小和极性。小分子物质比大分子物质更易通过，非极性分子比极性分子更易通过。小的疏水分子和小的不带电的极性分子能够通过人工膜；水具有一定的透性，离子和大的不带电的极性分子不能通过膜。

图 7-40 显示了不同分子对人工磷脂双层膜的通透性。

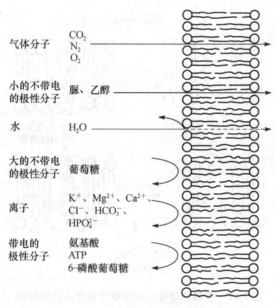

图 7-40　不同分子对人工磷脂双层膜的通透性
(引自王金发，2005)

②协助扩散(facilitated diffusion)　协助扩散是物质借助膜上特异蛋白的帮助而从其浓度较高的一侧通过膜运输到其浓度较低的一侧，直到两边浓度达到动态平衡的过程或方式，也不消耗能量。它也叫促进扩散或易化扩散。这里涉及的一般是膜的内在蛋白，该蛋白通过其构象变化而完成对物质的运输作用。这种运输促进了扩散，并缩短了达到平衡所需的时间。

根据这种运输过程中运输蛋白的工作特点可做如下分类。

a. 由通道蛋白介导的扩散：这种扩散方式首先在哺乳动物的红细胞中发现(图 7-41)。通道蛋白贯穿膜，形成一个狭缝状的中央亲水通道，允许一定大小带一定电荷的离子通过。像

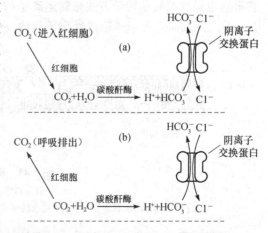

图 7-41　人红细胞阴离子交换蛋白的作用
(引自刘祥云、蔡马，2010)
(a)在组织中　(b)在肺中

Cl⁻ 即经此机制穿过红细胞膜。这类蛋白存在广泛，如细菌中的膜孔蛋白即属此类。

b. 由载体蛋白介导的扩散：这种扩散方式所涉及的载体蛋白是一类跨膜蛋白，它通过与物质结合而将物质运过膜。大多数物质，尤其是不溶于脂类的物质，即经这种方式运输过膜。例如，葡萄糖即通过红细胞膜上的一种特殊载体蛋白而被运入红细胞内的（图 7-42）。这种载体蛋白相当于结合在细胞膜上的酶，可同特异的物质结合，运输过程中有类似于酶与底物作用的动力学曲线，可测出其相应的 v_{max} 和 K_m。

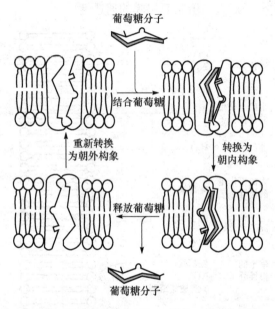

图 7-42　葡萄糖经葡萄糖转运蛋白进入红细胞内
（引自刘详云、蔡马，2010）

c. 由离子载体介导的扩散：离子载体（ionophore）是溶于膜脂双分子层的疏水性分子。它虽然也是按照被动转运方式来转运离子的，但是不同于载体蛋白。它包括载体性离子载体（carrier ionophore）和通道形成性离子载体（channel-forming ionophore）两种（图 7-43）。

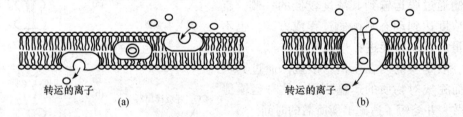

图 7-43　离子载体的作用
（引自刘详云、蔡马，2010）
(a)载体性离子载体通过脂双层扩散转运离子　(b)通道性离子载体通过跨膜通道转运离子

缬氨霉素（valinomycin）就是一种载体性离子载体，它在膜的一侧结合 K⁺，然后顺着电化学梯度通过脂双层，于膜的另一侧释放 K⁺。大部分离子载体存在于微生物中，有的已被用作抗生素。

(2) 主动运输(active transport)

物质经消耗能量而被逆浓度梯度运输通过生物膜的方式，即主动运输。这是小分子物质和离子通过细胞膜的机制之二。其间所消耗的能量主要来自 ATP。这种运输方式也需要特定的蛋白载体。

① 离子泵　如生物膜上存在的 Na^+-K^+ 泵、钙泵、H^+-K^+ 泵、H^+ 泵等，均属此类。其中，Na^+-K^+ 泵是最经典的例子。

Na^+-K^+ 泵，即 Na^+-K^+ ATP 酶，是膜上的一种特殊蛋白。它利用水解 ATP 产生的能量，以逆离子浓度的方式向细胞外排出 Na^+，而同时将细胞外的 K^+ 摄入细胞内(图 7-44)。据计算，每消耗 1 个 ATP 分子可将 3 个 Na^+ 泵出细胞而将 2 个 K^+ 泵入细胞。

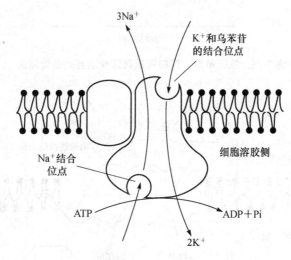

图 7-44　Na^+-K^+-ATP 酶的作用机制
(引自王镜岩、朱圣庚、徐长法，2010)

② 协同运输(cotransport)　一种物质偶联其他物质一起进行运输的过程或方式叫协同运输。它一般是间接利用 ATP 供能的。这种运输方式另需要有关的 ATP 转运离子以在膜的内外两侧建立离子浓度梯度，由此形成的电化学动力(或贮存的能量)才能使有关物质得以运输过膜。

动物细胞中，葡萄糖和氨基酸等物质即经过质膜上的钠泵和载体的协同作用才实现其逆浓度梯度的转运。这里，载体蛋白与细胞外的 Na^+、葡萄糖(或氨基酸)等结合后，借助 Na^+-K^+ 泵转运 Na^+、K^+ 时建立的电位梯度，将 Na^+、葡萄糖(或氨基酸)等同时运入细胞。而在细胞内从载体上卸下的 Na^+ 则又被 Na^+-K^+ 泵运出细胞而维持 Na^+ 的电位梯度。

一般来讲，物质运输方向与离子转移方向相同的协同运输为同向协同运输，反之则为反向协同运输，如图 7-45 所示。

③ 基团转移(group transport)　通过对被运输的物质先进行某种化学变化(如共价修饰)，使被运输物质在细胞内维持较低浓度，以使这种物质得以沿着浓度梯度不断被从细胞外转运到细胞内，这种过程或方式即为基团转移。它最早发现于某些细菌中。例如，细菌中的葡萄糖在其通过膜时，先被磷酸化(一种共价修饰方式)为 6-磷酸葡萄糖后才被运入细胞。而磷

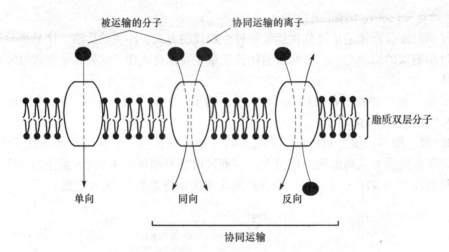

图 7-45 执行单向、同向和反向运输功能的运输蛋白
(引自王镜岩、朱圣庚、徐长法，2010)

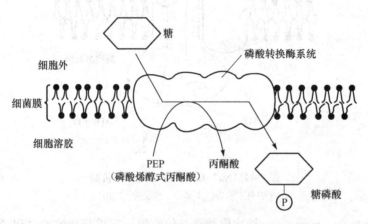

图 7-46 细菌中糖通过基团转运的主动运输
(引自王镜岩、朱圣庚、徐长法，2010)

酸化后的葡萄糖是不能透过细胞膜的，所以6-磷酸葡萄糖得以在细胞内积累。

(3) 胞吞作用(endocytosis)和胞吐作用(exocytosis)

生物膜对大分子化学物是不通透，故大分子物质进出细胞需通过胞吞和胞吐作用来实现。

① 胞吞作用　大分子物质或颗粒被质膜的一小部分内陷而包围，最后从质膜上脱落，形成含有这些大分子或颗粒的细胞内囊泡的过程，此即胞吞作用。它可分为如下的3种类型。

a. 吞噬作用(phagocytosis)：以大的囊泡内吞较大的固体颗粒(如细菌及细胞碎片等)进入细胞，这个过程即吞噬作用。被吞噬颗粒被吸附于细胞表面，形成叫吞噬泡或噬体(phagosome)的小泡，再与溶酶体相融合而被溶酶体中的水解酶水解。

b. 胞饮作用(pinocytosis)：以小的囊泡形式将胞外的少量液体(含小分子或离子)吞入细胞的过程，即胞饮作用。在这个过程中，会形成叫胞饮水泡或胞饮水体(pinosome)的小泡，它或与溶酶体融合而被溶酶体中的酶降解，或返回质膜原处，或移至另一处质膜，或以贮存形式停留在细胞内。绝大多数细胞都有此作用。

c. 由受体介导的内吞作用(receptor medicated endocytosis，RME)：当被运输物质(又叫内吞物)与细胞表面上的特异受体结合后，即引起细胞膜内陷，形成裹有内吞物的囊泡而被运入细胞的过程，此即受体介导的内吞作用。这种作用专一性很强，细胞因此可大量选择性地摄入有关物质。许多病毒和毒素即由此过程进入动物细胞内。

②胞吐作用　有些物质在细胞内被一层膜包围，形成小泡，慢慢移到细胞表面，最后与质膜融合而被排出细胞，此即胞吐作用。

真核细胞可以胞吐方式来补充质膜更新有关物质。胞吐能分泌各种分子。一些小分子物质也可经胞吐方式排出细胞。

7.7.3.2　信息传递

在生物体的生命活动过程中，细胞内的各部位之间、细胞之间，以及细胞与外界环境之间时刻都有物质、能量和信息的交流，使生命过程得以协调有序地进行，而这是由生物膜实现的。其中，信息交流是最重要的。

细胞的信息传递，也叫细胞通信(cell communication)。狭义地讲，它指一个细胞发出的信号分子通过介质传导到另一个细胞并产生相应的效应。而广义地讲，则还应包括细胞与外界环境的信息交流。

生物信息的交流是通过具体的物质来完成的，这些承载有关"信息"的物质即谓之信号(分子)，一般都是些化学物质。生物膜控制着信号的发生与传递。细胞的化学信号分子的溶解性不同，有亲脂性和亲水性之分，其中多为亲水性的。亲脂性信号分子的主要代表有类固醇激素和甲状腺素，它们可穿过细胞质膜进入细胞，与细胞质或细胞核中的相关受体结合形成复合物以调节诸如基因表达等生命活动。亲水性信号分子则主要包括神经递质、生化因子、化学递质及大多数激素。它们虽不能穿过细胞质膜，但可以与细胞质膜上的有关受体结合以调节细胞内的有关生命活动。生物膜对化学信号分子有选择性。为了叙述方便，有时将这些化学信号分子统称为配体，而专一接收信号分子的物质则称为受体，受体主要是蛋白质。

位于细胞膜表面的受体称为细胞表面受体(cell-surface receptor)，位于细胞内的则称为胞内受体(intracellular receptor)。受体与配体之间的专一结合，才能够使信息传到细胞膜内或细胞核内，进而启动相关的生物反应过程。

膜表面受体主要包括 G 蛋白偶联受体(G-protein coupled protein)、离子通道型受体(ion channel receptor)和酶偶联受体(enzyne-coupled receptor)这三类。它们与相关的水溶性配体化学信号分子结合后，将信息传递到胞内而启动一系列生物学效应。而胞内受体则与类固醇激素、甲状腺素、维生素 D_3 及视黄酸等进入到细胞内的脂溶性信号分子结合后，形成复合物，再被转移到核内，进而对相关基因的转录进行调节。故胞内受体属于极重要的转录调节因子，统属于核内受体超家族(nucleic receptor superfamily)或甾体激素受体超家族(steroid hormone receptor superfamily)。

目前发现的信号转导系统不少，有 cAMP 信号转导系统、cGMP 信号转导系统、与酪氨酸蛋白激酶相偶联的信号转导系统以及肌醇磷脂信号转导系统。这里只简单介绍肌醇磷脂信号转导系统。

自 Mabel Hokin 和 Lowell Hokin 于 1953 年首先报道开始，至 1970 年代和 1980 年代陆续查明了其具体机制。一般来讲，当相关神经递质、生长因子和激素等物质（有时将此时的这些物质叫作激动剂）作用于相应的细胞膜受体后，导致 4,5-二磷酸磷脂酰肌醇（phoshatidyl inositol-4,5-bisphosphate, PIP_2）被酶水解生成 1,4,5-三磷酸肌醇（inositol-1,4,5-triphosphate, IP_3）和二酰甘油（diacylglycerol, DG）。其中 IP_3 可引起内质网中贮存的 Ca^{2+} 迅速释放，大大提高了细胞质内的 Ca^{2+} 浓度，而 DG 则激活蛋白激酶 C（PKC）。升高的 Ca^{2+} 浓度和活化的 PKC 又分别引发相关的细胞效应。IP_3 和 DG 在此扮演了信息传导过程中的中间信号角色（也叫作信使）。由于这两个信使分别沿两个独立通路进行信号转导，所以肌醇磷脂信号转导系统也叫双信使系统或分叉信号通道。

可以说，肌醇磷脂信号转导系统是脂类物质承担细胞内信息传递工作的经典例子。

7.7.3.3 能量转换

生物膜在生物体内光能和代谢能的转化过程中发挥了重要作用。ATP 是生物体内重要的能量"通货"。生物体内代谢过程中产生的能量转移先以 ATP 的形式"贮存"起来，待需要时再由 ATP 释放出来。植物体内 ATP 的主要生成方式是通过光合磷酸化和氧化磷酸化过程。光合磷酸化过程发生在叶绿体的类囊体膜上，通过其中的光合色素系统、电子传递系统和光合磷酸化偶联酶系统的作用，使得光反应中吸收的一部分光能转变为 NADPH 中的化学能，而另一部分则转变为贮存在 ATP 中的化学能。

线粒体是真核细胞中进行生物氧化和能量转化的主要场所，具体承担这种作用的就是线粒体的内膜。线粒体的内膜上分布着电子传递链体系，使得代谢物上脱下的氢在沿电子传递链运输到 O_2 的过程中能释放出能量，并且这些能量能全部转变为 ATP 的化学能。

本章小结

脂质，也叫脂类，是生物体维持正常生命活动所不可缺少的一大类有机化合物。它们不溶于水，易溶于氯仿、乙醚、丙酮等非极性有机溶剂。按照其化学本质可以分为单纯脂质（如脂肪和蜡等）、复合脂质（如磷酸甘油酯等）和衍生脂质（如萜类等），而按照其功能则可以分为脂肪、类脂（如磷脂、糖脂和胆固醇等）与执行某些特定生理功能的脂质（如维生素 A、胆酸及固醇类激素等）。

脂肪需依次经三种脂肪酶的催化，水解掉脂肪的三个酯键后，生成甘油和脂肪酸。

甘油依次转变为磷酸甘油、磷酸二羟丙酮后与糖酵解、糖异生途径相联系。

生物体内脂肪酸的氧化分解过程中主要而普遍存在的是 β-氧化途径。脂肪酸先被活化为脂酰-CoA。在酶的作用下经脱氢、水化、再脱氢、硫解作用后，脂酰-CoA 中的 α-碳原子与 β-碳原子之间的键发生断裂，产生一个二碳片段（即乙酰-CoA）和一个较原来碳链少了两个碳原子的脂酰-CoA。真核生物中的 β-氧化途径一般发生在线粒体内。一般来说，在碳原子数相同的情况下，脂肪酸较糖的氧化供能的效率更高。此外，脂肪酸在生物体内的氧化分解过程中相对次要的还有 α-氧化途径和 ω-氧化途径。

在处于一定生长阶段的高等植物（如正萌发的油料种子）以及某些藻类、细菌等物种，脂肪酸氧化分解产生的乙酰-CoA 可以进入乙醛酸循环进行代谢转变。在此过程中，乙酰-CoA 先依次经柠檬酸合酶、顺-乌头酸酶的作用转变为异柠檬酸，而异柠檬酸经异柠檬酸裂解酶催化裂解为乙醛酸和琥珀酸。乙醛酸可以和一分子乙酰-CoA 在苹果酸合酶作用下生成苹果酸，而苹果酸经苹果酸脱氢酶作用重新转变为草酰乙酸。这样，两分子乙酰-CoA 因此可以生成一分子琥珀酸。

脂肪酸的合成涉及三个部分：饱和脂肪酸的从头合成、脂肪酸碳链的延长以及脂肪酸链中不饱和键的生成。

脂肪的生物合成先后经过三个阶段。第一阶段，磷酸甘油的生成，这可由甘油激酶催化而来，或来自糖代谢。第二阶段，由乙酰-CoA 为前体经从头合成途径合成脂酰-CoA。第三阶段，由磷酸甘油和脂酰-CoA 合成脂肪。

习 题

1. 试总结脂类的种类及其生物学功能。
2. 脂肪酸氧化分解途径有哪些？其最主要途径的代谢过程是怎样的？
3. 试述脂肪酸 β-氧化过程中脂酰-CoA 转运进出线粒体的过程。
4. 试述脂肪酸从头合成途径的过程。
5. 试述动物体内酮体的转变过程。
6. 试总结胆固醇的生成与酮体代谢之间的关系。
7. 试述乙醛酸循环的过程及其意义。
8. 试述生物膜中物质转运的种类及其机制。

参考文献

[1] 李宪臻. 生物化学[M]. 武汉：华中科技大学出版社，2008.
[2] 张楚富. 生物化学原理[M]. 北京：高等教育出版社，2003.
[3] 张洪渊. 生物化学原理[M]. 北京：科学出版社，2006.
[4] 刘祥云，蔡马. 生物化学[M]. 3 版. 北京：中国农业出版社，2010.
[5] 杨志敏，蒋立科. 生物化学[M]. 2 版. 北京：高等教育出版社，2010.
[6] 赵宝昌. 生物化学[M]. 2 版. 北京：高等教育出版社，2009.
[7] 许激扬. 生物化学[M]. 2 版. 南京：东南大学出版社，2010.
[8] 王镜岩，朱圣庚，徐长法. 生物化学[M]. 3 版. 北京：高等教育出版社，2002.
[9] 赵武玲. 基础生物化学[M]. 北京：中国农业大学出版社，2008.
[10] 于自然，黄熙泰. 现代生物化学[M]. 北京：化学工业出版社，2001.
[11] 王金发. 细胞生物学[M]. 北京：科学出版社，2005.

（撰写人：赵赣）

第8章 氨基酸和核苷酸代谢

蛋白质和核酸是生物体内最重要的两类含氮生物大分子。氨基酸和核苷酸分别是蛋白质和核酸的基本组成单位,因而是最重要的两类含氮小分子。由于蛋白质和核酸在体内首先降解为氨基酸和核苷酸后再进一步分解,所以氨基酸代谢和核苷酸代谢是蛋白质和核酸代谢的中心。生物体内的各种蛋白质经常处于动态更新之中,蛋白质的更新包括蛋白质的分解代谢和蛋白质的合成代谢;前者是指蛋白质分解为氨基酸及氨基酸继续分解为含氮的代谢产物、二氧化碳和水并释放出能量的过程。构成蛋白质的氨基酸共有 20 种,其共同点是均含氨基和羧基,不同点是它们的碳骨架各不相同,因此,脱去氨基后各个氨基酸的碳骨架的分解途径有所不同,这就是个别氨基酸的代谢,也可称为氨基酸的特殊代谢。以上这些内容均属蛋白质分解代谢的范畴,并且由于这一过程是以氨基酸代谢为中心,故称为蛋白质分解和氨基酸代谢。核苷酸可分解为核苷和磷酸,核苷可再分解为碱基和核糖。嘌呤碱基的分解是一个氧化过程,因生物种类不同其产物不同。嘧啶碱基的分解是一个还原过程。核糖核苷酸的合成包括从头合成途径和补救合成途径,脱氧核苷酸的合成主要是在核苷二磷酸基础上经过还原合成的。

8.1 氨基酸的分解和转化

8.1.1 脱氨基作用

氨基酸分解代谢的最主要反应是脱氨基作用(deamination)。氨基酸的脱氨基作用可以通过多种方式进行,如氧化脱氨基、非氧化脱氨基、转氨基作用、联合脱氨基作用、脱酰胺基作用等,其中以联合脱氨基作用为主。氧化脱氨基作用普遍存在于动物、植物中,主要在线粒体中进行。非氧化脱氨基作用主要存在于微生物中,动物、植物体内偶有发生。

8.1.1.1 氧化脱氨基作用

氨基酸在酶的催化下氧化生成相应酮酸并脱去氨基的过程,称为氧化脱氨基作用(oxidative deamination)。催化这一过程的酶为氨基酸氧化酶或氨基酸脱氢酶,脱氢酶中最重要的是 L-谷氨酸脱氢酶,其辅酶是 NAD^+ 或 $NADP^+$,它催化 L-谷氨酸氧化脱氨,生成 α-酮戊二酸及氨(图 8-1)。

L-谷氨酸脱氢酶广泛存在于动物、植物及微生物体内,其最适 pH 在 7.0 左右,催化的反应为可逆反应。一般情况下反应易于向生成谷氨酸的方向进行,但是当谷氨酸浓度较高,氨浓度较低时,反应则利于向生成 α-酮戊二酸的方向进行。L-谷氨酸脱氢酶是一种别构酶,相对分子质量为 330 kDa,由 6 个相同的亚基组成,已知 GTP 和 ATP 是此酶的别构抑制剂,

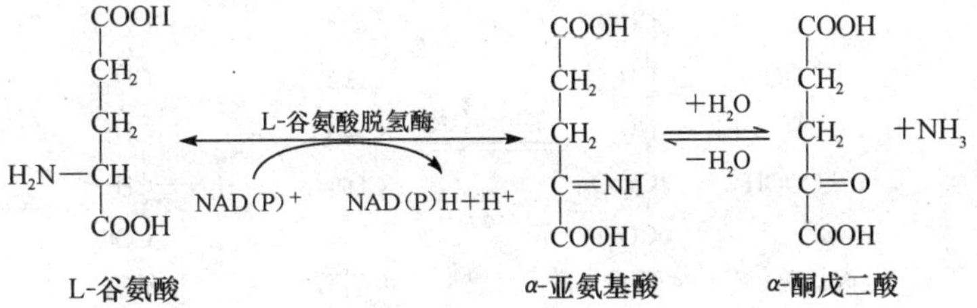

$$\text{L-谷氨酸} \underset{NAD(P)^+ \quad NAD(P)H+H^+}{\overset{\text{L-谷氨酸脱氢酶}}{\rightleftharpoons}} \alpha\text{-亚氨基酸} \underset{-H_2O}{\overset{+H_2O}{\rightleftharpoons}} \alpha\text{-酮戊二酸} + NH_3$$

图 8-1　谷氨酸脱氢酶催化谷氨酸脱氨的反应

GDP 和 ADP 是别构激活剂。因此，当细胞能荷低时（GTP 和 ATP 不足时），谷氨酸加速氧化脱氨，生成的 α-酮戊二酸可进入三羧酸循环，这对于氨基酸氧化供能起到重要的调节作用。

L-谷氨酸脱氢酶在生理条件下活性很强，但只能催化 L-谷氨酸发生氧化脱氨作用，而对其他氨基酸不起作用，故仅依赖此酶亦不能使体内大多数氨基酸脱去氨基，当其与转氨酶联合作用时，几乎可以使所有的氨基酸脱去氨基，同时还参与许多氨基酸的合成，因此 L-谷氨酸脱氢酶在氨基酸代谢中起着举足轻重的作用。

另外，催化氨基酸氧化脱氨的酶还有 D-氨基酸氧化酶和 L-氨基酸氧化酶。D-氨基酸氧化酶在体内分布很广，最适 pH 接近生理 pH，活性很强，但其作用的底物是 D-氨基酸，而对 L-氨基酸不起作用，所以该酶在氨基酸氧化脱氨过程中起的作用不大。L-氨基酸氧化酶的作用底物是 L-氨基酸，最适 pH 为 10 左右，在体内分布不普遍，所以在正常生理条件下该酶也不是氨基酸氧化脱氨的主要酶。

8.1.1.2　转氨基作用

（1）一般反应

转氨基作用（transamination）是 α-氨基酸和 α-酮酸之间氨基的转移作用。在转氨酶（transaminase）的作用下，α-氨基酸的氨基转移到 α-酮酸上，变为相应的酮酸，而原来的酮酸变为相应的氨基酸，这种作用称为转氨基作用（图 8-2）。

$$\underset{COOH}{\overset{R_1}{H-C-NH_2}} + \underset{COOH}{\overset{R_2}{C=O}} \overset{\text{转氨酶}}{\rightleftharpoons} \underset{COOH}{\overset{R_1}{C=O}} + \underset{COOH}{\overset{R_2}{H-C-NH_2}}$$

图 8-2　转氨反应

（2）转氨酶

催化转氨基作用的酶称为转氨酶或氨基转移酶。转氨酶的种类很多，在动物、植物及微生物中广泛分布。动物和高等植物的转氨酶都只催化 L-氨基酸和 α-酮酸的转氨作用，而某些细菌，如枯草杆菌的转氨酶则能催化 D-和 L-两种氨基酸的转氨基作用。不同氨基酸与 α-酮酸之间的转氨基作用只能由专一的转氨酶催化，在各种转氨酶中以谷丙转氨酶（glutamate-pyruvate transaminase，GPT）和谷草转氨酶（glutamic-oxaloacetic transaminase，GOT）最为重要，前者催化谷氨酸与丙酮酸之间的转氨基作用（图 8-3），后者催化谷氨酸与草酰乙酸之间的转氨基作用（图 8-4），这两种转氨酶在体内广泛存在，但各组织器官中含量不等，以心脏和肝中活性最高。当某种原因使细胞膜透性增高或细胞受损伤遭到破坏时，转氨酶可从细胞内大量释放入血清，造成血清中转氨酶活性明显升高。例如，肝炎患者血清中 GPT 活性显著升

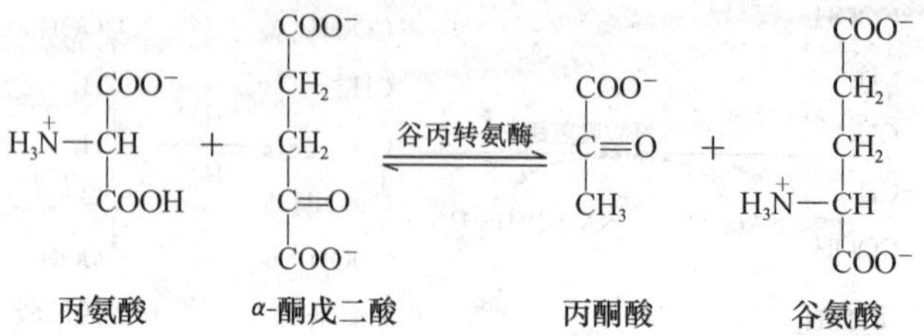

谷丙转氨酶
丙氨酸
α-酮戊二酸
丙酮酸
谷氨酸

图 8-3 谷丙转氨酶催化的转氨反应

谷草转氨酶
天冬氨酸
α-酮戊二酸
草酰乙酸
谷氨酸

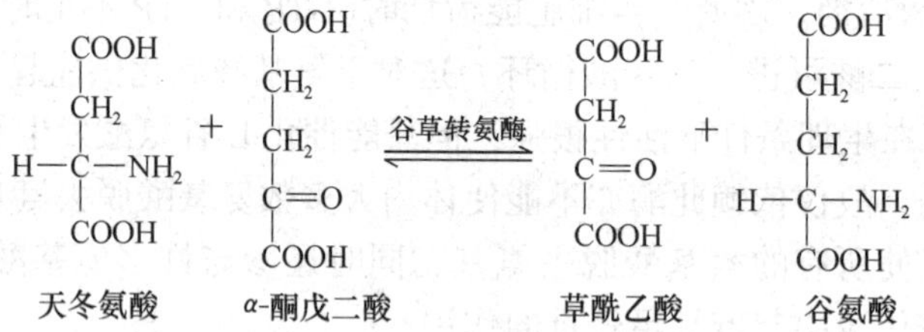

图 8-4 谷草转氨酶催化的转氨反应

高，临床上可作为疾病诊断和愈后诊疗参考的指标之一。

转氨酶催化的反应是可逆反应，它们的平衡常数为 1.0 左右，也就是说它们既可将氨基酸脱下的氨转移给 α-酮酸，也可反过来由 α-酮酸接受氨基酸转移来的氨基合成相应的氨基酸。反应的实际方向取决于四种反应物的相对浓度。

谷丙转氨酶升高在临床是很常见的现象。肝脏是人体最大的解毒器官，该脏器是不是正常，对人体来说是非常重要的。GPT 升高是肝脏功能出现问题的一个重要指标。在常见的因素里，各类肝炎都可以引起 GPT 升高，这是由于肝脏受到破坏所造成的。一些药物如抗肿瘤药、抗结核药，都会引起肝脏功能损害。大量喝酒、食用某些食物也会引起肝功能短时间损害。谷草转氨酶是转氨酶中比较重要的一种。它是医学临床上肝功能检查的指标，用来判断肝脏是否受到损害。

(3) 磷酸吡哆醛的作用

转氨酶的种类虽多，但其辅酶只有一种，即：磷酸吡哆醛。在催化过程中，磷酸吡哆醛接受氨基酸未质子化的 α-氨基而变成磷酸吡哆胺，同时氨基酸变成相应的 α-酮酸。磷酸吡哆胺进一步将其氨基转移给另一分子 α-酮酸生成相应的氨基酸，自身又变成磷酸吡哆醛。转氨酶就是借助于磷酸吡哆醛与磷酸吡哆胺之间的相互转变将氨基酸的 α-氨基转移到酮酸上去。其作用机制如图 8-5 所示。

氨基酸
磷酸吡哆醛
氨基酸
α-酮酸
磷酸吡哆胺
α-酮酸

图 8-5 磷酸吡哆醛协助转氨的作用机制

8.1.1.3 联合脱氨基作用

氨基酸的转氨基作用虽然在生物体

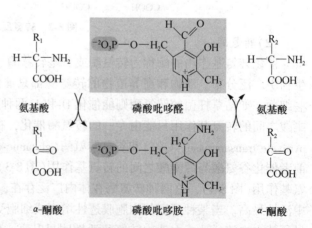

内普遍存在，但是只依靠转氨基作用并不能最终使氨基脱掉，并且氧化脱氨基作用也不能满足机体脱氨基的需要。因为在氧化脱氨基作用中只有 L-谷氨酸脱氢酶活性高，其他的氨基酸氧化酶活性都较低，所以一般认为体内氨基酸脱氨主要是通过联合脱氨基作用(transdeamination)完成的。联合脱氨基作用包括两种方式：一种是以 L-谷氨酸脱氢酶为中心的联合脱氨基作用；另一种是以嘌呤核苷酸循环的联合脱氨基作用。

(1) L-谷氨酸脱氢酶为中心的联合脱氨基作用

这种脱氨基作用是转氨作用和氧化脱氨作用相偶联进行的，因此称为联合脱氨基作用。其具体脱氨方式为：氨基酸的氨基先借助于转氨基作用转移到受体分子 α-酮戊二酸上，生成相应的 α-酮酸和谷氨酸，然后谷氨酸在 L-谷氨酸脱氢酶的作用下，经过氧化脱氨基作用脱去氨基又形成 α-酮戊二酸，α-酮戊二酸继续参加转氨基作用。具体过程概括如图 8-6 所示。

图 8-6　L-谷氨酸脱氢酶为中心的联合脱氨基作用

(2) 嘌呤核苷酸循环的联合脱氨基作用

L-谷氨酸脱氢酶在肝脏、肾脏中含量较高，活力较强，但在心肌、骨骼肌和脑组织中含量较少，活性较弱，这些组织中腺苷酸脱氨酶、腺苷酸琥珀酸合成酶和腺苷酸琥珀酸裂解酶的含量及活性都很高，因此认为这些组织中主要利用嘌呤核苷酸循环的联合脱氨基作用来完成脱氨过程。即：氨基酸通过连续的转氨基作用将氨基转移给草酰乙酸生成天冬氨酸，天冬氨酸与次黄嘌呤核苷酸(IMP)反应生成腺苷酸代琥珀酸，进一步在裂解酶作用下形成延胡索酸和腺嘌呤核苷酸(AMP)，后者在腺苷酸脱氨酶催化下脱去氨基生成次黄嘌呤核苷酸，完成氨基酸的脱氨基作用。次黄嘌呤核苷酸可继续参加上述反应，因此这种脱氨基方式被称作嘌呤核苷酸循环的联合脱氨基作用(图 8-7)。

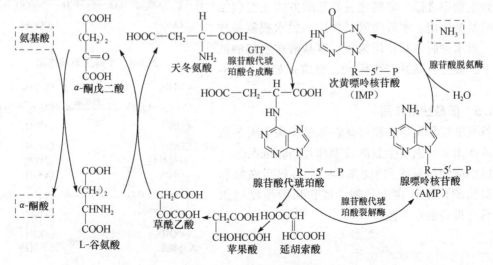

图 8-7　嘌呤核苷酸循环的联合脱氨基作用

知识窗

痛风与嘌呤代谢

嘌呤代谢发生紊乱后就会引起痛风，痛风是一组嘌呤代谢紊乱所致的一种疾病，是细小针尖状的尿酸盐的慢性沉积，其临床表现为高尿酸盐结晶而引起的痛风性关节炎和关节畸形，它会让你周身局部出现红、肿、热、痛的症状。只有饱受痛风煎熬的人才会有如此深的感觉，如不及时治疗，会引起痛风性肾炎、尿毒症、肾结石，以及性功能减退，高血压等多种并发症。

尿酸是人体内嘌呤代谢的最终产物。如果嘌呤（尤其是次黄嘌呤）合成增加或者代谢过多，体内产生的尿酸就相应增多。尿酸在人体里没有什么生理功能，在正常情况下，体内产生的尿酸2/3由肾脏排出，1/3由大肠排出。在嘌呤的合成与分解过程中，有多种酶的参与，由于酶的先天性异常代谢发生紊乱，使尿酸的生成增加或排出减少，均可引起高尿酸血症。嘌呤代谢中某些特定酶的缺陷可引起尿酸增多，如①PRPP合成酶异常可致PRPP合成增多及尿酸生成增多；②HGPRT酶缺乏，可为完全缺乏和不完全缺乏，此酶催化鸟嘌呤、次黄嘌呤与PRPP回收转变成相应的核苷酸，借此控制鸟嘌呤与次黄嘌呤转变为黄嘌呤进而产生尿酸的量，此酶活性降低时，这种控制失去，尿酸大量产生。临床表现为高尿酸血症及痛风。

临床上治疗痛风的方法之一就是减少尿酸的生成，如服用别嘌呤醇，此物质与嘌呤结构相似，在黄嘌呤氧化酶作用下氧化生成别嘌呤，后者与黄嘌呤氧化酶的活性中心紧密结合从而强烈地抑制了酶的活性，有效抑制了尿酸的生成。

8.1.1.4 非氧化脱氨基作用

非氧化脱氨基作用（nonoxidative deamination）大多在微生物中进行。非氧化脱氨基的方式主要包括还原脱氨基作用、水解脱氨基作用、脱水脱氨基作用等。以水解脱氨基作用为例，氨基酸在水解酶的作用下，脱去氨基并产生羟酸，反应式如下（图8-8）：

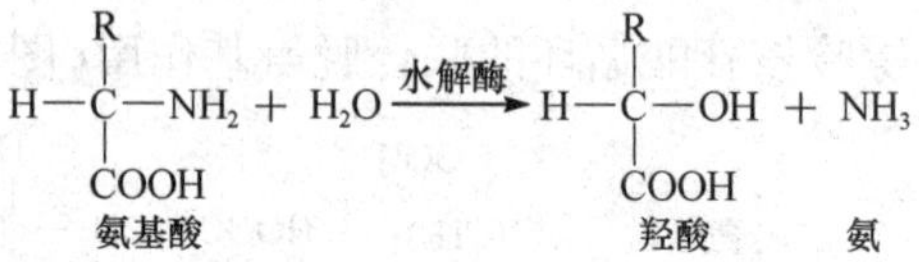

图8-8 水解脱氨基作用

8.1.1.5 脱酰胺基作用

谷氨酰胺和天冬酰胺可在谷氨酰胺酶和天冬酰胺酶的作用下分别发生脱酰胺基作用（deamidation）而形成相应的氨基酸和氨（图8-9）。谷氨酰胺酶和天冬酰胺酶广泛存在于动物、植物和微生物组织中，具有很高的专一性。

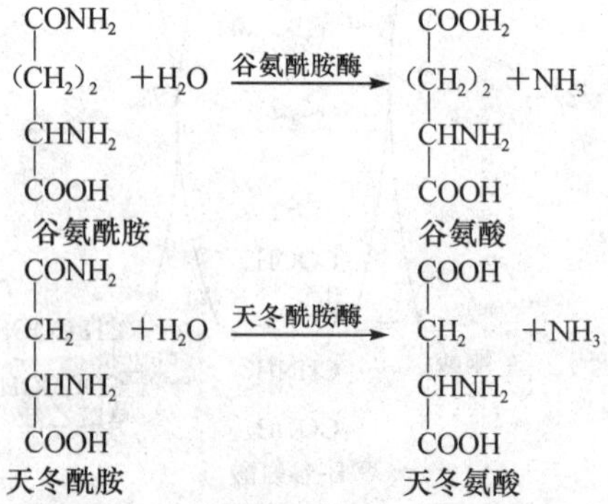

图8-9 氨基酸的脱酰胺基作用

8.1.2 脱羧基作用

氨基酸的脱羧基作用(decarboxylation)是指氨基酸在脱羧酶的作用下脱去羧基，生成伯胺的过程(图8-10)。氨基酸脱羧酶广泛存在于动物、植物及微生物体内，专一性很

$$R-CH(NH_2)-COOH \xrightarrow{\text{氨基酸脱羧酶}} R-CH_2-NH_2 + CO_2$$
（伯胺）

图8-10　氨基酸脱羧酶催化的脱羧基作用

高，一般一种氨基酸脱羧酶只对一种 L-型氨基酸起作用，除组氨酸脱羧酶不需要辅酶外，其他氨基酸脱羧酶均以磷酸吡哆醛为辅酶。脱羧作用不是氨基酸代谢的主要方式。一些氨基酸脱羧基后形成的胺类物质通常具有重要的生理功能。例如，谷氨酸在谷氨酸脱羧酶作用下脱去羧基后形成的氨基丁酸，可以抑制中枢神经系统传导；组氨酸脱羧后形成的组胺具有降低血压的作用。

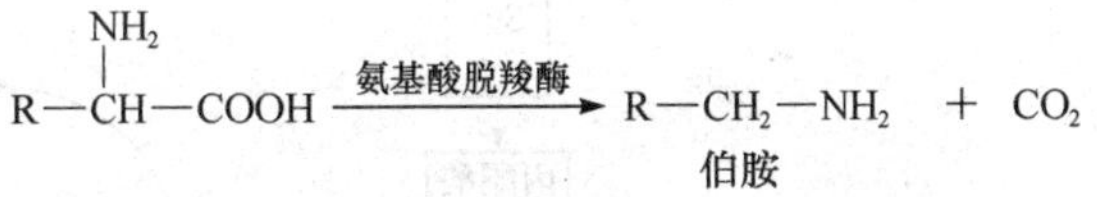

8.1.3 氨基酸分解产物的去向

氨基酸在降解时通过脱氨作用和脱羧作用生成了多种降解产物，如 α-酮酸、NH_3、胺类等。这些产物在体内需要进一步发生代谢转变。

8.1.3.1　α-酮酸的去向

氨基酸脱氨基后形成的 α-酮酸主要有两条去路：一是再合成氨基酸(还原氨基化)；二是进入糖代谢和脂类代谢。

(1) 重新合成氨基酸(还原氨基化)

生物体内的大多数非必需氨基酸的合成是氨基酸转氨基作用的逆反应，一般通过相应的 α-酮酸经氨基化形成。

(2) 进入糖代谢和脂类代谢

α-酮酸除了还原氨基化重新合成氨基酸以外，还可进入糖代谢和脂类的代谢。具体表现为两种途径：一是分解释放能量；二是合成糖和脂肪。

当体内需要能量时，氨基酸降解产生的各种酮酸可以直接或间接进入三羧酸循环，氧化为二氧化碳和水，并释放出能量供给生命活动的需要(图8-11)。

通过实验证实，α-酮酸在体内还可以转变成糖和脂肪。当用不同种类的氨基酸饲养人为造成糖尿病的狗后，测定其尿液中葡萄糖和酮体的含量发现，大多数氨基酸可使尿液中葡萄糖的含量增加，少数氨基酸可使尿液中酮体的含量增加，部分氨基酸可使尿液中葡萄糖及酮体的含量均增加。因此，将在体内可以转变成糖的氨基酸称为生糖氨基酸，能转变成酮体的氨基酸称为生酮氨基酸，二者都有者则称为生糖兼生酮氨基酸。20种基本氨基酸中，有14种氨基酸可生成丙酮酸、α-酮戊二酸、琥珀酰-CoA、延胡索酸、草酰乙酸，可沿糖异生途径生成葡萄糖、糖原，因此称为生糖氨基酸。亮氨酸和赖氨酸分别经过一系列代谢转变生成乙酰-CoA 或乙酰乙酰-CoA，它们可以进一步转变成酮体或脂肪，称为生酮氨基酸。苯丙氨酸、酪氨酸、色氨酸和异亮氨酸既是生糖氨基酸，又是生酮氨基酸(表8-1)。

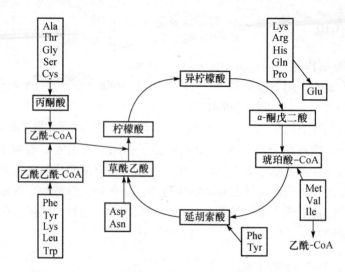

图 8-11 氨基酸碳骨架进入三羧酸循环的途径

表 8-1 生糖氨基酸和生酮氨基酸

类 别	氨基酸
生糖氨基酸	丙氨酸、苏氨酸、甘氨酸、丝氨酸、半胱氨酸、谷氨酸、谷氨酰胺、脯氨酸、精氨酸、组氨酸、甲硫氨酸、缬氨酸、天冬氨酸、天冬酰胺
生酮氨基酸	亮氨酸、赖氨酸
生糖兼生酮氨基酸	苯丙氨酸、酪氨酸、色氨酸、异亮氨酸

8.1.3.2 产物 NH_3 的去向

游离氨对动物、植物组织是有害的,因此在正常情况下,动物、植物组织中游离氨的浓度非常低。不同种类的生物处理氨的方式或者说解除氨毒的方法是不同的,如大多数水生动物可直接将氨排出体外,鸟类和陆生的爬行类动物将氨以尿酸的形式排出体外,陆生脊椎动物则将氨转变为无毒的尿素排出体外等。

(1) 直接排出体外

大多数水生动物(排氨动物),如鱼类,生活在水环境之中,它们对氨不需要做任何处理,可直接排出到周围环境中。

(2) 尿酸的形成

鸟类和陆生爬行类动物(排尿酸动物)以尿酸作为氨基酸氨基排泄的主要形式,尿酸同时也是灵长类、鸟类和陆生爬行类动物嘌呤代谢的最终产物。尿酸溶解度不高,容易形成结晶,几乎是以固体形式排出,是最节省水分的方式。鸟类和陆生爬行类动物将氨转变为尿酸的形式排出,与其卵生的繁殖方式密切相关。这些动物的卵壳透水性很差,在胚胎整个发育过程中不再从卵外摄取水,而是完全依靠卵内仅存的水分,如果以氨或尿素排泄,卵内的氨或尿素的浓度将很高,这将对胚胎产生毒害;尿酸不易溶于水,形成的尿酸结晶在尿囊内不需要排出体外,就解除了氨毒,卵内的水可供胚胎其他生理过程使用,保证胚胎的存活。

(3) 尿素的形成

排尿素动物合成的尿素是在肝脏中进行的。正常成人尿素占排氮总量的 80%~90%,少部分氨在肾脏中以铵盐形式由尿排出。植物中也能合成尿素，主要通过两条途径：精氨酸的分解途径和嘌呤的降解途径。前一途径与排尿素动物中的尿素循环类似，由精氨酸酶催化形成鸟氨酸和尿素，不过尿素不是排出体外，而是在脲酶的作用下催化尿素水解，产生氨态氮源，供给植物生长发育；后一途径指嘌呤分解产生的尿囊酸在酶的催化下产生尿素。这里仅介绍肝脏中尿素循环的反应过程。

①尿素合成的鸟氨酸循环　鸟氨酸循环是1932年由德国科学家H. Krebs和K. Henseleit首次提出的，也称作尿素循环（urea cycle）或Krebs-Henseleit循环，这也是最早发现的代谢循环，后来（1937年）Krebs又提出了三羧酸循环途径，为生物化学的发展做出了卓越的贡献。鸟氨酸循环的提出是基于一系列实验基础之上的，首先将大鼠肝的切片在有氧条件下与铵盐保温数小时，铵盐含量减少，而同时检测到有尿素合成，并且尿素合成的速率因加入鸟氨酸（ornithine，Orn）、瓜氨酸（citrulline，Cit）和精氨

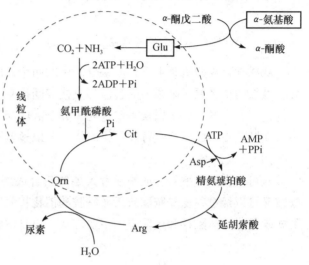

图8-12　尿素循环

酸而大大提高，这三种氨基酸的含量并不减少，实验还观察到鸟氨酸与肝切片及铵盐保温时有瓜氨酸的生成，当时也已经发现在肝脏中存在精氨酸酶，可将精氨酸水解为鸟氨酸和尿素。H. Krebs和K. Henseleit综合以上实验结果，并结合鸟氨酸、瓜氨酸和精氨酸的化学结构进行分析，提出了尿素生成的鸟氨酸循环机制（图8-12）。

②鸟氨酸循环的分子机制　尿素循环的一部分发生在肝脏细胞的细胞质中，另一部分反应发生在肝脏细胞的线粒体中，现分步加以讨论。

第一阶段：瓜氨酸的合成。此阶段的反应发生在线粒体内，瓜氨酸合成的前体物质是鸟氨酸和氨甲酰磷酸。氨甲酰磷酸的合成是游离氨与CO_2在氨甲酰磷酸合成酶Ⅰ（carbamoyl phosphate synthetase，CPS Ⅰ）催化下完成的，并且需要镁离子、ATP以及N-乙酰谷氨酸的存在。氨甲酰磷酸在鸟氨酸转氨甲酰酶作用下将其氨甲酰基团转移给鸟氨酸形成瓜氨酸。鸟氨酸转氨甲酰酶位于线粒体基质中，形成的瓜氨酸随后离开线粒体进入细胞质中，随后的尿素循环反应阶段在细胞质中进行。

第二阶段：精氨酸的合成。由瓜氨酸形成精氨酸的反应包括两个连续的步骤。首先，转移到细胞质中的瓜氨酸在精氨琥珀酸合成酶催化下，与天冬氨酸形成精氨琥珀酸，此步反应需要ATP供能。天冬氨酸提供了尿素分子中的第二个氨基，而天冬氨酸的氨基是经细胞质中的天冬氨酸转氨酶的作用由谷氨酸获得的，谷氨酸的氨基又可来源于体内的多种氨基酸。其次，精氨琥珀酸在精氨琥珀酸裂解酶催化下形成游离的精氨酸和延胡索酸，精氨酸是尿素的直接前体，延胡索酸可进入三羧酸循环转变为草酰乙酸，草酰乙酸与谷氨酸通过转氨基作

用又能重新形成天冬氨酸,这样就把尿素循环与三羧酸循环联系在一起。

第三阶段:尿素的形成。这是鸟氨酸循环的最后一步反应,由精氨酸酶催化完成,它的作用是使尿素从精氨酸分子上水解下来并生成鸟氨酸。鸟氨酸通过线粒体内膜上的转运载体进入线粒体,再次进入尿素循环。

综上所述,尿素合成的总反应式为:

$$2NH_3 + CO_2 + 3ATP + 2H_2O \longrightarrow NH_2-\overset{O}{\overset{\|}{C}}-NH_2 + 2ADP + 2Pi + AMP + PPi$$

从尿素合成的机制来看,尿素分子中的两个氮原子,一个来自氨,另一个则来自天冬氨酸,虽然两个氮原子来源不同,但都直接或间接来自氨基酸。另外,尿素合成是一个高度耗能的过程,合成 1 分子尿素需要消耗 3 分子 ATP(4 个高能磷酸键)。尿素易溶于水,毒性较小,在肝脏中形成后,经肾随尿排出体外,以解氨毒。

(4) 合成酰胺

氨可以在谷氨酰胺合成酶或者天冬酰胺合成酶作用下生成相应的酰胺(图 8-13)。这些酰胺又可以经过谷氨酰胺酶或天冬酰胺酶催化将氨重新释放出来。因此,也可以认为,酰胺形式既是生物体贮存和运输氨的主要方式,也是解除氨毒的重要途径。

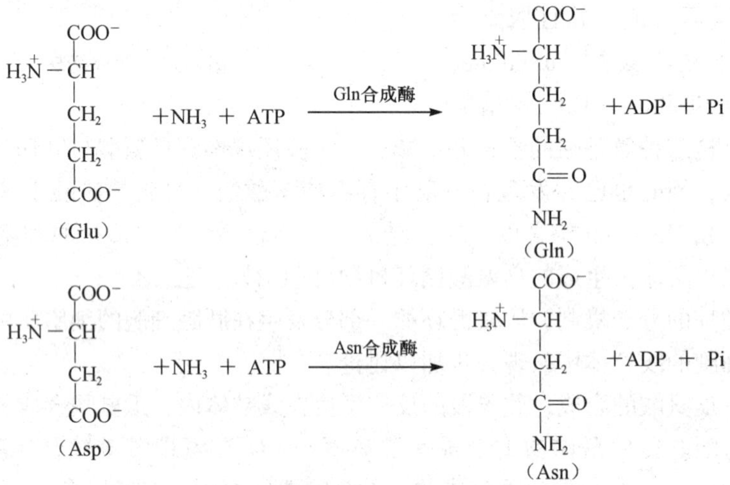

图 8-13 两种酰胺的合成反应

8.1.3.3 胺的代谢去向

氨基酸脱羧产生的胺类物质,如大量聚集会对生物体有害,需经进一步代谢转变为生理活性物质或废物排泄。

在胺氧化酶催化下,胺类氧化脱氨,生成相应的醛和氨,醛进一步氧化为羧酸并进入有机酸代谢或糖代谢,氨则进入上面所述的氨代谢。一些胺类本身就是具有生理活性的小分子,也可作为前体或原料来合成生物碱、激素、神经递质、色素等含氮的活性化合物。

8.2 氨同化和氨基酸的生物合成

8.2.1 氨的来源

氮是构成氨基酸和核苷酸的一种重要元素，也是蛋白质和核酸等生物分子的主要组分。自然界中的大气、陆地和海洋中均有氮的分布，在空气中除了微量的气态氮化物（如NO、NO_2、NH_3）外，氮主要以分子态形式存在，占大气体积的79%，总量约3.8×10^{15} t，在陆地和海洋中含有种类繁多的无机和有机化合物。虽然在大气中氮含量丰富，但是绝大多数生物却无法直接利用氮，只有当这些游离的氮"固定"为含氮化合物后才能被生物体利用。氮的固定包含了一系列复杂的过程，这些过程主要是依靠微生物来调节的。此外，还有非生物固氮过程，如闪电等。经过固氮过程，氮部分地转变为氨或硝酸盐，进入土壤中。在土壤中的氨通过硝化作用被氧化成硝酸盐，土壤中的铵盐和硝酸盐被植物吸收后，转变为植物体内的含氮化合物。植物作为动物的饲料被摄入，在动物的排泄物、动植物的尸体及残骸中的有机氮化物被微生物分解后，可重新转变为氨回到土壤中，土壤中的部分硝酸盐也可经反硝化作用转变为氮气返回到大气中，这样构成了氮素循环。

8.2.2 氨同化

氨同化是指无机态氨转化为含氮有机化合物的过程。在氨基酸合成过程中，氨转化为氨基酸的氨基。生物体内氨同化主要是通过谷氨酸的形成途径和氨甲酰磷酸的形成途径来完成的。

8.2.2.1 谷氨酸合成途径

一般认为，由无机态的氨转变为氨基酸主要是通过谷氨酸合成途径，其他氨基酸则通过转氨基作用形成。谷氨酸合成途径又包括谷氨酸脱氢酶途径或谷氨酰胺合成酶与谷氨酸合成酶共同催化途径。

(1) 谷氨酸脱氢酶

谷氨酸在谷氨酸脱氢酶作用下，使 α-酮戊二酸通过还原氨基化形成。

$$\begin{array}{c}COOH\\|\\C=O\\|\\CH_2\\|\\CH_2\\|\\COOH\end{array} + NH_3 + NAD(P)H + H^+ \xrightleftharpoons[]{\text{谷氨酸脱氢酶}} \begin{array}{c}COOH\\|\\CHNH_2\\|\\CH_2\\|\\CH_2\\|\\COOH\end{array} + NAD(P)^+ + H_2O$$

α-酮戊二酸   L-谷氨酸

谷氨酸脱氢酶（$K_m = 5 \sim 100$ mol/L）对氨的亲和力比谷氨酰胺合成酶（$K_m = 10^{-5} \sim 10^{-4}$ mol/L）对氨的亲和力低得多，当细胞内氨的水平低时，谷氨酰胺合成酶催化的反应更容易进行。谷氨酰胺合成酶催化谷氨酸与氨形成谷氨酰胺，随后谷氨酰胺作为氨的供体，在谷氨酸合成酶作用下，将酰胺的氨基转移给 α-酮戊二酸，形成谷氨酸。

(2) 谷氨酰胺合成酶

谷氨酰胺合成酶催化的反应如图 8-13 所示。形成谷氨酰胺既是氨同化的一种方式，又可以消除高浓度的氨带来的毒害，还可以作为氨的供体，用于谷氨酸的合成。

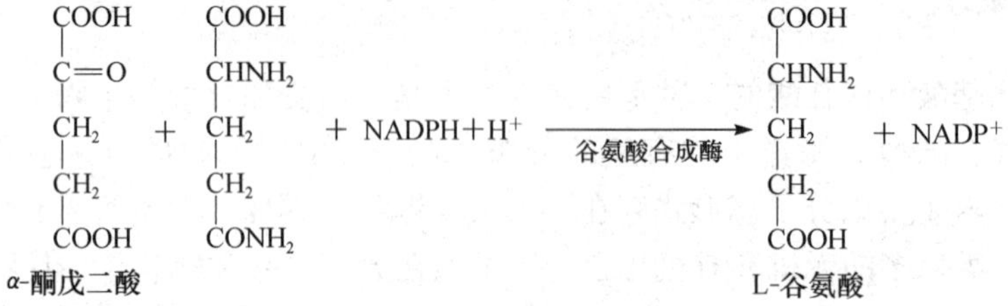

$$\begin{array}{c}\text{COOH}\\\text{C=O}\\\text{CH}_2\\\text{CH}_2\\\text{COOH}\end{array} + \begin{array}{c}\text{COOH}\\\text{CHNH}_2\\\text{CH}_2\\\text{CH}_2\\\text{CONH}_2\end{array} + NADPH+H^+ \xrightarrow{\text{谷氨酸合成酶}} \begin{array}{c}\text{COOH}\\\text{CHNH}_2\\\text{CH}_2\\\text{CH}_2\\\text{COOH}\end{array} + NADP^+$$

α-酮戊二酸 　　　　　　　　　　　　　　　　　L-谷氨酸

可见，在谷氨酰胺合成酶和谷氨酸合成酶共同作用下，1 分子氨和 1 分子 α-酮戊二酸可以净合成 1 分子谷氨酸。

(3) 氨甲酰磷酸的生成

氨同化的另一途径是氨甲酰磷酸的形成。氨甲酰激酶和氨甲酰磷酸合成酶均能够催化合成氨甲酰磷酸 (图 8-14)。

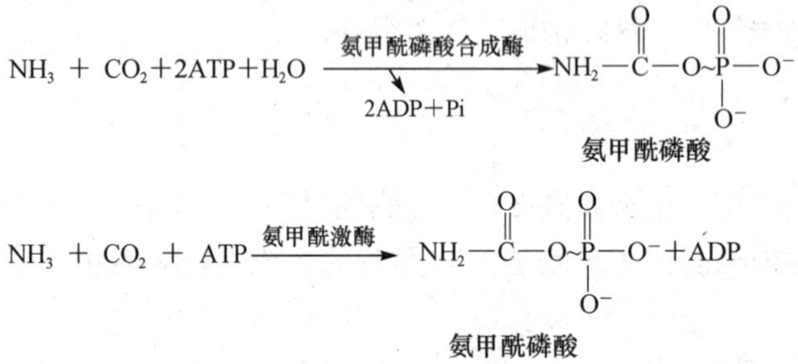

$$NH_3 + CO_2 + 2ATP + H_2O \xrightarrow[2ADP+Pi]{\text{氨甲酰磷酸合成酶}} NH_2-\overset{\overset{O}{\|}}{C}-O-\overset{\overset{O^-}{|}}{\underset{\underset{O^-}{|}}{P}}=O$$

氨甲酰磷酸

$$NH_3 + CO_2 + ATP \xrightarrow{\text{氨甲酰激酶}} NH_2-\overset{\overset{O}{\|}}{C}-O-\overset{\overset{O^-}{|}}{\underset{\underset{O^-}{|}}{P}}=O + ADP$$

氨甲酰磷酸

图 8-14　氨甲酰磷酸的合成反应

8.2.2.2　氨基酸的生物合成

不同的生物合成氨基酸的能力有所不同，有合适的氮源时，植物和微生物能够从头合成 20 种组成蛋白质的基本氨基酸，而动物则只能合成非必需氨基酸。不同氨基酸生物合成的途径不同，但许多氨基酸的生物合成与转氨基作用密切相关。

根据氨基酸合成碳骨架的不同，可将氨基酸分为 5 个族：丙氨酸族、丝氨酸族、天冬氨酸族、谷氨酸族以及组氨酸和芳香氨基酸族。在同一族中的氨基酸都有共同的碳骨架来源。下面分别讨论各族氨基酸的生物合成 (图 8-15)。

(1) 丙氨酸族

丙氨酸族氨基酸包括丙氨酸、缬氨酸和亮氨酸。它们的共同碳骨架来源于糖酵解途径中生成的丙酮酸。丙氨酸由丙酮酸经转氨反应生成，丙酮酸在乙酰羟酸合酶催化下形成 α-乙酰乳酸，随后由乙酰羟酸还原异构酶作用生成 α,β-二羟-异戊酸，脱水后形成 α-酮异戊酸，由谷氨酸提供氨基形成缬氨酸，也可经几步反应形成亮氨酸 (图 8-16)。

(2) 丝氨酸族

该族氨基酸包括丝氨酸、甘氨酸和半胱氨酸。它们的共同碳骨架来源于 3-磷酸甘油酸，

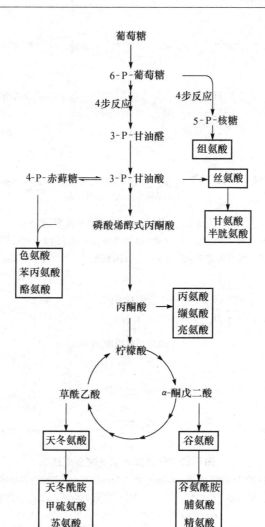

图 8-15 氨基酸生物合成途径示意图
(图中 P 表示磷酸基团)

3-磷酸甘油酸在磷酸甘油酸脱氢酶作用下生成 3-磷酸羟基丙酮酸,经磷酸丝氨酸氨基转移酶作用,谷氨酸提供氨基形成 3-磷酸丝氨酸,它在磷酸丝氨酸磷酸酶作用下脱去磷酸生成丝氨酸。丝氨酸在转羟甲基酶作用下,脱去羟甲基后生成甘氨酸。

大多数植物和微生物可以把乙酰-CoA 的乙酰基转给丝氨酸而生成 O-乙酰丝氨酸,反应由丝氨酸乙酰基转移酶催化,O-乙酰丝氨酸经硫氢基化而生成半胱氨酸和乙酸。

在植物的光合组织中,丝氨酸族的碳骨架也可来自光呼吸的中间产物乙醛酸,首先经转氨作用形成甘氨酸,再通过其他反应转变成丝氨酸和半胱氨酸。其基本合成途径如图 8-17 所示。

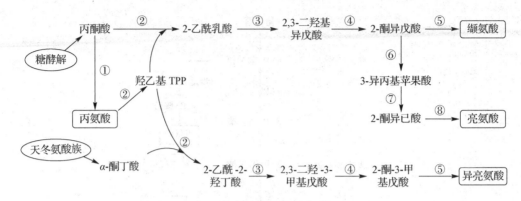

图 8-16 丙氨酸族氨基酸合成概况
①谷丙转氨酶　②乙酰羟酸合酶　③乙酰羟酸还原异构酶　④二羟酸脱水酶
⑤转氨酶　⑥异丙基苹果酸合酶　⑦异丙基苹果酸脱氢酶　⑧亮氨酸转氨酶

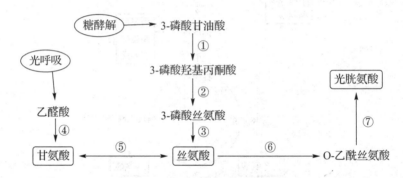

图 8-17 丝氨酸族氨基酸合成概况
①磷酸甘油酸脱氢酶　②磷酸丝氨酸转氨酶　③磷酸丝氨酸磷酸酶
④氨基转移酶　⑤丝氨酸转羟甲基酶　⑥丝氨酸转乙酰酶　⑦硫氢解酶

(3) 天冬氨酸族

该族氨基酸包括天冬氨酸、天冬酰胺、赖氨酸、苏氨酸、异亮氨酸和甲硫氨酸。它们的共同碳骨架来源于三羧酸循环中的草酰乙酸。草酰乙酸经转氨基作用形成天冬氨酸，天冬氨酸经天冬酰胺合成酶催化，在有谷氨酰胺和 ATP 的情况下，从谷氨酰胺上获取酰胺基而形成天冬酰胺，天冬氨酸还可以合成赖氨酸、甲硫氨酸、苏氨酸和异亮氨酸（图 8-18）。

(4) 谷氨酸族

这一族氨基酸包括谷氨酸、谷氨酰胺、脯氨酸、精氨酸。它们的碳骨架来源于三羧酸循环的 α-酮戊二酸。α-酮戊二酸与氨在谷氨酸脱氢酶催化下，还原氨基化生成谷氨酸，谷氨酸与氨在谷氨酰胺合成酶催化下，消耗 ATP 形成谷氨酰胺。谷氨酸 γ-羧基还原成谷氨酸半醛，然后环化形成 Δ'-二氢吡咯-5-羧酸，再由二氢吡咯还原酶催化形成脯氨酸。谷氨酸经转乙酰基酶催化生成 N-乙酰谷氨酸，经过几步反应后生成精氨酸（图 8-19）。

(5) 组氨酸和芳香族氨基酸

组氨酸的合成途径较复杂，它的碳骨架主要来源于磷酸戊糖途径的中间产物 5-磷酸核糖。芳香族氨基酸的碳骨架来源于磷酸戊糖途径中的 4-磷酸赤藓糖和糖酵解途径中的磷酸

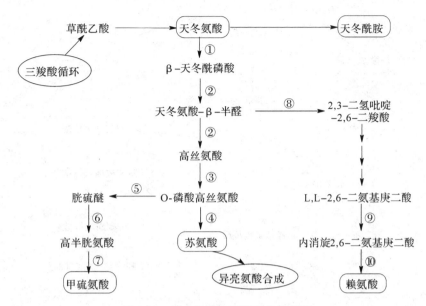

图 8-18 天冬氨酸族氨基酸合成概况
①天冬氨酸激酶 ②脱氢酶 ③激酶 ④苏氨酸合酶 ⑤胱硫醚-γ-合酶 ⑥胱硫醚-裂解酶
⑦甲基转移酶 ⑧二氢吡啶二酸合酶 ⑨二氨基庚二酸差向异构酶 ⑩二氨基庚二酸脱羧酶

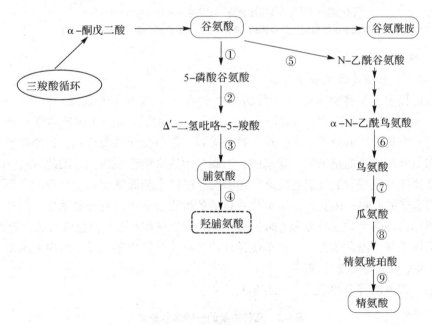

图 8-19 谷氨酸族氨基酸合成概况
①谷氨酸激酶 ②脱氢酶 ③二氢吡咯-5-羧酸还原酶 ④脯氨酸氧化酶 ⑤谷氨酸转乙酰基酶 ⑥乙酰鸟氨酸脱乙酰基酶 ⑦转氨甲酰酶 ⑧精氨琥珀酸合成酶 ⑨裂解酶

烯醇式丙酮酸，二者化合后经过几步反应形成莽草酸，再由莽草酸形成芳香族氨基酸(图 8-20)。

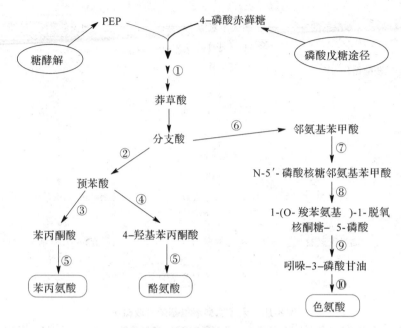

图 8-20　芳香族氨基酸合成概况
①莽草酸途径　②分支酸变位酶　③预苯酸脱水酶　④预苯酸脱氢酶
⑤转氨酶　⑥氨基苯甲酸合酶　⑦氨基苯甲酸磷酸核糖转移酶
⑧氨基苯甲酸磷酸核糖异构酶　⑨吲哚-3-甘油磷酸合酶　⑩色氨酸合酶

8.2.2.3　一碳单位

(1) 一碳单位的概念及生物学意义

在代谢过程中，某些化合物可以分解产生含有一个碳原子的基团，称为"一碳单位"(one carbon unit)或"一碳基团"(one carbon group)。在物质代谢中一碳基团常常从一个化合物转移到另一个化合物的分子上去，这一过程需要一碳单位转移酶催化，这类酶的辅酶是四氢叶酸，四氢叶酸的功能是携带一碳基团，一碳基团通常结合在四氢叶酸的 N5、N10 位上。

一碳基团除与氨基酸的代谢有关外，还参与了嘌呤、胸腺嘧啶的生物合成。嘌呤及胸腺嘧啶是核酸合成的原料，因此，一碳单位在核酸的生物合成中占有重要地位。此外，一碳单位还与生物体内许多生物活性物质(如肌酸、S-腺苷蛋氨酸)的生物合成有关。这些化合物中都含有活性甲基，因此认为，一碳单位是体内各种化合物甲基化反应的甲基来源。

(2) 一碳单位的种类及代谢

体内的一碳单位有多种形式，见表 8-2。

表 8-2　几种主要的一碳单位形式

一碳单位名称	结构	与四氢叶酸结合位
甲基	—CH_3	N^5
亚甲基(甲烯基)	—CH_2—	N^5 和 N^{10}
甲酰基	—CHO	N^5
次甲基(甲川基)	—CH=	N^5 和 N^{10}
羟甲基	—CH_2OH	N^5
亚氨甲基	—CH=NH	N^5

这些一碳单位主要来源于甘氨酸、丝氨酸、苏氨酸、组氨酸的代谢。

例如，甘氨酸经氧化脱氨生成乙醛酸，后者在甘氨酸裂解酶作用下与四氢叶酸形成 N^5，N^{10}-亚甲基四氢叶酸，乙醛酸也可氧化为甲酸，甲酸与四氢叶酸反应生成 N^{10}-甲酰四氢叶酸。

8.3 核苷酸的分解代谢

细胞中的核苷酸在核苷酸酶作用下分解为核苷和磷酸，核苷再经核苷磷酸化酶作用，核苷分解成自由的碱基以及 1-磷酸核糖。嘌呤的进一步分解是个氧化过程，且在不同生物体内产物不同；而嘧啶的分解是个还原过程。1-磷酸核糖可在磷酸核糖变位酶催化下转变成 5-磷酸核糖，5-磷酸核糖可以通过磷酸戊糖途径进行代谢，5-磷酸脱氧核糖可在组织中分解生成乙醛和 3-磷酸甘油醛，进一步氧化分解。

8.3.1 核苷酸和核苷的分解

核酸在酶促作用下降解为核苷酸，核苷酸再降解为碱基、戊糖（核糖或脱氧核糖核酸）和磷酸。在生物体内，广泛存在有核苷酸酶（nucleotidase）。核苷酸在核苷酸酶作用下，水解生成核苷和磷酸。

$$核苷酸 + H_2O \xrightarrow{核苷酸酶} 核苷 + Pi$$

核苷在核苷酶（nucleosidase）作用下降解为游离的碱基和戊糖。分解核苷的酶有两类。一类是核苷水解酶，主要存在于植物和微生物中，它催化下面的反应，而且只作用于核糖核苷，不能作用于脱氧核糖核苷，催化的反应不可逆。

$$核苷 + H_2O \xrightarrow{核苷水解酶} 嘌呤（或嘧啶）+ 戊糖$$

在生物体中，除了存在核苷水解酶外，还有一类核苷磷酸化酶，它催化如下的反应，反应是可逆的。

$$核苷 + Pi \xrightleftharpoons{核苷磷酸化酶} 碱基 + 1\text{-磷酸核糖}$$

1-磷酸核糖可进入糖分解代谢或重新利用，嘌呤或嘧啶也可进一步分解。

8.3.2 嘌呤的分解

嘌呤核苷酸既可以依次在 5′-核苷酸酶和核苷磷酸化酶的作用下水解为腺嘌呤核苷和腺嘌呤，再在腺嘌呤脱氨酶作用下脱氨转化为次黄嘌呤；也可以在腺嘌呤核苷酸和腺嘌呤核苷的水平上直接脱去氨基转变为次黄嘌呤核苷酸和次黄嘌呤核苷，次黄嘌呤核苷经核苷酶分解为次黄嘌呤，并进一步在黄嘌呤氧化酶作用下生成黄嘌呤和尿酸。但是，在人和大鼠体内不含腺嘌呤脱氨酶，腺嘌呤的脱氨反应是在腺苷或腺苷酸的水平上进行，其产物是次黄嘌呤核苷或次黄嘌呤核苷酸，它们再进一步分解生成次黄嘌呤。鸟嘌呤核苷也转变成次黄嘌呤和黄嘌呤，它是在核苷酶和鸟嘌呤脱氨酶催化下完成的。黄嘌呤在黄嘌呤氧化酶作用下氧化为尿酸。

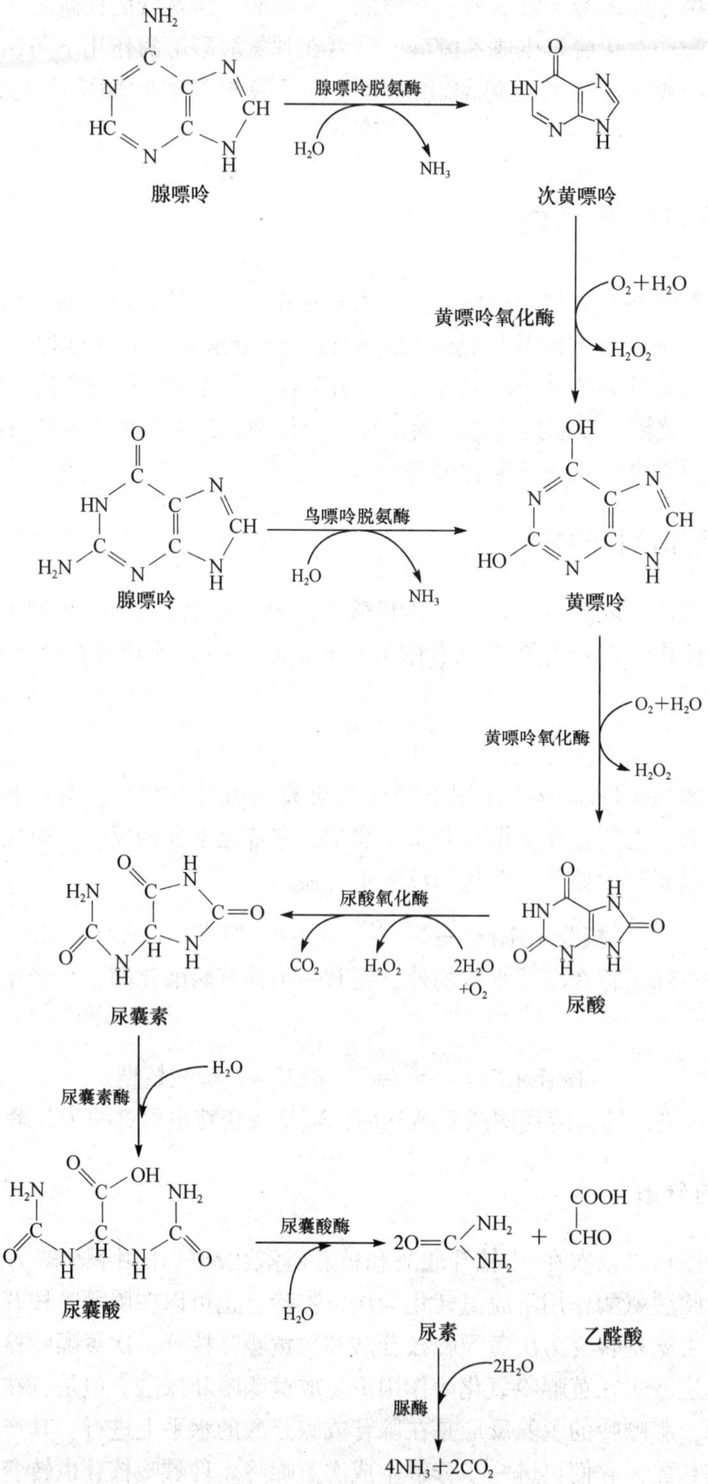

图 8-21 嘌呤的分解代谢

尿酸是人类、灵长类、鸟类、某些爬行动物以及大多数昆虫中嘌呤碱分解代谢的最终产物，随尿排出体外，许多动物还含有降解尿酸的酶，可将尿酸进一步降解为其他产物。例如，除人类及灵长类以外的其他哺乳动物、腹足类含有尿酸氧化酶，可将尿酸进一步氧化成尿囊素排出体外，某些硬骨鱼中则将尿囊素继续分解为尿囊酸，大多数鱼类及两栖类中尿囊酸再分解为尿素，海洋无脊椎动物则将尿素分解为氨和二氧化碳（图8-21）。

8.3.3 嘧啶的分解

与嘌呤分解类似，具有氨基的嘧啶碱首先水解脱去氨基，如胞嘧啶脱去氨基后形成尿嘧啶，尿嘧啶和胸腺嘧啶经还原后分别形成二氢尿嘧啶和二氢胸腺嘧啶，继续水解分别形成开环的链状化合物β-脲基丙酸和β-脲基异丁酸，β-脲基丙酸再水解形成二氧化碳、氨和β-丙氨酸，β-脲基异丁酸水解生成二氧化碳、氨和β-氨基异丁酸，β-丙氨酸和β-氨基异丁酸脱氨基后进一步代谢（图8-22）。

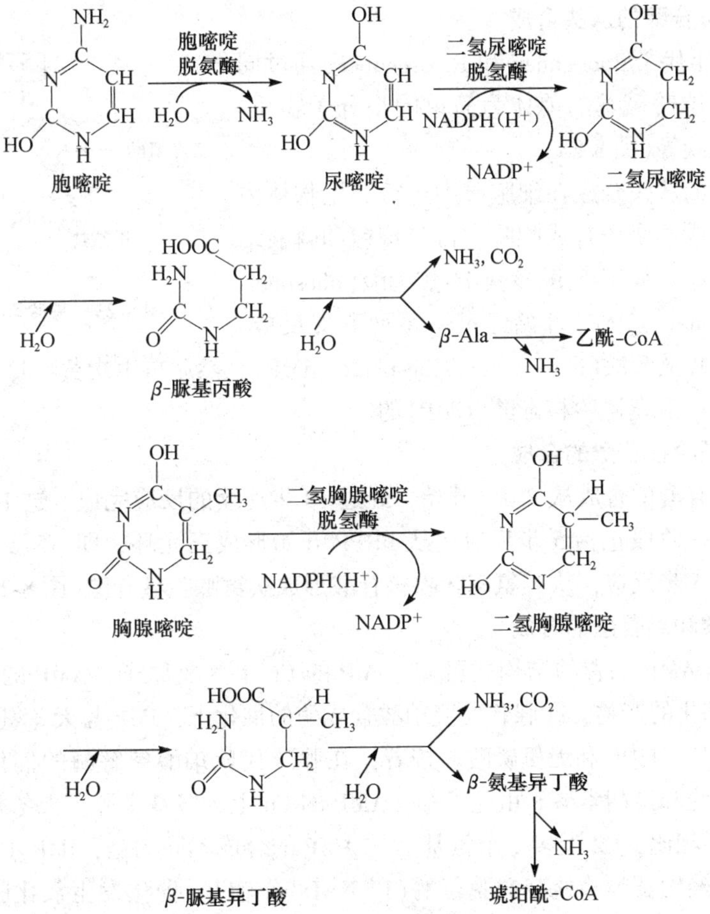

图 8-22　嘧啶的分解代谢

8.4 核苷酸的合成代谢

8.4.1 核糖核苷酸的合成

核苷酸是核酸合成的原料，所有生物通常都能合成核苷酸，合成的途径有两条：从头合成途径(de novo synthesis)和补救合成途径(salvage pathway)。其中，从头合成途径是利用简单的小分子物质作为前体，如二氧化碳、氨基酸、磷酸戊糖等合成核苷酸的过程；补救合成途径是指利用核苷酸降解的中间产物(包括核苷和碱基)，经过比较简单的反应过程合成核苷酸。

8.4.2 嘌呤核苷酸的生物合成

8.4.2.1 嘌呤核苷酸的从头合成

20世纪50年代J. Buchennen和R. Greenberg通过同位素实验确定了嘌呤碱基的前体为简单的小分子物质：氨基酸、二氧化碳等(图8-23)。

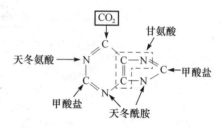

图8-23 嘌呤环各元素来源

嘌呤核苷酸的从头合成在细胞质中进行，生物体内嘌呤核苷酸的合成不是先合成嘌呤，再与核糖和磷酸结合成核苷酸的，而是从5′-磷酸核糖-1′-焦磷酸(phosphoribosyl pyrophosphate，PRPP)开始经过一系列酶促反应，首先合成次黄嘌呤核苷酸(inosine monophosphate，IMP)，然后再由次黄嘌呤核苷酸转变成腺嘌呤核苷酸(AMP)和鸟嘌呤核苷酸(GMP)的。

8.4.2.2 次黄嘌呤核苷酸的合成

次黄嘌呤核苷酸的合成从PRPP开始，经过10步连续的反应完成。这10步反应，可分为两个阶段，第一阶段包括5步反应，从PRPP开始形成五元环，即，5-氨基咪唑核苷酸；第二阶段也包括5步反应，从5-氨基咪唑核苷酸形成次黄嘌呤核苷酸(图8-24)。

8.4.2.3 腺苷酸和鸟苷酸的合成

比较IMP与AMP二者的结构式可知，IMP的C6上为氧原子，AMP的C6为氨基，即AMP是IMP氨基化的产物。在腺苷代琥珀酸合成酶的催化下，IMP与天冬氨酸和GTP反应，生成腺苷代琥珀酸、GDP和无机磷酸。接着，在腺苷代琥珀酸裂解酶的催化下，腺苷代琥珀酸分解为腺嘌呤和延胡索酸。由此可知，AMP的C6上的氨基来源于天冬氨酸(图8-25)。

GMP与IMP相比，C2上多1个氨基。与AMP的合成不同的是，IMP不能直接在C2位磷酸化，必须先经次黄嘌呤核苷酸脱氢酶(以NAD^+作辅基)催化发生氧化脱氢反应生成黄嘌呤核苷酸中间物。在鸟嘌呤核苷酸合成酶的催化下，由谷氨酰胺提供酰胺氮，ATP供给能量，黄嘌呤核苷酸氨基化为GMP，同时ATP水解为AMP和无机焦磷酸(图8-25)。

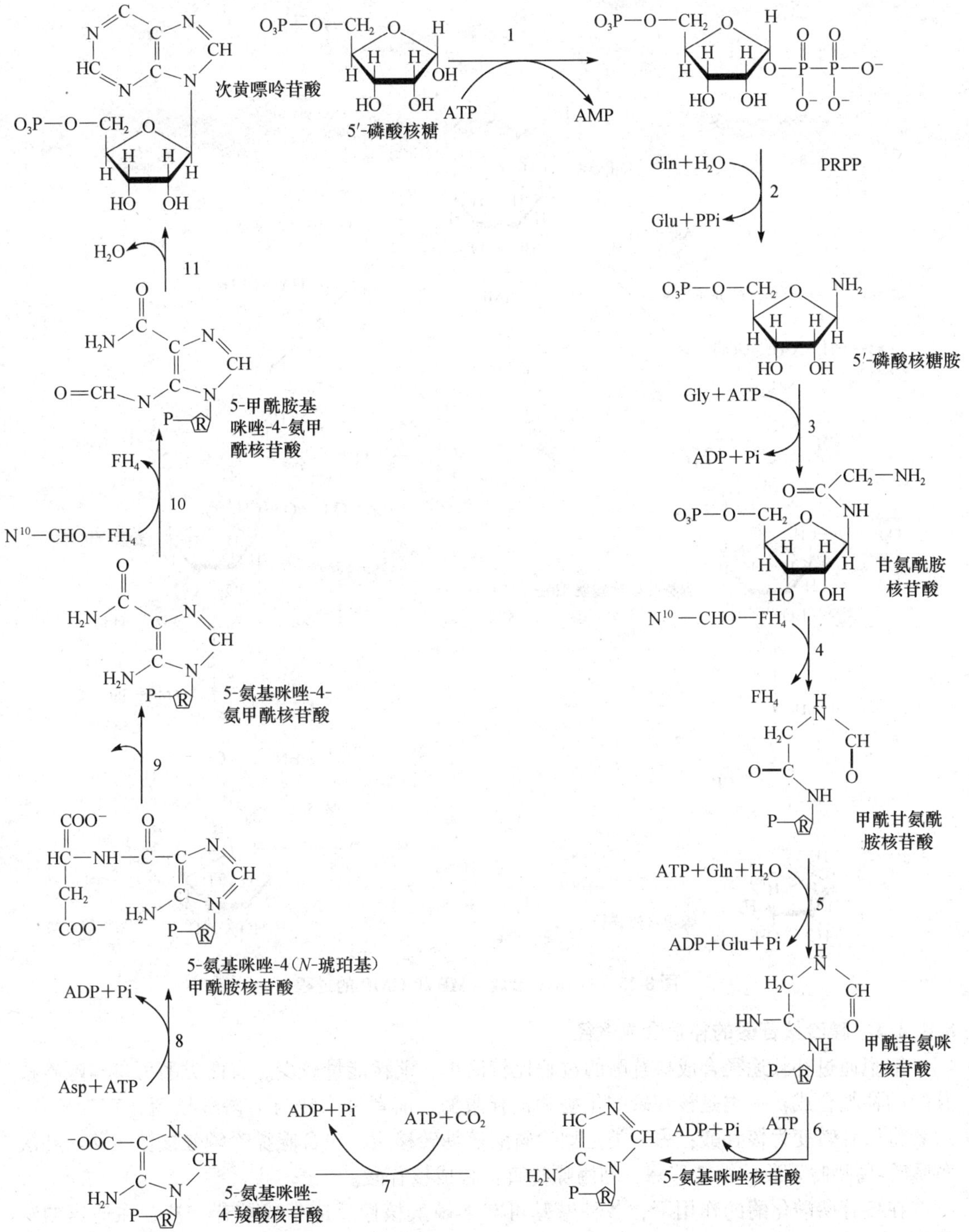

图 8-24　IMP 合成途径

1. 焦磷酸激酶　2. 磷酸核糖焦磷酸酰胺基转移酶　3. 甘氨酰胺核苷酸合成酶　4. 甘氨酰胺核苷酸甲酰基转移酶　5. 甲酰甘氨咪核苷酸合成酶　6. 氨基咪唑核苷酸合成酶　7. 氨基咪唑核苷酸羧化酶　8. 氨基咪唑琥珀酸氨甲酰核苷酸合成酶　9. 裂解酶　10. 氨基咪唑甲酰胺核苷酸甲酰基转移酶　11. 次黄嘌呤核苷酸合成酶

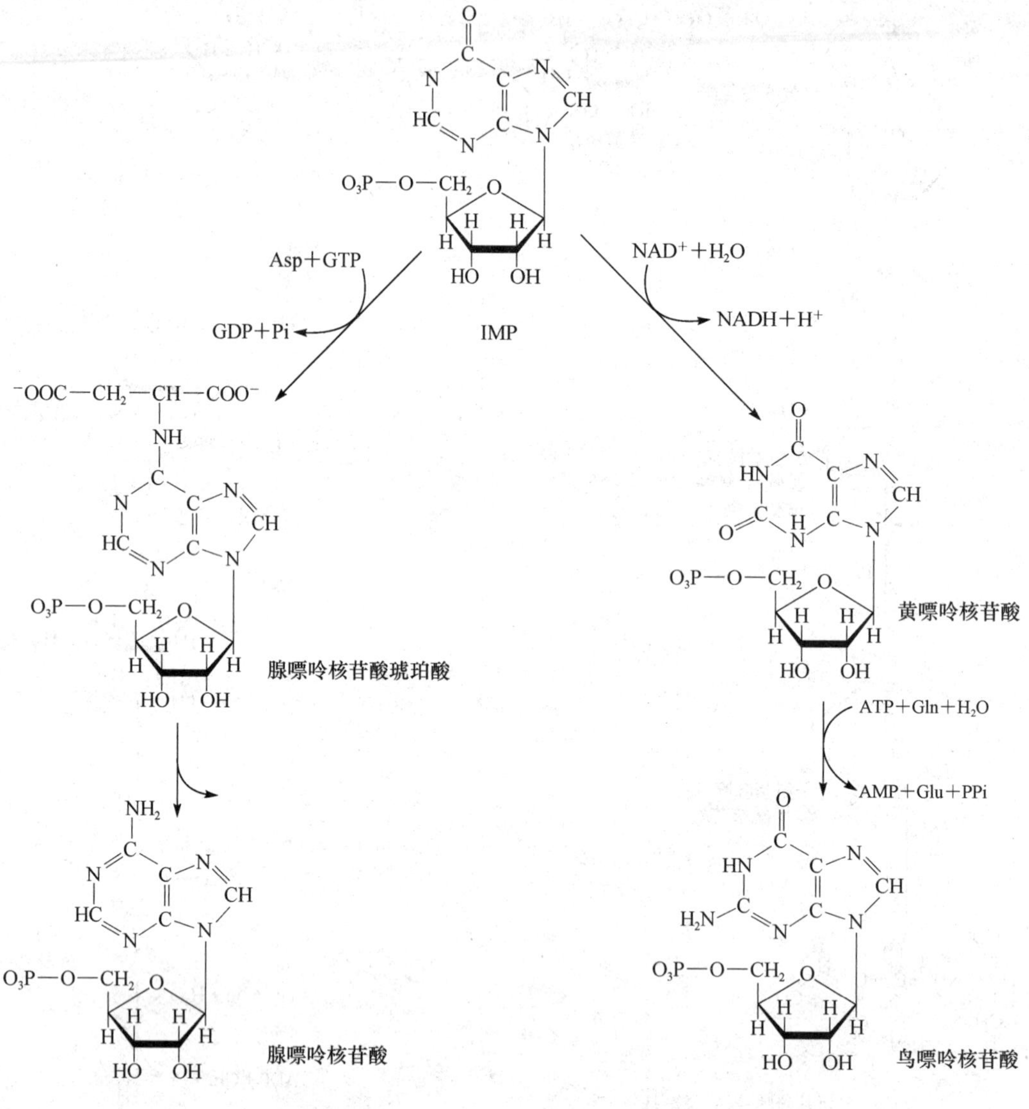

图 8-25　由 IMP 合成 AMP 和 GMP 的过程

8.4.2.4　嘌呤核苷酸的补救合成途径

细胞通过补救途径合成核苷酸的过程比较简单，消耗能量较少。有两类酶可参与嘌呤核苷酸的补救合成，一类是核苷磷酸化酶和核苷激酶，前者将嘌呤与 1-磷酸核糖转变为核苷，后者将核苷转变为核苷酸；另一类是嘌呤磷酸核糖转移酶，包含腺嘌呤磷酸核糖转移酶和次黄嘌呤-鸟嘌呤磷酸核糖转移酶，利用嘌呤直接合成核苷酸。

在核苷磷酸化酶的作用下，各种碱基可与 1-磷酸核糖反应生成核苷。核苷在适当的磷酸激酶作用下，由 ATP 供给磷酸基，便形成了核苷酸。

在生物体内，除了腺苷酸激酶外，缺乏其他嘌呤核苷激酶。因此，在嘌呤核苷酸的补救合成途径中，还存在着其他的补救途径——利用嘌呤碱直接合成嘌呤核苷酸的途径。

在核糖磷酸转移酶的作用下，嘌呤碱与 5′-磷酸核糖-1′-焦磷酸合成嘌呤核苷酸，其中腺嘌呤磷酸核糖转移酶催化腺苷酸的合成，次黄嘌呤-鸟嘌呤磷酸核糖转移酶催化次黄嘌呤核苷酸和鸟苷酸的合成。

$$\text{碱基} + 1\text{-磷酸核糖} \xrightleftharpoons{\text{核苷磷酸化酶}} \text{核苷} + \text{磷酸}$$

$$\text{核苷} + \text{ATP} \xrightleftharpoons{\text{核苷磷酸激酶}} \text{核苷酸} + \text{ADP}$$

$$\text{腺嘌呤} + 5'\text{-磷酸核糖-}1'\text{-焦磷酸} \xrightleftharpoons{\text{腺嘌呤磷酸核糖转移酶}} \text{腺苷酸} + \text{PPi}$$

$$\text{次黄嘌呤} + 5'\text{-磷酸核糖-}1'\text{-焦磷酸} \xrightleftharpoons[\text{磷酸核糖转移酶}]{\text{次黄嘌呤-鸟嘌呤}} \text{次黄苷酸} + \text{PPi}$$
（或鸟嘌呤）　　　　　　　　　　　　　　　　　　　　　　（或鸟苷酸）

8.4.3 嘧啶核苷酸的生物合成

8.4.3.1 嘧啶核苷酸的从头合成

通过同位素示踪实验证明，嘧啶环上的原子来源于谷氨酰胺、二氧化碳和天冬氨酸（图8-26）。

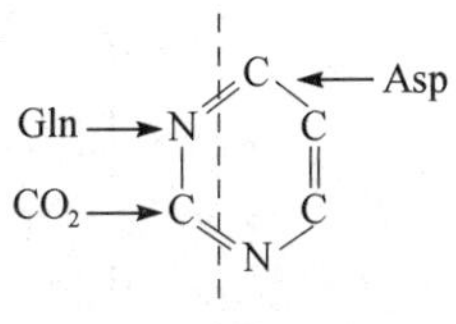

与嘌呤核苷酸的从头合成途径不同，在合成嘧啶核苷酸时首先合成嘧啶环，再与5'-磷酸核糖-1'-焦磷酸提供的磷酸核糖结合成尿苷酸，其中关键的中间产物是乳清酸，其他嘧啶核苷酸则是由尿苷酸进一步转化而成。

图 8-26　嘧啶环各原子的来源

8.4.3.2 尿嘧啶核苷酸的生物合成

嘧啶环的合成开始于氨甲酰磷酸，氨甲酰磷酸还是尿素合成的原料（参阅氨基酸代谢）。但是尿素合成中所需要的氨甲酰磷酸是在肝细胞线粒体中由氨甲酰磷酸合成酶 I 催化合成的；而嘧啶合成所需要的氨甲酰磷酸则是在细胞质中用谷氨酰胺作为氮源，由氨甲酰磷酸合成酶 II（carbamoyl phosphate synthetase，CPS II）催化形成的。这两种合成酶虽然都催化氨甲酰磷酸的合成，但是二者在性质上有着许多不同（表8-3）。

表8-3　两种氨甲酰磷酸合成酶的比较

项目	氨甲酰磷酸合成酶 I	氨甲酰磷酸合成酶 II
分布	线粒体（肝脏）	胞液（所有细胞）
氮源	NH_3	谷氨酰胺
别构激活剂	N-乙酰谷氨酸	无
反馈抑制剂	无	UMP（哺乳类动物）
功能	尿素合成	嘧啶合成

生物体内氨甲酰磷酸的合成由谷氨酰胺、二氧化碳和 ATP 合成，每合成 1 分子氨甲酰磷酸消耗 2 分子 ATP。

$$\text{谷氨酰胺} + 2\text{ATP} + \text{HCO}_3^- \xrightarrow{\text{氨甲酰磷酸合成酶 II}} \text{氨甲酰磷酸} + 2\text{ADP} + \text{Pi} + \text{谷氨酸}$$

形成的氨甲酰磷酸与天冬氨酸在天冬氨酸转氨甲酰酶作用下形成氨甲酰天冬氨酸，后者经二氢乳清酸酶脱水后环化形成含有嘧啶环的二氢乳清酸，二氢乳清酸随后在二氢乳清酸脱氢酶作用下脱氢形成乳清酸，乳清酸是合成尿嘧啶核苷酸的重要中间产物，然后在乳清苷酸

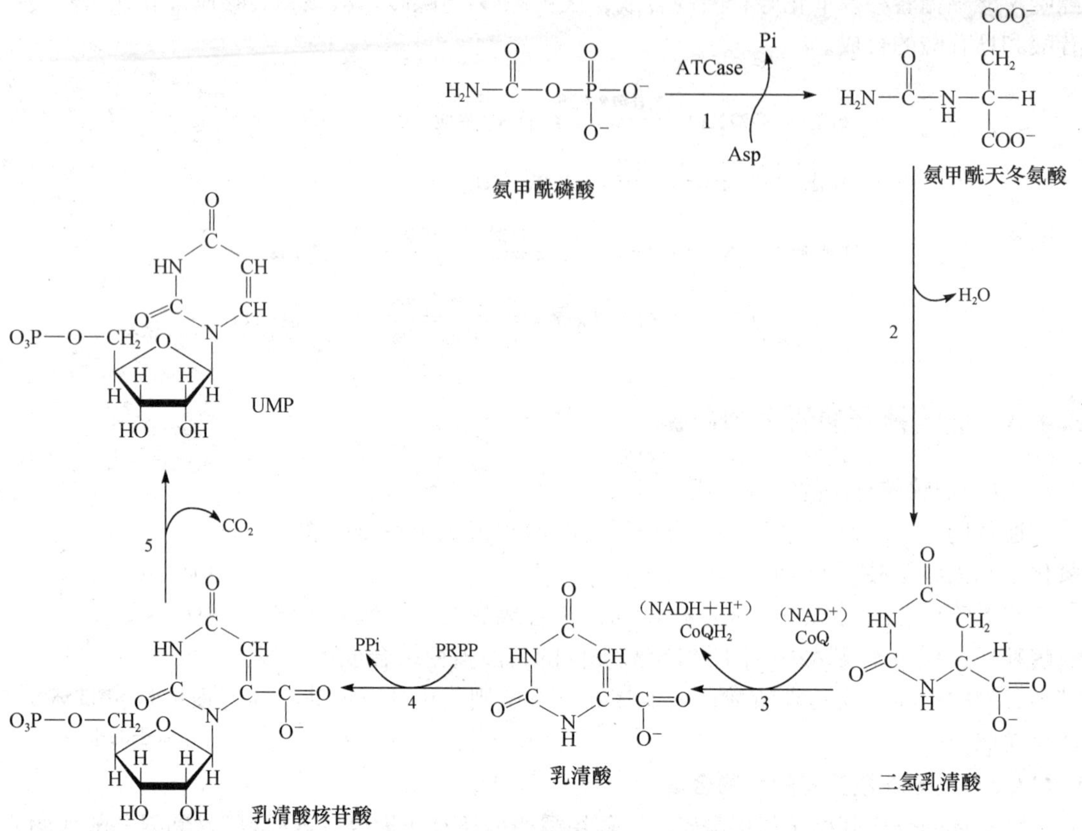

图 8-27　尿嘧啶核苷酸的合成途径

1. 天冬氨酸氨甲酰转移酶　2. 二氢乳清酸酶　3. 二氢乳清酸脱氢酶　4. 乳清苷酸焦磷酸化酶　5. 乳清苷酸脱羧酶

磷酸核糖转移酶催化下与 5′-磷酸核糖-1′-焦磷酸化合形成乳清酸核苷酸，后者在乳清苷酸脱羧酶作用下脱去羧基，即生成尿嘧啶核苷酸(图 8-27)。

从嘧啶核苷酸的从头合成可以看出：嘧啶核苷酸的从头合成途径比嘌呤核苷酸的从头合成途径简单，最初产物是 UMP，并且消耗的 ATP 少；首先合成含有嘧啶环的乳清酸，然后乳清酸再与 PRPP 组装成乳清苷酸，再形成 UMP。

8.4.3.3　胞嘧啶核苷酸的生物合成

尿嘧啶核苷酸转变为胞嘧啶核苷酸是在尿嘧啶核苷三磷酸的水平上进行的。尿嘧啶核苷三磷酸可由尿嘧啶核苷酸在相应的激酶作用下经 ATP 转移磷酸基形成。尿嘧啶核苷酸激酶催化尿嘧啶核苷酸转变为尿嘧啶核苷二磷酸，核苷二磷酸激酶催化尿嘧啶核苷二磷酸转变为尿嘧啶核苷三磷酸。

尿嘧啶核苷三磷酸在胞苷三磷酸合成酶的作用下形成胞嘧啶核苷三磷酸，反应需要 ATP 提供能量。

需要指出的是，尿嘧啶、尿嘧啶核苷和尿嘧啶核苷酸都不能直接氨基化转变成相应的胞嘧啶化合物，只有尿嘧啶核苷三磷酸能被氨基化形成胞嘧啶核苷三磷酸。

8.4.3.4 嘧啶核苷酸的补救合成

嘧啶核苷酸的补救合成主要是指由嘧啶碱基和嘧啶核苷合成核苷酸。在嘧啶核苷酸的补救合成途径中，嘧啶磷酸核糖转移酶起着非常重要的作用。以尿嘧啶转变为尿嘧啶核苷酸为例，有两种途径，一是尿嘧啶与 5′-磷酸核糖-1′-焦磷酸在尿嘧啶磷酸核糖转移酶作用下形成尿嘧啶核苷酸；二是尿嘧啶与 1′-磷酸核糖在尿苷磷酸化酶作用下形成尿嘧啶核苷，尿嘧啶核苷与 ATP 在尿苷激酶作用下形成尿嘧啶核苷酸。反应式如下：

$$UMP + ATP \xrightarrow{\text{尿嘧啶核苷酸激酶}} UDP + ADP$$

$$UDP + ATP \xrightarrow{\text{核苷二磷酸激酶}} UTP + ATP$$

$$UTP + 谷氨酰胺 + ATP + H_2O \xrightarrow{\text{胞苷三磷酸合成酶}} CTP + 谷氨酸 + ADP + Pi$$

$$尿嘧啶 + 5′\text{—磷酸核糖-}1′\text{-焦磷酸} \xrightarrow{\text{尿嘧啶磷酸核糖转移酶}} UMP + PPi$$

$$尿嘧啶 + 1′\text{—磷酸核糖} \xrightarrow{\text{尿苷磷酸化酶}} 尿嘧啶核苷 + PPi$$

$$尿嘧啶核苷 + ATP \xrightarrow{\text{尿苷激酶}} UMP + ADP$$

$$胞嘧啶核苷 + ATP \xrightarrow{\text{尿苷激酶}} CMP + ADP$$

胞嘧啶不能直接与 5′-磷酸核糖-1′-焦磷酸反应生成胞嘧啶核苷酸，但是尿苷激酶能催化胞苷的磷酸化反应。

8.4.4 脱氧核糖核苷酸的合成

脱氧核糖核苷酸是合成 DNA 的原料，生物体内脱氧核糖核苷酸的合成一般由核苷酸还原生成，脱氧胸苷酸则由脱氧尿苷酸转变形成。

8.4.4.1 核糖核苷酸的还原

脱氧核糖核苷酸包含脱氧嘌呤核苷酸和脱氧嘧啶核苷酸，它们的合成并不是先形成脱氧核糖分子然后再组合于脱氧核糖核苷酸分子中，而是通过核糖核苷酸的还原作用，以氢原子取代核糖分子 C2 上的羟基形成。关于核糖核苷酸还原酶（ribonucleotide reductase）的催化机制在大肠杆菌中已经研究得很清楚，其作用底物是核苷二磷酸。也就是说，核糖核苷酸转变为脱氧核糖核苷酸的还原作用主要是在核苷二磷酸水平上进行的。

核苷二磷酸的 D-核糖还原为 2′-脱氧-D-核糖时需要一对氢原子，由硫氧还蛋白的 $NADPH + H^+$ 提供。硫氧还蛋白有一对巯基用于携带从 $NADPH + H^+$ 转移到核苷二磷酸上的氢原子，硫氧还蛋白的氧化态形式为二硫化物形式，可以被 $NADPH + H^+$ 还原，此还原反应由硫氧还蛋白还原酶催化完成。随后还原型的硫氧还蛋白在核苷二磷酸还原酶作用下使核苷二磷酸还原为脱氧核苷二磷酸。在大肠杆菌突变株内，还发现了类似于硫氧还蛋白和硫氧还蛋白还原酶的谷氧还蛋白及谷胱甘肽还原酶，它们也参与到了核糖核苷酸还原的过程中（图8-28）。

四种核糖核苷酸即 ADP、GDP、CDP 和 UDP 分别为底物，可在核苷磷酸还原酶催化下还原为对应的脱氧核糖核苷酸。核糖核苷酸还原为脱氧核糖核苷酸的反应通式如下（图8-29）：

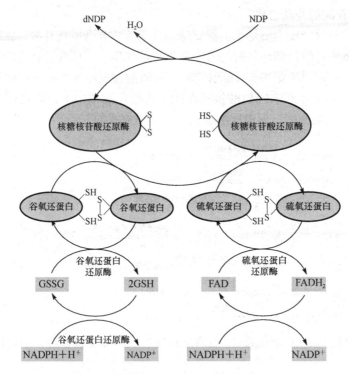

图 8-28　核苷酸合成脱氧核糖核苷酸的反应

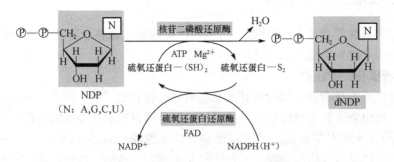

图 8-29　核糖核苷酸还原为脱氧核糖核苷酸

脱氧胸苷酸的合成与上述脱氧核糖核苷酸不同，它是由脱氧尿苷酸甲基化形成的，脱氧尿苷酸可由脱氧尿苷二磷酸水解而来，也可通过脱氧胞苷酸脱去氨基获得，脱氧尿苷酸甲基化形成脱氧胸苷酸的反应由胸苷酸合成酶催化（图 8-30）。N^5,N^{10}-亚甲基四氢叶酸是一碳单位甲基的供体，产物为脱氧胸苷酸和二氢叶酸，二氢叶酸在二氢叶酸还原酶催化下可形成四氢叶酸，这个再生过程对于许多依赖四氢叶酸的反应都非常重要。

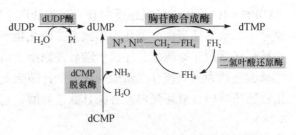

图 8-30　脱氧胸苷酸的生物合成

8.4.4.2 补救途径

脱氧胸苷酸也可经补救途径合成,即由外源的胸腺嘧啶和脱氧核糖-1′-磷酸在胸苷磷酸化酶作用下生成胸苷,再由胸苷激酶催化,ATP 提供能量,生成脱氧胸苷酸。

$$胸腺嘧啶 + 脱氧核糖-1-磷酸 \xrightarrow{胸苷磷酸化酶} 胸苷 + 磷酸$$

$$胸苷 + ATP \xrightarrow{胸苷激酶} dTMP + ADP$$

8.4.5 核苷酸磷酸化成核苷三磷酸

核苷酸不能作为合成核酸的直接原料,必须先转化成相应的核苷三磷酸后才能掺入到 RNA 中。从核苷酸转化为核苷二磷酸的反应是由相应的激酶催化的,这些激酶只是对碱基专一,对底物是否含有核糖或脱氧核糖无特殊要求。

核苷二磷酸进一步转化为核苷三磷酸由核苷二磷酸激酶催化完成,磷酸供体为 ATP。反应通式如下:

$$(d)AMP + ATP \xrightleftharpoons{(脱氧)腺苷酸激酶} (d)ADP + ADP$$

$$(d)GMP + ATP \xrightleftharpoons{(脱氧)鸟苷酸激酶} (d)GDP + ADP$$

$$(d)NDP + ATP \xrightleftharpoons{核苷二磷酸激酶} (d)NTP + ADP$$

8.4.6 核苷酸合成的抑制剂

核苷酸合成的抑制剂是指一些在化学结构上与核苷酸合成的原料(嘌呤、嘧啶、氨基酸、叶酸等)类似的化合物,它们可以通过竞争性抑制或自杀性底物来抑制核苷酸合成代谢的某些酶,干扰或阻断核苷酸的合成,从而进一步抑制核酸的生物合成,阻断 DNA 的复制和转录。

8.4.6.1 嘌呤类似物

嘌呤类似物有 6-巯基嘌呤(6-mercaptopurine,6-MP)、6-巯基鸟嘌呤、8-氮杂鸟嘌呤等,其中 6-巯基鸟嘌呤应用最广泛。在化学结构上,6-巯基鸟嘌呤与次黄嘌呤非常相似,唯一的不同之处在于 C6 上所连接的基团不同,次黄嘌呤的 C6 上为羰基氧,6-巯基嘌呤的 C6 上为巯基(图 8-31),它主要抑制次黄嘌呤及次黄嘌呤核苷酸参与的反应。

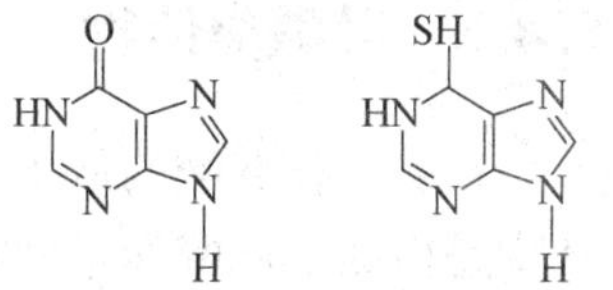

图 8-31 嘌呤类似物

6-巯基嘌呤抑制嘌呤核苷酸的合成有以下三条途径:①6-MP 在体内可经磷酸核糖化途径形成巯基嘌呤核苷酸(与次黄嘌呤核苷酸 IMP 结构相似),抑制 IMP 转变为 AMP 或 GMP;②6-MP 通过竞争性抑制方式,影响次黄嘌呤-鸟嘌呤磷酸核糖转移酶活性,使 5′-磷酸核糖-1′-焦磷酸分子上的磷酸核糖不能向鸟嘌呤或次黄嘌呤转移,阻断了嘌呤核苷酸的补救合成途径;③巯基嘌呤核苷酸可以反馈抑制嘌呤核苷酸从头合成途径中的 5′-磷酸核糖-1′-焦磷酸转酰胺酶的活性，从而抑制嘌呤核苷酸的合成。

8.4.6.2 嘧啶类似物

嘧啶类似物有 5-氟尿嘧啶（5-fluorouracil，5-FU）、5-氟胞嘧啶等，5-FU 最常用，它们对代谢的影响及抗肿瘤作用与嘌呤类似物相似。

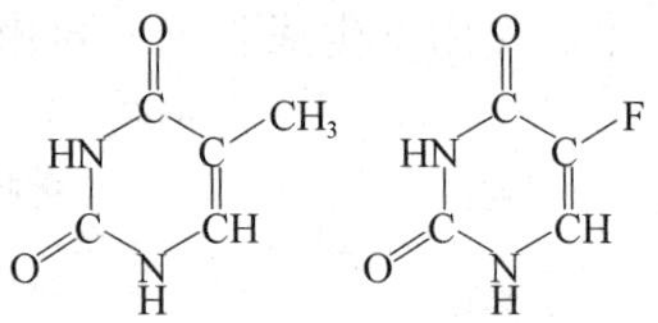

5-FU 的结构与胸腺嘧啶相似（图 8-32），不同之处在于 C^5 所连接的基团不同，胸腺嘧啶 C^5 位连接的是甲基，5-FU 的 C^5 位连接的是氟原子。5-FU 在细胞内经补救途径可转化为 5-氟脱氧尿苷酸，后者作为自杀性底物抑制胸苷酸合成酶活性，从而阻断体内胸苷酸的合成。

图 8-32 嘧啶类似物

8.4.7 氨基酸类似物

谷氨酰胺和天冬氨酸是合成核苷酸的前体物质，氨基酸类似物主要包括谷氨酰胺类似物和天冬氨酸类似物，重氮丝氨酸、6-重氮-5-氧-正亮氨酸在结构上与谷氨酰胺类似，可抑制核苷酸生物合成中有谷氨酰胺参与的反应；羽田杀菌素与天冬氨酸结构上相似，可抑制核苷酸生物合成中天冬氨酸参与的反应（图 8-33）。

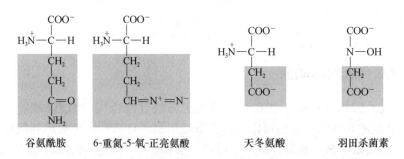

图 8-33 谷氨酰胺和天冬氨酸的类似物

8.4.8 叶酸类似物

在嘌呤核苷酸的从头合成途径中，一碳基团是必需的前体物质，而一碳基团掺入到嘌呤环中是由四氢叶酸携带并提供的，四氢叶酸是由二氢叶酸在二氢叶酸还原酶催化下还原而来，叶酸类似物如氨蝶呤和氨甲蝶呤是二氢叶酸还原酶的抑制剂，可抑制四氢叶酸的形成，进而抑制嘌呤核苷酸的合成。

在嘧啶核苷酸合成中，胸苷酸合成酶催化脱氧尿苷酸转变为胸苷酸时，需要四氢叶酸提供一碳单位甲基，随后四氢叶酸被氧化成二氢叶酸，二氢叶酸再生为四氢叶酸需要二氢叶酸还原酶催化，若抑制了二氢叶酸还原酶的活性，便阻断了胸苷酸的合成。

本章小结

蛋白质水解生成的氨基酸在体内的代谢包括两个方面：一方面主要用以合成机体自身所特有的蛋白质、多肽及其他含氮物质；另一方面可通过脱氨作用、转氨作用、联合脱氨或脱羧作用，分解成 α-酮酸、胺类及二氧化碳。氨基酸分解所生成的 α-酮酸可以转变成糖、脂类或再合成某些非必需氨基酸，也可以经过三羧酸循环氧化成二氧化碳和水，并放出能量。人和动物由食物引入的蛋白质或是组成机体细胞的蛋白质和在细胞内合成的蛋白质，都必须先在酶的参与下加水分解后才进行代谢。植物与微生物的营养类型与动物不同，一般并不直接利用蛋白质作为营养物，但其细胞内的蛋白质在代谢时仍然需要先行水解。分解代谢过程中生成的氨，在不同动物体内可以以氨、尿素或尿酸等形式排出体外。某些氨基酸可以通过特殊代谢途径转变成其他含氮物质如嘌呤、嘧啶、卟啉、某些激素、色素、生物碱等。体内某些氨基酸在代谢过程中还可以相互转变。

嘌呤核苷酸主要由一些简单的化合物合成而来，这些前身物有天冬氨酸、甘氨酸、谷氨酰胺、CO_2 及一碳单位（甲酰基及次甲基，由四氢叶酸携带）等。它们通过 11 步酶促反应先合成次黄嘌呤核苷酸（又称肌苷酸）。随后，肌苷酸又在不同部位氨基化而转变生成腺苷酸及鸟苷酸。合成途径的第一步是 5′-磷酸核糖在酶催化下，活化生成 5′-磷酸核糖-1′-焦磷酸（PRPP），这是一个重要的反应。嘌呤核苷酸的从头合成主要是在肝脏中进行，其次是在小肠黏膜及胸腺中进行。嘌呤核苷酸降解可产生嘌呤碱，嘌呤碱最终分解为尿酸，其中部分分解产物可被重新利用再合成嘌呤核苷酸，这称为回收合成代谢途径，可在骨髓及脾脏等组织中进行。嘌呤核苷酸降解产生的腺嘌呤、鸟嘌呤及次黄嘌呤在磷酸核糖转移酶的催化下，接受 5′-磷酸核糖 1′-焦磷酸（PRPP）分子中的磷酸核糖，生成相应的嘌呤核苷酸。此合成途径也具有一定意义。

嘧啶核苷酸的从头合成也主要在肝脏中进行。合成原料为氨基甲酰磷酸及天冬氨酸等。氨基甲酰磷酸及天冬氨酸经过数步酶促反应生成尿苷酸，尿苷酸转变为三磷酸尿苷后，从谷氨酰胺接受氨基生成三磷酸胞苷。

上述体内合成的嘌呤及嘧啶核苷酸均系一磷酸核苷。它们均可在磷酸激酶的催化下，接受 ATP 提供的磷酸基，进一步转变为二磷酸核苷及三磷酸核苷。

体内还有一类脱氧核糖核苷酸。它们是 dAMP、dGMP、dCMP 及 dTMP。它们组成中的脱氧核糖并非先生成而后组合到核苷酸分子中去，而是通过业已合成的核糖核苷酸的还原作用而生成的。此还原作用发生于二磷酸核苷分子水平上，dADP、dGDP、dCDP 及 dUDP 均可由此而来。但 dTMP 则不同，它是由 dUMP 经甲基化作用而生成的。

嘌呤核苷酸在体内进行分解代谢，经脱氨基作用生成次黄嘌呤及黄嘌呤，再在黄嘌呤氧代酶催化下，经过氧化作用，最终生成尿酸。尿酸可随尿排出体外，正常人每日尿酸排出量为 0.6g。嘧啶核苷酸在体内的分解产物为 CO_2、β-丙氨酸及 β-氨基异丁酸等。

核苷酸在体内的合成受到反馈性的调节作用。嘌呤核苷酸合成的终产物是 AMP 及 GMP，它们可以反馈性地抑制由 IMP 转变为 AMP 及 GMP 的反应。它们可与 IMP 一起反馈性地抑制合成途径的起始反应 PRPP 的生成。嘧啶核苷酸合成的产物 CTP 也可反馈性地抑制嘧啶合成的起始反应。

习 题

1. 举例说明氨基酸的降解通常包括哪些方式?
2. 氨基酸脱氨基有几种方式?其中哪一种最主要?为什么?
3. 什么是尿素循环?它有何生物学意义?
4. 为什么说转氨基反应在氨基酸合成和降解过程中都起重要作用?
5. 嘌呤和嘧啶核苷酸分子中各原子的来源及合成特点怎样?
6. 什么叫一碳单位?其转运载体及生理意义是什么?

参考文献

[1] 王镜岩,朱圣庚,等. 生物化学[M]. 3版. 北京:高等教育出版社,2007.

[2] 杨荣武. 生物化学原理[M]. 2版. 北京:高等教育出版社,2012.

[3] 王冬梅,吕淑霞. 生物化学[M]. 北京:科学出版社,2007.

[4] (美)纳尔逊(Nelson D L),(美)柯克斯(Cox M M). Lehninger生物化学原理[M]. 3版. 周海梦,等译. 北京:高等教育出版社,2005.

(撰写人:汪晓峰)

第 9 章 核酸的生物合成

在生物界,物种通过遗传使其生物学特性、形状能够世代相传。现代科学已经证明遗传的物质基础是核酸。核酸是贮存和传递遗传信息的生物大分子。生物体的遗传信息以密码的形式贮存在 DNA 中,并通过 DNA 的复制由亲代传递给子代。在子代的生长发育中遗传信息由 DNA 传递到 RNA,然后翻译成蛋白质以执行各种生命功能,使后代表现出与亲代相似的遗传性状。

9.1 中心法则

9.1.1 中心法则的提出

1958 年,F. H. C. Crick 首次提出中心法则,其内容是:DNA→RNA→蛋白质。该中心法则阐述了遗传信息在 DNA、RNA 及蛋白质三种大分子之间的转移为单向、不可逆的,只能从 DNA 到 RNA,从 RNA 到蛋白质。由于研究工作的不断深入,1970 年,H. M. Temin 和 D. Baltimore 在一些 RNA 致癌病毒中发现它们在宿主细胞中的复制过程是先以病毒的 RNA 分子为模板合成 DNA 分子,再以 DNA 分子为模板合成新的病毒 RNA。前一个步骤被称为逆(反)转录,催化该反应的酶称为逆(反)转录酶。由此可见,遗传信息并不一定是从 DNA 单向地流向 RNA 的,RNA 携带的遗传信息同样也可以流向 DNA。随着生物遗传规律的进一步探索,中心法则也逐步得到完善和证实。

9.1.2 中心法则的主要内容

中心法则(the central dogma),是指遗传信息从 DNA 传递给 RNA,再从 RNA 传递给蛋白质,最终完成遗传信息的转录和翻译的过程。遗传信息也可以从 DNA(RNA)传递给 DNA(RNA),即完成 DNA(RNA)的复制过程。在某些致癌病毒中能以 RNA 为模板逆转录合成 DNA 是对中心法则的补充,如图 9-1 所示。

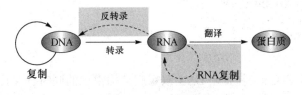

图 9-1 中心法则

9.1.3 中心法则的意义

中心法则涉及生物化学中的三种大分子物质——DNA、RNA 及蛋白质在遗传中的地位与作用,是阐述生命遗传活动的最重要的生物学理论之一。其中,DNA 占据了最关键的位置,它通过转录将遗传信息传递给 RNA,并进行蛋白质的合成,进而掌控生命现象。中心法则在探索生命现象的本质及普遍规律方面起了巨大的作用,极大地推动了现代生物学的发展,在生物科学发展过程中占有极其重要地位。

知识窗

逆转录现象的发现与癌症

在生物体的个体发育中,遗传信息由亲代 DNA 转录给 RNA,然后通过 mRNA 翻译成蛋白质以执行各种生命功能,使子代表现出与亲代相似的遗传性状。这就是 20 世纪 50 年代末所确定的蛋白质合成的"中心法则"。

1970 年,美国分子生物学家 Temin 等在致癌 RNA 病毒中发现了一种特殊的 DNA 聚合酶,该酶能以 RNA 为模板,根据碱基互补配对原则合成 DNA。该过程与转录的方向相反,故称为逆转录,催化此过程的酶称为逆转录酶(reverse transcriptase)。逆转录现象的发现向人们展示了遗传信息传递方式的多样性,是对"遗传中心法则"的一个重要补充。

研究发现,逆转录现象存在于所有致癌 RNA 病毒中,它的功能可能与病毒的恶性转化有关。致癌 RNA 病毒是一种能引起鸟类、哺乳类动物白血病和肉瘤,以及其他肿瘤的病毒。这类病毒侵染细胞后会使细胞发生恶性转化。如果能找到这类酶的专一性抑制剂,就可以实现不损害健康细胞而达到治疗肿瘤的目的。

9.2 DNA 的生物合成

现代生物学已经充分证明 DNA 是生物的遗传物质,生物机体的遗传信息以密码的形式贮存在 DNA 分子中,并通过 DNA 的复制由亲代传给子代。DNA 的双螺旋结构对于维持遗传物质的稳定性和复制的准确性均是极为重要的。生物细胞内存在的极其复杂的复制与校正系统,为遗传信息的准确传递提供了保障。

9.2.1 原核生物 DNA 的复制

9.2.1.1 DNA 复制的特点

(1)半保留复制

1953 年,Watsom 和 Crick 在提出 DNA 双螺旋结构模型的同时,又提出了 DNA 的半保留复制假说。该假说认为:DNA 复制时,亲代 DNA 的双螺旋先行解旋和分开,然后以每条单链为模板,按照碱基配对的原则,以 dNTP 为底物在 DNA 聚合酶的催化下合成两条新链。

一条来自亲代的旧链与一条新链以氢键相连，形成子代双链 DNA。在两个子代 DNA 分子中，一条链来源于亲代 DNA，另一条则是新合成的。DNA 的这种复制方式称为半保留复制（semiconservative replication）[图 9-2(b)]。Watson 和 Crick 提出的 DNA 双螺旋复制模型从理论上讲，还可能存在其他两种复制方式，一种方法称为全保留复制（conservative replication），在复制过程中产生两个子代双螺旋 DNA 分子，其中一条双螺旋由两条亲本 DNA 链结合在一起，另一条双螺旋由两个新合成的 DNA 分子组成[图 9-2(a)]；另一种方法称为散布式复制（dispersive replication），在复制过程中亲本 DNA 双链被切割成小片段，分散在新合成的两个 DNA 双链分子中，每个子代 DNA 分子的同一条链均由亲本链和新链组成[图 9-2(c)]。

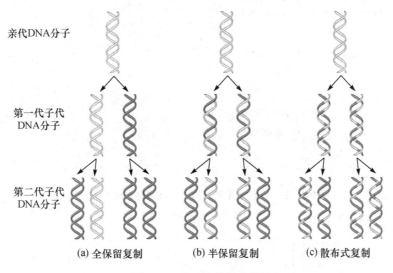

图 9-2　DNA 的复制方式

1958 年，Meselson 和 Stahl 利用氮标记技术在 E. coli 中首次证实了 DNA 的半保留复制模式。首先，将大肠杆菌放在以 $^{15}NH_4Cl$ 为唯一氮源的培养基中连续培养 15 代（每代约 20～30min），使所有的 E. coli DNA 被 ^{15}N 所标记。然后将 E. coli 转移到含有 ^{14}N 标记的 NH_4Cl 培养基中进行培养，在培养不同代数时，对细菌细胞进行裂解，并用氯化铯（CsCl）密度梯度离心法分析 DNA。由于 ^{15}N-DNA 的密度大于普通 ^{14}N-DNA 的密度，在氯化铯密度梯度离心时，两种密度不同的 DNA 形成位置不同的区带。

实验结果表明，在 ^{15}N 培养基中培养出的细菌 DNA 只形成一条 ^{15}N-DNA 区带。转入 ^{14}N 培养基经过一代后，所有 DNA 的密度均在 ^{15}N-DNA 和 ^{14}N-DNA 之间，说明形成了 ^{15}N-DNA 和 ^{14}N-DNA 的杂交分子。第二代 DNA 恰好一半为此杂交分子，一半为 ^{14}N-DNA 分子。随着在 ^{14}N 培养基中培养代数的增加，^{14}N-DNA 成比例的增加，此实验结果符合半保留复制方式（图 9-3）。DNA 的半保留复制可使遗传信息的传递保持相对的稳定性，这与 DNA 的遗传功能相吻合，说明半保留复制对保持生物遗传的稳定具有非常重要的作用。

(2) DNA 合成的通式

DNA 的合成以 4 种脱氧核苷三磷酸（dATP，dGTP，dCTP，dTTP）为底物，在 DNA 聚合酶的催化下，沿 DNA 的 3′-OH 添加脱氧核苷酸，使 DNA 链延长。该过程除了需要酶的催化之外，还需要适量的 DNA 为模板，RNA（或 DNA）为引物及镁离子的参与。反应通式可表示为：

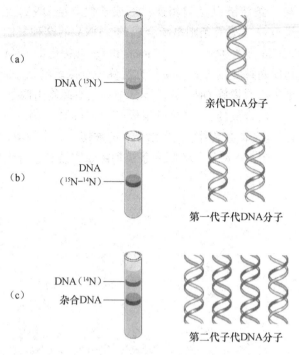

图 9-3　DNA 半保留复制的 Meselsen-Stahl 实验证据
（引自 Nelson 和 Cox，2004）

$$\left.\begin{array}{c} n_1\text{dATP} \\ + \\ n_2\text{dGTP} \\ + \\ n_3\text{dCTP} \\ + \\ n_4\text{dTTP} \end{array}\right\} \xrightarrow[\text{DNA, Mg}^{2+}]{\text{DNA 聚合酶}} \text{DNA} + (n_1 + n_2 + n_3 + n_4)\text{PPi}$$

（3）DNA 合成的方向

在 DNA 合成过程中，DNA 聚合酶严格按照模板链的碱基顺序，以四种脱氧核糖核苷三磷酸为底物，按照碱基互补配对的原则，延长互补链 DNA。新添加的脱氧核糖核苷酸以 α-磷酸基团与模板链的 3′-OH 形成 3′，5′-磷酸二酯键，反应中脱去的焦磷酸迅速水解，为反应提供能量。DNA 聚合酶总是沿着模板链的 3′→5′方向移动，向新合成 DNA 链的 3′-OH 端添加脱氧核糖核苷酸。故 DNA 的合成方向为 5′→3′。

9.2.1.2　参与 DNA 复制有关的酶及蛋白质因子

DNA 合成的反应是极其复杂的，需要一系列酶和蛋白质因子的参与。催化该反应的酶除 DNA 聚合酶外，还有拓扑异构酶、解旋酶、RNA 引物合成酶及 DNA 连接酶。现将与 DNA 合成有关的几种酶和相关的蛋白质因子简要介绍如下。

(1) 拓扑异构酶(topoisomerase)

DNA 拓扑异构酶是存在于细胞核内的一类酶,它们通过催化 DNA 链的断裂和结合,从而控制 DNA 的拓扑状态。

生物体内 DNA 分子通常处于超螺旋状态,因此较难将这些长链分开。而 DNA 的许多生物功能需要解开双链才能进行。在 DNA 复制时,复制叉行进的前方 DNA 分子总是产生超螺旋,拓扑异构酶通过催化 DNA 拓扑结构的变化,减少由于解链形成的张力,松弛超螺旋和双股螺旋,有利于复制叉的行进及 DNA 的合成。在复制完成后,拓扑异构酶又可将超螺旋引入 DNA 分子,有利于 DNA 缠绕、折叠、压缩以形成染色质。

DNA 拓扑异构酶有多种,主要有 I 型及 II 型。I 型酶可使双链 DNA 分子中的一条链发生断裂和重新连接,每次只作用于一条链,即催化瞬时的单链的断裂和连接,使 DNA 解链旋转不致打结;适当时候封闭切口,DNA 变为松弛状态。该过程不需要能量辅因子如 ATP 或 NAD。E. coli DNA 拓扑异构酶 I 又称 ω 蛋白,大白鼠肝 DNA 拓扑异构酶 I 又称切刻-封闭酶(nicking-closing enzyme)。I 型酶主要集中在活性转录区,与转录有关。II 型酶可使 DNA 两条链同时发生断裂和再连接。拓扑异构酶 II 切断 DNA 分子两条链,断端通过切口旋转使超螺旋松弛,该过程不需要 ATP。然后将 DNA 分子从松弛状态转变为负超螺旋状态,为 DNA 分子解链后进行复制及转录作好准备,该过程需要 ATP 提供能量。拓扑异构酶 II 主要分布在染色质骨架蛋白和核基质部位,同复制有关。拓扑异构酶 I 可减少负超螺旋;拓扑异构酶 II 可引入负超螺旋,它们协同作用控制着 DNA 的拓扑结构。

(2) 解链酶(helicase)

DNA 复制时,首先要在复制起点处解开双链,该反应是在解链酶(解螺旋酶)的催化下完成的。解链酶能够使双螺旋 DNA 分子发生局部变性而解开双螺旋为单链,该过程需要 ATP 水解供能,且 ATP 水解活力要有单链 DNA 存在。大部分的解链酶在复制叉的行进中连续地解开 DNA 双链,它们与后随链的模板相结合,沿着模板的 $5'→3'$ 方向移动(图 9-4)。例如,E. coli 中的 rep 蛋白(rep 基因的产物)即为这样一种酶,该酶由一条多肽链组成,相对分子质量为 65 000。每解开一对碱基需要消耗 2 个 ATP 分子。

(3) 单链 DNA 结合蛋白(single strand DNA-binding protein, SSBP)

DNA 双链解开以后,如果单链 DNA 得不到保护,会很快重新配对形成双链 DNA 或被核酸酶降解。

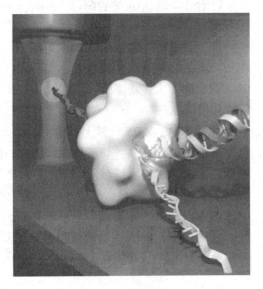

图 9-4 解链酶

单链 DNA 结合蛋白可与解开的 DNA 单链相结合,稳定此单链以利于其发挥模板作用。SSBP 也可与复制新生的 DNA 单链相结合,以保护其免于被核酸酶水解。在 E. coli 中,SSBP 为 177 个氨基酸组成的四聚体,相对分子质量为 7 500,可以和单链 DNA 上相邻的 32 个核苷酸结合。SSBP 与单链 DNA 结合时具有正协同效应。SSBP 结合到单链 DNA 上后,使其呈伸展状态，没有弯曲和结节，有利于单链 DNA 作为模板。SSBP 可以重复使用，当新生的 DNA 链合成到某一位置时，该处的 SSBP 便会脱落，并被重复利用。

(4) 引物合成酶（primerase）

DNA 复制时，所有的 DNA 聚合酶均要求一个有游离 3'-OH 的引物来起始 DNA 的合成。引物合成酶亦称引发酶，此酶可以从无到有地以 DNA 为模板，催化合成一小段与 DNA 互补的 RNA，这段 RNA 作为合成 DNA 的引物（primer）。引物合成酶本质为一种依赖 DNA 的 RNA 聚合酶，以单链 DNA 为模板，ATP、GTP、CTP、UTP 为原料，沿 5'→3' 方向催化 NTP 的聚合，生成短链的 RNA 引物；提供游离的 3'-OH 末端，用来引导 DNA 聚合酶起始 DNA 链的合成。催化引物 RNA 合成的酶对利福平（rifampicin）不敏感，而且在一定程度上可用脱氧核糖核苷酸代替核糖核苷酸作为底物，与经典的 RNA 聚合酶不同。大肠杆菌的引物酶为一条单链多肽，相对分子质量为 60 000。

(5) DNA 聚合酶（DNA polymerase）

DNA 复制过程中最基本的酶促反应是四种脱氧核苷酸的聚合反应，该反应是由 DNA 聚合酶催化完成的。DNA 聚合酶（DNA polymerase，DNA pol）是以 DNA 为模板，dNTP 为底物，催化合成与模板 DNA 互补的 DNA 的一类酶，也称依赖 DNA 的 DNA 聚合酶（DNA-dependent DNA polymerase）。DNA 聚合酶的反应具有以下特点：①以 4 种脱氧核苷三磷酸作底物；②反应需要接受模板 DNA 的指导；③反应需要有引物 3'-OH 的存在；④新生 DNA 链的生长方向为 5'→3'；⑤产物 DNA 的性质与模板 DNA 相同。

目前已知的 DNA 聚合酶（DNA polymerase）有多种，它们的性状和在 DNA 合成中的功能均不相同。在 *E. coli* 中，到目前为止已发现有 5 种 DNA 聚合酶，分别为 DNA 聚合酶 Ⅰ、Ⅱ、Ⅲ、Ⅳ和Ⅴ，都与 DNA 链的延长有关。DNA 聚合酶 Ⅰ 最初是在 1956 年由 Kornberg 发现的，该酶由一条多肽链组成，相对分子质量为 109 000，且每个酶分子含一个锌原子。DNA 聚合酶 Ⅰ 为多功能酶，具有 5'→3' 聚合酶、5'→3' 外切酶及 3'→5' 外切酶的活性。当有底物和模板存在时，DNA 聚合酶 Ⅰ 可将脱氧核糖核苷酸逐个地加到具有 3'-OH 末端的多核苷酸（RNA 引物或 DNA）链上形成 3',5'-磷酸二酯键。5'→3' 核酸外切酶的活性是指该酶可由 5' 端水解双链 DNA，切下单核苷酸或一段寡核苷酸。3'→5' 核酸外切酶的活性是该酶可在 3'-OH 端将 DNA 链水解（图 9-5）。在正常聚合条件下，3'→5' 外切酶将错配的核苷酸切除，然后继续进行正常的聚合反应。DNA 聚合酶 Ⅰ 的主要功能是对 DNA 损伤进行修复，以及在 DNA 复制时，RNA 引物切除后，填补其留下的空隙。在后随链合成时，先合成许多冈崎片段，之后，由于 RNA 引物的切除形成许多空隙，此时 DNA 聚合酶 Ⅰ 催化聚合反应，延长各个片段，为冈崎片段连接成长链创造条件。

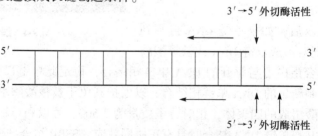

图 9-5　DNA 聚合酶 Ⅰ 的外切酶活性

DNA 聚合酶Ⅱ具有催化 $5'\rightarrow 3'$ 方向的 DNA 合成反应的活性，也有 $3'\rightarrow 5'$ 外切酶活性，而无 $5'\rightarrow 3'$ 外切酶活性。DNA 聚合酶Ⅱ是由一条相对分子质量为 120 000 的多肽链组成，它的活力很低，其生理功能尚不清楚，可能在 DNA 的损伤修复中起到某种特殊作用。

DNA 聚合酶Ⅲ是 *E. coli* 中主要的复制酶（图 9-6）。DNA 聚合酶Ⅲ的结构极为复杂，由 α、β、γ、δ'、δ、ε、θ、τ、χ 及 φ 等 10 种亚基组成的不对称二聚体。全酶的相对分子质量为 400 000。其中，α、ε、θ 组成核心酶，其中 α 亚基的相对分子质量为

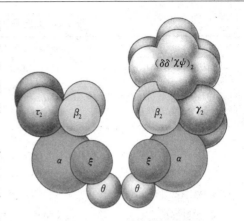

图 9-6　DNA 聚合酶Ⅲ

132 000，具有 $5'\rightarrow 3'$ 聚合 DNA 的酶活性，因而具有复制 DNA 的功能；β 亚基起固着模板 DNA 链并使酶沿模板链滑动的作用。而 ε 亚基具有 $3'\rightarrow 5'$ 外切酶的活性，因而与 DNA 复制的校正功能有关，可以提高 DNA 复制的保真性。核心酶本身活力较低，只作用于带缺口的双链 DNA。加上 τ 亚基后成为二聚体，称 pol Ⅲ′，pol Ⅲ′就可以利用带有引物的长单链 DNA。γ 和 δ 亚基则与酶功能的持续性有关，它们与 δ'、χ 和 ψ 亚基组装成 γ 复合体，进一步与核心酶结合，成为 pol Ⅲ*，即"天然的"聚合酶Ⅲ，它与 β 亚基结合形成全酶。β 亚基在复制起始中对引物的识别和结合有关，一旦全酶结合到 DNA 复制的起始部位，β 亚基就被释放出来。DNA 聚合酶Ⅲ也具有 $3'\rightarrow 5'$ 外切酶活性，所以也有校对功能，可停止加入或除去错误的核苷酸然后继续进行 DNA 的合成（图 9-7）。因此，DNA 聚合酶Ⅲ配合 DNA 聚合酶Ⅰ可将复制的错误率大大地降低，从 10^{-4} 降为 10^{-6} 或更少。

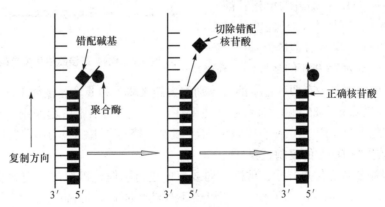

图 9-7　DNA 聚合酶的校对功能
（引自罗纪盛等，2006）

DNA 聚合酶Ⅳ和Ⅴ是 1999 年才发现的，它们涉及 DNA 的错误倾向修复。当 DNA 受到较严重的损伤时，即可诱导产生这两个酶，使修复缺乏准确性，因而出现高突变率。

表 9-1 列出了大肠杆菌三种 DNA 聚合酶的基本性质比较。

表 9-1　大肠杆菌三种 DNA 聚合酶的基本性质比较

项　目	DNA 聚合酶 I	DNA 聚合酶 II	DNA 聚合酶 III
结构基因	pol A	pol B	pol C (dna E)
分子结构	单链分子	单链分子	核心酶3个亚基,全酶22个亚基
不同种类亚基数目	1	≥7	≥10
相对分子质量	103 000	88 000	830 000
$5'\to 3'$核酸聚合酶活性	+	+	+
$3'\to 5'$核酸外切酶活性	+	+	+
$5'\to 3'$核酸外切酶活性	+	—	—
聚合速度(核苷酸/分)	1 000~1 200	2 400	15 000~60 000
持续合成能力	3~200	1 500	≥500 000
功能	切除引物,修复	修复	复制

(6) 连接酶(ligase)

DNA 复制过程中,合成出的前导链为一条连续的长链。而后随链则是由合成出的许多相邻的片段,在连接酶的催化下,连接为一条长链。DNA 连接酶的作用是将复制过程中形成的 DNA 片段用 $3',5'$-磷酸二酯键连接起来(图9-8)。

大肠杆菌的 DNA 连接酶要求 NAD^+ 提供能量,产物为 AMP 和烟酰胺单核苷酸。而在高等生物中,则要求 ATP 提供能量,产物是 AMP 和 PPi。大肠杆菌的 DNA 连接酶是相对分子质量为 75 000 的多肽链。在

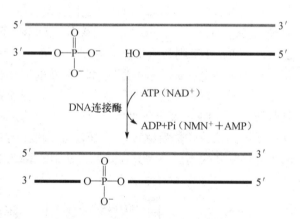

图 9-8　DNA 连接酶催化反应的机理

哺乳动物细胞中发现至少有两种连接酶,分别称为连接酶 I 和 II。连接酶 I 的相对分子质量为 200 000,连接酶 II 为 85 000。连接酶 I 主要在正在繁殖的细胞中起作用。连接酶 II 则在停止分裂的细胞中起作用。DNA 连接酶在 DNA 复制、修复、重组中均起重要作用。

9.2.1.3　原核生物 DNA 的复制过程

DNA 的复制从特定位点开始,可以单向或双向进行,但是以双向复制为主。由于 DNA 双链的合成方向均为 $5'\to 3'$,因此,复制以半不连续(semidiscontinuous)的方式进行,即其中一条链相对地连续合成,称之为前导链(leading strand),另一条链的合成是不连续的,称为后随链(lagging strand)。在 DNA 复制叉上进行的基本活动包括:双链的解开;RNA 引物的合成;DNA 链的延长;切除 RNA 引物,填补缺口,连接相邻的 DNA 片段。下面以 E. coli 为例说明原核生物 DNA 的复制过程,可分为三个阶段:起始、延伸和终止。

(1) 复制的起始

复制的起始阶段包括 DNA 复制起点双链解开及 RNA 引物的合成。

① DNA 复制起始点　实验证明,DNA 复制要从 DNA 分子的特定部位开始,此特定部位

称为复制起始点(origin of replication)，可以用 ori 表示。在原核生物中，复制起始点通常位于染色体的一个特定部位，即只有一个起始点。许多生物的复制起始点均是富含 A、T 的区段。这一区段产生的瞬时单链与单链结合蛋白结合，对复制的起始十分重要。例如，大肠杆菌的染色体为一个含有 4×10^6 碱基对的 DNA 分子，其中有一段 250 个核苷酸的片段为复制起始点 ori C。在 ori C 内的关键序列为 3 个 13bp 的序列和 4 个 9bp 的序列(图 9-9)。3 个 13bp 的序列中富含 AT，有助于链的解开，而 4 个 9bp 的序列是 Dna A 蛋白的结合位点。大肠杆菌复制起点的序列和控制元件在细菌复制起点中十分保守。

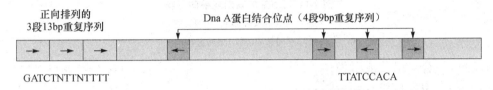

图 9-9　大肠杆菌复制起始区的结构

(引自 Nelson 和 Cox，2004)

在 DNA 的复制起始点，双股螺旋解成单链状态，随后以两股链为模板复制生成两个子代 DNA 双链分子。复制开始时，在起点处形成一个"眼"状结构。在"眼"的两端，则出现两个叉形的生长点(或 Y 形)，称之为复制叉(replication fork)(图 9-10)。在复制叉上结合着各种各样与复制有关的酶和辅助因子，如 DNA 解旋酶、引发体和 DNA 聚合酶，它们在 DNA 链上构成与核糖体相似大小的复合体称为复制体(replisome)。

②复制的方向　DNA 复制的方向大多为双向复制[图 9-11(a)]，即形成两个复制叉或生长点，分别向两侧进行复制，这种方式为原核生物和真核生物 DNA 复制最主要的形式；也有一些是单向的，即从一

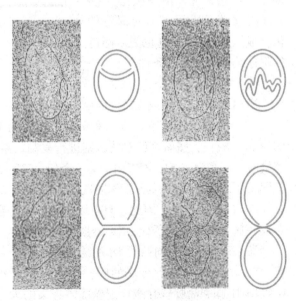

图 9-10　大肠杆菌的复制叉结构示意图

(引自 Nelson 和 Cox，2004)

个起始点开始，以同一方向生长出两条链，形成一个复制叉[图 9-11(b)]。总之，DNA 复制的起点及方向不仅原核细胞与真核细胞不同，即使是同属于原核生物和真核生物的不同种属也有相当大的差异。

③引物的合成　DNA 复制开始时，先要有引发阶段，即引物 RNA 的合成。前导链的引发较简单，在引发酶的催化下合成一段 RNA 引物；继而在 DNA 聚合酶 Ⅲ 的催化下，以 $5' \rightarrow 3'$ 方向连续合成 DNA 链。后随链的合成是不连续的，引发阶段也较为复杂，有多种蛋白及酶参与，主要是引发酶及引发前体(图 9-12)。引发前体(preprimosome)，包含有多种蛋白质因子，由 6 种蛋白质即 Dna B、Dna C、n、n'、n″和 i 组成。引发前体与 RNA 引物合成

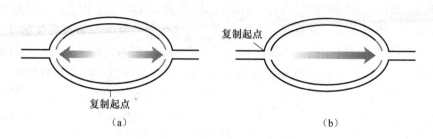

图 9-11　DNA 的双向或单向复制

（引自 Nelson 和 Cox，2004）

(a) 双向复制　(b) 单向复制

酶（引发酶）结合，组装成引发体（primosome）。引发体结合到后随链的模板上，具有识别合成起始位点的功能，可以沿模板链 5′→3′方向移动，从而在不同部位催化合成 RNA 引物。这也为后随链的不连续合成提供了条件。

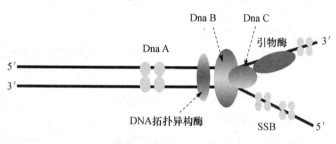

图 9-12　引发体的组装形成

(2) 复制的延伸

当 RNA 引物合成之后，在 DNA 聚合酶Ⅲ的催化下，以 4 种 dNTP 为底物进行聚合反应。DNA 链的合成以两条亲代 DNA 链为模板，按碱基配对的原则进行复制。亲代 DNA 的双股链呈反向平行，当复制开始解链时，一条链是 5′→3′方向，另一条链是 3′→5′方向。在一个复制叉内两条链的复制方向不同，所以新合成的二条子链极性也正好相反。由于迄今为止发现的 DNA 聚合酶只能按 5′→3′方向进行合成，因此，只有以 3′→5′方向亲代 DNA 链为模板的子代 DNA 链可以连续合成，这条新合成的子代 DNA 链被称为前导链。

那么以 5′→3′方向亲代 DNA 链为模板的子代 DNA 链是如何进行合成的呢？1968 年，冈崎等用 ³H-胸腺嘧啶核苷酸标记噬菌体感染的大肠杆菌，然后分离标记的 DNA 产物，发现，短时间内首先合成的是短 DNA 片段，接着出现较大片段。这些 DNA 片段称为冈崎片段（Okazaki fragment）。现已实验证明：冈崎片段在细菌和真核生物细胞内普遍存在。冈崎片段长度大约 1 000 ~ 2 000 个核苷酸残基。经冈崎和大多数工作者研究认为：DNA 的复制为不连续复制的

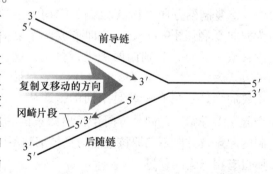

图 9-13　DNA 的半不连续复制示意图

（引自 Nelson 和 Cox，2004）

过程。把这种前导链是连续复制，后随链是不连续合成的方式称为 DNA 的半不连续复制（semidiscontinuous replication），如图 9-13 所示。

需要说明的是，各个冈崎片段的合成均不需要特定的起始位点，因为冈崎片段只具有暂

时的功能。在复制的后阶段，这些小片段将连接成 DNA 分子的多核苷酸长链，起始部位不再有任何意义。当新合成的冈崎片段延长至一定长度，由 DNA 聚合酶 I 发挥其 5′→3′外切酶活性，将引物切除，留下的空隙由 DNA 聚合酶 I 发挥其 5′→3′方向的聚合作用，催化延长引物缺口处的 DNA，直到剩下最后一个磷酸酯键。然后，在 DNA 连接酶的作用下，将两个不连续片段相邻的 5′-P 和 3′-OH 的缺口进行连接，形成 DNA 长链。这样以两条亲代 DNA 链为模板，各自形成一条新的 DNA 互补链，结果是形成了两个 DNA 双螺旋分子（图9-14）。

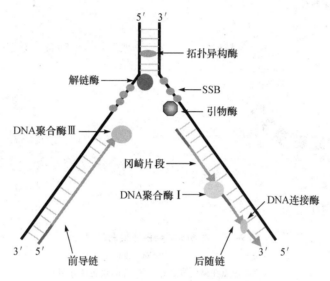

图 9-14 前导链—后随链同时复制模型

(3) 复制的终止

单向复制的环形 DNA 分子，复制终点就是复制的起始点。但大多数环形 DNA 分子的复制方式多为双向复制，在正常情况下两个复制叉向不同方向以同样速度进行子代 DNA 的合成，同时到达一个特定部位。但也可能其中一个复制叉先到达某个特定的位置停止，等待另一个移动较慢的复制叉与之汇合，说明此处存在特定的终止信号。

已有研究证明，*E. coli* 染色体 DNA 具有复制终止位点，其复制的终止发生在距离复制起始点 *ori* C 约 270kb 区的中心，称为终止区 (termination region, ter)。在此区中包含有 5 个 ter 序列，其核心序列为 GTGTGGTGT，它们可以和一种特异的蛋白质分子叫作 Tus 蛋白结合，通过阻止解链酶的解链活性而终止复制（图9-15）。

简而言之，复制的过程可分为三个阶段。第一阶段为起始阶段，亲代 DNA 分子超螺旋的构象变化及双螺旋的解链，为 DNA 的复制提供模板；引物酶合成 RNA 引物。第二阶段为 DNA 链的延长阶段，在 RNA 引物的基础上，进行 DNA 链的合成，前导链连续地合成出一条长链，后随链合成出冈崎片段，去除 RNA 引物后，片段间形成空隙，DNA 聚合酶作用使各个片段靠近。在连接酶作用下，各片段连接成为一条长链。第三阶段为终止阶段，复制叉行进到一定部位就停止前进，最后前导链与后随链分别与各自的模板形成两个子代 DNA 分子，至此复制过程结束。

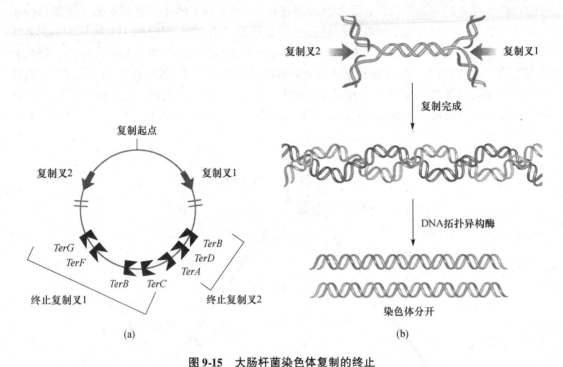

图 9-15　大肠杆菌染色体复制的终止

（引自 Nelson 和 Cox，2004）

(a) Ter 位点在染色体上的位置　(b) 染色体分离

9.2.2　原核与真核生物 DNA 复制的差异

DNA 复制的研究最初是在原核生物中进行的，随后开始对真核生物进行研究。研究证明，真核生物 DNA 的复制与原核生物存在相似性。但真核生物的染色体 DNA 比原核生物的大得多，且以染色质的形式存在于细胞核中。在细胞分裂期，核内染色质经历了形态和结构的重大变化，形成高密度染色体。尽管目前对真核生物 DNA 复制的研究尚有许多问题有待阐明，但从现有的实验资料可以看出，真核生物的 DNA 复制与原核生物的主要区别如下：

①真核生物有多个复制起始位点，而原核生物只有一个复制起始位点。真核生物染色体 DNA 远大于原核生物，具有多个复制起始位点。不同的物种或同一物种的不同组织、甚至不同发育时期，复制起始位点数目不同，每 3～300kb 可出现一个复制起始位点。

②真核生物的 DNA 复制一旦启动，在完成本次复制前，不能再启动新的复制，而原核生物的复制起始位点可以连续开始新的复制，特别是快速繁殖的细胞。真核生物 DNA 复制只发生在细胞周期的特定时期，即合成期（S 期）。真核生物染色体在全部复制完成之前，各个复制点不能开始新的复制，也就是说，每个细胞周期内复制起始点只能发动一次。而原核生物 DNA 复制起始点却不受这种调控，在一个细胞周期内可以连续开始新的复制事件。

③真核生物参与 DNA 复制的酶及蛋白质因子与原核生物有区别。参与真核生物 DNA 复制的酶有 5 种，分别用 α、β、γ、δ 和 ε 表示（表 9-2）。真核生物 DNA 复制是在 DNA 聚合酶 α 与 DNA 聚合酶 δ 的相互配合下完成的，还有一些酶及蛋白质因子参与反应。DNA 聚合酶

α与引物酶共同引发链的合成，然后由 DNA 聚合酶 δ 催化前导链及后随链的合成。DNA 聚合酶 δ 还有 3′→5′外切酶活性，故有编辑功能，可以校正复制中的错误。DNA 聚合酶 ε 相当于细菌的 DNA 聚合酶 I，是一种修复酶，参与 DNA 的修复合成。DNA 聚合酶 β 也是一种修复酶。DNA 聚合酶 γ 是从线粒体中分离得到的，为线粒体中的复制酶。

表 9-2　真核生物的 DNA 聚合酶的基本性质比较

项　目	DNA 聚合酶 α	DNA 聚合酶 β	DNA 聚合酶 γ	DNA 聚合酶 δ	DNA 聚合酶 ε
相对分子质量(kDa)	>250	36~38	160~300	170	256
亚基数目	4~8 个	1 个	2 个	2 个	>1
细胞内分布	细胞核	细胞核	线粒体	细胞核	细胞核
引物合成酶活性	有	无	无	无	无
核酸外切酶活力	无	无	3′→5′	3′→5′	3′→5′
持续合成能力	中等	低	高	高(PCNA)	高
功能	引物合成	修复	线粒体 DNA 合成	核 DNA 合成	修复

④真核生物 DNA 复制过程中的引物及冈崎片段的长度均小于原核生物。动物细胞中的引物约为 10 个核苷酸，而原核生物中则可高达数十个。真核生物中冈崎片段约有 100~200 个核苷酸，而原核生物中则可高达 1 000~2 000 个核苷酸。

⑤真核生物端粒 DNA 的合成由端粒酶催化合成的，原核生物不存在这种情况。端粒为真核生物线性染色体的末端 DNA，由许多成串的重复短序列构成，通常富含 G 和 C。端粒由成百个 6 个核苷酸的重复序列所组成(人为 TTAGGG，四膜虫为 TTGGGG)。端粒的功能为稳定染色体的末端结构，防止染色体间末端连接，并可补偿后随链 5′末端在消除 RNA 引物后造成的空缺。复制可使端粒 5′末端缩短，而端粒酶(telomerase)可外加重复单位到 5′末端上，使端粒维持一定的长度。

端粒由端粒酶(telomerase)催化复制，在线性 DNA 的末端形成一种特殊的结构并与蛋白质结合成端粒(telomere)。端粒酶是一种含 RNA 的蛋白复合物，实质是一种逆转录酶，它能催化互补于 RNA 模板的 DNA 片段的合成，使复制以后的线形 DNA 分子的末端保持不变。

9.2.3　逆转录

9.2.3.1　逆转录

20 世纪 60 年代，美国科学家 Temin 根据有关的实验结果提出，由 RNA 肿瘤病毒逆向转录为 DNA 前病毒，然后由 DNA 前病毒再转录为 RNA 肿瘤病毒的设想，但当时未得到重视。直至 1970 年，Temin 和 Baltimore 各自在鸟类劳氏肉瘤病毒和小鼠白血病病毒等 RNA 肿瘤病毒中找到了逆转录酶，证明了逆转录过程，并因此获得了 1975 年度诺贝尔生理学医学奖。

逆转录酶，又称反转录酶，是一类以 RNA 为模板的 DNA 聚合酶的统称。逆转录酶是一种多功能酶，主要包括以下几种活性：

①DNA 聚合酶活性　以 RNA 为模板，催化 dNTP 聚合成 DNA 的过程。此酶需要 RNA 为引物，多为色氨酸的 tRNA，在引物 tRNA 3′末端以 5′→3′方向合成 DNA。逆转录酶不具有

$3'\rightarrow 5'$外切酶活性，因此没有校正功能，所以由逆转录酶催化合成的 DNA 出错率较高。

②RNase H 活性　由逆转录酶催化合成的 cDNA 与模板 RNA 形成的杂交分子，将由 RNase H 从 RNA $5'$端水解掉 RNA 分子。

③DNA 指导的 DNA 聚合酶活性　以反转录合成的第一条 DNA 单链为模板，dNTP 为底物，再合成第二条 DNA 链。除此之外，有些反转录酶还有 DNA 内切酶活性，这可能与病毒基因整合到宿主细胞染色体 DNA 中有关。

在逆转录酶的作用下，以 RNA 为模板合成 DNA 的过程，故称为逆转录(reverse transcription)。逆转录酶需要以 RNA(或 DNA)为模板，以四种 dNTP 为原料，短链 RNA(或 DNA)作为引物，此外，还需要适当浓度的二价阳离子，如 Mg^{2+} 和 Mn^{2+}，沿 $5'\rightarrow 3'$方向合成 DNA，形成 RNA-cDNA 杂交分子(或 DNA 双链分子)。然后，再以 RNA-DNA 杂交分子中的 DNA 链为模板，在寄主细胞的 DNA 聚合酶作用下，合成另一条 DNA 互补链，形成新的双链 DNA 分子(图 9-16)。

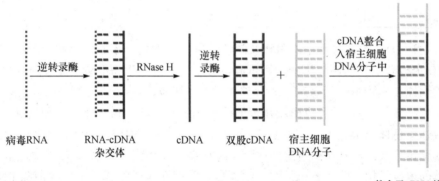

图 9-16　病毒 RNA 的逆转录过程

逆转录现象的发现表明遗传信息也可以从 RNA 传递到 DNA，向人们展示了遗传信息传递方式的多样性，丰富了分子遗传中心法则的内容，使人们对 RNA 的生物学功能有了更新、更深的认识，从而极大地丰富了 DNA、RNA 和蛋白质三者之间的相互关系。反转录酶的发现对遗传工程技术起到了巨大的推动作用，在基因工程操作上，可用逆转录酶合成 cDNA，并由此可构建出 cDNA 文库(cDNA library)，从中筛选特异的目的基因，也可以通过 PCR 扩增得到特定的目标基因，这是基因工程技术中最常用的获得目的基因的方法。也可对逆转录病毒进行改造，作为外源基因的载体，制备转基因生物或者用于肿瘤和遗传病等的基因治疗。

9.2.3.2　端粒

真核生物的染色体为线性结构，由于 DNA 聚合酶只能催化 DNA 从 $5'\rightarrow 3'$合成，因此，当子链 $5'$端的引物被切除之后，留下的缺口无法填补，导致 $5'$末端缩短。真核生物通过形成端粒(telomere)结构解决这个问题。

端粒(telomere)是真核生物染色体线性 DNA 分子末端的结构，通常膨大成粒状。端粒 DNA 受特殊蛋白质保护，不被核酸酶水解。端粒结构中有核苷酸重复序列，一般在一条链

上为 T_xG_y，互补链为 C_yA_x，x 与 y 大约在 1~4 范围内。人的端粒是由 6 个碱基重复序列（TTAGGG）和结合蛋白组成。端粒有重要的生物学功能，可稳定染色体的结构，防止染色体 DNA 降解、末端融合，保护染色体结构基因 DNA，调节正常细胞生长。

端粒酶（telomerase）是一种 RNA-蛋白质复合体，是由 RNA 和蛋白质组成的核糖核酸-蛋白复合物，其本质为逆转录酶。RNA 和蛋白质都是酶活性必不可少的组分。其中，RNA 组分为模板，蛋白组分具有催化活性，以端粒 3′ 末端为引物，合成端粒重复序列。端粒酶可利用自身携带的 RNA 作为模板，以 dNTP 为原料，通过逆转录催化合成模板链 5′ 端 DNA 片段或外加重复单位，端粒的合成过程如图 9-17 所示。端粒酶在细胞中的主要生物学功能是通过其逆转录酶活性复制和延长端粒 DNA 来稳定染色体端粒 DNA 的长度。近年有关

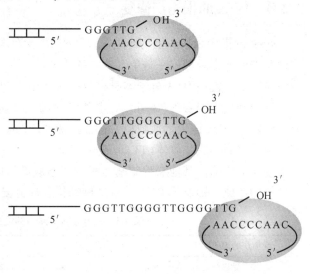

图 9-17 端粒的复制过程

端粒酶与肿瘤关系的研究进展表明，在肿瘤细胞中端粒酶还参与了对肿瘤细胞的凋亡和基因组稳定的调控过程。

真核生物染色体末端的端粒结构有重要的生物学功能。端粒不仅对于维持染色体的稳定性十分重要，还可防止染色体间末端连接以及染色体片段与其他断裂片段相连接。另外，端粒为染色体复制所必需，可解决 DNA 复制的末端隐缩，保证染色体的完全复制。

知识窗

由"端粒、端粒酶"引出的长生不老之谜

人是由细胞组成的，人有衰老，那么，细胞是否也有衰老现象呢？

端粒（telomere）位于染色体末端，是染色体末端的"保护帽"，它可以保护染色体的两端不受磨损，防止染色体融合。在正常人体细胞中，端粒会随着细胞分裂而逐渐缩短。在经过 50~70 次分裂以后，染色体便短到无法复制，细胞也就无法再次分裂，个体就出现衰老现象，故有人称端粒为正常细胞的"分裂钟"（mistosis clock），端粒的长短及稳定性决定了细胞寿命，并与细胞的衰老密切相关。

端粒是由端粒酶催化合成的。端粒酶是一种含 RNA 的蛋白复合物，其实质为一种逆转录酶，能够催化互补于 RNA 模板的 DNA 片段的合成，维持端粒的结构和长度。不幸的是，在正常人体细胞中，端粒酶的活性受到严密的调控，只有在造血细胞、干细胞和生殖细胞这些不断分裂的细胞中，才可以检测到有活性的端粒酶。当细胞分化成熟后，端粒酶的活性就会逐渐消失。如果在正常体细胞中能够激活端粒酶的活性，在端粒受损时能把端粒修复延长，使细胞的分裂次数增加，就可维持细胞的端粒长度，延缓细胞的衰老。端粒酶让人类看

到了长生不老的曙光。

9.2.4 DNA 的损伤与修复

DNA 的损伤是指在生物体生命过程中 DNA 双螺旋结构发生的任何改变。DNA 结构发生的改变主要分为两种：一是单个碱基的改变，二是双螺旋结构的异常扭曲。引起 DNA 损伤的因素很多，包括 DNA 分子本身在复制过程中发生的自发性改变以及细胞内各种代谢物质和外界物理化学因素等（紫外线、电离辐射和化学诱变剂等）引起的损伤（表 9-3）。例如，X 射线可以在 DNA 链上形成缺口（nick）；紫外线照射可以使 DNA 分子中同一条链两相邻胸腺嘧啶碱基之间形成二聚体（TT）。这种二聚体是由两个胸腺嘧啶碱基以共价键联结成环丁烷的结构而形成的。其他嘧啶碱基之间也能形成类似的二聚体（CT、CC），但数量较少。嘧啶二聚体的形成，影响了 DNA 的双螺旋结构，使其复制和转录功能均受到阻碍。

表 9-3 引起 DNA 损伤的因素及损伤的类型

受损伤的因素	受损伤的类型
受酸、受热	碱基脱落，特别是脱嘌呤
自发	自发脱氨基作用，如 C→U
紫外线	嘧啶二聚体，主要是胸腺嘧啶二聚体
烷化剂，如硫酸二甲酯	碱基修饰
复制错误	碱基错配
离子辐射，X 射线或宇宙射线	DNA 链断裂
化学交联剂	DNA 链交联

DNA 损伤可以分为点突变、缺失、插入、倒位或转位、双链断裂等几种类型。点突变（point mutation），也称作单碱基替换（single base substitution），指由单个碱基改变发生的突变，可以分为转换（transitions）和颠换（transversions）两类。转换是指嘌呤和嘌呤之间的替换，或嘧啶和嘧啶之间的替换，较常见。颠换则是嘌呤和嘧啶之间的替换。缺失（deletion）指 DNA 链上一个或一段核苷酸的消失。插入（insertion）是指一个或一段核苷酸插入到 DNA 链中。倒位或转位（transposition）是指 DNA 链重组使其中一段序列方向倒置、或从一处迁移到另一处。双链断裂为较严重的 DNA 损伤，若不及时修复，会造成细胞死亡。

DNA 的修复是生物体细胞在长期进化过程中形成的一种保护功能，在遗传信息传递的稳定性方面具有重要作用。在 E. coli DNA 复制过程中，如果有错误的核苷酸掺入，DNA 聚合会暂时停止，由 DNA Pol Ⅰ 或 Pol Ⅲ 的 $3'→5'$ 外切酶活性切除错误的碱基，然后再继续进行 DNA 的合成。真核生物 DNA 聚合酶 δ 也具有此种校对作用。所以 DNA 聚合酶的校对作用是 DNA 复制中的修复形式，可使错配率下降至 10^{-6}。除此之外，细胞内还具有一系列起修复作用的酶系统，可以除去 DNA 上的损伤，恢复 DNA 的正常双螺旋结构。细胞对 DNA 损伤的修复系统主要有直接修复（direct repair）、切除修复（excision repair）、错配修复（mismatch repair）、重组修复（recombination repair）、易错修复和 SOS 反应。

(1) 直接修复

直接修复是将被损伤碱基恢复到正常状态的修复,有三种方式,即光复活修复、O^6-甲基鸟嘌呤-DNA 甲基转移酶修复以及单链断裂修复。其中常见的为光复活修复。紫外线照射可以使 DNA 分子中同一条链两个相邻胸腺嘧啶碱基之间形成二聚体(图 9-18)。嘧啶二聚体的形成,影响了 DNA 的双螺旋结构,使其复制和转录功能均受到阻碍。

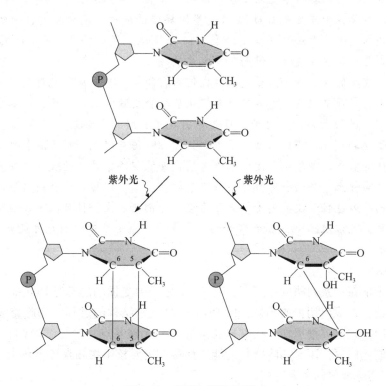

图 9-18 嘧啶二聚体的形成

(引自 Nelson 和 Cox,2004)

早在 1949 年即已发现光复活现象,光复活的机制是可见光(最有效波长为 400nm 左右)激活了光复活酶(photoreactivating enzyme)。该酶能特异性识别紫外线照射所形成的嘧啶二聚体,如 TT,并和它结合,形成酶和 DNA 的复合物,但不能解开二聚体。当该复合物受到可见光的照射时,光复活酶利用可见光提供的能量,使二聚体解开成为单体,然后酶从复合物中释放出来,修复过程完成。

光复活作用是一种高度专一的修复方式。它只作用于紫外线引起的 DNA 嘧啶二聚体。光复活酶在生物界分布很广,从低等单细胞生物一直到鸟类都有,而高等的哺乳类却没有。这种修复功能虽然普遍存在,但主要是低等生物的一种修复形式,随着生物进化地位的上升,它所起的作用随之削弱。

知识窗

着色性干皮症——DNA 修复基因缺陷

一位全脸被鳞癌和基底细胞癌"吞噬"的女患者，日前成功接受"换脸"手术。这位患者患的是着色性干皮症——一种罕见的常染色体隐性遗传性皮肤病，发病率只有百万分之一，但致死率很高。着色性干皮症是由 DNA 修复基因缺陷造成的，属于先天性疾病。患者的皮肤部位缺乏核酸内切酶，无法修复被紫外线损伤的 DNA。因此，在日光照射后皮肤容易被紫外线损伤，先是出现皮肤炎症，继而可发生皮肤癌。

患着色性干皮症的人对阳光严重过敏，任何来自阳光，甚至是荧光灯泡里的紫外光的照射，都会对患者造成严重损伤。患者经少量日晒后就会皮肤发红，甚至出现水疱和色斑，继而出现皮肤萎缩、皮肤干燥、脱屑等，日久可引发皮肤肿瘤。如果一个人患了着色性干皮症，那他患皮肤癌的可能性将比正常人高 1 000～2 000 倍。因此，对于着色性干皮症患者来说，严格避光非常重要。着色性干皮症患者房屋应安装阻隔紫外线的玻璃，每天大部分时间都在室内度过。实际上，多数患者都过着日夜颠倒的生活，以防止紫外线接触造成的严重伤害。美国宇航局给着色性干皮症患者带来了希望，他们研发出一种可以有效阻隔紫外线的类似宇航服的衣服，可以阻隔 99.9% 的紫外线，穿上它，患者就可以到户外玩耍了。

(2) 切除修复

切除修复是指在一系列酶的作用下，将 DNA 分子中受损伤的部分切除掉，然后以另一条正常链为模板，合成出切去的部分，使 DNA 恢复正常结构的过程。切除修复是比较普遍的一种修复机制，它对多种损伤包括碱基脱落形成的无碱基点、嘧啶二聚体、碱基烷基化、单链断裂等都能起修复作用。切除修复功能广泛存在于原核生物和真核生物中，也是人类细胞中 DNA 损伤切除修复的主要方式之一。

切除修复系统是在几种酶的协同作用下完成的。不同的 DNA 损伤需要不同的特殊核酸内切酶来识别和切割。参与切除修复的酶有：特异的核酸内切酶、外切酶、聚合酶和连接酶。细胞内特异的核酸内切酶可识别 DNA 的损伤部位，并在其附近将核酸单链切开 (incision)，再由核酸外切酶将受损伤的 DNA 链切除 (excision)，然后由 DNA 聚合酶进行修复合成新链，最后由 DNA 连接酶将新合成的 DNA 链与已有的链进行连接，完成修复过程。

切除修复有两种形式。一种是碱基切除修复 (base excision repair)。细胞中的糖苷水解酶能够识别受损的核酸位点，并能特异性切除受损核苷酸上的 N-β-糖苷键，在 DNA 链上形成去嘌呤或去嘧啶位点，即 AP 位点。AP 核酸内切酶可以识别 AP 位点，将受损核苷酸的糖苷-磷酸键切开，并移去包括 AP 位点核苷酸在内的小片段 DNA，由 DNA 聚合酶 I 合成新的片段，最后由 DNA 连接酶把两者连成新的被修复的 DNA 链，这一过程即为碱基切除修复 (图 9-19)。碱基切除修复是一种对多种损伤均有修复作用的较普遍的修复过程。

另一种是核苷酸切除修复 (nucleotide excision repair)。当 DNA 链上相应位置的核苷酸发生损伤，导致双链之间无法形成氢键，在一个多功能的酶复合物的作用下，在错配位点上下游几个碱基的位置上 (上游 5′端和下游 3′端) 将 DNA 链切开，并将两个切口间的寡核苷酸序列清除，然后由 DNA 聚合酶以完整的 DNA 链为模板合成出被切去的部分，再由 DNA 连接酶将新合成片段与原 DNA 链连接起来，完成修复过程(图 9-19)。当 DNA 结构发生较大程度的损伤时，可发生核苷酸切除修复。

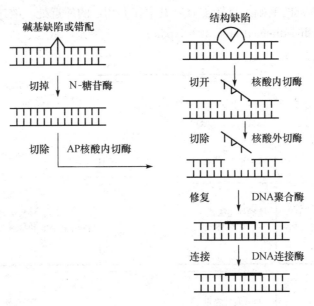

图 9-19 DNA 损伤的切除修复过程

细胞修复系统和癌症的发生也有一定的关系。人的着色性干皮症(xeroderma pigmentosum)是由常染色体隐性基因决定的。与正常人相比，患者对阳光极度敏感，皮肤癌的发病率大大增加。经分析表明，患者的皮肤成纤维细胞在 DNA 受伤后，由于缺乏紫外线特异性核酸内切酶，因此对紫外线引起的 DNA 损伤不能修复。这类皮肤癌可能是体细胞突变的结果，而着色性干皮症患者又很容易得这类病，表明 DNA 修复系统在保护我们不受环境中诱变和致癌物质的作用方面是非常重要的。

(3) 错配修复

DNA 复制是一个高保真过程，但其正确性毕竟不是绝对的，复制产物中仍会存在少数未被校出的错配碱基。通过对错配碱基的修复将使复制的精确性提高 $10^2 \sim 10^3$ 倍。现已在大肠杆菌、酵母和哺乳动物中都发现了错配修复系统。错配修复是在含有错配碱基的 DNA 分子中，使正常核苷酸序列恢复的修复方式，主要用来纠正 DNA 双螺旋上错配的碱基对。在修复过程中，若新合成链被校正，基因编码信息可以得到恢复；但是如果模板链被校正，则复制之后突变就被固定。

DNA 复制过程中的错配碱基存在于新合成的子代链中，错配修复按照模板的遗传信息来修复错配碱基。因此，错配修复的关键在于如何区分模板链和新合成链，以保证只从新合成的 DNA 链中去除错配碱基。在大肠杆菌中主要通过对模板链的甲基化来区分新合成的 DNA 链。大肠杆菌中存在一类 DNA 腺嘌呤甲基化酶(简称 Dam 甲基化酶)，它能使 DNA 模板链的 5′-GATC 序列中腺嘌呤的 N6 位置甲基化，当复制完成后，在短暂的时间内(几秒或几分钟)，只有模板链是甲基化的，而新合成的链是非甲基化的。子代 DNA 链中的这种暂时半甲基化，可以作为一种区别模板链和新合成链的识别标志，从而使子代DNA链的错配碱基得到修复。一旦发现错配碱基，首先切除子代DNA链上含有错配碱基的片段，然后，由DNA聚合酶和DNA连接酶以亲代链为模板进行修复合成（图9-20）。由于甲基化DNA成为识别模板链和新合成链的基础，且错配修复发生在GATC的邻近处，故这种修复也称为甲基指导的错配修复（methyl-directed mismatch repair）。

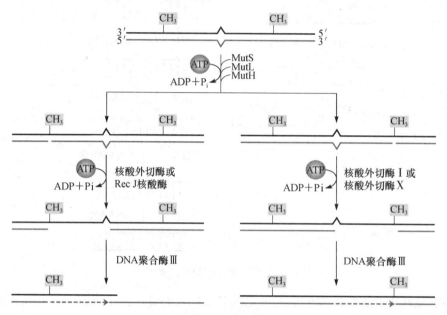

图9-20　DNA损伤的错配修复过程
（引自Nelson和Cox，2004）

错配修复系统是一种高度保守的途径。理论上，它在真核系统中的修复过程应该与原核系统中的相类似。原核系统是依靠甲基化程度来判断哪条是新合成链，而在真核系统中是如何识别错配单链的机制尚未明确。错配修复可以纠正几乎所有的错配。此外，对于插入或删除引起的DNA遗传信息的改变也有作用。

（4）重组修复

切除修复过程通常发生在DNA复制之前，因此又称为复制前修复。当DNA分子损伤较为严重时，机体细胞对复制起始时尚未修复的DNA损伤部位可以先复制再修复，这种方式称为重组修复。例如，含有嘧啶二聚体，烷基化引起的交联和其他结构损伤的DNA仍然可以进行复制。在复制时，由于损伤部位无法作为模板合成子代DNA链，复制酶系会跳过损伤部位，在下一个冈崎片段的起始位置或前导链的相应位置上重新合成引物和DNA链，结果子代链在损伤相对应处留下缺口。这种遗传信息有缺损的子代DNA分子可通过遗传重组而加以弥补，即通过完整的母链与有缺口的子链DNA进行重组，将母链DNA上相应的片段移至子链缺口处。然后，重组后母链中的缺口以另一条子链DNA为模板通过DNA聚合酶的作用合成一新的DNA片段填补母链DNA的缺口，最后由连接酶使新片段与旧链连接，重组修复完成（图9-21）。

在重组修复过程中，DNA链的损伤并未除去。当进行第二轮复制时，留在母链上的损伤仍使复制不能正常进行，复制经过损伤部位时所产生的缺口仍需通过同样的重组过程来弥补，直至损伤被切除修复消除。但是，随着复制的不断进行，若干代以后，即使损伤始终未从亲代链中除去，但损伤的 DNA 链逐渐"稀释"，最后无损于正常生理功能，损伤也就得到了修复。

(5) 易错修复和 SOS 反应

直接修复、切除修复和错配修复系统均能正确地识别 DNA 的损伤部位或错配碱基而加以消除，这些修复过程属于避免差错的修复。然而有些情况下无法为修复提供正确的模板，正常复制过程受阻，导致重组修复或者易错修复。当生物处于极度逆境下，DNA 链受到严重损伤时，细胞通常会应急产生一系列复杂的诱导效应，称为应急反应(SOS response)。SOS 反应包括诱导出现的 DNA 损伤修复效应、诱变效应、细胞分裂的抑制以及溶原性细菌释放噬菌体等。细胞的癌变也可能与 SOS 反应有关。

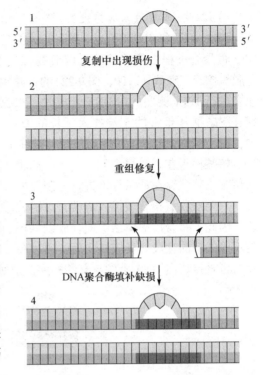

图 9-21 DNA 损伤的重组修复过程

1. 复制中出现损伤 2. 受损伤的 DNA 链复制时，产生的子代 DNA 在损伤的对应部位出现缺口 3. 完整的另一条母链 DNA 与有缺口的子链 DNA 进行重组交换，将母链 DNA 上相应的片段填补子链缺口处，而母链 DNA 出现缺口 4. 以另一条子链 DNA 为模板，经 DNA 聚合酶催化合成一新 DNA 片段填补母链 DNA 的缺口，最后由 DNA 连接酶连接，完成修补

SOS 反应是细胞 DNA 受到损伤或复制系统受到抑制的紧急情况下，为求得生存而出现的应急效应。SOS 反应诱导的修复系统包括免错修复(error free repair)和易错修复(error prone repair)两类。SOS 反应能诱导产生大量切除修复和重组修复的某些关键酶和蛋白质，使它们在细胞内的含量升高，加强切除修复和重组修复的能力。此外，SOS 反应还能诱导产生缺乏校对功能的 DNA 聚合酶，该酶能在 DNA 损伤部位进行复制，虽使细胞避免了死亡却带来了高的突变率。

SOS 反应广泛存在于原核生物和真核生物中，它是生物在不利环境中求得生存的一种基本功能。SOS 反应主要包括 DNA 修复和导致变异两个方面。一方面，在一般环境中细胞突变是非常不利的，但在 DNA 受损严重的特殊条件下突变则有利于细胞的生存。因此，SOS 反应可能在生物进化中起着重要作用。另一方面，大多数能在细菌中诱导产生 SOS 反应的作用剂(如 X 射线、紫外线、烷化剂、黄曲霉毒素等)，对高等动物都是致癌的。而某些不能致癌的诱变剂(如 5-溴尿嘧啶等)却不引起 SOS 反应。因此猜测，癌变可能是通过 SOS 反应造成的。

9.2.5 DNA 一级结构分析与 PCR 技术

9.2.5.1 DNA 一级结构分析

DNA 一级结构分析即核苷酸序列的测定。目前应用的两种快速序列测定技术是 1977 年 Sanger 等提出的酶法(双脱氧末端终止法)和 1977 年 Maxam 提出的化学断裂法。

(1) 酶法(双脱氧末端终止法)测序

酶法(双脱氧末端终止法)测序的关键是在 DNA 的聚合过程中依赖特殊反应底物(2′, 3′-双脱氧核苷三磷酸 ddNTP, 图 9-22)的特异性终止来进行 DNA 测序。在 DNA 合成时, 双脱氧核苷三磷酸从正常的 5′端掺入延长的 DNA 链中, 由于 3′位无羟基, DNA 链的延伸被终止。

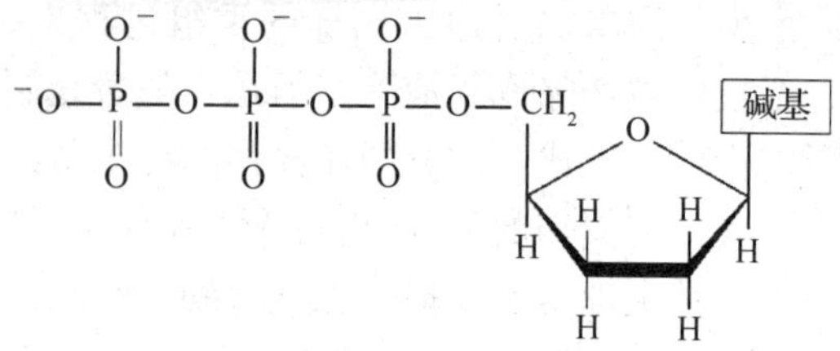

核酸模板在核酸聚合酶、引物、四种单脱氧核苷三磷酸存在的条件下进行复制, 如果在四管反应体系中分别加入四种双脱氧核苷三磷酸, 只要双脱氧核苷酸掺入链端, 该链就停止延伸, 链端掺入单脱氧核苷酸的片段可继续延长。因此, 每管反应体系中便合成以共同引物为 5′端, 以双脱氧核苷酸为 3′端的一系列长度不等的核酸片段。反应终止后, 通过高分辨率变性聚丙烯酰胺凝胶电泳, 从放射自显影胶片上可直接读出 DNA 上的核苷酸顺序。双脱氧链终止法测序原理如图 9-23 所示。

图 9-22 双脱氧核苷三磷酸结构

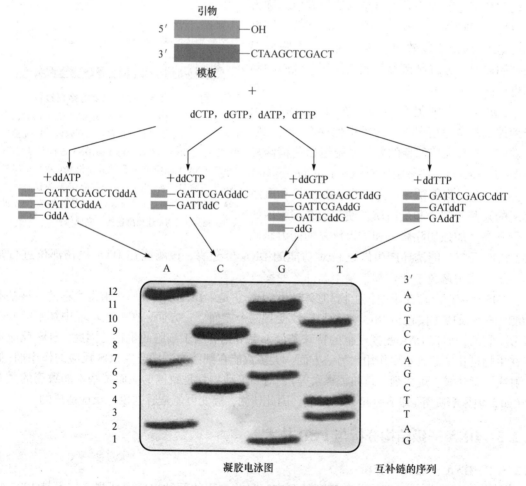

图 9-23 酶法(双脱氧链终止法)测序原理

(引自 Nelson 和 Cox, 2004)

(2) 化学断裂法测序

化学断裂法与酶法测序不同，需要对待测序的 DNA 进行化学降解。首先对待测 DNA 末端进行放射性标记，再通过 4 组相互独立的化学反应分别得到部分降解产物，其中每一组反应特异性地针对某一种或某一类碱基进行切割。因此，产生 4 组不同长度的放射性标记的 DNA 片段，每组中的每个片段都有放射性标记的共同起点，但长度取决于该组反应针对的碱基在原样品 DNA 分子上的位置。此后各组反应物通过聚丙烯酰胺凝胶电泳进行分离，通过放射自显影检测末端标记的分子，并直接读取待测 DNA 片段的核苷酸序列。测序原理如图 9-24 所示。

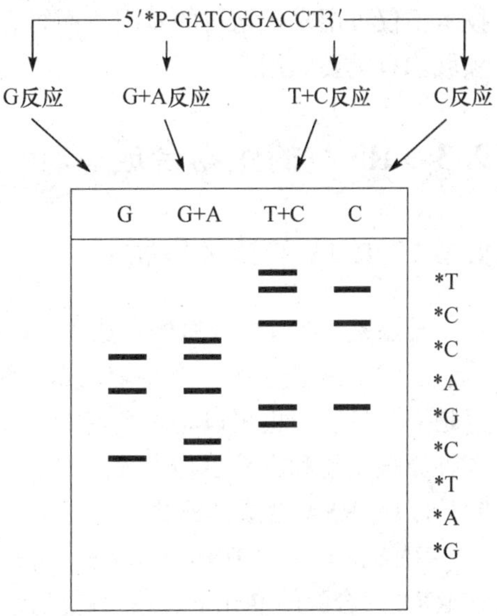

图 9-24 化学断裂法测序原理

9.2.5.2 PCR 技术

聚合酶链式反应（polymerase chain reaction, PCR），是一种体外模拟自然 DNA 复制过程的核酸扩增技术，即无细胞分子克隆技术。PCR 技术由美国科学家 Mullis 于 1985 年发明，由于 PCR 技术在理论和应用上的重要价值，Mullis 因此获得 1993 年的诺贝尔化学奖。

PCR 技术可以在试管中建立反应，经数小时之后，就能将极微量的目的基因或某一特定的 DNA 片段扩增数十万倍，乃至千百万倍，从而获得足够数量的精确的 DNA 拷贝。PCR 技术的原理与细胞内发生的 DNA 复制过程十分类似，其特异性依赖于与靶序列两端互补的寡核苷酸引物。PCR 由变性、退火、延伸三个基本反应步骤构成：

①变性　模板 DNA 加热至 90~95℃，一定时间后，模板 DNA 双链或经 PCR 扩增形成的双链 DNA 解离为单链，以便与引物结合；

②退火（复性）　模板 DNA 经加热变性成单链后，温度降至 55~60℃，引物与模板 DNA 单链的互补序列配对结合；

③延伸　DNA 模板与引物的结合物在 Taq DNA 聚合酶的作用下，以 dNTP 为原料，靶序列为模板，于 70~75℃，按碱基互补配对的原则与半保留复制的原理，合成一条新的与模板链互补的 DNA 链。然后反应混合物经再次加热使新、旧两条链分开，并进入下一轮的反应循环。经 n 次循环之后，反应混合物中所含有的双链 DNA 分子数，即两条引物结合位点之间的 DNA 区段的拷贝数，理论上的最高值为 2^n。由此可见，PCR 技术可以实现目的 DNA 在短时间内的迅速扩增。

随着生命科学的不断发展，越来越多的 PCR 相关技术，例如，反向 PCR（inverse PCR）、不对称 PCR（asymmetric PCR）、反转录 PCR（reverse transcription PCR）、巢式 PCR（Nested PCR）、实时荧光定量 PCR 技术（real time PCR）等技术相继出现，使该项技术有了更加广泛的应用。PCR 技术以操作简便、容易掌握、灵敏度高、特异性强、产率高、重复性好以及快速简便等优点迅速成为分子生物学研究中应用最为广泛的方法之一，为基因的分析与研究提供了强有力的手段，并使很多以往无法解决的分子生物学研究难题得以解决。PCR

技术不仅可用来扩增目的基因,而且在临床医疗诊断、基因突变与检测以及法医鉴定等诸多领域均有重要的用途。

9.3 RNA 的生物合成

9.3.1 RNA 的转录与加工

转录是以 DNA 为模板合成 RNA 的过程。RNA 链的转录起始于 DNA 的一个特定位点(启动子),终止于另一个特定位点(终止子),此转录区域称为转录单位。一个转录单位可以是一个基因,也可以是多个基因。转录是通过 DNA 指导的 RNA 聚合酶完成的,现在已从各种原核生物和真核生物中分离到了这种酶。

9.3.1.1 RNA 合成的通式

RNA 的合成以 DNA 为模板,四种核糖核苷三磷酸即 ATP、GTP、CTP 及 UTP 为原料,在 RNA 聚合酶的催化下,按照碱基互补配对(A-U、G-C)原则,形成 3′→5′磷酸二酯键,合成一条与 DNA 链的一定区段互补的 RNA 链。反应体系中还有 Mg^{2+}、Mn^{2+} 等参与,不需要引物。RNA 的合成方向为 5′→3′。反应的通式可表示为:

$$n_1 ATP + n_2 GTP + n_3 CTP + n_4 UTP \xrightarrow[DNA, Mg^{2+}]{RNA\ 聚合酶} RNA + (n_1 + n_2 + n_3 + n_4) PPi$$

DNA 分子多为双链分子,在进行转录时,DNA 双链中仅有一条链可以作为转录的模板,指导 RNA 的合成,此 DNA 链称为模板链(template strand),另一条链称为编码链(coding strand)。编码链的序列与转录出的 RNA 序列基本相同,只是编码链上的 T 相应地被 U 替换,由于转录得到的 RNA 编码基因表达的蛋白质产物,因此,DNA 的这条链被命名为编码链(coding strand)、正链(+链)或有义链(sense strand);模板链又称为非编码链、负链(-链)或反义链(antisense strand)。

双链 DNA 分子上分布着很多基因,并不是所有基因的转录均在同一条 DNA 链上,而是一些基因以这条单链为模板进行转录,另一些基因的转录在另一条单链上,DNA 双链一次只有一条链(或某一区段)可以作为转录的模板,故称为不对称转录(图 9-25)。

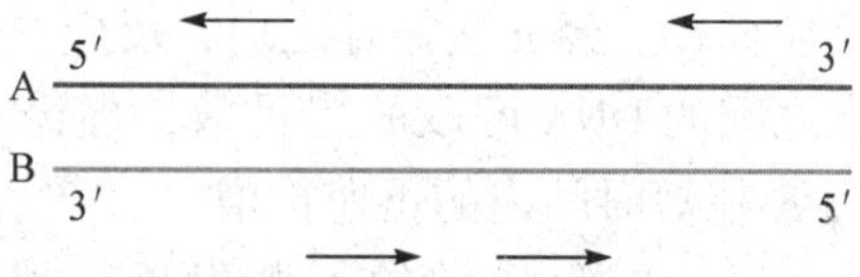

图 9-25 不对称转录过程

换言之,在转录过程中,双链 DNA 分子中的一条链,对于某个基因是有义链,而对于另外一个基因则可能是反义链,且同一单链上可以交错出现模板链和编码链。

在真核生物细胞中,转录是在细胞核内进行的。合成的 RNA 产物包括 mRNA、rRNA 和 tRNA 的前体。rRNA 的合成发生在核仁内,而 mRNA 和 tRNA 的合成则发生在核质中。另外,叶绿体和线粒体也可以进行转录。与真核生物的转录不同,原核生物细胞的转录发生在细胞液中。

9.3.1.2 原核生物 RNA 的转录及加工

(1)原核生物 RNA 聚合酶

目前对大肠杆菌的 RNA 聚合酶已有较深入的研究,该酶有全酶(holoenzyme)和核心酶(core enzyme)两种存在形式(图9-26)。该酶的全酶由 5 种亚基($\alpha_2\beta\beta'\sigma$)组成,其中含有 2 个 Zn 原子(表9-4)。相对分子质量为 465 kDa,酶分子直径约 10nm,它与 DNA 结合时约覆盖 60 个核苷酸。σ 因子与其他亚基的结合较为疏松,故又把 $\alpha_2\beta\beta'$ 称为核心酶。RNA 聚合酶中的 α 亚基二聚体参与 RNA 聚合酶的装配;β 亚基具有促进聚合反应中磷酸二酯键生成的作用;β' 亚基主要负责酶与 DNA 模板链结合。在 RNA 的合成过程中,σ 亚基可以识别 DNA 模板上转录的起始位点,使全酶结合在起始位点上,形成全酶-DNA 复合物,起始转录。转录开始后,σ 亚基脱落下来,由核心酶催化合成 RNA,而 σ 亚基又可以与其他核心酶结合循环使用。

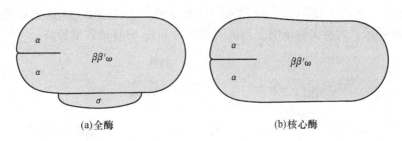

图 9-26 RNA 聚合酶

(引自 Nelson 和 Cox, 2004)

表 9-4 大肠杆菌 RNA 聚合酶各亚基的性质和功能

亚基	基因	相对分子质量	亚基数目	功　能
α	rpoA	40 000	2	参与酶的装配
β	rpoB	150 000	1	与启动子上游元件和活化因子结合
β'	rpoC	160 000	1	结合核苷酸底物,催化磷酸二酯键形成,与模板 DNA 结合
σ	rpoD	70 000	1	识别启动子,促进转录的起始
ω		10 000	1	与酶复合体的组装有关

RNA 聚合酶为多功能酶:

①识别 DNA 模板链中的转录起始位点。

②促进与酶结合的 DNA 双链分子打开 17 个碱基对。

③催化适当的 NTP 以 3′,5′磷酸二酯键进行连接,完成 RNA 的合成。

④识别 DNA 分子中的转录终止信号,使聚合反应的停止。

由于原核生物的 RNA 聚合酶缺乏 3′→5′外切酶的活性,因而无校对功能,使 RNA 合成的出错率较高。原核生物 RNA 聚合酶的活性可被利福霉素及利福平所抑制,这是由于这些药物可以和 RNA 聚合酶的 β 亚基相结合,对酶的活性产生影响。另外,RNA 聚合酶还可与调节转录的多种蛋白因子相互作用,从而调节基因的表达。

(2) 原核生物的启动子

启动子(promoter)是指在转录开始进行时，RNA 聚合酶识别、结合并开始转录的一段 DNA 序列，是控制转录起始的关键部位。每一个基因均有自己特有的启动子。原核生物的启动子大约有 55 个碱基对长，其中包含转录起始位点(start point)、-10 区(-10region)、-35 区(-35region)及两个区之间的间隔区(图 9-27)。

为方便起见，在 DNA 上使 RNA 分子开始合成的第一个核苷酸标为 +1，转录起始点之前的序列称为上游(upstream)，用负数表示，转录起始点之后的序列称为下游(downstream)，用正数表示。

通过对上百个大肠杆菌基因启动子研究发现，RNA 聚合酶启动子中存在一些保守的短序列。在转录起点上游大约 -10bp 处有长为 6~8bp 的保守序列，富含 A 和 T，称为 Pribnow 框或 -10 框，为转录的解链区。由于在 Pribnow 盒中碱基组成全是 A-T 配对，故 T_m 值较低。因此，此区域的 DNA 双链容易解开，利于 RNA 聚合酶的进入而促使转录作用的起始。在 -10 区上游还有一段 6bp 的保守序列 TTGACA，是 RNA 聚合酶的 σ 因子识别 DNA 分子的部位，其中心位于上游 -35bp 处，故称为 -35 区。在 -10 区和 -35 区之前还有一段长约 16~19bp 的间隔区，大量实验证明，当该间隔区为 17bp 时转录效率最高。

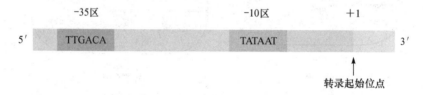

图 9-27 原核生物启动子结构

(3) 原核生物的转录过程

RNA 转录过程可分为起始、延伸、终止三个阶段。以大肠杆菌的研究为例作如下介绍。

①起始 转录的起始是 RNA 聚合酶与启动子相互作用并形成活性转录起始复合物的过程。首先，RNA 聚合酶全酶与 DNA 分子非特异性结合并作相对的分子运动搜索启动子序列。当 σ 亚基发现 -35 区序列识别位点时，RNA 聚合酶全酶与模板疏松结合形成封闭型复合物(closed complex)，此时的 DNA 分子仍处于双链状态。然后 RNA 聚合酶通过变构，整个酶分子向 -10 区移动，DNA 模板在 -10 区及起点处发生局部解链，此时，封闭型复合物转变为开放性复合物(open complex)。接下来，起始位点暴露出来，在 RNA 聚合酶的作用下发生第一次聚合反应并连续合成一小段 RNA 链。此时，RNA 聚合酶、DNA 模板和一小段产物 RNA 构成三元复合物也称为起始转录泡。第一个核苷酸多为 ATP 或 GTP，RNA 的为 5′端 pppA 或 pppG，以 pppA 更常见。

当转录物长度达到 9 或 10 个核苷酸时，σ 亚基便从全酶中脱落下来，核心酶继续沿模板前行进行 RNA 的合成，转录进入延伸阶段。从第一个磷酸二酯键的形成到 σ 因子脱落，RNA 聚合酶开始向下游移动，这一时段称为启动子清空(promoter clearance)。

②延伸 转录起始完成后，σ 亚基的解离导致 RNA 聚合酶的构象发生变化，核心酶与 DNA 的结合较为松弛，有利于核心酶沿模板移动。随着 RNA 聚合酶沿模板链 3′→5′向前蠕动，解链区也跟着移动。RNA 聚合酶按照模板序列选择下一个核苷酸，将核苷三磷酸加到

伸长的 RNA 链的 3′—OH 端，催化形成磷酸二酯键，使新生的 RNA 链不断延长。新合成的 RNA 链暂时与模板链在解链区形成 RNA-DNA 杂合链，当长度超过 12 个核苷酸(nt)时，RNA 的 5′端从杂交双链上解离，形成游离的单链。作为模板的 DNA 区段随即恢复为双螺旋结构。转录起始及延伸过程如图 9-28 所示。

③终止　在 RNA 的延长过程中，当 RNA 聚合酶移动到基因末端的终止信号处，RNA 聚合酶就不再继续前进，聚合作用也因此停止。转录产物 RNA 从转录复合物中解离下来，即为转录停止。在 DNA 分子上(基因末端)有终止转录的特殊碱基顺序称为终止子(terminators)，它具有使 RNA 聚合酶停止合成 RNA 和释放 RNA 链的作用。协助 RNA 聚合酶识别终止信号的蛋白质辅助因子则称为终止因子。

原核生物基因的终止子结构有两种类型：一是不依赖于 rho (ρ) 因子的终止子，也叫作内部终止子，仅靠本身的序列即可使转录终止；二是依赖于 rho (ρ) 因子的终止子，需要在 ρ 因子存在时才能发挥终止作用。

a. 不依赖于 rho (ρ) 因子的终止子的终止机制：该类终止信号仅依靠本身的序列即可使转录终止，不需要其他蛋白质的参与。不依赖于 rho (ρ) 因子的终止子终止转录取决于 DNA 模板上终止子序列中的两个结构特征：富含 G-C 的反向重复序列；在 G-C 序列下游有一段 poly A 序

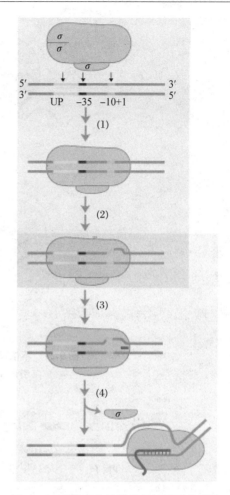

图 9-28　原核生物的转录起始及延伸过程
（引自 Nelson 和 Cox，2004）
(1) 封闭型复合物的形成　(2) 开放性复合物的形成
(3) 转录起始　(4) 启动子清空

列。终止区上游的 GC 二重对称区，使转录的 RNA 容易形成多个"发卡"结构，可阻碍 RNA 聚合酶的移动。另外，转录产物 3′端的 poly U 序列与模板链中的寡聚 A 之间的氢键和碱基堆积力较弱，很容易使转录生成的 RNA 从模板上脱落下来，进而导致转录终止（图 9-29）。

b. 依赖于 rho (ρ) 因子的终止子的终止机制：rho 因子是 *rho* 基因的产物，广泛存在于原核和真核细胞中，为一个相对分子质量为 300 kDa 的六聚体蛋白质。ρ 因子具有依赖 RNA 的 ATPase 活性和解旋酶活性，它能与 RNA 聚合酶结合但不是酶的组分。

依赖于 rho (ρ) 因子的终止子转录的 RNA 也具有发夹结构，但发夹结构后无 poly U 序列，且形成的发夹结构较疏松，GC 含量较低。rho 因子结合在新生的 RNA 链的识别位点上，借助水解 ATP 获得能量推动其沿着 RNA 链 5′→3′移动，但移动速度比 RNA 聚合酶慢，当 RNA 聚合酶遇到终止子时便发生暂停，被 rho 因子追上。rho 因子与 RNA 聚合酶相互作用，使 DNA-RNA 杂交双链解开，转录终止，释放出 RNA 聚合酶、ρ 因子和 RNA（图 9-30）。

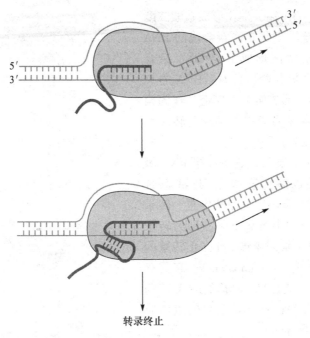

图 9-29　不依赖于 ρ 因子的转录终止机制

（引自 Nelson 和 Cox，2004）

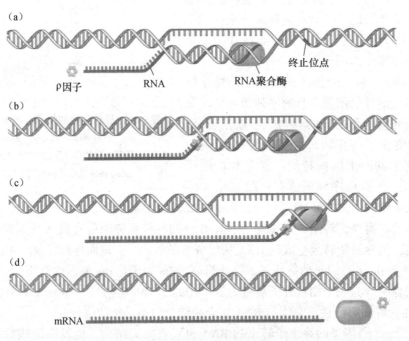

图 9-30　依赖于 ρ 因子的转录终止机制

RNA 聚合酶遇到终止子发生暂停，ρ 因子借助水解 NTP 获得的能量推动其沿着 RNA 链移动，最终追上聚合酶。ρ 因子与酶相互作用，造成释放 RNA，并使 RNA 聚合酶与该因子一起从 DNA 上脱落下来，造成转录终止

(4)原核生物转录产物的加工

在细胞内，由 RNA 聚合酶合成的原初转录物往往需要经过一系列的变化，包括链的裂解、5′端与 3′端的切除和特殊结构的形成、核苷的修饰和糖苷键的改变，以及拼接和编辑等过程，才能转变为成熟的 RNA 分子，此过程称为 RNA 的成熟，或称为转录后加工。

①mRNA 的加工　原核生物中，细胞内没有核膜，染色质存在于胞质中，所以转录与翻译不存在时空间隔，mRNA 生成后，绝大部分直接作为模板去翻译各个基因所编码的蛋白质，不需要加工。但也有少数 mRNA 需通过核酸内切酶的作用切成较小的单位后才进行翻译。

原核生物的 mRNA 属于多顺反子，即几个结构基因，利用共同的启动子及共同的终止信号，经转录作用生成一条 mRNA 分子，此 mRNA 分子可编码几种不同的蛋白质。

②tRNA 的加工　大肠杆菌染色体基因组大约有 60 个 tRNA 基因。tRNA 基因大多成簇存在，或与 rRNA 基因或与编码蛋白质的基因组成混合转录单位。原核生物 tRNA 的转录产物为多顺反子形式。tRNA 前体的加工分为四个阶段：

a. 由核酸内切酶在 tRNA 分子的两端切断，大肠杆菌 RNaseP 从 5′端切断，使 5′端成熟；RNaseF 从 3′端切断，得到的为不成熟的 3′末端，仍有附加序列。RNaseP 是一种特殊的酶，由 RNA 和蛋白质组成。

b. 由核酸外切酶(RNaseD)从 3′端逐个切去附加序列，进行修剪。成熟 tRNA 的 3′末端均为 CCA—OH 结构。有些 tRNA 前体的 3′端具有 CCA 三个核苷酸，当附加序列被切除后即显露出 CCA—OH 结构。但有些 tRNA 前体没有 CCA 序列，必须在切除附加序列后再进行添加。

c. 在 tRNA 胞苷酰转移酶的作用下，以 CTP 和 ATP 为底物，在 3′端加上胞苷酸—胞苷酸—腺苷酸结构(—CCA—OH)。

d. 核苷酸的修饰和异构化，在 tRNA 分子中含有许多稀有碱基，所有这些碱基均是在转录后由四种常见碱基经修饰酶催化，发生脱氨、甲基化、羟基化等化学修饰而生成的。

③rRNA 的加工　原核生物的核糖体有 5S、16S 及 23S 及 3 种 rRNA，这三种 rRNA 存在于同一个 30S 的 rRNA 前体中，在前体中还包含有 1 个或几个 tRNA。rRNA 前体进行加工时，首先需要在甲基化酶的作用下对拟切除的片段进行标记才能被核酸内切酶和外切酶切割(图 9-31)。加工的步骤如下：

a. 在 RNaseⅢ催化下，将 rRNA 前体切开产生 16S、25S 及 5S rRNA 的中间体，但它们的两端都还带有附加序列。

b. 在核酸酶的进一步作用下，切去中间体的部分间隔序列，产生成熟的 5S、16S 及 23S rRNA，还有成熟的 tRNA。

c. 甲基化修饰。原核生物的 16S rRNA 和 23S rRNA 含有较多的甲基化修饰成分，包括核糖和碱基，常见的为 2′-甲基核糖。16S rRNA 约含有 16 个甲基，23S rRNA 约含有 20 个甲基，一般 5S rRNA 中无修饰成分，不进行甲基化反应。

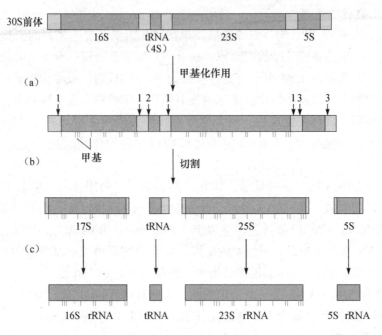

图 9-31 30S rRNA 的加工

知识窗

四膜虫 rRNA 前体的自我剪接与核酶

1982 年，T. Cech 在研究四膜虫（tetrahymena）rRNA 前体的剪接中发现，rRNA 前体的剪接为一种自我剪接（self-splicing）的方式。四膜虫的前体 rRNA 中有一段长为 413 个核苷酸的居间序列（IVS）。在前体 rRNA 的加工过程中，IVS 可自我催化切除，最终使 5′外显子与 3′外显子连接成为成熟的 rRNA 分子。rRNA 前体的剪接不需要任何蛋白质的参与，由 Mg^{2+} 和鸟苷或 5′鸟苷酸作为辅助因子，即可完成催化剪接过程，说明 RNA 本身具有催化作用。1983 年，S. Altman 等又发现 RNaseP 中的 RNA 组分可以催化 tRNA 前体的加工。因此，把具有酶活性的 RNA 命名为核酶（ribozyme）。

1989 年的诺贝尔化学奖授予了美国耶鲁大学的 S. Altman 与科罗拉多大学的 T. Cech，以表彰他们发现 RNA 的催化功能对人类生物科学的巨大贡献。核酶的发现使人们对酶的本质以及 RNA 功能多样性的研究进入了一个新的领域。随着研究的进行，又相继发现植物病毒 RNA、大肠杆菌 T4 噬菌体 mRNA 的自我催化剪接作用。RNA 的催化反应还有许多问题需要进行更深入的研究。

9.3.1.3 真核生物 RNA 的转录及加工

与原核生物相比，真核生物 RNA 合成的基本原理与原核生物相同，但转录过程更复杂，需要更多酶和蛋白质因子的参与。

(1) 真核生物 RNA 聚合酶

真核生物的基因组比原核生物大，负责转录的 RNA 聚合酶也更为复杂。真核细胞的 RNA 聚合酶有 3 种，分别为 RNA 聚合酶 Ⅰ、Ⅱ 和 Ⅲ，见表 9-5，相对分子质量约为 500～700kDa，通常由 4～6 种亚基组成，并含有 Zn^{2+}。真核生物的 RNA 聚合酶高度分工，RNA 聚合酶 Ⅰ 存在于细胞核的核仁中，主要负责转录 45S rRNA 前体，经加工产生 5.8S、18S 及 28S rRNA。RNA 聚合酶 Ⅱ 存在于核质中，催化的主要转录产物为 mRNA 前体分子，即核内不均一 RNA(heterogeneous nuclear RNA, hnRNA)，以及几种小分子 RNA(如 snRNA)，为真核生物中最活跃的 RNA 聚合酶。RNA 聚合酶 Ⅲ 存在于核质中，主要的转录产物为 tRNA，5S rRNA 和一些小相对分子质量 RNA。此外，线粒体和叶绿体也含有 RNA 聚合酶，其特性类似原核细胞的 RNA 聚合酶。

表 9-5　真核细胞 RNA 聚合酶的种类

酶类	Ⅰ	Ⅱ	Ⅲ
定位	核仁	核质	核质
相对分子质量(kDa)	500～600	550～650	600～700
主要转录产物	rRNA 前体	mRNA 前体	tRNA 及 5S rRNA 前体
α-鹅膏蕈碱对酶的作用	不抑制	低浓度抑制	高浓度抑制
反应条件	低离子强度，要求 Mg^{2+} 或 Mn^{2+}	高离子强度	高 Mn^{2+} 浓度

(2) 真核生物的启动子

真核生物的启动子分为 3 类，分别被 RNA 聚合酶 Ⅰ、Ⅱ 和 Ⅲ 识别，合成不同种类的 RNA。不同类型的真核基因启动子结构差异显著。每一类启动子中都含有一些长度为 6～8bp 的保守小片段，叫作元件。由 RNA 聚合酶 Ⅱ 转录的基因数量较大，在基因表达时涉及的蛋白质因子种类繁多，基因转录的调控区域结构特殊，且调控机制较为复杂。它和原核生物的启动子有较大差异，本节主要介绍由 RNA 聚合酶 Ⅱ 识别的启动子。

转录 mRNA 的聚合酶 Ⅱ 的启动子通常有三个保守区，如图 9-32 所示。

图 9-32　真核生物启动子结构

① TATA 框，又称 Hogness 框或 Goldberg-hogness 框　在 -25～-35 左右有长为 7bp 的 TAAA(T)AA(T) 序列，基本上均由 A-T 碱基对组成，而其两侧由富含 G-C 碱基对的序列组成。TATA 盒与原核的 Pribonow 盒相似，是 DNA 开始解链和决定转录起点位置的区域，且为 RNA 聚合酶和 DNA 链结合的部位。如果失去 TATA 框，转录可在许多位点上开始。但有少量基因缺乏 TATA 盒，由起始序列与 RNA 聚合酶 Ⅱ 直接作用启动基础转录的开始。

② CAAT 框　在 -75 位置左右有一个长为 9bp 的共有序列 GGT(C)CAATCT，此区域可能与 RNA 聚合酶的结合有关。该框的碱基一旦缺失或突变，将会造成转录效率的急剧降低，

因此，CAAT 框可能控制着转录起始的频率。

③GC 框　在更上游有时还具有另一个共有序列 GGGCGG，某些转录因子(如 spI 因子)可结合在这一序列上。CAAT 框和 GC 框通常位于 -40～110 之间，二者均为上游因子，它们对转录的起始频率有较大的影响。

(3) 真核生物的转录过程

真核生物的转录机制与原核生物相似，主要区别有以下几点：

①真核生物的转录在细胞核内进行，原核生物则在拟核区进行。

②真核基因转录单元为单顺反子，一个 mRNA 分子一般只编码一个基因；而原核生物为多顺反子，一个 mRNA 分子通常含多个基因。

③真核生物的 RNA 聚合酶高度分工，三种不同的 RNA 聚合酶分别催化不同种类 RNA 的合成，而在原核生物中只有一种 RNA 聚合酶催化所有 RNA 的合成。

④真核生物中转录的起始较为复杂，真核生物的 RNA 聚合酶不能独立转录 RNA，三种聚合酶均必须在蛋白质转录因子的协助下才能进行 RNA 的转录，其 RNA 聚合酶对转录启动子的识别也比原核生物要复杂得多。原核生物的转录起始则较为简单，其 RNA 聚合酶可以直接起始转录进行 RNA 的合成。

(4) 真核生物转录产物的加工

真核生物基因转录生成的 RNA 是初级转录产物(primary transcripts)，不具备生物活性，必须经过一系列复杂的加工过程才能变为成熟的、有活性的 RNA，这个过程称为转录后加工(post-transcriptional processing)。加工过程主要在细胞核中进行，加工后成熟的 RNA 通过核孔运输到细胞液中。各种 RNA 前体的加工过程有共性，也有各自特点。

①mRNA 的加工　真核生物的转录和翻译具有时间和空间上的间隔性，mRNA 的合成在细胞核内，而蛋白质的翻译则是在细胞质内进行的，且许多真核生物的基因是不连续的。真核生物的结构基因中包含具有表达活性的编码蛋白质序列，称为外显子(exon)；还含有不编码任何氨基酸的插入序列，称为内含子(intron)。一个基因的外显子和内含子都转录在一条很大的 mRNA 前体分子中，且很不均一，故称为核内不均一 RNA(heterogeneous nuclear RNA，hnRNA)。前体 mRNA 分子一般比成熟的 mRNA 大 4～10 倍，必须经过加工修饰才能作为蛋白质翻译的模板。真核细胞 mRNA 的加工过程主要包括：其加工修饰主要包括 5′端添加"帽子"结构(capping)、3′端添加 poly A "尾"(tailing)、剪去内含子拼接外显子及甲基化修饰等(图 9-33)。

5′末端帽子结构的形成(m^7GpppmNp)：5′端加帽，帽子的形成过程如图 9-34 所示。真核生物成熟 mRNA 的 5′末端为帽子结构。其形成过程如下：

　　a. 转录产物的 5′末端为 pppNp—，在 mRNA 成熟过程中，先由磷酸酶将 5′-pppNp—水解脱掉 Pi，生成 5′-ppNp—。

　　b. 在鸟苷酸转移酶作用下，5′端与另一三磷酸鸟苷(pppG)反应，生成 GpppNp—结构。

　　c. 在甲基转移酶的作用下，由腺苷蛋氨酸(SAM)提供甲基，在鸟嘌呤的 N7 上甲基化，形成 7-甲基鸟苷三磷酸 m^7Gppp，称为 0 型帽子。

真核生物的帽子结构可分为 3 种：m^7GpppX 为 0 型帽子(Cap-0)；若与鸟苷酸相连的第一个核苷酸 2′-OH 被甲基化，称为 1 型帽子(Cap-1)，若第一个、第二个核苷酸的 2′-OH 均

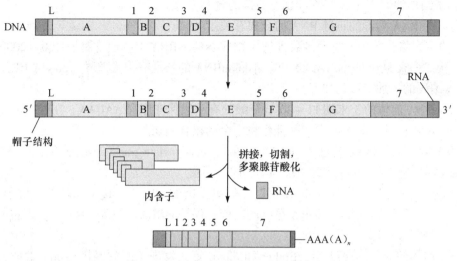

图 9-33 真核生物 mRNA 的成熟过程
(引自 Nelson 和 Cox, 2004)

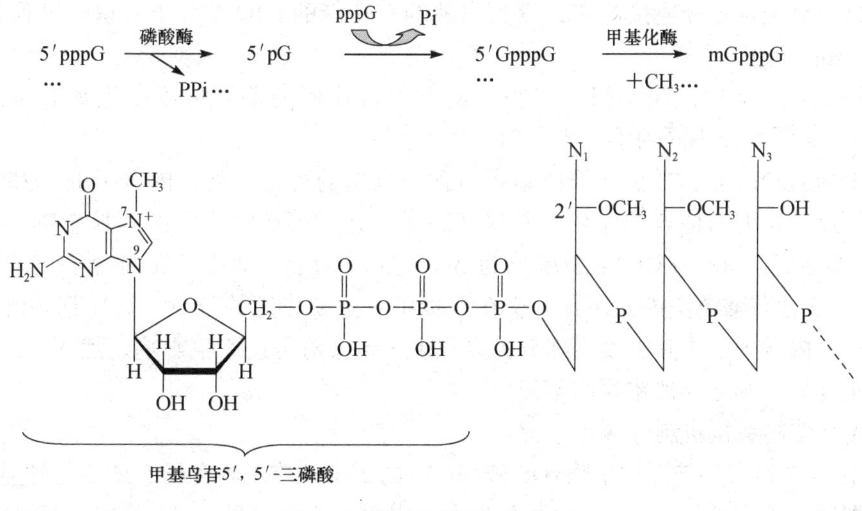

图 9-34 帽子结构的形成过程

被甲基化,则称为 2 型帽子(Cap-2)。不同真核生物的 mRNA 可有不同的帽子结构,同一种真核生物的 mRNA 也常有不同的帽子结构。在多细胞生物中,1 型帽子较多,在单细胞真核生物中 0 型帽子占优势。

帽子结构的作用为:

a. 增加 mRNA 的稳定性,使 mRNA 免遭 5′核酸外切酶的降解,没有帽子结构的转录产物很快被核酸酶水解。

b. 可以促进蛋白质生物合成起始复合物的生成,因此提高了翻译强度。

c. 5′帽子结构能够增强 mRNA 从细胞核转运至细胞质。

d. 为核糖体识别 RNA 提供信号,促使 mRNA 和核糖体的结合。

  e. 帽子结构的存在能够提高 mRNA 剪接的效率。
  f. 与某些 RNA 病毒的正链 RNA 的合成有关。
  3′端的多聚腺苷酸化：绝大多数真核生物成熟的 mRNA 3′端通常都有 100~200 个腺苷酸残基，构成多聚腺苷酸(poly A)尾巴。不同 mRNA 的长度有很大差异。poly A 尾巴不是由模板 DNA 编码的。加工过程如下：
  a. 在 mRNA 前体的 3′末端 11~30 核苷酸处有一段保守序列 AAUAA，在 U7-snRNP 的协助下识别，由一种特异的核酸内切酶催化将多余的核苷酸切除。
  b. 由 RNA 末端腺苷酸转移酶(RNA terminal riboadenylate transferase)催化，以 ATP 为底物，在 mRNA3′末端逐个添加腺苷酸，形成 poly A 尾。
  有些 mRNA 的 3′末端没有 poly A 尾巴，如组蛋白的 mRNA，其 3′末端的正确形成依赖于 RNA 本身形成的茎环结构。polyA 尾巴的功能：保护 mRNA，提高 mRNA 在细胞质中的稳定性；能够增强 mRNA 的可翻译能力。
  mRNA 前体的剪接：1977 年，Broker 和 Sharp 等人发现了断裂基因(splite gene)。绝大多数真核生物的基因都是断裂基因。转录时，内含子和外显子一同被转录，形成 mRNA 前体，mRNA 前体需要经过剪接加工，首先在核酸内切酶的作用下切掉内含子，然后在连接酶作用下，将外显子各部分连接起来，成为成熟的有功能的 mRNA 分子，这一过程称为 RNA 剪接(RNA splicing)。
  相同的 mRNA 前体，在不同的组织中由于剪接作用的差异可以产生具有不同编码的 mRNA，导致翻译生成不同的蛋白质产物。
  真核生物 mRNA 前体的剪切部位是在内含子末端的特定序列。内含子的 5′和 3′端各有一个剪切位点，且剪切位点的序列非常保守。无论是低等还是高等的真核生物，内含子的 5′端均为 GT(对应 RNA 为 GU)；3′端均为 AG，称为 GT-AG 规则。在内含子 3′末端剪接点的上游 20~50 核苷酸范围内，还有一个在剪接中有重要作用的位点，其序列中含有 A，称为分支部位。内含子如果其中发生部分丢失，不一定会对剪接产生影响。然而，3′末端或分支部位发生变异，则会导致错误的剪接。
  mRNA 前体的剪接机制分两步进行：
  a. 内含子序列中分支部位中腺苷酸残基(A)的 2′-OH 攻击内含子 5′末端与外显子 1 连接的磷酸二酯键，剪下外显子 1；内含子分支点与内含子 5′末端以 2′,5′-磷酸二酯键彼此相连，形成一个套索(lariat)形式的中间产物。
  b. 已被剪切下的外显子 1 的 3′末端—OH 攻击内含子 3′末端与外显子 2 之间的 3′,5′磷酸二酯键，使其断裂，内含子以套索的形式被剪切下来，同时外显子 1 与外显子 2 连接起来。
  在 mRNA 的剪接反应中，既无水解作用的发生，又无磷酸二酯键数目的改变，因此，mRNA 剪接反应的实质为两次磷酸酯键的位置转移，故又称为二次转酯反应。在 mRNA 前体的剪接过程中，还需要剪接体(splicesome)的参与。剪接体的主要组成是蛋白质和小分子的核 RNA(snRNA)。复合物的沉降系数约为 50~60S，它是在剪接过程的各个阶段随着 snRNA 的加入而形成的。
  甲基化修饰：原核生物 mRNA 分子中不含有稀有碱基，真核生物 mRNA 链中含有甲基化的核苷酸，除了 5′端帽子结构中含有 1~3 个甲基化核苷酸外，在 mRNA 分子内部的非编码区还有甲基化的核苷酸，主要在嘌呤环 6 位上甲基化，即 m^6A，m^6A 的生成是在 hnRNA 的剪接作用之前由特异的甲基化酶催化修饰后产生的。

②tRNA 的加工　真核生物的 tRNA 与原核生物有很大差异，真核生物基因组的 tRNA 为单顺反子，且基因成簇排列。真核生物 tRNA 基因有内含子，必须经过剪接。真核生物tRNA 的剪接过程包括：

a. 5′末端多余序列的切除，该过程与原核生物类似。

b. 3′末端添加-CCA 序列：真核生物中 tRNA 前体分子的 3′末端缺乏—CCA—OH 结构，必须在 tRNA 核苷酸转移酶的催化下进行 3′端的添加，由 CTP 和 ATP 提供胞苷酸和腺苷酸。

c. 稀有碱基的生成：tRNA 分子中含有的稀有碱基较多，核苷酸修饰反应频繁。tRNA 前体中约 10% 核苷酸经酶促修饰，其修饰的方式有：甲基化反应，在 tRNA 甲基转移酶催化下，使某些嘌呤生成甲基嘌呤；还原反应，某些尿嘧啶还原为二氢尿嘧啶；脱氨反应，某些腺苷酸脱氨成为次黄嘌呤核苷酸；碱基转位反应，尿嘧啶核苷酸转化为假尿嘧啶核苷酸。

d. 内含子的剪接：先由 tRNA 核酸内切酶切割前体分子中的内含子，再由 RNA 连接酶将外显子连接起来。RNA 连接酶催化的反应需要消耗 ATP。

③rRNA 的加工　真核生物中 rRNA 基因的拷贝数极多，在 DNA 分子中以前后纵向串联方式重复排列，属于高度重复序列，集中在核仁内。在这些重复单位之间，由非转录的间隔区(spacer)将它们彼此隔开。

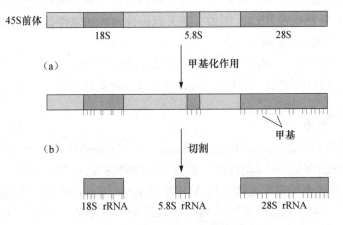

图 9-35　真核生物中 rRNA 前体的加工

(引自 Nelson 和 Cox，2004)

在真核细胞中 rRNA 的转录后加工与原核细胞类似，但更为复杂。真核生物有 4 种 rRNA，即 5.8S rRNA、18S rRNA、28S rRNA 和 5S rRNA。其中前三者的基因组成一个转录单位，产生 47S 的前体，并很快转变成 45S 前体。45S rRNA 经剪接后，先分出属于核蛋白体小亚基的 18S rRNA，余下的部分再剪切产生成 5.8S 及 28S rRNA(图 9-35)。真核生物 5S rRNA 前体是由独立于上述三种 rRNA 之外的基因转录的，在成熟过程中加工甚少，不进行修饰和剪切，和 28S rRNA、5.8S rRNA 及多种蛋白质装配成大亚基。18S rRNA 与蛋白质装配成小亚基，共同组成核蛋白体由核内转运至胞液中。

真核生物 rRNA 前体的加工在成熟过程中还需进行甲基化修饰，甲基化修饰作用多发生在核糖的 2′-OH 上，较少在碱基上。甲基化是 45S 前体最终成为成熟 rRNA 的标志。整个加工过程需要蛋白质的参与。

9.3.2 RNA 的复制

大多数生物的遗传信息贮存在 DNA 中，遗传信息按中心法则由 DNA 传递给 RNA，再由 RNA 翻译成蛋白质。有些生物像某些病毒的遗传信息贮存在 RNA 分子中，可以以 RNA 为模板，在 RNA 复制酶的作用下，按 5′→3′方向进行 RNA 链的合成。RNA 复制酶缺乏校正功能，因此 RNA 复制时出错率很高。RNA 复制酶只对病毒本身的 RNA 起作用，而宿主细胞的 RNA 一般不进行复制。

RNA 病毒的种类很多，其复制方式也多种多样，可归纳为以下几类。

(1) 病毒含正链 RNA

当侵入宿主细胞后，先合成 RNA 复制酶及相关蛋白，然后以正链 RNA 为模板，复制合成负链 RNA，再以负链 RNA 为模板合成正链 RNA，最后由病毒 RNA 和蛋白质组装成病毒颗粒。

例如，脊髓灰质炎病毒和噬菌体 $Q\beta$。

(2) 病毒含有负链 RNA 和复制酶

这类病毒侵入细胞后借助于病毒带入的复制酶合成正链 RNA，再以正链 RNA 为模板，合成病毒蛋白质和复制病毒 RNA。例如，狂犬病病毒和马水疱性口炎病毒。

(3) 病毒含有双链 RNA 和复制酶

以双链 RNA 为模板，在病毒复制酶的作用下，通过不对称转录，合成出正链 RNA，并以正链 RNA 为模板翻译出病毒蛋白质，然后再合成病毒负链 RNA，形成双链 RNA 分子。例如，呼肠孤病毒。

(4) 致癌 RNA 病毒

该类病毒的复制过程需经 DNA 前病毒阶段，由逆转录酶催化。由 RNA 反转录为 DNA，以 DNA 为模板合成 RNA，翻译蛋白质。例如，白血病病毒、肉瘤病毒。

RNA 复制研究较多的是噬菌体 $Q\beta$，它以单链 RNA 作为它的遗传物质。$Q\beta$ 噬菌体 RNA 的复制可分为两个阶段：①当 $Q\beta$ 噬菌体侵染大肠杆菌细胞后，其单链 RNA(+)本身即为 mRNA，利用宿主细胞中的核糖体合成噬菌体外壳蛋白质和复制酶的 β 亚基；②β 亚基和宿主细胞原有的 α、γ、δ 亚基组装成 RNA 复制酶以后，即可进行 RNA 复制。在噬菌体特异的复制酶装配好后不久，酶就吸附到 $Q\beta$ 噬菌体 RNA 的 3′末端，以它为模板合成出负链，合成结束，负链从正链模板上释放出来。同一个酶又吸附到负链 RNA 的 3′末端，合成出病毒正链 RNA，正链 RNA 与外壳蛋白装配成噬菌体颗粒，因此，噬菌体 $Q\beta$ 正链和负链的合成方向均为 5′→3′。

9.3.3 RNA 的转录调控

生物的遗传信息以基因的形式贮藏在细胞内的 DNA(或 RNA)分子中，随着个体的发育，DNA 有序地将遗传信息，通过转录和翻译的过程转变成蛋白质，执行各种生理生化功能，该过程是受到严格的调节控制的。基因表达调控是生物体内基因表达过程在时空上处于有序状态，并对环境条件的变化作出适当反应的复杂过程。基因表达调控可以在多个层次上进行，主要表现在以下几个方面：① 基因水平上的调控；② 转录水平上的调控；③ 转录后水平上的调控；④ 翻译水平上的调控；⑤ 翻译后水平的调控。

9.3.3.1 原核生物 RNA 的转录调控

原核生物基因表达调控主要发生在转录水平，有正、负调控两种机制。转录调控的基本单元是操纵子。原核生物转录水平调控的典型例子是乳糖操纵子和色氨酸操纵子。

(1) 操纵子

操纵子学说(theory of operon)最早由法国科学家 Jacob 和 Monod 提出。操纵子是由调节基因、启动基因、操纵基因和一系列紧密连锁的结构基因等功能序列组成。很多功能相关的基因前后相连成串，由一个共同的控制区进行转录调控，包括结构基因以及调节基因的整个 DNA 序列。操纵子包含的 4 类基因分别为：

①结构基因(structural gene)　是一类编码蛋白质(或酶)或 RNA 的基因。细菌的结构基因一般成簇排列，多个结构基因共同受单一启动子控制，调节多个结构基因的表达与不表达。

②操纵基因(operator)　为操纵子中的控制基因，通常位于操纵子上游，与启动子相邻，常处于开放状态，使 RNA 聚合酶能够通过它作用于启动子启动转录，本身不能转录成 mRNA。其功能是与阻遏蛋白相结合，控制结构基因的转录。

③启动基因(promoter)　位于操纵基因附近，它的作用是发出信号，开始 mRNA 的合成，该基因也不能转录成 mRNA。

④调节基因(regulator gene)　为编码阻遏因子或调节蛋白的基因。若编码的蛋白质与操纵基因或位于启动子上游的控制因子结合后能增强或启动结构基因的转录，这种调控称为正调控(positive control)，对应的蛋白质产物称为激活蛋白(activator)；如果编码的蛋白质与操纵序列结合后阻碍了 RNA 聚合酶与启动序列的结合，或使 RNA 聚合酶不能沿 DNA 向前移动，阻遏了基因的表达，这种调控称为负调控(negative control)，对应的蛋白质产物称为阻遏蛋白(repressor)。

(2) 乳糖操纵子

①乳糖操纵子的结构　大肠杆菌的乳糖操纵子包含 3 个结构基因：*lacZ*、*lacY*、*lacA*。*lacZ* 编码 β-半乳糖苷酶，该酶可以切断乳糖的半乳糖苷键，产生半乳糖和葡萄糖；*lacY* 编码 β-半乳糖苷透性酶，该酶可将半乳糖苷运入到细胞中；*lacA* 编码 β-半乳糖苷乙酰转移酶，其功能只是将乙酰-CoA 上的乙酰基转移到 β-半乳糖苷上。此外，还有一个操纵序列 O、一个启动序列 P 及一个调节基因 I。调节基因编码一种阻遏蛋白，可以与操纵序列结合，使操纵子受阻遏而处于转录失活状态。在启动序列上游还有一个分解(代谢)物基因激活蛋白 CAP 的结合位点，由启动序列、操纵序列和 CAP 结合位点共同构成 *lac* 操纵子的调控区，三个酶的编码基因由同一调控区调节，实现基因产物的协调表达，乳糖操纵子的结构如图 9-36 所示。

②乳糖操纵子的负调控　当培养基中没有乳糖时，乳糖操纵子中的调节基因 I 编码的阻

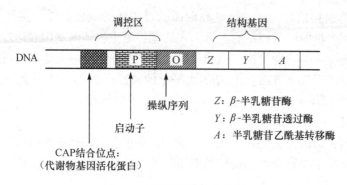

图 9-36 乳糖操纵子的结构

遏蛋白与操纵序列结合,由于操控序列与启动序列部分重合,从而阻碍了 RNA 聚合酶与启动序列的结合,使结构基因无法表达[图 9-37(a)]。

阻遏蛋白分子上有两个结合位点,分别为操纵基因的结合位点和诱导物的结合位点。当诱导物与阻遏蛋白结合时,能降低阻遏蛋白与操纵基因的亲和力,从而促进操纵子中结构基因的表达。当培养基中有乳糖存在时,乳糖经 β-半乳糖苷透性酶催化、转运进入细胞,乳糖作为诱导物可与阻遏蛋白形成阻遏蛋白-诱导物复合物。诱导物的结合使阻遏蛋白的构象发生改变,不能与操纵基因结合,有利于 RNA 聚合酶与启动子形成起始复合物,进行结构基因的转录[图 9-37(b)]。

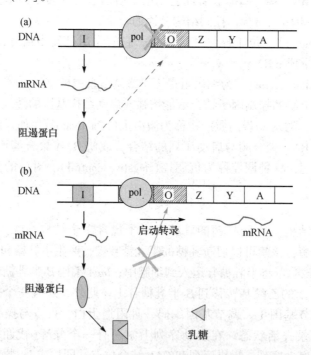

图 9-37 乳糖操纵子在阻遏状态(a)和诱导状态(b)示意图

由于调节蛋白的存在使结构基因的表达关闭,而当调节蛋白不存在时,结构基因开启的调控方式称为负调控(negative regulation)。细菌乳糖操纵子的调控方式即为负调控。

③乳糖操纵子的正调控 在 lac 操纵子中，RNA 聚合酶与启动子的结合能力很弱，还需要激活蛋白(CAP)的参与，才能有效转录。lac 操纵子的正调控与 CAP 直接相关。CAP 是一种具有两个相同亚基的蛋白质，分子内具有 DNA 结合区和 cAMP 的结合位点。游离的 CAP 不能与启动子结合，必须在细胞内有足够的 cAMP 时，CAP 先与 cAMP 形成复合物，才能与启动子相结合。当没有 cAMP 时，CAP 处于非活性状态。当 CAP 与 cAMP 结合后，CAP 构象改变，成为活性形式的 cAMP-CAP，提高了对 DNA 位点的亲和性，激活 RNA 聚合酶，促进结构基因表达。葡萄糖的降解产物能降低细胞内 cAMP 的含量，当向乳糖培养基中加入葡萄糖时，导致 cAMP 浓度降低，因此，CAP 的活性也低，不能与启动子结合。此时即使有乳糖存在，RNA 聚合酶不能与启动子结合，也不能进行转录，所以仍不能利用乳糖。当细菌在含有葡萄糖和乳糖的培养基中生长时，总是优先利用葡萄糖。当葡萄糖耗尽后，细菌经过一段停滞期，在乳糖诱导下开始合成 β-半乳糖苷酶，细菌才能利用乳糖的现象，称为葡萄糖效应。

(3) 色氨酸操纵子

细菌具有合成色氨酸的酶系，编码这些酶的结构基因组成一个转录单位称色氨酸操纵子。在操纵子的调控下细菌可以合成色氨酸，但是一旦环境能够提供色氨酸，细菌就会充分利用外源的色氨酸，减少或停止自身色氨酸酶的合成。大肠杆菌的色氨酸操纵子是生物合成操纵子的典型实例。色氨酸操纵子调控有两种机制：一种是阻遏物的负调控，另一种是衰减作用(attenuation)。

色氨酸操纵子的结构如图 9-38 所示。色氨酸操纵子的结构基因由 E、D、C、B、A 五个基因串联在一起组成，编码 E. coli 由色氨酸的前体分支酸转化为色氨酸(Trp)所必需的酶，分别为邻氨基苯甲酸合成酶、吲哚甘油磷酸合成酶及色氨酸合成酶。在结构基因的上游，还有启动序列(P)、操纵序列(O)、前导序列(leader sequence，L)及调节基因 R。前导序列紧接在第一个结构基因与启动序列之间，由 162bp 组成，其中还含有一段由 43bp 组成的"衰减子"(attenuator)序列。前导序列可编码产生一个长为 14 个氨基酸的小肽，称为前导肽(leader peptide)。衰减子的转录产物有衰减结构基因表达的作用。调节基因 R 距离 trp 基因簇较远，编码阻遏蛋白。

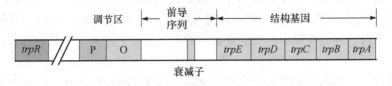

图 9-38 色氨酸操纵子的结构

①阻遏蛋白对色氨酸操纵子的调控 色氨酸操纵子的阻遏系统是 Trp 生物合成途径的第一水平调控，主管转录的启动与否。色氨酸操纵子转录起始的调控是通过调节基因 R 编码的阻遏蛋白实现的。色氨酸阻遏物是一种同二聚体蛋白质，每个亚基由 107 个氨基酸残基组成。色氨酸阻遏物本身不能和操纵基因 O 结合，必须和色氨酸结合后才能与操纵基因 O 结合，从而阻遏结构基因表达，因此，Trp 相当于一种共阻遏物(corepressor)。

阻遏蛋白的 DNA 结合活性受 Trp 的调控。当 Trp 水平高时，Trp 与阻遏蛋白相结合，使其构象发生改变成为有活性的阻遏蛋白，与色氨酸操纵子紧密结合，阻碍 RNA 聚合酶与启动系列的结合，阻断结构基因的转录。当 Trp 水平低时，阻遏蛋白以一种非活性形式存在，不能结合 DNA。因此，trp 操纵子被 RNA 聚合酶转录，Trp 生物合成途径被激活（图 9-39）。

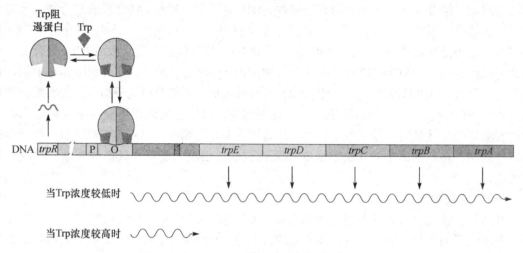

图 9-39 色氨酸操纵子的阻遏机制

②衰减作用对色氨酸操纵子的调控　衰减作用为色氨酸操纵子的第二水平调控，该作用决定已经启动的转录是否进行下去。有 Trp 存在时，阻遏蛋白对 trp 操纵子的抑制作用并不完全，转录起始频率仅减少 70 倍，而当 Trp 浓度较高时，trp 操纵子可通过转录衰减机制使转录再降低达 700 倍，可见，衰减作用更为灵敏。原核生物中转录与翻译过程的偶联是产生衰减作用的基础。

色氨酸操纵子转录的衰减作用通过衰减子使转录终止。大肠杆菌在无或低色氨酸环境中培养时，可转录产生长为 6 720 个核苷酸的全长多顺反子 mRNA，包括 L 基因和结构基因。当培养基中 Trp 浓度增加时，上述全长多顺反子 mRNA 合成减少，但 L 基因 5′端部分的 140 个核苷酸仍被转录。这段长为 140 个核苷酸的序列即为衰减子序列。

衰减子的转录产物中具有 4 个能相互配对形成二级结构的片段，如图 9-40 所示。片段 1 和 2，3 和 4 能同时配对形成发夹结构；而当片段 2 和 3 形成发夹结构时，其他片段配对二级结构就不能形成。片段 3 和 4 形成的发夹结构及其下游的序列与不依赖于 ρ 因子的转录终止序列相似。

前导肽基因中含有两个相邻的色氨酸密码子，在翻译时对 tRNA^{Trp} 的浓度十分敏感。当 Trp 供应充足时，能形成色氨酰-tRNA^{Trp}，核糖体在翻译过程中迅速通过片段 1 并覆盖片段 2，影响片段 2 和 3 之间发夹结构的形成，但片段 3 和 4 之间能形成发夹结构，该结构即为不依赖于 ρ 因子的转录终止结构，因此，RNA 聚合酶脱落，转录停止。当色氨酸缺乏时，色氨酰-tRNA^{Trp} 也相应缺乏，此时核糖体停留在片段 1 两个相邻的色氨酸密码的位置上，使片段 2 和 3 之间可以形成发夹结构，导致片段 4 与片段 3 无法形成转录终止信号，RNA 转录持续进行。

色氨酸操纵子受到阻遏蛋白和衰减子两种调节机制控制。阻遏蛋白及衰减子的调控分别

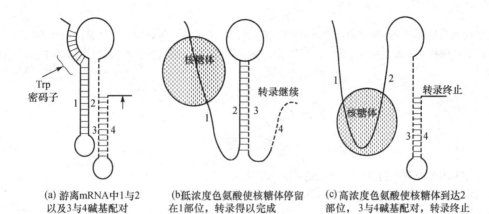

图 9-40 色氨酸操纵子的衰减机制

起到粗调及微调的作用。衰减子对基因表达活性的影响普遍存在于大肠杆菌生物合成的操纵子中，如组氨酸、苏氨酸、亮氨酸、异亮氨酸、苯丙氨酸等操纵子。

9.3.3.2 真核生物 RNA 的转录调控

真核生物的转录与翻译分别在细胞核与细胞质中进行。在真核细胞核内，几乎所有的 DNA 都与组蛋白结合，形成染色质纤维。因此，真核细胞的基因表达调控比原核细胞复杂得多。真核生物基因表达调控可发生在多个层次，包括 DNA 和染色体水平的调控、转录水平的调控、转录后 RNA 前体加工及转运的调控、翻译（后）水平的调控及 mRNA 降解的调控等。真核生物绝大多数基因调控发生在转录起始阶段。

本章小结

遗传信息的传递依据中心法则进行。生物系统的遗传信息主要贮存在 DNA 分子中，表现为特异的核苷酸排列顺序。遗传信息经过亲代 DNA 的复制后，完整准确地传递给子代。DNA 复制时，从一个特定的起始位点开始，分别以两条 DNA 链为模板，在 DNA 聚合酶的作用下，以四种脱氧核苷三磷酸为原料，合成子代 DNA 分子，合成方向为 $5'\rightarrow 3'$。在子代 DNA 分子中，一条链来自亲代 DNA 分子，另一条链是新合成的，这种复制方式称为半保留复制。半保留复制保证了遗传信息的稳定性。DNA 分子复制时，一条链的合成方向与复制叉的移动方向相同，其合成是连续的，称为前导链，另一条链的合成方向与复制叉的移动方向相反，只能以 $5'\rightarrow 3'$ 方向先合成冈崎片段，然后再由连接酶将这些片段连接起来，称为后随链，其合成是不连续的，这种复制方式称为半不连续复制。DNA 复制的准确性很高，原核生物的 DNA 聚合酶 I 和真核生物的 DNA 聚合酶 δ 均具有 $3'\rightarrow 5'$ 外切酶活性，可以校正复制中出现的碱基错配。但是，一些物理、化学和生物学因素，可以导致 DNA 受到损伤。光复活修复、切除修复、重组修复和 SOS 修复是几种主要的修复方式。

以 DNA 为模板合成 RNA 的过程称为转录。DNA 指导的 RNA 聚合酶以 4 种核苷三磷酸作为底物，以 DNA 为模板进行 RNA 的合成，RNA 链的合成方向为 $5'\rightarrow 3'$。RNA 聚合酶催化的反应不需要引物，也无校对功能。转录生成的 RNA 分子为前体 RNA，必须经过一系列复杂的加工过程才能成为成熟的 RNA 分子。原核生物的 mRNA 属于多顺反子形式，一般在转录的同时即能进行翻译，不需要加工。而真核生物转录生成的 mRNA 为单顺反子，且具有复杂的加工修饰过程，包括 5′端加帽，3′端加尾，切除内含子，连接外显子等。

转录的调节是基因表达调节的重要环节。原核生物的操纵子既是表达单位，也是协同调节单位。原核生物基因表达调控主要发生在转录水平，有正、负调控两种机制。真核生物绝大多数基因调控发生在转录起始阶段。

习 题

1. 简述原核和真核生物 DNA 聚合酶的种类及功能。
2. 原核生物和真核生物的 RNA 聚合酶有何不同？
3. 试述转录与复制的异同点。
4. 简述真核生物转录后加工的基本过程和意义。
5. 大肠杆菌的 DNA 聚合酶和 RNA 聚合酶有哪些重要的异同点？
6. 试比较 DNA 的复制、损伤 DNA 修复和逆转录过程中 DNA 合成的异同点。
7. 下面是某基因中的一个片段的(−)链：3′……ATTCGCAGGCT……5′。
   A. 写出该片段的完整序列；　　B. 指出转录的方向和哪条链是转录模板；
   C. 写出转录产物序列；　　　　D. 其产物的序列和有义链的序列之间有什么关系？
8. 若使 ^{15}N 标记的大肠杆菌在 ^{14}N 培养基中生长三代，提取 DNA，并用平衡沉降法测定 DNA 密度，其 ^{14}N-DNA 分子与 ^{14}N-^{15}N 杂合 DNA 分子之比应为多少？

参考文献

[1] 王镜岩, 朱圣庚, 徐长法. 生物化学[M]. 3版. 北京：高等教育出版社, 2002.
[2] 赵武玲. 基础生物化学[M]. 北京：中国农业大学出版社, 2008.
[3] 罗纪盛, 等. 生物化学简明教程[M]. 3版. 北京：高等教育出版社, 2006.
[4] 刘国琴, 张曼夫. 生物化学[M]. 2版. 北京：中国农业大学出版社, 2011.
[5] 朱玉贤, 李毅, 郑晓峰. 现代分子生物学[M]. 3版. 北京：高等教育出版社, 1997.
[6] 孙乃恩, 孙东旭, 朱德煦. 分子遗传学[M]. 南京：南京大学出版社, 1990.
[7] Nelson D L, Cox M M. Lehninger Principles of Biochemistry[M]. 4th ed. New York：W. H. Freeman & Co Ltd, 2004.

（撰写人：李晓岩）

第 10 章 蛋白质的生物合成

蛋白质是生命活动的体现者，执行多种生物功能。蛋白质都是由一条或一条以上的多肽链组成的，而多肽链又是由许多氨基酸以肽键聚合起来的线性分子。在不同的蛋白质分子中，氨基酸有着特定的排列顺序，这种特定的排列顺序不是随机的，而是由编码该蛋白质的基因中相应的碱基排列顺序决定的。基因的遗传信息在转录过程中从 DNA 转移到 mRNA，在翻译过程中再由 mRNA 将这种遗传信息表达为蛋白质中的氨基酸顺序。如果把携带遗传信息的具有一定顺序的核苷酸看作是一种语言的话，那么具有一定排序的氨基酸就是被翻译出的另一种语言。蛋白质的生物合成十分复杂，在此过程中需要多种生物分子参加并相互协作，其中包括 mRNA、rRNA、tRNA、核糖体、多种活化酶及各种蛋白质因子，还有 20 种天然氨基酸。

10.1 遗传密码

10.1.1 遗传密码的破译

遗传密码是指 DNA 或 mRNA 的碱基序列与其编码蛋白质的氨基酸序列间的相互关系。遗传密码是决定蛋白质中氨基酸顺序的核苷酸顺序，由 3 个连续的核苷酸组成的密码子所构成。由于脱氧核糖核酸（DNA）双链中一般只有一条单链（称为有义链或编码链）被转录为信使核糖核酸（mRNA），而另一条单链（称为反义链）则不被转录，所以即使对于以双链 DNA 作为遗传物质的生物来讲，密码也用核糖核酸（RNA）中的核苷酸顺序而不用 DNA 中的脱氧核苷酸顺序表示。

由此产生了由几个核苷酸决定一个氨基酸的问题。1961 年，Crick 等利用原黄素对细菌噬菌体 T4 的 B 顺反子的 rⅡ 区域进行诱发突变实验，最终发现遗传密码子是由 3 个核苷酸组成的。同年，遗传密码破译的伟大工程正式展开。Nirenberg 等通过人工合成 mRNA 并进行体外蛋白翻译的办法，利用大肠杆菌的无细胞提取液首次确定了 UUU 为编码苯丙氨酸的密码子。随后，尽管遗传密码的破译工作遇到了种种艰难险阻，但是在多位科学家的辛苦努力下，遗传密码破译的方法不断得到完善和发展，并最终在 5 年后将全部遗传密码子破译（表 10-1）。

无细胞提取液体外翻译实验和大量事实表明，生命世界从低等到高等几乎使用同一套遗传密码，密码子的这种通用性已成为现代分子生物学的理论基础。然而，出乎人们意料的是，在人、牛、酵母和脉孢霉等的线粒体，以及支原体、腺病毒和几种纤毛虫属原生生物中陆续发现了反常密码子的存在。例如，在人的线粒体中，通用密码子 AUA（异亮氨酸）和

UGA(终止密码子)分别编码甲硫氨酸和色氨酸。有别于动物线粒体，多数植物线粒体却使用通用密码子。而原生生物纤毛虫的反常密码子则主要涉及3个通用终止密码子。例如，草履虫将2个通用密码子UAA和UAG作为编码谷氨酸或谷氨酰胺的密码子。遗传密码的破译及反常密码子的发现为基因组的生物信息学研究奠定了坚实基础，它对整个生命科学的研究产生了重大而深远的影响。

表10-1　64种密码子以及氨基酸的标准配对表

项目		第二位碱基 U	第二位碱基 C	第二位碱基 A	第二位碱基 G
第一位碱基	U	UUU（Phe/F）苯丙氨酸 UUC（Phe/F）苯丙氨酸 UUA（Leu/L）亮氨酸 UUG（Leu/L）亮氨酸	UCU（Ser/S）丝氨酸 UCC（Ser/S）丝氨酸 UCA（Ser/S）丝氨酸 UCG（Ser/S）丝氨酸	UAU（Tyr/Y）酪氨酸 UAC（Tyr/Y）酪氨酸 UAA（终止） UAG（终止）	UGU（Cys/C）半胱氨酸 UGC（Cys/C）半胱氨酸 UGA（终止） UGG（Trp/W）色氨酸
第一位碱基	C	CUU（Leu/L）亮氨酸 CUC（Leu/L）亮氨酸 CUA（Leu/L）亮氨酸 CUG（Leu/L）亮氨酸	CCU（Pro/P）脯氨酸 CCC（Pro/P）脯氨酸 CCA（Pro/P）脯氨酸 CCG（Pro/P）脯氨酸	CAU（His/H）组氨酸 CAC（His/H）组氨酸 CAA（Gln/Q）谷氨酰胺 CAG（Gln/Q）谷氨酰胺	CGU（Arg/R）精氨酸 CGC（Arg/R）精氨酸 CGA（Arg/R）精氨酸 CGG（Arg/R）精氨酸
第一位碱基	A	AUU（Ile/I）异亮氨酸 AUC（Ile/I）异亮氨酸 AUA（Ile/I）异亮氨酸 AUG（Met/M）甲硫氨酸（起始）	ACU（Thr/T）苏氨酸 ACC（Thr/T）苏氨酸 ACA（Thr/T）苏氨酸 ACG（Thr/T）苏氨酸	AAU（Asn/N）天冬酰胺 AAC（Asn/N）天冬酰胺 AAA（Lys/K）赖氨酸 AAG（Lys/K）赖氨酸	AGU（Ser/S）丝氨酸 AGC（Ser/S）丝氨酸 AGA（Arg/R）精氨酸 AGG（Arg/R）精氨酸
第一位碱基	G	GUU（Val/V）缬氨酸 GUC（Val/V）缬氨酸 GUA（Val/V）缬氨酸 GUG（Val/V）缬氨酸	GCU（Ala/A）丙氨酸 GCC（Ala/A）丙氨酸 GCA（Ala/A）丙氨酸 GCG（Ala/A）丙氨酸	GAU（Asp/D）天冬氨酸 GAC（Asp/D）天冬氨酸 GAA（Glu/E）谷氨酸 GAG（Glu/E）谷氨酸	GGU（Gly/G）甘氨酸 GGC（Gly/G）甘氨酸 GGA（Gly/G）甘氨酸 GGG（Gly/G）甘氨酸

注：（起始）标准起始编码，同时为甲硫氨酸编码。mRNA中第一个AUG就是蛋白质翻译的起始部位。

虽然遗传密码在不同生命之间有很强的一致性，但亦存在非标准的遗传密码（表10-2）。在有"细胞能量工厂"之称的线粒体中，便有和标准遗传密码的数个相异之处，甚至不同生物的线粒体有不同的遗传密码。支原体会把UGA转译为色氨酸。纤毛虫则把UAG（有时候还有UAA）转译为谷氨酰胺（一些绿藻也有同样现象），或把UGA转译为半胱氨酸。一些酵母会把GUG转译为丝氨酸。在一些罕见情况下，一些蛋白质会有AUG以外的起始密码子。

表10-2　不同物种中遗传密码与标准遗传密码的差异

密码子	通常的作用	例外的作用	所属的生物
UGA	编码终止子	编码色氨酸	人、牛、酵母线粒体，支原体（*Mycoplasma*）基因组，如 *Capricolum*
UGA	编码终止子	编码半胱氨酸	一些纤毛虫细胞核基因组，如游纤虫属（*Euplotes*）
AGR	编码精氨酸	编码终止子	大部分动物线粒体，脊椎动物线粒体
AGA	编码精氨酸	编码丝氨酸	果蝇线粒体
AUA	编码异亮氨酸	编码蛋氨酸	一些动物和酵母线粒体

(续)

密码子	通常的作用	例外的作用	所属的生物
UAA	编码终止子	编码谷氨酰胺	草履虫、一些纤毛虫细胞核基因组，如嗜热四膜虫(*Ihermoph ailus tetrahymena*)
UAG	编码终止子	编码谷氨酸	草履虫核细胞核基因组
GUG	编码缬氨酸	编码丝氨酸	假丝酵母核基因组
AAA	编码赖氨酸	编码天冬氨酸	一些动物的线粒体，果蝇线粒体
CUG	编码亮氨酸	编码终止子	圆柱念珠菌(*Candida cylindracea*)细胞核基因组
CUN	编码亮氨酸	编码苏氨酸	酵母线粒体

10.1.2　遗传密码的特点

遗传密码具有以下几个方面的特点。

(1) 连续性

起始信号总是位于 mRNA 的 5′端，终止信号总是在 3′端，mRNA 的读码方向总是从 5′端至 3′端方向。两个密码子之间无任何核苷酸隔开。因此从起始密码 AUG 开始，3 个碱基代表一个氨基酸，这就构成了一个连续不断的阅读框，碱基不重复使用，直至终止密码。mRNA 链读码框上碱基的插入、缺失和重叠，均造成移码突变，引起突变点下游氨基酸排列的错误。

(2) 简并性

简并性(degeneracy)指一个氨基酸具有两个或两个以上的密码子。因为 20 种氨基酸有 61 种密码子，所以许多氨基酸都有多个密码子。对应于同一氨基酸的密码子称为同义密码子(synonym codon)。64 种密码子中编码同一氨基酸的几种同义密码子列在同一格中(除非同义密码子多于 4 个)。同一格中氨基酸的密码子的第一、第二位核苷酸都是相同的，只有第三位核苷酸不同。密码子的第三位碱基改变往往不影响氨基酸翻译。实际上除色氨酸和甲硫氨酸只有一个密码子外，其他氨基酸都有一个以上的密码子。密码的简并性具有重要的生物学意义：一方面，它可以减少有害的突变；另一方面，如果每个氨基酸只有一个密码子，20 个密码子就可以应付 20 种氨基酸的编码了，剩下的 44 组密码子都将会导致多肽链合成的终止。

(3) 变偶性

大多数同义密码子的不同仅在于三联体的最后一个核苷酸。也就是说密码子的专一性主要由前两个碱基决定，即使第三个碱基发生突变也能翻译出正确的氨基酸，这对于保证物种的稳定性有一定意义。

mRNA 上的密码子与 tRNA 上的反密码子配对辨认时，大多数情况遵守碱基互补配对原则，第一位、第二位碱基配对是严格的，但也可出现不严格配对，尤其是密码子的第三位碱基与反密码子的第一位碱基配对时常出现不严格碱基互补，这种现象称为变偶性(wobble)。反密码子的第一位碱基与密码子第三位碱基配对可在一定范围内摆动。密码子的变偶性见表 10-3。

表 10-3(a)　反密码子与密码子之间的碱基配对

反密码子第一位碱基	密码子第三位碱基	反密码子第一位碱基	密码子第三位碱基
A	U	U	A
C	G		G
G	U C	I	U A C

表 10-3(b)　密码子识别的摆动现象

tRNA 反密码子第一位碱基 (3′→5′)	A	C	U	G	I
mRNA 密码子第三位碱基 (5′→3′)	U	G	A 或 G	C 或 U	U 或 C 或 A

(4) 通用性

大量的事实证明，蛋白质生物合成的整套密码，从原核生物到人类都通用。遗传密码在长期进化过程中保持不变。但也已发现少数例外，真核生物线粒体和叶绿体有许多不同于通用密码(表 10-4)。

表 10-4　线粒体中变异的密码子

线粒体来源	密码子				
	UGA	AUA	AGA、AGG	CUN	CGG
通用密码	终止密码子	Ile	Arg	Leu	Arg
脊椎动物	Trp	Met	终止密码子	+	+
果蝇	Trp	Met	Ser	+	+
酿酒酵母	Trp	Met	+	Thr	+
丝状真菌	Trp	+	+	+	+
锥虫	Trp	+	+	+	+
高等植物	+	+	+	+	Trp

注：N 为任意碱基；+代表与正常密码子相同。

蛋白质的转译从初始化密码子(起始密码子)开始，但亦需要适当的初始化序列和起始因子才能使 mRNA 和核糖体结合。最常见的起始密码子为 AUG，其同时编码的氨基酸在细菌中为甲酰甲硫氨酸，在真核生物中为甲硫氨酸，但在个别情况其他一些密码子也具有起始的功能。

在经典遗传学中，终止密码子各有名称：UAG 为琥珀(amber)，UGA 为蛋白石(opal)，UAA 为赭石(ochre)。这些名称来源于最初发现这些终止密码子的基因的名称。终止密码子使核糖体和释放因子结合，使多肽从核糖体分离而结束转译的程序。另外，在脊椎动物的线粒体中，UGA 不是终止密码子，而编码色氨酸；AGA、AGG 不编码精氨酸，而成为终止密码子；内部甲硫氨酸密码子有两个，即 AUG 和 AUA。

(5) 密码有防错系统

密码子的简并性具有重要的生物学意义，同义密码子在密码表中的分布非常有规则。除此之外，密码子结构与氨基酸理化性质之间也有一定关系，氨基酸侧链极性通常由密码子的第二个碱基决定，而简并性由第三个碱基决定。例如，第二个碱基为 U 时，编码的氨基酸为非极性的、疏水的和有支链的；第二个碱基为 C 时，相应的氨基酸为非极性的或具有不带电荷的极性侧链；第二个碱基为嘌呤（A 或 G）时，相应的氨基酸具有亲水性。带有酸性亲水侧链的氨基酸其密码子的前两位是 AG，第三位是任一碱基。这种分布，使密码子中一个碱基被置换，结果仍然编码理化性质相近的氨基酸。这样，使基因突变的危害降至最低。

知识窗

破译生命遗传的密码

常言说："世界上没有两片完全相同的叶子"。这句话表明了生命体的多样性和差异性，而这种多样性和差异性是由生命体的外部环境与内部因素所决定的。其中，遗传信息起着极其重要的作用。

遗传信息和生命物质是多种多样的。DNA 是由数十个乃至数十亿个核苷酸、磷酸根、碱基组成的生物大分子，在它的不同部位上包含着不同的遗传信息，而这些信息代表着不同的遗传性状指令，由此导致了千姿百态、千差万别、气象万千的生物世界。

DNA（沃森和克里克制作的 DNA 结构模型，右图所示）分子双螺旋结构模型表明了遗传物质的结构和遗传信息的复制机制，中心法则揭示了遗传物质如何构建生物物质的一般规律。在它们诞生之后，科学家们便试图解读大千世界的各种遗传信息，探索其中的奥秘。

10.2 多肽链的合成体系

蛋白质合成的基本原料是 20 种氨基酸，在其氨基酸通过肽键合成多肽链的过程中，需要 mRNA 作为遗传信息的模板，细胞液中分散的氨基酸需要通过 tRNA 的搬运，然后要由核蛋白体（由 rRNA 和蛋白质组成）给蛋白质提供合成的场所。可见，在蛋白质合成的过程中，需要 3 种 RNA 的参与，除此以外，还需要 ATP、GTP 的供能，以及一系列酶及辅助因子的催化。以上所有参与蛋白质合成的成分统称为蛋白的合成体系。

按照 mRNA 上的遗传密码，一个个由 tRNA 运来的氨基酸互相连接而成为一条多肽链。细胞核中 DNA 的某一区段转录出来的 mRNA 从核孔穿出来进入细胞质中，与核糖体结合起来。蛋白质合成就在核糖体进行。蛋白质开始合成时，首先核糖体与 mRNA 结合在一起，核糖体附着在 mRNA 的一端（起动部位），然后沿着 mRNA 从 $5'\rightarrow 3'$ 方向移动（当核糖体向前移动不久，另一个核糖体又结合上去，所以一个 mRNA 可以有多个核糖体连续上去)。

同时，游离在细胞质中的 tRNA 把它携带的特定氨基酸放在核糖体的 mRNA 的相应位置上，然后 tRNA 离开核糖体，再去搬运相应的氨基酸，这样，按照 mRNA 上的遗传密码，一个个由 tRNA 运来的氨基酸互相连接而成为一条多肽链，在合成开始时，总是携带甲硫氨酸的 tRNA 先进入核糖体，接着带有第二个氨基酸的 tRNA 才进入，此时带甲硫氨酸的 tRNA 把甲硫氨酸卸下，放在 mRNA 的起始密码位置上，然后自己离开核糖体，甲硫氨酸的—COOH 端与第二个氨基酸的—NH_2 形成肽键。接着携带第三个氨基酸的 tRNA 进入核糖体，第二个氨基酸的—COOH 又与第三个氨基酸的—NH_2 形成肽键。第二个 tRNA 又离开核糖体，再去搬运相应的氨基酸，第四个氨基酸的 tRNA 即进入核糖体。tRNA 进入核糖体的顺序，是由 mRNA 的遗传密码决定的。就这样，反复不已，直到碰到 mRNA 上的终止密码时，肽链的合成才结束。mRNA 的遗传密码便翻译为一条多肽链，当一条多肽链合成完毕后，核糖体将多肽链释放下来，多肽链经过盘曲，折叠形成具有一定空间结构的蛋白质分子，同时核糖体也从 mRNA 上脱落下来，再重新与 mRNA 结合，参加下一次蛋白质的合成，一条 mRNA 可以有多个核糖体在上面滑动，一个核糖体可以合成一个蛋白质分子，所以，一个 mRNA 可以同时合成多条多肽链。

10.2.1　RNA 在蛋白质生物合成中的作用

10.2.1.1　mRNA

通过转录得到的遗传信息的 mRNA 要把其核苷酸序列转变为氨基酸序列。现已证明，mRNA 分子从 $5'\rightarrow 3'$ 方向，由 AUG 开始，每 3 个核苷酸为一组，决定肽链上某一个氨基酸或蛋白质合成的起始、终止信号，称为三联体密码。这样 mRNA 中所含的 A、U、G、C 四种核苷酸根据排列组合，可以组成 64 种不同的密码子。64 种密码子已全部被破译，其中 61 种密码子分别代表不同的氨基酸(表 10-1)。从 mRNA $5'$ 端起始密码子 AUG 到 $3'$ 端终止密码子之间的核苷酸序列，各个三联体密码连续排列编码一个蛋白质多肽链，称为开放阅读框架(ORF)。

10.2.1.2　tRNA

在蛋白质的合成中，tRNA 起着"搬运工"的作用。胞液中的氨基酸需要由各自特异的 tRNA 搬运到核蛋白体上，才能组装成多肽链。在氨基酰 tRNA 合成酶的作用下，氨基酸与 tRNA 结合生成氨基酰-tRNA，氨基酰-tRNA 是氨基酸的活化形式，氨基酸与 tRNA 结合的部位是在 tRNA 氨基酸臂 $3'$ 端的—CCA—OH 位置上，通过羟基与氨基酸的 α-羧基形成的酯键相连而成。每一种氨基酸可有 2~6 种特异的 tRNA，而每一种 tRNA 只能特异地转运某一种氨基酸。每种 tRNA 分子中反密码环顶端的反密码子可以根据碱基配对的原则，与 mRNA 上对应的密码子相配合，使 tRNA 带着各自的氨基酸准确地在 mRNA 上"对号入选"，保证了氨基酸可以按 mRNA 上的密码子所指定的顺序到核蛋白体上进行多肽的合成。由此可见，tRNA 是沟通 mRNA 模板与新生多肽链之间的桥梁，即 mRNA 密码子的排列顺序通过 tRNA 改写成多肽链中氨基酸的排列顺序。

值得注意的是，反密码子与密码子在配对时，二者的方向是相反的，如果都从 $5'$ 端到

3′端阅读，mRNA 密码子的第一位、第二位、第三位碱基分别与 tRNA 反密码子的第三位、第二位、第一位碱基相配对。密码子的第一位、第二位碱基与反密码子的第三位、第二位碱基的配对严格遵循 A-U、G-C 的碱基配对原则，而密码子第三位碱基与反密码子第一位碱基的配对则不严格，反密码子中的第一位碱基常出现次黄嘌呤(I)，它与密码子中的 A、C、U、均可配对形成 I-A、I-C、I-U。此外，如果反密码子中的第一位碱基是 U 的话，还可配对成 U-G 或 U-A。密码子与反密码子配对时出现的这种不完全遵循碱基配对规律的现象，称为摆动配对。

10.2.1.3　rRNA

rRNA 与蛋白质结合形成核蛋白体，是蛋白质合成的场所和"装配机"，参与蛋白质生物合成的各种成分最终都要在核蛋白体上将氨基酸合成为多肽链。核蛋白体由大小不同的两个亚基组成，这两个亚基分别由不同的 rRNA 与多种蛋白质共同构成。只有大、小亚基聚合成复合体，并与 mRNA 组装在一起时，核蛋白体才能沿 mRNA 向 3′端方向移动，使遗传密码被逐个翻译成氨基酸。核蛋白体的小亚基具有结合 mRNA 模板的能力，可以容纳两组密码子同时工作。核蛋白体的大亚基则与 tRNA 结合，大亚基上有两个 tRNA 结合位点；给位(P 位)与受位(A 位)。给位又称肽酰位，即与多肽-tRNA 非特异性结合的部位；受位又称氨基酰位，即与氨基酰-tRNA 非特异性结合的部位。这两个相邻位点正好与 mRNA 上两个相邻的密码子的位置对应。转肽酶位于这两个位点之间，在转肽酶的作用下，肽酰基被转移到位于 A 位氨基酰-tRNA 的 α-氨基上，两者之间形成肽键，这样，A 位上的氨基酸就被添加到肽链中，于是肽链便得以延长。蛋白质的合成一旦终止，核蛋白又离解成大、小两个亚基。

10.2.2　参与蛋白质生物合成的酶类及蛋白因子

(1) 氨基酰-tRNA 合成酶

氨基酰-tRNA 合成酶催化 tRNA 氨基酸臂的—CCA—OH 与氨基酸的羧基反应形成酯键连接，使氨基酸活化。它具有高度专一性，既能识别特异的氨基酸，又能识别相应的特异 tRNA，并将二者连接，从而保证了遗传信息的准确翻译。

(2) 转肽酶

转肽酶存在于核蛋白体的大亚基上，催化核蛋白体 P 位上的肽酰基转移至 A 位上氨基酰-tRNA 的 α-氨基上，结合成肽键，使肽链延长。

(3) 转位酶

转位酶催化核蛋白体向 mRNA 的 3′方向移动一个密码子的距离，使下一个密码子定位于 A 位。

(4) 蛋白因子

参与蛋白质合成的蛋白因子主要有：起始因子，用 IF(原核细胞)或 eIF(真核细胞)表示；延长因子，用 EF 或 eEF 表示；终止因子，又称释放因子，用 RF 或 eRF 表示。它们参与蛋白质合成过程中氨基酰-tRNA 对模板的识别和附着、核蛋白体沿 mRNA 模板的相对移行、合成终止时肽链的解离等环节。

10.3 原核生物多肽链生物合成的过程

原核生物的多肽链合成都是在由50S的大亚基与30S的小亚基共同组成的70S核糖体上进行的，合成过程是mRNA的翻译过程，分为起始(initiation)、延长(elongation)和终止(termination)三个阶段。翻译时，mRNA的阅读方向按从5′→3′进行，而肽链的延伸是从氨基端到羧基端。所以多肽链合成的方向是N端到C端。

蛋白质的翻译除了需要mRNA模板、氨基酰-tRNA原料，ATP/GTP能量分子和酶以外，每个阶段还需要多种蛋白因子的参与协助。在原核生物中，起始阶段主要需要起始因子(initiation factor，IF)参与，延长阶段需要延长因子(elongation factor，EF)参与，终止阶段需要释放因子(release factor，RF)参与(表10-5)。

表10-5 参与原核生物翻译的各种蛋白质因子及其生物学功能

名称	种类	生物学功能
起始因子	IF-1	占据A位防止结合其他tRNA
	IF-2	促进起始tRNA与小亚基结合
	IF-3	促进大、小亚基分离，提高P位对结合起始tRNA敏感性
延长因子	EF-Tu	促进氨基酰-tRNA进入A位，结合分解GTP
	EF-Ts	调节亚基
	EF-G	有转位酶活性，促进mRNA-肽酰-tRNA由A位前移到P位，促进卸载tRNA释放
释放因子	RF-1	特有识别终止密码子UAA、UAG，并与之结合，诱导转肽酶转为酯酶活性
	RF-2	特有识别终止密码子UAA、UGA，并与之结合，诱导转肽酶转为酯酶活性
	RF-3	催化GTP水解供能，同时还与核糖体其他部位结合，介导RF-1、RF-2与核糖体的相互作用

10.3.1 肽链合成的起始

起始阶段是核糖体、mRNA和fMet-tRNA^{fMet}形成翻译起始复合物的过程。

(1) 核糖体大、小亚基分离

原核生物含有IF-1、IF-2和IF-3三种起始因子，在IF-1和IF-3的作用下，70S核糖体的大、小亚基首先发生解离。此时IF-1占据A位，防止A位结合其他tRNA，IF-3与30S小亚基结合，防止大、小亚基重新聚合，大、小亚基的解离有利于小亚基与mRNA及fMet-tRNA^{fMet}的结合。

(2) mRNA在小亚基上定位结合

事实上，mRNA序列中可能含有多个AUG密码子，需要确定哪个才是翻译起始密码子，必须依靠mRNA 5′端的SD序列(参与蛋白合成的每一个mRNA分子都具有与核糖体结合的位点，是位于起始密码子AUG上游8~13个核苷酸处的短片段，此片段中存在着4~9个富含嘌呤碱基的核苷酸一致序列，如AGGAGG)和核糖体30S小亚基中16S rRNA 3′端富含嘧啶碱基序列之间的识别结合，从而找到真正的起始部位，启动蛋白质的合成。此外，紧接

SD 序列下游的一小段核苷酸序列也能被特定核糖体小亚基蛋白所识别，提高了 mRNA"锚定"小亚基的准确性。该结合反应需要 IF-3 介导，IF-1 则促进 IF-3 与小亚基结合。

（3）fMet-tRNA^{fMet} 与小亚基及 mRNA 结合

在每个细胞内至少存在着两个不同的识别 AUG 密码的蛋氨酰-tRNA 分子，一个只在起始密码处用，称为起始 tRNA，另一个只识别内部的蛋氨酸密码。这是一个特殊的起始 tRNA。fMet-tRNA^{fMet} · IF-2 和 GTP 相互结合形成 fMet-tRNA^{fMet} · IF-2 · GTP 三元复合物，然后与游离状态的核糖体小亚基及 mRNA 结合，定位于 mRNA 起始密码子 AUG 的相应位置。

（4）核蛋白体大亚基的结合

IF-2 具有 GTP 酶活性可催化 GTP 水解，同时各起始因子释放，于是 50S 大亚基与 30S 小亚基结合，形成 70S 起始复合物。此时与起始密码子对应的 fMet-tRNA^{fMet} 占据核糖体 P 位，而对应第二个密码子的 A 位留空，等待相应的氨基酰-tRNA 的进入结合，为进入延长阶段做好了准备。

10.3.2 肽链的延长

70S 起始复合物装配完成后，翻译进入肽链延长阶段。这个阶段是根据 mRNA 翻译区遗传密码子排列顺序指导氨基酸之间缩合形成蛋白质多肽链的过程。该过程是以循环的方式进行，每循环一次多肽链上就增加一个氨基酸残基。一个循环分为三步：进位（positioning）、成肽（peptide bond formation）和转位（translocation）。

10.3.2.1 进位

核糖体 A 位上 mRNA 密码子所对应的氨基酰-tRNA 进入核糖体 A 位称为进位，又称注册。翻译延长之初，核糖体的 P 位上结合的是 fMet-tRNA^{fMet}，A 位对应第二个密码子，该密码子指导下一个氨基酰-tRNA 进入 A 位。

氨基酰-tRNA 进位之前需要三种延长因子作用：热不稳定的延长因子（EF-Tu）、热稳定的延长因子（EF-Ts）以及依赖 GTP 的转位因子（EF-G）。一般认为 EF-T 由 EF-Tu 和 EF-Ts 两个亚基组成，当 EF-Tu 与 GTP 结合后可释放出 EF-Ts。

氨基酰-tRNA 进位之前，首先与延长因子 EF-Tu 和 GTP 结合，形成氨基酰-tRNA · EF-Tu · GTP 三元复合物。此复合物再进入到核糖体的 A 位，通过 tRNA 的反密码子与 mRNA 上第二个密码子结

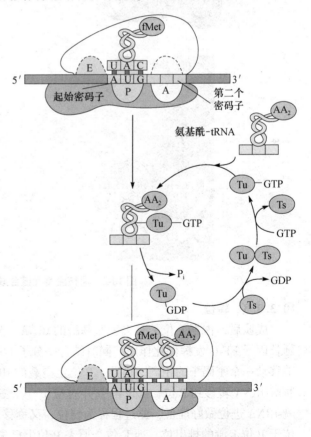

图 10-1 原核生物肽链合成的进位过程

合。EF-Tu 则催化 GTP 水解为 GDP 释能，最终两者都从核糖体上释出。释出的 EF-Tu 会与 EF-Ts 因子形成二聚体，促进 EF-Tu 和新的一分子 GTP 结合，结合后 EF-Ts 与之分离，EF-Tu·GTP 接着与第三个密码子识别的氨基酰-tRNA 发生结合进入下一轮的进位，循环进行（图 10-1）。

10.3.2.2 成肽

氨基酰-tRNA 进入 A 位后，核糖体的 A 位和 P 位上各结合了一个氨基酰-tRNA。在转肽酶（transpeptidase）的催化下，核糖体 P 位上所携带的起始氨基酰-tRNA 的 N-甲酰甲硫氨酰基或肽酰-tRNA 的肽酰基转移到 A 位并与 A 位上氨基酰-tRNA 的 α-氨基形成肽键，此过程称为成肽。催化成肽的转肽酶属于核糖体大亚基的组成成分。整个反应不需要耗能或者其他辅助因子的参与。第一个肽键形成后，P 位上的 tRNA 称为空载状态，二肽酰-tRNA 占据核糖体的 A 位（图 10-2）。起始的 N-甲酰甲硫氨酸的 α-氨基被持续保留而成为新生肽链的 N 端。

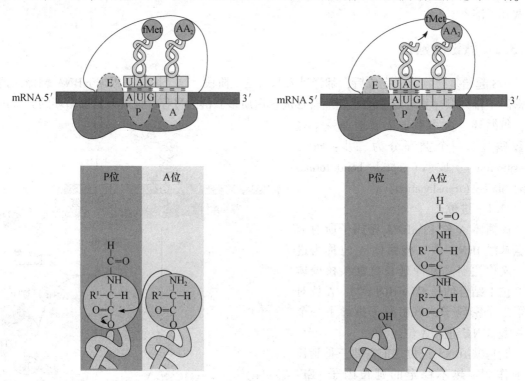

图 10-2　原核生物肽链合成的肽键形成过程

10.3.2.3 转位

成肽后，占据 P 位的是失去氨基酰的 tRNA，A 位是肽酰-tRNA。此时具有转位酶作用的延长因子 EF-G 发挥催化作用，同时结合一分子 GTP 并水解释放能量，使核糖体向 mRNA 3′端移动一个密码子的距离。由此，P 位上空载的 tRNA 从 P 位转移至 E 位并释放，A 位上的肽酰-tRNA 转移到 P 位，A 位留空并对应下一个三联体密码，为第三个密码子对应的氨基酰-tRNA 进位做好准备，此过程称为转位，又称移位。核糖体上除 A 位、P 位外，还有一个位于 P 位上游的排出位，即 E 位。原来 P 位上已失去氨基酰的空载 tRNA 并没有马上离开核

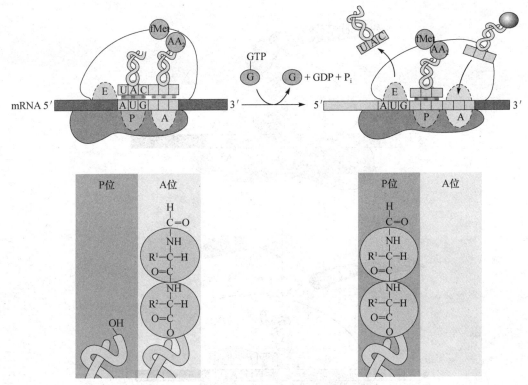

图 10-3 原核生物肽链合成的转位过程

糖体,而是随着整个核糖体在 mRNA 链上转位由 P 位进入了 E 位,进而引起空的 A 位构象改变,促进新的氨基酰-tRNA 进位,开始下一轮核糖体循环(图 10-3)。

经过第 2 轮进位—成肽—转位循环,P 位出现三肽酰-tRNA,A 位留空并对应于第四个氨基酰-tRNA 进位。核糖体不断从 $5'\rightarrow 3'$ 阅读 mRNA 序列中的密码子,连续进位、成肽、转位的循环过程,每次循环向肽链 C 端添加一个氨基酸,肽链也不断由 N 端向 C 端延长。如此重复进行,肽链就会按密码编排的顺序不断地延长,直至最终翻译出多肽链。

10.3.3 肽链合成的终止

肽链合成的终止是指核糖体 A 位出现 mRNA 的终止密码子后,多肽链合成停止,肽链从肽酰-tRNA 中释放,mRNA 及核糖体大、小亚基等分离的过程。

肽链的合成终止需要三种释放因子协助。随着 mRNA 与核糖体相对移位,肽链不断延长。当 mRNA 分子中的终止密码子出现在 A 位时,任何氨基酰-tRNA 将无法进入 A 位,只有释放因子能识别终止密码子并进驻。其中,RF-1 识别密码子 UAA、UAG,RF-2 识别终止密码子 UAA、UGA。上述两种释放因子任一个进驻 A 位后,都能诱导核糖体的转肽酶活性转变为酯酶活性,水解 P 位上 tRNA 与肽链之间的酯键,使多肽链从核糖体上脱落下来而终止合成。RF-3 在该过程中可催化 GTP 水解供能,同时还与核糖体其他部位结合,介导 RF-1、RF-2 与核糖体的相互作用。随后,mRNA、tRNA 脱离核糖体,核糖体在 IF-3 及 IF-1 的作用下解离成大、小亚基,进入下一起始过程(图 10-4)。

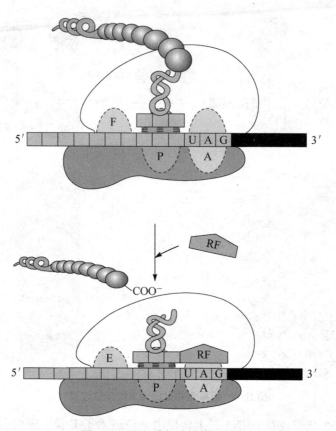

图 10-4　蛋白质多肽链的翻译终止

10.3.4　多核糖体

无论是原核生物还是真核生物，蛋白质合成时都会出现一条 mRNA 上同时结合 10~100 个核糖体进行翻译的现象，称为多核糖体。核糖体完成一条多肽链的合成后又会重新结合在 mRNA 5′端开始新一轮翻译，多个核糖体如此循环则形成多核糖体循环。当第一个核糖体向 mRNA 的 3′端移动一定距离，离 mRNA 的起始部位一般 80 个核苷酸以上后，第二个核糖体又在 mRNA 的起始部位结合形成新的起始复合体，进行另一条多肽链的合成。核糖体向前移动一定距离后 mRNA 起始部位又结合第 3 个核糖体，如此下去在 mRNA 链上就形成了类似串珠状的排列（图 10-5）。在多核糖体循环中每个核糖体都独立完成一条多肽链的合成，在一条 mRNA 链上可以同时翻译合成多条相同的多肽链，大大提高了翻译的效率，mRNA 资源也得到了充分利用，在短时间内为细胞提供代谢或者应激所需足够量的蛋白质多肽链，增强了生物体适应外界环境的能力。

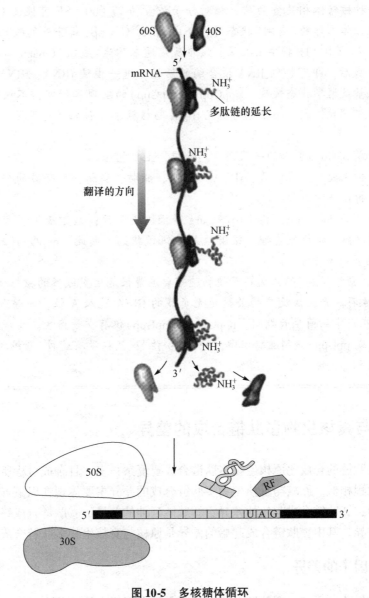

图 10-5　多核糖体循环

知识窗

核糖体上的"空闲反应"(idling reaction)

在 20 世纪 50 年代，人们就发现，当从培养基中拿走必需氨基酸，使细菌处于严峻环境中时，细菌体内会产生一系列"紧缩控制"(string responses) 去应付不利环境。在 1979—1985 年期间，Gallant 等探讨了这种"紧缩控制"的机制，目前已基本弄清。当氨基酸缺乏时，未负载的 tRNA 进入核糖体 A 位，从而导致产生两种效应：一是空载的 tRNA 与 mRNA 密码子结合，从而中止蛋白质合成；二是 relA 基因开放，生成"紧缩控制"因子 (stringent factor,

SF)，SF 属于一种核糖体相关蛋白质，相对分子质量约 77 000。SF 可促使 GTP 或 GDP 与 ATP 反应，在核糖体工作的"空闲"状态时，合成 ppp5′-G-3′pp（鸟苷五磷酸）或 pp5′-G-3′pp（鸟苷四磷酸），反应由 ATP 提供 p-p 基。该步反应通常称为"魔斑"（magic spot）。当 pppGpp（或 ppGpp）生成后，即可抑制 RNA 聚合酶的活性，进一步使 rRNA、tRNA 的合成下降，多聚核糖体的数量及聚集状态改变。pppGpp（或 ppGpp）的发现和研究，不仅使人们了解了细菌中的一个重要调控机制，而且也为研究 tRNA 与核糖体 A 位相互作用提供了一个很好的模型。

由 pppGpp（或 ppGpp）引起的一系列紧急反应，主要包括：

① 节流　如抑制大部分蛋白质、rRNA、tRNA、脂肪、磷脂、核苷酸的合成；抑制糖原水解及糖氧化；抑制多胺吸收；

② 开源　如促进 lac、ara、his、trp 及 arg 等操纵子开放；通过活化原有蛋白质水解系统，加速蛋白质水解，提供氨基酸，缓解氨基酸饥饿状态。因此，pppGpp（或 ppGpp）亦称为"紧缩控制"的多效应分子。

从上述可见"紧缩控制"的意义在于使细胞不要浪费性地生成过多的核糖体，并通过"开源节流"去维持生存。产生该反应的关键是无负载的 tRNA 进入 A 位，而导致核糖体的"空闲"反应所致。在正常细菌生长期间，pppGpp（或 ppGpp）仅有少量产生。生成的这些效应分子可被 pppGpp（或 ppGpp）焦磷酸酶水解。一些"松弛"突变株没有这种"紧缩控制"，因为这些突变细胞缺乏 SF。

10.4　原核与真核生物多肽链合成的差异

真核生物多肽链的合成比原核生物多肽链合成要复杂得多，且合成过程所需的蛋白因子不同，但基本过程相似。原核与真核生物多肽链合成的差异主要体现在以下五个方面：①氨基酸活化的差异；②肽链合成起始的差异；③肽链延伸的差异；④肽链合成终止的差异；⑤翻译后加工的差异。其中，肽链合成起始的差异是原核与真核生物多肽链合成的主要差异。

10.4.1　蛋白因子的差异

根据对大肠杆菌的研究，多肽链合成过程所需蛋白因子大致可分为 3 类：起始因子、延伸因子和终止因子。在真核细胞中也有类似的因子。表 10-6 为一些参与多肽链生物合成的蛋白因子。

表 10-6　一些参与多肽链生物合成的蛋白因子

类型	大肠杆菌			真核细胞		
	名称	相对分子质量（kDa）	功能	名称	相对分子质量（kDa）	功能
起始因子	IF-1	9	协同 IF-3	eIF-1	12.6	促进起始复合物的形成
	IF-2	27	与 Met-tRNA^{fMet}、GTP 结合	eIF-1A	16.5	解离核糖体；促进 Met-tRNA^{fMet} 的结合

(续)

类型	大肠杆菌			真核细胞		
	名称	相对分子质量(kDa)	功能	名称	相对分子质量(kDa)	功能
	IF-3	22	从核糖体上释放小亚基,并帮助与 mRNA 结合	eIF-2	125	与 Met-tRNA^{fMet} 结合,而且有帽结合蛋白的功能
				eIF-2B	270	与小亚基结合,促进后续过程的进行
				eIF-2C	94	
				eIF-3	650	
				eIF-4A	44.4	具有解旋酶活性,有助于小亚基与 mRNA 结合
				eIF-4B	69.8	与 mRNA 结合,搜索起始密码子 AUG
				eIF-4E	25.1	与 mRNA 帽结构结合
				eIF-4G	153.4	与 eIF-4E 和 mRNA 尾部的多聚腺苷酸结合蛋白相结合
				eIF-5	48.9	使其他起始因子与小亚基解离,促使与大亚基再次结合,形成起始复合物
				eIF-6	25	促使未成为起始复合物的核糖体的大小亚基解离
延伸因子	EF-Tu	43	与氨酰基 tRNA、GTP 结合	eEF-1α		
	EF-Ts	74	从 EF-Tu 中取代 GTP	eEF-1β		
	EF-G		空载 tRNA 从 P 位脱落	eEF-1γ		
终止因子	EF-G	77	通过 GTP 与核糖体的结合,促进转位	eEF-2		
	RF-1	36	识别终止密码 UAA 和 UAG	eRF		
	RF-2	38	识别终止密码 UAA 和 UAG			
	RF-3	46	与 GTP 结合,并刺激 EF-1 和 2 的结合			

表 10-6 中的不同蛋白因子参与多肽链生物合成的不同阶段。应该指出的是,这些因子在作用时几乎均需要 GTP 的存在,总计合成 1 个肽键需要消耗 4 个 GTP。这说明,在肽链合成过程中,为了使氨基酸残基能有序地连接,利用了核糖体和不同的 RNA(mRNA 和 tRNA),而且动员了多种蛋白质因子,消耗的 GTP 是使用蛋白因子的代价。氨基酸活化、氨酰基-tRNA 形成时所需能量来自 ATP,而氨基酸残基转移时所需能量来自 GTP。

10.4.2 氨基酸活化的差异

原核细胞中氨基酰-tRNA 合成酶的相对分子质量一般小于 250 000,真核细胞的这类酶常与 tRNA 等以复合物形式存在,相对分子质量大于 1000×10^3。不同来源的氨基酰-tRNA 合成酶亚基组成不同,有的只有一条多肽链,真核有的是由 11 条多肽链组成的寡聚体;有的由相同的亚基组成,有的含有不同亚基。

原核生物中,起始氨基酸是甲酰甲硫氨酸,所以,与核糖体小亚基相结合的是 N-甲酰甲硫氨酰-tRNA^{fMet},它由以下两步反应合成:

$$Met + tRNA^{fMet} + ATP \longrightarrow Met\text{-}tRNA^{fMet} + AMP + PPi$$

然后,由甲酰基转移酶转移一个甲酰基到 Met 的氨基上。

$$N^{10}\text{-}甲酰四氢叶酸 + Met\text{-}tRNA^{fMet} \longrightarrow 四氢叶酸 + fMet\text{-}tRNA^{fMet}$$

真核生物中,任何一个多肽合成都是从生成甲硫氨酰-tRNA$_i^{Met}$ 开始的,因为甲硫氨酸的特殊性,所以体内存在两种 tRNA^{Met}。只有甲硫氨酰-tRNA$_i^{Met}$ 才能与 40S 小亚基相结合,起始肽键合成,普通 tRNA^{Met} 中携带的甲硫氨酸只能被掺入正在延伸的肽链中。

10.4.3 肽链合成起始的差异

真核生物多肽链生物合成的起始机制与原核生物基本相同,其差异主要是核糖体较大,有较多的起始因子参与,其 mRNA 具有 m^{7}GpppNp 帽子结构,Met-tRNA^{Met} 不甲酰化,mRNA 分子 5′端的"帽子"和 3′端的多聚 A 都参与形成翻译起始复合物。

原核生物利用起始密码子 5′端富含嘌呤的 SD 序列识别起始密码子 AUG,而真核生物 mRNA 复合物则采用滑动搜索(扫描 AUG)模型起始翻译。由于真核细胞的 mRNA 在成熟过程中既戴了帽,又加了尾,为转译过程增加了复杂性,因此,在真核细胞中多了一些起始因子。不仅多了 eIF4、eIF5 和 eIF6,而且 eIF1 和 eIF2 的功能也由几个不同的成员共同承担。更复杂的是一些 eIF 还由多个亚基组成。eIF2 和 eIF2B 分别含有 3 个和 5 个亚基;更有甚者,eIF3 由 10 个亚基组成,以至于不再使用希腊字母表示,改用相对分子质量大小表示,如 p35 和 p170 等。在运作时,有些 eIF 还形成某种复合物,如 eIF-4A、eIF-4E 和 eIF-4G 一起形成复合体 eIF4F(图 10-6)。

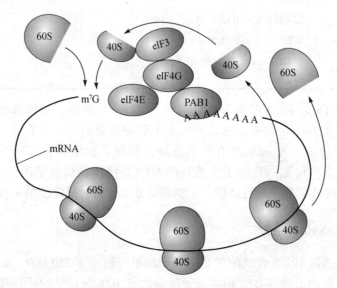

图 10-6 真核细胞中的 eIF-4F 复合体

有实验说明帽子结构能促进起始反应,因为核糖体上有专一位点或因子识别 mRNA 的帽子,使 mRNA 与核糖体结合(图 10-7)。帽子在 mRNA 与 40S 亚基结合过程中还起稳定作用。实验表明,带帽子的 mRNA 5′端与 18S rRNA 的 3′端序列之间存在不同于 SD 序列的碱基配对型相互作用。

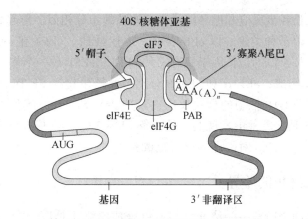

图 10-7 真核生物翻译起始复合物的形成

40S 起始复合物形成过程中有一种蛋白因子——帽子结合蛋白(eIF-4E),能专一地识别 mRNA 的帽子结构,与 mRNA 的 5′端结合生成蛋白质-mRNA 复合物,并利用该复合物对 eIF-3 的亲和力与含有 eIF-3 的 40S 亚基结合。

除了帽子结构以外,40S 小亚基还能识别 mRNA 上的起始密码子 AUG。Kozak 等提出了一个"扫描模型"来解释 40S 亚基对 mRNA 起始密码子的识别作用。按照这个模型,40S 小亚基先结合在 mRNA 5′端的任何序列上,然后沿 mRNA 移动直至遇到 AUG 发生较为稳定的相互作用,最后与 60S 亚基一道生成 80S 起始复合物。40S 小亚基之所以能在 AUG 处停下,可能是由于 Met-tRNA$_i^{Met}$ 的反密码子与 AUG 配对的结果。

起始过程中 mRNA 与 40S 小亚基结合时还需要 ATP,这可能是因为多肽链合成中消除 mRNA 二级结构是一个耗能过程,需由 ATP 水解提供能量。另外,根据"扫描模型",在 40S 亚基沿 mRNA 移动过程中也需要能量。

值得说明的是,还有不依赖于甲硫氨酸的翻译。通常认为不能被甲硫氨酰-tRNA(Met-tRNA)识别的起始密码子是不能起始和支持蛋白质生物合成的。目前所知几乎所有的真核 mRNA 起始密码子都是 AUG,极少有非 AUG 起始密码子的,如 CUG、GUG 和 ACG。尽管它们之间只有一个核苷酸之差,但它们都可被 Met-tRNA 所识别。然而 Sasaki 等(2000 年)报道了一种不依赖于甲硫氨酸的翻译起始方式。他们在研究 PSIV(*Plautia stali* intestine virus)蟋蟀属麻样病毒组(正链 RNA 病毒)时,发现这一翻译的起始方式。PSIV 病毒组有两个互不重叠的读码框,处于下游读码框的外壳蛋白基因组 RNA 按核糖体内部进入位点(IRES)介导的方式翻译出外壳蛋白。IRES 处于编码区上游,它具有特异的三级结构,可使核糖体进入 mRNA,而不依赖 mRNA 的 5′帽子结构,但 PSIV 的外壳蛋白基因缺少 AUG 起始密码子,在其编码区前有 6 个茎环结构,最靠近编码区的第 6 个茎环结构的环中有 5 个核苷酸,可与编码区的 5′端的 5 个核苷酸形成假结结构,这才是翻译此蛋白所必需的。缺失实验证明,翻译起始于该假结结构下游的一个密码子 CAA(编码谷氨酰胺),而不是常用的 AUG,因此,它是一个 IRES 介导的全新的翻译起始方式。

10.4.4 肽链合成延伸的差异

真核生物肽链延长各步反应和循环路线都与原核的十分相似。与起始因子相比,真核生物多肽链合成的延长因子种类少,以 eEF 表示,共有 eEF1、eEF2 和 eEF3 三类。真核生物催化氨基酰-tRNA 进入 A 位的延长因子只有一种 eEF1。eEF1 是一个多亚基蛋白,大多数由 α、β、γ、δ 四个亚基组成,eEF1α 和 eEF1β 分别与原核生物的 EF-Tu 和 EF-Ts 相似。eEF2 是一个单体蛋白,调节 GTP 推动的移位反应,其功能与 EF-G(原核生物)相当。eEF2 可被白喉毒素抑制。eEF3 是在真菌中发现的,是一条 120~125 个氨基酸组成的肽链,它能结合 GTP,也能水解 GTP 与 ATP,对翻译的校正起重要作用。

10.4.5 肽链合成终止的差异

多肽链合成的第四个阶段——终止。多肽链合成的终止是以 mRNA 上出现三个终止密码子(UAA、UAG、UGA)为信号的。它们位于最后一个氨基酸密码子之后。由于无相应的氨基酰-tRNA 与之结合,因此不能将这些密码子译成氨基酸。

在细菌中,一旦终止密码子占据了核糖体的 A 位,三个终止因子或称肽链释放因子(release factor, RF)即 RF1、RF2 和 RF3 将会水解末端肽酰-tRNA 键,从 P 位点释放游离的多肽和最后一个负载的 tRNA,70S 核糖体解离为 30S 和 50S 亚基,准备开始一个新的多肽的合成。RF1 识别终止密码子 UAG 和 UAA,RF2 识别 UGA 和 UAA。RF1 或者 RF2 最后结合于各自识别的终止密码子,并诱导肽酰转移酶转移新生成的多肽给 1mol 水(而不是一个氨基酸)。RF3 的专一性功能尚不清楚。

对真核生物多肽链合成的终止来说,仅有一个释放因子(eRF)辨认终止信号,它可以识别三种终止密码子 UAA、UAG、UGA。当它促使肽酰转移酶释放新生的肽链后,即从核糖体上解离,解离依靠 GTP 水解。

知识窗

抗生素在治疗人类疾病方面的重大作用

大多数抗生素是通过阻断原核生物蛋白质的合成而抑制或杀死病原菌的。如链霉素与原核细胞 30S 核糖体相结合,可引起密码错读,从而抑制病原细胞的生长。氯霉素是第一个广谱抗生素,能抑制细菌 50S 核糖体亚基的肽酰转移酶活性,但由于线粒体核糖体对氯霉素也敏感,所以氯霉素具有一定的毒副作用,在临床上只限用于严重感染者。

四环素为广谱抑菌剂,高浓度时具杀菌作用。四环素对常见的革兰氏阳性菌、革兰氏阴性菌以及厌氧菌等具有良好的杀菌作用,但目前四环素抗性菌株已经很常见,主要原因是细菌细胞膜对四环素的通透性降低了,因此其抗菌效果远不如甲硝唑、克林霉素和氯霉素。四环素能与核糖体 30S 亚基相互作用,进而抑制了氨酰-tRNA 反密码子的结合,最终抑制肽链的增长和影响细菌蛋白质的合成。

白喉是一种由白喉棒状杆菌感染引起的疾病，白喉棒状杆菌能分泌一种由噬菌体编码的白喉毒素。白喉毒素与 eEF2 结合，可以抑制肽链的移位作用。人体可以通过免疫接种类毒素（甲醛灭活的毒素）来预防这种疾病。患白喉的病人也可以用抗毒素马血清（可与白喉毒素结合）治疗，同时结合抗生素对抗病菌的感染。

10.4.6　翻译后加工的差异

10.4.6.1　N 端修饰的差异

新生蛋白质的 N 端都带有一个甲硫氨酸残基，原核中还是甲酰化的。原核生物修饰时是由肽甲酰基酶（peptide deformylase）除去甲酰基的，多数情况下甲硫氨酸也被氨肽酶除去，在大肠杆菌中约只有 30% 的蛋白质还保留着甲硫氨酸，而真核生物中的甲硫氨酸则全部被切除。

10.4.6.2　糖基化修饰差异

糖蛋白是细胞蛋白质组成的重要成分。它是在翻译的肽链上以共价键与单糖或寡聚糖连接而成。糖基化是多种多样的，可以在同一肽链上的同一位点连接上不同的寡糖，也可以在不同位点上连接寡糖。糖基化是在酶催化下进行的。修饰可发生在折叠之前、折叠期间或折叠之后。

除上述修饰外，真核生物还有如下一些修饰方式：

羧基末端的一些残基可被酶除去，因此不存在于最后的功能性蛋白中。羧基端残基有时也被修饰。许多真核蛋白被异戊二烯化，在蛋白的 Cys 残基和异戊二烯基团之间形成硫醚键。异戊二烯来源于胆固醇生物合成的焦磷酸化中间产物，如法尼基焦磷酸。以这种方式修饰的蛋白包括 *ras* 肿瘤基因和原癌基因的产物、G 蛋白和存在于核基质中的核纤层蛋白。在一些情况下，异戊二烯基团可将蛋白锚定于膜中。当异戊二烯化过程被阻断后，*ras* 肿瘤基因就失去转化（致癌）活性。这激发了人们将这种翻译后修饰途径的抑制剂用于癌症化学疗法的兴趣。

10.5　肽链合成后的折叠、修饰加工

刚从核蛋白体上释放出来的多肽链多数还不具备生理活性，必须经过细胞内各种修饰和加工才能成为具有一定生物学功能的成熟蛋白质，将没有生物学活性的蛋白质前体转变成具有生理功能的蛋白质的过程称为蛋白质翻译后的修饰加工（post translational processing）。

原核细胞内所有蛋白质都是在细胞核糖体上合成的。真核生物除线粒体和叶绿体的少数蛋白质是在其内部的核糖体合成，大多数蛋白质在细胞质内合成后运送至细胞各部位。真核细胞内合成蛋白质的核糖体有两类：一类是细胞质中的游离核糖体，主要是合成细胞骨架和细胞新陈代谢所需的酶，或合成亚细胞器线粒体、叶绿体、过氧化物酶、细胞核的结构组分；另一类是与内质网结合的核糖体，主要合成分泌到胞外的蛋白质、溶酶体酶及构建质膜骨架的蛋白质。真核生物多肽链合成后的加工部位在高尔基体。不同蛋白质修饰加工的方

式不同，可以分为新生肽链的折叠、一级结构的加工修饰、高级结构的加工修饰和蛋白质合成靶向分拣或输出四个部分。

10.5.1 新生肽链的折叠

每一种蛋白质合成后必须折叠形成特定的空间构象才能具备其应有的生理功能。而新生肽链折叠(folding)为有功能构象的蛋白质需要其他蛋白质的帮助，如存在于内质网的二硫键异构酶，可促进多肽链中某些半胱氨酸残基间脱氢氧化，正确的二硫键配对，形成热力学上最稳定的功能构象。又如，肽酰-脯氨酰顺反异构酶，可催化多肽链中因出现脯氨酸残基而发生的顺、反异构体的转换，选择形成正确肽链折叠的异构体。还有可识别肽链非天然构象的分子伴侣，可促进整体蛋白质的正确折叠，能使未完成折叠的新生肽链在特定空间折叠为天然构象。

从核蛋白体释放出来的多肽链主要按照一级结构中氨基酸侧链的性质，自主卷曲折叠形成特定的空间结构。许多细胞内蛋白质正确装配还需要分子伴侣的帮助才能完成，这一概念的提出对"氨基酸顺序决定蛋白空间结构"的原则进行了合理的补充。分子伴侣(molecular chaperone)是一类能介导其他蛋白质正确装配成有功能活性的空间结构，其本身并不参与最终装配产物组成的蛋白质。目前认为分子伴侣有两类，第一类是一些酶，如蛋白质二硫键异构酶，可识别和水解非正确配对的二硫键，使它们在正确的半胱氨酸残基位置上重新形成二硫键。另一类是可以和部分折叠或没有折叠的蛋白质分子结合，使其免遭酶的水解，稳定它们构象的蛋白质分子；或能促进被加工蛋白质折叠成正确空间结构的蛋白质分子。总之，分子伴侣在多肽链合成后折叠成蛋白质正确空间结构的过程中起重要作用。

10.5.2 多肽链一级结构的加工修饰

多肽链合成后需要经过一系列的加工和修饰才能具有生物活性。例如，胶原蛋白的前体是前原胶原(preprocollagen)，其加工包括信号肽切除、氨基酸羟基化、二硫键形成、N端和C端肽段切除以及糖基化等。多肽链一级结构的主要加工和修饰方式主要包括以下几种。

(1) 氨基末端的修饰

原核生物多肽链合成起始的氨基酸残基是甲酰甲硫氨酸，在合成结束后，经去甲酰化酶去除甲酰基，或在氨肽酶催化下，切去氨基端的甲硫氨酸或几个氨基酸残基。而真核生物中，50%的多肽链氨基端被乙酰化修饰。乙酰-CoA为酰基供体，经N-乙酰转移酶催化完成。

(2) 切除信号肽

信号肽(signal sequence)是分泌蛋白和膜蛋白合成时引导蛋白质转运的一段短肽，位于多肽链氨基端，由15~40个氨基酸组成。在信号肽酶作用下，可以从新生多肽链氨基端除去信号肽。前胰岛素原的加工过程，如图10-8所示。

(3) 形成二硫键

真核生物蛋白质中的二硫键的存在很普遍。在多肽链折叠成天然构象后，链内或链间的两个半胱氨酸之间相互脱氢形成二硫键。二硫键可以保护蛋白质的天然构象，以避免其在细胞外发生变性和逐渐被氧化。

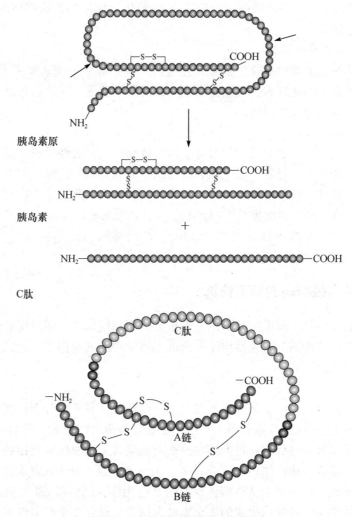

图 10-8 前胰岛素原的加工过程

(4) 个别氨基酸的修饰

多肽链中的个别氨基酸残基被修饰后将赋予蛋白质特殊的活性或功能。修饰包括对氨基酸残基的磷酸化修饰、羟基化修饰、甲基化修饰、羧基化修饰、乙酰化修饰等。常见氨基酸修饰如下:

磷酸化修饰由蛋白激酶催化,主要发生在 Ser、Thr 和 Tyr 残基处。磷酸化修饰具有不同的重要的修饰意义,它使不同蛋白质基团带负电荷,并赋予调控蛋白的活性。

甲基化修饰是经 N-甲基转移酶催化,由 S-腺苷甲硫氨酸为甲基供体,可使 Arg、His 和 Gln 残基侧链的 N-甲基化。甲基化修饰可使蛋白质获得新的特性,如 Glu 和 Asp 残基侧链的 O-甲基化,以消除其所带负电荷。肌肉蛋白和细胞色素 c 的 Lys 残基被单甲基化或双甲基化,大多数生物的钙调蛋白在特定位点的 Lys 残基被三甲基化等。

羟基化修饰是羟化酶催化,在多肽链的 Pro、Lys 等氨基酸残基处的修饰,如胶原蛋白中的羟脯氨酸和羟赖氨酸。羟基化修饰多见于对 Glu 或 Gln 的修饰。例如,血液凝固中的凝

血酶含大量 γ-羧基 Glu，是一种依赖于维生素 K 的羧化酶催化的，这些羧基与 Ca^{2+} 结合是启动凝血机制所必需的。

(5) 肽链与辅助成分的缔合

结合蛋白的活性需要辅助成分。辅助成分包括一些有机分子或金属离子，如金属蛋白、血红蛋白和细胞色素中的血红素，黄素蛋白中的核黄素辅基等。在酶的帮助下，多肽链合成后，与辅助成分以共价键或配位键结合。

(6) 多肽链的酶解加工

包括多肽链经蛋白酶水解后成为相对分子质量较小的、有活性的肽或蛋白质，如酶原激活过程、病毒的蛋白质加工过程、哺乳动物的脑肽生成等。例如，阿黑皮素原的激素前体分别在脑垂体前叶、垂体中叶和脑中，经特异的碱性氨基酸内肽酶或胰蛋白酶样的酶水解加工后，生成有活性的 α-、β-、γ-促黑激素(MSH)，β-、γ-促脂素(lipotropin)，促肾上腺皮质激素(ACTH)，肾上腺皮质激素样介导肽(CLIP)，β-内啡肽(endorphin)，以及 Met-脑啡肽(Met-enkephalin)等一系列活性肽的过程。

10.5.3 多肽链高级结构的加工修饰

蛋白质翻译后修饰加工除了需要形成正确折叠的空间构象外，还需要经过亚基聚合、辅基连接等修饰方式，才能成为有天然构象和全部生物学功能的蛋白质。蛋白质空间结构的修饰方式主要有以下几种方式。

(1) 亚基的聚合

具有四级结构的蛋白质由 2 条或 2 条以上多肽链构成，各亚基分别经蛋白质合成途径合成多肽链，再经过非共价键(少数例外)聚合成具备完整四级结构的多聚体才能表现出生物学活性。蛋白质亚基聚合过程有一定的顺序，而亚基聚合方式及次序则由各亚基的氨基酸序列决定。例如，正常成人血红蛋白由两条 α 链、两条 β 链及 4 分子血红素组成，α 链在核蛋白体合成后自行释放，并与尚未从核糖体释放的 β 链相连，然后以 αβ 二聚体形式从核蛋白体脱下，此二聚体再与线粒体内生成的 2 个血红素结合，最后 2 个与血红素结合的二聚体形成一个由 4 个血红素构成的有功能的血红蛋白分子。

(2) 辅基的连接

细胞内的结合蛋白质，其肽链合成后均需要与相应的非蛋白部分(辅基)结合才能形成完整的分子，如血红蛋白需要结合辅基血红素、核蛋白需要结合辅基核酸、糖蛋白需要在内质网和高尔基体多种糖基转移酶催化下添加辅基糖链等。

结合蛋白的合成十分复杂，辅基与多肽链结合的具体时间和过程各不相同，有的在肽链合成阶段就开始，肽链合成结束后还要继续加工，详细过程尚在研究之中。

10.6 蛋白质的定向运送

不论原核生物还是真核生物，新合成的蛋白质都需要被运送到细胞特定的部位，蛋白质合成后定向运送到其执行功能的区域的现象称为蛋白质的靶向运输(targeted transport)或蛋白分送(protein sorting)。

不同类型的蛋白质其定位机制不同,蛋白质靶向运输有3种去向:①胞质蛋白在细胞质合成并释放;②溶酶体蛋白、膜蛋白和分泌蛋白(如体内各种肽类激素、血浆蛋白、凝血因子及抗体等)由信号肽引入粗面内质网并修饰,然后通过转运小泡转运至高尔基体,经糖基化修饰后分拣并运送;③线粒体、叶绿体、细胞核蛋白需各种分子伴侣参与折叠,并有ATP水解或跨膜电位提供能量跨膜运送。

10.6.1 信号肽介导的跨膜转运

分泌型蛋白质合成后的定向运输机制由信号肽控制,通过受体引导多肽合成体系移至内质网,在内质网腔继续合成并加工修饰后,形成被膜包被的小泡,转运至高尔基体进一步糖基化修饰,然后运至细胞表面或溶酶体中。

真核细胞的多肽链是信号肽介导的跨膜运输,边翻译边转运,称共翻译转运(co-translation translocation)。细菌的分泌蛋白和膜蛋白也需要信号肽介导的跨膜转运。本小节主要介绍真核细胞的多肽链在信号肽指导下的跨膜转运。

信号肽介导的定向运送涉及4种化合物:新生肽N端的信号肽;信号肽识别颗粒;内质网外膜上的SRP受体蛋白[SRP receptor,也称对接蛋白(docking protein)];位于内质网内膜上的信号肽酶。

(1) 信号肽

信号肽(signal sequence)是引导蛋白质转运的一段短肽。通常在被转运多肽链的N端有10~40个氨基酸长度。信号肽有3个功能区:①氨基酸的碱性N端(1~7个氨基酸残基);②中间的疏水核心区;③羧基端的信号肽酶识别位点。当蛋白质被转运到细胞一定位置后,信号肽即被切除。

(2) 信号肽识别颗粒(signal recognition particle,SRP)

真核生物细胞质中存在的一种由6S rRNA和6种不同多肽分子组成的复合物,可特异地识别信号肽并与之结合。

(3) 转运过程

①分泌蛋白在游离蛋白体上合成约70个氨基酸残基,内质网外膜上的SRP识别信号肽并形成核蛋白体-多肽-SRP复合物使肽链合成暂时停止,引导核蛋白体结合到粗面内质网。

②核蛋白体-多肽-SRP复合物中的SRP识别、结合于内质网膜上的对接蛋白(docking protein,DP),DP水解GTP供能使SRP分离,核蛋白体大亚基与膜蛋白结合固定,多肽链继续延长。

③信号肽通过结合内质网膜特异结合蛋白,启动形成蛋白跨膜通道,后者并与核蛋白体结合,信号肽利用GTP水解释能插入内质网膜,并引导长多肽经通道进入内质网腔,信号肽经信号肽酶切除。

多肽在分子伴侣蛋白作用下逐步折叠成功能构象。进入内质网腔的分泌蛋白进而在高尔基体包装成分泌颗粒完成出胞过程(图10-9)。

另外,粗面内质网上的核蛋白体还合成各种膜蛋白及溶酶体蛋白。除信号肽外,膜蛋白前体序列中还含有其他定位序列,是富含疏水氨基酸序列,能形成跨膜螺旋区域;膜蛋白合

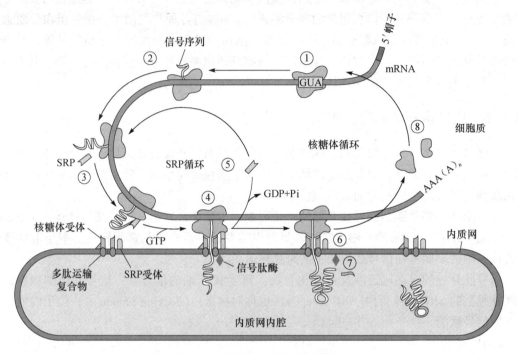

图 10-9 信号肽介导的跨膜转运

①核糖体大小亚基与 mRNA 形成复合体，从起始密码子开始，翻译产生信号肽　②当翻译进行到大约50～70 个 AA 之后，信号肽开始从核糖体的大亚基上露出　③SRP 识别露出的信号肽并与之结合，翻译暂时停止　④SRP 牵引带核糖体的 mRNA 到达粗面内质网的表面，并与 DP 作用　⑤核糖体与其受体蛋白结合后，SRP 与 DP 解离　⑥内质网膜上某种特定的核糖体受体蛋白聚集，使膜双脂层产生通道　⑦带 mRNA 的核糖体与其受体蛋白结合后，翻译出的肽链通过孔道进入内质网腔内　⑧当翻译进行到 mRNA 的终止密码子时，蛋白质的合成结束，核糖体的大小亚基解聚

成后，按上述过程穿进内质网膜，并以各定位序列固定于内质网膜，成为膜蛋白。然后以膜性转移小泡形式把膜蛋白靶向运送到膜结构部位与膜融合，这样膜蛋白根据其功能定向镶嵌于相应膜中。

10.6.2　细胞器蛋白的翻译后跨膜转运

尽管线粒体、叶绿体都有自己的 DNA、核糖体、mRNA 等，都有合成蛋白质的能力，但是大多数线粒体和叶绿体蛋白由核基因编码，在细胞质核糖体上合成，再送到细胞器中，此为翻译后运送。这些蛋白质前体的 N 端含有靶定位功能的导肽，其上有不同功能的肽段，引导新生肽定向跨膜转运。对于线粒体而言，可以定位到外膜、内膜、膜间隙和基质。叶绿体除此之外，还可以定位到类囊体膜和类囊体腔内。

蛋白质的转运涉及多种蛋白质复合体，即转位因子(translocator)，由受体和通道蛋白两部分构成。以定位于线粒体的基质的蛋白为例，在细胞质游离核糖体首先合成的肽段称为导肽序列。典型的导肽多为 25~35 肽，富含 Ser、Thr 和碱性氨基酸，导肽部分一旦被合成后即被细胞质中的另一类分子伴侣蛋白（又称 Hsp70 蛋白家族）识别并结合，肽链完全合成后被释放到细胞质中，此类分子伴侣的作用是保持合成的蛋白质处于非折叠状态，因为折叠的蛋白质不能穿过线粒体或叶绿体膜。Hsp70 是将非折叠的新生肽链转运到线粒体外膜上的受体蛋白，受体蛋白沿着膜滑动到达线粒体内外膜相接触的部位，然后当新生肽链穿过该处转位因子形成的通道蛋白进入线粒体基质时，细胞质 Hsp70 被释放，导肽序列被蛋白酶切除，进入线粒体的新生肽链被线粒体 Hsp70 结合，接着线粒体 Hsp60 替换 Hsp70 并帮助新生蛋白正确折叠成活性状态，此过程需要 ATP 和跨膜的电化学梯度提供能量（图 10-10）。

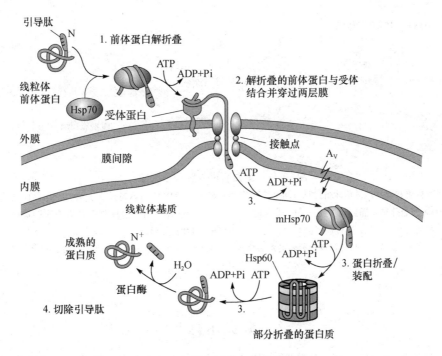

图 10-10　蛋白质进入线粒体基质

蛋白质向线粒体内膜和膜间隙的运送需要双重信号，首先是如上述进入线粒体基质，然后在第二位信号的作用下返回定位到内膜或膜间隙（图 10-11）。

叶绿体蛋白的定向跨膜转运与线粒体类似。

核蛋白在细胞质合成后，其上有核定位信号（NLS）和核输出信号（NES）。运输蛋白（载体蛋白）识别带有 NLS 或 NES 信号序列的蛋白质并与之结合，运输蛋白同时可与核孔蛋白结合，由一种小的单体 G 蛋白 Ran 控制运输方向，核蛋白主动扩散进入细胞核。Ran 由 ATP 或 GTP 提供能量。与线粒体蛋白和叶绿体蛋白不同的是，核蛋白的定位序列在运送后不被切除。

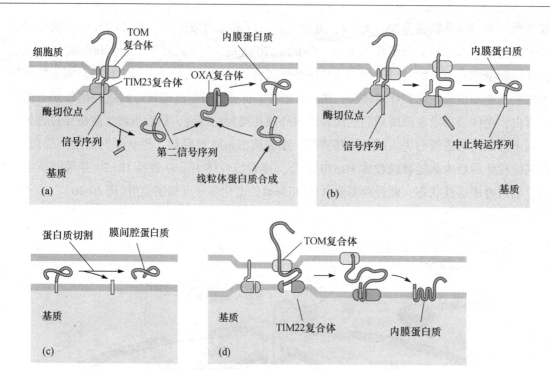

图 10-11 蛋白质进入膜和膜间隙

(a) 进入内膜和膜间隙的前体蛋白具有两个信号序列，经 TOM/TIM23 进入基质后，第二个信号序列使蛋白通过 OXA 复合体被安插到内膜上　(b) 进入内膜和膜间隙的前体蛋白信号序列后具有停止转移序列，被 TIM23 安插在膜上　(c) 通过途径(a)、(b)蛋白，被位于内膜的蛋白酶加工，成为膜间隙的可溶性蛋白
(d)体代谢物的转运器为多次跨膜蛋白，被 TIM22 安插到内膜中

本章小结

  蛋白质都是由一条或一条以上的多肽链组成的，而多肽链又是由许多氨基酸以肽键聚合起来的线性分子。基因的遗传信息在转录过程中从 DNA 转移到 mRNA，再由 mRNA 将这种遗传信息表达为蛋白质中的氨基酸顺序，这个过程叫作翻译。

  遗传密码是指 DNA 或 mRNA 的碱基序列与其编码蛋白质的氨基酸序列间的相互关系。遗传密码是决定蛋白质中氨基酸顺序的核苷酸顺序，由 3 个连续的核苷酸组成的密码子所构成。遗传密码具有以下几个方面的特点：①连续性；②简并性；③变偶性；④通用性；⑤密码有防错系统。

  蛋白质的生物合成十分复杂，需要多种生物分子参加并相互协作，包括 20 种氨基酸、3 种 RNA、核糖体，还需要 ATP、AGP 的供能，以及一系列酶及辅助因子的催化。以上所有参与蛋白质合成的成分统称为蛋白的合成体系。

  蛋白质生物合成的过程分为几个步骤：氨基酸活化，肽链合成的起始、延长、终止和释放，肽链的折叠加工。真核细胞的蛋白质生物合成过程基本类似于原核细胞的蛋白质生物合成过程，但原核与真核生物多肽链合成的差异主要体现在以下五个方面：①氨基酸活化的差异；②肽链合成起始的差异；③肽链延伸的差异；④肽链合成终止的差异；⑤翻译后加工的差异。其中，肽链合成起始的差异是原核与真核生物多肽链合成的主要差异。

许多蛋白质合成后多肽链多数还不具备生理活性，必须经过细胞内各种修饰和加工才能成为具有一定生物学功能的成熟蛋白质，将没有生物学活性的蛋白质前体转变成具有生理功能的蛋白质的过程称为蛋白质翻译后的修饰加工。不同蛋白质修饰加工的方式不同，可以分为新生肽链的折叠、一级结构的加工修饰和高级结构的加工修饰。新合成的蛋白质都需要被运送到细胞特定的部位，蛋白质合成后定向运送到其执行功能的区域的现象称为蛋白质的靶向运输。不同类型的蛋白质其定位机制不同，蛋白质靶向运输有3种去向：胞质蛋白在细胞质合成并释放；溶酶体蛋白、膜蛋白和分泌蛋白由信号肽引入粗面内质网并修饰，然后通过转运小泡转运至高尔基体，经糖基化修饰后分拣并运送；线粒体、叶绿体、细胞核蛋白需各种分子伴侣参与折叠，并由ATP水解或跨膜电位提供能量跨膜运送。

习 题

1. 试论述遗传密码的概念及其特点。
2. 以大肠杆菌为例，试论述原核生物多肽链生物合成过程。
3. 简述蛋白质翻译后的修饰加工过程。

参考文献

[1] 王镜岩，朱胜庚，徐长法. 生物化学[M]. 3版. 北京：高等教育出版社，2002.
[2] 崔行，廖淑梅. 生物化学[M]. 北京：人民卫生出版社，2002.
[3] 王玮，王灿华. 简明生物化学[M]. 北京：科学出版社，2012.
[4] 郭蔼光. 基础生物化学[M]. 北京：高等教育出版社，2001.
[5] 翟中和. 细胞生物学[M]. 2版. 北京：高等教育出版社，1996.
[6] David L N, Michael M C. Lehninger Principles of Biochemistry[M]. 4th ed. New York：W H Freeman & Co Ltd，2005.
[7] Alberts B. Molecular Biology of the Cell[M]. 4th ed. New York：Garland Publishing Inc，2002.

（撰写人：郑炳松）

第 11 章 物质代谢的联系及其调控

生物体是一个完整的统一体，新陈代谢是生物体基本属性之一。新陈代谢(metabolism)简称代谢，是指生物体与外界物质交换过程中经历的一切化学变化。换句话说，代谢就是生物体为维持生命活动发生在活细胞内的所有化学反应的总称。代谢是一切生命活动的基础，是生物体表现其生命活动的重要特征之一。代谢包括物质代谢、能量代谢、信息代谢三个方面。由于细胞是生物机体结构和功能的基本单位，生物的生长、发育、遗传、变异等生命现象，都是建立在细胞正常的新陈代谢基础上。因此，细胞代谢是一切生命活动的基础。

在生物有机体内，新陈代谢是一个完整的统一过程，遵循着一个共同的原则和策略，即是将各种物质分别纳入各自的共同代谢途径，以少数种类的反应，如氧化还原、基团转移、水解合成、异构反应等转化成种类繁多的分子，同时交换能量。因此，糖、脂类、蛋白质、核酸等各种分子、代谢途径之间并不是孤立的、互不相干的，而是在同一个机体中进行代谢转变的同时，彼此之间通过许多相同的中间代谢物互相联系、互相转化、互相制约和互相协调，形成了经济有效、运转良好的代谢网络通路。生物体的一切生命活动完全是各种物质代谢反应的总结果。

正常的生理活动需要各种物质代谢相互配合协调进行，同时，内外环境的改变也会引起多种物质代谢反应发生相应的改变。而物质代谢的协调一致又是通过机体的调节机制实现的，如果环境的改变超出了机体的调节能力，或者由于调节机制的故障，都会引起物质代谢过程出现异常和紊乱，即使一种物质的代谢发生异常，也常常会引起许多其他物质代谢发生紊乱，最终导致机体患病。

11.1 物质代谢的相互联系

生物种类繁多，其结构特征和生活方式多种多样，千变万化。但它们的新陈代谢有着共同的规律，无论是生命的基本组成如蛋白质、核酸和糖等，还是它们的物质代谢、能量代谢及信息代谢等基本上是相同的，使得生物多样性和生命本质的一致性在分子水平上获得了统一。

代谢的基本要略在于形成 ATP、还原力和构造单元(buiding block)用于生物合成，各类物质通过氧化还原、基团转移、水解合成及异构反应等转化为种类繁多的生物分子，并进而装配成生物不同层次的结构。这些代谢途径通过一些共同的中间代谢产物(如 6-磷酸葡萄糖、丙酮酸、乙酰-CoA 等)相互沟通、相互转化和相互作用，形成有效的代谢网络。生物合成和生物形态建成是一个耗能和增加有序结构的过程，需要由物质流、能量流和信息流来支持。尽管生物体内的物质代谢途径多种多样，但是它们都是以糖、脂类、蛋白质、核酸等几大类物质代谢为核心的，细胞内这四类主要生物分子在代谢过程中相互转化，密切相关。

一般情况下，机体优先利用燃料的次序是糖、糖原、脂肪和蛋白质，供能以糖及脂为主，并尽量节约蛋白质的消耗，任一供能物质的代谢占优势，常能抑制和节约其他物质的降解（图 11-1、图 11-2）。

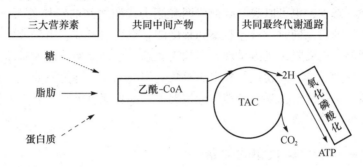

图 11-1　三大能量物质的代谢相互联系及在体内氧化供能图

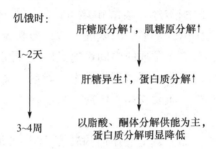

图 11-2　三大营养素能量供应既互相代替又互相制约关系图

11.1.1　糖代谢与脂代谢的关系

糖是生物体内重要的碳源和能源。

糖易于转变为脂类。糖经酵解过程生成中间产物磷酸二羟丙酮及丙酮酸，磷酸二羟丙酮可还原生成甘油，丙酮酸经氧化脱羧后转变为乙酰-CoA，乙酰-CoA 则可合成脂肪酸，此过程需要的 NADPH 由磷酸戊糖途径提供。最后脂酰-CoA 与磷酸甘油酯化生成脂肪。此外，乙酰-CoA 还可转变为胆固醇及其衍生物。磷脂合成所需要的 α-磷酸甘油也是由糖代谢产生。多吃糖可以使人发胖，用各类富含多糖的碳水化合物饲料可育肥禽类和肉用家畜。用光合作用生成的 ^{14}C-葡萄糖引入大白鼠体内，可发现从组织中分离出的软脂酸中有 ^{14}C 存在；酵母在含糖培养基中可合成脂肪，最高生成量可达酵母干重的 40%，进一步证明了糖向脂类的转变。

脂类转化成糖受到限制，由于生物种类不同而有所区别。脂类分解产生的甘油可以经过磷酸化生成 α-甘油磷酸，再转变为磷酸二羟丙酮，经糖异生作用可生成糖。植物和微生物体内，脂肪酸经过 β-氧化，生成乙酰-CoA，乙酰-CoA 经过乙醛酸循环生成琥珀酸，琥珀酸再进入三羧酸循环，转变为草酰乙酸，由草酰乙酸脱羧生成丙酮酸，丙酮酸再经糖异生途径转为糖，在植物中主要发生在含脂肪种子萌发时，如萌发的花生种子脂肪减少，并变甜。在动物体内由于不存在乙醛酸循环，通常乙酰-CoA 经过三羧酸循环而氧化成二氧化碳和水，形成糖的机会很少,其关键是由丙酮酸生成乙酰-CoA 的反应不可逆。同位素的实验表明,脂肪酸在动物体内也可以转变成糖,但需要有其他来源补充三羧酸循环中的有机酸,乙酰-CoA 才可转变为草酰乙酸,再经糖异生作用转变为糖。奇数碳原子脂肪酸 β-氧化产生的丙酰-CoA,转化为丙二酸单酰-CoA,形成琥珀酸再糖异生成糖。

在某些病理状态下,也可以观察到糖代谢和脂类代谢之间的密切关系。如患糖尿病时,病人对糖代谢发生障碍,同时也常伴有不同程度的脂类代谢紊乱。由于胰岛素分泌不足等原因而使细胞对糖的利用受阻,机体呈现能量缺乏状态,于是促使体内大量动员脂肪氧化来供能,结果肝内产生大量酮体并超过肝外组织氧化利用的酮体,称为酮症。当酸性酮体含量增加时,常伴有酸中毒现象。在某些特殊生理情况下,如长期饥饿时,体内无糖利用,也会大量动用脂肪,造成酮体过多。

11.1.2 糖代谢与蛋白质代谢的关系

糖可转变为各种氨基酸的碳骨架结构,经氨基化或转氨后生成相应的氨基酸,进而合成蛋白质。糖分解产生丙酮酸,丙酮酸经三羧酸循环可以转变为 α-酮戊二酸和草酰乙酸,这三种酮酸均可加氨基或转氨基作用分别形成丙氨酸、谷氨酸和天冬氨酸。三羧酸循环的其他中间产物以及磷酸戊糖途径、卡尔文循环的中间产物经转化成酮酸后,为各种氨基酸合成提供碳骨架,形成氨基酸。此外,在糖分解过程中产生的能量,又可用于氨基酸和蛋白质的合成。植物可以合成全部的氨基酸,而动物和人体内,只能合成一部分,必需氨基酸则只能从食物中摄取。

蛋白质可以分解为氨基酸,部分氨基酸在体内转变为糖。动物中除赖氨酸和亮氨酸外,其余氨基酸通过脱氨基作用生成相应的 α-酮酸,再转变为糖异生途径中的某些中间产物,再沿糖异生作用生成糖。其中丙氨酸、谷氨酸和天冬氨酸脱氨后分别转变为三羧酸循环中间产物——丙酮酸、α-酮戊二酸和草酰乙酸,经糖异生作用生成糖原,这类氨基酸被称为生糖氨基酸。例如,甘氨酸、丝氨酸、苏氨酸、缬氨酸、组氨酸、谷氨酰胺、天冬酰胺、精氨酸、半胱氨酸、甲硫氨酸及脯氨酸等都是生糖氨基酸。此外,苯丙氨酸、酪氨酸、异亮氨酸和色氨酸也能产生糖。

当饥饿时,体内蛋白质分解产生的氨基酸可异生成糖,同时,因能量减少,蛋白质合成受阻。

11.1.3 脂类代谢与蛋白质代谢的关系

蛋白质可以转化为脂类。在动物体内的生酮氨基酸如亮氨酸、生糖兼生酮氨基酸如异亮氨酸、苯丙氨酸、酪氨酸、色氨酸等,在代谢过程中能生成乙酰乙酸(酮体),然后生成乙酰-CoA,再进一步转化成脂肪酸。而生糖氨基酸通过直接或间接途径生成丙酮酸,可以转变为甘油,也可以在氧化脱羧后形成乙酰-CoA,合成脂肪酸或胆固醇。丝氨酸和甲硫氨酸参与磷脂的合成。用只含有蛋白质的饲料喂养动物,结果动物体内的脂肪含量增加,这表明蛋白质在生物体内可以转变成脂肪。

脂类在一定条件下可转变为蛋白质。脂类代谢产生的乙酰-CoA 和磷酸甘油,可作为氨基酸合成的碳骨架。在动物体内，由脂肪酸合成氨基酸碳骨架的可能性不大，当乙酰-CoA进入三羧酸循环形成α-酮酸即氨基酸的碳架时，需要与草酰乙酸缩合转变为α-酮戊二酸。α-酮戊二酸可经氨基化或转氨基作用生成谷氨酸，如无其他来源的草酰乙酸补充，反应不能进行。在植物和微生物中，乙醛酸循环通过合成琥珀酸，补回了三羧酸循环中的草酰乙酸，从而促进脂肪酸合成氨基酸。例如，油料作物种子萌发时，由脂肪酸和铵盐形成氨基酸的过程进行得极为活跃。微生物利用乙酸或石油烃类发酵生产氨基酸等也可合成氨基酸。

11.1.4 核苷酸代谢与糖类、脂肪及蛋白质代谢的相互关系

核酸是细胞中的主要遗传物质，它通过控制蛋白质合成，影响细胞的主要成分和代谢类型。一般来说，核酸并非重要的碳源、能源和氮源，但许多核苷酸在代谢中起重要作用。各类物质代谢都离不开具备高能磷酸键的各种核苷酸，如 ATP 是能量的"通货"；UTP 参与多糖合成，UDPG 是多糖合成的 G 供体；糖代谢为核酸合成提供磷酸戊糖和能量；GTP 参与糖异生作用；CTP 参与磷脂合成，脂类分解为核酸合成提供能量。核苷酸类的辅酶、辅基如 NAD、NADP、FMN、FAD、CoA 等都是腺苷酸衍生物，参与多种代谢；cAMP、cGMP 作为第二信使，参与信号转导，从而调节代谢；AMP 还可以转化为组氨酸的组分。

核酸控制蛋白质的合成，ATP、GTP 为蛋白质合成提供能量。核酸同时又受到其他物质特别是蛋白质的作用与控制，如甘氨酸、天冬氨酸、谷氨酰胺参与嘧啶、嘌呤核苷酸的合成（图 11-3），同时还需要酶和多种蛋白质因子参与作用。

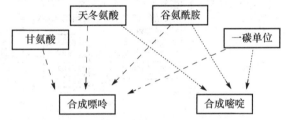

① 氨基酸是体内合成核酸的重要原料
② 磷酸核糖由磷酸戊糖途径提供

图 11-3 某些氨基酸是核苷酸/核酸合成的前体

综上所述，糖、脂类、蛋白质和核酸代谢是彼此影响、相互转化、密切相关的。三羧酸循环不仅是各类物质共同的代谢途径，而且也是它们之间相互联系的枢纽（图 11-4、图 11-5）。

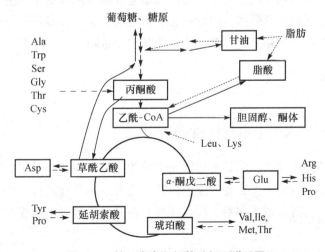

图 11-4 糖、脂类和氨基酸相互联系图

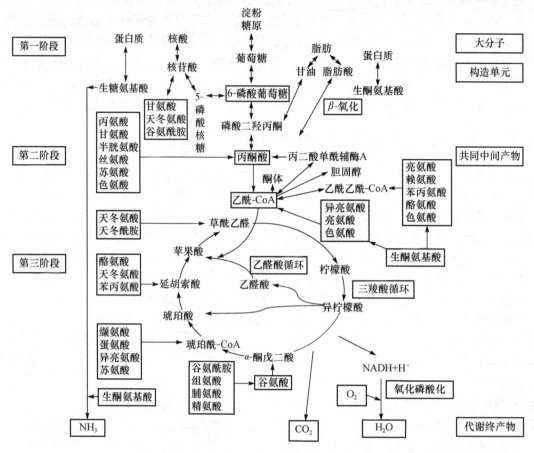

图 11-5 糖类、脂类、蛋白质和核苷酸代谢的相互关系示意

生命是靠代谢的正常运转维持的。生命有限的空间内同时有那么多复杂的代谢途径在运转，必须有灵巧而严密的调节机制，才能使代谢适应外界环境的变化与生物自身生长发育的需要。调节失灵便会导致代谢障碍，出现病态甚至危及生命。在漫长的生物进化历程中，机体的结构、代谢和生理功能越来越复杂，代谢调节机制也随之更为复杂。

11.2 代谢调节

11.2.1 生物在三个水平上进行代谢调节

代谢过程不是彼此孤立的，而是互相联系、彼此交织在一起的。正常情况下，生物体内的代谢均能按其生长发育的需要，并适应外界环境而有条不紊地进行，生成的产物既足以满足生物的需要，又不会过多造成浪费，这说明生物在其进化过程中形成了一套有效而灵敏的调节控制系统。

代谢调节普遍存在于生物界，是生物的重要特征。

单细胞生物主要通过细胞内代谢物浓度的变化，对酶的活性及含量进行调节，这种调节称为原始调节或细胞水平代谢调节。

高等生物体内的代谢调节(metabolism regulation)在三个不同层次上进行。

①分子水平调节　包括底物和辅助因子的调节、酶的调节。其中酶的调节最原始、最基础，它又包括酶活性的调节和酶量调节。

②细胞水平调节　由于细胞内各细胞器之间存在膜系统，使得各种代谢相互分隔，为了有效地进行物质和能量交换，细胞内部必须具有一套调节机制。

③多细胞整体水平调节　随着生物由单细胞进化为多细胞，除了在细胞核分子水平的调节外，还有更高层次的激素水平(组织或器官)和整体水平(神经和维管束系统)的调节。它涉及细胞与外界及细胞间的信息交流。

所有这些调节机制大多涉及基因产物——酶的作用。基因表达产物除了酶以外，还有其他蛋白质和核酸(如 RNA)等，即代谢调控与基因表达调控有关。

11.2.2　酶水平的调节

生物机体内的各种代谢变化都是由酶驱动的。酶的主要作用有两个方面：一是催化各种生化反应；二是调节、控制代谢速度、方向和途径，是新陈代谢调节因素的主要元件。酶活性的调节对于代谢调控来说是至关重要的。酶对于细胞代谢的调节有两种方式：一种是通过激活或抑制以改变细胞内已有的酶分子催化活性，即细调；另一种是通过控制酶合成或降解速率，来改变酶的含量，即粗调。而酶自身活力总水平调节主要分为酶活性调节和酶含量调节(见 11.3 节基因表达的调控)两个方面。

代谢途径是一系列酶促反应组成的，其速度及方向由其中的关键酶决定。关键酶(又称限速酶、调节酶)是决定某一代谢途径的速率和方向的某一个或少数几个具有调节作用的酶。别构酶(allosteric enzyme)是代谢过程中的关键酶，是寡聚酶，由多个亚基组成，具有四级结构，除了有可以和底物结合的酶的活性中心(active site)以外，还有可以结合调节物的别构中心(allosteric site 有时也称调节中心)，这两个中心位于酶蛋白的不同部位，或在不同的亚基上，或在同一亚基的不同部位上。

关键酶催化的反应具有以下特点：

①速率最慢，它的速率决定整个代谢途径的总速率，故又称其为限速酶(limiting velocity enzymes)。

②催化单向反应不可逆或非平衡反应，它的活性决定整个代谢途径的方向。

③这类酶活性除受底物控制外，还受多种代谢物或效应剂的调节。

代谢调节主要是通过对关键酶活性的调节而实现的。某些重要代谢途径的关键酶见表 11-1。

①快速代谢　数秒、数分钟，通过改变酶的活性，变构调节(allosteric regulation)、化学修饰调节(chemical modification)。

②迟缓代谢　数小时、几天，通过改变酶的含量。

表 11-1　某些重要代谢途径的关键酶

代谢途径	关键酶
糖原降解	磷酸化酶
糖原合成	糖原合酶
糖酵解	己糖激酶、磷酸果糖激酶-1-丙酮酸激酶
糖有氧氧化	丙酮酸脱氢酶系、柠檬酸合酶、异柠檬酸脱氢酶
糖异生	丙酮酸羧化酶、磷酸烯醇式丙酮酸羧激酶、果糖双磷酸酶-1
脂酸合成	乙酰-CoA 羧化酶
胆固醇合成	HMG-CoA 还原酶

调节酶包括共价修饰酶、变构酶、同工酶、多功能酶等。调节酶常常是别构酶。所催化的反应步骤叫限速反应或关键反应。

酶活性调节机制包括：变构调节、共价修饰、酶原激活、同工酶对物质代谢的调节聚合和解聚、辅因子对已有酶活性的调节等。

11.2.2.1　变构调节

小分子化合物与酶分子活性中心以外的某一部位特异结合，引起酶蛋白分子构象变化，从而改变酶的活性，这种调节称为酶的变构调节或别构调节(allosteric enzyme)。变构酶包括催化亚基和调节亚基两部分。

使酶发生变构效应的物质，称为变构效应剂（allosteric effector）。变构效应剂包括底物、终产物和其他小分子代谢物，变构效应剂与酶的调节亚基结合，从而使酶的构象改变（疏松、紧密、亚基聚合、亚基解聚、酶分子多聚化），进而使酶的活性改变（激活或抑制）。

变构激活剂(allosteric effector)——引起酶活性增加的变构效应剂。变构抑制剂(allosteric effector)——引起酶活性降低的变构效应剂。别构酶的动力学特征是底物浓度影响酶促反应速度呈"S"形曲线，这不同于一般酶促反应动力学的矩形双曲线。

表 11-2　一些代谢途径中的变构酶及其变构效应剂

代谢途径	变构酶	变构激活剂	变构抑制剂
糖酵解	己糖激酶	AMP、ADP、FDP、Pi	G-6-P
	磷酸果糖激酶-1	FDP	柠檬酸
	丙酮酸激酶		ATP，乙酰-CoA
三羧酸循环	柠檬酸合酶	AMP	ATP，长链脂酰-CoA
	异柠檬酸脱氢酶	AMP，ADP	ATP
糖异生	丙酮酸羧化酶	乙酰-CoA，ATP	AMP
糖原分解	磷酸化酶 b	AMP，G-1-P，Pi	ATP，G-6-P
脂酸合成	乙酰-CoA 羧化酶	柠檬酸，异柠檬酸	长链脂酰-CoA
氨基酸代谢	谷氨酸脱氢酶	ADP，亮氨酸，蛋氨酸	GTP，ATP，NADH
嘌呤合成	谷氨酰胺 PRPP 酰胺转移酶		AMP，GMP
嘧啶合成	天冬氨酸转甲酰酶		CTP，UTP
核酸合成	脱氧胸苷激酶	dCTP，dATP	dTTP

(1) 变构抑制

生物细胞变构抑制酶活性主要是反馈抑制(feedback inhibition)，表现为某代谢途径的末端产物(即终产物)过量时，终产物反过来直接抑制该途径中的第一个酶的活性，促使整个反应过程减慢或者停止，使终产物不至于生成过多。

变构调节的生理意义如下。

①代谢终产物反馈抑制(feedback inhibition)反应途径中的酶，使代谢物不致生成过多。在一个合成代谢体系中，其终产物常可使该途径中催化起始反应的限速酶反馈别构抑制。例如，长链脂肪酰-CoA 抑制乙酰-CoA 羧化酶活性，从而抑制脂肪酸的合成(图11-6)；体内高浓度胆固醇可抑制肝中胆固醇合成的限速酶 HMG-CoA 还原酶活性，可以防止产物胆固醇过多堆积、能量浪费而起着快速的调节作用。

图 11-6　代谢终产物反馈抑制作用

②底物对反应速度的影响(前馈 feedforward)。有时为避免代谢途径过分拥挤，当底物过量时出现负前馈，此时过量底物可转向其他途径。例如，在脂类代谢中，高浓度的乙酰-CoA 是其羧化酶的变构抑制剂，可避免丙二酸单酰-CoA 合成过多。一般情况下，前馈对正向反应起促进作用(图11-6)。

③变构调节使能量得以有效利用，不致浪费。足够多的 ATP 能够变构抑制磷酸果糖激酶活性以及 6-磷酸葡萄糖能抑制己糖激酶活性(图11-7)，从而抑制葡萄糖进一步氧化分解放能起负反馈自动调节作用，使机体维持在相对恒定的生理状态，此时细胞内 ATP 已足够多；而 ADP、AMP 浓度升高可激活磷酸果糖激酶活性等，这种酶的变构调节作用，在生物界普遍存在，是一种快速、灵敏的调节。

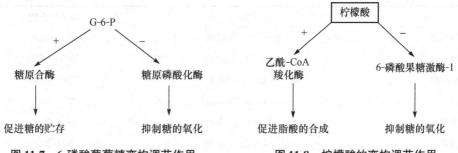

图 11-7　6-磷酸葡萄糖变构调节作用　　图 11-8　柠檬酸的变构调节作用

④变构调节使不同的代谢途径相互协调。柠檬酸别构抑制 6-磷酸果糖激酶-1 活性，从而抑制糖的氧化，但柠檬酸作为乙酰-CoA 羧化酶变构激活剂，促进了脂肪酸的合成(图11-8)。

(2) 变构激活

在酶的调节中也存在反馈激活作用。例如，在糖、蛋白质和核酸代谢的过程中，受烯醇式丙酮酸羧化激酶的调节，产物草酰乙酸可成为合成天冬氨酸和嘧啶核苷酸的前体，嘧啶核苷酸的反馈抑制又使天冬氨酸积累，从而减少草酰乙酸的合成。但草酰乙酸对三羧酸循环是必需的，为维持三羧酸循环，便产生了三种正调节：嘧啶核苷酸和乙酰-CoA 的反馈激活及果糖二磷酸的前馈激活。

11.2.2.2 共价修饰调节

酶分子中的某些基团，在其他酶的催化下，可以共价结合或脱去，引起酶分子构象的改变，使其活性得到调节，这种方式称为酶的共价修饰（covalent moldification）。

目前已知有六种修饰方式：磷酸化/去磷酸化、乙酰化/去乙酰化、腺苷酰化/去腺苷酰化、尿苷酰化/去尿苷酰化、甲基化/去甲基化、氧化（S—S）/还原（2SH）。

同一个酶可以同时受变构调节和化学修饰调节。

（1）通过对酶蛋白的共价修饰调节代谢途径关键酶活性

酶蛋白肽链上丝氨酸、苏氨酸、酪氨酸等残基上的羟基，可受另一激酶催化、消耗 ATP 而被磷酸化，反之也可受（蛋白质）磷酸酶水解重新脱去磷酸从而发生可逆磷酸化与去磷酸化作用（图 11-9）；酶蛋白分子上也可以进行腺苷酸化和去腺苷酸化等化学修饰。其中又以磷酸化与脱磷酸化最为多见且重要，它是高等动植物酶化学修饰的主要形式，细菌主要是腺苷酰化形式。酶经共价化学修饰磷酸化后，其催化活性有的被激活、有的被抑制，从而实现体内另一类酶活性的快速化学修饰调节，且这也是衔接激素调控代谢酶活性的重要方式（表 11-3）。

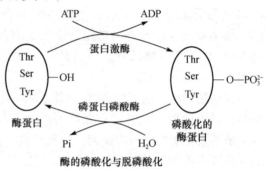

图 11-9 酶蛋白通过共价修饰改变酶的活性

表 11-3 酶促化学修饰对酶活性的调节

酶	化学修饰类型	酶活性改变
糖原磷酸化酶	磷酸化/脱磷酸	激活/抑制
磷酸化酶 b 激酶	磷酸化/脱磷酸	激活/抑制
果糖磷酸化酶	磷酸化/脱磷酸	激活/抑制
糖原合酶	磷酸化/脱磷酸	抑制/激活
丙酮酸脱羧酶	磷酸化/脱磷酸	抑制/激活
磷酸果糖激酶	磷酸化/脱磷酸	抑制/激活
丙酮酸脱氢酶	磷酸化/脱磷酸	抑制/激活
HMG-CoA 还原酶	磷酸化/脱磷酸	抑制/激活
HMG-CoA 还原酶激酶	磷酸化/脱磷酸	激活/抑制
乙酰-CoA 羧化酶	磷酸化/脱磷酸	抑制/激活
脂肪细胞甘油三酯脂肪酶	磷酸化/脱磷酸	激活/抑制
RNA 聚合酶	磷酸化/脱磷酸	激活/抑制
黄嘌呤氧化脱氢酶	SH-/-S-S-	脱氢酶/氧化酶
谷氨酰胺合成酶（大肠杆菌）	腺苷酰化/去腺苷酰化	抑制/激活

共价修饰生理意义与特点如下：

共价修饰酶大多有无活性（或低活性）与有活性（或高活性）两种形式存在，其互变的可逆双向反应又由不同的酶催化，且伴有共价键的变化，因此磷酸化需经激酶催化还有放大效应，其调节效率要比酶的变构调节效率高。磷酸化虽需要消耗 ATP，但其 ATP 的消耗量远比酶蛋白的生物合成少得多，而且比酶蛋白生物合成的调节要迅速，又有放大效应，因此共价修饰调节是体内酶活性较经济、高效率的调节方式，且共价修饰调节又受到上一级水平激素调节的调控。

(2) 级联系统

有些酶往往可以同时存在上述两种方式的调节，例如，磷酸化酶 b 既可被 AMP 和 Pi 别构激活，又可被 ATP 和 G-6-P 别构抑制；另一方面，也可以受磷酸化酶 b 激酶的催化而发生磷酸化而激活，进行化学修饰调节。目前已知可以受化学修饰调节的酶几乎都是别构酶。而别构调节是细胞的基本调节方式，对于维持机体代谢物和能量的平衡起重要作用。但当别构调节剂浓度很低而不能很好地发挥别构调节作用时，少量激素，即可通过一系列级联式的酶促化学修饰使酶从无活性变成有活性从而发挥高效的调节作用。例如，在应激情况下，少量肾上腺素的释放，可促使细胞内 cAMP 浓度增高，再通过一系列的连锁酶促化学修饰很快使无活性磷酸化酶 b 转变成有活性磷酸化酶 a，从而加速糖原的分解，升高血糖浓度以满足机体在应急时对能量的需求（图 11-10）。因此，体内关键酶、限速酶的活性经别构与化学修饰两种方式调节，相辅相成，调节着体内正常、合适的新陈代谢速度。

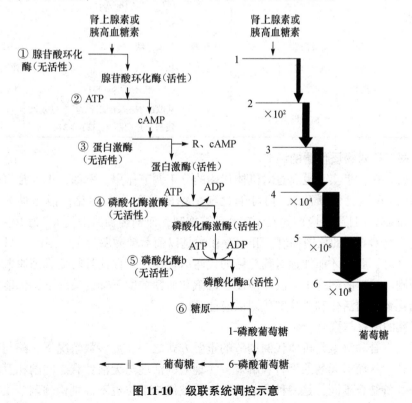

图 11-10　级联系统调控示意

级联反应意义：由于酶的共价修饰反应是酶促反应，只要有少量信号分子（如激素）存在，即可通过加速这种酶促反应，而使大量的另一种酶发生化学修饰，从而获得放大效应。这种调节方式快速、效率极高。

11.2.2.3 酶原激活

共价调节酶的修饰是可逆的，而酶原的激活则是不可逆共价修饰调节。

酶原激活：从无活性酶转变成有活性酶的过程。酶原激活特点：酶原不会过早地在不适当的位点被激活；同时又有抑制剂调整激活酶的活性；酶原激活过程会产生信号放大作用。

哺乳动物消化系统的一些蛋白酶都是以一种非活化的前体形式合成，在机体需要时在其他酶作用下变为有活性酶，如胰蛋白酶原、胃蛋白酶原等（表11-4）。

表11-4 酶原激活

名称	酶原		激活		活性酶
	合成部位	因素	部位	途径	
胃蛋白酶原	胃黏膜	≤pH2（HCl）胃蛋白酶	胃腔	从肽链 N 末端切除 42 个氨基酸残基	胃蛋白酶
胰蛋白酶原	胰	肠激酶 胰蛋白酶	小肠腔	从肽链 N 末端切除六肽	胰蛋白酶
胰凝乳蛋白酶原	胰	胰蛋白酶	小肠腔	内切 14~15（Ser-Arg）147~148（Thr-Asn）共 2 个二肽	胰凝乳蛋白酶
羧肽酶原	胰	胰蛋白酶	小肠腔	几个肽	羧肽酶
弹性蛋白酶原	胰	胰蛋白酶	小肠腔	几个肽	弹性蛋白酶
木瓜蛋白酶原	植物	硫醇		—S—S 还原为—SH	木瓜蛋白酶
凝血酶原	动物	有活性的 X 因子		从肽链 N 末端切除 74 个氨基酸残基，并切断 Arg323-Ile324	凝血酶

11.2.2.4 同工酶对物质代谢的调节

同工酶的存在，事实上也起着对机体代谢的分工调节作用。例如，Ⅰ~Ⅲ型己糖激酶和葡萄糖激酶（即Ⅳ型己糖激酶），均可催化葡萄糖的磷酸化而活化，但己糖激酶的 K_m 为 0.01~0.1mmol/L，且受反应产物 G-6-P 的反馈抑制，而葡萄糖激酶的 K_m 为 10~20mmol/L，且不受反应产物 G-6-P 的反馈抑制。肝中存在的是以葡萄糖激酶为主。因此，只有在饱食后血糖浓度升高时，肝脏才能加强对葡萄糖的代谢活化作用，促使其转变成糖原贮存，而大脑等大多组织则以己糖激酶为主，因此即使在饥饿和血糖浓度下降的情况下，仍能对葡萄糖亲和力大，催化葡萄糖活化利用分解代谢供应能源。

11.2.2.5 酶的解聚与聚合

酶分子的聚合和解聚是机体代谢调节的重要方式之一。大多数情况下，酶与一些小分子调节因子结合，从而引起酶的聚合和解聚，实现酶的活性与无活性状态间的相互转化。它与别构酶效应共价结合不同，是一种非共价结合，被修饰部位也不像别构酶调节中心那样专一（表11-5）。

表 11-5　酶的聚合和解聚

酶	酶来源	聚合或解聚	促进聚合或解聚因素	活性变化
磷酸果糖激酶	兔骨髓肌	聚合	F-6-P，FDP	激活
		解聚	ATP	抑制
异柠檬酸脱氢酶	牛心	聚合	ADP	激活
		解聚	NADH	抑制
丙酮酸羧化酶	羊肾	聚合	乙酰-CoA	激活
G-6-P 脱氢酶	人红细胞	单体—二聚体—四聚体	$NADP^+$	激活
乙酰-CoA 羧化酶	脂肪组织、鸡肝	聚合	柠檬酸、异柠檬酸	激活
谷氨酸脱氢酶	牛肝	聚合	ADP，Leu	抑制
		解聚	GTP(GDP)，NADPH	激活
谷氨酰胺酶	猪肾皮质	聚合	α-酮戊二酸，苹果酸，Pi	激活

11.2.2.6　辅因子对已有酶活性的调节

生物体内代谢的基本要素在于形成和利用 ATP、还原力和构造单元，而三者都与辅因子有关。因此，许多代谢反应均要求辅因子参与，辅因子的供应对酶促反应具有一定调节作用。

(1) 能荷对代谢的调节

能荷反映了细胞内 ATP、ADP、AMP 的浓度关系。ATP 的产生和水解与产能的分解代谢和耗能的合成代谢紧密偶联，同时这三种腺苷酸还是许多别构酶的效应剂，因而在代谢调节中起着重要作用。

调节机理：TCA 循环使糖不完全分解产物彻底氧化，生成大量 ATP。从能量角度来讲，糖的利用效率提高了；从代谢调节来讲，ATP 浓度高了，反馈抑制 EMP、TCA 途径的限速酶；从发酵产品来讲，酒精的产量降低。

(2) 脱氢辅酶[NADH]/[NAD^+]比例对代谢的调节

NADH 和 NAD^+ 在细胞内不仅参与能量代谢，而且还与氧化还原反应有关。NADH 主要由糖酵解和三羧酸循环生成。细胞内的 NADH 对磷酸果糖激酶、异柠檬酸脱氢酶、α-酮戊二酸脱氢酶均有抑制作用，因此，NADH 对其本身的生成也有调节作用。

在合成代谢中，$NAD(P)^+$ 是负效应物，起抑制作用；NAD(P)H 是正效应物，起促进作用。在分解代谢中则相反。

(3) 金属离子对代谢的调节

金属离子作为酶的辅助因子或激活剂参与对代谢的调节，如 Mg^{2+} 是细胞内许多酶的激活剂，如磷酸果糖激酶、己糖激酶等，在光合作用中固定 CO_2 关键酶——二磷酸核酮糖羧化酶与加氧酶是受 Mg^{2+} 活化的。另外，Mn^{2+}、Cl^- 等也常常作为很多酶的激活剂。

11.2.2.7　改变细胞内酶的含量可调节酶的活性

改变细胞内酶含量主要是通过基因表达调控的(详见 11.3 节基因表达的调控)。

①调节酶蛋白含量可通过诱导或阻遏酶蛋白基因的表达。

②调节细胞酶含量也可通过改变酶蛋白降解速率。

通过改变酶蛋白分子的降解速率，也能调节酶的含量。溶酶体：释放蛋白水解酶，降解蛋白质；蛋白酶体：识别泛素、结合蛋白质；蛋白水解酶：降解蛋白质。

11.2.3 细胞水平的代谢水平

细胞是生物机体的结构和功能单位。通过细胞区域化（compartmentation）将不同代谢途径定位于不同的亚细胞区域，原核细胞无明显的细胞器，其细胞质膜上连接有各种代谢所需的酶，如参与呼吸链、氧化磷酸化、磷脂及脂肪酸生物合成的各种酶类。在真核细胞中核、线粒体、核糖体和高尔基体、细胞质均以隔离分室状态存在，这些分室如线粒体，又可以分为外膜、内膜、嵴、基质等部分（表11-6）。膜是由磷脂、蛋白质及多糖构成的，具有固定结构，对各种物质的出入有调节作用。由于隔离分室的结果，ADP/AMP 和 [NAD(P)H]/[NAD(P)$^+$] 比例、磷酸离子浓度、Mg^{2+}浓度、氧分压和CO_2分压在各室中保持一定。各分室中的代谢也受各分室代谢物浓度、酶浓度及其他因素的调节。如分室间的相互联系机制出现紊乱，必然引起细胞内代谢的紊乱。

表11-6 主要代谢途径多酶体系在细胞内的分布

多酶体系	分布	多酶体系	分布
DNA 及 RNA 合成	细胞核	糖酵解	胞液
蛋白质合成	内质网，胞液	戊糖磷酸途径	胞液
糖原合成	胞液	糖异生	胞液
脂酸合成	胞液	脂酸β-氧化	线粒体
胆固醇合成	内质网，胞液	多种水解酶	溶酶体
磷脂合成	内质网	三羧酸循环	线粒体
血红素合成	胞液，线粒体	氧化磷酸化	线粒体
尿素合成	胞液，线粒体	呼吸链	线粒体

11.2.3.1 细胞区域化调节

① 各种代谢途径在不同细胞器中进行，提高同一代谢途径酶促反应速率，使各种代谢途径互不干扰，有条不紊，互不干扰，便于调节。

② 使代谢途径的全套酶系及底物集中在一定区域，酶的催化状态达到最佳。

③ 为酶水平调节创造了有利条件。例如，酶原在核糖体上合成，激活则在其他部位。

④ 各种代谢途径通过共同的中间产物相联系，这些中间产物可穿过膜，进入其他细胞器，使各代谢途径分隔而不分离。

11.2.3.2 细胞膜结构对代谢的调节和控制作用

在真核细胞中膜结构占细胞干重的70%~80%。细胞除质膜外还有广泛的内膜系统，这些膜系统将细胞分割成许多特殊区域，形成各种细胞。

各种膜结构对代谢的调节和控制作用有以下几种形式：

① 控制跨膜离子浓度梯度和电位梯度　由于生物膜的选择透性，造成膜两侧的离子浓度梯度和电位梯度，因此当离子逆浓度梯度转移时，需要消耗自由能，而离子沿浓度梯度转移

时，则形成自由能。原核生物内膜可利用质子浓度梯度的势能合成 ATP。同时离子流可驱动氨基酸和糖等的主动运输。

②控制细胞和细胞器的物质运输　细胞膜具有高度的选择透性，使细胞不断从外界环境中吸收有用的营养成分，并排出代谢废物，从而调节细胞内该物质的代谢，维持细胞内环境的稳定。

③内膜系统对代谢途径的分隔作用　内膜系统将细胞分成许多功能特异的分隔区，各自以封闭的选择透性膜为界。

④膜与酶的可逆结合　有些酶能可逆地与膜结合，并以膜结合型和可溶型的互变来影响酶的性质和调节酶的活性，这类酶称为双关酶（ambiguous enzyme），以区别于膜上固有的组成酶。双关酶对代谢状态变动的应答迅速，调节灵敏，是细胞调节的一种重要方式。如糖酵解途径中的己糖激酶、磷酸果糖激酶、醛缩酶和 3-磷酸甘油醛脱氢酶，以及氨基酸代谢中的谷氨酸脱氢酶、酪氨酸氧化酶，有些参与共价修饰的蛋白激酶、蛋白磷酸酯酶等。

11.2.4　激素对代谢的调节

激素是由多细胞生物（植物、无脊椎动物和脊椎动物）的特殊细胞合成的，并经体液输送到其他部位显示特殊生理活性的微量化学物质。

植物激素可分为五类：生长素、赤霉素类、激动素类、脱落酸、乙烯；哺乳动物的激素根据其化学本质分为四类：氨基酸及其衍生物、肽及蛋白质、固醇类、脂肪酸衍生物。

激素对代谢起着强大的调节作用，体内的一种代谢过程常可受多种激素影响，一种激素也可影响多种代谢过程。

(1) 激素作用机制

内、外环境改变→机体相关组织分泌激素→激素与靶细胞上的受体结合→靶细胞产生生物学效应，适应内外环境改变。

(2) 激素分类

按激素受体在细胞的部位不同，分为膜受体激素和胞内受体激素。

(3) 激素作用方式

①膜受体激素信号通过跨膜受体传递调节细胞代谢（图 11-11）。

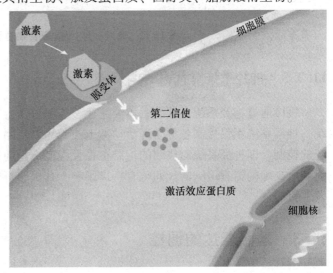

图 11-11　膜受体激素信号对细胞代谢调节

②激素–胞内受体复合物可影响基因转录调节细胞代谢（图 11-12）。

植物激素的作用有些地方可能与动物激素的作用相似，它们也与受体结合从而特异性地影响核酸合成、蛋白质合成、酶活力及其他生理作用。

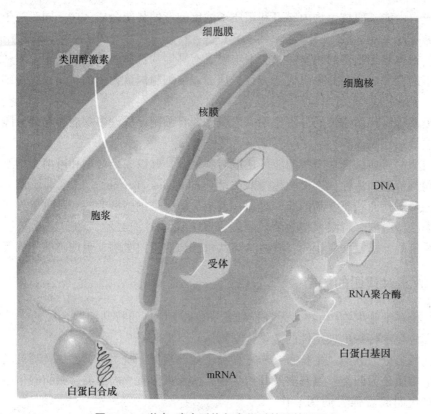

图 11-12 激素-胞内受体复合物对基因转录调节

11.2.5 神经系统对代谢的调节

机体通过神经系统及神经—体液途径整体调节体内物质代谢。高等动物有完善的神经系统，神经系统不仅控制各种生理活动，也控制物质代谢。很多内分泌腺的活动受中枢神经系统的控制，即神经系统对代谢的控制在很大程度上是通过激素而发挥其作用的。此外，神经对其所支配的器官组织的代谢也有直接影响，其机制可能是直接或间接影响了分子和细胞的调节机制。

11.3 基因表达的调控

基因(gene)是指 DNA 分子中的最小功能单位。包括 RNA(tRNAr、rRNA)和蛋白质编码的结构基因及无转录产物的调节基因。

基因组(genome)是指某一特定生物单倍体所含的全体基因。原核细胞的"染色体"DNA分子就包含了一个基因组；而在真核细胞中则是指一套单倍染色体的全部基因。

(1) 原核生物基因组的特点

① 基因组小，单复制子，DNA 分子上大部分是编码蛋白质的基因，因此多数为单拷贝或仅有少量重复。

②功能相同的基因常串联在一起，转录在同一个 mRNA 中(多顺反子)。

③有基因重叠，以此增加信息容量。

(2) 真核生物基因组的特点

①基因组大，有多个复制子；mRNA 为单顺反子。

②有大量重复序列，根据重复次数可分为。

a. 单拷贝序列，主要编码蛋白质，数量多，但含量少。

b. 中度重复序列，可重复几十到几千次，编码 tRNA、rRNA 和表达量大的蛋白质。

c. 高度重复序列，可重复几百万次，不编码，有高度变异性，可作指纹图谱分析。

③有断裂基因，即基因中有外显子区和内含子区，转录后经剪切去掉内含子后才成为可翻译的 mRNA 模板或功能 rRNA.

④DNA 上有多数不编码序列，在基因表达调控中起重要作用。

每种生物在生长发育和分化的过程中，以及在对外环境的反应中各种相关基因有条不紊地表达起着至关重要的作用。在原核生物中，一些与代谢有关的酶基因表达的调控主要表现为对生长环境变化的反应和适应。与原核生物相比，真核生物基因表达的调控更为复杂，真核生物基因表达的调控主要是指编码蛋白质的 mRNA 的形成与使用的调节与控制。基因表达的过程，以真核生物为例，包括以下几个环节：基因的活化→转录→转录后的加工→mRNA转运至细胞质→翻译。

11.3.1　原核生物基因表达的调节

原核生物在对外环境突然变化的反应中，是通过诱导或阻遏合成一些相应的蛋白质来调整与外环境之间的关系的。由于原核生物的转录与翻译的过程是偶联的，而且这种过程所经历的时间很短，只需数分钟，同时由于大多数原核生物的 mRNA 在几分钟内就受到酶的影响而降解，因此就消除了外环境突然变化后所造成的不必要的蛋白质的合成。与真核生物相比，原核生物基因表达的一个特点是快速。

操纵子是基因表达的协调单位(a coordinated unit of gene expression)，它含有在功能上彼此有关的多个结构基因及控制部位，控制部位由启动子和操纵基因组成。一个操纵子的全部基因排列在一起，其中含多个结构基因，转录产物是单个多顺反子 mRNA，操纵子的控制部位可受调节基因产物的调节。

组成酶(构成酶)，组成型基因受环境影响小，正常代谢条件下表达。如糖酵解的酶。

诱导酶(适应型酶)，诱导型基因对不同的生存环境有不同的表达。如半乳糖苷酶。

11.3.1.1　操纵子模型

(1) 操纵子

操纵子是染色体上控制基因表达的协同单位，包括启动子、操纵基因和功能上相关的几个结构基因。

启动子是 RNA 聚合酶结合部位；操纵基因是阻遏蛋白结合部位，二者没有基因产物，共同组成操纵子的调控区；结构基因编码蛋白质。

阻遏蛋白是操纵子以外的调节基因表达的产物，与操纵基因结合，阻碍 RNA 聚合酶在 DNA 膜板上的催化作用，抑制结构基因的表达，使结构基因关闭。

(2) 酶合成的诱导与酶合成的阻遏

生物体内某些酶的数量是大致不变的，而有一些酶只有当诱导物存在时才诱导其合成，或者有终产物存在时才阻遏其合成。因此，这些酶的合成显然受某种调节机制的控制。调节基因产物对转录的调节可以有正调和负调两种。调节基因的产物阻遏物(repressor)是一种变构蛋白，能够与操纵基因结合，抑制转录进行，为负调节物。在诱导作用中的诱导物和阻遏作用中的辅阻遏物都是与阻遏物相结合，通过改变阻遏物的构象，影响它与操纵基因的结合活性，控制转录的起始。

图 11-13 显示了酶的诱导和阻遏操纵子模型。

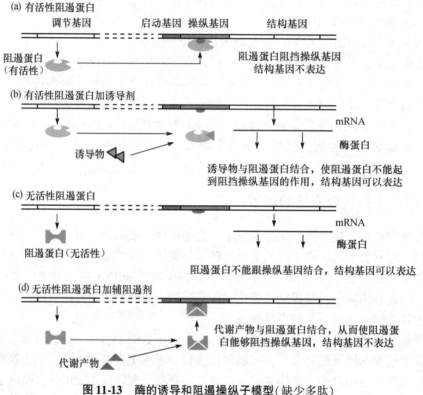

图 11-13　酶的诱导和阻遏操纵子模型(缺少多肽)

下面分别以大肠杆菌(*E. coli*)的乳糖操纵子(lactose operon，属可诱导操纵子)和色氨酸操纵子(triptophan operon，属可阻遏操纵子)为例介绍原核生物转录起始和转录终止的调控。

11.3.1.2　酶合成的诱导作用

某些物质(诱导物)能促进细胞内酶的合成，这种作用称为酶的合成诱导作用。

大肠杆菌可利用多种糖作为碳源。20世纪初，有人发现将大肠杆菌培养在以乳糖为唯一碳源的培养基上时，2~3min 内 β-半乳糖苷酶增加到原来的 1 000 倍，占细菌总蛋白的 3%。若从培养基中除去乳糖，则该酶的合成在 2~3min 内即停止。

当用乳糖作为唯一碳源时，需要合成将乳糖水解为半乳糖和葡萄糖的三种酶，即水解乳糖为半乳糖和葡萄糖的 β-半乳糖苷酶(β-galactosidase)，催化乳糖透过大肠杆菌质膜的 β-半乳糖苷透过酶(permease)，另一种是转 β-半乳糖苷转乙酰基酶(transacetylase)。这三种酶都是由于乳糖在大肠杆菌培养基中作为唯一碳源,而诱导生成的诱导酶。

下面以大肠杆菌乳糖操纵子来说明酶合成的诱导作用机制。

乳糖操纵子是由一组功能相关的结构基因(Z、Y、a),分别编码 β-半乳糖苷酶、β-半乳糖苷透过酶、β-半乳糖苷转乙酰基酶,操纵基因(O)和与 RNA 聚合酶结合的启动基因(P)组成。调节基因(R)编码的产物阻遏蛋白可调节操纵基因的"开"与"关"(图 11-14)。

当培养基中用葡萄糖作碳源时,不能合成这三种酶。即无诱导物乳糖存在时,调节基因编码的阻遏蛋白(repressor protein)处于活性状态,阻遏蛋白可与操纵基因相结合,阻止了 RNA 聚合酶与启动基因的结合,使结构基因(Z、Y、a)不能编码参与乳糖分解代谢的三种酶。在诱导物乳糖存

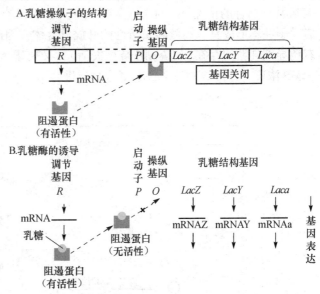

图 11-14 大肠杆菌乳糖操纵子模型

在时,乳糖与阻遏蛋白结合,使阻遏蛋白发生构象变化而处于失活状态,此时结构基因(Z、Y、a)可转录一条多顺反子的 mRNA,并翻译出乳糖分解代谢的三种酶。这一简单模型解释了乳糖体系的调节机制(图 11-14)。

乳糖操纵子中存在正调节,大肠杆菌含有一个称为代谢产物活化蛋白(catabolite gene activator protein,CAP),又称 cAMP 受体蛋白(cAMP receptor protein 缩写 CRP),CAP 及 cAMP 都是 lac mRNA 合成所必需的,进一步研究发现,降解物基因活化蛋白(CAP)对 lac 操纵子起作用。当它与启动子结合时,能促进 RNA 聚合酶与启动子结合,促进转录。但游离的 CAP 不能与启动子结合,必须在细胞内有足够的 cAMP 时,与之结合成复合物,才能与启动子结合。

CAP 能够与 cAMP 形成复合物,cAMP-CAP 复合物结合在 lac 操纵子的启动基因上,可促进转录的进行。因此,cAMP-CAP 是一个不同于阻遏蛋白的正调控因子,阻遏蛋白为负调控因子。而乳糖操纵子"开"与"关"则是在这两个相互独立的正、负调节因子的作用下实现的。

11.3.1.3 降解物的阻遏作用

大肠杆菌具有优先利用葡萄糖作为能源的特点。当大肠杆菌在含有葡萄糖的培养剂中生长时,一些分解代谢酶,如 β-半乳糖苷酶、半乳糖激酶、阿拉伯糖异构酶、色氨酸酶等的水平都很低,这种葡萄糖对其他酶的抑制效应称为分解物阻遏作用(catabolite repression),这种现象与 cAMP 有关。葡萄糖能降低大肠杆菌中 cAMP 的浓度,而加入外源性 cAMP 能逆转葡萄糖的这种抑制作用。cAMP 能刺激多种可诱导的操纵子(inducible operon),包括乳糖操纵子转录的启动。在乳糖操纵子上 CAP 与 DNA 结合的区域正好在启动子 P 的上游。当没

有葡萄糖存在(或低浓度葡萄糖)时,cAMP-CAP 复合物结合到相应的 DNA 序列,并刺激 RNA 聚合酶的转录作用(能使转录效率提高 50 倍),这种作用当然是在没有 lac 阻遏物与操纵基因 O 结合的情况下才能发生(图 11-15)。在没有 CAP-cAMP 的情况下,RNA 聚合酶与启动子并不形成具有高效转录活性的开放复合体,因此乳糖操纵子结构基因的高表达既需要有诱导剂乳糖的存在(使 lac 阻遏物失活),又要求无葡萄糖或低浓度葡萄糖的条件(增高 cAMP 浓度,并形成 CAP-cAMP 复合物促进转录)。

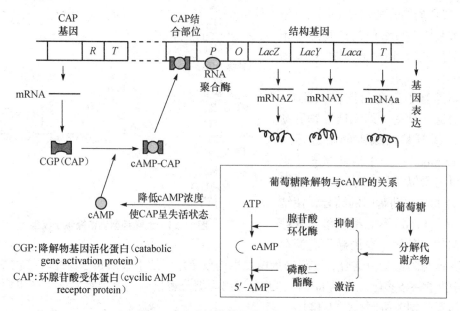

图 11-15 乳糖操纵子的降解物阻遏

如何解释降解物的阻遏作用呢？因葡萄糖分解代谢的降解物能抑制腺苷酸环化酶活性并活化磷酸二酯酶,从而降低 cAMP 浓度,此时,调节基因的产物(代谢产物活化蛋白(CAP))不能被 cAMP 活化,形成 cAMP-CAP 复合物。使许多参与分解代谢酶基因不能转录。

乳糖操纵子调控模式在一定程度上也反映了原核生物基因表达调控的一般情况:①环境条件的变化是相关基因表达的外界信号,如葡萄糖、乳糖浓度的变化是乳糖操纵子结构基因是否转录的外界条件和信号;②基因表达的负调控(negative regulation),即调控蛋白质与相应的 DNA 序列结合后,能阻遏基因的表达,如 Lac 阻遏物与操纵基因 O 结合后就抑制了结构基因的表达,在乳糖操纵子这种阻遏作用能被诱导剂解除;③基因表达的正调控(positive regulation),即调控蛋白与相应的 DNA 序列结合后,能促进基因的表达,如 CAP-cAMP 就是一种在多种原核生物操纵子中发挥正调控作用的复合物。

11.3.1.4 酶合成的阻遏作用

原核生物的转录终止阶段,也可以是基因表达调控的环节,色氨酸操纵子的调控模式就是一个典型的例子。

E. coli 具有合成各种氨基酸的能力,在多数情况下,只有在培养基不供应外源氨基酸时,才去合成产生该氨基酸所必需的酶系。

色氨酸操纵子的结构基因包括编码功能相关的五种酶基因 E、D、C、B、A,分别编码色氨酸合成中的邻氨基苯甲酸合酶、邻-氨基苯甲酸磷酸核糖转移酶、吲哚-3-甘油磷酸合酶以及色氨酸合酶的 β 和 α 亚基,五种酶在催化分支酸(chorismate)转变为色氨酸的过程中发挥作用,结构基因中还包括 L 基因(其转录产物是前导 mRNA),位于第一个结构基因 E 与操纵基因之间,还包含衰减子(attenuator, a)基因,调控元件有启动子 P 和操纵基因 O(图11-16)。

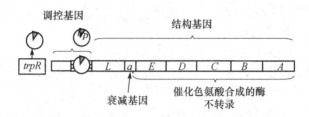

图 11-16　阻遏物对色氨酸操纵子的调控

色氨酸操纵子表达的调控有两种机制:一种是通过阻遏物的负调控;另一种是通过衰减作用(attenuation)。

阻遏和衰减机制,虽然都是在转录水平上进行调节,但是它们的作用机制完全不同,前者控制转录的起始,后者控制转录起始后是否继续下去。

(1)阻遏物对色氨酸操纵子的调控

色氨酸阻遏物是一种同二聚体蛋白质(由两个相同的亚基组成),每个亚基有 107 个氨基酸残基。色氨酸阻遏物本身不能和操纵基因 trpO 结合,必须和色氨酸结合后才能与操纵基因 trpO 结合,从而阻遏结构基因表达,因此色氨酸是一种共阻遏物(corepressor)。

操纵子以外的 trpR 基因合成阻遏蛋白,在游离状态下不能结合在操纵基因 trpO 上。当细胞内有过量色氨酸时,显然没有必要让色氨酸操纵子继续运转,色氨酸作为辅阻遏物(不是诱导物),与阻遏蛋白结合成复合物,此复合物便结合在操纵基因上,阻止转录。当细胞内色氨酸浓度很低时,trpO 又呈空载状态,重新从 trpP 起始 Trp mRNA 的合成。因此,色氨酸操纵子是负调控运转的。

(2)衰减作用对色氨酸操纵子的调控

阻遏蛋白-操纵基因的负调控系统,对 trp 操纵子来说是一个充分有效的开关,主管着转录是否启动。但存在一种奇怪现象:mRNA 的合成一旦开始,并不自动地合成全长分子,大多数 mRNA 分子在第一个结构基因 trpE 的转录开始之前就停止。除非色氨酸分子含量很少时,才能保证合成完整的 mRNA。

进一步研究发现,在 trp 操纵子中除了启动区-操纵区的复合结构由调控作用外,还有衰减子(attenuator)参与调控。

衰减子调控是一种翻译与转录相偶联的调控机制。色氨酸操纵子转录的衰减作用是通过衰减子调控元件使转录终止的。色氨酸操纵子的衰减子位于 trpL 基因中,离 trpE 基因 5′端约 30～60bp。大肠杆菌在无或低色氨酸环境中培养时,能转录产生具有 6 720 个核苷酸的全长多顺反子 mRNA,包括 trpL 基因和结构基因。培养剂中色氨酸浓度增加时,上述全长多顺反子 mRNA 合成减少,但 trpL 基因 5′端部分的 140 个核苷酸的转录产物并没有减少(图 11-17)。这种现象是由衰减子造成的,而不是由于阻遏物-共阻遏物的作用所致。这段 140 个核苷酸序列就是衰减子序列。

衰减子转录物具有4段能相互之间配对形成二级结构的片段，如图11-17所示，片段1和2配对形成发夹结构时，片段3和4同时能配对形成发夹结构；而片段2和3形成发夹结构时，其他片段配对二级结构就不能形成。片段3和4及其下游的序列与ρ因子不依赖转录终止有关序列相似。

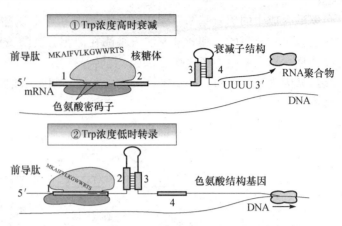

图11-17　色氨酸操纵、衰减子的结构及其结构示意

trpL 基因的部分转录产物（含片段1）能被翻译产生具有14个氨基酸残基的肽链（前导肽），其中含有两个相邻的色氨酸残基（图11-17）。编码此相邻的两个色氨酸密码，以及原核生物中转录与翻译过程的偶联是产生衰减作用的基础。当 *trpL* 基因转录后核糖体就与mRNA结合，并翻译 *trpL* 序列。在高浓度色氨酸环境中，能形成色氨酰-tRNA，核糖体在翻译过程中能通过片段1，同时影响片段2和3之间的发夹结构形成，但片段3和4之间能形成发夹结构，这个结构就是ρ因子不依赖的转录终止结构，因此RNA聚合酶的作用停止。当色氨酸缺乏时，色氨酰-tRNA也相应缺乏，此时核糖体就停留在两个相邻的色氨酸密码的位置上，片段1和2之间不能形成发夹结构，而片段2和3之间可形成发夹结构，结果使色氨酸操纵子得以转录。

衰减子模型能较好地说明某些氨基酸生物合成的调控机制。

除了 trp 操纵子之外，还发现其他与氨基酸生物合成相关的操纵子都存在衰减子控制。大肠杆菌中还存在 *val*、*phe*、*thr*、*leu* 等操纵子，都采用这种调控方式。因此，衰减调控是一种普遍现象。

11.3.2　真核生物基因表达的调节

真核生物由多细胞组成，细胞分化形成不同组织、器官。一生中有不同的发育阶段，各阶段的细胞除维持生命的基本代谢外，还有各自的代谢，是导致细胞分化成不同细胞、组织和器官的基础。与原核生物一样，真核生物细胞中除组成性合成的基因外，绝大多数基因的表达是受调控的。

在转录水平，真核生物和原核生物的调控机制基本相似，但至少在三个方面真核生物基因表达的调控有其自身的特征：①转录的激活与被转录区域的染色质结构变化有关；②原核生物基因表达有负调控和正调控，而真核生物基因表达以正调控为主；③真核生物的转录和翻译两个过程在细胞内区域化上是分开的，转录在细胞核内进行，翻译在细胞质进行。

11.3.2.1　真核生物基因表达

真核生物基因表达分5个水平，如图11-18所示。

①转录前水平的调节　染色质丢失、基因扩增、基因重排、染色体DNA的修饰和异染色质化。

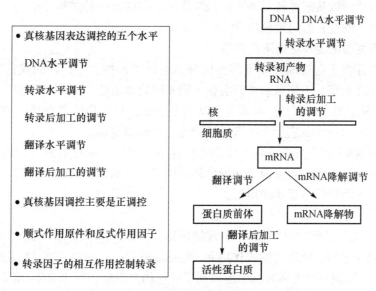

图 11-18 真核生物基因表达调控

②转录活性的调节 染色质活化，启动子和增强子促进转录的作用，反式作用因子的调控。

③转录后水平的调节 RNA 前体加工。

④翻译水平的调节 控制 mRNA 的稳定性和有选择地进行翻译。

⑤翻译后水平的调节 蛋白质前体的加工。

11.3.2.2 具有转录活性的染色质结构的变化

真核生物基因组中仅有很小部分的序列是编码蛋白质的。在哺乳动物，只有 2% 的 DNA 序列编码蛋白质，这部分序列的 DNA 信息通过转录和翻译成为具有各种功能的蛋白质。其中，有些基因的表达是比较恒定的，其转录产物在所有的组织细胞中都存在，这类基因称为管家基因(housekeeping genes)，这类基因的表达称为组成性基因表达(constitutive gene expression)。有些基因的表达会因为细胞对信号分子的反应而发生变化，称为可调控的基因表达(regulated gene expression)。

在具有转录活性的染色质区域，可以观察到一些变化，最明显的是该区域对核酸酶介导的 DNA 降解的敏感性增强。在具有转录活性区域的一些 DNA 序列对 DNA 酶 I 的敏感性特别高，因此称为 DNA 酶 I 的高敏感区(hypersensitive sites)，这部分 DNA 序列一般在 100～200bp，常位于被转录基因 5′端 1 000 bp 范围之内。许多高敏感区和一些与基因表达有关的调控蛋白与 DNA 结合的区域是一致的，这些区域一般不存在核小体结构。

具有转录活性的染色质区域缺乏组蛋白 H1，其他组蛋白成分常发生乙酰化(acetylation)，或有一种叫泛素(ubiquitin)的蛋白质附着。

具有转录活性的染色质区域的 DNA 通常是去甲基化的。启动子附近 DNA 序列的甲基化可以抑制转录起始，与基因静止相关。甲基化一般发生在具有 CpG 序列的胞嘧啶第 5 位碳原子上。DNA 甲基化的异常与肿瘤发生密切相关。

上述这些具有转录活性的染色质结构的改变，都是为转录的启动作准备，使 RNA 聚合酶和一些转录因子得以接近被转录基因的调控序列。基因活化的过程是染色质与转录相关的结构改变的过程，此过程称为染色质重建(chromatin remodeling)。

11.3.2.3 真核生物基因表达的正向调节

真核生物也存在正调控成分和负调控成分，但以正调控为主。因为真核生物基因组很大，细胞分化程度很高，不同细胞中只有极少数基因得以表达。采用负调控方式，每个细胞至少要合成10^5种阻遏蛋白质，以封阻各个基因的表达，对生物体本身是一种很大浪费。采用正调控方式，则只需合成它所需的激活物就能完成调节过程。

真核生物的 RNA 聚合酶自身对启动子无特殊的亲和力，单独不能进行转录，即基因是无活性的。转录需要众多的转录因子和辅助转录因子，形成复杂的转录装置。

11.3.2.4 顺式作用元件与反式作用因子

(1) 顺式作用元件

真核生物的启动子不被 RNA 聚合酶直接识别，启动子中存在着"CAAT 盒"和"GC 盒"等元件的多个保守序列，统称为顺式作用元件(cis-acting element)。它可被反式作用因子(转录因子)的蛋白质识别并与之结合，引起启动子区域构象改变，促进 RNA 聚合酶的结合。

这类调控元件是指那些和被转录的结构基因在距离上比较接近的 DNA 序列，包括启动子(及启动子上游近侧序列)及增强子等。

启动子和启动子上游近侧序列编码蛋白质基因的启动子和启动子上游近侧序列中有 3 种短序列的突变能导致启动子功能的丧失，这 3 种短序列分别是 TATA 盒、CAAT 盒、GC 盒。启动子及启动子近侧的保守序列元件按它们对 RNA 聚合酶的影响，可分为两类：一类是位于较上游的元件，能较强地影响转录起始的效率，CAAT 盒和 GC 盒即属于这类顺式元件；另一类是位于距转录起始点较近的 TATA 盒，在选择转录起始点的过程中起调控作用。

①增强子　是一类能增强真核细胞某些启动子功能的顺式作用元件。增强子作用不受序列方向的制约，即顺的和反的序列都有作用，而且在离启动子相对较远的上游或下游都能发挥作用，有的增强子位于基因中间(通常位于内含子中)。有的增强子只能在特异的组织中作用，例如，免疫球蛋白基因的增强子(Oct-2)只能在表达该基因的 B 淋巴细胞中发挥作用，这种具有组织特异性的增强子可能是作为某些特异基因表达调控网络的组成部分而发挥作用。

②反应元件(response elements)　当真核细胞处于某一特定环境时，有反应的基因具有相同的顺式作用元件，这类顺式元件称为反应元件。例如，热激反应元件(HSE)、激素反应元件(HRE)、金属反应元件(MRE)等。这些反应元件一般具有较短的保守序列，与转录起始点的距离不固定，一般在 200bp 之内。有些反应元件在启动子或增强子内，如 HSE 在启动子内，糖皮质激素反应元件(GRE)在增强子内。

(2) 反式作用因子

反式作用因子(trans-acting factor)也称转录因子(transcription factors)，为 DNA 结合蛋白，是对基因表达起调节作用的调节蛋白。

反式因子的作用特点：能识别启动子、启动子近侧元件和增强子等顺式元件中的特异靶序列，如转录因子 TFⅡD 能识别和结合 TATA 盒，转录因子 Spl 能识别和结合 GC 盒，CTFl 能识别和结合 CAAT 盒。RNA 聚合酶本身不能有效地启动或不能启动转录，只有当反式因子与相应的顺式元件结合后才能启动或有效启动转录。这种对基因转录启动的调控是通过结合在不同顺式元件上的反式因子之间或反式因子与 RNA 聚合酶之间的相互作用而实现的。

反式因子具有两个必需的结构域，一个是能与顺式元件结合的结构域，能识别特异的 DNA 序列；另一个是激活结构域，其功能是与其他反式因子或 RNA 聚合酶结合，正是由于反式因子激活结构域的这种功能，才能使一些离 TATA 盒较远（几个 kb）的顺式元件所结合的反式因子能参与转录起始的调控。由于 DNA 分子是柔性的，能成环状，这是结合在相距较远的顺式元件上的反式因子之间相互作用的基础。真核生物基因转录的启动由多个转录因子参与，而不同转录因子组合的相互作用能启动不同基因的转录。

反式因子与相应顺式元件结合的结构域，可归纳为如下几种模式：

①与 DNA 结合的结构域——包括两个基元

a. 锌指（zinc finger）：23 个氨基酸组成，在保守的 Cys 和 His 组成的四面体结构中嵌入一个 Zn，在锌指蛋白中，锌指常成串重复排列，锌指之间由 7~8 个氨基酸残基连接（图 11-19）。不同锌指蛋白质锌指数目不同，在与 DNA 结合时，锌指的尖端伸入到 DNA 分子的大沟或小沟中起识别作用，并与特异的 DNA 序列结合。

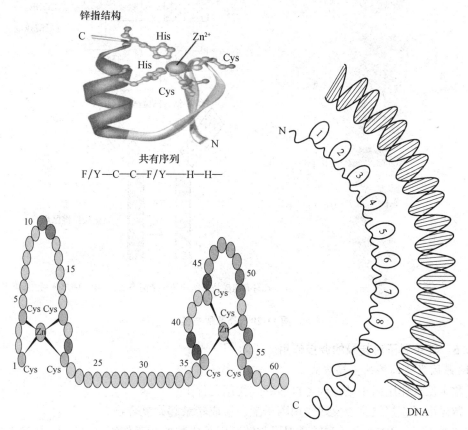

图 11-19　锌指蛋白及锌指蛋白与 DNA 结合

b. 螺旋-转角-螺旋（helix-turn-helix，HTH）：在两个 α-螺旋之间被一个 β-转角隔开的结构。此结构很不稳定，但却是结合 DNA 的较大结构域的活性部位。其中一个 α-螺旋含有多个与 DNA 相互作用的氨基酸残基，可进入大沟，起识别作用。

②与其他调控蛋白质或 RNA 聚合酶结合的结构域

a. 螺旋-突环-螺旋(helix-loop-helix, HLH)：含有两个两性的 α-螺旋，螺旋之间以一段突环相连，约 40~50 个残基。通过两个螺旋上的疏水基团形成二聚体而发挥作用。螺旋的 N 端与一段碱性氨基酸相连，以此与 DNA 结合。

b. 亮氨酸拉链(leucine zipper motif, LZM)(图 11-20)：大多数识别 DNA 序列的调节蛋白都以二聚体形式起作用。亮氨酸拉链基元约由 35 个氨基酸残基(用 35aa 表示)形成两性的卷曲螺旋型 α-螺旋，疏水基团位于一侧，解离基团位于另一侧，使螺旋具有两性性质。每个螺旋 3.5 个氨基酸残基，每两圈有一个亮氨酸，单体通过疏水侧链二聚体化，形成拉链。相互作用的两个 α-螺旋彼此缠绕在一起，形成螺旋的再螺旋。借助 N 端碱性氨基酸与 DNA 结合，称为碱性亮氨酸拉链(bZip)。

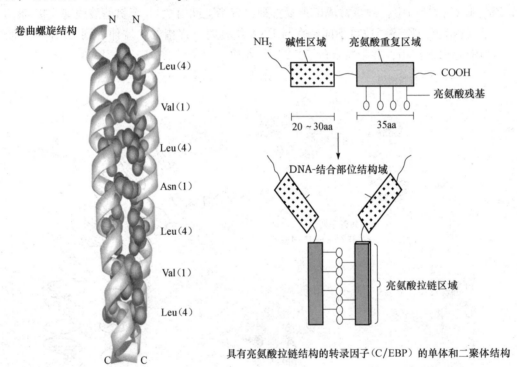

图 11-20　亮氨酸拉链

11.3.2.5　转录因子对转录的调控作用

(1) 基因表达调控的主要方式

①数个反式作用因子结合到各自的顺式作用元件上。

②转录因子直接结合于反式作用因子上，形成转录起始复合物。

③转录因子与 DNA 之间和转录因子与转录因子之间的相互作用，可以促进 RNA 聚合酶与 DNA 结合，并能启动转录。

(2) 启动子和增强子的调控

真核生物基因的启动子由一些分散的保守序列组成，其中包括 TATA 盒、CAAT 盒和多个 GC 盒。CAAT 盒和 GC 盒属上游控制元件。

除启动子外，能够促进转录的序列即为增强子。增强子由比较集中的保守序列组成。通常位于启动子上游很远的地方，有时也可位于启动子下游。当它与反式作用因子(转录因子)相互作用时，能够促进转录。

本章小结

细胞代谢的原则是将各类物质纳入共同代谢途径，各种物质之间通过各自的代谢途径及共同的中间代谢物相互转化。不同的代谢途径可通过交叉点上关键的中间代谢物相互关系，沟通各代谢途径，形成经济有效、运转良好的代谢网络。三羧酸循环是各类物质最重要的共同代谢途径，是各类物质相互联系的枢纽。共同代谢途径的存在，使生物体代谢增加了灵活性。重要的中间产物有：6-磷酸葡萄糖、丙酮酸、乙酰-CoA。

生物体内代谢是在严密的调控下进行的，它遵循的总原则是：物质代谢交叉形成网络；分解代谢与合成代谢的单向性；ATP 是通用的能量载体；NADPH 是合成代谢所需的还原力。

生物体内的代谢调节在三个不同水平上进行：分子水平的调节；细胞水平的调节；多细胞生物整体水平的调节。细胞代谢主要受到酶的调节，酶的调节是最基础、最关键的代谢调节，包括酶活性调节和酶量调节。酶活性调节主要有：别构调节、共价修饰、酶原激活、酶分子的聚合和解聚，以及抑制剂和激活剂等。酶量调节包括酶的合成与降解，酶的合成与基因的表达调控相关。

基因表达就是基因转录及翻译的过程。基因表达的调控是指调节基因表达所涉及的全部机制，在适应环境、维持生长与增殖和维持个体发育与分化过程中具有重要的生物学意义。

习 题

1. 哪些化合物是联系糖、脂类、蛋白质和核酸的重要物质？为什么？
2. 生物体内糖类、脂肪及蛋白质三类物质在代谢上的相互关系如何？
3. 试述 6-磷酸葡萄糖在生物体内主要代谢途径中的地位。
4. 生物体内的代谢调节在哪几种不同水平上进行？
5. 细胞代谢的基本要略是什么？
6. 什么是关键酶，其特点是什么？
7. 酶活性调节有哪些方式？各举例说明。
8. 简述酶活性的共价修饰调节。比较酶的变构调节和化学修饰的异同。
9. 细胞膜结构在代谢调节中有何作用？
10. 何谓操纵子？根据操纵子模型说明酶的诱导与阻遏。
11. 简述原核基因转录调节的特点。
12. 说明衰减子的作用机制和生物学意义。
13. 简述原核生物和真核生物基因表达的区别是什么？
14. 一个真核基因的终产物是蛋白质，这个基因的表达可以在哪些层面进行调控？

参考文献

[1] 王镜岩,朱圣庚,徐长法. 生物化学教程[M]. 北京:高等教育出版社,2008.
[2] 余瑞元. 生物化学[M]. 北京:北京大学出版社,2007
[3] 张曼夫. 生物化学[M]. 北京:中国农业大学出版社,2003.
[4] 杨志敏,蒋立科. 生物化学[M]. 2版. 北京:高等教育出版社,2010.
[5] 张洪渊. 生物化学原理[M]. 北京:科学出版社,2006.
[6] 董晓燕. 生物化学[M]. 北京:高等教育出版社,2010.
[7] 王金胜,王冬梅,吕淑霞. 生物化学[M]. 北京:科学出版社,2007.
[8] 郑集,陈钧辉. 普通生物化学[M]. 4版. 北京:高等教育出版社,2007.
[9] Garrett R H, Grisham C M. 生物化学(影印版)[M]. 2版. 北京:高等教育出版社,2002.
[10] Buchanan B B, Gruissem W, Jones R L. Biochemistry and Molecular Biology of Plants(影印版)[M]. 北京:科学出版社,2002.

(撰写人:陈玉珍)

第12章　组学基础

前面十一个章节介绍了生物大分子基本结构、功能以及新陈代谢的内容，可以称之为经典的生物化学。科学发展到今天实现了多学科的交叉，分子生物学是生物化学发展的一个新阶段。DNA 被确立是遗传的物质基础，DNA 重组技术的发展以及自动化程度日益提高的 DNA 测序技术的建立，为 1990 年启动人类基因组计划（HGP）奠定了基础。这个项目的研究战略和实验技术源源不断地产生了日益庞大及复杂的基因组数据，这些数据已被载入公共数据库，并改变了对几乎所有生命过程的研究。基因组序列这一指导生物发育和发挥功能的信息综合体，是当今生命科学革命的核心。

基因组学研究当前有三大主题。

①阐明基因组的结构和功能　现在广泛公布的人类以及一系列模式生物的基因组序列包含了细胞的结构和功能的全部遗传指令信息。阐明基因组的结构以及确定大量编码元素的功能可以建立基因组学与生物学的联系，从而加速对所有生命科学领域的探索。

②全面鉴定人类基因组所编码的结构和功能成分　虽然 DNA 结构相对简单并在化学角度上已经得到了相当深入的了解，但是人类基因组的结构是极其复杂的，而且对其功能的理解还很少。只有 1%~2% 的碱基编码蛋白质产物，而且编码蛋白的全套序列还没有确定。数量与之基本相当的基因组非编码区、基因组中有将近一半的高度重复的序列区以及其他非编码、非重复 DNA 序列区，有关它们的功能所知很少。

③对进化上不同的物种进行基因组序列的比对　不同物种序列的进一步比对，尤其是那些占据独特进化位置的物种间的比对，会极大地促进对保守序列作用的理解。因此，其他几个具有代表性的物种的基因组序列测定对于了解人类基因组的结构和功能至关重要。

随着基因组计划、生物信息学的发展，细胞信号传导与基因调控网络的研究，高通量生物技术、生物计算软件设计技术的应用，形成了高通量生物技术的组学"omics"系统生物学。omics 是组学的英文称谓，它的词根"-ome"英译是一些种类个体的系统集合。在人类基因组计划（human genome project，HGP）实施的短短几年内，各种组学应运而生。最早出现的是与 DNA 相关的基因组学，人类基因组计划完成以后产生了"后基因组学"（post-genomics），随后又形成了许多与各种生物大分子或小分子相关的组学（图12-1）。主要包括基因组学（genomics）、蛋白组学（proteinomics）、代谢组学（metabolomics）、转录组学（transcriptomics）、脂类组学（lipidomics）、免疫组学（immunomics）、糖组学（glycomics）和 RNA 组学（RNomics）学等。人们可以采用系统集成的手段，多层次揭示生命现象。系统生物学开始于对基因和蛋白质的研究，该研究使用高通量技术来测定某物种在给定条件干涉下基因组和蛋白质组的变化。基因组和基因表达方面的研究已经比较成熟，而在其他水平如蛋白质、小分子代谢物等的研究仍处于起步阶段。低丰度蛋白往往是最重要的生物调节分子，如何加强对低丰度蛋白

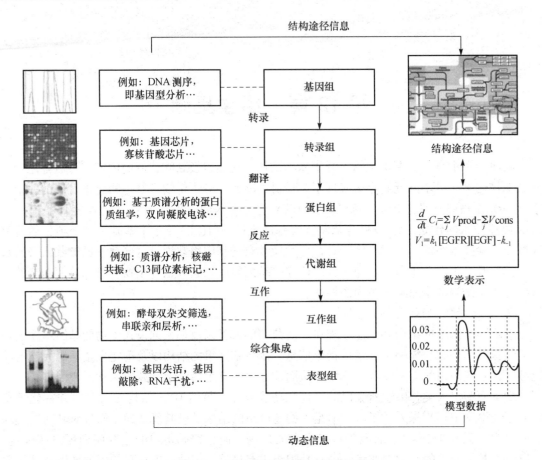

图 12-1 基因组学与后基因组学概览

的高通量研究,将是对蛋白质组应用前景的重要保障。同样,如何研究系统内存在的非遗传性分子即细胞中存在的成百上千的独立的代谢底物及其他各种类型的大、小分子,它们在基因表达、酶的构象形成等方面有着重要作用。建立适当的方法来系统检测这些分子的变化是系统生物学能否发展的关键。

本章将对基因组学、转录组学、蛋白质组学、代谢组学以及降解组学做简要的介绍。

12.1 基因组学

人类基因组计划是美国科学家于 1985 年率先提出的,于 1990 年正式启动。2000 年 6 月 26 日,参加人类基因组工程项目的美国、英国、法国、德国、日本和中国的 6 国科学家共同宣布,人类基因组草图的绘制工作已经完成。可以说,组成人类基因组的 23 对染色体的图谱绘制是新世纪最重大的科学发现,它提出的问题与它解答了的问题同样多。1986 年美国著名人类遗传学家和内科教授 Thomas Roderick 创立了基因组学(genomics)的概念并被广泛接受,其指对所有基因进行基因组作图、核苷酸序列分析、基因定位和基因功能分析的一门科学。而今,基因组学已成为生命科学领域最活跃、最有影响的重大的前沿学科。基因组学的主要工具和方法包括：生物信息学、遗传分析、基因表达测量和基因功能鉴定。20世纪90年代随着几个物种基因组计划的启动，基因组学取得长足发展。基因组研究应该包括两方面的内容：以全基因组测序为目标的结构基因组学(structural genomics)和以基因功能鉴定为目标的功能基因组学(functional genomics)，又被称为后基因组(postgenome)研究，成为系统生物学的重要方法。根据基因组学的定义，基因组学包括结构基因组学、功能基因组学和比较基因组学。

12.1.1 结构基因组学

通过基因组作图、核苷酸序列分析，研究基因组结构，确定基因组组成、基因定位的科学。目前基因组学的大部分内容仍是在研究基因组的结构阶段。但在某些模式生物中已开始进入功能基因组学的阶段。

12.1.1.1 基因组的结构特点

人类基因组是第一个被测序的脊椎动物基因组，人类基因组大小约为 3.2×10^9 bp (3 200Mb)，其中基因和基因相关序列约为1 200Mb，基因间DNA序列约为2 000Mb。在基因和基因相关序列中为基因编码的序列约为48Mb，占总基因组序列的1.5%左右，而基因相关序列约为1 152Mb，占总基因组的36%，其中包括假基因、基因片段和内含子以及非翻译区(untranslated region, UTR)；在基因间DNA序列中散在重复序列(interspersed repeat sequences, IRS)为1 400Mb，占总基因组的43.75%，包括64Mb的长散在核元件(LINE)、420Mb的短散在核元件(SINE)、250Mb的长末端重复序列(long terminal repeat, LTR)和90Mb的DNA转座子。在基因间DNA序列还含有600Mb的其他的基因间区域序列，包括90Mb的微卫星序列和510Mb的各种序列成分。显然，编码基因的序列仅占人类基因组DNA的1%左右，98%以上的序列是非编码序列。基因中内含子的序列占基因组的24%，因此基因组涉及与产生蛋白质有关的序列达到25%。基因平均长27kb，平均具有9个外显子，一个基因约由1 340bp组成编码序列，因此平均在一个基因内的编码序列仅仅只占一个基因序列碱基长度的5%。而人类基因组DNA中重复序列占50%以上，主要分成5种类型：①转座子成分，包括有活性的和无活性的，占基因组的45%，均以多拷贝的形式存在于基因组中；②已加工假基因(processed pseudogene)，这是一类与RNA转录物相似的失活基因，约3 000个，约占基因组的0.1%；③简单重复序列，约占基因组的3%；④大片段重复(长10~30kb的大片段)占基因组约5%；只有少部分在相同的染色体上，多数分布在不同的染色体上；⑤串联重复，主要位于着丝粒和端粒部位。

动植物王国中不同物种间基因组大小有巨大的差异(图12-2)，在多倍体植物中，它整个二倍体基因组被复制了数份。但是值得注意的是，一个更庞大的基因组并不一定意味着更复杂的组织结构，植物和其他生物体中的大部分DNA都是非编码的重复序列，用以编码蛋白质表达的基因数量并不与其基因组的大小成正比。例如，在水稻中全长430Mb的基因组中，42.2%的DNA都是由精确的20bp重复序列构成，它们散布在各个基因之间。在植物中，除了细胞核内的染色体外，质体和线粒体也带有它们自己的遗传信息。线粒体基因组的长度在不同的植物间差异很大，如夜来香和油菜的线粒体染色体仅长200kb，而甜瓜的则长

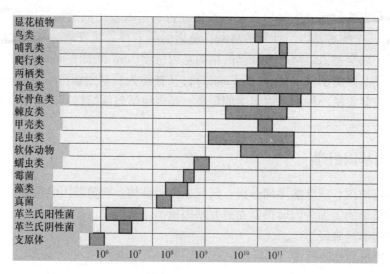

图 12-2 生物基因组大小分析

达 2 600kb。这和动物的线粒体基因组情况正好相反，后者是相当紧密的(约 16kb)。

12.1.1.2 遗传标记

分子标记(molecular markers)是以个体间遗传物质内核苷酸序列变异为基础的遗传标记，是 DNA 水平遗传多态性的直接的反映。与其他几种遗传标记——形态学标记、生物化学标记、细胞学标记相比，DNA 分子标记具有的优越性有：大多数分子标记为共显性，对隐性的性状的选择十分便利；基因组变异极其丰富，分子标记的数量几乎是无限的；在生物发育的不同阶段，不同组织的 DNA 都可用于标记分析；分子标记揭示来自 DNA 的变异；表现为中性，不影响目标性状的表达，与不良性状无连锁；检测手段简单、迅速。几种常用的 DNA 分子标记如下。

限制性片段长度多态性(restriction fragment length polymorphism，RFLP)是第一代 DNA 遗传标记。1974 年 Grodzicker 等创立了限制性片段长度多态性(RFLP)技术，它是一种以 DNA-DNA 杂交为基础的第一代遗传标记。RFLP 基本原理(图 12-3)：利用特定的限制性内切酶识别并切割不同生物个体的基因组 DNA，得到大小不等的 DNA 片段，所产生的 DNA 数目和各个片段的长度反映了 DNA 分子上不同酶切位点的分布情况。通过凝胶电泳分析这些片段，就形成不同带，然后与克隆 DNA 探针进行 Southern 杂交和放射显影，即获得反映个体特异性的 RFLP 图谱。自 RFLP 问世以来，已经在基因定位及分型、遗传连锁图谱的构建、疾病的基因诊断等研究中仍得到了广泛的应用。

第二代 DNA 遗传标记利用了存在于人类基因组中的大量重复序列。数目可变串联重复多态性(variable number of tandem repeats，VNTR)数目可变串联重复序列又称小卫星 DNA(Minisatellite DNA)，是一种重复 DNA 小序列，为 10 到几百个核苷酸，拷贝数 10～10 001 不等。VNTR 基本原理与 RFLP 大致相同，只是对限制性内切酶和 DNA 探针有特殊要求：①限制性内切酶的酶切位点必须不在重复序列中，以保证小卫星或微卫星序列的完整性；②内切酶在基因组的其他部位有较多酶切位点，则可使卫星序列所在片段含有较少无关序列，通过电泳可充分显示不同长度重复序列片段的多态性；③分子杂交所用 DNA 探针核苷酸序列

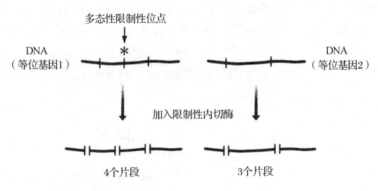

图 12-3 限制性片段长度多态性原理示意

必须是小卫星序列或微卫星序列，通过分子杂交和放射自显影后，就可一次性检测到众多小卫星或微卫星位点，得到个体特异性的 DNA 指纹图谱。卫星 DNA 的分类与特征见表 12-1。

表 12-1 卫星 DNA 的分类与特征

卫星 DNA 分类	特 征
α 卫星 DNA	中等重复，基本单位长 17bp
小卫星 DNA	中等重复，基本单位长 15~65bp
微卫星 DNA	中等重复，基本单位长 15~65bp

另外，还有基于 PCR 技术的分子标记技术。所用引物的核苷酸序列是随机的，其扩增的 DNA 区域事先未知。随机引物 PCR 扩增的 DNA 区段产生多态性的分子基础是模板 DNA 扩增区段上引物结合位点的碱基序列的突变，不同来源的基因组在该区段上表现为扩增产物有无差异或扩增片段大小的差异。随机引物 PCR 标记表现为显性或共显性。随机扩增多态性 DNA(random amplified polymorphism DNA, RAPD)；任意引物 PCR(arbitrarily primed polymerase chain Reaction, AP-PCR)；DNA 扩增指纹印迹(DNA amplification fingerprinting, DAF)。

特异引物的 PCR 标记所用引物是针对已知序列的 DNA 区段而设计的，具有特定核苷酸序列(通常为 18~24bp)，可在常规 PCR 复性温度下进行扩增，对基因组 DNA 的特定区域进行多态性分析。序列标志位点(sequence tagged sites, STS)；简单重复序列(simple sequence repeat, SSR)；序列特异性扩增区(sequence-characterized amplified region, SCAR)；单引物扩增反应(single primer amplificatipn reaction, SPAR)；DNA 单链构象多态性(single strand conformation polymorphism, SSCP)；双脱氧化指纹法(dideoxy fingerprints, DdF)基于限制性酶切和 PCR 技术的 DNA 标记；扩增片段长度多态性(amplified fragment length polymorphism, AFLP)；酶切扩增多态性序列(cleaved amplified polymorphism sequences, CAPS)。

第三代 DNA 遗传标记，可能也是最好的遗传标记，是分散于基因组中的单个碱基的差异，即单核苷酸的多态性。单核苷酸多态性(single nucleotide polymorphism, SNP)标记是美国学者 E. Lander 于 1996 年提出的，指同一位点的不同等位基因之间仅有个别核苷酸的差异或只有小的插入、缺失等。从分子水平上对单个核苷酸的差异进行检测，SNP 标记可帮助区分两个个体遗传物质的差异。人类基因组大约每 1 250bp SNP 标记出现一次，已有 2 000 多个标记定位于人类染色体，对人类基因组学研究具有重要意义。检测 SNP 的最佳方法是 DNA 芯片技术。SNP 标记被称为第三代 DNA 分子标记技术，随着 DNA 芯片技术的发展，其有望成为最重要、最有效的分子标记。人类基因组中的 SNP 作为遗传标记的分子机制如图 12-4 所示。

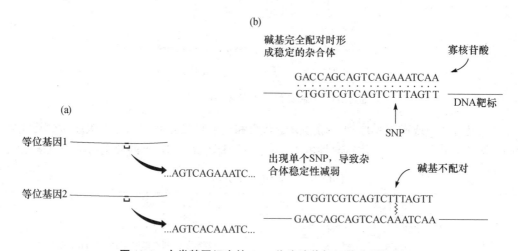

图 12-4　人类基因组中的 SNP 作为遗传标记的分子机制
（a）单核苷酸多态性的产生　（b）SNP 的产生影响了 DNA 序列间杂交的强度

知识窗

现在历史证明，基因资源才是人类最珍贵的财产，也是人类最后的遗产。中国拥有世界上最丰富的人类基因资源，人口多、民族多、疾病的种类很多，既有发展中国家高发的传染病或某些遗传病，又有因生活富裕而引起的肥胖症、高血压、心脏病等富贵病。而且中国几代同堂的现象非常普遍，少数民族聚居，这又使得家系遗传资源非常纯粹。因此，可以说中国是遗传资源的黄金宝地，也是国外大型生物技术公司和制药公司，以及研究机构进行生物剽窃的目标。自 20 世纪 90 年代以来，国外一些研究机构以联合研究、投资或者控股中国基因公司、赞助健康工程等形式进入中国。2000 年 12 月 20 日，《华盛顿邮报》以《在中国农村，有丰富的基因母矿》为题报道了哈佛在中国安徽农村采集大量血样并偷运回美国的生物剽窃事件。在我国强伯勤主持的中华民族基因组 SNP 研究计划于 2001 年启动。中华民族基因组研究计划把对中国不同民族致病基因、易感基因以及相关基因位点的研究作为人类基因组研究计划中的特殊研究内容。该研究项目实施不仅有利于我们抢占未来中国巨大的医药市场，而且在政治上和军事上也都存在着深远的战略意义。

12.1.1.3　基因组图谱的构建与应用

一个基因在基因组上的定位或者位点可以用遗传图谱或者物理图谱来描述。遗传作图中又分以形态性状为标记的经典遗传图谱和基于内切酶片段长度多态性的遗传图谱，即 RFLP

图谱,此图谱的作图标记可为已知的 DNA 片段,或为用随机合成的 DNA 引物通过多聚酶链式反应扩增出来的 DNA 片段(RAPD)。遗传图又称连锁图(linkage map),是指确定基因或 DNA 标记在染色体上的相对位置与遗传距离。它是通过连锁分析,计算遗传标记(或基因)间的交换频率,将某一染色体上的基因呈直线排列,确定基因之间的相对位置,一般用厘摩(cM)表示。人类基因组全长约 3 200cM,1cM 大约相当于 1 000kb。遗传图的绘制需要应用多态性标记作为位标,如最早应用的 RFLP 标记,20 世纪 80 年代后期应用的 STR 标记;近来,多应用 SNP 标记。在遗传图中,使用遗传标记越多,越密集,所得到的连锁图谱的分辨率就越高,目前遗传图的分辨率已精确到 0.75cM 左右。

物理图谱则是通过直接检测基因组的物理介质,即分析 DNA 的组成。物理图谱的制作工作分为几个层次,最详细的物理图谱将是基因组的 DNA 全序,这也是基因组计划的最终目标之一,要达到这个目标,必须经过很多艰苦的努力。目前能克隆大片段外源 DNA 的最佳载体为酵母人工染色体(YAC),自从 1986 年 YAC 被用来克隆大片段的外源 DNA 以来,其载体发展很快,现已能克隆 105~106 个碱基的外源 DNA 片段,而黏粒和噬菌体载体所能克隆的外源 DNA 片段分别为 40×10^3 个碱基和 20×10^3 个碱基左右。尽管 YAC 也有不少不尽人意的地方,如常常出现的外源 DNA 拼接在一起或重组的现象,但它仍是目前为止最有效的克隆大片段外源 DNA 的载体。因此,YAC 便成了连接遗传图谱和物理图谱的一座桥梁。而现在在 HGP 中以 YAC 或 BAC 为载体构建的连续克隆系覆盖人的每条染色体的大片段 DNA。以 YAC 叠连群或 BAC 叠连群作为大尺度物理图谱,同时寻找分布于人类整个基因组的序列标签位点 STS。STS 是具有位点专一性,染色体定位明确,而且可用 PCR 扩增的单拷贝序列,是物理作图通用语言,最新制作的物理图包含了 52 000 个 STS 位标。以 STS 为基础的图谱最大的优点是:适合于大规模测序,并很容易在染色体上定位。将 YAC 克隆在染色体上排序,被认为是基因组研究中最基本、最关键的步骤。然后将 PCR 技术、STS 位标和 YAC 克隆以及计算机分析技术结合起来最后形成一张人类染色体的完整的物理图谱。

人类的基因转录图(cDNA 图),或者基因的 cDNA 片段图,即表达序列标签图(EST,expressed sequence tag)是人类基因组图的雏形。在成年个体的每一特定组织中,一般只有 10%~20% 的结构基因(约 1 万~2 万个不同类型的 mRNA)表达。

人类基因组的核苷酸序列图是分子水平上最高层次、最详尽的物理图。测定总长约 1m、由 30 亿个核苷酸组成的全序列是人类基因组计划的最终目标。不同种族、不同个体的基因差异(基因组的多样性)以及"正常"与"疾病"基因的差异,只是同一位点上等位基因的差异,所以,人类基因组全序列来自一个"代表性人类个体",不属于任何供体。

12.1.2 比较基因组学

比较基因组学(comparative genomics)是一门通过运用数理理论和相应计算机程序,对不同物种的基因组进行比较分析来研究基因组大小和基因数量、基因排列顺序、编码序列与非编码序列的长度、数量及特征,以及物种进化关系等生物学问题的学科。最重要也是最能体现比较基因组学的学科特点的是不同生物间全基因组的核苷酸序列的整体比较。这是由于生物在进化上是相互关联的,对一种生物的研究可以为其他生物提供有价值的信息。比较基因组学的重要作用之一是它能根据对一种生物相关基因的认识来理解、诠释甚至克隆分离另一种生物的基因。

HGP 除了对人类基因组的测序外，还包括大肠杆菌、酵母菌、线虫、果蝇、拟南芥、小鼠、水稻等模式生物体的研究计划。2000 年 12 月英、美等国科学家宣布绘出拟南芥基因组的完整图谱。这是人类首次全部破译一种植物的基因序列。2005 年 9 月由美国、以色列、德国、意大利和西班牙的 67 名科学家组成的国际黑猩猩基因测序与分析联盟初步完成了黑猩猩基因组序列草图与人类基因组序列的比较工作。黑猩猩和人类基因组的 D.A 序列相似性达到 99%；即使考虑到 D.A 序列插入或删除，两者的相似性也有 96%。人类只比黑猩猩多 50 个特殊基因。人类与黑猩猩有 29% 的共同基因编码生成同样的蛋白质。生物学研究早已表明，从模式生物获得的数据，对于研究和阐明人类生物学是必不可少的。

随着人类基因组计划的完成和 676 种生物全基因组序列的测定以及 3 109 种基因组测序的即将完成，爆炸式增加的基因组数据需要进行比较，只有进行基因组的比较分析，才能认识蕴藏其中的遗传信息或了解这种序列和表型的关系，获取更多有效信息。在进化的过程中，从低等到高等生物许多功能基因十分保守，许多核苷酸序列也十分保守，根据比较基因组学原理，相同的功能基因有着相似的生物学功能，同线群(syntenic group)的基因有类似的分布。因此，从模式生物基因组得到的数据和资料，将对分析人类基因组的组织结构及阐明一些基因和 DNA 片段的功能，具有十分重要的作用。

通过比较基因组学的研究加深了人们对基因组结构和基因功能的认识。基因组的进化表现为编码区组分 DNA 与非编码区组分 DNA 的进化。编码区组分 DNA 的进化主要表现在新基因的获得。对基因组大小和基因数目的比较，使我们了解到基因组大小与遗传复杂性并非线性相关。果蝇和线虫的基因组大约 8~9 倍于酵母的，但其基因数目却仅为酵母的两倍多。编码区只代表总 DNA 的很小一部分，非编码序列的存在使我们不能从基因组总大小来推测其基因数目。一般大的基因组中有非编码 DNA 的大量增加，而编码序列的大小及数目的差别不如非编码序列显著。比较基因组学的研究表明在亲缘关系较近的物种中存在保守的连锁群或染色体"板块"结构。人类与小鼠可能有 181 个不同的保守连锁群，平均大小为 9cM 左右。将人类的基因与小鼠的基因进行比较，发现有 1 886 个基因同源。近缘物种如人类和黑猩猩相似性高达 98.7%；远缘物种如酿酒酵母 *S. cerevisiae* 也有多至 30% 的基因与人类基因相近。借助这种相似性，可以通过对不同物种的基因组的比较追踪它们在进化长河中的共同起源。总之，通过研究不同生物、不同物种基因组结构与功能上的相似及差异，可以勾画出一张详尽的系统进化树，而且还将显示进化过程中最主要的变化所发生的时间及特点。据此可以追踪物种的起源和分支路径。对序列差异性的研究有助于认识大自然生物多样性的产生基础。生命多样性的表现特点之一是遗传的多样性。进化的基础是遗传的变异，遗传物质改变所发生的分子事件是基因组进化的分子基础。

12.1.3　功能基因组学

基因功能鉴定是测序和对基因组进行注释的结果，基因组测序完成后，研究未知基因的功能是一个十分诱人的后基因组研究课题。结构基因组学代表基因组分析的早期阶段，以建立生物体高分辨率遗传、物理和转录图谱为主。功能基因组学代表基因分析的新阶段，是利用结构基因组学提供的信息系统地研究基因功能，它以高通量、大规模实验方法以及统计与计算机分析为特征。功能基因组学（functional genomics）又往往被称为后基因组学（post-genomics），它利用结构基因组所提供的信息和产物，发展和应用新的实验手段，通过在基因组或系统水平上全面分析基因的功能，使得生物学研究从对单一基因或蛋白质的研究转向多个基因或蛋白质同时进行系统的研究。这是在基因组静态的碱基序列弄清楚之后转入基因组动态的生物学功能学研究。研究内容包括基因功能发现、基因表达分析及突变检测。基因的功能包括：①生物学功能，如作为蛋白质激酶对特异蛋白质进行磷酸化修饰；②细胞学功能，如参与细胞间和细胞内信号传递途径；③发育上功能，如参与形态建成等。采用的技术包括突变体、反义 RNA、RNAi、基因表达的系统分析、DNA 芯片等。

突变体是研究基因功能传统的，也是最有效的方法。传统上获得突变体的方法包括自然突变和人工诱变。自然诱变由于其突变频率低，筛选工作量大，而迫使人们发展人工诱变的方法筛选突变体。人工诱变是通过物理或化学方法处理，在处理后代中选择具有新特性的生物体，然后克隆有关基因并对其进行功能分析。诱发突变的物理因素主要指某些射线，如 γ 射线、X 射线、β 射线和中子流等；化学诱变剂主要指某些烷化剂、碱基类似物、抗生素等化学药物。目前，T-DNA 插入突变技术被广泛地应用到许多植物功能基因组研究中。人为获得基因插入突变的方法主要有三种，即接头插入突变法、T-DNA 标签法和转座子诱变法。通过这些方法可大大提高突变频率，简化传统方法中对基因所有突变体的鉴定和分离工作。尤其是它可在找不到天然存在的突变体表型的情况下对某一特定区段的 DNA 的功能进行更为详细的研究。突变技术虽然已经被广泛地运用到植物基因的功能鉴定上，并且有许多成功的例子。然而这一技术却有着一个明显的缺陷，那就是基因突变的随机性。这主要表现在突变必须被测序或者作图以证明它们的位置，并且突变材料的大规模收集必须通过对整个基因组进行筛选。这些限制也就意味着该方法技术含量低，工作量过大。而且突变具有很大的随机性，经常给实验带来不便。因此，尽管随机插入突变在显示突变体表型上展现了高效性，但是在植物高通量的反向遗传学分析应用上却受到很大的限制。突变体并不能用于所有基因的功能分析。主要有两个方面的原因：①每种生物都有自己的必需基因，是完成生命活动所必需的。例如，拟南芥有 1 000~2 000 个必需基因，它们在细胞生长和分裂中发挥作用。敲除这些基因会造成配子体或早期胚的致死，因而无法获得必需基因的纯合突变体，更不用说对必需基因的纯合突变体的表型进行评价。②许多基因在功能上是冗余的，敲除掉一个在功能上冗余的基因，基因家族的其他成员可以提供同样的功能，所以并不能造成容易鉴别的表型。

反义 mRNA 技术是通过向细胞导入一段与特定编码 mRNA 互补的非编码 RNA 链，使其与该段 mRNA 特异性结合而定向抑制靶基因表达的技术。这一技术的成熟，为功能基因组学的研究和基因治疗提供了新的思路。在反义 mRNA 技术的研究过程中，科学家们意外发现导入正义 mRNA（sense mRNA）与导入反义 mRNA 具有等效的阻抑效应。而更令人吃惊的是如果导入相应双链 RNA（dsRNA），其阻抑效应比导入任一单链 RNA 强十倍以上，dsRNA 若经纯化则阻抑效应更强。这种双链 RNA 特异性地作用于与其序列配对的基因而抑制其表达的现象称为 RNA 干扰。RNA 干扰技术作为一种新的定点基因敲落（gene knockdown）技术，赋予了功能基因组学、基因治疗等全新的思路，堪称生命科学近年来的革命性的突破，因而发现 RNA 干扰机制的两位美国科学家安德鲁·法尔和克雷格·梅洛荣获 2006 年诺贝尔生理学或医学奖。可见该项成果的重大科学意义。

基因表达的系统分析方法是近年发展起来的一种用于全面研究基因组表达情况的方法。该方法可以在事先未选定已知基因的前提下，分析来自一个细胞的全部转录本信息，可对全部已知基因和未知基因进行定性和定量分析。该技术具有假阳性率低、可重复性强、实验周期相对较短、省时、花费较少、不需要昂贵的设备与仪器等诸多优点，因而在当前的后基因组学研究中日渐显现出强大的实用性。

下面介绍基因芯片技术在功能基因组学中的应用。基因芯片，又称 DNA 微阵列，是指固着在载体上的高密度 DNA 微点阵。具体地说指将大量（通常点阵密度高于 400 个/cm）基因探针分子固定于载体（玻片或薄膜后）与标记的样品分子（mNRA、cDNA、基因组 DNA 等）进行杂交，通过检测每个探针分子的杂交信号强度进而获取样品分子数量和序列信息。另外，由于基因芯片上探针定位的精确性及信息的可知性，可以利用芯片进行靶基因不同状态及单个碱基的分析。因此，基因芯片检测手段在使样品的需要量降低的同时，相应地提高了检测的灵敏度。目前假阳性和昂贵的价格是制约基因芯片全方位应用的主要原因。

物理诱变、化学诱变、基因沉默以及插入突变等方法都可以用来构建突变体库，但每种方法都有各自的优、缺点。物理、化学诱变比较容易得到饱和突变体库，但突变基因的克隆要用较复杂的图位克隆法，难以在获得全基因组测序信息的基础上进行基因功能的研究。基因沉默在线虫的突变体库构建中得到成功的应用，现在植物上也有许多成功的应用，将来有望成为研究热点。转座因子（transposable element）或 T-DNA 插入突变能方便地进行正向和反向遗传学的研究。从正向遗传学来看，可以鉴定插入突变体，根据插入序列迅速克隆到突变基因，确定该基因的功能。从反向遗传学来看，可以根据插入的已知序列和目的基因序列设计 PCR 反应引物，通过 PCR 技术从突变体库中筛选出目的基因的插入突变体。虽然该方法存在工作量大、插入位点随机性，但仍不失为当前最有效的方法。对于基因表达系列分析（serial analysis of gene expression，SAGE）技术，虽然其具有其他方法无法比拟的诸多优点，但该方法本身所固有的一些不足及在实验实施过程中的一些困难也着实不容忽视，如对标签的质量要求、测序的可靠性和对未知标签的鉴定等。基因芯片的突出特点在于它的高度并行性、多样化、微型化及自动化。同任何新技术一样，生物芯片技术也存在着不足，主要是技术及设备比较复杂、成本很高、研究及应用有限等问题。自 20 世纪末到现在，芯片技术研究的焦点仍在如何提高芯片的特异性、简化样品制备和标记的操作、增加信号的强度及加大集成量等。由于这两种方法具有规模检测的作用，在对功能基因组的研究中将日趋广泛。

知识窗

在不远的将来，根据每个人的 DNA 序列的差异，可了解不同个体对疾病的抵抗力，依照每个人的"基因特点"对症下药，这便是 21 世纪的医学——个体化医学。更重要的是，通过基因治疗，不但可预防当事人日后发生疾病，还可预防其后代发生同样的疾病。个体化药物治疗又称个性化治疗（personalized therapy），是一种基于个体的药物遗传学和药物基因组学信息，根据特定人群甚至特定个人的病情、病因以及遗传基因（SNP、单倍性、基因表达），提供针对性治疗和最佳处方用药的新型疗法。个体化药物治疗最主要的研究方向，就是通过了解导致药物效应个体差异的原因，找出人与人个体之间的基因差异导致的疗效的差别和不良反应的差别，并将这一研究成果应用于临床治疗中。不同的人群由于遗传基因的差异因而对一些疾病有不同的敏感性。实际上，"癌肿基因组解剖学计划（cancer genome anmomy project，CGAP）"就代表了在这方面的尝试。

12.2 转录组学

人类与几个模式生物的基因组序列提供了关于控制生物体特征的基本的遗传与进化模板的显著视图。但是真正对表型起决定作用的是首先表达在转录组中的重要的下游信息元素，然后才是蛋白质组中的。自从20世纪90年代中期以来，随着微阵列技术被用于大规模的基因表达水平研究，转录组学作为一门新技术开始在生物学前沿研究中崭露头角并逐渐成为生命科学研究的热点。原因如下：

①蛋白质组研究需要更多的转录组研究的信息。因为单一的蛋白质组数据不足以清楚地鉴定基因的功能，因此蛋白质组的数据需要转录组的研究结果加以印证。

②非编码RNA研究的不断发展，使得转录组研究的范围不断扩大和深化。

③随着新一代高通量测序技术运用到转录组研究之中，转录组研究中提供的数据量呈现爆炸式的扩增，极大地拓宽了转录组研究解决科学问题的范围。

遗传学中心法则表明，遗传信息在精密的调控下通过信使RNA（mRNA）从DNA传递到蛋白质。因此，mRNA被认为是DNA与蛋白质之间生物信息传递的一个"桥梁"，而所有表达基因的身份以及其转录水平，综合起来被称作转录组（transcriptome）。转录组是特定组织或细胞在某一发育阶段或功能状态下转录出来的所有RNA的总和，主要包括mRNA和非编码RNA（non-coding RNA，ncRNA）。转录组研究是基因功能及结构研究的基础和出发点，了解转录组是解读基因功能元件和揭示细胞及组织中分子组成所必需的，并且对理解机体发育和疾病具有重要作用。整个转录组分析的主要目标是：对所有的转录产物进行分类；确定基因的转录结构，如其起始位点，5′和3′末端，剪接模式和其他转录后修饰；并量化各转录本在发育过程中和不同条件下（如生理/病理）表达水平的变化和药物研发等。

12.2.1 转录组研究的技术支持

原则上，所有的高通量测序技术都能进行RNA测序。自2005年以来，以Roche公司的454技术、Illumina公司的Solexa技术和ABI公司的SOLiD技术为标志的新一代测序技术相继诞生，之后Helicos Biosciences公司又推出单分子测序（single molecule sequencing，SMS）技术。新一代测序又称作深度测序或高通量测序，是相对于传统的Sanger测序而言的，其主要特点是测序通量高，测序时间和成本显著下降。各平台测序原理及序列长度的差异决定了各种高通量测序仪具有不同的应用侧重。这就要求我们在熟悉各种高通量测序仪内在技术特点的基础上进行选择。

目前进行转录组研究的技术主要包括如下三种：①基于杂交技术的微阵列技术；②基于Sanger测序法的SAGE（serial analysis of gene expression）和MPSS（massively parallel signature sequencing）；③基于新一代高通量测序技术的转录组测序。

各种转录组研究技术的特点如下：基于杂交技术的 DNA 芯片技术只适用于检测已知序列，却无法捕获新的 mRNA。细胞中 mRNA 的表达丰度不尽相同，通常细胞中约有不到 100 种的高丰度 mRNA，其总量占总 mRNA 的一半左右，另一半 mRNA 由种类繁多的低丰度 mRNA 组成。因此，由于杂交技术灵敏度有限，对于低丰度的 mRNA，微阵列技术难以检测，也无法捕获到目的基因 mRNA 表达水平的微小变化。

SAGE 是以 Sanger 测序为基础用来分析基因群体表达状态的一项技术。SAGE 技术首先是提取实验样品中 RNA 并反转录成 cDNA，随后用锚定酶（anchoring enzyme）切割双链 cDNA，接着将切割的 cDNA 片段与不同的接头连接，通过标签酶酶切处理并获得 SAGE 标签，然后 PCR 扩增连接 SAGE 标签形成的标签二聚体，最后通过锚定酶切除接头序列，以形成标签二聚体的多聚体并对其测序（关于 SAGE 方法细致的介绍请参考网站 http：//www.sagenet.org）。SAGE 可以在组织和细胞中定量分析相关基因表达水平。在差异表达谱的研究中，SAGE 可以获得完整的转录组学图谱以及发现新的基因并鉴定其功能、作用机制和通路等。

MPSS 是 SAGE 的改进版，MPSS 技术首先是提取实验样品 RNA 并反转录为 cDNA，接着将获得的 cDNA 克隆至具有各种连接子（adaptor）的载体库中，并 PCR 扩增克隆至载体库中的不同 cDNA 片段，然后在 T4 DNA 聚合酶和 dGTP 的作用下将 PCR 产物转换为单链文库，最后通过杂交将那些结合在带有连接子反义序列 Anti-adaptor 的微载体上进行测序（图 12-5）。

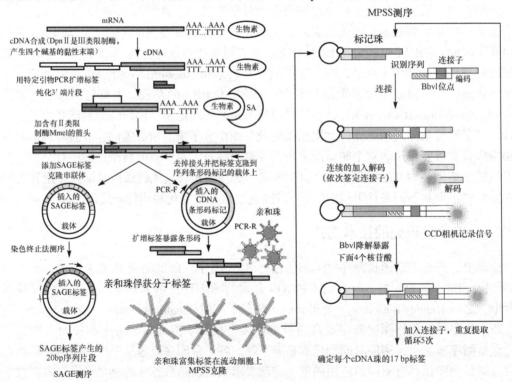

图 12-5　MPSS 技术流程图

（引自 Ruan Y，2004）

MPSS 技术对于功能基因组研究非常有效，能在短时间内捕获细胞或组织内全部基因的表达特征。MPSS 技术对于鉴定致病基因并揭示该基因在疾病中的作用机制等发挥了重要作用。自从 2005 年上市以来，第二代测序技术对基因组学的研究产生了巨大的影响并被广泛运用到了基因组测序工作之中。

转录组测序也被称为全转录组鸟枪法测序 (whole transcriptome shotgun sequencing, WTSS)，以下简称 RNA-seq。众所周知，真核生物的基因由三类 RNA 聚合酶转录：RNA 聚合酶 I 和 III 负责其种类稀少，功能重要的看家非编码 RNA 基因的转录，包括 rRNA、tRNA、snoRNA、snRNA 等；而 RNA 聚合酶 II 负责蛋白质编码基因和调控非编码 RNA 的转录，其转录产物在加工过程中均会加上 3′端多聚腺苷尾。RNA-seq 是对用多聚胸腺嘧啶进行亲和纯化的 RNA 聚合酶 II 转录产生的成熟 mRNA 和 ncRNA 进行高通量测序。所获得的海量数据经过专业的生物信息学分析，即可以还原出一种细胞内基因表达的种种特征。如果对不同种类的细胞进行并行的 RNA-seq 及生物信息学分析，即可以获得多种基因表达调控的重要信息。第二代高通量测序技术赋予了 RNA-seq 超强的覆盖度和灵敏性，可以检出许多不曾被预测到的由可变剪接或可变 3′多聚腺苷化位点选择导致的 mRNA 剪接变异体，以及新的 ncRNA 和 antisense RNA(反义 RNA)。它在研究真核生物的基因表达调控，癌症等疾病的发生机制和新治疗方案确定，遗传育种等方面具有不可估量的潜力，是后基因组时代改变人们的生命认知和生活质量的一股强劲力量。短短几年，该技术已经被广泛用于解析人类基因组可变剪接，以及从酵母到拟南芥到人的基因表达中的重要科学问题。

随着高通量测序技术的迅猛发展，转录组研究从以前的微阵列技术、SAGE 及 MPSS 技术的低通量模式切换至 RNA-seq 的高通量模式。作为蛋白质组研究的基础，RNA-seq 可以识别比蛋白组高一两个数量级的基因，从而帮助科学家构建完整的基因表达谱以及蛋白质相互作用网络。RNA-seq 对于真核生物的基因表达调控、癌症等疾病的发生机制和新治疗方案的确定、遗传育种等方面的研究具有不可估量的潜力。

12.2.2　完整的转录目录与基因的发现

在整体转录组水平，一些人准备编录完整的转录。在他们之中，哺乳动物基因收集项目(MGC，被几个 NIH 组织赞助)和 RIKEN 小鼠全长 cDNA 百科全书最引人注目。他们不仅生产全长转录序列，而且提供全长 cDNA 转录序列下游产物及试剂用于功能研究。迄今为止，MGC 生产了大于 256 个人类和鼠类的组织与细胞 cDNA 文库，而且测序了 10 944 个人类的和 9 139 个鼠类的完整的可读基因序列。RIKEN 组织合成了一套由 6 000 个全长 cDNA 聚合的大于 3 000 个转录单元，对哺乳动物转录提供了最全面的陈述。

随着全基因组序列信息和累积的成绩单从实验数据的可用性，现在可以用生物信息学途径来推断出基因结构。这些方法使用的都是剪切位点、编码序列与其他特异序列的统计估计性能。但是，尽管它在描述小的基因组上比较好，但是在描述哺乳动物基因组上却显得能力不足。训练有素的证据或以证据为基础的方案如 GENSCAN，可以从基因序列草图中推测人类或者老鼠的基因，但是只有小部分获得了成功。最近一个关于哺乳动物基因组精确的注释是利用人类与其他生物的 cDNA 或 EST 数据预测了 22 808 个人类基因(17 152 个已知 cDNA 序列，5 656 个新基因)与 22 011 个鼠类基因(12 226 个已知 cDNA，9 785 个新基因)。新基因预测的置信水准可以在校准相关序列与寻找保守序列下改进。新的相似的基因预测系统如 TWINSCAN 和 SGP2 可用于比较人类与鼠类的基因组。这些项目在没有任何先前的 cDNA 实验证据的情况下确定了 11 966 个新的鼠类外显子。一小部分的基因逆转录 PCR 验证估计，用这种方法已经正确估计了 1 000 个新的基因。这是合理的期望，对于更复杂的基因组，这些比较基因预测算法，将进一步完善新基因的鉴定。特别令人感兴趣的是，大多数复杂生物的基因都预测出 30 000 个基因。纵观各物种，表型的多样性远远超过了基因型的变异，这就提出了一个想法，这些多样性可能由其他的机制产生，比如不同的表达调控、剪接的变化和非编码 RNA。

出于这种考虑，金泽拉斯与其合作者用人类 21 和 22 号染色体基因序列每隔 35bp 制作了寡核苷酸矩阵芯片来检测每一个转录单元定义。尽管这些染色体有大约 770 个基因被描述或预测，使用此转录映射数组的实验结果发现了约 10 倍以上的转录单位。休梅克及其合作者用外显子的具体阵列和有限的平铺阵列在 22 号染色体上得到了相似的结果。他们在 69 种不同的细胞系、组织和病毒的条件下检查了这些转录档案，发现只有 40%~50% 的被检测到的假定外显子可以被标准计算理论预测到。此外，与实验数据相比，一些被预测出来的基因序列含有错误的外显子分枝。因此，全基因组微阵列分析发现了一个数量级以上的比以前认为的更复杂的表达。

12.2.3 转录多样性

通过选择性剪接的外显子、多个复制的起始位点、不同的腺苷酸化位点的作用，高等真核生物转录的复杂性被进一步加强。在这三种机制当中，选择性剪接作用对于相同基因的不同亚型起主要的作用。在人类的基因组中，现在已经证明多达 60% 的基因具有不同的选择性剪接作用方式，尽管这只是一个估算。特定基因中被改动的剪接变异已经被证实与人类的许多疾病相关，其中就包括癌症和神经系统紊乱。另外，研究表明 15% 的遗传病是由于疾病基因的前信使 RNA 剪接突变影响导致的。在这些进程当中，尽管组织特异性和发育过程调控基因的选择性剪接形式是非常重要的，但是这种操纵的机制我们仍然知之甚少，并且在当前公共数据库中拼接变异的种类也是非常不完整。

这些问题可以片面地归结于缺乏健全的技术体系来识别所有复杂的可能的变异。最为直接的方法就是测定整段 cDNA 克隆的长度；然而，这种方法运用当前的测序手段是相当昂贵的。对于不同生理情况下替代剪接研究的转录组宽课题，已经提出了各种各样的基因芯片技术和方法。寡核苷酸探针的设计可以多种多样，目标外显子或者是外显子-外显子连接，或者是保留内含子。此外，这些技术需要相当的已知关于外显子或外显子-内含子连接的知识，这些问题在目前仍然难以理解。另外，复杂的探针问题在目前仍然难以大规模地应用。

通过外显子疗法，DATAS 技术最近提出了具体的参考，这种技术能够对比两种不同的生理状况，特别是侦测这些外显子在一种生理状况下的剪接与另一种生理状况下的异同。这种技术的基础就是杂交技术，举个例子来说，从 A 组织中提取的 mRNA 和从 B 组织中提取的 cDNA 进行杂交，结果则显示为不同的组织。在组织 B 中特意跳过的外显子与 A 组织杂交有一个明显的单股的 RNA 环。这种特殊的环随后被 RnaseH 所水解，并且产生了单链的 RNA 碎片，能够被克隆和复制。

与随机 cDNA 测序相比，DATAS 技术付出非常小的努力就有潜力识别在整个特定的基因组中特定的选择性剪接。当然，这种技术仍然需要通过芯片表达的分析进一步优化和完善。

12.2.4 动态转录剖析

转录剖析的基本技术是细胞中被标记的总 RNA 能够被基因探针在二维平面中定位。这个探针可以是放射性同位素或者荧光标记，杂交信号的强度可以反映基因表达的水平。表达谱芯片探针可以是存放或合成与原位，cDNA 或 PCR 产物的寡核苷酸。常见的形式包括原位合成、寡核苷酸沉积阵列和 cDNA 阵列。因为这种技术不需要标准测序并且是高度并行的，所以它是理想的适合于许多的时间点或上百个样品的转录的动态变化的研究。

每一种技术都有它的优点和缺点。Affymetrix 公司的原位合成寡核苷酸阵列由于他们对核酸探针稳定的质量与密度控制，所以能够对样品进行很好的保护。此外，短序列探针(大约 20~25bp)提供了基因特异性与最小的交叉杂交。其缺点是价格昂贵，只有单一的货源和单通道荧光，这样就不能进行内部杂交控制。

cDNA 微阵列技术由于低廉的价格而在早期的转录剖析中很受青睐。此外，使用一个贴上两个不同荧光标签的靶 RNA 使它能够正常地穿过阵列。这个技术的主要缺点是很难与克隆调控相联系，如没办法解决贴错标签或者 PCR 污染。此外，一个探针与许多数量的基因家族的交叉杂交可以使得结果不确定。一个解决的方法就是由大约 50~75 个核苷酸组成的有暇丝的长寡核苷酸探针的发现与使用。不仅是其卓越的质量控制，还有这个长度的探针的杂交特异性要高于长 cDNA。

虽然表达阵列可以用来识别单个基因作为治疗或诊断的候选目标，但其主要作用还是进行大量数据的高阶分析。分析许许多多的肿瘤可以总结出一种关于肿瘤的独特的分子分类方法。在乳腺癌与淋巴癌中，表达分析显示与预后相关的分子子集，还没有明确规定标准的临床和分子标记指数。重要的是这些阵列研究相关的新基因与癌症表型的方式，不符合当前的生化推理，显而易见的是，这是一个很有意思的并且值得进行更长远研究的领域。在体外细胞系统中，关于时间的表达数据可以鉴定在复杂生物环境中的新的途径，既不是此前的预期，也不是单基因实验所展示的那样。例如，甲状腺激素信号和 Wnt 信号通路，*myc* 基因和转录调控之间的联系，就确定了这样的数据。

跨物种的数组数据的比较也能得到有价值的信息。例如，杜波伊斯及其合作者、吉东及其合作者鉴定了与人类染色体同源的鼠类基因并且在不同老鼠的成熟组织与胚胎中做了这些基因的表达分析。出人意料的是，85% 的 21 号染色体基因在大脑中表达，但是在肌肉中只有 21%，这就说明了 21 号染色体三体与唐氏综合征的相关性。

12.2.5 转录调控网络

RNA 表达的调节是在遗传信息转换成功能细胞输出的最重要的步骤之一。控制基因表达的关键是约束，可以正面或负面影响基因表达的转录因子的转录调控元件。因此，确定转录因子的直接目标是研究基因调控的一个基本目标。

随着知识的积累，迄今为止，它是可以预测的全基因组的转录因子结合位点在电子上的分布。然而，与基于计算机的集中在相对较短的共识图案相关联方法的一个主要问题是，这些共有序列，可以在基因组中的一个非常高的频率中发现。例如，雌激素受体反应元件（EREs）可以被频繁地检测到，在 4 000bp 中即可发现一个，即使有严格的计算方法，在 13 000~14 000bp 中也能发现一个雌激素受体反应元件。

染色质免疫沉淀（ChIP）是一个功能强大的技术，可以用来评估在体内结合的转录调控区同源点。甲醛介导的共价交联在活细胞中的蛋白质和 DNA 之间展开。免疫沉淀法（IP）的 DNA 序列与转录调节有关，因此特别丰富。通过免疫沉淀法富集的 DNA 片段，然后量化为以 PCR 为基础的或杂交为基础的检测。由染色质免疫沉淀提供了强有力的证据表明因子结合到特定的点在活细胞的阳性结果。不像使用突变体的基因方法，染色质免疫沉淀具有的优点是在自然条件下分析转录因子占用。此外，加上全基因组 DNA 微阵列分析，鉴定的转录调节的真正的目标可以在全基因组的方式进行。

这个染色质免疫沉淀在芯片上的方法，也被称为映射核因素在整个基因组范围内的占用位置分析。在芽殖酵母中，对大于 100 的转录调节的位置进行分析，得到的数据突出不同的潜在的转录调控模式。对序列特异性 DNA 结合蛋白的位置分析，Rap1，也说明，虽然假定的结合位点分布在酵母基因组，Rap1 只有一定的结合间隔区。因此，针对在体内的转录调节的识别位点的存在是不够的。除了序列特异性 DNA 结合因子，位置分析也可以被用来确定其他核因子，如核小体重塑复合物结合位点，并描绘出染色质修饰的简介。一个互补的方法来识别染色质免疫沉淀在体内的 DNA 结合位点是使用的限制 dam 甲基化。融合在一个细胞的 dam 甲基转移酶转录因子的表达会导致有针对性的结合位点的腺嘌呤甲基化。用内切酶处理的纯化的基因组 DNA 的结果是甲基化鸟嘌呤、腺嘌呤、胸腺嘧啶及胞嘧啶序列裂解。再加上 DNA 微阵列分析，转录因子绑定的点可以以这种方式被发现。在原则上，这些高吞吐量的阵列为基础的分析可以扩展到哺乳动物系统。

知识窗

一项来自 40 对双胞胎抽提的 DNA 样品的研究告诉我们外部因素如何影响着我们的健康。这一研究领域——被命名为表观遗传学（epigenetics）——主要研究任务是通过对生活习惯、饮食习惯等因素的研究，寻找在没有改变 DNA 序列的前提下，环境如何影响我们的基因的答案。比如说，空气中的污染物如何改变一个人的 DNA 的表达，从而导致像肺气肿或肺癌之类的疾病。在基因组中除了 DNA 和 RNA 序列以外，还有许多调控基因的信息，它们虽然本身不改变基因的序列，但是可以通过基因修饰、蛋白质与蛋白质、DNA 和其他分子的相互作用，而影响和调节遗传的基因的功能和特性，并且通过细胞分裂和增殖周期影响遗传。因此，表观遗传学又称为实验遗传学、化学遗传学、特异性遗传学、后遗传学、表遗传学和基因外调节系统，它是生命科学中一个普遍而又十分重要的新的研究领域。它不仅对基因表达、调控、遗传有重要作用，而且在肿瘤、免疫等许多疾病的发生和防治中亦具有十分重要的意义。美国国家人类基因组研究协会负责人 Francis Collins 说，"表观遗传信息好像是孟德尔和克里克都遗忘了的关键因素"。

12.2.6 展望

基因组测序可以明确地完成后,组合的可能性产生转录多样性的意味着需要一个更广泛的努力当描述转录时只是近似的"完整"。其中最有趣的事实是非编码 RNA 的转录比以前认为的更加丰富,发挥着更重要的生物学作用。这些 RNA 种类很多,以前被认为是不相关的记录或复制文物,发挥监管职能,通过机制,如反义 RNA 或 siRNA。在这个领域直接的挑战之一是揭示的内容的非编码 RNA 种群。在一个非编码的小分子 RNA 种群(miRNAs),已经取得了初步进展。这些 RNA 是 21~25 个核苷酸的长度,并在很宽的范围内的生物过程显示监管职能。已开发的串联克隆方法和数百个独特的 miRNA 基因的特点。对这些连环的 miRNA 库的大规模序列分析,将提供一个全面的非编码 RNAs 功能图片,这是个有趣的转录。

为了实现这些目标,将需要显著提高某些核心技术,提供更快的速度、精度和全面性。首先,当前的 DNA 测序技术由三或四个数量级,以提供完整的图片的一个复杂的转录需要改进。要理解这一点,一个哺乳动物转录组的快照的大小是约 1×10^8 bp(根据每个细胞的 2 000bp 的转录和 500 000 转录)。由于一个复杂的有机体可以有成千上万的不同类型的细胞、器官和组织状态,至少 1 万亿美元的碱基序列可能需要定义一个单独的转录。其次,廉价的阵列型平台可以评估大于 50 000 000 覆盖整个复杂的基因组(即 60bp 的每个元素为 3×10^8 bp 的人类基因组)的元素,将需要补充直接测序。这种全基因组芯片将在转录的动态变化,包括非编码和短的 RNA 种类的评估是至关重要的。理想的情况下,这些方法将有能力感测三个数量级的动态范围检测低丰度的转录。最后,计算能力将需要匹配大量转录的数据,不仅在速度和存储容量方面,而且在更好的分析算法和可视化的方法上不断扩大。

随着测序技术的不断进步,能够对转录组开展更为深入的测序工作,能够发现更多、更可靠的转录组,目前的大规模并行测序技术已经彻底改变了对转录组的研究方法,测序结果的质量也在不断提高,得到的信息量也在爆炸式增长。但作为一个刚刚起步的新技术,RNA-Seq 已经显示出其他转录组学技术无可比拟的优势:既能提供单碱基分辨率的转录组注释,又能提供全基因组范围的"数字化"的基因表达谱,而且其成本通常比芯片和大规模的 Sanger EST 测序要低,有人甚至提出了 RNA-Seq 最终取代基因芯片的猜测。然而就目前来看,作为两个高通量的转录组学研究技术,在应用的某些方面既存在重叠和竞争也存在优势互补,一种技术能弥补另一种技术遗漏的部分,通常对一个生物学问题的回答需要不同实验技术的协同配合,例如,序列捕获(sequence capture)技术就是结合了芯片和深度测序,利用芯片探针捕获待测片段,再用深度测序技术分析核酸序列。但基因芯片的缺点,就在于它是一个"封闭系统",它只能检测人们已知序列的特征(或有限的变异);而 RNA-Seq 的强项,就在于它是一个"开放系统",它的发现能力和寻找新的信息的能力从本质上高于芯片技术,相信随着相关学科的进一步发展和测序成本的进一步降低,RNA-Seq 必将在转录组学研究领域占主导地位。

12.3 蛋白质组学

基因的主要功能是通过其表达产物——蛋白质来实现的，而蛋白质在合成之后又具有它们相对独立的修饰、转运和相互间的作用能力，同时还具有对外界因素发生反应的能力。因此，仅仅从基因的角度进行研究尚不能解决基因的表达时间、表达量、蛋白质翻译后加工和修饰等问题，只有从蛋白质组学的角度对所有蛋白质的总和进行研究，即开展蛋白质组学研究，才能更加贴近对生命现象和本质的掌握，生命活动的本质和活动规律才能找到答案。正是因为这样，国际科学界预言，在21世纪，生命科学的热点将从基因组学转向蛋白质组学(proteomics)，使后者成为新的前沿。

由于人类基因组序列图和一些模式生物的全基因组序列图的完成，生命科学研究进入了后基因组时代，即从整体水平对生物进行功能研究，从而导致了蛋白质组学的诞生。蛋白质组学是蛋白质组概念的延伸，是在整体上研究细胞内蛋白质组的结构与功能及其活动规律的科学，包括分析全部蛋白质组所有组成成分及它们的数量，确定各种组分所在的空间位置、修饰方法、互作机制、生物活性和特定功能等。与传统对单一蛋白研究相比，蛋白质组学研究所采用的是高通量和大规模的研究手段。

12.3.1 蛋白质组学的研究内容

蛋白质组是一个已知的细胞在某一特定时刻的包括所有亚型和修饰的全部蛋白质。蛋白质组学就是从整体角度分析细胞内动态变化的蛋白质组成、表达水平与修饰状态，了解蛋白质之间的相互作用与联系，揭示蛋白质的功能与细胞的活动规律。蛋白质组(proteome)是指由一个基因组所表达的全部相应蛋白质。因此，蛋白质组与基因组相对应，也是一个整体的概念，是基因组表达的全部蛋白质。两者的根本区别在于：一个有机体只有一个确定的基因组，组成该有机体的所有不同细胞基因组都相同；但基因组内各个基因表达的条件和表达的程度则随时间、地点和环境条件的不同而不同，因而它们表达的模式，即表达产物的种类和数量随时间、地点和环境条件也是不同的。所以，蛋白质组是一个动态的概念。由于蛋白质的种类和数量总是处在一个新陈代谢的动态过程中，同一细胞的不同时期，其所表达的蛋白质是不同的。同一细胞在不同的生长发育阶段和生长条件下(正常、疾病或外界环境刺激)，所表达的蛋白质也是不同的。正是这种复杂的表达模式表现了各种复杂的生命活动。DNA序列并不能提供这些信息，所以仅用核酸语言不足以描述整个生命活动。再加上由于基因剪接、蛋白质翻译后修饰和蛋白质剪接等，使从基因到蛋白质的遗传信息的表现规律变得更加复杂，不再是经典的一个基因一个蛋白对应关系的理念，一个基因可以表达的蛋白质的数目可能远大于一。例如，现在预测人类基因总数为 20 000~25 000 个，但是已发现的蛋白质总数就已高达 200 000 种。

蛋白质组学的研究内容包括：①蛋白质鉴定。可以利用一维电泳和二维电泳并结合Western等技术，利用蛋白质芯片和抗体芯片及免疫共沉淀等技术对蛋白质进行鉴定研究。②翻译后修饰。很多mRNA表达产生的蛋白质要经历翻译后修饰如磷酸化、糖基化、酶原激活等。翻译后修饰是蛋白质调节功能的重要方式，因此对蛋白质翻译后修饰的研究对阐明蛋白质的功能具有重要作用。③蛋白质功能确定。如分析酶活性和确定酶底物,细胞因子的生物分析/配基—受体结合分析。可以利用基因敲除和反义技术分析基因表达产物——蛋白质的功能。另外,对蛋白质表达出来后在细胞内的定位研究也在一定程度上有助于蛋白质功能的了解。Clontech 的荧光蛋白表达系统就是研究蛋白质在细胞内定位的一个很好的工具。④对人类而言。蛋白质组学的研究最终要服务于人类的健康,主要指促进分子医学的发展,如寻找药物的靶分子。很多药物本身就是蛋白质,而很多药物的靶分子也是蛋白质。药物也可以干预蛋白质—蛋白质相互作用。在基础医学和疾病机理研究中,了解人不同发育、生长期和不同生理、病理条件下及不同细胞类型的基因表达的特点具有特别重要的意义。这些研究可能找到直接与特定生理或病理状态相关的分子,进一步为设计作用于特定靶分子的药物奠定基础。

蛋白质组学从其研究目标方面可分为表达蛋白质组学和结构蛋白质组学。前者主要研究细胞或组织在不同条件或状态下蛋白质的表达和功能,这将有助于识别各种特异蛋白,目前蛋白质组学的研究在这方面开展的最为广泛,其运用技术主要是双相凝胶电泳(two-dimensional gel electrophoresis,2DE)技术以及图像分析系统,当对感兴趣的蛋白质进行分析时可能用到质谱。由于蛋白质发生修饰后其电泳特性将发生改变,这些技术可以直接测定蛋白质的含量,并有助于发现蛋白质翻译后的修饰,如糖基化和磷酸化等。结构蛋白质组学的目标是识别蛋白质的结构并研究蛋白质间的相互作用。近年来,酵母双杂交系统是研究蛋白质相互作用时常用的方法,同时研究者也将此方法不断改进。有研究者最近发现,在研究蛋白质相互作用时,通过纯化蛋白复合物并用质谱进行识别是很有价值的。

12.3.2 蛋白质组学的研究技术

蛋白质组学的发展既是技术所推动的也是受技术限制的。蛋白质组学研究成功与否,很大程度上取决于其技术方法水平的高低。蛋白质研究技术远比基因技术复杂和困难。不仅氨基酸残基种类远多于核苷酸残基(20/4),而且蛋白质有着复杂的翻译后修饰,如磷酸化和糖基化等,给分离和分析蛋白质带来很多困难。蛋白质组的研究实质上是在细胞水平上对蛋白质进行大规模的平行分离和分析,往往要同时处理成千上万种蛋白质。因此,发展高通量、高灵敏度、高准确性的研究技术平台是现在乃至相当一段时间内蛋白质组学研究中的主要任务。目前蛋白质组学研究在表达蛋白质组学方面的研究最为广泛,其分析通常有三个步骤:第一步,运用蛋白质分离技术分离样品中的蛋白质;第二步,应用质谱技术或 N 末端测序鉴定分离到的蛋白质;第三步,应用生物信息学技术存储、处理、比较获得的数据。

双向电泳(two-dimensional electrophoresis,2DE)技术是目前分离蛋白质最有效的方法,是蛋白质组技术的核心。在双向电泳中,第一相是以蛋白质的电荷差异为基础进行分离的等电聚焦(isoelectric focusing,IEF),第二相是以蛋白质相对分子质量差异为基础的 SDS-PAGE(sodium dodecyl sulfate-polyacrylamide gel electrophoresis)。近年由于第一相采用 IPG(immob-ilized pH gradients)胶条,分辨率可达 0.001pH 单位,大大提高了分辨率和重复性。在目前情况下双向电泳的一块胶板(16cm×20cm)可分出 3 000~4 000 个,甚至 10 000 个可检测的蛋白斑点。通常在银染条件下,灵敏度可以达到 10^{-18}~10^{-15} mol 水平,基本满足了对蛋白质组分析的要求。双向电泳分离得到的图谱经扫描输入计算机,数字化处理,确定每个蛋白质点的等电点和相对分子质量，并进行图谱间的比较。提供蛋白质鉴定的初步信息，一旦蛋白质点经过分析鉴定，就可以建立起蛋白质组数据库。Unlu 等提出了一种荧光差异显示双向电泳（F-2D-DIGE）的定量蛋白质组学分析方法。差异凝胶电泳（DIGE）是对 2-DE 在技术上的改进，结合了多重荧光分析的方法，在同一块胶上共同分离多个分别由不同荧光标记的样品，并第一次引入了内标的概念。两种样品中的蛋白质采用不同的荧光标记后混合，进行 2-DE，用来检测蛋白质在两种样品中表达情况，极大地提高了结果的准确性、可靠性和可重复性。在 DIGE 技术中，每个蛋白点都有它自己的内标，并且软件可全自动根据每个蛋白点的内标对其表达量进行校准，保证所检测到的蛋白丰度变化是真实的。DIGE 技术已经在各种样品中得到应用。

蛋白质组分析技术有多种选择，质谱分析以其快速、准确、灵敏而成为蛋白质组的主要鉴定分析技术。目前在蛋白质组鉴定分析中以电喷雾离子化（electrospray ionization，ESI）质谱仪和介质辅助的激光解吸/离子化飞行时间质谱（matrix-assisted laser desorption/ionization-time-of-flight mass spectrometry，MALD/ITOFMS）技术应用最为广泛，这是因为这两种质谱仪在离子化和质量分析方式上适应于蛋白质大分子的性质。它们都是"软电离"方法，即样品分子电离时，保留整个分子的完整性，不会形成碎片离子。现在质谱技术可在几分钟内完成一个蛋白质整个肽谱的鉴定，得到完整的蛋白质全序列，经计算机数据库查询，可以很快地鉴定蛋白质。所谓"肽质量指纹图谱"（peptide mass finger-printing，PMF）就是首先用蛋白酶部分消化 2DE 凝胶上的蛋白质，获得多肽，用质谱分析后得到的一套多肽相对分子质量质谱。由于每个蛋白酶有相对固定的酶切位点，因此，不同的蛋白质消化后获得的肽链长度及数目、肽链的氨基酸组成是不同的，所以各蛋白质的多肽相对分子质量谱是特异的，称之为"肽质量指纹图谱"（图 12-6）。

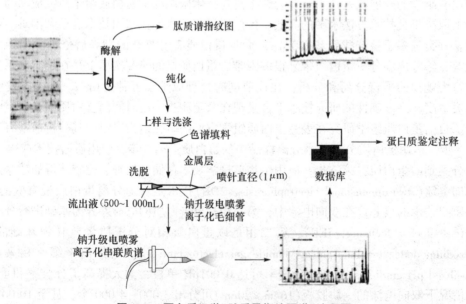

图 12-6 蛋白质组学"肽质量指纹图谱"流程图

同位素亲和标签技术是近年发展起来的一种用于蛋白质分离分析技术，此技术目前是蛋白质组研究技术中的核心技术之一。该技术用具有不同质量的同位素亲和标签（ICATs）标记处于不同状态下的细胞中的半胱氨酸，利用串联质谱技术，对混合的样品进行质谱分析。来自两个样品中的同一类蛋白质会形成易于辨识比较的两个不同的峰形，能非常准确地比较出两份样品蛋白质表达水平的不同。ICAT 的好处在于它可以对混合样品直接测试；能够快速定性和定量鉴定低丰度蛋白质，尤其是膜蛋白等疏水性蛋白等；还可以快速找出重要功能蛋白质。由于采用了一种全新的 ICAT 试剂，同时结合了液相色谱和串联质谱，因此不但明显弥补了双向电泳技术的不足，同时还使高通量、自动化蛋白质组分析更趋简单、准确和快速，代表着蛋白质组分析技术的主要发展方向。针对磷酸化蛋白分析以及与固相技术相结合 ICAT 技术本身又取得了许多有意义的进展，已形成 ICAT 系列技术。用具有不同质量的同位素亲和标签（ICATs）标记处于不同状态下的细胞中的半胱氨酸，利用串联质谱技术，可对混合的样品进行质谱分析。

目前，在蛋白质组的研究中有很多新的发展，例如，ESI 质谱可以很方便地与高效液相色谱（HPLC）、毛细管电泳（CE）等分离仪器在线联用。运用 X 射线衍射晶体分析（X-ray crystallography）和核磁共振（nuclearmagnetic resonance，NMR）分析蛋白质或多肽的三维结构；运用亲和色谱（affinity chromatography）、酵母双杂交（yeast two hybridization）、荧光共振能量传递（fluorescence resonance energy transfer，FRET）和表面胞质团共振分析技术（surface plasmon resonance，SPR）分析蛋白质-蛋白质、蛋白质-DNA 相互作用等。基于酵母双杂交技术平台的特点，它已经被应用在许多研究工作当中，如发现新的蛋白质和蛋白质的新功能、建立基因组蛋白连锁图；在细胞体内研究抗原和抗体的相互作用、筛选药物的作用位点以及药物对蛋白质之间相互作用的影响等。在酵母双杂交的基础上，又发展出了酵母单杂交、酵母三杂交和酵母的反向杂交技术。它们被分别用于核酸和文库蛋白之间的研究、三种不同蛋白之间的互作研究和两种蛋白相互作用的结构和位点。表面等离子共振（SPR）技术的原理是利用平面单色偏振光与金属膜内表面电子发生等离子共振时 SPR 角（反射光强度最小时的入射角）与金属表面结合的生物分子的质量呈正比，如将"锈饵"蛋白作为配基，固化在几十纳米的金属膜表面加入"猎物"蛋白溶液，这样就可以通过 SPR 角的改变来反映"诱饵"蛋白与"猎物"蛋白形成的蛋白质复合物，从而反映二者的相互作用。

近年来，生物信息学在生命科学研究中起着越来越重要的作用。利用生物信息学对蛋白质组的各种数据进行处理和分析，也是蛋白质组研究的重要内容。生物信息学是蛋白质组学研究中不可缺少的一部分。生物信息学的发展，已不仅是单纯的对基因组、蛋白质组数据的分析，而且可以对已知的或新的基因产物进行全面分析。在蛋白质组数据库中储存了有机体、组织或细胞所表达的全部蛋白质信息，通过用鼠标点击双向凝胶电泳图谱上的蛋白质点就可获得如蛋白质鉴定结果、蛋白质的亚细胞定位、蛋白质在不同条件下的表达水平等信息。目前应用最普遍的数据库是 NRDB 和 dbEST 数据库。NRDB 由 SWISS2PROT 和 GEN-PETP 等几个数据库组成，dbEST 是由美国国家生物技术信息中心（NCBI）和欧洲生物信息学研究所（EBI）共同编辑的核酸数据库；计算机分析软件主要有蛋白质双向电泳图谱分析软件、蛋白质鉴定软件、蛋白质结构和功能预测软件等。

12.3.3 蛋白质组学的研究进展

2003年12月15日，继人类基因组计划后的又一项大规模的国际性科技工程——人类蛋白质组计划（简称HPP）宣布正式启动。首批行动计划包括由我国科学家牵头的"人类肝脏蛋白质组计划"和由美国科学家牵头的"人类血浆蛋白质组计划"。"国际人类蛋白质组"组织的总部设在我国首都北京。这是我国科学家第一次领衔国际重大科研协作计划。我国是肝病多发的国家之一，每年死于肝病的人都有数十万之多，乙型肝炎病毒携带者占人口的比例相当高，每年用于肝病的医疗费用数额巨大。人类肝脏蛋白质组计划的实施，将极大地提高肝病的治疗和预防水平，降低医疗费用，同时，将使我国在以肝炎、肝癌为代表的重大肝病的诊断、防治与新药的研制领域取得进展。

现在已经知道，在疾病中只有一小部分是起因于基因突变。而各种疾病都有蛋白质谱的动态变化，每种疾病在不同的发病阶段，在任何症状出现之前，在蛋白质水平方面已经发生了变化。而这些被确认在早期发生的蛋白质变化都有潜力发展成为临床早期诊断指标。

蛋白质组学在人类疾病中的应用已经在一些疾病如皮肤病、癌症、心脏病中广泛开展了，而这些研究则主要集中在这样几个方面：寻找和疾病相关的单个蛋白，整体研究某种疾病引起的蛋白表达或修饰的变化，利用蛋白质组寻找一些致病微生物引起的疾病的诊断标记和疫苗等。目前，蛋白质组的应用最多的领域就是通过疾病和对照的2DE条带的比较寻找单个的疾病相关蛋白，钙粒蛋白B在结肠癌中的表达上调和肝癌来源的醛糖还原酶样蛋白在鼠的肝癌发生过程中的重新表达就是两个典型的例子。这些蛋白和疾病的相互关系还可以通过免疫组化等方法进一步地鉴定。而另一方面，利用蛋白质组来进行整体水平上的研究也是不可缺少的。例如，对扩张性心肌病的研究就显示出了患病者和对照的25种蛋白的显著差异，人的心肌包括了3 300个蛋白的双向凝胶电泳数据库也已经建立了。对于整体水平上的研究而言，规模越大，使用样品数目越多，对分子机制的研究可能就越深入，因而国际间的协作是非常重要的。蛋白质组学应用的另一领域是在致病微生物的诊断用蛋白的寻找方面，如在上面所提到的 Borrelia burgdoferi 引起的 Lyme 氏疏螺旋体病和 Toxoplasma gondil 引起的弓形虫病等，由蛋白质组学得来的诊断标记甚至还可用来区分不同的疾病时期，这些都为有效的诊断检测的发展提供了基础。蛋白质组学的研究在蛋白质功能和人类疾病研究方面为我们开辟了一个新的领域，尽管它还处于刚刚起步的不成熟期，很多技术还有待完善和发展，但它的潜力是不可低估的。在将来，蛋白质组在人类疾病中的应用也必然会更加广泛和深入。

知识窗

当人们在欢呼"人类基因组计划"胜利完成、绘制出人类生命奥秘天书的同时，发现要系统解读这本宇宙间最宝贵、最神秘的天书，必须求助于人类蛋白质组的全面解析。对此，在贺福初院士的带领下，为解决长期影响人民健康的重大肝病，通过国内外广泛论证，2002年率先提出于"人类肝脏蛋白质组计划"。该计划是第一个人体器官/组织的大型蛋白质组国际合作研究项目，同时也是中国科学家首次牵头和领导的重大国际科技合作计划。目前参与该研究项目的有来自18个国家和地区的100多家实验室。为大力推动我国蛋白质组学发展，保证"人类肝脏蛋白质组计划"的顺利实施，国家科技部于2004年底正式启动"国际人类肝脏蛋白质组计划"。中国人类肝脏蛋白质组计划集中了全国精英，由包括项目专家组在内的8位院士领衔，数十位中、青年才俊担纲，由中国科学院若干研究所、教育部重点高校系列院系所和中国医学科学院、军事医学科学院等有关所/中心组成的已产生国际影响且能进行大科学、大协作、大团队研究的高水平研究队伍，是我国生命科学发展史上规模最大、范围最广、所涉学科技术最多的大型合作计划。

12.3.4 蛋白质组学的研究展望

在基础研究方面，近两年来蛋白质组研究技术已被应用到各种生命科学领域，如细胞生物学、神经生物学等。在研究对象上，覆盖了原核微生物、真核微生物、植物和动物等范围，涉及各种重要的生物学现象，如信号转导、细胞分化、蛋白质折叠，等等。在未来的发展中，蛋白质组学的研究领域将更加广泛。在应用研究方面，蛋白质组学将成为寻找疾病分子标记和药物靶标最有效的方法之一。在对癌症、早老性痴呆等人类重大疾病的临床诊断和治疗方面蛋白质组技术也有十分诱人的前景，目前国际上许多大型药物公司正投入大量的人力和物力进行蛋白质组学方面的应用性研究。在技术发展方面，蛋白质组学的研究方法将出现多种技术并存，各有优势和局限的特点，而难以像基因组研究一样形成比较一致的方法。除了发展新方法外，更强调各种方法间的整合和互补，以适应不同蛋白质的不同特征。另外，蛋白质组学与其他学科的交叉也将日益显著和重要，这种交叉是新技术、新方法的活水之源，特别是，蛋白质组学与其他大规模科学如基因组学、生物信息学等领域的交叉，所呈现出的系统生物学(system biology)研究模式，将成为未来生命科学最令人激动的新前沿。

12.4 代谢组学

代谢物是新陈代谢化学转化过程中的小分子，反映了细胞的状态与功能。与基因和蛋白质不同，代谢物的功能受到了后程调节以及翻译后修饰，因此代谢产物作为生物化学活性的直接标志，也更容易和表型相关。代谢组学(metabonomics)是以组群指标分析为基础，以高通量检测和数据处理为手段，以信息建模与系统整合为目标的系统生物学的一个分支，是继基因组学、转录组学、蛋白质组学后系统生物学的另一重要研究领域，它是研究生物体系受外部刺激所产生的所有代谢产物变化的科学，所关注的是代谢循环中相对分子质量小于1 000的小分子代谢物的变化，反映的是外界刺激或遗传修饰的细胞或组织的代谢应答变化。代谢组学的概念最早来源于20世纪70年代的代谢轮廓分析。

1986年Niwa在《色谱》杂志发表了一篇关于代谢轮廓分析的气相色谱和质谱联用技术应用的长篇综述。随着基因组学的发展，Nicholson等提出代谢组学的概念。随后Fiehn提出了代谢组学大主流领域：metabonomics和metabolomics(前者一般以细胞做研究对象，后者则更注重动物的体液和组织的研究)。随着代谢组学的发展，Clayton等于2006年提出了"药物代谢组学"(pharmaco-metabonomics)的概念。

代谢组学是系统生物学的重要组成部分。"基因组学和蛋白质组学告诉你什么可能会发生，而代谢组学则告诉你什么确实发生了。"依赖先进的日新月异的高精度、高质量的分析技术和分析手段，代谢组学在毒理学、食品及药物安全、疾病诊断、植物细胞代谢组学及中药的现代化研究等诸多方面，演绎着不可替代的角色。

12.4.1 代谢组学研究的技术支持

根据研究的对象和目的的不同，Fiehn等将代谢组学分为四个层次，即：

①代谢物靶标分析　对某个或某几个特定组分的分析。在这个层次中，需要采取一定的预处理技术，除掉干扰物，以提高检测的灵敏度。

②代谢轮廓(谱)分析　对少数所预设的一些代谢产物的定量分析，如某一类结构、性质相关的化合物(如氨基酸、顺二醇类)、某一代谢途径的所有中间产物或多条代谢途径的标志性组分。进行代谢轮廓(谱)分析时，可以充分利用这一类化合物的特有的化学性质，在样品的预处理和检测过程中，采用特定的技术来完成。

③代谢组学　对限定条件下的特定生物样品中所有代谢组分的定性和定量。进行代谢组学研究时，样品的预处理和检测技术必须满足对所有的代谢组分具有高灵敏度、高选择性、高通量的要求，而且基体干扰要小。代谢组学涉及的数据量非常大，因此，需要有能对其数据进行解析的化学计量学技术。

④代谢指纹分析　不分离鉴定具体单一组分，而是对样品进行快速分类(如表型的快速鉴定)。

目前，代谢组学已在药物毒性和机理研究、微生物和植物研究、疾病诊断和动物模型、基因功能的阐明等领域获得了较广泛的应用，在中药成分的安全性评估、药物代谢分析、毒性基因组学、营养基因组、药理代谢组学、整合药物代谢和系统毒理学等方面也取得了新的突破和进展。代谢组学的具体研究方法是：运用核磁共振(NMR)、质谱(MS)、气质联用(GC-MS)、高效液相色谱(HPLC)等高通量、高灵敏度与高精确度的现代分析技术，通过对细胞提取物、组织提取物、生物体液(血浆、血清、尿液、胆汁、脑脊液等)和完整的脏器组织等随时间变化的代谢物浓度进行检测，结合有效的模式识别方法进行定性、定量和分类，并将这些代谢信息与生理病理过程中的生物学事件关联起来，从而了解机体生命活动的代谢过程。

(1) 气相色谱-质谱联用仪(GC-MS)

采用GC-MS可以同时测定几百个化学性质不同的化合物，包括有机酸、大多数氨基酸、糖、糖醇、芳胺和脂肪酸，该分析技术被专家称为最宝贵的分析手段。尤其是最近发展起来的二维GC(GC×GC)-MS技术，由于其具有分辨率高、峰容量大、灵敏度高及分析时间短等优势，而备受代谢组学研究者的青睐。另外，GC-MS最大的优势是有大量可检索的质潜库。Fiehn研究小组的一系列有关植物代谢网络的研究比较有代表性，他们用GC-MS方法对模板植物拟南芥的叶子提取物进行了研究，定量分析了326个化合物，并确定了其中部分化合物的结构。GC-MS常被用于动、植物和微生物的代谢指纹分析，它的优势在于能够提供较高的分辨率和检测灵敏度，并且有可供参考、比较的标准谱图库，可以方便地得到待分析代谢组分的定性结果。但是GC不能直接得到体系中难挥发的大多数代谢组分的信息。

(2) 核磁共振(NMR)

Nicholson 等在长期研究生物体液的基础上提出的基于核磁共振(NMR)方法代谢组学，是定量研究有机体对由病理生理刺激或遗传变异引起的、与时间相关的多参数代谢应答，它主要利用核磁共振技术和模式识别方法对生物体液和组织进行系统测量和分析，对完整的生物体(而不是单个细胞)中随时间改变的代谢物进行动态跟踪检测、定量和分类，然后将这些代谢信息与病理生理过程中的生物学事件关联起来，从而确定发生这些变化的靶器官和作用位点，进而确定相关的生物标志物。NMR 方法具有无损伤性，不会破坏样品的结构和性质，可在接近生理条件下进行实验，可在一定的温度和缓冲液范围内选择实验条件；可以进行实时和动态的检测；可设计多种编辑手段，实验方法灵活多样。NMR 还有一个重要的特点，就是没有偏向性，对所有化合物的灵敏度是一样的。NMR 氢谱的谱峰与样品中各化合物的氢原子是一一对应的，所测样品中的每一个氢原子在图谱中都有其相关的谱峰，图谱中信号的相对强弱反映样品中各组分的相对含量。因此，NMR 方法很适合研究代谢产物中的复杂成分。实际上，NMR 氢谱很早就被用于研究生物体液，从一维高分辨 ^{1}H 谱图可得到代谢物成分图谱，即代谢指纹图谱。

(3) 液质联用(LC-MS)

LC 已经被广泛地应用在生物样品的分析，但几乎是目标成分分析而不是结合化学计量学的整个样品的指纹谱分析。液相色谱技术强大的分离能力和高灵敏度使人们认识到它也可以用于生物体液指纹谱。但是色谱用于高通量的样品轮廓谱分析时，还有许多技术问题需要解决。Pham-Tuan 等针对这些问题，建立了应用 HPLC 进行高通量轮廓谱分析的常规方法。LC-MS 技术不受此限制，又经济实用，适用于那些热不稳定，不易挥发、不易衍生化和相对分子质量较大的物质。质谱多通道监测的功能和色谱卓越的分离能力使 LC-MS 技术对检测样品的浓度和纯度要求与 NMR 技术相比明显降低，甚至对含量极低的物质也能通过优化质谱的扫描模式给出可视化响应。同时，LC-MS 技术又有较好的选择性和较高的灵敏度，得到了越来越广泛的应用。

总的来说，各种方法均有其优缺点，如果能够综合运用，代谢组学将在各领域中发挥越来越重要的作用。代谢产物经过前期的检测、分析和鉴定后，就进入后期的数据分析阶段，主要是用主成分分析法(principle component analysis，PCA)来分析和处理这些数据，从而得到有效的数据。

12.4.2 靶向代谢组学

这种方法是对指定列表的代谢产物的测定，特别针对一种或几种途径的代谢产物。靶向代谢组学通常指由一个特定的生化问题或假设来完成一个特定的调查途径。这种方法可以是有效的对药物代谢的药代动力学研究，以及用于测量在一个特定的酶的疗法或遗传修饰的影响。质谱和核磁共振(NMR)的发展因为它们的特异性和高质量的重复性对用于执行目标的代谢组学的研究提供了显着的优点。然而，也有很多的分析工具可用于测定代谢物，在原则上可以被考虑，如紫外-可见光谱法和火焰离子化。虽然"代谢组学"这个概念是最近才被提出的，但靶向代谢产物的研究可以追溯到很早的科学研究。因此，有大量的文献描述了关于特定类型的代谢物最佳样品的制备。

不是削弱它们的影响，靶向途径毋庸置疑是代谢组学中的重要部分，特别是在使用三重四极杆质谱仪（QqQ）执行选择反应监测实验，如分析大部分中心碳代谢的代谢物，已经取得进展。例如，常规方法现在都可供分析大部分的代谢产物在中心碳代谢，以及氨基酸和核苷酸在它们的自然发生的生理浓度。这些发展提供了一种高灵敏度的、成熟的理论来在高通量下测量大量重要的生物代谢产物。此外，QqQ 定量质谱方法十分可靠，因此提供机会以实现对低浓度代谢产物的绝对定量分析，而这些通过 NMR 很难完成。

将 QqQ 质谱利用到对人体血浆的检测中，靶向代谢物列表可以看成是潜在的疾病代谢特征。例如，有针对性地筛选最近有关于柠檬酸代谢产物和一小群必需氨基酸分别作为心肌缺血与糖尿病的代谢特征。在另一项有关于糖尿病的研究中，靶向代谢组学理论作为一种手段去研究病人对葡萄糖变化的反应。这里，血浆代谢物的水平的具体测量反应了葡萄糖摄取后患者的胰岛素反应。

12.4.3 非靶向代谢组学

非靶向代谢组学是整体范围同时进行无差别的、尽可能多的生物样品的代谢产物的测定。尽管非靶向代谢组学可以利用像 NMR 或者质谱分析技术，再使用液相色谱法检测大多数的代谢产物，因此可以利用该技术进行整体的功能分析。通过使用基于 LS/MS 的代谢组学理论，成千上万的峰可以从生物样品中被检测出来。每一个峰反映了一种代谢物特性并且与唯一的配料比与保留时间相对应。应当被注意的是，有一些代谢产物可能产生一个以上的峰。

与靶向代谢组学结果相反，非靶向代谢组学数据是极其复杂的，新的质谱联用仪器所做每一个样品文件大小都达到了千兆字节。人工检验数千个峰是不切实际的，而且复杂的实验仪器也会有误差。在 LC/MS 实验中，例如，样品与样品之间的保留时间不同，样品在采样柱上发生降解，样品交叉污染，实验室中温度与 pH 出现小的波动等。尽管这些困难一开始对非靶向数据分析造成了极大的障碍，但是在过去的十年中，还是取得了巨大的进展，比如全球代谢组数据中异常的峰现在已经能被常规的代谢组软件，如 MathDAMP、MetAlign、MZMine 和 XCMS 来处理。这些成果已经显示有一个巨大数量的代谢产物，其结构域功能尚不明确，从更加长远的角度，这些未被描述的代谢产物有可能与疾病或者健康息息相关。这就说明在非靶向代谢组学有很大的潜力去描述最基本的生命进程。本节的其余部分将集中在非靶向代谢组学的研究方法。

12.4.3.1 非靶向代谢组学发展的动力

1941 年，G. 比德尔和 E. L. 塔图姆的提出一个基因一个酶的假说。这一假说是根据他们的实验结果显示，X 射线诱导的突变株真菌粗糙脉孢菌无法进行特定的生化反应。通过系统添加单个的化合物，以基本的红色面包霉培养基和筛选那些获救突变株的增长，比德尔和塔特姆确定代谢产物的生物合成受到基因突变的影响。在这样做时，他们第一次在分子水平上直接连接基因型与表型。从结果中他们推测，一个单基因控制一个特定的生物合成反应。

在许多方面，现代的代谢组学实验在连接基因型和表型的代谢物筛选过程是相似的。然而，今天使用的实验筛选方法是非常先进的，它允许我们同时了解更多的化合物。此外，现代的代谢分析实验有一个优势就是它辅以基因组测序和蛋白质组筛选。系统生物学已经从这些全球分析相结合的领域凸显出来,并为我们表现出一个单一的、非致命性的基因突变的影响是令人畏惧的大。事实上,单基因突变可以影响相当数量的代谢途径,由此,一个单一的基因控制一个单独的功能的理论遭到了质疑。此外,还有一些意想不到的独特的基因突变对表型的影响。这里举一个例子,异常永久性幼虫形成(DAF-2)基因,它在秀丽隐杆线虫体内编码合成一种类胰岛素受体。DAf-2 的突变体导致了秀丽隐杆线虫生命周期是野生型的两倍,并且导致了 86 种新的蛋白质在体内合成。作为另一个例子,考虑基因编码的酶的磷酸肌醇 3-激酶家族,这些基因的蛋白产物在细胞中具有生长、增殖、分化、运动和信号转导功能,这些基因的突变被认为是一些癌症的诱因。

正如以上例子所描述,一个基因可以影响多种代谢途径,从而在许多细胞过程中发挥职能作用。甚至有些已编码的蛋白质结构不足以在整个有机体内来推测它的功能。这样的功能也有复杂的控制机制,涉及表观遗传调控、翻译后修饰和反馈回路,以及相关物质的激活或失活。因此,研究的重点是对特定基因进行系统级的分析。这些类型的研究曾经局限在基因组学、转录组学与蛋白质组学,但是在过去的十年,随着科技的发展,代谢组非靶向分析成为了可能,并且提供了第一次直接全面跟踪代谢反应过程的机会。

12.4.3.2 非靶向代谢组学工作流程

虽然非靶向代谢组学实验经常是由假说产生而不是假说驱动,最重要的是设计实验能够最大限度地提供高质量、高数量的代谢组库。从后面的工作流程就可以看出,代谢物识别是一个手动而且耗时的过程。因此,样本类型、制备、色谱分离和分析仪器的选择应考虑有利于最有可能得到优质数据用于分析。在这里,我们关注基于 LC/MS 的工作流程(图 12-7),因为这种技术能够检测最高数量的代谢产物,并只要求极少量的样品(例如,在取血浆与尿液样品时只需要 25mg 的组织,或 1 百万个细胞和 50μL 的细胞流体)。

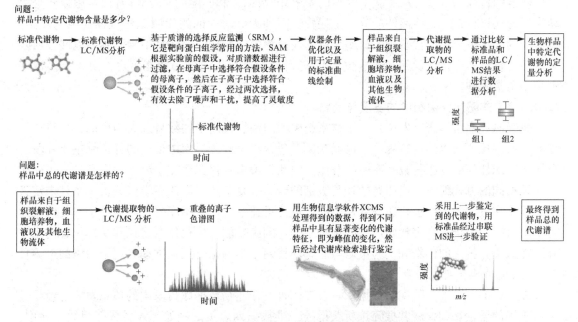

图 12-7 基于 LC/MS 的靶向与非靶向代谢组学工作流程

(引自 Gary J. Patti,2012)

(1) 样品制备与数据采集

非靶向代谢组学工作流程第一步是从生物样品中分离代谢产物。样品均化与蛋白质沉淀在此过程中被用到，这些方法在其他文献中有详细介绍。在质谱分析之前，分离的代谢产物必须用较小的溶剂梯度进行梯度分离（在顺序时间下）以保证大量样品的高通量分析。代谢组的理化分析区域是高度不均一的，所以要提高检测的化合物数量，使用复代谢产物的提取和分离方法。例如，在萃取相同细胞的情况下，同时提高有机相与水相的细胞数目。同样，反相色谱法更好地适合于疏水性代谢物的分离，而亲水性相互作用色谱法通常更有效地分离亲水性化合物。最常见的是，数据被收集在一个四极杆—飞行时间（QTOF）质谱仪或 Orbitrap 质谱仪，但也可用其他的飞行时间和离子阱工具。鉴于预测串联质谱法（MS/MS）碎片模式对于大多数代谢产物的局限性，非靶向代谢组学数据分析通常用 MSI 模式，即只对质荷比（m/z）完好的代谢物进行测量，不像鸟枪途径中 MS1 和 MS/MS 模式交替使用。

(2) 数据分析

根据最近的生物学发展，生物信息学工具，样品组之间的差异改变的代谢物峰的识别已经成为一个比较自动化的过程。几种代谢组学的软件程序，提供一个峰值采摘方法，非线性保留时间校准，可视化，相对定量和统计分析文件。使用最广泛的代谢组学的软件是 XC-MS，这是免费提供的在线分析软件，并允许用户上传数据，进行数据处理和浏览结果在一个基于 Web 的接口上实现。

(3) 代谢物鉴定

需要注意，当前可用的代谢组学软件不输出代谢物的鉴定。要确定代谢物的特征、该化合物的精确质量，第一搜索代谢物数据库，如人类代谢组数据库和 METLIN。数据库匹配，只表示推测的代谢物分配，必须证实通过比较保留时间和 MS/MS 数据模型化合物，从特点研究样本的特征。目前，从实验中获得的 MS/MS 数据，和匹配的 MS/MS 片段实施模式是手动执行的通过检查。这些额外的分析是耗费时间和无针对性的的代谢工作流程的限速步骤。在过去的十年中，检索代谢物数据库大量的代谢物的功能从生物样品中检测到不返回任何匹配。两者合计，应该认识到，通过 LC/MS 进行全面所有代谢物的功能鉴定，对于大多数样本是不切实际的。

12.4.3.3 非靶向代谢组学的发展与问题

非靶向代谢组学研究发现，在生物系统中的内源性代谢物的数目远大于预期，且只有极少数可通过规范的生化途径确认。也就是说，包含在全球分析库中检测的复合物重要片段的群体不匹配任何的代谢物数据库中的群体。因此，考虑到代谢组在基因组中没有以与蛋白质和转录相同的方式编码，代谢物的系统级别的研究是复杂的，需依靠尝试分析一系列未定义的分子。在过去的十年里代谢物数据库的规模已迅速扩大，数据库的扩展促进了非靶向代谢组学的研究，但仍有许多代谢产物的化学结构、细胞功能、生化代谢途径和结构位置尚未知晓。在这里，技术的创新和实验策略与非靶向代谢组学的结合正在推动着这个领域的进步！

(1) 完善代谢组数据库

在过去的十年中，代谢物数据库一直在改善。代谢物数据库目录中的信息发展已经超过了由传统的质谱法和核磁共振筛选所获得的一维数据列表了。例如，人类代谢组数据库中，所包括的代谢产物（8 550 个）每个都含有一个"MetaboCard"。除了具有相对分子质量和实验的核磁共振谱外，MetaboCards 列表信息上每种化合物的生化途径、浓度、结构位置、代谢酶和相关疾病都可查到。目前为止，人类代谢组数据库和 METLIN 是使用最广泛的公开可用的代谢物数据库。例如，人类代谢组数据库、METLIN 中包含约 45 000 个化合物的实验数据，有超过 10 000 个代谢产物的 MS/MS 数据。这些代谢物的 MS/MS 数据是经实验产生的。当把通用工具一起使用时，如人类代谢组和 METLIN 数据库，可以同时促进代谢物的识别和数据的解释。

(2) 代谢分析：优先未知数

单一酶的改变可以导致大量代谢紊乱。因此，一个特定的疾病或突变体的非靶向代谢组学分析可以揭示数以百计无机械影响的改变。

考虑到要识别已知和未知的化合物，所以采取在确定有重要功能之前先减少列表规模的策略。非靶向分析的数据来自多项研究的数据的比较，这样的策略是代谢分析。通过比较一种疾病的多个模型，例如，在每个比较改变不一样的功能不太可能会涉及共享表型病理学。为使非靶向代谢组学数据对比自动化，被称为 metaXCMS 的免费软件最近已经有了改进。作为证据的概念，metaXCMS 被用于三痛模型，不同的致病病因的调查：炎症、急性热和自发关节炎。虽然发现每个模型中有大量代谢物的功能发生改变，但只有三个代谢物在所有群类里都失调。共享的代谢产物之一被认定为组胺，它是由几个机制控制的止痛特效物质。类似的数据缩减战略应用到其他生物系统，可证明积极的分析调查。未知的可能与生理有关的功能是对的。

(3) 使代谢产物定位的成像方法

非靶向代谢组学应用于生物组织的工作流程中的第一个步骤是同质化样品的代谢物分离。因此，在样品内的代谢物的标准代谢分析技术做不到高分辨率空间定位。因此，如脑组织等异构组织地调查是复杂的。经由各种都具有一个潜在的独特的代谢组细胞类型的平均。考虑到这些限制，将失调的代谢物与组织的特定区域或细胞类型关联起来，可以说是具有挑战性的。基于 NMR 的成像技术已应用在完整样品代谢物的空间定位，但这些方法具有有限的化学的特异性和灵敏度。与此相反，基于质谱的、依赖于基质辅助激光解吸电离（MALDI）的方法提供了更好的化学特异性和敏感性，但由于低质量区域的矩阵造成的背景干扰使得这种方法可应用的代谢物是有限的，可用于典型的代谢物。作为一种替代方法，开发了一种自由矩阵称为纳米结构的引发剂的质谱（NIMS）技术，对代谢产物的分析具有高灵敏度和空间分辨率。通过使用 NIMS 技术分析 3m 发现从小鼠脑组织内的受损的胆固醇的生物合成，代谢前体定位于小脑和脑干的胆固醇。NIMS 成像应用的这些类型与组织学的耦合将使我们对于代谢物的定位模式与组织病理和驱动器的在化学生理学中得到理解。

12.4.3.4　非靶向代谢组学的应用

鉴于其灵敏度、高通量和最少的样品要求，非靶向代谢组学之间具有广泛的适用性和无数的生物学问题。尽管相对最近出现的一个全球性的归档技术，非靶向代谢组学已经增加了我们理解全面的细胞代谢，并已用于处理一定数量的的生物医学问题。特别是，它已经改变疾病的代谢途径方法，代表新的药物靶标确定：一个不断发展的生物医学应用简称为"治疗性代谢组学"（REF.63）。此应用程序的一个例子是发现的代谢物与异柠檬酸脱氢酶 1 突变，在肿瘤细胞中的 2-羟基的水平增加，一个常见特征是初级人类脑癌的一个主要的部分。这些结果表明,抑制2-羟基的生产可能是一个有效的治疗方法,以减缓或停止的低级别胶质瘤转换成致命的二次胶质母细胞瘤。在另一个例子中,被发现的鞘脂二甲基-神经鞘氨醇的水平在患有神经性疼痛的大鼠脊髓中增加。二甲基-神经鞘氨醇的水平的提高进行了测定,甲基转移酶或神经酰胺作为潜在的治疗方法,通过阻断二甲基-神经鞘氨醇的产生用于治疗慢性疼痛抑制体内和点诱发疼痛等的行为。二甲基-神经鞘氨醇水平的提高,确定引起疼痛的抑制甲基转移酶或作为潜在的治疗方法,通过阻断二甲基-神经鞘氨醇产生用于治疗慢性疼痛的神经酰胺在体内和点到点的行为。

另一个领域非靶向代谢组学已成功地应用于基因和蛋白质功能特性的研究中。除了成功地确定的功能未知的基因和蛋白质,无目标的分析已被施加到发现新的功能已知的基因和蛋白质。通过筛选后基因突变或抑制酶的代谢物的积累,意料之外的蛋白质组和代谢组之间的连接已经建立,不能准确地预预测的体外抗菌活性的测量。例如,要规定酵母基因的功能未知的(YKL215C),针对性方法应用到生物突变的YKL215C的增加,5-氧化酶中检测到这些有机体,使分配YKL215C作为氧化酶。在另一个例子中,一个非靶向屏幕上发现了一种以前不明活性酵母酶景天庚酮糖-1,7-二磷酸酶。发现,景天庚酮糖-1,7-二磷酸酶的水解景天庚酮糖-1,7-二磷酸,景天庚酮糖-7-磷酸核糖的合成通过糖酵解产生的三碳糖确定了热力学驱动的缘由。采用纯化的重组酶与分支杆菌小分子提取物共育,可以完成针对结核分支杆菌的类似的酶活性鉴定。小分子提取物改变了的产物和底物成分可以用LC/MS分析,结果初步确定蛋白质Rv1248c属于2-羟基-3-氧代已二酸合酶成员。正如这些例子表明,非靶向代谢组学不仅影响治疗的筛选,同时也为在广泛领域的机械细胞生物学的化学物质的方面提供帮助。

知识窗

代谢组学创始人、英国帝国理工大学教授Jeremy Nicholson认为人体应该作为一个完整的系统来研究,应用代谢组学来理解疾病过程,与中医的整体观和辨"症"论治思维方式不谋而合。中药的发展一直受限于其成分的复杂,难以进行系统分析,而代谢组学的发展对中药方剂中活性物质的分析方法及其代谢产物的药代动力学分析提供了新思路和新方法。植物代谢物是中药的活性成分,其种类和含量随品种、生长环境、采集季节以及炮制方法等因素而变化。因此,中药的质量问题主要就是植物代谢物组的问题。药理和毒理涉及药物对患者体内代谢(代谢物组)的影响,由于产地、植物有效部位对药效(或价值)有一定影响,而代谢组学可以有效检测这些因素,所以是鉴定中药质量的有效手段。例如,根据受体学说,在进行由勾藤等多味中药组成的多动合剂的生物化学机制研究中,从代谢组(多种神经递质)成分和含量的经时变化发现具有疗效生物标志物,而不是测定药物有效成分的变化。认为药物的整体作用产生的生物化学物质是其药效的物质基础,证明这种药物的作用机制与多巴胺(DA)受体有关。在研究参照注射液的作用物质基础时,发现该中药能够激发机体形成洋地黄样的多肽物质,该物质与洋地黄样物质作用,是缓解心衰的物质基础。代谢组学是中药质量控制的主要研究手段,有利于中药的出口和国际化。"代谢组学"已成为运用系统生物学研究中医药的重要手段,还可能成为中医学走向国际化的通用语言。

12.4.4 代谢组学展望

不同于基因组学，转录和翻译，蛋白质组学，代谢组学作为一个工具，可以通过检测细胞新陈代谢中底物和产物的转化过程来直接衡量胞内的生物化学活性。目前，代谢组学正日益成为研究的热点，越来越多的人已加入到代谢组学的研究中。代谢组学技术可以从一个生物样品中检测出数百种相对分子质量低的化合物。这些化合物的相互作用可以和细胞的生物化学和生理学相联系。利用代谢组学作为技术手段的研究项目将会越来越多。代谢组学在药物开发、临床诊断、微生物和植物、营养科学中的重要性已越来越显现。随着研究的深入，代谢组学研究必将在揭示基因功能的功能基因组学研究中发挥更大的作用：它能帮助人们更好、更深地了解生物体中各种复杂的相互作用、生物系统对环境和基因变化的响应，为人们提供一个了解基因表型的独特途径。代谢组学在未来的发展方向包括发展更为灵敏的、广谱的、通用的检测方法，鉴定各种谱峰对应的化合物结构，以及与其他虚拟模型的整合。这将更有助于阐释各种细胞功能的分子基础。

目前，代谢组学正日益成为研究的热点，越来越多的人已加入到代谢组学的研究中。至今代谢组学技术可以从一个生物样品中检测出数百种低相对分子质量的化合物。这些化合物的相互作用可以和细胞的生物化学和生理学相联系。利用代谢组学作为技术手段的研究项目将会越来越多。代谢组学在药物开发、临床诊断、微生物和植物、营养科学中的重要性已越来越显著。随着研究的深入，代谢组学研究必将在揭示基因功能的功能基因组学研究中发挥更大的作用：它能帮助人们更好、更深地了解生物体中各种复杂的相互作用，生物系统对环境和基因变化的响应，为人们提供一个了解基因表型的独特途径。代谢组学在未来的发展方向包括发展更为灵敏的、广谱的、通用的检测方法，鉴定各种谱峰对应的化合物结构，以及与其他虚拟模型的整合。这将更有助于阐释各种细胞功能的分子基础。

12.5 蛋白降解组学

蛋白降解组学，即在一个大规模的有机体中应用基因组学和蛋白质组学方法来识别蛋白酶和蛋白酶降解物，有望揭示病毒中蛋白酶的新作用。

蛋白酶最初被描述为与蛋白质分解代谢相关的非特异性降解酶。然而，人们越来越认识到，通过高度特异性的肽键水解，蛋白水解代表了另一种在所有生物体细胞中实现精确生物过程的控制机制。这个高度特异的和局限的亚基分裂被称为蛋白水解处理。蛋白酶通过它们催化不可逆的水解反应的能力调节许多蛋白质的命运和活性；控制细胞内外的适当的定位；从细胞表面的脱落；蛋白酶和其他酶、细胞因子、激素或生长因子的激活或失活；受体激活剂、颉颃剂的转换；神秘新蛋白的曝光（蛋白水解裂解产物是与母体分子功能不同的功能性蛋白质）。因此，蛋白酶通过处理生物活性分子起始、调控和终止一个范围广泛的重要的细胞功能，从而直接控制重要的生物学过程，如 DNA 复制，细胞周期进程，细胞增殖、分化和迁移，形态发生和组织重塑，神经元的生长，止血，伤口愈合，免疫，血管生成和细胞凋亡。

考虑到所有的生命过程的蛋白酶的功能相关性，包括与细胞死亡相关的蛋白酶，不难理解疾病是一个由这些酶的缺陷，或方向错误的时间和空间表达引起的一些病理状况，如癌症、关节炎、神经变性疾病和心血管疾病。此外，许多感染性微生物、病毒和寄生虫使用蛋白酶作为毒力因子，动物毒液通常包含影响组织破坏或逃避宿主反应的蛋白酶。因此，许多蛋白酶或它们的底物是制药行业潜在药物靶标的一个重要的关注点。

几个大规模的基因组测序项目已接近完成，提供了新的机会来理解蛋白酶系统的复杂性。很难描述所有蛋白酶（现有的和新发现的）的功能以及蛋白酶之间、蛋白酶与人类各种蛋白酶系统中的抑制剂之间的功能联系，模式生物有助于解决这一问题。虽然激肽释放酶、组织蛋白酶或基质金属蛋白酶（MMPs）等家族的进化有所不同，但鼠蛋白酶基因图谱类似于人的基因图谱。尽管黑腹果蝇基因组成远低于这些脊椎动物，果蝇基因组中类胰蛋白酶的丝氨酸蛋白酶家族却显示了相似的蛋白酶基因的数目。需要进一步研究以阐明这些组织的蛋白降解物之间演化差异的遗传和分子基础。因此，除了所有生物体中常见的普遍存在的蛋白水解"套路"外，另外在不同的物种中必然有着独特蛋白酶进行的特殊功能。最后，与所观察到的蛋白酶的复杂性相一致，最近发现了许多新的底物和内源性抑制剂，能够在生理和病理条件下平衡蛋白酶活性。因此，蛋白水解领域中新兴的模式是一种多样性和复杂性的模式，掌控关键的细胞和组织功能的是精确的和有限的蛋白水解，而不是通过普通的、非特异性的蛋白质的分解代谢。

尽管取得了这些进展，底物和新发现的蛋白酶在体内的作用仍是未知的，即使已被精准描述的蛋白酶，其生物学功能也尚未得到充分的了解。迫切需要新的技术来识别细胞、组织或生物体中表达并起作用的蛋白酶图谱，以及确定所有蛋白酶的天然底物。

12.5.1 降解组学和降解的概念

"降解组学"最早被定义为全蛋白质组范畴的蛋白酶的底物降解物。"降解组"包含两个概念。首先，它是由一个细胞、组织或生物体在特定时刻或情况下表达的蛋白酶图谱。其次，降解组是细胞、组织或器官中蛋白酶全部的自然底物图谱。识别单个蛋白酶底物的降解有利于对生理和病理功能的理解，从而指向新的药物靶标。而有关某细胞内蛋白酶降解的信息将增加对细胞功能和病理方面蛋白酶生物学作用的理解。蛋白酶水平的校准有助于疾病的严重程度或肿瘤分级的诊断。蛋白酶降解组数据来源于对基因序列的基因组学和生物信息学分析，以及蛋白酶信使 RNA 的表达模式。图 12-8 显示了降解组学与蛋白组学和基因组学领域的关系。

功能性降解组必需确定在一个特定的时间实际的细胞或组织表达的蛋白水解活性。功能降解组学有两个分支：一个是基于对单个蛋白酶的活性描述，另一个包含目标底物裂解键的确定。降解组学领域将去发现新的蛋白酶和生理底物，并确定新的和已知的受蛋白水解处理的控制途径。这些途径的调控可能在疾病状态下被破坏，宿主的蛋白酶可能被微生物用于感染，因此可以成为治疗的目标。

蛋白酶在隔离的状态下不起作用，它们在相关的或无关的蛋白酶、底物和酶切产物、细胞受体和结合蛋白的蛋白水解系统中表达并起作用。这就是为什么一种蛋白酶可以裂解许多底物，并且许多蛋白酶可以裂解同样的底物，可以激活其他成员的蛋白水解级联反应，促使顺式和反式的自溶作用并降低系统中其他成员的活性。只有考虑到个别蛋白酶作为一个整体

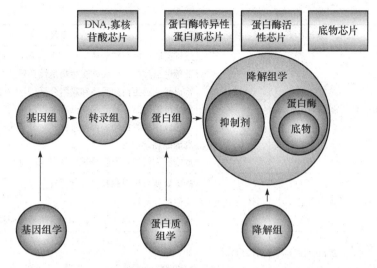

图 12-8　降解组学与蛋白组学和基因组学领域的关系
(引自 López-Otín C, 2002)

的蛋白水解系统的一部分,才可以认识到在疾病中个别蛋白酶的扰乱作用,并理解病毒中底物降解的蛋白酶降解组学的影响。由于系统拥有比其各个组成部分更多的信息,蛋白酶的分析必须从单个蛋白的特性到系统范围的特性展开。在后蛋白组学时代,单个蛋白酶和药物靶点的详细生物学特性对于探究降解组学分析所产生的丰富信息仍然是重要的。即使是对于研究透彻的蛋白酶,它们的生物学作用以及它们和蛋白酶系统的组成关系现在尚未完全了解。比活度和冗余是一个特定的蛋白酶在蛋白水解系统中所起作用的重要决定因素。蛋白酶在一个系统内不同级别的重要性取决于表达水平、时间或空间分布、活化、转移和抑制等体内影响蛋白水解潜力的因素。蛋白酶的结构对于药物开发是一个至关重要的问题,因为在体外多个蛋白酶可能裂解相同的底物,而在体内某底物裂解可能被限制于一个或只有少数几个蛋白酶。表 12-2 列出了各种降解组学方法。

表 12-2　降解组学方法概述

方法	分析水平	目标	不足
DNA 微阵列芯片	转录组	信使 RNA	不涉及蛋白丰度表达水平 不反映从其他细胞或组织获得的募集蛋白酶
特定蛋白酶的蛋白芯片	蛋白质组	蛋白酶蛋白质	丰度并不一定反映活性 缺乏对所有蛋白酶都特异的探针
蛋白酶活性芯片	蛋白质组	活性蛋白酶	活性并不一定表明底物裂解 衡量绝对水平而不考虑蛋白酶催化
底物芯片	蛋白质组	蛋白酶底物	不能鉴定有活性的蛋白酶 很难获得蛋白组水平的蛋白质微列 底物蛋白可能不是正确的三维生化构象

(续)

方法	分析水平	目标	不足
二维凝胶串联质谱法	蛋白质组	蛋白酶底物；蛋白酶	二维凝胶不能分辨低质量的裂解片段（<8kDa）以及高或低的等电点片段，因而许多生物活性介质被排除在外 难以研究膜蛋白如受体和黏附分子 敏感度的限制，检测不到低丰度蛋白 二维胶内胰蛋白酶裂解前蛋白相对分子质量仅用电泳法不太准确的测定 底物和大的裂解产物分辨率低
基于抑制剂的电泳分析	蛋白质组	活性蛋白酶	缺乏对所有蛋白酶都特异的探针 有限的分析量 变性的方法，因此不适合无共价酰基中间体的蛋白酶
基于抑制剂或抗体的液相色谱法和串联质谱法	蛋白质组	活性蛋白酶	非定量
化学蛋白质组学	蛋白质组	活性蛋白酶	药代动力学的问题可能会限制在体内的有效浓度 毒性问题 少量活性蛋白酶可能不被抑制 开发特异的蛋白酶抑制剂较难，相关的蛋白酶可能也受抑制
有针对性的同位素标记亲和标签	蛋白质组	依赖于标签选择的活性或总蛋白酶	定量的，但开发蛋白酶特异性探针有困难 开发应用于无底物裂解酰基中间过渡态的蛋白酶的共价探针很困难 原始的蛋白质的相对分子质量尚未通过质谱法测定

12.5.2 降解组学的研究方法

蛋白组学的创新和快速发展已经通过新的或改进的样品制备标记和分离技术，实现了对天然蛋白的分析。全面分析蛋白酶的新兴技术之一是蛋白酶芯片技术，它是一种可以分为四个不同格式（常规的 DNA 微阵列芯片、特定蛋白酶的蛋白质芯片、蛋白酶活性芯片和底物芯片）的芯片技术。

(1) 蛋白酶 DNA 微阵列芯片

传统的 DNA 微阵列中互补的 DNA 或寡核苷酸特异性探针应对于某种物种所有不同的蛋白酶，恰如全基因组测序项目和生物信息学分析所定义的范围。在理想的情况下，这些芯片也应有该物种体内多种蛋白酶抑制剂的特异探针。随着科技的发展，这些芯片提供正常或病理组织蛋白酶与抑制剂转录组的全方面概况，也可在单细胞水平上提供精确的数据。然而，蛋白酶基因的 mRNA 表达水平并不能准确地反映这些蛋白酶表达水平，也不能区分从旁组织募集的蛋白酶，如血清或邻近组织和浸润细胞。因此，应以蛋白质为基础的芯片补充以 DNA 为基础的芯片。

(2) 特定蛋白酶的蛋白芯片

特定蛋白酶的蛋白芯片可基于固定化的针对不同蛋白酶的抗体或者有能力从复杂混合物

中捕捉到个别酶的特定化学试剂。被吸附的蛋白酶可以通过抗体检测或者用胰蛋白酶原位消化以后通过基体辅助激光解吸电离飞行时间质谱分析以及通过肽指纹图谱鉴定，或者通过串联质谱法对胰蛋白酶消化的多肽进行测序。但是，对于捕获的芯片上或溶液中的蛋白酶，质谱分析的灵敏度尚不足以获得对蛋白酶图谱的全面分析。这类技术限于蛋白酶表达水平的变化而不是分析蛋白酶的活动。基于表达式的芯片技术都有这种限制，尤其制约翻译后进行活性调控几类蛋白酶。

(3) 活性分析

为推动表达降解组学向功能降解组学发展，第三种分析类型——活性分析是必须的（图12-9），这将导致蛋白酶活性芯片的发展。活性分析被用于广泛地调查在复杂的样品中不同酶的蛋白水解活性，尤其重要的是这种技术可以区分酶原形式以及抑制剂结合的酶。功能降解组学的第一次尝试用于分析粗蛋白质样品中的丝氨酸和半胱氨酸蛋白酶的活动。半胱氨酸和丝氨酸蛋白酶催化机制中产生共价结合的酰基过渡态化合物，这种方法基于这类蛋白酶对化学探针标签的反应活性，通用抑制剂的结构提供一个唯有活性蛋白酶可共价结合的骨架。活性位点结合蛋白酶之后通过相对分子质量和荧光标记鉴定，或通过蛋白质印迹法鉴定。抗生物素蛋白液相色谱柱洗脱后捕获的蛋白酶可以通过串联质谱法鉴定。LC-MS/MS 方法对低丰度的蛋白酶特别有用，现在可以以一种更加浓缩的形式注入质谱仪。

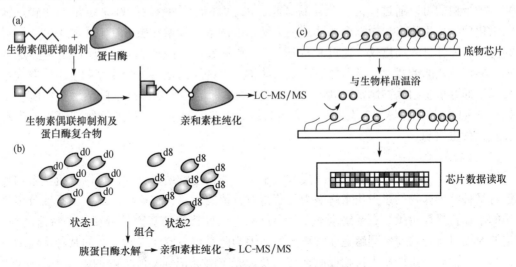

图 12-9　蛋白降解组学方法：活性分析

(引自 López-Otín C, 2002)

(a) 酶与特定蛋白酶抑制剂结合并被亲和素柱纯化　(b) 氘标记(d8)或者无标记(d0)不同状态组织的酶，并被胰蛋白酶水解　(c) 色谱分离水解片段并将之于芯片上固定的底物进行温育

(4) 蛋白酶的活性蛋白芯片

特定的蛋白酶蛋白芯片和蛋白酶抑制剂 LC 方法的下一个合乎逻辑的改善将是固定化捕捉活性蛋白酶的特定蛋白酶抑制剂（天然的蛋白质或化学试剂）于芯片上。捕获的蛋白酶可以利用荧光标记抗体的阵列读取器识别，或猝灭荧光标记的捕获探针识别，或者胰蛋白酶原位消化后使用 MALDI-TOF 或四极 MALDI-TOF 串联质谱法识别。

(5) 化学蛋白质组学和成像

其他类型的标签的不可逆抑制剂的发展，提供了对存在于细胞和组织内的蛋白质组范围内的活性酶进行快速检测、识别、分离和成像的宝贵工具。对"化学蛋白质组学"来说，使用特定的或广谱的蛋白酶抑制剂进行蛋白酶的化学敲除有望成为一个发现蛋白酶体外或体内生物学作用的新方法。此外，偶联了荧光染料的抑制剂可用于在组织切片中找到活性蛋白酶在细胞和组织中的分布位点。在小鼠模型中（甚至在未来人类中）使用蛋白酶抑制剂偶联的特异标签可对在正常或者病变组织如肿瘤中的活性蛋白酶进行活体成像。例如，使用荧光反射成像、荧光介导的断层扫描和近红外荧光染料，已确定活体组织中 MMP-2（明胶酶 A）、组织蛋白酶和半胱天冬酶的活性位点。其他技术如正电子发射断层扫描和多光子共聚焦显微镜也可能用于活性蛋白酶的活体成像。上述方法有显著的难点。金属蛋白酶不具有共价结合的底物过渡态，尚未通过化学变性的方法开发任何已知的共价键的抑制剂。

(6) 蛋白酶同位素标记的亲和标签标识

最近提供定量数据的技术是基于同位素标记亲和标签标识的蛋白酶。蛋白酶 I CAT（同位素标记的亲和标签）有利于对两个不同的生理或病理条件下细胞或组织中差异表达的蛋白酶进行质谱鉴定和定量。同位素标记的亲和标签[8 个氘（d8）或八个氢（d0）和一个生物素基团]标记蛋白质样品中的活性半胱氨酸或标记半胱氨酸蛋白酶的活性位点残基。两个样品中的同一种蛋白酶可以通过标记一个样品"重"（d8）而标记另一样品 d0 来定量与比较。胰蛋白酶消化后，抗生物素蛋白结合的肽从一个纳米级的毛细管亲和层析柱上洗脱下来，同样的肽共洗脱，一并进入质谱仪。通过 8Da 质量差（重标签给予的特点）利用质谱定量测定两个样本中标记蛋白酶的相对丰度，之后用串联质谱法对洗脱的蛋白进行测序和鉴定。取代半胱氨酸标记的共价蛋白酶抑制剂有利于定量测定 ICAT 标记的生物样品中的活性蛋白酶，因而提高了 ICAT 分析的特异性。在不可逆抑制剂的基础上，同位素标记的抑制剂可用于半胱氨酸和丝氨酸蛋白酶。

(7) 底物芯片

细胞或组织中某种特定底物的净裂解决定最重要的生物结果，因此可以分析整个功能降解组对某种特异底物的蛋白质水解潜力而获得有价值的信息，在这种情况下不必区分多个蛋白酶的个体特异性贡献。在系统水平上，定量测定某种特定的底物是否在一个特定的位置，特定的时间以特定的速率裂解是非常重要的，因为此举可以鉴定当时存在的某种蛋白酶。据此，基于蛋白质、蛋白质类似物或肽裂解以及荧光末端标记标签的去除的第四类芯片即"底物芯片"是可行的。随着改编自其他系统的类似应用技术的发展，蛋白酶底物芯片的发展也有光明的前途。例如，已开发蛋白激酶芯片用以评估激酶磷酸化固定底物的能力。在对患者的分子诊断以及蛋白酶合成与分解代谢的分子分析中，全系统的方法非常有价值。例如，细胞外基质蛋白的降解对于诊断癌症的等级或是关节炎和其他炎症疾病的严重程度可能是重要的。

测定组织或细胞中生物活性分子的蛋白水解激活的倾向，如 Fas 配体、α-防御素、白细胞介素（IL）-8、肿瘤坏死因子-α 或是灭活因子如金属蛋白酶介导的趋化因子免疫介质，有助于了解蛋白酶或蛋白水解加工的细胞因子在多种病例的起始、发展和恶化过程中的作用。

从这些研究将得到什么好处？利用活性图谱和底物芯片在全系统水平对生物样本中活跃

的蛋白酶系统进行降解组学分析可以提供进一步的信息。蛋白酶整个家族的全系统分析将提供各种蛋白酶的协同和功能冗余，以及在不同的组织或疾病中它们的相对作用的数据。这有助于了解在不同的生理和病理过程中细胞或组织如何在蛋白酶激活水平上回应。不同的组织或在不同疾病中相同的组织使用不同的蛋白酶可能实现类似的净底物裂解。针对体内调节蛋白酶水解活性来设计治疗策略相当重要。例如，某种识别一个或多个目标底物的蛋白酶的全系统分析有利于合理而直接开发药物以避免副作用产生。另外，这些分析可能指向大量的蛋白酶，这些蛋白酶作为一个整体会是病理的关键，但个别存在又是多余的。在这些情况下，如在转移性癌症扩散的情况下，开发和使用广谱抑制剂将会更合适，提供了这些条件，任何副作用都是便于管理的。基于蛋白酶芯片的降解组学的方法有很多的限制，对任何来自蛋白质阵列技术分析的方法来说这种限制都是常见的。这些问题包括表面化学性质、非特异性吸附、由于天然蛋白质构象的损失引起的阵列不稳定以及缺乏健全的定量检测方法。尽管有这些限制，上述的蛋白酶芯片仍然或者已经实验验证或者可适用于其他类似的系统。这些初步的结果，以及在这一领域的快速发展，显示了上述降解组学的方法可以进行广泛的应用。

12.5.3 蛋白降解组学的发展与应用

上述降解组学的分析方法和现在开发出来的新技术，将在串联质谱仪分析之前应用多种 ICAT 标记以及多种样品制备的创新技术，有望发现许多新异的蛋白酶底物和功能。当前，新的蛋白酶底物的识别有助于重新认识某些蛋白酶体内的作用。已发现细胞内的半胱天冬酶在细胞质和细胞核内有一系列的蛋白质底物，这说明重要的细胞活动如凋亡是由蛋白水解过程精确控制的。金属蛋白酶通常被认为是细胞间基质代谢的效应物，在正常构建和病理组织破坏中起作用。

而今确认了金属蛋白酶对细胞行为的影响是源于其破坏了细胞间质和同源整合素之间的联系。曾认为癌症细胞产生的金属蛋白酶导致了肿瘤细胞的侵染和转移。现今广泛认为癌症中表达的金属蛋白酶大多来自反应性的组织基质。最近的证据表明癌症中金属蛋白酶起着一个新作用，即选择性表达金属蛋白酶的肿瘤细胞旨在使得该部位的肿瘤细胞抗凋亡。此例证革新了我们对癌症和其他疾病中金属蛋白酶的作用的认识。另外，金属蛋白酶可以对广泛的体内生物活性底物进行裂解作用。

大多数金属蛋白酶敲除的小鼠中在常态的基质转化中有相对较小的表型改变。长期暴露于合成的金属蛋白酶抑制剂的动物模型或者临床治疗使用 MMP 抑制剂都会使得正常的结缔体素构造作用缺失。存在高效的细胞外基质转化的胞内信号通路表明金属蛋白酶对正常的基质构建并非通常认为的那样重要。事实上，即使病理组织中也没有金属蛋白酶裂解胞外基质蛋白的体内证据，这些表明金属蛋白酶必有其他重要角色。在生理或者病理情况下金属蛋白酶处理生物活性物质，之后在组织和宿主防御细胞中引发胞内的反应，这种效应远比其潜在的分解能力重要。因此，随着对所有蛋白酶的新的底物的描述，预计在未来几年将重新定义几个蛋白酶家族的生物学作用，有些酶家族显示了作为药物靶点来治疗疾病的新潜力。

完全的基因组计划有助于了解不同生物体的蛋白水解系统的组成和组织。然而，尚未发现所有的蛋白酶，也不能确定它们体内的底物和生理功能。许多人类的蛋白酶基因虽已从基因组计算机检索数据中得到预测，但尚待克隆且它们的基因产物的蛋白水解活性也尚待证实。未来的一个重要挑战是要解决这些新的酶基因编码蛋白质的结构，并确定其生理和病理的功能。虽无催化亚基却对蛋白酶有重要作用的其他蛋白质如 ADAM 蛋白家族成员，可能像自然高度特异性颉颃剂一样通过结合底物来掩盖敏感化学键，这种作用有助于体内蛋白酶活性的微调。以同源性为基础的扫描或克隆方法不能检测到某些蛋白酶新的结构模式，它们可能仍然隐藏于基因组内。

降解组学基于基因组学的方法对于确定日益增加的被确认为蛋白酶基因位点突变所造成的遗传病的基础将是至关重要的。这些基因组学方法对于公认的可能赋予复杂疾病易感性增加或减少的蛋白酶基因的单核苷酸多态性的识别也是至关重要的。活性蛋白酶的活体成像技术的发展，蛋白酶功能过量或者缺失的新的动物模型的建立，都有助于评估个别蛋白酶或蛋白酶家族在健康和疾病中的作用。化学蛋白质组学有助于确定在体内或者体外蛋白酶家族是作为一个水解系统亦或作为一个独立的特异性蛋白酶来起作用的。确定蛋白水解系统与其他重要的网络通路如信号转导过程之间的具有调节和功能的节点，以及鉴定在独立的细胞或者生物过程中起作用的新的蛋白酶的募集成员都非常重要。没有一个单一的筛查技术可在完整的基因组或蛋白质组水平上来鉴定完全的蛋白酶降解组或某种蛋白酶的底物降解组，每种技术都有其独特的优点和缺点。高通量检测的新兴技术包括蛋白酶芯片有助于产生分析蛋白质组中蛋白酶和识别底物以及抑制剂必要的数据，从而确定新的治疗靶点。同样地，通过新的高通量的 X 射线晶体学方法，或通过结合使用同源建模和从头预测（即旨在从它的氨基酸序列预测它的三维结构）的方法确定蛋白酶的三维结构有助于设计有效的抑制剂。结合目前的知识与新的和创造性的技术，降解组学有望解答蛋白酶如何表达、调控及其在体内的作用：大量的酶深刻而准确地影响着所有生物细胞的行为，生存和死亡。

本章小结

基因组学已成为生命科学领域最活跃、最有影响的重大的前沿学科。根据基因组学的定义，基因组学包括结构基因组学、功能基因组学和比较基因组学。转录组是特定组织或细胞在某一发育阶段或功能状态下转录出来的所有 RNA 的总和，主要包括 mRNA 和非编码 RNA（non-coding RNA，ncRNA）。转录组研究是基因功能及结构研究的基础和出发点，了解转录组是解读基因组功能元件和揭示细胞及组织中分子组成所必需的，并且对理解机体发育和疾病具有重要作用。代谢组学是系统生物学的重要组成部分。"基因组学和蛋白质组学告诉你什么可能会发生，而代谢组学则告诉你什么确实发生了。"蛋白降解组学，即在一个大规模的有机体中应用基因组学和蛋白质组学方法来识别蛋白酶和蛋白酶降解物，有望揭示病毒中蛋白酶的新作用。

高通量技术需要在高度的微型化、自动化和一体化的基础上才能实现，并且依赖于信息学工具的支持和帮助。计算机技术（insilico）已经成为继理论研究、实验技术之后的第三种研究手段，辅助筛选和模拟设计在高通量技术中也发挥着重要的作用。生物信息学是在人类基因组计划推动下产生的应用计算机技术管理生物信息的一门新生学科，它是生物学、数学、物理学、计算机科学等众多学科交叉的新兴学科。在完成基因组图谱构建以及全部序列测定的基础上继基因组学后产生的功能基因组学、蛋白质组学、转录组学、代谢组学，以及其他旨在全基因组水平研究基因功能、相互关系及调控机制为主要内容的学科，统称为后基因组学。组学的发展得益于高通量技术、计算机技术等多种生物学技术以及生物信息学学科的长足进步。

基因芯片从实验室走向工业化却是直接得益于探针固相原位合成技术和照相平板印刷技术的有机结合以及激光共聚焦显微技术的引入。它使得合成、固定高密度的数以万计的探针分子切实可行，而且借助激光共聚焦显微扫描技术使得可以对杂交信号进行实时、灵敏、准确的检测和分析。高通量测序技术虽然建立的时间不长，但是在基因组的各个研究领域都显示出其非凡的魅力，而且日益显示出其对基因芯片"取而代之"的咄咄态势。近几年基于酶催化活性筛选多样性蛋白质突变体库的高通量筛选方法已经得到迅速发展。噬菌体展示技术具有筛选大容量突变体库的潜力，但是它不能定量检测酶催化活性的微量差异。在应用过程中，细胞表面展示技术结合流式细胞仪在筛选的高通量和测定单细胞水平的酶动力学之间达成很好平衡。毫无疑问，这些高通量的筛选技术，无论是单个技术本身还是多个技术的融合，将会越来越广泛地被应用于新性能蛋白质的分离。多元串级质谱技术在蛋白质组学的高通量分析中占有重要地位。最早实现联用的是飞行时间质谱，它具有快速收集数据的特点，扫描多个通道仅用很短的时间，很适合于高通量分析。此后四级杆质谱和离子阱质谱也相继实现了与多元平行 LC 系统的联用。目前，研究人员正致力于天然产物的高通量多级质谱图库的建立工作中，该工作将会满足高通量分析的进一步需要，实现更高通量的质谱定量分析。

在实际应用方面，随着组合化学、基因组学和蛋白质组学等药物研发相关学科的发展，药物分析正面临着前所未有的压力。样品复杂度越来越高，样品分析量越来越大，复杂的样品要求更好的分离手段，大量的样品则要求更高的分析通量。因此，以液相色谱、毛细管电泳、微芯片、质谱等现代分离技术为基础的各种高通量药物分析新技术应运而生。

人类基因组序列图谱测序的完成，只意味着得到了基因组的序列结构。人类基因组计划的下一步便是后基因组(post genome)计划——功能基因组学。基因组的表达调控及功能蛋白组学在基因转录表达及其调控的研究方面，已知一个细胞的转录表达水平能够精确而特异地反映其类型、发育阶段以及反应状态，是功能基因组学的主要研究内容之一。由于 DNA 与蛋白质的不完全对应性，因此提出了转录组的概念，指特定环境下某生物一个或一类细胞中由一套基因组转录产生的全套 RNA 分子。对于某种特定的生物，其基因组是固定不变的，而转录组却是变化的。转录组学是研究基因组转录产生的全部转录物的种类、结构和功能的学科。尽管 RNA 的表达水平与蛋白质实际表达水平存在差异，但它仍是走近生命活动真实过程的重要环节。我们将特定条件下、特定时间点的特定细胞、组织、体液、器官或生物体代谢物——基因表达终产物的总和称为代谢组，而代谢组学即研究代谢组的学科。细胞内许多生命活动如细胞信号转导、能量传递、细胞通信等都发生在代谢物层面且受代谢物调控，因而通过代谢物的种类和浓度可以分析细胞瞬时的生理生化功能状态，因而代谢组谱的研究是极其直观而重要的。其主要技术手段是核磁共振、质谱、色谱，其中以核磁共振为主。在完成基因组图谱构建以及全部序列测定的基础上继基因组学后产生的功能基因组学、蛋白质组学、转录组学、代谢组学，以及其他旨在全基因组水平研究基因功能、相互关系及调控机制为主要内容的学科，统称为后基因组学。

习　题

1. 你认为人类基因组计划的意义是什么？近年基因组研究有哪些重要进展？
2. 基因的功能研究有什么意义？
3. 后基因组学的主要内容是什么？
4. 后基因组学主要技术有哪些？
5. 生物信息学在后基因组学研究中的重要作用是什么？

6. 何为蛋白质组学？有哪些研究蛋白质组学的新技术、新方法？
7. 何为转录组学？有哪些研究转录组学的新技术、新方法？
8. 何为代谢组学？有哪些研究代谢组学的新技术、新方法？
9. 何为降解组学？有哪些研究降解组学的新技术、新方法？

参考文献

[1] C. W. 森森. 基因组研究手册[M]. 谢东, 等译. 北京：科学出版社, 2009.

[2] 宋方洲. 基因组学[M]. 北京：军事医学科学出版社, 2011.

[3] 漆小泉, 王玉兰, 陈晓亚. 植物代谢组学[M]. 北京：化学工业出版社, 2011.

[4] 祁云霞, 刘永斌, 荣威恒. 转录组研究新技术：RNA-Seq 及其应用[J]. 遗传, 2011, 33(11)：1191-1202.

[5] Starkey M, Elaswarapu R. 基因组学核心实验方法[M]. 于军, 主译. 北京：科学出版社, 2012.

[6] Patti G J, Yanes O, Siuzdak G. Innovation: Metabolomics: the apogee of the omics trilogy Nature[J]. Reviews Molecular Cell Biology, 2012, 13: 263-269.

[7] López-Otín C, Overall C M. Protease degradomics: a new challenge for proteomics[J]. Nat Rev Mol Cell Biol, 2002, 3(7): 509-519.

[8] Ruan Y, Le Ber P, Ng H H, Liu ET. Interrogating the transcriptome[J]. Trends Biotechnol. 2004 Jan; 22(1): 23-30.

（撰写人：蒋湘宁、杨海灵）

附录

后基因组时代高通量数据的生物信息学分析数据库

(1) 蛋白质序列库

数据库	说明	网址
SWISS-PROT	内容丰富，提示详尽	http://www.expasy.ch/sport/
PIR		http://www-nbrf.georgetown.edu/pir/pir-psi.html
TrEMBL	EMBL的翻译	http://www.expasy.ch/sprot
OWL	非冗余库	http://www.biochem.ucl.ac.uk/bsm/dbbrowser/OWL/OWL.html

(2) 核苷酸数据库

数据库	说明	网址
EMBL	欧洲分子生物学	http://www.ebi.ac.uk/ebi-docs/embl-db/ebi/topembl.html
GenBank	美国生物工程信息中心	http://www.ncbi.nlm.nih.gov/Web/Search/index.htm
ldbEST	CDNA序列标记	http://www.ncbi.nlm.nih.gov/dbEST/

(3) 翻译后修饰

数据库	说明	网址
O-GLYCBASE	糖基化	http://www.cbs.dtu.dk/databases/OGLYCBASE/
PHOSPHOBASE	磷酸化	http://www.cbs.dtu.dk/databases/PhosphoBase/
Deltamass	翻译后修饰汇编	http://www.medstv.unimelb.edu.au/WWWDOCS/SVIMRDOCS/MassSpec/deltamassV2.html

(4) 基因组库

数据库	说明	网址
dblist	基因组库目列	http://www.expasy.ch/amos-www-links.html#organisms
GDB	基因组库	http://gdbwww.gdb.org/
OMIM	遗传病表型	http://www3.ncbi.nlm.nih.gov/omim/
GeneCards	生物医学知识	http://bioinfo.weizmann.ac.il/cards/

(5) 代谢库

数据库	说明	网址
Boehringer	代谢路径图	http://www.expasy.ch/cgi-bin/search-biochem-index
ENZYME	酶及其反应的命名	http://www.expasy.ch/sprot/enzyme.html
Ecolyc	大肠杆菌中间代谢	http://ecocyc.pangeasystems.com/ecocyc/ecocyc.html
HinCys	嗜血流感中间代谢	http://ecocyc.pangeasystems.com/ecocyc/hincyc.html
WIT	酶和代谢途径	http://www.cme.msu.edu/WIT/

(6) 相互作用

数据库	说明	网址
GIF-DB	果蝇发育中的基因相互作用	http：//gifts.univ-mrs.fr.GIF-DB/GIF-DB-home-page.html
KEGG	基因相互作用	http：//www.genome.ad.jp/kegg
Deletion	酵母功能基因组	http：//sequence-www.stanford.edu/group/yeast-deletion-project/deletion.html

(7) 模体与域

数据库	说明	网址
PROSITE	序列模体	http：//www.expasy.ch/sport/prosite.html
BLOCKS	保守序列	http：//www.blocks.fhcrc.org/
ProDom	蛋白质域	http：//protein.toulouse.inra.fr/prodom.html
SBASE	蛋白质域	http：//base.icgeb.trieste.it/sbase/

(8) 二维电泳 (2DPAGE)

数据库	说明	网址
WORLD-2DPAGE	国际 2DPAGE 库的完整索引	http：//www.expasy.ch/ch2d/2d-index.htm
1Linksto2DPAGE	Phoretix 公司的连络表	http：//www.phoretix.com/links.htm
2DWG	二维电泳图谱元库	http：//www-lecb.ncifcrf.gov/2dwgDB/
Flicker	成对电泳图谱比较	http：//www-lecb.ncifcrf.gov/flicker/

(9) 三维结构库

数据库	说明	网址
PDB	蛋白质三维结构坐标库	http：//www.pdb.bnl.gov/
SWISS-MODEL	从序列模建结构	http：//www.expasy.ch/swissmod/SWISS-MODEL.html
SWISS-3DIMAGE	三维结构图示	http：//www.expasy.ch/sw3d/
DSSP	二级结构命名	ftp：//ftp.ebi.ac.uk/pub/databases/dssp
FSSP	蛋白质结构家族	ftp：//ftp.ebi.ac.uk/pub/databases/fssp

(10) 用于蛋白质鉴定的数据库搜索软件：蛋白质质量+蛋白质序列标记

属性参数/软件名称	网址
PeptideSearch	http：//www.mann.embl-heidelberg.de/Services/PeptideSearch/PeptideSearchIntro.html
Tagident	http：//expasy.hcuge.ch/sprot/tagident.html

(11) 用于蛋白质鉴定的数据库搜索软件：蛋白质的肽质印记

属性参数/软件名称	网址
MassSearch	http：//cbrg.inf.ethz.ch/subsection3-1-3.html
MS-Fit	http：//falcon.ludwig.ucl.ac.uk/ucsfhtml/msfit.htm
PetideSearch	http：//www.mann.embl-heidelberg.de/Services/PeptideSearch/PeptideSearchIntro.html
ProFound	http：//prowl.rockefeller.edu/PROWL/prot-id-main.html